Vilmos Balogh

Nicht-mechanistische Physik als einheitliche Systemtheorie

Vilmos Balogh

Nicht-mechanistische Physik als einheitliche Systemtheorie

Kant-Struktur versus Higgs-Mechanismus

Südwestdeutscher Verlag für Hochschulschriften

Impressum / Imprint
Bibliografische Information der Deutschen Nationalbibliothek: Die Deutsche Nationalbibliothek verzeichnet diese Publikation in der Deutschen Nationalbibliografie; detaillierte bibliografische Daten sind im Internet über http://dnb.d-nb.de abrufbar.
Alle in diesem Buch genannten Marken und Produktnamen unterliegen warenzeichen-, marken- oder patentrechtlichem Schutz bzw. sind Warenzeichen oder eingetragene Warenzeichen der jeweiligen Inhaber. Die Wiedergabe von Marken, Produktnamen, Gebrauchsnamen, Handelsnamen, Warenbezeichnungen u.s.w. in diesem Werk berechtigt auch ohne besondere Kennzeichnung nicht zu der Annahme, dass solche Namen im Sinne der Warenzeichen- und Markenschutzgesetzgebung als frei zu betrachten wären und daher von jedermann benutzt werden dürften.

Bibliographic information published by the Deutsche Nationalbibliothek: The Deutsche Nationalbibliothek lists this publication in the Deutsche Nationalbibliografie; detailed bibliographic data are available in the Internet at http://dnb.d-nb.de.
Any brand names and product names mentioned in this book are subject to trademark, brand or patent protection and are trademarks or registered trademarks of their respective holders. The use of brand names, product names, common names, trade names, product descriptions etc. even without a particular marking in this works is in no way to be construed to mean that such names may be regarded as unrestricted in respect of trademark and brand protection legislation and could thus be used by anyone.

Coverbild / Cover image: www.ingimage.com

Verlag / Publisher:
Südwestdeutscher Verlag für Hochschulschriften
ist ein Imprint der / is a trademark of
OmniScriptum GmbH & Co. KG
Heinrich-Böcking-Str. 6-8, 66121 Saarbrücken, Deutschland / Germany
Email: info@svh-verlag.de

Herstellung: siehe letzte Seite /
Printed at: see last page
ISBN: 978-3-8381-2743-9

Copyright © 2014 OmniScriptum GmbH & Co. KG
Alle Rechte vorbehalten. / All rights reserved. Saarbrücken 2014

*"Absolute mathematical rigor is not something obvious.
On the contrary, it is subject to fluctuations and its evaluation often tinged
with convenience, with formalistic, aesthetic criteria,
with a highly opportunistic flavour."*

[VONNEUMAN, N. A. (1992), S. 80].

Inhaltsverzeichnis

I MOTIVATION 11

II EINLEITUNG 24

1 ISAAC NEWTONS NATURPHILOSOPHIE ALS KONSTITUTIONELLE BASIS NICHT-MECHANISTISCHER PHYSIK 31

1.1 Was bedeutet ‚mechanistisch'? 31
1.2 Der zahlentheoretische ‚Paukenschlag' 34
1.3 Die antike Proportionenlehre als Grundlage newtonscher Mechanik 41
1.4 Mechanistische Physik als Versuch, sich von Newtons Mathematik zu befreien? 46
1.5 Konsequenzen für die moderne Physik 56
1.6 Rückblick: Die Philosophie wird zur wissenschaftlichen Disziplin 77

2 GIBBS-FALK-DYNAMIK (GFD) 85

2.1 Metaphysische Grundlagen 85
2.2 Allgemeinphysikalische Größen 110
2.3 Systeme und Grundgleichungen 118
2.4 Erstes Fazit 123

3 GRUNDLAGEN DER ALTERNATIVEN THEORIE (AT) 127

3.1 Wissenschaftlichkeit physikalischer Theorien 127
3.2 Callens Prinzip 136
3.3 Realistisches Materiemodell 143
3.4 Falksche Gleichungen und ihr Gültigkeitsbereich 146
3.5 Ansätze eines neuen Teilchenbegriffs 153
3.6 Dynamik und der elementare Teilchenbegriff 166

4 NICHTGLEICHGEWICHTSPHYSIK AUFGRUND DER AT 172

4.1 Größen, Dissipationsgeschwindigkeit, Ruhezustand 172
4.2 Divergenz- und Dissipationstheoreme 180
4.3 Allgemeine Bewegungsgleichungen und ihre Näherungen 190

5 QUANTENTHEORIE ALS NACHWEIS DER AT FÜR DIE MIKROPHYSIK 197

5.1 Grundlegende Theoreme der Quantentheorie John von Neumanns 197

    5.1.1 Warum kann man Quantentheorie ohne John von Neumann nicht verstehen? ... 197

    5.1.2 Hilberts Traum und Hilbertraum führen zur Quantenlogik 204

    5.1.3 Das Ende vom Lied 213

    5.1.4 Von Neumanns ‚quantenmechanisches' Vermächtnis 222

5.2 Theorie der Verallgemeinerten Schrödingergleichung 230

    5.2.1 Phasenraumstruktur 231

    5.2.2 Boltzmann-Statistik im Phasenraum 234

    5.2.3 Interpolationsbedingungen 238

    5.2.4 Verallgemeinerte Schrödingergleichung (VSG) und Streurelationen 241

    5.2.5 Nichtlineare verallgemeinerte Schrödingergleichung 250

6 QUANTENTHEORIE ALS KONSEQUENZ NEWTONISCHER REVERSIBLER MECHANIK: SYNTHETISCHE QUANTENTHEORIE 254

6.1 Grundbedingungen – Boltzmannstatistik des Einteilchensystem 255

6.2 Zeitunabhängige Schrödingergleichungen 261

6.3 Zeitabhängige Schrödingergleichungen 269

7 ANWENDUNGEN 277

7.1 Die Ruhemassen der Elementarteilchen 277

    7.1.1 Das Standardmodell und der Higgs-Mechanismus als Verheißung 277

    7.1.2 Ruhemassen der Elementarteilchen als Konsequenz der GFD 281

    7.1.3 Alternatives Standardmodell nach W. Seeligs Theorie der Ruhemassen 285

    7.1.4 Semi-Empirical Mass Formula (SEMF) 288

    7.1.5 H. D. Zehs „sonderbare Geschichte von Teilchen und Wellen" 301

7.2 Elektrodynamik eingebettet in die AT 312

7.3 Relativitätstheorien 324

    7.3.1 „Eine neue Erklärung des Universums" 324

    7.3.2 Fazit 343

7.4   Ein Dilemma der mechanistischen Physik – die Bewegung von realen Fluiden 348
    7.4.1   Die konzeptionellen und mathematischen Grundlagen der Fluiddynamik 348
    7.4.2   Eulers Bewegungsgleichung als integraler Teil der MM zur Leistungsberechnung der SSME 356
    7.4.3   Die Boltzmann-Gleichung und das H-Theorem: Konsequenzen für die Dynamik verdünnter Gase und den Entropiebegriff 366
    7.4.4   "Where is the 'Temperature' of Information?" 380

8   ZUSAMMENFASSUNG 395

III   ANHANG 404

III.1   Quantentheorie – heute 404
III.2   Statistisches Umfeld und Konkurrenz zu de Broglies Materiewellen 410
III.3   Die Interpolationsbedingungen nach Lauster 416
III.4   Die »Quantenwahrscheinlichkeiten« und »relative Häufigkeiten« nach E. L. Szabó .416
III.5   Relativitätstheorien als Irrweg? 418
    III.5.1   Die spezielle Relativitätstheorie ist heutzutage sakrosankt: Warum nur? 418
    III.5.2   Schneller als die Lichtgeschwindigkeit– Hat Einstein sich geirrt? 427
    III.5.3   Nicolai Hartmanns Kritik an der kategorialen Gestaltung der ART 432
    III.5.4   Wo bleiben die Entropie und die Temperatur als Basisvariable der ART? 442
III.6   Newtons Physik und ihre Affinität zur antiken Philosophie 453
    III.6.1   Zur antiken Atomlehre 453
    III.6.2   Zwischenspiel: Der *platonische* Parmenides und Newtons Naturphilosophie 467

IV   LITERATURVERZEICHNIS 487
V   SUMMARY 507
VI   DANKSAGUNG 510

> *"Dès que quelqu'un accepte une théorie,*
> *il mène des combats d'arrière-garde acharnés contre les faits."*
> - Jean-Paul Sartre – [zitiert in: STRAUB, D. (2011), S. 75]

I MOTIVATION

Der Ausdruck »nicht-mechanistisch« im Titel der vorliegenden Studie verweist auf das *Hauptmotiv* dieser Untersuchung – auf die Möglichkeit, das seit den Zeiten *Demokrits* und *Euklids* dominierende mechanistische Weltbild begründet in Frage zu stellen. Diese Sicht sollte indes unter einem größeren Blickwinkel erfolgen: Laut *Willard Van Orman Quine*

> „ist Grundlage der internationalen Naturwissenschaften der methodische Naturalismus, der in grober Annäherung mit dem Materialismus gleichgesetzt werden kann. Nach diesem Grundsatz wird die Natur ›aus sich selbst heraus‹ erklärt. Nur wirklich vorhandene, durch Beobachtung und Experiment zugängliche Dinge können erforscht werden. Aus diesen Fakten werden dann Hypothesen und Theorien abgeleitet." [QUINE, W. O. (1976), S. 35, S. 89].

Im Gegensatz zum Weltbild des *Parmenides* hat sich dieses *naturalistisch-materialistische Weltbild*, ergo die westliche Kultur mit ihren Errungenschaften in Naturphilosophie, Wissenschaft und Technik global durchgesetzt. Die wissenschaftliche Grundlage dieser traditionellen Perspektive besteht seit der Antike bis heute aus

(1) der (lt. *I. Kant*) Bewußtseinsbasis aller Anschauung – *Raum* und *Zeit*. Dabei geht es nicht darum, *ob* es sie gibt, sondern allein darum, *wie* es sie gibt, d. h. *was* ihre Natur ist;

(2) den von den antiken *Impetus*-Theorien in die von *Newton* bis *Bohr*, *Schrödinger* und *Heisenberg* transformierten »Bewegungsgesetzen der reibungsfreien Hamilton-Mechanik«;

(3) *Einsteins* mathematisch-geometrischer, relativistischer Theorie der Schwerkraft in Raumzeit;

(4) und einer Theorie der *Elementarteilchen*, die *John Bells* Theorem über die Konsequenzen verschränkter Wellenfunktionen entsprechen muss, um nicht den Fakten zu widersprechen.

Zieht man die hohen ethischen Verpflichtungen heran, wie sie z. B. *Karl R. Popper* für die Wissenschaftler mit ihrer Selbstverpflichtung zur »Falsifizierung« ihrer eigenen(!) Theorie fordert, so erweisen sie sich als Teil eines »Glasperlenspiels« [STRAUB, D. (1990)], zu dem das *naturalistisch-materialistische* Weltbild schon längst geführt hat. Die meisten »master-theories« der Physik sind widerlegt – in aller Regel ohne jegliche Folgen. So genießen die Maxwellschen Gleichungen der Elektrodynamik in der Heaviside-Hertz-Version nach wie vor Kultstatus, obwohl sie weder die Lorentzkraft oder gar die Joulesche Wärme als weltweite Lichtquelle berücksichtigen. Der bemerkenswerteste Fall betrifft die Quantenmechanik: Der große Mathematiker, *John von Neumann* (geb. Neumann János)[1] publizierte 1932 sein opus magnum über die *Mathematischen Grundlagen der Quantenmechanik*. Das Datum der Publikation dieses Buchs hielt *Carl-Friedrich von Weizsäcker* für den Beginn der „Machtübernahme" der Mathematik in der theoretischen Physik.[2] Doch schon vor diesem Datum befielen von Neumann Zweifel an seiner Theorie. Dann im Jahr 1935 wies er nach, dass jede Theorie der Quantenmechanik, die auf dem »Hilbertraum« als Bezugsbasis entwickelt wird, physikalisch *inakzeptabel* ist [RÉDEI, M. (1996)]. Jeden klaren Kommentar in der Öffentlichkeit darüber vermied er sein Leben lang, obwohl er zusammen mit *F. J. Murray* in einer Serie von mathematisch höchst innovativen Publikationen zur Algebra (*Von-Neumann-Algebren*) nachwies, wie eine *zutreffende* Fassung der Quantenmechanik zu gestalten sei.

Im umfangreichen Bestand an Publikationen zur Quantentheorie findet man zu *von Neumanns* Dilemma kaum eine substantielle Notiz. Erst 44 Jahre nach seinem Tod im Jahr 1957 kann die Fachöffentlichkeit aus mehreren

---

[1] Offiziell ehrte die Post der USA durch einen Briefmarken-Viererblock erst kürzlich *John von Neumann*, den 1937 eingebürgerten ungarischen Universalgelehrten und Professor am Princeton Institute for Advanced Study – zusammen mit den drei „American Natives", mit der Genetikerin Barbara McClintock, dem theoretischen Physiker Richard Feynman und dem Eisenbahn-Ingenieur und Yale-Professor für mathematische Physik Josiah Willard Gibbs.

[2] Im Geleitwort zur Auflage von 1996 des Buchs »Mathematische Grundlagen der Quantenmechanik« schreibt Rudolf Haag: *„Es gibt einige Bücher, die die naturwissenschaftliche Welt verändert haben: John von Neumanns Buch über die Quantenmechanik gehört dazu! Mit dieser richtungsweisenden Studie legte er den Grundstein für seine späteren, weltberühmten Arbeiten in den USA."* – nur eben nicht auf dem Feld der Quantentheorie!

privaten Äußerungen erfahren, warum von Neumann niemals sein Opus Magnum von 1932 widerrufen oder zurückgezogen hat. Das Motiv war einfach: Seine »Falsifikation« hätte kein Fachkolleg ernst genommen, da z. B. der »Hilbertraum« weltweit längst zum Grundbestand der Quantentheorie gehört. Aber auch gravierende thermodynamische Einwände spielten eine Rolle, mit denen sich außer von Neumann keiner der Quantenheroen in ihren Lehrbüchern befasste.

Letzteres trifft auch für andere Problemfelder der Physik zu. In der Hydrodynamik aus der Zeit Newtons bis heute treten z.B. viele physikalische Grundfragen auf, die sich seit der Newton-Leibniz'schen Kontroverse ab 1700 als eine direkte Folge des seit damals dominierenden *mechanistischen* Weltbilds der Neuzeit erweisen. Wiederum gibt es weder in der *Scientific Community* noch in der Öffentlichkeit darüber eine nachhaltige Debatte. Beispiele sind heute zum einen die Stringtheorien als Kandidat für eine Vereinheitlichung der Gravitation mit der Quantenfeldtheorie nichtgravitativer Wechselwirkungen. Zum anderen erweist sich in der Kosmologie deren theoretischer Hintergrund unverändert als problematisch. So sind nicht nur die Phänomene der *dunklen* Masse bzw. Energie nach wie vor völlig ungeklärt. Schon eher zur 'Ironic Science' gehören inzwischen die bekannten Versuche, das Thema *Schwarze Löcher* wissenschaftlich zu verstehen. Wie sich zeigt, sind die wortreichen Erklärungen dazu z. B. von *R. Penrose, S. Hawking* u. A. nichts anderes als mathematisch-kosmologische Spekulationen auf der Grundlage weniger zureichender Belege angeblich thermodynamischer Grundlagen. M. a. W.: Neue theoretische Konzepte fehlen hier ebenso, wie experimentelle Beweise bisher noch ausstehen.

Grundsätzliches dazu haben vor über 30 Jahren H. v. Borzeszkowski und R. Wahsner in ihrem Aufsatz *zur Problematik der „schwarzen Löcher"* dargelegt. Ihre zentrale These lautet: *„Schwarze Löcher sind kein Produkt reiner Phantasie und dennoch ist es sinnlos, nach ihnen wie nach 'normalen' astrophysikalischen Objekten zu suchen."* Sie verweisen darauf, dass es sich um einen extremen Fall handelt, auf den Einstein schon in den 1920ern aufmerksam gemacht hatte: *„Erst auf der Grundlage der Theorie* *sei zu entscheiden, was man beobachten kann. Es gibt keine sogenannten Beobachtungstatsachen als 'rein objektive' harte Fakten, auf deren Grundlage dann die Theorie errichtet wird, durch die eine subjektive Färbung ins Spiel kommt. Das 'Objektivste' sind nicht die unmittelbaren Wahrnehmungen für sich genommen, sondern das, was in die Theorie eingebaut, mit ihr erklärt werden kann."* [BORZESZKOWSKI, VON H-H. und WAHSNER, R. (1980a), S. 283, bzw. 267].

Die in der vorliegenden Abhandlung detailliert begründete »Alternative Theorie« (AT) ist eine mathematische Theorie, die *alle* physikalischen Disziplinen einbezieht und einheitlich beschreibt. Darüber hinaus berücksichtigt sie von vorneherein die Verschränkungen zwischen der makro- und mikroskopischen Beschreibungsebene. Die AT basiert auf der sogenannten Gibbs-Falk Dynamik (GFD), die von *Gottfried Falk* ab den 1966er Jahren entwickelt und in seinem letzten Buch begrifflich und mathematisch im Detail dargelegt wurde [FALK, G. (1990)][3]. Grundlage war das von J. W. Gibbs bis ins neue Jahrhundert (1903) fortgeschriebene Gesamtkonzept der Thermodynamik. Darin spielen die o. a. vier Basishypothesen – die noch heute im *mechanistischen* Weltbild aktuell sind – keine entscheidende Rolle, ganz im Gegenteil: Grundlegend ist, dass die GFD als Systemtheorie für den *hochdimensionalen* Phasenraum formuliert wird. Ergo kennt die GFD als Basis der AT weder Zeit noch Raum als konstituierende Begriffe; beide werden als Kurvenparameter eingeführt, mit deren Hilfe die formale Beschreibung einer Welt ermöglicht wird, in der *irreversible* Prozesse nicht mehr nur als Ausdruck physikalischer Abnormitäten ablaufen, sondern primär auch als ‚Kreativpotential der Natur' wirken. Daraus folgen viele Gesetze, die es im mechanistischen Weltbild nicht gibt [vgl. WEHRT, H. (2008)].

Ein markanter Unterschied ist besonders aufschlussreich: Im *mechanistischen* Weltbild und seiner mathematischen Präsentation fehlt eine elemen-

---

[3] Eine eingehende Rezension von Falks opus summum »*Zahl und Realität*« stammt von Dieter Straub und wurde im Todesjahr Falks 1991 in der Zeitschrift *Naturwissenschaften* veröffentlicht. Eine konzise Zusammenfassung der in diesem opus begründeten GFD findet sich in Straubs letztem Buch [STRAUB, D. (2011), S. 90-93].

tare Größe, die jedem Lebewesen bewusst und für alle von essentieller Bedeutung ist – die *Temperatur*. Die Gaskinetik als ein Repräsentant dieses Weltbilds leitet sie – kritiklos – aus der *kinetischen* Energie ab, was ein Kardinalfehler ist. [TRUESDELL, C. (1984), S. 405]. Profunde neuere Kritiken am *mechanistischen* Weltbild gehen darauf bedauerlicherweise nicht ein [vgl. z. B. SHELDRAKE, R. (2012), S. 45f.].

Nun ist es ein Grundprinzip der GFD, dass jede »allgemeinphysikalische Größe« – wie die *Temperatur*, also eine Variable, die grundsätzlich zu jeder Disziplin der Makrophysik gehört – stets *paarweise* auftritt und damit einer ganz bestimmten *konjugierten* »allgemeinphysikalischen Größe« fest zugeordnet wird. Bei der *Temperatur* ist es die *Entropie*. Diese überall in der Schulphysik missverstandene, ja »gefürchtete« Größe ergibt sich in der AT zunächst einmal ganz elementar, d. h. aus der »natürlichen« Forderung nach einer *Physik*, welche der *Temperatur* als 'natürlichem' Index den heutzutage adäquaten Rang zuweist. Das heißt aber auch: Mit vagen Begriffen wie »Ordnung« bzw. »Unordnung« hat die *Entropie* überhaupt nichts zu tun; dennoch spricht heute jeder zweite Naturwissenschaftler 'locker vom Hocker' von einer entsprechenden Verknüpfung als purer Selbstverständlichkeit. Ja, in neueren Büchern zur modernen Kosmologie wird *Unordnung* als Maß von *Entropie* bedenkenlos zur Theorie der *Schwarzer Löcher* herangezogen. Dabei hat sich einer der im 20. Jahrhundert in Deutschland einflussreichsten Physiker und Naturphilosophen – C. F. von Weizsäcker – immer vehement dagegen verwehrt und diese Unsitte in einem seiner Hauptwerke – *Aufbau der Physik* – als eine *„sprachliche und logische Schlamperei"* gegeißelt [vgl. z. B. WEIZSÄCKER VON, C. F. (1985), S. 165].

Dass sich ein charakteristischer Anteil der *Entropie* dann innerhalb der Beweisführungen der AT als eine der Ursachen *dissipativer* Prozesse erweist, ist der klassischen Mechanik sowie der Göttinger-Kopenhagener Quantenmechanik immer noch völlig fremd und kaum erwähnenswert. Ebenso wenig wird in der Scientific Community registriert, dass die AT inzwischen über die mathematischen Werkzeuge verfügt, um die derzeit den 'Kult-Wissenschaften' – den Quanten- und Relativitätstheorien – angepasste

»idealisierte Maxwell-Heavisidesche Elektrodynamik« korrigieren zu können: Sie schließt jetzt *dissipative* Effekte wie die Lorentzkraft sowie die Joulesche Wärme ein – wie es in Maxwells originärer Theorie – dargestellt in seinem *Treatise on Electricity and Magnetism* von 1873 – noch der Fall war! Diese fundamentale Korrektur findet selbst aus gegebenem Anlass keine Nachfolge: In einem aktuellen Buch zum gerade „entdeckten" Higgs-Boson wird als die zu seinem physikalischen Verständnis erforderliche Grundlage die (*reibungsfreie*) Hamilton-Mechanik erläutert und offensichtlich als ausreichend erachtet. [vgl. LESCH, H. (Hrsg.) (2013), S. 133f.]

Besondere Aufmerksamkeit verdienen die Untersuchungen zur Quantentheorie. Im Mittelpunkt steht die mathematische *Verschränkung* zwischen dem durch seine *Gibbssche Hauptgleichung* parametrisch fixierten *Makrosystem* einerseits und der z. B. per Boltzmannstatistik unterlegten Verteilung der Teilchenzahlen des *Mikrosystems* andererseits. Diese *Verschränkung* resultiert in einer Differentialgleichung vom Typ der *Schrödingergleichung* – allerdings erweist sich die präsentierte Differentialgleichung nur für Maxwell-Boltzmann-Verteilungen als linear [vgl. LAUSTER, M. (1998)].

Demgegenüber wird gezeigt, wie sich auf der Basis der Newtonschen Dynamik eine *reversible* lineare *Schrödingergleichung* für die zugeordnete Quantenbasis der Newtonschen Naturphilosophie ableiten lässt. Dazu dienen die originellen Methoden in *Ulrich Hoyers* Buch ›Synthetische Quantentheorie‹ (2002). Interessanterweise können Lösungen dieser Theorie nur als Beschreibung von *Verschiebungen* der ‚Atome' im Sinn der Eleatischen Naturphilosophie des Vorsokratikers *Parmenides* interpretiert werden. Denn nur *Verschiebungen* lassen reversible zeitliche Veränderungen zu. Dieses überraschende Ergebnis ist im üblichen Fall von ‚Bewegungen' längs Trajektorien ausgeschlossen, sofern man nicht auf der dogmatisch verordneten 'Reversibilität' ($t \leftrightarrow -t$) des Zeitparameters der klassischen Dynamik besteht. Solche Prämissen sind indes mit der Ensemble-Theorie von Gibbs' *statistischer* Thermodynamik unvereinbar. Auch hier zieht *Gibbs* für die *mechanistische* Physik einen Schlussstrich!

Für die Quantentheorie zog *John von Neumann* als erster und von den führenden Quantentheoretikern als einziger die Konsequenzen. Deshalb kommt man bei einer realistischen Darstellung quantenmechanischer Grundlagen nicht darum herum, sich mit *von Neumanns* Abhandlungen der 1930er Jahre zu den Grundlagen der Quantenmechanik und -logik zu befassen.

Gliederung und Inhalt der vorliegenden Arbeit verdeutlichen die unumgängliche Konzentration auf Schwerpunkte. Letztere macht es einfacher zu zeigen, dass die mathematische Umsetzung eines *nicht–mechanistischen* Weltbildes zwangsläufig zu einem Perspektivwechsel führt. Eine solche Kehrtwende hat eine beträchtliche Anzahl teilweise gravierender physikalischer Konsequenzen zur Folge, zumal abgeleitet aus einer universalen Theorie. Schließlich sollte nicht ignoriert werden, dass diese Theorie keineswegs nur von mitteleuropäischen Wissenschaftlern aus der beeindruckenden Liste großer Namen des ganzen 19. bis zum Beginn des 20. Jahrhunderts herrührt. Sie geht vor allem auf eine Fülle origineller Vorstellungen des genialen amerikanischen Gelehrten – *J. W. Gibbs* – zurück. Die sie fundierenden Ideen, wie z. B. ein »dynamischer Teilchenbegriff« wurden von *Gibbs* mehr als 35 Jahre *vor* den für die heutige Physik paradigmatischen Arbeiten *Albert Einsteins* und *Jean-Baptiste Perrins* als entscheidender Beleg für die Teilchennatur der Materie vorgestellt.

Dass die begrifflichen Formulierungen und bildlichen Vorstellungen von *Teilchen* indes nicht mehr so naiv vorgenommen werden dürfen, wie sie in der mechanistischen Physik des Massenpunktes, aber auch der Quantenmechanik bis 1964 üblich waren, deckte *John Bell* mit seinem Theorem auf. In 7.1 wird dazu ein origineller Beitrag zur Debatte gestellt.

Bleiben schließlich noch einige Anmerkungen zum aktuellen Status der Stringtheorie (ST). Diese Theorie erhebt seit 1974 den Anspruch auf die universelle Beschreibung aller Naturkräfte. Sie steht somit in direkter Konkurrenz zum Standardmodell der Teilchenphysik. Deren punktförmige Objekte ersetzt die ST durch eindimensional ausgedehnte Objekte, die sogenannten Strings. Letzteren werden 'Quantenzahlen' zugeordnet und in

Schwingungsmoden und topologische Positionen 'übersetzt'. Wohl die bekannteste Besonderheit der ST besteht seit 1984 nun darin, dass – um Materieteilchen repräsentieren zu können – *quantisierte* eindimensionale Objekte (die 'Superstrings') in einer zehn-dimensionalen Raumzeit konsistent formuliert werden müssen – der physikalische Raum also *neundimensional* ist. Die ST wurde zur SST (Superstringtheorie). Sechs Dimensionen müssen folglich, ähnlich einer Zylinderoberfläche, in sich selbst zurücklaufen. Diese ursprüngliche Idee wurde Mitte der 1990er Jahre durch höherdimensionale Objekte – die sogenannten »Branen« – ersetzt mit der Folge, dass die SST heute eine hochkomplexe Welt „*miteinander wechselwirkender vieldimensionaler Objekte in einem topologisch kompliziert gebauten neundimensionalen Raum zeichnet.*" [DAWID, R. (2008), S. 397].

Dieser derzeitige Status der SST ist gleichzeitig mit einem gravierenden Manko behaftet: Obwohl die SST prinzipiell beobachtbare Größen definiert, „*ist keine Technologie in Sicht, die Aussicht auf eine empirische Überprüfung dieser Größen in absehbarer Zeit vermitteln kann... Angesichts des Mangels an empirischen Belegen sowie einer Vielzahl ungelöster theoretischer Kernfragen muss man die SST bis heute als wissenschaftliche Spekulation verstehen.*" [DAWID, R. (2008), S. 400 und 402]. Trotz enormem personellem und konzeptionellem Aufwand hat sich dieser spekulative Charakter der SST in den letzten fast 40 Jahren nicht geändert. Natürlich hat letzterer die Wissenschaftlichkeit der Bewertungsmechanismen, welche die Stringtheoretiker gegenüber ihren Theorien unterstellen, in der Scientific Community kaum nachhaltig glaubhaft werden lassen. Besonders der Anspruch der SST, in gewisser Hinsicht eine finale Theorie zu sein, stößt dort auf Skepsis, zumal „*das Charakteristikum des Antagonismus zwischen Kritikern und Vertretern der Stringphysik das Fehlen einer gemeinsamen Diskussionsbasis ist.*" [DAWID, R. (2008), S. 409]. Diese Sprachlosigkeit führte dann unter den ca. 1000 Stringtheoretikern weltweit [DAWID, R. (2008), S. 404] zu spezifischen Erfolgserlebnissen, wie sie z. B. eine einzige Arbeit von *Juan Maldacena* von 1997 ermöglicht hat; sie wurde bislang 8408-mal zitiert, gehört damit vermutlich in das Guinness-Buch der Rekorde und machte den Autor in den Medien zur Ikone [vgl. z. B. WEISS, M. ,

SZ 27.7.2012]. Um dem Leser eine ungefähre Vorstellung zu vermitteln, was heute unter den Stringtheoretikern geradezu enthusiastisch gefeiert wird, soll eine andere Ikone mit ihrer Antwort auf die Frage *Ist das Universum ein Hologramm?* zitiert werden. Konkret geht es um einen Ausschnitt des Berichts über *Maldacenas* Entdeckung im Jahr 1997 zum Thema *„Branwelt-Szenario einer Version der Holographie... und deren Rolle im realen Universum"* [GREENE, B. (2008), S. 540]:

> „...nach altbewährter physikalischer Vorgehensweise fand er ... ein hypothetisches Universum, in dem die abstrakten Überlegungen zur Holographie mit Hilfe der Mathematik eine konkrete und exakte Form annehmen konnten. Aus technischen Gründen untersuchte Maldacena ein Universum mit vier Raumdimensionen und einer Zeitdimension, die eine gleichmäßig negative Krümmung haben ... Obwohl nicht realistisch, war diese Arbeit das erste konkrete und mathematisch zu bewältigende Beispiel, in dem das holographische Prinzip explizit verwirklicht war. Für die Anwendung der Holographie auf ein ganzes Universum war das aufschlussreich. Beispielsweise sind in Maldacenas Arbeit die Bulk-Beschreibung und die Rand-Beschreibung vollkommen gleichberechtigt. Ganz im Sinn der SST sind die Bulk- und Rand-Theorien Übersetzungen voneinander. Die ungewöhnliche Eigenschaft dieser Übersetzung besteht jedoch darin, dass die Bulk-Theorie mehr Dimensionen hat als die äquivalente Theorie, die für den Rand formuliert wird. Außerdem bezieht die Bulk-Theorie die Gravitation ein (da Maldacena sie mittels der Stringtheorie formuliert hat), die Rand-Theorie, wie die Berechnungen zeigen, dagegen nicht.
>
> Maldacenas Ergebnis ist erstaunlich. Er hat eine konkrete, wenn auch hypothetische Realisierung innerhalb der Stringtheorie entdeckt. Trotzdem wissen wir heute, dass die SST zumindest in bestimmten Kontexten das Holographie-Konzept umsetzen kann. Wie im Fall der o. a. geometrischen Übersetzungen ist das ein...Hinweis darauf, dass die Raumzeit kein fundamentales Konzept ist. Nicht nur Größe oder Form können sich ändern, falls man die Formulierung einer Theorie in eine andere, äquivalente Form übersetzt, sondern auch die Zahl der Raumdimensionen. Diese Hinweise legen den Schluss nahe, dass die Form der Raumzeit ein schmückendes Beiwerk ist, das sich von einer Formulierung einer physikalischen Theorie zur nächsten verändert, und kein fundamentales Element der Wirklichkeit." [GREENE, B. (2008), S. 540 und 541].

Der letzte Abschnitt ist, wie in der vorliegenden Studie evident werden wird, durchaus kompatibel mit den aus der GFD und der AT folgenden Konsequenzen für *Einsteins* Allgemeine Relativitätstheorie.

Last but not least soll noch daran erinnert werden, dass seit 20 Jahren die sogenannte *Alternative Wirtschaftstheorie* (AWT) diskutiert wird. Sie gehört zum Umfeld der hier vorgetragenen neuen Theorien. Erstmals ab 1992 von *Klaus Höher*, *Michael Lauster* und *Dieter Straub* in einem schmalen Band unter dem Titel »Analytische Produktionstheorie«, dann durch weitere Schriften und in vielen Vorträgen im In- und Ausland zur Diskussion gestellt, wurde die AWT bis heute durch weit mehr als ein Dutzend Dissertationen zu einer umfassenden Theorie weiterentwickelt. Sie ermöglicht, komplexe *ökonomische* Systeme auf Meso- und Makroebene in konsistenter Form zu beschreiben,

> „ohne auf die stark einschränkenden Annahmen orthodoxer wirtschaftswissenschaftlicher Theorien oder auf gewisse ideologische Vorstellungen zurückgreifen zu müssen. Dabei handelt es sich um ein interdisziplinär angelegtes Forschungsprojekt, was besonders durch die Anwendung des Gibbs-Falkschen Verfahrens zur quantitativen Beschreibung ökonomischer Systemen deutlich wird... Die vorrangige Zielsetzung ist der Versuch, zum Lückenschluss zwischen der qualitativen Systemtheorie Luhmanns und der [akademischen] ökonomischen Theorie einerseits sowie der Gibbs-Falk Dynamik andererseits beizutragen." [EBERSOLL, M. (2006), S. 6].

Das theoretische Grundgerüst der AWT ist – kurz und bündig gesagt – Resultat eines langfristig angelegten Forschungsprojekts, dessen zentrale Aufgabe es zunächst war, die mathematische Struktur der GFD per *Theorienmorphismus* (sic) auf die Volkswirtschafts- und Betriebswirtschaftslehre zu übertragen. Wie sich zeigte, ist dabei die Voraussetzungsarmut der GFD ein wesentlicher Vorteil. Da der Systembegriff für die GFD eine basale Rolle spielt, eröffnete sich die Möglichkeit, unter gewissen Voraussetzungen auch Niklas Luhmanns *funktionale* Systemtheorie in die AWT einzubeziehen. Relevant ist dabei, dass die Bedeutung

> „der 'Funktion' für Luhmann eine Kategorie der Gesellschaftstheorie ist, die sich auf die Gesellschaft als Ganzes bezieht, nicht nur auf ein einzelnes Teilsystem...Jedes soziale Subsystem, wie das Wirtschafts-, Rechts- oder Erziehungssystem, wird von Luhmann mit Blick auf seine Funktion für die Erhaltung der Gesamtgesellschaft betrachtet." [EBERSOLL, M. (2006). S. 52-53].

Implizit ist die historische Entwicklung der Subsysteme relevant. Folgt man dem österreichischen Ökonomen und Kulturwissenschaftler *Walter Ötsch*, so erkennt man sofort, was konkret gemeint ist:

> „Die dominante Nationalökonomie hat eine heimliche Basis, die von ihren Anhängern selten reflektiert wird. Es ist dies das mechanistische Welt-Bild: der Glaube, der Erkenntnisbereich der Ökonomik letztlich eine Maschine sei oder könne prinzipiell wie eine Maschine untersucht und dargestellt werden (methodologisches Argument)... Die Geschichte der ökonomischen Theorie von den Merkantilisten bis zu den Neoklassikern kann als die Abfolge immer neuer mechanistischer Metaphern begriffen werden. Von einer der großen Epochen zu der nachfolgenden wurde jeweils die alte mechanistische Metapher durch eine neue ersetzt. Immer wieder wurde versucht, eine modernere Sozialphysik im Einklang mit den zeitgemäßen Naturwissenschaften zu begründen..." [ÖTSCH, W. (1993), S. 1].

Die Übertragbarkeit physikalischer Konzepte in die Ökonomie hat eine Tradition. Bekannt sind dazu die vielen Arbeiten von *N. Georgescu-Roegen* – dem „Vater der bioökonomischen Theorie" bis 1993. Dessen bekanntestes Werk trägt den Titel *The Entropy Law and the Economic Process* (1971). Neueren Datums ist das Buch von *Fritz Söllner*: *Thermodynamik und Umweltökonomie* (1996).

Konträr zum erwähnten *mechanistischen* Weltbild und zur *thermodynamischen* Basis von Georgescu-Roegen geht die AWT von einem Ansatz aus, bei dem die Grundbegriffe der GFD – das Quadrupel »Größe-Wert-Zustand-System« – per definierter 'strukturerhaltender Abbildung' auf ökonomische Systeme übertragen werden. Die betreffenden »*Allgemein ökonomischen Größen*« müssen dann aus den o. a. Grundsätzen der »Naturgesetze der Ökonomie« identifiziert und analog den Grundsätzen der GFD in ihren funktionalen Eigenschaften – beispielsweise jener der Erhaltung – gekennzeichnet werden. Damit wird die wichtigste Eigenschaft komplexer Systeme, die Abhängigkeit der zahlreichen »*Allgemein ökonomischen Größen*« untereinander erfasst.

Es ist evident, dass die AWT nicht Gegenstand der vorliegenden Studie sein kann. Für eine sachgerechte Einführung in die AWT steht die erwähnte Dissertation von *Maik Ebersoll* zur Verfügung. Sie enthält auch Hinweise auf bisherige Studien zur AWT, die ab 1992 von K. Höher, M. Lauster, D. Straub publiziert und in der erwähnten »Forschungsgruppe AWT« erfolgreich abgeschlossen wurden. Da indes im letzten Jahrzehnt globaler Finanzkrisen einige der jüngsten Fortschritte in ökonomischer Fundamentaltheorie von wachsender Bedeutung für nachhaltiges Wirtschaftswachstum und eminentem Einfluss auf die heutige Gesellschaft sind, werden im Literaturverzeichnis wenigstens einige Autoren aufgeführt, die wie *George Soros* (2009), *Peter Bofinger* (2012) und vor allem *David Graeber* (2012, 2012a) Entscheidendes zur derzeitigen Finanzkrise im Euro-Raum zu sagen haben.

Allerdings erschien es unvermeidlich, wenigstens erhöhte Aufmerksamkeit auf das Thema AWT im Kontext mit der GFD – dem Hauptanliegen der vorliegenden Studie – zu lenken. Das Hauptmotiv dazu ist ein fulminanter Artikel des Chaosforschers *Marco Wehr* im Feuilleton der FAZ vom 6. Januar 2014. Der Autor legt unter dem Titel „Die Kompetenzillusion" eine scharfsinnige, aber auch durchweg schockierende Analyse der heute unter Politikern, Behörden und Bankern hoch im Kurs stehenden „mathematisch verbrämten Zukunftsprognosen" vor. Zwei Zitate seien angeführt, die sich auf die konkreten Gefahren solcherart Prognosen beziehen:

> „Dieser Umstand verstärkt die Gefahr, für Einflüsterungen wissenschaftlicher Berater, die den Anschein der Kompetenz erwecken, empfänglich zu werden. Das ist leichtfertig, da besonders die vergangenen zehn Jahre lehren, dass vermeintlichem Expertentum mit Vorsicht begegnet werden muss. Als Beispiel können Volkswirtschaftslehre und Klimatologie dienen, da diese Wissenschaften und ihre »Prognosen« zur Grundlage für Investitionsentscheidungen in Billionenhöhe werden." [WEHR, M. (2014), Feuilleton].

M. Wehr erinnert, dass die Wirklichkeit durch jedes auf sie angepasste *mathematische Modell* grundsätzlich reduziert wird. Dabei stellt sich stets die Frage: „Sind die Probleme, die modelliert werden sollen, überhaupt reduzibel?... Ist es überhaupt möglich, Volkswirtschaften oder das Klima so in einem Modell zu reduzieren, dass Voraussagen gemacht werden können?" Wehrs Antworten beziehen sich auf „Komplexe Wechselwirkungsgeflechte" von weltweiter Aktualität:

„Sind Klima und Volkswirtschaften nichtseparable Systeme? Diese Frage ist entscheidend, aber unbeantwortet. In diesem Kontext sieht man deutlich, dass die Unberechenbarkeit einer Naturkatastrophe, die Unergründbarkeit der menschlichen Psyche, die klimatische Entwicklung und auch die wirtschaftliche Prosperität *keine separablen Systeme* sind... Was sollen wir tun?" [WEHR, M. (2014), Feuilleton].

Die zahlreichen Reaktionen der FAZ-Leser auf Dr. Wehrs Ausführungen variieren zwischen Ratlosigkeit und engagierter Zustimmung. Interessant sind Zuschriften, deren schroffe Ablehnung eng mit dem Thema des Aufsatzes in Bezug auf deren vom Autor herausgehobenen Relevanz für die Beratung von Politikern begründet wird. Das ist sicher eine Schwachstelle des Aufsatzes, da seine durchgängig hochkomplexe Thematik von der überwiegenden Mehrheit eben dieser Klientel weder verstanden wird noch derem aktuellem Interessenspektrum dienlich sein dürfte: Politiker wollen meist nicht belehrt, sondern in ihrer Meinung bestärkt werden.

In der Jubiläumsausgabe von *bild der wissenschaft 2-2014* wird dieses Problem thematisiert: „Zeitgenössische Wissenschaft mutet gelegentlich recht kryptisch an. Nobelpreise wurden 2013 für die theoretische Entdeckung eines Mechanismus verliehen, der zu unserem Verständnis des Ursprungs der Masse subatomarer Teilchen beiträgt. ... So viel Schleierhaftes strapaziert doch sehr die Begeisterungsfähigkeit. ... Öffentliche Wissenschaft ist das sicherlich nicht. ... [Wen wundert es dann noch,] wie sehr der Beruf des Hochschulprofessors an Prestige verloren hat?" [bdw: SCHMIDT, H. (2014), S. 10].

"In unserer Zeit werden Kant und die Aufklärung recht allgemein als völlig veraltet angesehen; worauf man wohl nur sagen kann: Umso schlimmer für unsere Zeit."
- Karl Popper - [zitiert in: NIQUET, B. (2007), S. 5]

II EINLEITUNG

Die vorliegende Studie zielt vorrangig darauf ab, die grundlegenden Ideen und Ergebnisse der *Alternativen Theorie* (AT) einer kritischen Überprüfung zu unterziehen und sie gegebenenfalls zu aktualisieren. Die AT wurde vor 17 Jahren erstmals in *Straubs* Hauptwerk [STRAUB, D. (1997)] der internationalen Öffentlichkeit vorgestellt und in seiner Abschiedsvorlesung im Herbsttrimester 2001 und Wintertrimester 2002 letztmals aktualisiert. [WURST, TH. K. [Hrsg.] (2002)].

Um die grundlegenden physikalischen Vorstellungen im historischen Kontext zu verstehen, die zur AT beigetragen haben, muss man *Willard Van Orman Quines* Frage ernst nehmen, ob Wahrheit in der Logik und der Mathematik auf Konventionen beruht? Ein für die vorliegende Arbeit wichtiger Hinweis, wo man eine Antwort suchen sollte, findet man in *Orman Quines'* Biographie; sie verrät, dass er als Emeritus 1980 an der Stanford University die *Immanuel Kant Lectures* hielt, in denen er seine Philosophie auf aktuellem Stand zusammenfasste. Tatsächlich werden die späten Hauptwerke *Kants* in meiner Arbeit für das Theoriengebäude der gesamten Physik eine fundamentale Rolle spielen. Allerdings erscheint es notwendig, die 'philosophische Begleitmusik' wenigstens auch einem renommierten *zeitgenössischen* 'professionellen Philosophen der Physik' anzuvertrauen. Hier ist es der Amerikaner *Lawrence Sklar* (*1938). Fast alle seine wissenschaftlichen Werke sind in der vorliegenden Untersuchung aufgeführt.

Der Titel meiner Studie verweist auf einige charakteristische Darstellungsformen der Physik als wissenschaftliche Systemtheorie. Letztere basiert auf einem prägenden historischen Hintergrund. Der ist unter anderem in *Kapitel 1* zusammengefasst. Seine Lektüre wird deshalb auch jenem Leser empfohlen, der sich nur für spezielle Schwerpunkte der Arbeit interessiert. Darüber hinaus enthält *Kapitel 1* einige Abschnitte, welche die besondere Rolle des erst seit 1946 bekannten »wahren« Isaac Newton und seiner Naturphilosophie für die moderne Physik darlegen. Dies gilt besonders auch für die hier präsentierten alternativen Auffassungen von Physik und ihrem Wissenschaftlichkeitsbegriff.

Gegenstand der Untersuchung ist eine mathematische Theorie, deren Entstehungszeiten mit ihren drei Hauptteilen über 120 Jahre auseinander liegen. Teil I stammt originär von *J. W. Gibbs*; er wurde von ihm für den Spezialfall der Thermostatik in den Jahren 1876 bis 1878 ausgearbeitet und publiziert. *Gottfried Falks* Beitrag (Teil II) besteht zum einen in der Entdeckung, dass in *Gibbs* Werk [GIBBS, J. W. (1876/78)] zur begrifflichen und mathematischen Fundierung der Thermostatik/Thermodynamik implizit ein *universelles Beschreibungsverfahren* für alle Teildisziplinen der Makrophysik enthalten ist. Darüber hinaus hat G. Falk dieses von ihm als »thermodynamische Methode« benannte Verfahren als eine *neue physikalische Systemtheorie* formuliert und mathematisch eingehend begründet. [FALK, G. (1990)]. Falks Theorie wird in der vorliegenden Arbeit als *Gibbs-Falk Dynamik* (GFD) bezeichnet [vgl. STRAUB, D. (1990)].

Schließlich erfolgte die Fortentwicklung der GFD durch *Dieter Straub* und *Michael Lauster* (Teil III) unter dem Arbeitstitel *Alternative Theorie* (AT) der Physik [STRAUB, D. (1997)]. Sie ist eine mathematische Methode mit universellen Elementen für jedes ihrer in Frage kommende System. Dass diese Modifikation logisch auf eine gemeinsame begriffliche Wurzel zurückgeführt werden kann, verdanken wir *I. Kant*, aus dessen Erkenntnistheorie bekanntlich eine *Metaphysik* begründet werden kann, die für solcherart *wissenschaftlicher Systeme* konstitutiv ist!

Diese Einsicht ist von großer Bedeutung nicht nur für die Physik. Deshalb wird in der vorliegenden Arbeit auf die Aktualität der Kant'schen Philosophie nachdrücklich eingegangen. Die Analyse resultiert darin, dass für *wissenschaftliche Systeme* ein fundamentales Theorem Kants bestätigt werden kann. Demnach ist es eine notwendige Prämisse für jedes solcher *Systeme*, dass ihm ein für die betreffende Wissenschaft prägender *Variablen-Satz* von typischen *'extensiv-intensiven Größenpaaren'* zu eigen ist [vgl. 2.1]. In der Physik sind diese Variablen die »allgemeinphysikalischen Größen«. Sie sind jeweils paarweise zueinander konjugiert und bilden zusammen die für die GFD typische sogenannte *Kant-Struktur*. Das von der GFD beschriebene wissenschaftliche System ist mit deren *Energie E* synonym. Diese *Systemenergie* ist ihrerseits definiert als Funktion nur der systemrelevanten *extensiven* »allgemeinphysikalischen Größen«. Sie bilden in diesem Kontext die Systemkoordinaten im Phasenraum; in letzterem treten Raum und Zeit nicht auf. Erst durch eine Legendre-Transformation der Systemenergie *E* nach einer ihrer systemrelevanten extensiven Variablen, die ein Feld repräsentiert – z. B. das Gravitationsfeld **F** – kommen die Raumkoordinaten des *Konfigurationsraums* ins Spiel. Die *legendretransformierte* Energie $E^{[F]}$ wird dann über das Noether-Theorem mittels eines Kurvenparameters – der linear-affinen Zeit *t* – zur Erhaltungsgröße.

Auf der Grundlage dieses theoretischen Rahmens der GFD resultieren auch die fundamentalen Naturgesetze – beispielsweise die Falkschen Gleichungen – die traditionell der Speziellen Relativitätstheorie Einsteins zugeschrieben werden. Auch für eine signifikante Erweiterung der quantenphysikalischen Grundlagen [vgl. LAUSTER, M. (1998)] sind GFD und AT unverzichtbar.

Für die hier präsentierte Darstellung erweisen sich Beschränkungen als angebracht und nützlich. So soll die neue Theorie – GFD und AT – mit ihren Prinzipien, mathematischen Instrumenten, Primärtheoremen soweit dargestellt werden, dass daraus spezifizierte Methoden und Näherungen auch für *ingenieurwissenschaftliche* Anwendungen interessant werden. Um die innere Konsistenz der Theorie auszuweisen, wird eine *einheitliche* Beschreibung der makro- und mikrophysikalischen Erscheinungen angestrebt. ›*Einheitlichkeit*‹ bedeutet in der vorliegenden Studie, dass sich die *atomare Struktur des Universums* in einem Standardmodell ausdrücken lässt, das mit der GFD kompatibel ist. Dieses in *Unterkapitel 7.1* eingehend erläuterte Standardmodell wird hier mit *SM 2000* bezeichnet; es wurde von D. Straub und mir auf der Grundlage von *Wolfgang Seeligs* Theorie entwickelt und bereits im Jahr 2000 veröffentlicht.

Viele Anwendungsmöglichkeiten im engeren ingenieurwissenschaftlichen Bereich benötigen eine solche *einheitliche* Darstellung, sofern das Zusammenspiel der mikro- und makrophysikalischen Bereiche neue innovative Lösungen eröffnen sollte. Wesentlich in diesem Kontext ist auch die mathematische Beschreibung der *Verschränkung von Makro- und Mikrophysik* mit dem Ergebnis, *erweiterte* Differentialgleichungen vom »Schrödinger Typ« ableiten zu können.

Um den Überblick nicht allzu sehr zu erschweren, wird neben den physikalischen und mathematischen Fundamenten der GFD nur die AT exemplarisch anhand der thermodynamisch-strömungsmechanischen Grundlagen *dissipativer* Prozesse dargelegt. Da die zugrunde liegende Arbeit als Dissertation an einer *ingenieurwissenschaftlichen Fakultät für Luft- und Raumfahrttechnik* eingereicht wurde, wird dem Leser aus diesem Anwendungsbereich in angemessenem Rahmen eine Methode vorgestellt, die ohne die AT nicht hätte präsentiert werden können [vgl. 7.4.2]. Diese so genannte *Münchner Methode* (MM) lieferte für die Sicherheit der SSME (Space Shuttle Main Engines) der inzwischen außer Dienst gestellten *Space-Shuttle-Flotte* der NASA signifikante Beiträge. Letztere erlauben auch, ein besonderes Anliegen der Arbeit exemplarisch zu belegen, nämlich dass so genannte theoretische Modelle sowie deren experimentelle Evaluierung besonders für ingenieurwissenschaftliche Anwendungen unverzichtbar sind. Wie sich im Fall der NASA erwies, können sie jedoch nur wissenschaftliche Relevanz beanspruchen, sofern sie auf einem theoretischen Fundament beruhen, dessen Axiome untereinander logisch konsistent sind und zu einer mathematisch hinreichend widerspruchsfreien Theorie führen. Deren Theoreme dürfen – soweit sie metaphysischer Natur sind – nicht den Erfahrungen widersprechen, was oft nicht erwiesen ist. Exzeptionelle Beispiele sind die *Hauptsätze der Thermodynamik* oder das *Superpositionsprinzip der Quantenmechanik*. Aber auch aus der berühmten Boltzmann-Gleichung wurde eine Art der *Ironic Science* entwickelt, die neuerdings sogar von prominenter Seite auf erstaunlichen Widerspruch stößt [vgl. 7.4.4].

In diesem Zusammenhang sollten experimentelle Ergebnisse nicht pauschal überbewertet werden, falls sie auf Berechnungen abgestimmt sind, die ihrerseits – beispielsweise dem vorherrschenden *Paradigma materialistischer Naturwissenschaft* verpflichtet – oft auf dem stillschweigend akzeptierten *Materiemodell der Eulerschen Massenpunkte* beruhen. Andere problematische Materiemodelle werden in der kinetischen Gastheorie bei Reentry-Strömungen sehr hoher Temperaturen oder für turbulente Strömungen eingesetzt [vgl. STRAUB, D. (1997), 7.4]. Tatsächlich besitzen diese Modelle heutzutage ausnahmslos immer noch keine gesunde physikalische Basis – weder theoretisch noch experimentell. Zufällige Übereinstimmungen zwischen diskreten Mess- und Rechenwerten entsprechen eher einem interessenorientierten Wunschdenken als wissenschaftlicher Rationalität.

In der Elementarteilchenphysik leben die Physiker seit der zweiten Jahreshälfte von 2011 weltweit in der 'guter Hoffnung', dass sie „*der Entdeckung des fast schon sehnsüchtig erwarteten Higgs-Teilchens mit dem weltgrößten Teilchenbeschleuniger ›Large Hadron Collider‹ (LHC) einen wichtigen Schritt nähergekommen sind*" [DPA (13.12.2011]. Wie kann man dieses sogenannte 'Gottes-Teilchen' aber überhaupt identifizieren? Das gegenwärtig gültige *Standardmodell* der Elementarteilchenphysiker beinhaltet bis zu 24 *freie* Parameter, die man bisher durch Messung festlegen und aufeinander abstimmen muss. Weder lassen sie sich derzeit aus einer allgemeineren Theorie vorhersagen, noch erlauben sie irgendwelche Hinweise, ob das Higgs-Boson wirklich existiert und die spekulativ prognostizierten Eigenschaften besitzt. Dennoch gilt auch hier offenbar seit langem: Die Hoffnung stirbt zuletzt![4]

Dass es auch ganz anders und besser geht, zeigt ein aus der GFD abgeleitetes universelles Schema zur Berechnung der Nullpunktsenergien aller Elementarteilchen [STRAUB, D. und BALOGH, V. (2000) vgl. 7.1]. Dieses Unterkapitel ist insofern sehr aktuell, als derzeit alle Welt fast täglich das

---

[4] SZ(Wissen): „*Der Himmel ist beweglich*" (Interview zum Higgs-Partikel mit der Physikerin *Lisa Randall*) S. 16, am 9. Mai 2012.

Wunder von Genf – die Ankunft des „Higgs-Geistes" – erwartet.[5] In unserem Paper vom Jahr 2000 haben wir indes bereits begründet, warum es das Higgs-Boson im Rahmen der Standardphysik nicht geben kann. Die kürzlich vom CERN dafür ausgegebenen Daten sind im Diagramm in Abschnitt 7.1 der vorliegenden Arbeit eingetragen und als bislang unbekanntes, aber ganz normales (Hochenergie-) Elementarteilchen $[S_{10}^*(2; 1; 9; 20)]$ mit einer Masse von 126,8 GeV identifiziert worden. Dieses Ergebnis wird von einer Pressemeldung (4.7.2012) untermauert:

> „Geneva, 4 July 2012. At a seminar held at CERN today as a curtain raiser to the year's major particle physics conference, ICHEP2012 in Melbourne, the AT-LAS and CMS experiments presented their latest preliminary results in the search for the long sought Higgs particle. Both experiments observe a new particle in the mass region around 125-126 GeV." [CERN, PR17.12, am 4.7.2012].

Abschnitt 7.2 enthält noch Hinweise auf die Einbettung *elektromagnetischer* Effekte in das allgemeine Schema der GFD und der AT [STRAUB, D. LAUSTER, M. und BALOGH, V. (2004)] im Rahmen der in Kapitel 7 präsentierten Anwendungen.

Schließlich enthält das Buch im Abschnitt 7.3 sowie im Anhang III.6 unter der Perspektive der GFD eine eingehende Kritik der Allgemeinen Relativitätstheorie ART. Das Ergebnis kann nicht eigentlich überraschen: Die ART ist mit der GFD nicht nur aus prinzipiellen Gründen – die ART enthält keine *Kant-Struktur* – inkompatibel, sondern auch die derzeit favorisierte thermodynamische Interpretation und formelmäßige Beschreibung von *Schwarzen Löchern* erweisen sich – wie gezeigt wird – definitiv als falsch; sie rekurrieren durchweg auf völlig unzureichende *thermodynamische* Grundlagen [vgl. 7.4.4]. Besonders bemerkenswert sind dagegen die neueren Ideen führender Stringtheoretiker betreffend deren Vorstellungen von den wahren kosmologischen Raum- und Zeitdimensionen. Brian Green zu-

---

[5] Die letzten *„Datenspuren zum Higgs-Boson"* kamen am 7. März 2012 aus *La Thuile*, einer italienischen Gemeinde in der autonomen Region Aostatal. Dort stellten Physiker vom Fermilab in Batavia bei Chicago ihre Daten vor: *„auf das Higgs hinzuweisen scheinen"*. Die US-Daten *„lassen nach Angaben des zuständigen Projektleiters... darauf schließen, dass die Masse des Higgs-Bosons in einem Bereich zwischen 115 und 135 Gigaelektronenvolt (GeV) liegt. In etwa diesem Bereich war auch das Europäische Teilchenforschungszentrum CERN bei Genf auf Hinweise gestoßen"* [DPA/CHS (8.3.2012)]: "Hope dies last!"

folge kann – vorsichtig ausgedrückt – nicht ausgeschlossen werden, dass „die vertraute Raumzeit eine *Illusion* sein könnte".

Die *Zusammenfassung* (Kap. 8) der vorliegenden Untersuchung informiert kompakt über die wichtigsten Methoden und Ergebnisse, macht aber auch auf die Komplexität der Arbeit aufmerksam.

Zwei „stilistische" Bemerkungen beschließen die *Einleitung*:

1) Die Einheitlichkeit der Darstellung bezieht sich primär auf die formale Präsentation der vorgestellten Theorie und ihrer mathematischen Methodik. Bei den Bezeichnungen der physikalischen Größen wird Bezug auf traditionelle Bezeichnungen und Symbole genommen, um das Verständnis zu fördern und die Lesbarkeit zu erleichtern. Vor allem betrifft diese Bemerkung die Benennung der *Energiearten*. In der AT ist die Unterscheidung zwischen *Systemenergie E* und *Gesamtenergie* $E^{[F]}$, beziehungsweise die zwischen den *Legendre-transformierten Energien* wesentlich. Demgegenüber verlangt die allgemeine, abstrakte Darstellung des *Kapitels 5* (aus dort angegebenen Gründen) eine abweichende Notation. Dort schließen wir uns an die Darstellung von *Michael Lauster* an, der seine Bezeichnungen der Praxis der theoretischen Physik angepasst hat. Im *Kapitel 6* werden Zusammenhänge unter spezialisierten Bedingungen erörtert. So z. B. entsprechen die Symbole U bzw. E der Gesamtenergie, V der potentiellen Energie unter diesen für die übliche Quantenmechanik speziellen klassisch-mechanischen Voraussetzungen.

2) An einigen Stellen kommen Wiederholungen vor (z. B. im *Anhang*). Damit sollen Texte in anderem Kontext noch einmal beleuchtet und damit deren Verständnis erleichtert werden.

"All science is either physics or stamp collecting"
– Ernst Rutherford – [BIRKS, J. B. (1962)]

1 ISAAC NEWTONS NATURPHILOSOPHIE ALS KONSTITUTIONELLE BASIS NICHT-MECHANISTISCHER PHYSIK[6]

"No one theory gives us a total description of how things are.
It is easier to be right the less you claim about the world."
– Lawrence Sklar – [SKLAR, L. (2005); S. 55 und 99.]

1.1 Was bedeutet ‚mechanistisch'?

Der Titel der vorliegenden Abhandlung *„Nicht-mechanistische Physik als einheitliche Systemtheorie"* birgt mehr Fragen als Hinweise. Nimmt man *Lord Rutherfords* ironische Alternative als erstes Indiz, so dürfte es so etwas wie eine »mechanistische Physik« eigentlich gar nicht geben. So wäre es also evident, dass beim Zugang zur hier präsentierten Darstellung vom Leser bereits erwartet wird, dass ihm klar sein sollte, was unter dem Wort ‚mechanistisch' zu verstehen sei. Und das umso mehr, als der *Terminus technicus* selbst Vielen heute vertraut erscheint – meist als etwas Komplexes, das irgendwie zur modernen technischen Welt gehört, pauschal, unvermeidlich... Und gewöhnlich funktioniert eine so vage Vorstellung sogar, weil sie bei vertrauenswürdigen Experten, Ingenieuren, Mechanikern und Elektronikern verlässlich in Obhut ist.

Des Weiteren belegt bekanntlich auch die Lektüre sowie das Vokabular der Schriften von *Thomas Huxley,* dann von *William Stanley Jevons* und *Marie Esprit Léon Walras,* schließlich der Werke *Karl Marx*[7]*, Friedrich Engels, Lenin,* u. a., welch hohen Stellenwert selbst im politischen Sprachgebrauch der Ausdruck ‚mechanistisch' seinerzeit besaß. Vor allem signalisierte er

---

[6] Für viele fachliche Diskussionen und besonders die Unterstützung bei der Bewältigung schwieriger Probleme mit der deutschen Sprache in diesem Kapitel danke ich (V.B.) Herrn Professor Dieter Straub.

[7] Marx' mechanisch-philosophische Wurzeln erkennt man schon am Titel seiner Dissertation 1841 an der Universität Jena: „Zur Differenz der demokratischen und epikureischen Naturphilosophie".

unmittelbar die enge Verbundenheit zum Materialismus des 18. Jahrhunderts, ohne den es weder Aufklärung, noch Französische Revolution oder Frühindustrialisierung, geschweige denn die Weltmacht USA gegeben hätte – von den zwei mörderischen Weltkriegen und den Folgen ganz zu schweigen.

Historisch bedeutsam ist in diesem Kontext die Rolle *Voltaires*. Tatsache ist, dass er zusammen mit der bekanntesten Physikerin ihrer Zeit, *Émilie Marquise du Châtelet*, die newtonsche Physik gegen den erbitterten Widerstand der Crême der französischen Mathematiker und Naturwissenschaftler ‚hoffähig' gemacht hat. [Vgl. VOLTAIRE (1738)]. Ja, er hat *„mehr als ein anderer zum Sturz des Cartesianismus in Frankreich beigetragen"*. Aber nicht nur: Mit seiner Popularisierung von Newtons Lehre leitete er angeblich auch die *„Mechanisierung der (newtonschen) Mechanik"* ein [Vgl. BORZESZKOWSKI, VON H-H. und WAHSNER, R. (1980), S. 217-290]: Mechanisierung verstanden als „die Reduktion der newtonschen Dynamik auf Kinematik und Mathematik" [Vgl. BORZESZKOWSKI, VON H-H. und WAHSNER, R. (1978)]. Oder alternativ ausgedrückt: *Kraft* als physikalischer Begriff erweist sich als die *„Bewegung Hervorrufende"*.

Aus heutiger Sicht bezieht sich dieser Schluss auf das Gleichgewicht eines bewegten Körpers z. B. in einem Schwerefeld, erfasst also einen Sonderfall, in dem die zeitliche Impulsänderung des Körpers mit der Feldkraft identisch wird.[8] Daraus folgt, dass diese Art ‚Reduktion' auf Newtons Dynamik insgesamt nicht zutrifft, letztere in diesem Sinn nicht ‚mechanistisch' ist.

Dieser Fall belegt, dass es erforderlich ist, das Attribut 'mechanistisch' auf seine Bedeutung hin zunächst für die *klassische Mechanik* zu hinterfragen.

---

[8] Die Voltaire-Experten R. Wahsner und H.-H. von Borzeszkowski behauptet allen Ernstes, dass *„Voltaire Impuls mit Kraft verwechselt habe"*. Und der Schluss folgt zugleich: *„Durch den Bezug auf den Kraft- statt auf den Impulsbegriff... öffnet sich die Begriffswelt der Physik anderen qualitativen Kräften, so dass beispielsweise elektrische und magnetische Wirkungen nicht mehr mechanistisch erklärt werden brauchen, sondern ihre qualitative Eigenständigkeit erhalten"*; vgl. den Aufsatz im *Internet: Ist die Newtonsche Mechanik mechanistisch?* (http://www.thur.de/philo/project/mechanik.htm).

Für letztere sind drei mathematische Methoden für physikalische Vorgängen gebräuchlich:

(i) Die Newtonschen Gesetze (ii) Der Lagrange-Formalismus (iii) Die hamiltonsche Mechanik.

Primär sind die Unterschiede mathematischer Art. Die analytischen Methoden (ii) und (iii) gehören, wie sich erweisen wird, überhaupt nicht zur *newtonschen* Ideenwelt, also auch nicht zur *nach-newtonschen* Ära. Ihre führenden Köpfe waren *Leibniz, Bernoulli, Euler, Lagrange*.

Das Problem bei Newtons Mechanik wird z. B. von *Matthias Elbel* auf unkonventionelle Weise auf den Punkt gebracht:

„Newton liebte den synthetischen Beweis. Deswegen ist sein Hauptwerk, die ‚*Principia Mathematica philosophiae naturalis*' für uns so schwer zu lesen. Man spricht darüber, aber man kennt es nicht." [ELBEL, M. (1991), S. 261].

Elbel gibt auch die Richtung an, wo man den Schlüssel zum Verständnis der Newtonschen Physik zu suchen hat – kurz und bündig: in der Euklidschen Geometrie[9] und bei Archimedes:

„Geometrische Beweise ermöglichen … einen Überblick, den man angesichts von Formelwänden [wie bei den analytischen Methoden] nicht haben kann. Manche sind frappierend in ihrer Wirkung…" [ELBEL, M. (1991), S. 261].

Im frühen 17. Jahrhundert hat ein Vorgänger Newtons, *Simon Stevin*, in seinem Werk über Statik und Hydrostatik viele anschauliche geometrische Beweise vorgeführt. Ihren Höhepunkt und Abschluss haben diese geometrisch fundierten Methoden bei der Behandlung der Planetenbewegung und ihre Zurückführung auf die Gravitation gefunden. Die Ahnengalerie mit den vier Hauptprotagonisten *Ptolemäus, Kopernikus, Galilei, Kepler* weist den Weg bis zu *Newton*, bei dem der *scholastische* Einfluss endet. Die Keplerschen Gesetze – formuliert von 1609 bis 1619 – sind sicher

---

[9] Entscheidend ist Newtons nie revidierter Bezug auf Galileo Galileis Grundposition. In seinem paradigmatischen Werk Il Saggiatore (1623), an dem er seit 1620 gearbeitet hatte, äußerte Galilei (lt. *Pietro Redondis Hauptwerk*) *„seine berühmt gewordene Überzeugung, die Philosophie (nach dem Sprachgebrauch der Zeit ist damit die Naturwissenschaft gemeint) stehe in dem Buch der Natur, und dieses Buch sei in mathematischer Sprache geschrieben: Ohne Geometrie zu beherrschen, verstehe man kein einziges Wort. Seither gilt Galilei als Begründer der modernen, mathematisch orientierten Naturwissenschaften, gleichzeitig enthielt dies eine Absage an Alchemie und Astrologie"*.

„der unerhörteste Erfolg der vor-newtonischen Ära... Sie lassen an Präzision der Vorhersage nichts zu wünschen übrig. Bewiesen waren sie nicht, aber in jeder Hinsicht wahr! Und sie zeigten, dass die Vorgänge am Himmel durch Kräfte zwischen den Gestirnen zustande kommen. Diese Einsicht war wegweisend.... ." [ELBEL, M. (1991), S. 266].

für Newton. Während es *Edmond Halley*, *Robert Hooke* und *Christopher Wren* unabhängig voneinander gelang, aus dem Newtonschen Gravitationsgesetz, das Dritte Keplergesetz abzuleiten (sic), konnte erst Newton *die Kepler-Gesetze Eins und Zwei* mathematisch beweisen.

Wie führte Newton seine Beweise aus? Mit Zirkel und Lineal auf der Basis der Euklidischen Geometrie! Der Leser sei auf Elbels Erläuterungen zu Newtons Beweis der Kepler-Gesetze verwiesen. [ELBEL, M. (1991), S. 268-270]. Wundert's aber dann, dass sie unsere Generation mehr irritieren als überzeugen?

„Newton ist in seiner Wissenschaft eigentlich der große Unzeitgemäße, vergleichbar J. B. Bach. Er führt die vorgefundene Wissenschaft zu einer ungeahnten Vollendung, während ihn die Neuerer bereits rechts und links überholten. Was er aber mit seinen altertümlichen [geometrischen] Methoden erreicht, ist ungeheuer." [ELBEL, M. (1991), S. 271].

Elbels Bericht mag vielleicht melodramatisch klingen, ist indes zutreffend. Seine Brisanz soll kurz dargelegt werden, da sie für die Entwicklung der heutigen Physik gar nicht überschätzt werden kann.

„Was beweisbar ist, soll in der Wissenschaft nicht ohne Beweis geglaubt werden."
- Richard Dedekind (1888) -

1.2 Der zahlentheoretische ‚Paukenschlag'

Die angedeutete Entwicklung der klassischen Mechanik ab der Wende vom 17. zum 18. Jahrhundert – beginnend von Newtons *geometrisch* fundierten Beweisen zu den durch *analytische* Methoden beherrschten Formalismen nach *Lagrange* oder *Hamilton* – wurde durch eine Veränderung herbeigeführt, die man grob auf das Barockzeitalter datieren kann.

Selbst der faszinierende Aufbruch der Mathematik in jenem Zeitalter geriet mit einigen ihrer Teildisziplinen – sogar der Fachöffentlichkeit wenig bewusst – in eine kaum durchschaubare Krise. Deren Folgen wirkten sich insbesondere für die Naturwissenschaften bis ins späte 19. Jahrhundert teilweise verheerend aus. Hier soll ein derartiger Fall kurz angesprochen werden; er mag den Leser für ein historisch bisher wenig beachtetes Phänomen vor allem unter zwei Aspekten sensibilisieren: Einerseits betrifft es die ambivalente Einstellung der maßgeblichen Gesellschaftsschichten Europas gegenüber den Wissenschaften während der Barockzeit vom Ende des 16. bis über die Mitte des 18. Jahrhunderts. In vielen Merkmalen ähnelte diese Ambivalenz denjenigen, die sich erstaunlicherweise schon bei den Gelehrten und Machteliten im *hellenistischen* Zeitalter nachweisen lassen. Andererseits geht es um die Ausgestaltung der barocken Mathematik zur Unterstützung einer revolutionären technologischen Entwicklung, die als Frühindustrialisierung bezeichnet wird.

Das avisierte Beispiel bezieht sich auf die Funktionentheorie:

> „Sie ist ein umfangreiches und wichtiges Teilgebiet der höheren Mathematik, das in wechselseitiger Beziehung zu allen Gebieten der Mathematik und gleichzeitig in enger Verbindung zu wichtigen physikalisch-technischen Gebieten steht. Neben Problemen der theoretischen Physik erfordern gerade die modernen konstruktiven Aufgaben der Aero- und Hydrodynamik, z. B. die Berechnung des Auftriebs... der Strömungsverhältnisse in Turbinen... zu ihrer mathematischen Behandlung weitgehend Mittel der Funktionentheorie. [Letztere] entstand mit der Aufgabe, die Begriffe und Methoden der Differential- und Integralrechnung sowie der Lehre von den unendlichen Reihen auf Funktionen komplexer Variabler auszudehnen. Im 19. Jahrhundert entwickelte sie sich zu einem selbständigen ... Gebiet, besonders durch die Arbeiten von Augustin-Louis Cauchy, Karl Weierstraß und Bernhard Riemann." [GELLERT, W. (1967) et al. (Hrsg.), S. 730].

Heutige Mathematikstudenten stoßen während ihrer Ausbildung in mathematischer Analysis auf verschiedene nach *A.-L. Cauchy* benannte Sätze über unendliche Reihen und Folgen. Dabei erfahren sie in aller Regel nie, dass die heute anerkannten Aussagen

> „dieser Sätze nicht den tatsächlichen Sätzen in dessen mathematischen Arbeiten entsprechen. Denn Cauchy beschäftigte sich nicht mit den geometrischen Größen Euklids, sondern mit numerischen Quantitäten, und für Zahlen gab es keine zur Euklidischen analoge, strenge Theorie. So kann das »Cauchy-

Kriterium« für die Konvergenz einer Reihe nicht ohne eine Theorie der reellen Zahlen bewiesen werden." [Russo, L. (2004), S. 449-450].

Trotz der vielen Ideen und Resultate, die es in der Spätphase der barocken Mathematik auch zur Zahlentheorie gab, der laut *Carl Friedrich Gauß* ‚Königin der Mathematik', darf man nicht ignorieren, dass diese Disziplin als Teil der höheren Mathematik bis zum späten 19. Jahrhundert durch *Euklid* dominiert wurde. Dessen Zahlentheorie – die Bände 7, 8 und 9 seiner ‚Elemente' – war auch nach 22 Jahrhunderten an mathematischer Strenge unübertroffen. [vgl. RUSSO, L. (2004), S. 449-450; bzw. LEDERLE, C. (1999), S. 34].

Es spricht ja für sich, dass nach den eher spärlichen Beiträgen scholastischer Gelehrter – genannt seien hier nur der ‚Rechenmeister' *Leonardo Fibonacci* und *Pater Marin Mersenne* – ausgerechnet ein genialer Amateur, der Jurist *Pierre de Fermat* (*1608 - †1665) die ‚barocke Zahlentheorie' repräsentieren musste.

Die geschilderte Entwicklung, die schon allein am Beispiel von *Cauchy*s Mathematik des Konvergenzverhaltens das ganze Fiasko für die am Tropf der Funktionentheorie hängende mathematische Physik der Kontrahenten *Isaac Newton*s belegt, änderte sich grundlegend erst im späten 19. Jahrhundert. Motiv war einerseits die dramatisch anwachsende Industrialisierung. Andererseits erbrachte – der Öffentlichkeit kaum bekannt, aber langfristig für die Begleitmusik der Industrialisierung durch eine seriöse Wissenschaft letztlich ausschlaggebend – ein *zahlentheoretischer ‚Paukenschlag'* den Durchbruch: *Karl Weierstraß* (*1815 - †1897) und sein Schüler *Richard Dedekind* (*1831 - †1916) übertrugen Euklids »*Definition von Proportionen*« [vgl. Euklid: Die Elemente, Buch V, Definition 5] zusammen mit *Georg Cantor*s Mengenlehre in das heutige Vokabular der Mathematik.[10]

Es waren die Geburtsjahre der *reellen Zahlen* $\mathbb{R}$! Vor 1870 lag indes keine der diesbezüglichen Arbeiten von *Weierstraß*, *Dedekind* und *Cantor* im Druck vor! $\mathbb{R}$ enthält praktisch alle Zahlen, die man in der Schule und in

---

[10] Heinrich Eduard Heine (*1821 -†1888) und Dedekind publizierten ab 1872 die ersten Arbeiten zur „modernen Theorie" reeller Zahlen nach Ideen ihres Lehrers.

der Praxis braucht [vgl. BECKER, O. (1995)]. Die Zahl π, die fünfte Wurzel aus 323, die Eulersche Zahl e, all das sind reelle Zahlen.

Diese Großtat führte zur Wende, ergo zur neuzeitlichen Vorrangstellung algebraischer gegenüber geometrischen Methoden in der Mathematik; sie erst schuf die Vertrauensbasis für Anwendungen moderner wissenschaftlicher Theorien bei technologischen Vorhaben. Dabei reduziert sich diese *Definition* darauf, dass eine reelle Zahl durch ihr Verhalten

> „gegenüber jedem Paar ganzer Zahlen definiert ist. ... Mit Hilfe der Definition von Proportionen wird nun ein Bezug hergestellt zwischen schon (mit Zirkel und Lineal) konstruierten geometrischen Objekten, dessen Gültigkeit in einer endlichen Zahl logischer Schritte bewiesen werden kann. Dies ist in Euklids Beweis nachzulesen." [RUSSO, L. (2004), S. 55-56].

Ein solcher Bezug jeweils zeitgenössischer Mathematik auf Euklidische Geometrie war bereits in hellenistischer Zeit der Grund, warum Astronomen den in seinen Elementen vorgestellten geometrischen Figuren große Beachtung schenkten. Russo erwähnt z. B. den Gebrauch von Kreisen *„als Instrument bei der Betrachtung der Umlaufbahnen von Planeten"* [RUSSO, L. (2004), S. 60].

Wichtiger ist indes die »Theorie der Dreiecke«, mit der sich Ingenieure und Mathematiker befassten. Ihr Motiv bestand darin, mittels immer kleiner werdender Dreiecke andere geometrische Figuren zu ‚triangulieren'; bekanntestes Beispiel aus der hellenistischen mathematischen Analysis ist die Berechnung der *Fläche S eines Parabelsegments* durch Archimedes in seiner »Quadratur der Parabel«. Er bewies die Vermutung, wonach S weder größer noch kleiner als eine endliche Folge von bestimmten Größen sein kann.

Erwähnenswert ist auch, dass Archimedes bei seinem Beweis Grenzwerte im Sinne moderner Methoden des Grenzübergangs verwendete, ohne sie als solche zu bezeichnen. Unseriöse Berichterstattung bis in die neueste Zeit war damit vorprogrammiert.[11]

---

[11] Die Encyclopaedia Britannica unterstellt, dass Archimedes weder Grenzwerte noch infinitesimale Größen für o. a. Beweis benutzt habe.

Einen vergleichbaren Verlauf der Überlieferung einer Großtat hellenistischer Mathematiker erfuhr die »ebene und sphärische Trigonometrie«. Bis vor kurzem galten beide Teilgebiete als „in der Antike" noch unbekannt! Dabei bestand der Unterschied zwischen der antiken und der modernen Trigonometrie nur in der Wahl der *Grundfunktion*.[12] Mit einer simplen Formel lässt sich von der einen in die andere übergehen; indes wurde dieser Weg nie begangen!

Die Konsequenzen lassen sich für die Geschichte der Mathematik aber auch wegen ihres Einflusses auf spätere Entwicklungen in der modernen Physik nicht überschätzen. Ein Beleg dafür ist das aus dem ersten nachchristlichen Jahrhundert stammende und älteste erhaltene Werk zur »nichteuklidischen Geometrie«, die *Sphaerica* des *Menelaos von Alexandria* (*70 -† 130)! Dieser Befund gehört zum Thema ‚Ironie der Geschichte', verbannt er doch jeden naiven revolutionären Optimismus: Im Jahr 1766 glaubte *J. H. Lambert*[13], mit seinem Ausschlussverfahren einen mathematischen Zugang zur modernen »sphärischen Geometrie« entdeckt zu haben. Tatsächlich hatte Lambert aber ‚nur' einige klassische mathematische Sätze des Menelaos neu bewiesen, aber zu Lebzeiten nie veröffentlicht.[14]

Auf weitere Details kommt es hier nicht an. Wichtig ist nur, dass sich ab der römischen Herrschaft im gesamten Mittelmeerraum ein bestimmtes Verhaltensmuster ausbildete, das auf eine nachhaltige Verhinderung verweist, wichtige Erkenntnisse hellenistischer Wissenschaft zum Nutzen

---

[12] In der Antike war eher die Sehne als der Sinus Grundfunktion. Da der Sinus eines Winkels gleich ist der Hälfte der gegenüberliegenden Sehne zu exakt dem doppelten Wert des Winkels, lässt sich der Wechsel leicht vollziehen; vgl. RUSSO, L. (2004), S. 61.

[13] Johann Heinrich Lambert (*1728 -† 1777) war ein universaler Geist und gehörte zu den überragenden Gelehrten seiner Zeit. Er gilt als ein Wegbereiter des Rationalismus; seine Wissenschaftstheorie hat Immanuel Kant stark beeinflusst. Siehe sein ‚Vorstellungsgespräch' 1764 bei Friedrich dem Großen anlässlich seiner Berufung an die Preußische Akademie der Wissenschaften (zitiert nach MESCHKOWSKI, H. (1980), S. 171).

[14] Johann II Bernoulli gab 20 Jahre später Lamberts unveröffentlichte Werke posthum heraus. Möglicherweise hat Lambert gezögert, seine Studie zu publizieren, weil acht Jahre vor ihrer Fertigstellung eine neue lateinische Übersetzung von Menelaos' Sphaerica aus dem Arabischen durch den berühmten britischen Astronomen Edmond Halley (*1656 - †1742) posthum veröffentlicht worden war; siehe Menelaus Alexandrinus: Die Sphaerik – Traktat in drei Büchern, Aus hebräischen und arabischen MSS. Übersetzt und editiert: Edmond Halley; Vorrede: George Costard, Oxford University Press, 1758.

künftiger Generationen zu tradieren. Die Problematik umschreibt Lucio Russo wie folgt:

> „Heute können wir auf zahlreiche interessante Arbeiten über verschiedene Aspekte der *hellenistischen* Zivilisation zurückgreifen. In den meisten Fällen handelte es sich dabei um Fachliteratur, die das einer gebildeten Öffentlichkeit zugängliche Bild nur wenig beeinflusst hat. Für sie ist der Hellenismus weiterhin ein Zeitalter, dessen kulturelle Hinterlassenschaft für uns weniger bedeutsam ist als die des klassischen Zeitalters." [RUSSO, L. (2004), S. 63].

Offenbar wurde die hellenistische Zivilisation, insbesondere die wissenschaftliche Revolution des 3. Jahrhunderts v. Chr., aus unserem kollektiven Bewusstsein ausgelöscht. Betrachten wir nur drei Protagonisten der wissenschaftlichen Revolution: *Euklid*, *Archimedes*, *Herophilos*. Was weiß ein gebildeter Mensch über sie? – Über *Herophilos*, nichts! Jede Erklärung für dieses irritierende Phänomen des kollektiven Vergessens ist vieldeutig. Ganz und gar eindeutig scheint hingegen das Fazit dieses Abschnitts: Der strenge Nachweis der Existenz von *reellen Zahlen* mittels der Euklidischen Geometrie! Einer der bedeutenden Schöpfer der *reellen Zahlen*, Richard Dedekind, gab dazu 1888 folgenden Kommentar ab, der ohne Einbeziehung der $\mathbb{R}$ gewiss nicht zuträfe:

> „Die Zahlen sind freie Schöpfungen des menschlichen Geistes, sie dienen als Mittel, um die Verschiedenheit der Dinge leichter und schärfer aufzufassen. Durch den rein logischen Aufbau der Zahlenwissenschaft und durch das in ihr gewonnene stetige Zahlenreich sind wir erst in den Stand gesetzt, unsere Vorstellungen von Raum und Zeit genau zu untersuchen, indem wir dieselben auf dieses in unserem Geiste geschaffene Zahlenreich beziehen." [DEDEKIND, R. (1893), S. 11-12].

Erst ab dem letzten Jahrzehnt des 19. Jahrhunderts, verfügt die theoretische Physik über die Menge der *reellen Zahlen* als dem heute für Anwendungen der Mathematik wichtigsten Zahlenbereich. Die ganze Vielzahl von physikalischen Größen unterschiedlichster Bedeutung und Dimension wie z. B. Länge, Impuls, Druck, Elektrische Feldstärke und Entropie können nun mit *reellen Zahlen* als Maßzahl angegeben werden. Eine im Sinn von Kants ‚Kritik der reinen Vernunft' mathematisch korrekt formulierte *Systemtheorie* – wie hier die *Gibbs-Falk-Dynamik* (GFD), die *Alternative Theorie*

(AT), und die *Alternative Wirtschaftstheorie* (AWT) – gäbe es ohne die nicht!

Besonders die Differentialrechnung ist tiefgreifend durch die *reellen Zahlen* betroffen:

> „Nach der Dedekindschen Präzisierung der reellen Zahlen von 1872 lag eine mengentheoretische Fundierung der reellen Analysis und damit ein neues Exaktheitsideal vor." [MAINZER, K. (1981), S. 22].

Seit den 1960ern lässt sich durch adäquate Erweiterung der ‚*Analysis der reellen Zahlen*' eine nachträgliche Präzisierung und logische Rechtfertigung der *infinitesimalen Größen* erreichen. Eine solche Erweiterung des ›reellen Zahlenkörpers‹ geht auf die ‚Größenlehre' (1830/1835) *Bernhard Bolzanos*, des Vorläufers von *Karl Weierstraß* zurück. Heute firmiert diese ‚Lehre' eher unter der Bezeichnung „*Non-Standard-Modell*'. Hier kann man nur auf die Diskrepanz zwischen dem Differentialquotienten dy/dx z. B. der Funktion $F(x) = x^2$ hinweisen, nämlich $dy = 2x \cdot dx$ und der Ersten Ableitung $F'(x) = 2x$. Die berühmte Kritik des Bischofs *George Berkeley* an den konkurrierenden Infinitesimalmethoden von *Newton* und *Leibniz* wird konkret und präzisiert. *Klaus Mainzer* stellt dazu fest:

> „Die 1. Ableitung ist nicht identisch mit dem Differentialquotienten. Sie ist vielmehr eine reelle Zahl, die sich von ihm um eine unendlich kleine Zahl (‚Differential') unterscheidet, ergo: 1. Ableitung und Differentialquotient sind nur äquivalent, nicht identisch." [MAINZER, K. (1981), S. 26].

Auch hier wird deutlich, dass die Feinheiten dieser Unterscheidung erst dann begriffen werden können, wenn (1) der Begriff der *reellen Zahl* geklärt ist und (2) die Dialektik der Exaktheitsansprüche in der Wissenschaftsgeschichte ernst genommen und berücksichtigt wird. [MAINZER, K. (1981), S. 27] Um die Bedeutung des Problems ganz deutlich hervorzuheben, sei der renommierte deutsche Logiker, Philosoph und Theologe *Heinrich Scholz* als ‚Kronzeuge' zitiert:

> „Wie kommt es, dass diese ... im schlimmsten Sinne unsauberen und unstrengen infinitesimalen Bestrebungen (von Kepler, Cavalieri, Galilei u. a.) nicht durchgedrungen sind? ... Ganz ähnlich wie Eudoxos haben im vergangenen Jahrhundert viele bedeutende Mathematiker, vor allem der geniale Weierstraß, Kritik an dem von Leibniz und Newton begonnenen, durch Euler und die

Bernoullis schnell zu steiler Höhe emporgeführten Bau der Infinitesimalrechnung geübt und die logische Unhaltbarkeit des Fundaments nachgewiesen ..." [MAINZER, K. (1981), S. 26].

Scholz' Feststellung hat für das Thema dieses Kapitels die Bedeutung einer ‚Zauberformel': Sie liefert die Einsicht, dass alle Bemühungen, sich dem Begriff »mechanistisch« unter Berufung auf die klassische Mechanik anzunähern, allein schon aus mathematischen Gründen offensichtlich Makulatur sind. M. a. W.: Auch hier führen erst die *reellen Zahlen* zu einer akzeptablen Lösung!

Für den Nicht-Mathematiker ist es allerdings heutzutage schwer, von den frühen Verknüpfungen der *reellen Zahlen* 19. Jahrhundert mit der Euklidschen Geometrie aus den richtigen Weg bis zu den heutigen mengentheoretischen Feinheiten im Blick zu behalten. Erfahrungsgemäß hat man die geringsten Schwierigkeiten, sofern man sich einen ersten Überblick über die vielen auch aus heutiger Sicht erstaunlichen Leistungen der Ingenieure und Mathematiker vor allem im hellenistischen Zeitalter verschafft.

Diese Option ist schon deshalb empfehlenswert, weil die Kombination, Wissen über die historischen Fakten kombiniert mit purer Logik' die notwendige Vertrauensbasis schafft, um den *reellen Zahlen* die privilegierte Sonderstellung in den heutigen Natur- und Ingenieurwissenschaften zu sichern.

„Insofern sich die Sätze der Mathematik auf die Wirklichkeit beziehen, sind sie nicht sicher,
und insofern sie sicher sind, beziehen sie sich nicht auf die Wirklichkeit."
- Albert Einstein: Akademie der Wissenschaften zu Berlin am 27. Januar 1921 -

1.3 Die antike Proportionenlehre als Grundlage newtonscher Mechanik

In jedem Lexikon findet man unter dem Stichwort ‚*Hellenismus*' den Hinweis, dass es sich um eine längere geschichtliche Epoche ‚vor unserer Zeitenwende' handelt. Sie dauerte *politisch* vom Regierungsantritt *Alexanders des Großen* im Jahr 336 v. Chr. bis zur Einverleibung Ägyptens, des letzten hellenistischen Reiches, ins Römische Reich 30 v. Chr. *Kulturell* erlosch der Einfluss des *Hellenismus* indes erst mit dem ‚Ende der Antike', zu Beginn der ‚Völkerwanderung' ab dem 5. Jahrhundert.

Im Fall der Mathematik dauert der hellenistische Einfluss über Isaac Newton und seine Physik, wie er sich in den *Principia* stark bemerkbar macht, hinaus bis ins 19. Jahrhundert. Falls der Leser bereit ist, den Ausgangspunkt für die revolutionären Entwicklungen in der Mathematik des 19. Jahrhunderts – wie sie bei den *reellen Zahlen* zum Ausdruck kommen – essentiell in der Mathematik jener Epoche anzuerkennen, so stehen für jene drei Namen[15]:

- *Eudoxos von Knidos (Εὐδοξος)*: * zwischen 397 und 390 v. Chr. - † zwischen 345 und 338 v. Chr., war ein griechischer Mathematiker, Astronom, Geograph, Arzt, Philosoph und Politiker.
- *Euklid von Alexandria (Εὐκλείδης)*: *ca. 360 v. Chr. - † ca. 280 v. Chr. Mathematiker.
- *Archimedes von Syrakus ('Αρχιμήδης)*: * 287 v. Chr. -† 212 v. Chr., Ingenieur, Mathematiker.

Das Gesamtwerk dieser auch nach heutigen Maßstäben bedeutenden Wissenschaftler ist nur lückenhaft bekannt. Von *Archimedes* sind immerhin ein Dutzend Traktate überliefert, sowie sein ›Palimpsest‹, ein Buch mit einer Beschreibung der Grundzüge moderner Integralrechnung.

Die von *Euklid* tradierten Arbeiten beziehen alle Bereiche der antiken griechischen Mathematik ein, so die *Arithmetik* und *Geometrie*. In seinen ‚Elementen' (Στοιχεῖα) fasste Euklid das ganze Wissen der griechischen Mathematik zusammen. Seine Gegenstände waren die Konstruktion geometrischer Objekte, natürliche Zahlen sowie bestimmte Größen und deren Eigenschaften. Dazu benutzte er Definitionen, Postulate und Axiome. Viele Sätze der Elemente hat Euklid von Autoren seiner Zeit übernommen. Seine Hauptleistung besteht in der Kompilation, Systematik und einheitlichen

---

[15] Welche Krise unter den Pytagoreern die Entdeckung der Existenz von immensurablen Strecken ausgelöst hatte, zeigt das Beispiel von Hippasus und seine Überlegungen bezüglich des Pentagons. Eine Darstellung findet man bei K. Mainzer. [MAINZER, K. (1992b), S. 23-26].

Darstellung der damaligen Mathematik. Singulär ist die strenge Beweisführung, die Vorbild für die Zukunft wurde.

Eudoxos hatte offenbar enge Kontakte zu *Platon* und *Aristoteles* sowie zur Athener Akademie. Er war schon zu seinen Lebzeiten als Universalgelehrter anerkannt. Seine Werke sind indes bis auf Fragmente verloren. Seine wissenschaftlichen Leistungen lassen sich daher nur indirekt aus überlieferten Zeugnissen von Zeitgenossen erschließen [vgl. RUSSO, L. (2004)].

Vor diesem Hintergrund wird das Thema dieses Kapitels offensichtlich auf die Konfrontation zwischen *Newtons* Grundvorstellungen und den Überzeugungen seiner großen Antipoden, also zunächst von *Gottfried Wilhelm Leibniz* und der *Bernoulli*-Familie bis zu *Laplace* zurückgeführt. Erkennbar ist, dass *Newton* sich in seinen *Philosophiae Naturalis Principia Mathematica* unerschütterlich auf die erprobten antiken Beweisverfahren der drei o. a. Geometer stützte.

Im Kontrast: Alle anderen ‚Mechaniker', wie *Euler, Lagrange, Hamilton* waren ‚modern', sie schlugen den ‚analytischen Weg' ein: elegant, ästhetisch, aber schon zu ihrer Zeit falsch! Es ist an der Zeit, von den apodiktischen Behauptungen abzulassen und den Diskurs zu substantiieren. Dazu sei zunächst ein Newtonspezialist mit einem zielführenden Zitat angeführt: *Ed Dellian*, der sich, wie kaum kein Zweiter in Europa, seit Jahrzehnten mit *Newton* und seinen mathematischen Methoden und theologischen Vorstellungen (gar Obsessionen) befasst.

In seinem Forschungsprogramm *Neutonus Reformatus* spricht er von einer „Wiederherstellung

> der unverfälschten geometrischen Bewegungslehre und Naturphilosophie Sir Isaac Newtons – aus den Quellen. ... Die Newton'sche Physik, wie sie die heutigen Schulbücher lehren, zeigt nur eine arg verfälschte Fassung der authentischen Naturphilosophie Newtons."[16] [vgl. noch DELLIAN, E. (2007)].

Dellian nennt dafür die wichtigsten Gründe:

> „Verfälscht wurde Newtons Werk, als nach Newtons Tod (1727) Philosophen und Mathematiker der Aufklärung mathematische und philosophische Prinzipien

---

[16] Zitat von http://www.neutonus-reformatus.com/frameset.html.

> von René Descartes und G. W. Leibniz in die von Galileo Galilei und Isaac Newton begründete Bewegungslehre übernahmen, die mit dieser unvereinbar waren. Dies machte aus der geometrischen Lehre Newtons ein Werkzeug der arithmetischen Algebra: Die später so genannte analytische Mechanik von Euler und d'Alembert, von Lagrange und Laplace. Damit gewann die irrige Annahme 'instantaner Fernwirkung' sowie die verfehlte 'Kontinuumstheorie' der Materie Eingang in die Bewegungslehre – zwei charakteristische Unzulänglichkeiten der klassischen Mechanik… Newtons unverfälschte Wissenschaft enthält keinen dieser Mängel, was immer auch die zweifelhafte Gelehrsamkeit von Schulbuchautoren anderes behauptet."[17] [vgl. noch DELLIAN, E. (2007)].

Das ‚Standardmodell' zur Beschreibung der Gravitation *ohne* Fernwirkung ist die *Allgemeine Relativitätstheorie*. Gemessen daran, sollte man *Dellians* dezidierte Meinung relativieren. Für die hier vertretene Position ist dieser Aspekt ohnehin irrelevant, soweit die o. a. Vertreter der Analytischen Mechanik betroffen sind, da jede Kritik an ihnen bereits – wie oben erläutert – durch die von ihnen benutzte mangelhafte Mathematik jener Zeit provoziert wird. Ungeachtet dessen trifft *Dellian* den Nagel auf den Kopf, wenn er über jene Mathematik und ihre Folgen unmissverständlich das Folgende darlegt:

> „Der Überlegenheit der Newtonschen Bewegungslehre über die Schulmechanik entspricht eine Überlegenheit der Newtonschen über die Leibniz'sche Mathematik, also wiederum einem Unterschied, den man bislang gar nicht zu sehen gewohnt ist. [Der Schriftwechsel zwischen *Gottfried Wilhelm Leibniz* und *Samuel Clarke* von 1715/1716] indessen lässt diesen Unterschied deutlich hervortreten. Es geht besonders um die Überlegenheit der Geometrie über die Arithmetik, die man schon im Griechenland des 5. vorchristlichen Jahrhundert erkannt hatte und die zur Vollendung der Geometrie im *Euklid* geführt hatte. Das Urproblem besteht darin, ob alle rechnerisch fassbaren Maße als reine Zahlen verstanden und also nach ein und demselben Maßstab gemessen werden können, oder ob es elementar verschiedene Maße und dementsprechend verschiedene Zahlen gibt, für die verschiedene Maßstäbe gelten. Letzteres erkannten die Griechen als wahr, als sie merkten, dass die Diagonale eines Quadrats nicht als ganzzahliges Vielfaches der Quadratseite darzustellen ist. Das Verhältnis von Diagonale und Seite zueinander war und ist bis heute und sicher auch in Zukunft *irrational*, wie man sagt; und darin liegt gewiss eine wirkliche, zeitlose, also objektive und absolute Wahrheit.

---

[17] Zitat von http://www.neutonus-reformatus.com/frameset.html.

> Die Arithmetik nun konnte ein solches irrationales Verhältnis nicht darstellen; bekanntlich aber konnte es die Geometrie... Darüber hinaus konnte die Geometrie zeigen, dass Diagonale und Seite des Quadrats... gleichwohl in einem mathematisch bestimmten festen Verhältnis zueinander stehen; ihr *Verhältnis zueinander* ist konstant, sie sind zueinander *proportional*... Die Griechen entwickelten aus dieser Erkenntnis eine subtile geometrische Proportionenlehre, und diese beherrschte die Mathematik lange Zeit." [CLARKE, S. (1990), S. LXXXf].

Und dann, im 17. und 18. Jahrhundert ging Etwas *verloren: der besondere Inhalt des geometrischen Begriffs der Proportion*. Als die dafür Verantwortlichen nennt *Ed Dellian* die zwei einflussreichsten Philosophen ihrer Zeit: *René Descartes* und *Gottfried Wilhelm Leibniz*.

Der Begriff der Proportion ist von einer nicht zu überschätzenden Relevanz für das Verständnis der europäischen Wissenschaftsgeschichte. In jenem Schriftwechsel zwischen *Leibniz* und *Clarke* (*1675 – †1729) entwickelt der englische Philosoph und Hofprediger, enger Vertrauter und Schüler *Newton*s, jene Auffassung von *Proportionen*,

> „die genau mit dem Gebrauch übereinstimmt, den Isaac Newton in den *Principia* von Proportionen macht." [CLARKE, S. (1990), S. LXXXII].

In seinem 5. Antwortbrief an Leibniz erläutert *Clarke* den Begriff der Proportion; so meint er:

> „Proportionen sind nicht Mengen, sondern die Proportionen von Mengen. Falls sie Mengen wären, so wären sie Mengen von Mengen, was Unsinn ist. [Auch] müssten sie dann durch Addition anwachsen. Addiert man indes die Proportion von 1 zu 1 zur Proportion von 1 zu 1, so resultiert wieder die Proportion von 1 zu 1." [CLARKE, S. (1990), S. LXXXII].

Zahlen erscheinen als Größen. Hingegen

> „existieren die wirklich in der Natur vorkommenden Dinge als Mengen." [CLARKE, S. (1990), S. LXXXIII].

So sind *Raum* und *Zeit Mengen,* keine Kontinua, sondern

> „sie besitzen eine diskrete Struktur, sie sind quantisiert, wie man heute sagen würde. Das aber bedeutet, dass es ... eine kleinste Zeiteinheit oder eine *Elementarzeit* geben muss und eine kleinste *Längeneinheit* oder Elementarlänge, falls wir »Länge« als elementares Maß des Raumes begreifen. Überhaupt definiert Newton die Gegenstände seiner Bewegungslehre von Anfang an als Men-

gen, nämlich die Menge der Materie (d. i. die Masse), die Menge der Bewegung (d. i. der Impuls)..." [CLARKE, S. (1990), S. LXXXIII].

Die zentrale Bedeutung des Begriffs der *Proportion* geht aus *Clarkes* Statement hervor:

> „Man kann Proportionen ... dann nicht auf bloße Zahlenwerte reduzieren, wenn man mit Mengen von real existierenden Dingen verschiedener Art zu rechnen hat. Da die Proportionenlehre ein Teil der Geometrie ist, so gilt: Die mathematischen Beziehungen zwischen art- und wesensverschiedenen Dingen vermag allein die nicht auf Arithmetik zu reduzierende Geometrie zu behandeln. Wenn es also eine erschaffene Natur gibt, ... wenn es den wirklichen Raum gibt und die wirkliche Zeit, die wirkliche Materie, die absolute Bewegung und die bewegenden Kräfte als objektive Realitäten, als Entitäten von unterschiedlichem ontologischem Status, so wird eine realistische mathematische Wissenschaft... eine *geometrische* Wissenschaft sein müssen." [CLARKE, S. (1990), S. LXXXV].

Dieser Schluss verweist schon auf die Relevanz *reeller Zahlen* für die Naturwissenschaften: Deren Bedeutung gründet auf der Geometrie, ergo auf der antiken Proportionenlehre. Letztere auch für „art- und wesensverschiedene Dinge" – d. h. für *inkommensurable* Größenverhältnisse – geschaffen zu haben, „war die geniale Leistung des *Eudoxos von Knidos*" [MAINZER, K. (1981), S. 13; auch vgl. MAINZER, K. (1992b), S. 26].

> *"The important fact is that the discovery of the ENTROPY LAW brought the downfall of the mechanistic dogma both in the natural sciences and in philosophy."*
> – Nicolescu Georgescu-Roegen – [GEORGESCU-ROEGEN, N. (1981); p. xiii und 3]

1.4 Mechanistische Physik als Versuch, sich von Newtons Mathematik zu befreien?

So beeindruckend der Beitrag der *hellenistisch*en Geometer für die Grundlegung der Mechanik im 17. Jahrhundert durch *Newton* war, so unstrittig ist *Leibniz*' 'Sieg' über *Newton* in der Entwicklungsgeschichte der Physik ab Mitte des 18. Jahrhunderts bis heute. Die wahren Hintergründe wurden eigentlich erstmals durch die posthum veröffentlichte Rede von *Lord John Maynard Keynes* anlässlich der *Dreihundertjahrfeier Newtons* öffentlich bekannt!

Anstelle auf Geometrie als Grundlage setzten *Leibniz* et al. mit der *analytischen Mechanik* auf Metaphysik, sowie auf einen *einzigen* Grundsatz, der laut *Leibniz*

> „ausreicht, um ... sämtliche mathematischen Grundlagen zu beweisen." [CLARKE, S. (1990), S. LXXXII; zweiter Brief an *S. Clarke*].

Gemeint ist der Satz vom *Widerspruch* oder von der *Identität*, wonach »A gleich A ist und nicht ›nicht-A‹ sein kann«. Die Leitidee von *Leibniz'* Metaphysik ist seine philosophische Lehre von der *prästabilisierten Harmonie* (der Weltenlauf eingerichtet für alle Zeiten unabänderlich und aufs Beste!). Hinzu kam durch *Leonard Euler* das anti-cartesische Materie-Modell vom *ausdehnungslosen Massenpunkt*. Daran erinnert der Gedenkband des Kantons Basel Stadt: »*un corps... dont toute la masse soit réunie dans un seul point*«. [FELLMANN, E. A. (Hrsg.) (1983), S. 276]. M. a. W. Die Basis war geschaffen für eine ‚Punktmechanik' – angewandt für ‚Körper', die sowohl ‚Kügelchen' als auch ‚Planeten' repräsentieren können/sollen.

Der Fall ‚Euler' ist in doppelter Hinsicht paradigmatisch: Zum einen für den berühmt-berüchtigten Massenpunkt! Zum anderen steht er für einen höchst relevanten Sachverhalt, der in der *Geschichte der kontinentalen* Physik penetrant außer Acht gelassen wird, nämlich für die

> „Geschichte der Bernoulli, Euler, D'Alembert, die weder Newtonianer, noch Vorläufer Newtons waren." [PAUHAUT, S., PRIGOGINE, I., SERRES, M. STENGERS, I. (1991), S. 24-25].

Namentlich *Clifford A. Truesdell*, einer der einflussreichsten ‚Rationalen Mechaniker' und Wissenschaftshistoriker der zweiten Hälfte des 20. Jahrhunderts, *„hat deutlich gemacht, wie schlecht bekannt diese Geschichte war"*. [vgl. TRUESDELL, C. A. (1960), S. 1-36].

Hält man sich an letztere, die zunächst bis zu *Joseph L. Lagrange* und *Pierre-Simon Laplace*, dem ˊzweiten Newtonˋ, verlief, so kommt man bezüglich der Rolle von *Leibniz* für die ‚Dynamik' – immerhin stammt der Terminus von ihm – zu erstaunlichen Schlussfolgerungen. Sie zu begründen, ist hier nicht geboten, so dass z. B. *Michel Serres*, der renommierte ‚Leibniz-Spezialist', sowie *Ilya Prigogine* ‚bürgen' müssen. Letzterer fällt ein ambivalentes ‚Urteil':

> „Es besteht Einigkeit darüber, dass Leibniz ... die mathematische Physik ‚verpasst' hat, die Newton zur gleichen Zeit schuf. Und dies, weil er angeblich der philosophischen Strenge den Vorzug vor den Notwendigkeiten einer induktiven und zwangsläufig approximativen Wissenschaft gegeben hat ... In letzter Instanz wäre Leibniz also ein ‚Vorläufer Newtons' – ein Urteil, zu dessen Begründung übrigens bereits seine Ablehnung des Trägheitsbegriffs und der entfernten Wechselwirkung, kurz der Newtonschen Physik ausreichte." [PAUHAUT, S., PRIGOGINE, I., SERRES, M. STENGERS, I. (1991), S. 24].

Der Einwand, *„ob nicht die Geschichte der Physik ihrerseits Leibniz verpasst hat"*, ist – von der in der vorliegenden Studie vertretenen Position aus beurteilt – unhaltbar: *Die einzig vertretbare Dynamik stammt von Newton, da sie den Übergang zu den reellen Zahlen widerspruchslos erlaubt.* Seine *Philosophiae Naturalis* beansprucht deshalb zu Recht einen Wahrheitsanspruch, da sie konsequent auf beweisbaren *geometrischen* Theoremen fußt.

Stellt man diesem Anspruch denjenigen gegenüber, der aus dem *Prinzip des hinreichenden Grundes* folgt, dem Leibniz verpflichtet ist, so konstatiert man, dass *Leibniz* etwa

> „den Atomismus deshalb verwirft, weil er meint, dass Gott für die Erschaffung einer Mehrzahl einander vollkommen gleichartiger elementarer Bausteine der Materie keinen evidenten Grund hätte haben können." [CLARKE, S. (1990), S. XL].[18]

Dass der Leibniz'sche *calculus differentialis et integralis* so erfolgreich war, liegt nicht zuletzt an den glücklichen, nach langen Versuchen gefundenen Bezeichnungen $\frac{df}{dx}$ und $\int f dx$, mit denen sich die Regeln des Kalküls einfach formulieren und handhaben lassen – und außerdem auch fast als folgerichtig erscheinen, wie z. B. die Kettenregel oder die Regel zur Differentiation der Umkehrfunktion. *Leibniz* rechnete mit Differentialen wie dx und dy. Das waren unendlich kleine von null verschiedene (infinitesimale) Größen.

---

[18] Nach von Weizsäcker handelte sich nur um die Anzahl 10^{120} von „Urobjekten im Universum". [vgl. WEIZSÄCKER, VON, C.F. (1984), S. 274]

In den Händen der prominenten ‚Kontinentalmathematiker/-physiker' verwandelten sich Newtons Gesetze einschließlich seines Gravitationsgesetzes in die *„erste umfassende mathematische Theorie der Physik"* [IRO, H. (2011); S.1] – die von *Lagrange* 1788 so benannte *Analytische Mechanik*.

An dieser Stelle muss bereits beachtet werden, dass sich die *Analytische Mechanik* im 19. Jahrhundert ‚fortentwickelt hat'. *Ästhetik* wurde in der so genannten *Hamilton Mechanik* zum Leitmotiv. In der durch sie beschriebenen Dynamik ist »alles gegeben«: Durch eine einzige Funktion, die Hamilton-Funktion $\mathcal{H}$, wird die Dynamik des betreffenden Systems vollständig erfasst. Diese Formulierung der Dynamik gilt als eine der größten Errungenschaften der Naturwissenschaft.

Mehr noch: Prigogine spricht

> „von einem jener dramatischen Punkte in der Geschichte der Wissenschaft, wo es möglich schien, die Beschreibung der Natur auf die Beschreibung eines statischen Bildes zu reduzieren." [PRIGOGINE, I. UND STENGERS, I. (1986), S. 78].

Erst das berühmteste Problem der Dynamik – das *Dreikörperproblem* (‚Sonne-Erde-Mond') brachte das Ende der Illusionen: *Heinrich Bruns* und *Henri Poincaré* bewiesen (1887-1890), dass es unmöglich ist, die Welt auf nicht-wechselwirkende freie Einheiten zu reduzieren, ja dass sogar chaotisches Verhalten möglich ist.

Wir nutzen deshalb hier die Gelegenheit, den Begriff ‚mechanistisch' eindeutig zu definieren:

> „Denn mit ihm lässt sich eine elegante ‚Physik' etikettieren, die von jenen ‚Kontinentalmathematikern/-physikern' mittels Leibniz' Kalkül aus den ‚Filetstücken' der Newtonschen Mechanik mit Raffinesse aufbereitet und zur ‚Marke' hochstilisiert wurde. Paradebeispiel ist das ‚Grundgesetz der klassischen Mechanik »Kraft gleich Masse mal Beschleunigung«, das oft Newton zugerechnet wird, indes erstmals von Euler 1736 formuliert wurde." [vgl. JAMMER, M. (1999)][19].

---

[19] In diesem Kontext sind 1903 mehrere Beiträge von Pierre M. M. Duhem (*1861 - †1916) in der *Revue générale des sciences*, Jahrgang 14 erschienen. Unter dem Titel *„L'évolution de la mécanique"* sind sie deshalb aufschlussreich, weil sie den leibnizianischen Charakter der Analyse von Lagrange beschreiben und die entscheidende Natur des Wechsels der Darstellung von Newton zu Lagrange herausstellen.

Um es vorwegzunehmen: Einhalt wurde diesem Trend bis heute nicht geboten. Die ersten Warnschilder wurden zwar schon ab 1807 von *Jean B. J. Fourier*, dann von *Sadi Carnot, J. R. von Mayer* und *James P. Joule* aufgestellt. Aber erst später errichteten *Karl Weierstraß* sowie *Richard Dedekind, J. W. Gibbs* und letztlich *J. von Neumann* unüberwindbare Barrieren.

Die Krux mit der ‚Analytischen Mechanik' begann schon damit, dass sie von Anfang an durch *Leibniz*' Danaergeschenk[20] – sein *calculus differentialis* – ‚vergiftet' war. Die Studien von *Michel Serres* u. a. erhärten diesen Verdacht. Tatsächlich steckt ein weiter reichender Sachverhalt dahinter, auf den z. B. *Yehuda Elkana* 1974 hingewiesen hat. Er erinnerte an wenigstens drei in jener Epoche vorherrschende große Traditionen oder *„scientific research programmes competing for primacy in science"*:

> "These are the Cartesian, the Newtonian and the Leibnizian research programmes. The critical dialogue between these three was conducted in pairs: Newtonianism vs. Leibnizianism; Newtonianism vs. Cartesianism and again separately Leibnizianism vs. Cartesianism, or rarely when two joined forces against the third. To lump all general explanatory hypotheses which are not Newtonian together under the heading 'anti-Newtonianism' is an oversimplification..." [ELKANA, Y. (1974), S. 4].

Hier soll wenigstens die grundlegende Problematik angesprochen werden. Sie bezieht sich auf die unterschiedlichen Auffassungen *Newton*s und *Leibniz*' bezüglich des Infinitesimalkonzepts. Newtons an der Geometrie orientierte *Fluxion* (‚Flußdifferential') unterscheidet sich essentiell vom Leibniz'schen ‚*Differential*', das sich bis heute durchgesetzt hat. Beide Fachtermini stehen für ein Konzept, das in der Wissenschaftsgeschichte gelegentlich als *„Weg vom Lokalen zum Globalen"* überschrieben wird. *Newton* war sich sicher, dass es diesen Weg gab und er per Geometrie zugänglich sei. Anders *Leibniz:* Er war von seiner Existenz nicht überzeugt. Und das zu Recht, folgt man *Serres*' etwas verquerer Argumentation:

> „Die Konfrontation des Rationalismus des Differential- und Integralkalküls (von *Leibniz*) mit dem Rationalismus des antiken Atomismus.... [Dazu bemerken wir, dass] Lukrez als guter Epikuräer die folgende Frage mit »nein« beantwortet:

---

[20] *"Quidquid id est, timeo Danaos et dona ferentes"*; vgl. Aeneis (Buch II, Vers 48-49).

> »Ist der Übergang vom Lokalen zum Globalen immer möglich?«" [vgl. SERRES, M. (1977)].

Dazu meinen Prigogine und seine Mitautoren:

> „Wir haben eine Frage gewählt, welche die moderne Physik selbst insistierend stellt: die des Lokalen und des Globalen. Indem wir das tun, möchten wir die Relevanz der von Serres in den Werken der Vergangenheit analysierten Fragen für zeitgenössische Problematiken aufzeigen." [PRIGOGINE, I., STENGERS, I. und PAHAUT, S. (1991), S. 23].

Offensichtlich enthalten Serres' Äußerungen mehr Unklarheiten als Antworten auf die gestellte Frage. Aber sie verweisen immerhin eindeutig auf die Adresse der Problematik – auf den Rationalismus der antiken Atomlehre. Es ist aufschlussreich, dass sich *Carl Friedrich von Weizsäcker* mit letzterem ebenfalls eingehend befasst hat. Aber bevor wir uns darauf einlassen werden, sollte geklärt werden, warum sich *Leibniz'* konzeptionelle Basis mittels *Euler*s mathematischem Genie trotz ihrer fundamentalen Mängel gegen *Newtons* exakte geometrisch-fundierte Methode durchgesetzt hat.

Durch die eingangs erwähnte Konklusion von *Matthias Elbel* aus den Verständnisschwierigkeiten von Newtons Zeitgenossen mit dessen *Principia* hat man natürlich ein billiges Argument zur Hand: Newtons darin konsequent praktiziertes *geometrisches* Beweisverfahren erschien gegenüber der Leibniz-Eulerschen *analytischen* Mechanik einfach zu undurchsichtig, gar zu artifiziell. Ohne diesen Einwand gering zu schätzen, ist er dennoch nicht entscheidend.

Gravierend sind vielmehr rein *ideologische* Argumente, folgt man den ‚sophisticated' Erörterungen von *Dellian* in seinem letzten Buch, das 2011 anlässlich des bevorstehenden 300. Jubiläumsjahrs der zweiten »Principia-Edition« (London 1713) erschienen ist. Es handelt sich um die dritte Ausgabe von *Dellian*s „erster qualifizierter deutschsprachiger Version der *Principia*", *„in der freilich von Newton selbst empfohlene Kürzungen vorgenommen wurden"* [NEWTON, I. (2011), S.16]. Auch wenn Dellian in seinen einführenden Kommentaren selbst dem geduldigsten Leser zunehmend als ein fanatisierter Parteigänger Newtons erscheinen mag: Er kann sich rechtens unmittelbar auf viele einschlägige Äußerungen Newtons selbst, aber auch auf *Roger Cotes FRS* (*1682 - †1716), den Herausgeber der zweiten »*Principia-Edition*« berufen; dessen Vorwort ist in *Dellian*s Buch in deutscher Übersetzung enthalten. Um was es *Dellian* geht, soll in wenigen charakteristischen Zitaten angedeutet werden, um wenigstens die Motivation zu seinen wahrlich oft erstaunlichen und für das Thema dieses Kapitels relevanten Schlussfolgerungen einsichtig werden zu lassen. Ob letztere darüber hinaus signifikant sein können, soll abschließend erörtert werden.

Zum Übergang von scholastischen ‚Gewissheiten' zur neuen Wissenschaft des 17. Jahrhunderts soll sich zunächst Newton als Zeitzeuge äußern. Betreffend die „Selbstentwicklung der Materie" taucht im dritten Brief vom 25. Februar 1692 an Bischof *Bentley* der für Newton so bedeutsame Leitsatz auf:

> "The growth of new systems out of old ones, without the mediation of a Divine Power, seems to me apparently absurd." [NEWTON, I. (2011), S. 13].

Und *Roger Cotes* erweitert dieses Bekenntnis im o. a. Vorwort; er erinnert an den vernunftwidrigen

> „Glauben an die Allmacht der sich selbst organisierenden Materie ... Man stürzt zwangsläufig am Ende in den abscheulichen Gedankensumpf einer heidnischen Horde." [NEWTON, I. (2011), S. 79].

Diese starken Worte rechtfertigt *Newton* im ›*Scholium Generale*‹ [vgl. NEWTON, I. (2011), S. 57] zur Zweitausgabe von 1713 der *Principia*. Dort drückt er seine *spirituelle* Überzeugung scheinbar unmissverständlich aus:

> – „Die Existenz des höchsten Gottes ist eine beweisbare bzw. erwiesene »unausweichliche« Tatsache.
>
> – Das Eingreifen Gottes als eines... wahrhaft seienden Wesens, das alles lenkt, nicht als Weltseele, sondern als Herr aller Dinge, ist eine Realität...
>
> – Über Gott »auf der Grundlage von Naturerscheinungen Aussagen zu machen«, gehöre »unbedingt zur Naturphilosophie«. Gott ist die Wahrheit. ... absolutes ‚Bezugssystem' jeder wahrheitsorientierten Naturforschung. Wahres Wissen ist nur ‚theozentrisch', also nur in Bezug auf Ihn, und nur von Ihm her zu gewinnen." [NEWTON, I. (2011), S. 8 und 27].

Diese Zusätze wurden laut Dellian nötig,

„weil in den Jahren nach der Erstausgabe der *Principia* von 1687 *Newtons* mathematisch verschlüsseltes Buch doch manches materialistische Missverständnis auslöste. Das zeigt der Briefwechsel zwischen *Newton* und dem Bischof *Bentley* von 1692/93..." [NEWTON, I. (2011), S.27].

Ungeachtet dieser Historie machen die Zitate deutlich, dass die Auseinandersetzung zwischen *Newton* und *Leibniz* bzw. deren ‚Stellvertreter' bei weitem mehr war als der regelmäßig vorgeschobene Prioritätsstreit um den »*calculus differentialis*«. Tatsächlich ging es beiden streitenden Parteien vor allem um das *kausale Wechselwirkungsproblem*, das *Newton* empirisch, dualistisch **und** spiritualistisch löst:

„... Bekanntlich kennt er eine der Materie eingepflanzte »*Trägheitskraft (materiae vis insita)*«, welche *in Resonanz* mit der von außen einwirkenden *nichtmateriellen* Kraft „*vis impressa*" diese äußere Bewegungs*ursache* in einen ihr proportionalen neuen Bewegungszustand des Körpers transformiert." [NEWTON, I. (2011), S. 35].

Leibniz' scholastisch infizierte materialistische Vorstellung,

„dass die Materie selbst aktiv sei und eine Eigenschaft »Gravitationskraft« besitze, die sie unvermittelt und instantan als »Fernwirkung« auf andere Körper ausübe" [NEWTON, I. (2011), S. 35],

hat *Newton* mit allem Nachdruck als „Absurdität" zurückgewiesen. Der Unterschied in den Auffassungen erscheint tatsächlich als unüberbrückbar. Er steht wohl für eine voneinander grundsätzlich verschiedene intellektuelle Ausgangsposition beider Persönlichkeiten. Zumindest die von *Isaac Newton* lässt sich indes bereits aus den ersten Sätzen erkennen, welche der Autor in seinem Vorwort der Erstausgabe (8. 5. 1686) der *Principia* an den Leser richtet.

Mit dem generellen Ziel, die Naturerscheinungen auf mathematische Gesetze zurückzuführen, verbindet Newton zwei (nicht verhandelbare) Forderungen: Die eine, die er nicht selbst erwähnt, sie erst in der *zweiten* Auflage angeblich durch *Roger Cotes* zur Geltung bringen lässt, nämlich dass wir jene Naturgesetze nicht aus ungewissen Vermutungen folgern,

„sondern durch Beobachtung und Experimente erlernen. [Denn] auf keine andere Weise konnte wahrlich diese Welt entstehen... als aus dem vollkommen freien Willen Gottes, der alles vorhersieht und lenkt." [NEWTON, I. (2011), S. 79].

Die andere besteht auf einer Mathematik, *"insoweit sie sich auf die Philosophie bezieht"*:

> "Wir aber, die wir uns um die Philosophie kümmern, und für die wir deshalb nicht über die handwerklichen, sondern über die natürlichen Kräfte schreiben, behandeln bevorzugt das, was sich auf die Schwere, das Leichte, die elastische Kraft, den Widerstand der Flüssigkeiten und derartige Kräfte, seien es anziehende oder abstoßende, bezieht. Deshalb legen wir dieses Werk als *Mathematische Grundlagen der Philosophie* vor. Dabei gründet sich die Geometrie auf die mechanische Praxis, und sie ist nichts anderes als jener Teil der *Mechanik insgesamt*, welcher die Kunst des genauen Messens behauptet und beweist." [NEWTON, I. (2011), S. 62].

Das Resümee *Dellian*s überrascht nach den obigen Ausführungen keineswegs, zumal sie durch *Isaac Newton*s Credo in folgendem Text unmittelbar vertieft werden (*italic*: E. D.):

> "1. Da der Geometrie die metrische Struktur des Raumes und der Zeit zugrunde liegt, so wird zugleich klar, dass diese mathematische Struktur *kein Menschenwerk sein kann*, sondern die metrische Ordnung der *Schöpfung* widerspiegelt. Damit gewinnen Naturphilosophie und Bewegungslehre wieder ihren ursprünglichen Anschluss an die religiöse Wahrheit, gemäß dem Satz der Bibel im Buch der Weisheit 11,21.[21]
>
> 2. *"Newtons geometrische Syllogistik des Messens* also öffnet den Zugang *zur transzendenten Realität* und leistet *jene Erweiterung der wissenschaftlichen Vernunft*, die über die beschränkten Deduktionsmöglichkeiten *der arithmetisch-algebraischen Analy*sis hinausreichend die Wissenschaft und das Christentum, Wissen und Glauben miteinander versöhnt." [NEWTON, I. (2011), S. 27].

In einer ,Editorischen Anmerkung' fügt *Dellian* hinzu:

> "3. Abschließend ist noch einmal zu betonen, welchem Zweck diese Auswahlausgabe dient; sie will zeigen: *Newtons Prinzipien sind keine der Physik*, schon gar nicht der Physik, wie diese sich heute selbst definiert. Es sind Prinzipien einer vorläufig auch den Philosophen ganz unbekannten ... geometrisch mathematischen Naturphilosophie, die nach meinem ganzen Verständnis den krönenden Abschluss jener Epoche philosophischer Erneuerung... bildet, die man [schon lang] die Renaissance nennt.

---

[21] ›Du hast Alles nach Maß, Zahl und Gewicht geordnet‹. „Das Buch der Weisheit" ist ein apokryphes Buch des Alten Testaments. Es wurde nicht in den jüdischen Kanon aufgenommen, ist aber Teil der „Septuaginta" und wird von Katholiken und orthodoxen Christen – nicht aber von Protestanten – als Teil der Bibel angesehen.

> Die Rekonstruktion dieser Philosophie nach Maßgabe der originalen Werke Galileis und Newtons ist dringlich, weil dadurch die gegenwärtige Zersplitterung der Bewegungslehre in ‚klassische' (Berliner[22]) Mechanik, Relativitätstheorien und Quantenmechanik überwunden und zugleich das philosophische des wahren – realistischen und theozentrischen – Gehalts sowohl der galileinewtonischen Lehre, als auch der modernen Physik gewonnen wird..." [NEWTON, I. (2011), S. 27-28].

Das Fazit des Abschnitts 1.4 ist zwiespältig – sehr sogar! Dass Newton mit seiner geometrischen Beweismethode, mit seiner *diskontinuierlichen* Materievorstellung – beide Items antiken Ursprungs – richtig lag, weiß man spätestens mit der Entdeckung *der reellen Zahlen* auf der Grundlage *Euklidischer* Geometrie. Sogar Newtons Credo – ein allmächtiger Schöpfer als basale Idee – machte für seine Zeit Sinn.

Aber Naturphilosophie und Bewegungslehre an die „religiöse Wahrheit anzuschließen", gar das *Christentum* mit der Wissenschaft zu versöhnen, ist historisch vielleicht aus dem religiösen Eifer der christlichen Kirchen bis zur Französischen Revolution zu begreifen. Eine solche Intention aber dem heutigen Leser als Newtons Credo nahebringen, gar als verbindlich erklären zu wollen, ist ein unsinniges Unterfangen, da es faktisch purer Ideologie gleichkommt. Und *Ed Dellian* weiß es sogar: In einem Aufsatz aus dem Jahr 1989 mit dem Titel »*Newton, die Trägheitskraft und die absolute Bewegung*« eröffnet er die Debatte mit einem überraschenden Bekenntnis:

> „Das Newton-Bild der Wissenschaft ist in Bewegung geraten, seit in den 30er Jahren des 20. Jahrhunderts Newtons Nachlass unveröffentlichter Manuskripte gesichtet wurde. John Maynard Keynes, der das unternahm, brachte sein Ergebnis 1946 auf die Formel: Newton war nicht der Herold der Aufklärung. Er war vielmehr der letzte der Magier..." [DELLIAN, E. (1989), S. 34; vgl. KEYNES, J.M. (1946)].

---

[22] Die analytische Mechanik war wesentlich das Werk *d'Alembert*s, *Euler*s und *Lagrange*s. Alle drei Mathematiker standen in engster Verbindung mit der von *Leibniz* 1700 gegründeten späteren Preußischen Akademie der Wissenschaften zu Berlin. Sie wird seit 200 Jahren fälschlicherweise als Newtonsche Mechanik ausgegeben. Um weiterhin Verwechslungen zu vermeiden, bezeichnet *Dellian* sie durchaus zu Recht als »*Berliner Mechanik*«; vgl. NEWTON, I. (2011), S. 18.

1.5 Konsequenzen für die moderne Physik

Newtons Buch III der *Principia* mit dem Originaltitel *»The System of the World«* enthält für die *mathematischen* Gesetze, wie sie in den Büchern I und II behandelt werden, gewisse philosophische Erläuterungen,

> „damit sie nicht unergiebig erscheinen und ins rechte Licht gerückt werden können. Dafür behandelte ich dasjenige, was allgemein gültig ist und worauf die Philosophie in größtem Umfang gegründet werden zu können scheint, wie die Dichte, und den Widerstand der Körper, die von Körpern leere Räume und die Bewegung des Lichtes und der Schall-Phänomene. Es bleibt noch übrig, dass wir, ausgehend von eben diesen Grundlagen, das Gefüge der Welt aufzeigen. Deren Quintessenz habe ich in Lehrsätze nach der mathematischen Methode umgesetzt." [NEWTON, I. (2011), S. 179].

In seiner Einführung zu Buch III verhehlt *Newton* keineswegs seine Skepsis gegenüber der Wirksamkeit seiner Methode, in 'Lehrsätzen' zu denken, zu argumentieren und damit zu arbeiten. Dass er mit seiner Selbstkritik Recht hatte, macht seine Absicht deutlich,

> „jedem Objekt ... eine Raum- und eine Zeitkoordinate, zuzuordnen. Mit diesem Modell ist es möglich, die Bewegungen der Himmelskörper mit hinreichender, d. h. messbarer Genauigkeit zu beschreiben und zu prognostizieren." [GEBESHUBER, I. C. (2007), S. 28].

Offensichtlich handelt es sich um mehr oder weniger *heuristische* Gebrauchsanweisungen, ganz in der Tradition der Zeitgenossen *Galilei* und *Huygens*, den früheren Begründern der Dynamik. Deren Raum- und Zeitvorstellungen blieben indes undifferenziert – jedenfalls im Vergleich zu den o. a. Zeit- und vor allem Raumvorstellungen, wie *Newton* sie im Kontext mit den Begriffen ´Verschiebung` und ´Bewegung` offensichtlich verstanden haben mag.

In der *Principia* haben wir es mit zwei Raum- und Zeitvorstellungen zu tun, je nachdem, ob sich *Newton* auf *Naturphilosophie* und den dafür prinzipiell relevanten *Verschiebungen* von Atomen einlässt (V-Fall). Oder ob er sich mit *Rationaler* Mechanik befasst, nämlich mit der mathematischen Theorie der simultanen *Bewegungen* von Aber-Billionen von 'Atomen' (B-Fall).

Die bisherigen Betrachtungen waren nun eindeutig *Isaac Newton* in der von ihm selbst favorisierten Rolle geschuldet, dem Naturphilosophen und (eng damit verbunden) dem in den Religionswirren seines Landes und seiner Epoche verwickelten ‚Theologen'. Aber *Newtons* singuläre Bedeutung machen doch in erster Linie seine Leistungen als mathematischer Physiker aus. Man kann diesen Fakt nicht oft genug betonen, weil sich mit keinem seiner Tätigkeitsfelder bis heute größere Missverständnisse verbinden als mit seiner Physik, wie sie in der *Principia* dokumentiert ist. Es würde zu weit führen, hier auf dieses Problem näher einzugehen; ein signifikantes Beispiel muss genügen. So schreibt *Ernst Mach* über Newtons Werk:

„Die Newtonschen Prinzipien genügen, um ohne Hinzuziehung eines neuen Prinzips jeden vorkommenden mechanischen Fall, ob er nun der Statik oder der Dynamik angehört, zu durchschauen. Wenn sich hierbei Schwierigkeiten ergeben, so sind sie immer nur mathematischer und keineswegs prinzipieller Natur." [SZABÓ, I. (1979), S. 19].

Dieses Urteil klingt rätselhaft ‚kollegial'. *Newton* selbst hatte große Zweifel, ob seine Prinzipien genügen, um die mechanischen Probleme wirklicher Körper z. B. in translativer und rotierender Bewegung lösen zu können. Im Vorwort der *Principia* stellt er unumwunden fest:

„Wenn es doch gelänge, auch die anderen Naturphänomene durch Überlegungen gleicher Art aus mechanischen Prinzipien herzuleiten." [SZABÓ, I. (1979), S. 19].

Hier war der Wunsch Vater des Gedankens: Er konnte kein einziges dieserart Probleme lösen. Dies gilt sogar für den Fall, dass man sich auf starre Körper beschränkt, z. B. das Rollen eines Rades oder die Schwingung eines Pendels.

Umso mehr erstaunt, dass *Newton* das ganze nach 1713 wesentlich erweiterte zweite Buch der *Principia* den Flüssigkeiten und Gasen widmete. Selbst Experten der Aero- und Hydrodynamik ignorieren bis heute diese Abhandlung. *Clifford Ambrose Truesdell* III, renommierter Naturphilosoph, Wissenschaftshistoriker, Polemiker und langjähriger Doyen der Rationalen Mechanik liefert dafür eine präzise, indes außerordentlich ernüchternde Erklärung:

"Newtons *Principia* ist ein Meisterwerk, das heutigentags nicht mehr gelesen wird. Bereits im ersten Buch sind nahezu alle Dinge enthalten, derentwegen das gesamte Werk berühmt wurde. Jedoch zeigt Newton in diesem Buch wenig Originalität, vielmehr eine andere Eigenschaft, die ebenso groß ist: Die Fähigkeit, frühere Ergebnisse [wie Keplers Gesetze] in streng mathematischer Weise zu ordnen und aus einem Minimum von Voraussetzungen herzuleiten. Das zweite Buch, welches die Flüssigkeiten behandelt, ist hingegen fast vollkommen eigenständig und beinahe ganz falsch. Das deduktive Verfahren, welches das erste Buch in so hervorragender Weise kennzeichnet, wird hier beiseite gelassen, und bei jedem neuen Gedankengang wird eine neue Hypothese aufgestellt. Hier offenbart Newton sein höchst schöpferisches Genie. Wohl sind seine Lösungen nicht immer richtig; dennoch ist er der erste, der diese Grundprobleme ausgewählt und anzupacken gewagt hat." [zitiert in: SZABÓ, I. (1979), S. 154-155].

Natürlich ist es hilfreich, wenn man einen Kenner wie *Truesdell* findet, der ein solch fundiertes Urteil über ein komplexes Werk wie Newtons *Principia* abgeben kann und es auch tut. So kann ich mich kurz fassen und mich in Erweiterung von Abschnitt 1.7 der offenen Frage zuwenden, was den Naturphilosophen *Newton* wohl bewogen hat, das zweite Buch überhaupt zu schreiben. Als – wie er selbst bekennt(sic) – der *Wahrheit* verpflichteter Platoniker war ihm gewiss klar, dass die im platonischen Dialog korrigierte ‚Wirklichkeit' des *Parmenides* ja keineswegs den zweiten Teil von dessen Sinngedicht erkennbar tangiert.

Dieser ganze Teil II, die *Doxa*, bedarf natürlich ebenso wie Teil I, die ›Wirklichkeit der Welt‹ (*Aletheia*), einer theoretischen Erklärung. Dies gilt erst recht, falls man darunter – *Simplikios* folgend – die *»Beschreibung der dem Menschen sinnlich erfahrbaren Welt«* versteht, ganz im Kontrast zur krassen Auffassung des *Parmenides* von einer *Welt der realen Illusionen*.

Den Gelehrten zur Barockzeit war genauso bewusst wie es den heutigen klar ist, dass dieser parmenideische Ausdruck bestenfalls als Metapher auf das abzielt, was seit der Neuzeit als *Natur* in seiner ganzen Fülle verstanden wird und Objekt der Naturwissenschaft, speziell der Physik ist. Um sprachlichen Missverständnissen vorzubeugen, sollte man sich bezüglich des Begriffs *Physik* eines modernen Lexikons – z. B. Exika[23] – bedienen, das sich u. a. direkt auf *Galilei* und *Newton* beruft. Aber man sollte sich nicht täuschen lassen, der Text solcher lexikalischer Einträge verbirgt implizit oft mehr ideologische Fallstricke als des *Parmenides* Poem von der *„sinnlich erfahrbaren Welt"* ahnen lässt.

Auch erfährt man durch solche Einträge meist nichts über die *metaphysischen* Grundlagen im Sinne der Naturphilosophie. Aber sie sind darin verborgen, obwohl nur die Phänomene gemeint sind, welche die Menschen in der Natur erfahren, die sie kollektiv als real erleben und denen sie als Individuen im Werden und Vergehen nicht entkommen können. Diese Welt der *irreversiblen* Prozesse ist sogar für manch große Persönlichkeiten schwer zu verkraften; beispielsweise outete sich *A. Einstein* gegenüber seinem engsten Freund noch kurz vor dessen Tod als ʹParmenideerʻ, indem er jegliche Irreversibilität hartnäckig als pure Illusion erklärte! Der wahre Grund für diese Haltung ist unbekannt. Vielleicht könnte sie begreiflich machen, warum die Allgemeine Relativitätstheorie – mit der Kosmologie als Hauptanwendungsgebiet – die Entropie *nicht* als Variable enthält. So ist sie ein Musterfall für *mechanistische* Physik.[24]

Newton war solchen Repressionen nie ausgesetzt. Für sein Buch II wählte er zwei Themen, die für die ‚Doxa-Welt' exemplarisch sind: Thema (1) bezieht sich auf den Bewegungswiderstand, den feste Körper in Flüssigkeiten oder Gasen realiter erfahren. In *I. Szabós* Standardwerk liest man einerseits:

> „Für Newton spielte der Bewegungszustand eine solche bevorzugte Rolle, weil es ihm darauf ankam, die Cartesianer zu widerlegen, die die Ansicht vertraten,

---

[23] EXIKA – kurz, knapp, kollektiv – ist ein Lexikon mit knappen und verständlichen Erklärungen. Alle Einträge werden unter der ›GNU Lizenz für freie Dokumentation‹ veröffentlicht. (Stand: 26.02.2012).
[24] Selbst in kritischen Beiträgen zur heutigen Kosmologie ruft allein die Frage *„Was ist eigentlich die Temperatur der dunklen Materie?"* Erstaunen hervor: Dass sie keine hätte oder trotz dieser Temperatur keine Strahlung, wären schon wieder ein, zwei Widersprüche zu jeder Erfahrung. Und in diesem Kontext fließt dann noch die geradezu poetisch umschriebene Erläuterung ein: „wobei die Entropie sich vergisst." vgl. S. 12 in Peter Ostermann: Der richtige Nobelpreis mit falscher Begründung 2011. Online: www.peter-ostermann.de.

dass das ganze Universum mit Materie ausgefüllt ist." [SZABÓ, I. (1979), S.154].[25]

Ein Vakuum, ein stofflich leerer Kosmos, war einerseits für *R. Descartes* ebenso wie für *B. Pascal* inakzeptabel. Für *Newton* waren andererseits Trägheitskräfte im leeren Raum nicht plausibel.

Thema (2) betrifft die *Viskosität* zäher Flüssigkeiten. In der heutigen Terminologie geht es um die Hypothese, nach der bei den viskosen Fluiden *„in den Berührungsflächen der strömenden Teilchen bewegungshemmende Schubspannungen auftreten, die der Relativgeschwindigkeit proportional sind"*. Der Proportionalitätskoeffizient definiert die *Viskosität*. *Newton* hat freilich diesen Ansatz explizit nie in mathematischer Form angegeben. Letztere führt bekanntlich zusammen mit dem Impulssatz z. B. zur Beschreibung der *stationären* Strömung in einem kreiszylindrischen Rohr und damit erstmals zum vertieften Verständnis eines Phänomens von überragendem Einfluss im Alltag. Die Bedeutung dieser epochalen Entdeckung *Newtons* kommt wohl am besten in folgendem Zitat zum Ausdruck:

> „Das sieht alles einfach aus, und heute ist es sogar selbstverständlich. Umso überraschender, insbesondere für den historisch nicht Bewanderten, dürfte sein, dass *hundertfünfzig* Jahre vergingen, bis Newtons Hypothese auf diese Weise ausgeschöpft wurde. Bis dahin hatte man der inneren Flüssigkeitsreibung wenig Aufmerksamkeit geschenkt." [SZABÓ, I. (1979), S.259].

Der letzte Satz gilt im Prinzip auch heute noch: *„Flüssigkeitsreibung"* – charakterisiert durch die *Viskosität* η der untersuchten Flüssigkeit – zählt seit stark hundert Jahren zu den sogenannten Transportphänomenen. Deren Theorie – zumindest für die Transportkoeffizienten der Gase wie η – gehört zu den mathematisch anspruchsvollsten Teilgebieten der Physik. Seit Jahrzehnten sind weder theoretische noch experimentelle Fortschritte besonders für *großtechnisch* relevante ‚hohe' (bis 10.000 K) und ‚tiefe' (zwischen 25°C und – 25°C) Temperaturen technisch wichtiger Gase erzielt worden. Dasselbe gilt erst recht für zwei andere wichtige Transportgrößen – Wär-

---

[25] Diese Ansicht klingt sehr modern, verbreiten doch die Lobbyisten der Elementarteilchenphysik, dass die ominösen Higgs-Bosonen das noch ominösere Higgs-Feld bilden. „Das Universum wird demnach von einem sirupähnlichen Higgs-Feld durchzogen, das Elementarteilchen bremst und ihnen so ihre Masse verleiht". Vgl. sueddeutsche.de – erschienen am 13.12.2011 unter dem Titel *Hoffnung auf ‚Higgs-Entdeckung' wächst.*; Vgl. noch 7.1

meleitzahlen und Diffusionskoeffizienten von Gasen und Gasgemischen. Letztlich waren u. a. diese Defizite ursächlich dafür, dass die *bemannte* Raumfahrt mittels der *veralteten* Space-Shuttle-Flotte ihr Ende fand, da ohne die genaue Kenntnis dieser Koeffizienten sichere Re-entry-Flüge nicht länger gewährleistet, gar verantwortet werden konnten.

Dieser Sachverhalt ist deshalb so bedeutsam, weil er den grundlegenden Unterschied in der Einstellung als Wissenschaftler belegt, der zwischen *Newton* und den *festlandeuropäischen* Mathematikern des 18. Jahrhunderts bestand. Mit Ausnahme von *L. Euler* befasste sich von Letzteren niemand mit physikalischen Problemen, die man eher der ‚Doxa-Welt', ergo der »*dem Menschen sinnlich erfahrbaren Welt*« und allen ihm widerfahrenden Problemen im Alltag zurechnet. Vor allem die großen Mathematiker wie *Lagrange*, *Laplace* und *Hamilton* interessierten sich vielmehr fast ausschließlich für Probleme der mathematischen Physik, die ihren Ursprung in *Leibniz'scher* Metaphysik hatten.

Diese kompromisslose Haltung unterschied sich grundlegend von *Newtons* klaren Intentionen. Ein klares Indiz sind allein die mindestens 150 Jahre ‚Pause', bis sich nach *Newtons* erstem Versuch mathematische Physiker z. B. wieder mit Viskositäten befassten. Der ganze Teil II der *Principia*, der *Newtons* ‚Doxa-Welt' im Visier hat, ist ja gerade deshalb so herausragend und auch ob seiner Chuzpe bewundernswert, weil er es wagte, ganz im Sinn der antiken Philosophie, sinnlich erfahrbare physikalische Phänomene von praktischer Bedeutung mathematisch zu erfassen. Dazu machte er Anleihen an die Atomistik von *Leukipp*, *Demokrit* und *Epikur*, indem er den Teilchenbegriff mit dem Raumbegriff koppelte. Allerdings teilte er niemals – sofern man seine theologisch motivierten Argumente im ›General Scholium‹ akzeptiert – deren Atomlehre, mit der sie des *Parmenides elenchos*[26] ins Gegenteil verkehrten,

> „um eine empirische Widerlegung seiner großartigen Kosmologie zu liefern... [Mit ihrem Schluss:] »Es gibt Bewegung... und die Welt besteht aus Atomen sowie dem Leeren«" [POPPER, K. R. (2001), S. 155]

---

[26] „*Ein klarer Fall von Gegenbeweis, oder genauer, eine reductio ad absurdum, ein indirekter Beweis der Falschheit*"; vgl. POPPER, K. R. (2001), S. 146.

unterlagen die Atomisten allerdings insofern einem groben Missverständnis von ‚Anschaulichkeit', als sie noch nicht einmal ahnen konnten, wie weit sogar ein Ultrahochvakuum immer noch vom eher leeren Begriff des ‚Leeren' entfernt ist.

Zwar entging auch *Newton* diesem Problem der ‚Anschaulichkeit' nicht wirklich; er packt aber den Stier bei den Hörnern: Für seine Bewegungslehre konstruiert er einen idealisierten Massenpunkt, der als Schwerpunkt für jeden realen Körper, gar für Planeten dient, um deren Bewegung es geht. Um die Bewegungsgesetze für diese Körper befolgen zu können, führte *Newton* den *Raum* als ‚Korrelat' zum betreffenden Massenpunkt ein [NEWTON, I. (2011), S. 13].

Sein sogenannter *absolute Raum* ist definiert als ‚physikalischer Raum' – unabhängig vom Beobachter als auch von allen darin enthaltenen Objekten und den in ihm ablaufenden physikalischen Prozessen. Dieses Konzept relativiert alle Bewegungen. Auf dieses dünne Eis gründete *Newton* letztlich axiomatisch den Begriff des ›absoluten Raums‹ als eine *logische* Prämisse für das Trägheitsgesetz. Letzteres formulierte er als Erstes Gesetz der *Bewegung*. Warum ‚*absolut*'? Um einen Ruhezustand beschreiben zu können, muss ein passendes Bezugssystem vorhanden sein, relativ zu dem der ruhende Körper verharrt. M. a. W.: der *absolute* Raum war für *Newton* das geeignete, absolute Bezugssystem.

Durch seine Grundgleichung führte *Newton* übrigens zusätzlich eine vektorielle Größe ein – die *Kraft*, bzw. das *Kraftfeld*. Beide Begriffe sind typisch für seine Physik. Das will vor allem besagen, dass die territorialen Mathematiker des 18. Jahrhunderts wie *Lagrange* in ihrer Darstellung der Dynamik diese Größe F nicht benutzten!

Im Kontrast dazu werden wir *G. Falk* zitieren, der das „Wechselwirkungsfeld F eines N-Körperproblems" erklärt als nicht von den Körpern „erzeugt". Betrachtet man Newtonsche Physik gar unter *parmenideischem* Aspekt, so lässt sich **F** als *existierendes Nichtseiendes* identifizieren.[27]

Wie lässt sich indes *Newtons* Beharren auf einem Konstrukt der Art von **F** plausibel begründen? Die Antwort ist erstaunlich einfach: Sie beruht auf Newtons niemals in Frage gestellter naturphilosophischer Grundposition, nämlich die *euklidische* Geometrie um jeden Preis beizubehalten. Deshalb bewegt sich in seiner Vorstellungswelt jeder Körper, solange er nicht gestört wird, auf *gerader* Bahn mit gleichförmiger Geschwindigkeit. Er verharrt nach dem *Trägheitsprinzip* in seinem Bewegungszustand, solange keine äußeren Einwirkungen auftreten. Sofern Körper sich allerdings nicht so bewegen, wird jede Bewegungsänderung einer *Kraft* zugeschrieben. Für *Bertrand Russel* bedeutet dies primär:

> „Ein Kraftfeld stellt die Diskrepanz zwischen der natürlichen Geometrie eines Koordinatensystems und der ihm willkürlich zugeschriebenen abstrakten Geometrie dar." [RUSSEL, B. (1992), S. 149].

Diese Auffassung klingt nicht nur, sondern ist sehr dezidiert, setzt sie doch implizit voraus, dass die Natur einer „natürlichen" Geometrie des Raumes unterworfen ist. Diese Idee liegt *Einsteins* Ansatz zugrunde, der dessen Allgemeine Relativitätstheorie sogar dominiert. Indes kennt *Newton* im 17. Jahrhundert weder irgendwelche nicht-euklidischen Geometrien noch das *Raum-Zeit-Kontinuum*. Er ordnet der Natur *Euklids* Mathematik formal als „abstrakte" Geometrie zu – freilich als Manifestation eines auf den Kosmos stets einwirkenden *Obersten Prinzips*. Letzteres kann man zwar anders benennen, man mag seinen Sinn nicht zu erkennen, aber gewiss darf man dieses *Oberste Prinzip* als solches nicht ausschließen, es sei denn, man ist bereit, dem ganzen Kosmos – vornehmlich der Doxa-Welt – keinerlei Sinn zu unterstellen.

Was aber sind die Hinter- bzw. Beweggründe für die offenkundig diametral entgegengesetzten Vorstellungen von Dynamik? Gemeint ist jene wissenschaftliche Disziplin, wie sie sich einerseits *in I. Newtons* Naturphilosophie und andererseits in der Mathematischen Physik der führenden kontinental-

---

[27] Dieser ‚Aspekt' ist deshalb relevant, da er die These vom Higgs-Boson als Ursache des sog. Higgs-Feldes in Frage stellt.

europäischen Gelehrten des 18. und der ersten Hälfte des 19. Jahrhunderts herausbildete. Die Antwort ist vor allem aus zwei Gründen von großer Bedeutung:

(1) Die in Rede stehende Zeitspanne von rund 150 Jahren erfasst keineswegs nur die divergierende Entwicklung der klassischen Mechanik. Sie betrifft auch vor allem ab dem Beginn der industriellen Revolution die Koexistenz zweier von *Michel Serres* beschriebener *„Generationen der Wissenschaft der Gravitation und der des Feuers"*. [Vgl. SERRES, M. (1975)].

(2) Wie wirkte sich die siegreiche *mechanistische* Physik der kontinentaleuropäischen Mathematiker auf die „Wissenschaft des Feuers" und die dominierenden Flaggschiffe der modernen Physik – die Quantentheorie, die Allgemeine Relativitätstheorie und die Kosmologie aus?

Die Geschichte der kontinentalen Physik und ihrer Hauptvertreter – wie die Familie Bernoulli, Euler, Clairaut, D'Alembert, alle gewiss keine Newtonianer – überrascht ob des überragenden Einflusses, den *G. W. Leibniz* auf ihr Denken nahm. Er gilt als der universale Geist seiner Zeit und war einer der *Vordenker der Frühaufklärung*. Unter den wenigen zu seinen Lebzeiten publizierten philosophischen Arbeiten seines umfangreichen Oeuvres war auch der berühmte „Essais de théodicée" von 1710. Darin befasst er sich detailliert mit dem o. a. *Obersten Prinzip*, das er repräsentiert sah durch den allmächtigen, allwissenden, allgütigen Schöpfer – Gott!

Leibniz' verblüffende ‚Arbeitshypothese' lautete: Gott verbesserte die Welt keineswegs ständig durch Wunder – indem er dazu Naturgesetze außer Kraft setzte. Also legte er sich selbst Beschränkungen auf. Dafür gibt es *einen* Grund: Hätte Gott die *bestmögliche* Welt schaffen wollen, wäre sie gewiss nach seinem Abbild ausgefallen. Wollte er aber dem Menschen das höchste Gut, die Freiheit, einräumen, musste er die Existenz des Bösen in der Welt zulassen. Festzuhalten ist, dass dieses Bild von einem aktiven Gott *nicht* zu den o. a. Kontroversen zwischen *Leibniz* und *Newton* gehört. Letzterer betonte z. B., dass die Anziehungskräfte aus *aktiven* Prinzipien resultieren, *„in denen sich Gottes Wirken auf die Welt manifestiert"*. [PRI-

GOGINE, I., STENGERS, I. und PAHAUT, S. (1991), S. 25, vgl. noch DOBBS, B. J. T. (1975)]. Folgender Kommentar ist – auch für die heutige Physikergeneration – nach wie vor aktuell:

> „Der Gott von Leibniz ist... durchaus noch bei einigen von uns vorhanden. Schließlich lässt es sich nicht leugnen, dass wir wenn nicht seit Newton, so in jedem Fall seit Laplace die entfernten Wechselwirkungen akzeptieren, dass sie zu unserer Auffassung von der physikalischen Welt gehören." [PRIGOGINE, I., STENGERS, I. und PAHAUT, S. (1991), S. 26].[28]

Was die Dynamik angeht, waren die Differenzen zwischen *Newton* und *Leibniz* doch eklatant. Man muss wohl davon ausgehen, dass diese Meinungsunterschiede der heutigen Generation von Ingenieuren und Physikern in ihrer wahren Bedeutung nicht mehr vermittelt werden:

- Die Newtonsche Physik setzte einen isolierten Körper voraus, ausgestattet mit einer geradlinigen und gleichförmigen Trägheitsbewegung; sie berechnet die Änderungen dieser Bewegung, die durch das Wirken von Kräften bestimmt werden.
- Für *Leibniz* waren die Kräfte weder ‚gegeben' noch die Ursachen der Bewegungsänderungen. Sie sind eher *lokale* Eigenschaften innerhalb eines dynamischen Systems; in dieser Funktion charakterisieren sie einen momentanen Zustand in einer Zustandsabfolge, die von einem Gesetz geregelt wird.

Historisch gesehen hat seit *Lagrange*, vor allem aber seit *Hamilton* die mathematische Physik auf die Newtonsche Darstellung verzichtet. Sie geht zunächst vom ‚System' in seiner kanonischen Form aus und konstruiert die sogenannte Hamilton-Funktion H. Letztere steht für die Systemenergie als Summe der kinetischen und potentiellen Energien, die den globalen Zustand des Systems festlegen. Aus H lassen sich alle Kräfte ableiten, die in jedem Moment auf jeden Punkt wirken. M. a. W.: Kräfte sind nicht länger direkte Ursache für Beschleunigungen, sie sind aus der Struktur des gesamten dynamischen Systems abgeleitete Größen:

---

[28] Die Rationalisten des 18. Jahrhunderts waren dieser Wechselwirkungskraft gegenüber skeptisch; sie hielten sie für esoterisch.

> „Wie Leibniz es wollte, erzeugt die Energie E im Hamiltonschen Formalismus durchaus eine Bewegung, die E selbst konstant hält." [PRIGOGINE, I., STENGERS, I. und PAHAUT, S. (1991), S. 30].

Aber *Leibniz'* Einfluss reicht viel weiter:

> „Was Leibniz als prästabilisierte Harmonie dachte, deren Ausdruck die Erhaltung der Energie in jedem Moment ist, das setzte die Lagrangesche Physik in die Tat um, indem sie die Bewegung als Abfolge von Gleichgewichtszuständen untersuchte, die in jedem Moment zerstört und wiederhergestellt werden, und der Hamiltonsche Formalismus übersetzt es in die A-priori-Syntax der formalen Sprache, in der jedes dynamische Problem formuliert werden kann...
>
> Übertrieben vereinfacht können wir sagen, dass die Welt eine Welt deterministischer und reversibler Bahnen ist, deren Definition zwei verschiedenartige Informationen voraussetzt: Zum einen die Kenntnis des Evolutionsgesetzes, dessen Formulierung die A-priori-Syntax ausgehend von den Wechselwirkungskräften und den Bindungen des Systems erlaubt; zum anderen die Kenntnis der Beschreibung eines Zustands des Systems, gleichgültig welchen Zustands, von dem ausgehend ‚Alles gegeben ist'. Das Gesetz wird die Bahn in vergangener wie in zukünftiger Richtung festlegen ... Die Eigenschaft der Reversibilität lässt sich ganz einfach ausdrücken: Das dynamische Gesetz ist so beschaffen, dass eine imaginäre Umkehroperation $v \rightarrow -v$ (der Geschwindigkeiten jedes Punktes des Systems) einer Operation der Umkehrung der Richtung des Zeitflusses äquivalent ist. Für jede dynamische Entwicklung ist es also möglich, einen Anfangszustand so zu definieren, dass das System die umgekehrte Entwicklung durchläuft..." [PRIGOGINE, I., STENGERS, I. und PAHAUT, S. (1991), S. 30-31, bzw. 38-39].

Erkenntnistheoretisch geht es hier um einen Sachverhalt, der nicht überschätzt werden kann und der auch durch ein aktuelles Zitat aus einer Antrittsvorlesung von 2004 zum Ausdruck kommt:

> „Das Prinzip der kleinsten Wirkung ist in Wesen und Tragweite eines der erstaunlichsten Gesetze der Physik. In seiner Hamiltonschen Formulierung besagt jenes Prinzip, dass unter allen *denkbaren* Wegen, die ein dynamisches System beim Übergang von einem Zustand zum Zeitpunkt t_1 in einen des Zeitpunkts t_2 durchlaufen konnte, genau derjenige Weg *tatsächlich* beschritten wird, bei welchem das *Zeitintegral über die Differenz von kinetischer und potentieller Energie* – also einer Wirkung – einen Minimalwert annimmt. Wie wir heute wissen, erstreckt sich die Gültigkeit dieses Prinzips weit über den Bereich der mechanischen Erscheinungen hinaus und scheint alle reversiblen Vorgänge der Physik zu beherrschen. In diesem Sinne verkörpert das Prinzip somit das Idealziel der modernen Physik, ein möglichst breites Spektrum von Naturerschei-

nungen aus möglichst wenigen Grundprinzipien zu erklären." [STRUCKMEIER, J. (2003), S. 1].

Diese Lehre wird auch heute jedem Studenten der Physik eingetrichtert. Vom Standpunkt der vorliegenden Arbeit aus betrachtet, handelt es sich dabei um eine ‚mathematische' Art der Gehirnwäsche. Gewöhnlich kennen die Menschen das Gefühl von Absurdität, welches Filme hervorrufen, die ‚rückwärts' projiziert werden, Streichhölzer, die sich neubilden, während sie brennen, Blüten, die in die Knospe zurückkehren, Babys, die... Genau diese absurde Welt wird durch die Grundlagen moderner mathematischer Physik, die Hamiltondynamik seit über 200 Jahren postuliert. Dabei gehört seit dem Ende des 18. Jahrhunderts bis heute der Begriff der *reversiblen* Bahn keineswegs ausschließlich zur *klassischen* Dynamik:

> „Man findet ihn offensichtlich in der relativistischen Mechanik, aber auch in der Quantenmechanik: Die Entwicklung der Wellenfunktion, wie sie die Schrödingergleichung definiert, ist immer noch der dynamischen Syntax verpflichtet." [PRIGOGINE, I., STENGERS, I. und PAHAUT, S. (1991), S. 40].

Wenigstens hat die Quantenmechanik zu Fragestellungen geführt, die neu waren: Kann man die mikroskopische Ebene tatsächlich ‚isoliert' betrachten, ihr *reversible* Gleichungen zuschreiben? Wie kann man den *irreversiblen* Messprozess mit der *reversiblen* Evolution kompatibel machen? Es gibt für alle diese Fragen seit mehr als 70 Jahren überzeugende Antworten; sie werden aber von der Scientific Community kaum zur Kenntnis genommen (vgl. Kapitel 5.1).

Unter diesem Bezug sollten jene herausragenden Beiträge zweier großer Philosophen erwähnt werden, welche direkt auf das Zentrum der *Lagrange-* und *Hamilton*-Mechanik abzielen. So wählte Jürgen Struckmeier *I. Kant*s ›Leitendes Prinzip für Naturwissenschaften‹ zum Motto für seine o. a. Antrittsvorlesung:

> „Denn wiewohl wir nur wenig von dieser Welt Vollkommenheit auspähen oder erreichen werden, so gehört es doch zur Gesetzgebung unserer Vernunft, sie allwärts zu suchen und zu vermuten, und es muss uns jederzeit vorteilhaft sein, niemals aber kann es nachteilig werden, nach diesem Prinzip die Naturbetrachtung anzustellen. (aus: Immanuel Kant, Kritik der reinen Vernunft)." [STRUCKMEIER, J. (2003), S. 1].

Damit erinnerte er, dass das bei der Hamilton-Mechanik zum Einsatz kommende „Prinzip der kleinsten Wirkung" als *evidentes Extremalprinzip* nichts anderes darstellt als eine geniale mathematische Umschreibung des »Theorems der besten aller möglichen Welten« für die Belange jeglicher mechanistischer Dynamik aller *idealisierten* irdischen Gegebenheiten. Dieses berühmte Theorem ist Teil von *Leibniz' Theodizee* (1710). Es begründet jenen erstaunlichen Optimismus, der ursprünglich die Ansicht prägte, *in der besten aller möglichen Welten* zu leben. In diesem Sinn sind wohl auch die Worte *Max Plancks* zu verstehen:

> „Gegenwärtig ist das Prinzip der kleinsten Wirkung wohl dasjenige, welches nach Form und Inhalt den Anspruch erheben darf, jenem idealen Endziel der theoretischen Forschung am nächsten zu kommen." [PLANCK, M. (1925d)].

Leibnizens okkulter, aber nachhaltiger Einfluss auf die moderne Physik geht indes keineswegs nur auf die *Theodizee* zurück. Vier Jahre nach der Publikation dieses seines bekanntesten Werks verfasste er unter dem Titel *Monadologie* seine *Monadenlehre*, die er in 90 Paragraphen darlegte. Sie wurde zu seinen Lebzeiten nie veröffentlicht.[29] Monaden sind gewissermaßen Leibnizens *Atome* – allerdings haben sie eine Seele! In Leibniz' Vorstellungen sind sie die letzten Elemente der Wirklichkeit und bilden für viele Lösungen *metaphysischer* Probleme das Kernstück seiner Philosophie. Diese Formulierung besagt, dass sich vom *metaphysischen* Standpunkt aus die Welt aus nichtausgedehnten, substantiellen Elementen, eben den Monaden, zusammensetzt. Wir müssen für unsere Studie indes nicht alle Details kennen, die zum ‚Leibniz-System' gehören. Nur soviel, dass jede Monade hermetisch abgeschlossen ist: Nichts kommt aus ihr heraus und nichts in sie hinein und sie können keine Wirkung aufeinander ausüben. Der Zusammenhang zwischen ihnen wird durch Leibniz' Theorie der prästabilisierten Harmonie erfasst. Und der Sprung von der Physik der Körper zur Monadologie erfährt – folgen wir *I. Prigogine* et al. – eine rein physikalische Übersetzung, die wir so zusammenfassen können:

---

[29] Es gibt eine ‚Privatausgabe' von 1714 unter dem Titel *„Eclaircissement sur les Monades"*. Für seine erste Übersetzung 1720 ins Deutsche wählte Heinrich Köhler den Titel *Monadologie*.

> „Jedes integrierbare System erlaubt eine *monadische* Darstellung." [PRIGOGINE, I., STENGERS, I. und PAHAUT, S. (1991), S. 33].

Ein dynamisches Problem exakt zu lösen, bedeutet im Prinzip bekanntlich, die Bewegungsgleichungen des betreffenden physikalischen Systems, ergo den Satz der Differentialgleichungen zu integrieren und die Gesamtheit der Bahnen zu erhalten, welche die Punkte des Systems durchlaufen. Die Komplexität der Gleichungen ist so groß, dass diese Aufgabe meistens nicht oder nur eingeschränkt gelingt. Ein Sonderfall ist indes erwähnenswert; kurz:

> „Welche Integration könnte leichter sein als die der Bewegung eines isolierten Körpers ohne Wechselwirkung mit dem Rest der Welt? Keine äußere Störung kann eine Änderung seiner Geschwindigkeit veranlassen, die konstant bleibt, während seine Position eine lineare Funktion der Zeit ist; seine gesamte Energie ist kinetisch, die Größe seiner potentiellen Energie ist Null. Dieser Darstellungstyp wird zyklische Darstellung genannt. Die kanonischen Variablen, auf die sie zurückgreift, sind die Wirkungs- und Winkelvariablen, die typisch für die Beschreibung der Kreisbewegung sind … Nun besteht aber die Einzigartigkeit der Kreisbewegung gerade darin, keinerlei Variation der kinetischen Energie zu implizieren, und eben dazu kehrt die zyklische Darstellung zurück." [PRIGOGINE, I., STENGERS, I. und PAHAUT, S. (1991), S. 34].

Die bestmögliche Auswahl der Variablen ist also die, die die daraus resultierende potentielle Energie *total* annulliert. Gelingt sie, so eröffnen sich oft attraktive Optionen für Theoretiker. Die raue Wirklichkeit der heutigen Gesellschaft sieht indes ganz anders aus. So hat sich mittlerweile schon längst herausgestellt, dass einerseits die Klasse der *integrierbaren* Systeme sehr beschränkt, gar restriktiv ist. Andererseits aber hat sich ausgerechnet „in der Quantenmechanik der *monadische* Charakter jedes *integrierbaren* Systems mit größter Klarheit gezeigt". Dafür ist das Bohrsche Atommodell *das* Paradebeispiel. Seine Umlaufbahnen sind jeweils durch ein präzis definiertes Energieniveau charakterisiert. Auf jeder Bahn befinden sich eine bestimmte Anzahl Elektronen in einer stationären, ewigen und unveränderlichen Bewegung. Der stationäre Zustand der umlaufenden Elektronen bildet das typische Beispiel des *monadischen* Zustands. Die Bahnen sind so definiert, als gäbe es keine Wechselwirkung, weder untereinander noch mit der

Welt; die [darauf kreisenden] Elektronen sind isoliert, allein auf der Welt – unerkennbar per definitionem.

Diese *monadische* Beschreibung wurde in die moderne Formulierung der Quantenmechanik mithilfe der Schrödingergleichung inkorporiert. Dadurch wird eine privilegierte Repräsentation für jede Wellenfunktion erreicht. Vorausgesetzt wird, dass die Hamiltonfunktion durch eine passend *diagonalisierte* Darstellung des entsprechenden Hamilton*operators* substituiert werden kann. Die in ihrer Logik kaum nachvollziehbare Konsequenz besteht dann darin,

> „dass sich die von der Schrödingergleichung beschriebene Evolution jetzt auf die Evolution einer Gesamtheit isolierter stationärer Zustände reduziert, zwischen denen keine Wechselwirkung besteht und die sich für eine unbestimmte Zeit als mit sich selbst identisch erhalten." [PRIGOGINE, I., STENGERS, I. und PAHAUT, S. (1991), S. 41].

Das Bohrsche Atommodell ist aber noch nicht komplett: Ein Elektron vermag von einer Umlaufbahn auf eine andere zu springen, während es gleichzeitig ein Photon emittiert oder absorbiert. Die Energiedifferenz entspricht dem Ausgangs- und dem Zielniveau beider Bahnen. Diese Eigenschaft des Modells steht aber offensichtlich für einen *zweiten* Quantenformalismus, der dem ersten, dem monadischen, unveränderlichen, reversiblen diametral entgegensteht, nämlich einem diskontinuierlichen und irreversiblen Evolutionstyp 2. Letzterer entspricht einer *Reduktion* jener privilegierten Wellenfunktion, deren kontinuierliche und reversible Evolution durch die *Schrödingergleichung* bestimmt wird. M. a. W.: Im Typ 2 manifestiert sich, dass in der physikalischen Welt Wechselwirkungen bestehen (die es eben im *monadischen* Typ 1 nicht gibt), die mittels der Dynamik nicht eliminiert werden können, ergo sich nicht auf die Schrödingergleichung ‚reduzieren' lassen. Ohne wenn und aber stellt sich damit die Frage: Welchen Status hat die *reversible* Beschreibung der Dynamik eigentlich

> „in der natürlichen Welt, in der die Irreversibilität die Regel zu sein scheint?" [PRIGOGINE, I., STENGERS, I. und PAHAUT, S. (1991), S. 45].

Seit langem sind in der Scientific Community zwei ‚Lösungen' im Gespräch, die beide die Existenz des Problems schlichtweg leugnen. Zum einen geht es um den Generaldispens für alle *reversiblen* Beschreibungen im Sinn von *idealisierten* Modellen, die adjustiert werden können, aber aufgegeben werden müssen, sobald sie nicht mehr ‚passen'! Der anderen ‚Lösung' zufolge – auf die *Albert Einstein* sein Leben lang schwor – wird die *Irreversibilität* zur puren Illusion stilisiert – oft vor dem Hintergrund eines unverwüstlichen Glaubens an eine angeblich *„objektive Wirklichkeit, die reversibel, gesetzmäßig und deterministisch sei"*. [PRIGOGINE, I., STENGERS, I. und PAHAUT, S. (1991), S. 46].[30]

Während der Frühphase der industriellen Revolution in Großbritannien und dem mitteleuropäischen Kontinent hat sich die Gesellschaft drastisch verändert. Parallel dazu hat sich die *mechanistische* Dynamik entwickelt und ihren mathematisch ausgereiften Status erreicht. Allerdings konstatieren *I. Prigogine* et al. unverblümt:

> „Das Problem der Beziehung zwischen Thermodynamik und Dynamik hat keine einfache Lösung finden können, so wie das 18. Jahrhundert eine hätte bereitstellen können: [Damals] wurde die Frage nach der Irreversibilität als Approximation gestellt, als man über den Status des Terms diskutierte, der zu den Gleichungen der Dynamik hinzugefügt werden muss, um den Verlusten Rechnung zu tragen, die durch Kollisionen zwischen harten Körpern und hydrodynamischen Turbulenzen entstehen." [PRIGOGINE, I., STENGERS, I. und PAHAUT, S. (1991), S. 48-49, vgl. SCOTT, W. L. (1970)].

Selbst *Leonhard Euler* (* 1707 – † 1783), einem der bedeutendsten Mathematiker des Abendlandes gelang es nicht, den von ihm erstmals 1755 abgeleiteten *hydrodynamischen* Bewegungsgleichungen einen solchen ‚*Verlust-Term'* hinzuzufügen. Dennoch:

---

[30] Zu Einsteins Dilemma gibt es eine wenig bekannte Episode: Kurt Gödel hat 1949 ein kosmologisches Modell mit einer exakten Lösung der Einsteinschen Gleichungen präsentiert, nach der ein Reisender in der Raumzeit – falls er stets der Richtung zunehmender Zeit folgt – wieder in seine eigene Vergangenheit zurückkehrt. Einsteins wahrlich erstaunlicher Kommentar – vor allem im Hinblick auf den Schluss der Notiz – lautete: „...there exists no free choice for the direction of the [time-] arrow. What is essential in this is the fact that the sending of a signal is, in the sense of thermodynamics, an irreversible process which is connected with the growth of entropy (whereas, *according to our present knowledge*, all elementary processes are reversible)... Such cosmological solutions of the gravitation-equations (...) have been found by Mr. Gödel. It will be interesting to weigh whether these are not to be excluded on physical grounds". – SCHILPP, P. A. (1951), S. 687-688 (Hervorhebung im Original).

> „Diese Eulersche Theorie der Flüssigkeiten besitzt eine kaum zu überschätzende Wichtigkeit." [SZABÓ, I. (1979), S. 257].

Die Eulerschen Bewegungsgleichungen sind deshalb so wichtig, weil sie die Grenzgesetze für den Fall sind, dass jener die Irreversibilität der Strömung bestimmende ‚*Verlust-Term*' für den reversiblen Grenzfall verschwindet. Die heute bekanntesten Gleichungen für *reibungsbehaftete* Strömungen – die so genannten Navier-Stokes Differentialgleichungen – erfüllen diese Bedingungen nur für den physikalisch unsinnigen Fall, dass die Viskosität des realen Fluids zu Null gesetzt wird. Erstmals hat *D. Straub* für die von ihm in der *Alternativen Theorie* (AT) abgeleitete Bewegungsgleichung *realer* Gase den Nachweis erbracht, unter welchen Prämissen im *reversiblen* Grenzfall der *dissipative* ‚*Verlust-Term*' identisch verschwindet. [STRAUB. D. (1989), S. 124f, s. eq. 2.28].

Dieses wichtige Beispiel motiviert zu einigen abschließenden Bemerkungen mit dem Ziel, das Ende einer Evolution von Idealisierungen zu begreifen, welche zu einer Physik der Dissipation führte – als Quelle aller unerhörten Vielfalt der uns heute bekannten Natur der Erde. Überraschenderweise gelang dieser ‚Befreiungsschlag' im Einklang mit einer Umgebung, die aus Himmelskörpern besteht, welche über gigantische Entfernungen miteinander wechselwirken.

Diese Art Symbiose scheint geradezu die Antithese zum Atomismus, zur Theorie der zufälligen Kollisionen zu sein. Dann aber müsste man wohl jenen recht geben, die glauben, dass

> „die Newtonsche Dynamik insofern, als sie die gesamte Verantwortung für alle natürlichen Prozesse Fernwechselwirkungen zuschreibt, etwas wahrhaft Neues, eine radikale Umwälzung in der Geschichte des Denkens darstellt?" [PRIGOGINE, I., STENGERS, I. (1986), S. 70].

Die führenden Repräsentanten der Flaggschiffe moderner Physik, – Quantenmechanik, Relativitätstheorie, Kosmologie – gehören bis heute *nicht* zu jenen ‚Gläubigen', sondern zu den Leibnizianern, von denen die damaligen Leuchten der Wissenschaft *Euler*, *Clairaut* und *D'Alembert* schon 1747 zum gemeinsamen Schluss kamen:

„Newton hatte Unrecht... die Natur habe Newton widerlegt. Weit davon entfernt, [die Natur] mit der physikalischen Wissenschaft gleichzusetzen, waren die Physiker durchaus vergnügt bei der Aussicht, auf Newtons Entdeckungen ganz zu verzichten. D'Alembert bekundete sogar deutliche Skrupel, noch nach Beweisen gegen Newton zu suchen und ihm »le coup de pied de l'âne« zu geben." [PRIGOGINE, I., STENGERS, I. (1986), S. 72].

Jenes Jahr 1747 war vielleicht das Gründungsjahr der weltweiten Funktionärsherrschaft in der Physik. Ähnliches wiederholte sich Anfang des 19. Jahrhunderts – mit gravierenden Folgen. Ich zitiere einen Absatz eines kürzlich erschienen Buchs, an dem ich in Teil IV (Grundlagen) mitgearbeitet habe:

„Im Jahr 1807 gewann *Jean-Baptiste Joseph (Baron de) Fourier* den Preis der *Académie des Sciences* für seine Abhandlung über die Ausbreitung der Wärme in isotropen Festkörpern. *Fouriers klassisches* Resultat war einfach und elegant: Der Wärmefluss ist dem Temperaturgradienten proportional. Es ist ein universelles Gesetz, das für Festkörper, Flüssigkeiten und Gase gilt. Nur der Proportionalitätskoeffizient – die *Wärmeleitzahl* – ist temperatur- und druckabhängig und für die jeweilige Substanz spezifisch. Für *nicht-isotrope* Materialen wird er richtungsabhängig.

Als das Fouriergesetz aufgestellt wurde, dominierte in den mathematischen Naturwissenschaften die *mechanistische* Schule von *Laplace*. Er, aber auch *Lagrange* und deren Schüler versuchten über 15 Jahre, die Veröffentlichung des aus *Fouriers* Preisschrift hervorgegangenen Hauptwerks *Théorie analytique de la chaleur* (1822) zu verhindern. Warum? *I. Prigogine* und *I. Stengers* (1986, S. 112f) verweisen auf die Folgen dieses Werks: »Es gab nun eine physikalische Theorie, die mathematisch ebenso streng war wie die mechanischen Bewegungsgesetze und dennoch mit der Newtonschen Welt absolut nichts gemein hatte. Mathematische Physik war nicht mehr gleichbedeutend mit der Newtonschen Wissenschaft.«

Für isolierte Körper mit *inhomogener* Temperaturverteilung beschreibt Fouriers Gesetz je den Trend zum thermischen Gleichgewicht. Dabei handelt es sich, wie längst bekannt, um einen *irreversiblen* Vorgang." [STRAUB, D. (2011), S. 101].

Es ist evident, dass die *Wärmeleitung* damit zum Ausgangspunkt der theoretischen Erforschung von *Irreversibilität* in der Physik wurde. Die zur selben Zeit (1824) vom französischen Ingenieuroffizier *Sadi Carnot* – in einer wegweisenden 43seitigen Schrift [*„Betrachtungen über die bewegende Kraft des Feuers und die zur Entwicklung dieser Kraft geeigneten Maschi-*

nen."] – präsentierten Ideen und Konzepte waren schon zu Beginn der *kontinentalen industriellen Revolution* von überragender theoretischer und technischer Bedeutung. So erlebte zweifellos mit der Publikation beider Schriften der Franzosen *J. Fourier* und *S. Carnot* eine neue Disziplin der Physik – die *Thermodynamik* – als wissenschaftlich fundierte *Wärmelehre* ihre Geburtsstunde.

Die napoleonischen Kriege gegen ‚den Rest der Welt' endeten mit der Niederlage Frankreichs. Indes blieb die damalige Weltgeltung in den Naturwissenschaften davon unberührt.[31] Diese Kontinuität wirkte sich in der ersten Hälfte des 19. Jahrhunderts besonders für die neue Dampfmaschinen-Industrie in ganz Mitteleuropa günstig aus. So konnte die damalige kompromisslose Auseinandersetzung zwischen den Repräsentanten der *mechanistischen* Dynamik einerseits und *J. Fourier* sowie *S. Carnot* andererseits bekanntlich zu zwei nicht miteinander kompatiblen Naturbeschreibungen führen. Beide bestehen in der Schulphysik faktisch bis heute unversöhnlich nebeneinander. Lange Zeit bemühten sich die größten Gelehrten bis ins 20. Jahrhundert, die Thermodynamik sowie die Elektrodynamik auf die Gesetze der *mechanistischen* Dynamik zu ‚rekurrieren'. Maxwell, Boltzmann, Helmholtz, Einstein u. a. sowie die berühmten Quantenphysiker der 1920er Jahre gehörten dazu – mit Ausnahme von Poincaré, Loschmidt, Mach, Duhem, Planck und John von Neumann.

Alle Versuche scheiterten: Unter dynamischer Perspektive gibt es keinen Ausweg: Jegliche *reversible* Geschwindigkeitsumkehr auf mikroskopischer Beschreibungsebene verlangt eine eindeutige *anti-thermodynamische* Entwicklung. Diesen Beweis lieferte *Henri Poincaré*. Er zeigte, dass die Symmetrieeigenschaften der berühmten *Boltzmannschen Transportgleichung* (1872) im Widerspruch zu denen der Dynamik stehen. Somit konnte Boltzmann die Entropie nicht aus der Dynamik abgeleitet haben. Geändert

---

[31] Als Paradebeispiel für den damaligen Einfluss Frankreichs in aller Welt muss aber wohl an erster Stelle das napoleonische Rechtssystem erwähnt werden. So blieb auch oder wurde gar erst nach der endgültigen Verbannung Napoleons der von ihm 1804 in Kraft gesetzte Code Civil (CC) – in dem wesentliche Errungenschaften der Französischen Revolution kodifiziert wurden – für große Teile der Welt geltendes Recht. Der Einfluss des CC ist neben dem der US-Verfassung heute in allen demokratischen Rechtsordnungen der Welt unübersehbar.

hat sich dadurch für die klassische Mechanik bis zu den 1950er Jahren nur wenig! Erst das KAM-Theorem über Störungstheorien der klassischen Mechanik sowie über dynamische Systeme speziell der Himmelsmechanik brachten einen regelrechten Schub. Ihn verdanken wir vornehmlich zwei sowjetischen Mathematikern *Andrei Nikolajewitsch Kolmogorow* und *Wladimir Igorewitsch Arnold*, bzw. dem deutsch-amerikanischen Mathematiker *Jürgen Kurt Moser*.

So sind die heute vorherrschenden Paradigmata der Dynamik nach wie vor durch die o. a. Leibnizsche Monadenlehre geprägt, die in die Sprache der Dynamik übersetzt

> „zur konsequentesten Formulierung eines Universums wurde, aus dem jegliches Werden eliminiert ist. Mit der Philosophie *A. N. Whiteheads* gelangen wir an das andere Ende des Spektrums. Für ihn ist das *Sein* nicht vom *Werden* zu trennen... Physik und Metaphysik treffen sich heute in einer Konzeption der Welt, die den Prozess, das Werden, als konstitutiv für die physikalische Existenz annimmt und in der die existierenden Entitäten – anders als die Leibnizschen Monaden – miteinander wechselwirken und daher auch geboren werden und sterben können." [PRIGOGINE, I., STENGERS, I. (1986), S. 291].

Somit besteht ein wesentlicher und unüberbrückbarer Unterschied zwischen den durch die klassische Dynamik beschriebenen *konservativen* Systemen und den typischen *irreversiblen* Systemen, wie sie bei chemischen Reaktionen, aber auch beim *wirklichen* Pendel vorliegen. Er manifestiert sich durch die mit der Existenz eines Attraktors verbundene Stabilität. In diesem Sinn ist der *Attraktor* für die dissipative Welt ein fundamentaler Begriff. Er begründet für die moderne Physik ein neues Ordnungsschema, nämlich die ‚drei Stufen der Thermodynamik': Der *stationäre* Zustand nahe des Gleichgewichts entspricht der von Prigogine entdeckten *minimalen* Entropieerzeugung und erlaubt, einen dem Gleichgewichtszustand (1) im wesentlichen analogen Attraktor-Zustand (2) zu definieren. Fern vom Gleichgewicht können jedoch ganz andere Klassen von Attraktors auftreten, besonders der so genannte ›Grenzzyklus (3)‹, der einem periodischen Verhalten entspricht, welches das System spontan annimmt. Attraktors dieser Klassen entsprechen nicht mehr – wie der Gleichgewichtszustand (1) – einem Punkt im Phasenraum, oder wie der ›Grenzzyklus (3)‹ einer ‚Linie', sondern einer Schar von extrem dicht gelagerten Punkten; ihnen kann man eine *fraktale* Dimension[32] zuordnen. Systeme, die durch diesen Attraktortyp charakterisiert sind, neigen zu *chaotischem* Verhalten, was bedeutet, dass Attraktor und Stabilität ihre gegenseitige Verknüpfung verlieren. Jetzt können kleinste Veränderungen unverhältnismäßige Konsequenzen nach sich ziehen. Solche Phänomene geben dem Komplexitätsbegriff natürlich eine neue Bedeutung. Diese Art Komplexität lässt sich prinzipiell nicht mehr auf andere einfache Verhaltensweisen zurückführen. M. a. W.: Wir können das System nicht reduzieren, was gleichbedeutend damit wäre, dass wir es begreifen und beschreiben, sein Verhalten aber nicht vorhersagen können.

Nach all dem bleibt die Frage übrig, die *Ilya Prigogine* vor Jahren stellte und die heute 2012 zu Zeiten der hysterischen Jagd nach dem ‚Gottesteilchen' immer noch akut ist: *„Wessen ist die Materie fähig?"* [PRIGOGINE, I., STENGERS, I. (1986), S. 307]. Die dissipativen Strukturen nehmen überhand. Kollektivverhalten entsteht, das uns ahnen lässt, was viele Prozesse *zusammen* hervorbringen können. Korrelationen endlicher Reichweite werden hierfür zum verbreiteten Arbeitsbegriff. Dissipative Aktivitäten fern vom Gleichgewicht wie z. B. mehr oder weniger zufällige Modulationen von Flüssen extensiver Systemvariabler können als Ursachen auftreten: Der Komplexitätsbegriff wird immer komplexer:

> „Die Analyse führt durchaus nicht zur Idee einer einfacheren Welt, sondern lässt uns eine komplexe Welt erahnen, über die wir nicht mehr urteilen können, sondern die wir vielmehr erforschen müssen... und dass wir [dabei] nicht gegen die Wissenschaften, sondern mit ihnen die neuen Wege des Dialogs zwischen den Menschen und der von ihnen bewohnten Welt bauen." [PRIGOGINE, I., STENGERS, I. (1986), S. 310; 311].

Vielleicht sind wir in den letzten zweieinhalb Jahrtausenden doch im Begreifen unserer Erde als Teil des Universums und vor allem im Wissen

---

[32] Abweichend von geometrischen Figuren wie Kugel, Würfel, Rechteck, etc. lassen sich Fraktale nicht mehr mittels einer ganzzahligen Dimension kennzeichnen. Anschaulich wird das, sofern man jene geometrischen Figuren als idealisiert einstuft im Gegensatz zu natürlichen Fraktalen, wie z. B. Vulkankrater oder Küstenlinien im Kontext mit der Frage: Wie lang ist die Küste Britanniens?

darüber ein wenig vorangekommen – gar über den ›*Doxa*-Teil‹ von *Parmenides*' Lehrgedicht – seiner *Welt der realen Illusionen* hinaus?

> *"Es gibt so etwas wie die Einheit der Erfahrung,*
> *nicht aber die Erfahrung der Einheit.."*
> [MITTELSTRAß, J. (2011), S. 12]

1.6 Rückblick: Die Philosophie wird zur wissenschaftlichen Disziplin

Isaac Newton (1643-1727)   Gottfried W. Leibniz (1646-1716)   Immanuel Kant (1724-1804)[33]

Nachfolgend im 2. Kapitel wird die Philosophie *Immanuel Kants* eine gewichtige Rolle spielen, jedenfalls, was einige erkenntnistheoretische Hauptwerke wie die beiden Auflagen *A* (1781) und *B* (1787) seiner *Kritik der reinen Vernunft* (KrV) sowie u. a. die *Prolegomena* von 1783 betrifft. In der KrV suchte Kant den unversöhnlich erscheinenden Konflikt zu lösen, indem er beide konkurrierenden Grundpositionen der *Rationalisten* (vor allem G. W. Leibniz) und *Empiristen* (J. Locke und D. Hume) der Kritik unterzog. *Leibniz* vertrat stets die Auffassung, dass alle Erkenntnis Vernunfterkenntnis sei. Locke und Hume waren indes der Auffassung, dass jeder Inhalt des Denkens durch die Wahrnehmung bestimmt sei, alle Ideen und Begriffe auf Erfahrung beruhten. Soweit ging Kant nicht, er teilte zu-

---

[33] Alle drei Abgebildeten findet man je unter ihrem Namen auf alten Portraits in Wikipedia (Stand: 13. Juli 2013).

mindest die Einschränkung von *Hume*, derzufolge vor allem zwingende Verknüpfungen von Vorstellungen, wie sie in Naturgesetzen vorliegen, sich nicht in den Beobachtungen der Sinne finden lassen. Kant kam schlussendlich zur Überzeugung, dass der Verstand alle Erscheinungen für sich auf der Basis der Empfindungen formt und konstruiert.

Diese detaillierten Auseinandersetzungen über die menschliche Denkstruktur dauerten in der Endphase etwa 100 Jahre und bestimmten in Europa den Abschluss des Übergangs von der Spätscholastik zur Renaissance und zur Neuzeit – eine Periode von größter intellektueller und politischer Tragweite: die *Aufklärung*. Für die Philosophie – befreit von den Fesseln der Theologie – brachte sie eine radikale Veränderung durch den dominierenden Einfluss zweier Philosophen, von *Leibniz* und *Kant*. Leibniz veränderte die Philosophie, Mathematik und Physik seiner Zeit grundlegend und danach auch.

> „Kant – damals größter Schriftsteller neben Lessing – ist Gründer der Philosophie als Fachwissenschaft, so dass ein fortschrittgläubiges Denken voraussetzen konnte, Kants Werk bewahre alle Ergebnisse aus Leibnizens Lehre..." [HILDEBRANDT, K. (1955), S. 5 und S. 17].

Erst durch Kants gesamtes Wirken in Lehre und Forschung wurde also Philosophie zur fachwissenschaftlichen Disziplin!

Für die vorliegende Studie steht indessen Kants Philosophie selbst im Vordergrund. Dabei zeigt sich, dass ihre Aussagen einen unmittelbaren und fundamentalen Zusammenhang zur mathematischen Physik eröffnen. In diesem Kontext gewinnt ein Verständnisproblem größte Bedeutung: Welchen Einfluss hatte Leibniz' mathematisch-naturwissenschaftliches Wirken und besonders seine diesbezügliche Philosophie auf Kants Weltbild? Um ein konkretes Beispiel zu nennen: Die damals diskutierten Vorstellungen von Materie betrafen Demokrits und Epikurs *Atome* ebenso wie Eulers ausdehnungslose *Massenpunkte* und Leibniz' mysteriöse *Monaden*.

Klar ist, dass diese Vorstellungen keineswegs auf die *Aufklärung* beschränkt, sondern nach wie vor aktuell sind. Zum besseren Verständnis sollten die zeitlichen, vor allem aber auch weltanschaulichen Hintergründe dieses „Zeitalters der Aufklärung" kurz kommentiert werden.

Gottfried Wilhelm Leibniz starb am 1. Juli 1716, *Isaac Newton* verschied am 31. März 1727, und *Immanuel Kant* wurde am 22. April 1724 geboren. Warum sind diese Jahrestage bedeutsam? Kants Geburtsjahr liegt praktisch inmitten der Zeitspanne zwischen den Sterbedaten der beiden großen Kontrahenten. Es gibt nun zahlreiche Gründe, das Todesjahr von *John Locke* – des sehr einflussreichen englischen Philosophen und ersten Vordenkers der »Aufklärung im engeren Sinn« – als den ungefähren Beginn dieser Gründungsepoche der *Moderne* zu fixieren. Gegenüber diesem modischen Begriff ist „Zeitalter der Aufklärung" zwar das bekanntere und 'Zeitalter Voltaires' das zutreffendere Idiom; damit meint man aber gewöhnlich den beschränkten Zeitraum zwischen 1704 und dem Ausbruch der Französischen Revolution 1789.

Beide Begriffe meinen demnach unterschiedliche Zeiträume: Die „Aufklärung" betrifft vor allem jene Entwicklung, in der *„die europäische Weltanschauung, ihre Wertvorstellungen und Denkweisen von Grund auf neu bestimmt wurden."* [LOTTES, G. (2012), S. 1]. Der Begriff der *Moderne* zielt eher auf eine Art *„tiefgreifende Wissensrevolution ab, die damals neue bis heute geltende Kriterien festlegte, welche erfüllt sein müssen, damit eine Aussage als wahr gelten kann."* [Dto.]. In seinem Vortrag *Die Geburt der europäischen Moderne aus dem Geist der Aufklärung* am 9. Mai 2012 bei der Gottfried-Wilhelm-Leibniz-Gesellschaft in Hannover fuhr Professor Günther Lottes (Potsdam) fort:

> „Über Jahrhunderte gepflegte und sorgsam ausgebaute Wissenslandschaften wurden mit einem Mal als Illusionen ohne jegliche Verankerung in der Wirklichkeit entlarvt. Hand in Hand damit setzte der Siegeszug der neuen Wahrheitskriterien und der neuen Methoden zur Wahrheitsfindung ein." [LOTTES, G. (2012), S. 1]

Letztere aber hatte die Aufklärung aller Bürger zum großen Ziel, d. h. der Vermittlung der damaligen politischen, wissenschaftlichen und gesellschaftlichen Entwicklungen in Europa und Nordamerika seit den Religionskriegen.

Neben den einflussreichen *Vordenkern* in der eigentlichen Epoche der *Aufklärung – Locke, Voltaire* (1694) und *David Hume* (1711-1776) – betraten viele der *führenden festlandeuropäischen Vertreter der mechanistischen Physik* unter dem Stichwort ›L'Europe des Lumières‹ die öffentliche Bühne. Sie standen cum grano salis zunächst den Lehren des Philosophen, Logikers und Mathematikers *Leibniz* nahe und dann zunehmend bis zum frühen 19. Jahrhunderts denen des Philosophen, Schriftstellers und Kosmologen *Immanuel Kant*. Von ihm stammt die bei weitem bekannteste Begriffsbestimmung:

> „*Aufklärung* ist der Ausgang des Menschen aus seiner selbstverschuldeten Unmündigkeit. Unmündigkeit ist das Unvermögen, sich seines Verstandes ohne Leitung eines anderen zu bedienen. Selbstverschuldet ist diese Unmündigkeit, sofern die Ursache derselben nicht am Mangel des Verstandes, sondern an der Entschließung und des Mutes liegt, sich seiner... zu bedienen. *Sapere aude!* Habe Mut, dich deines eigenen Verstandes zu bedienen! ist also der Wahlspruch der Aufklärung." [KANT, I. (1784)]

In seinem Buch *Leibniz und Kant* konstatiert *Jürgen Mittelstraß* einen Sachverhalt, der für meine Untersuchung von maßgeblicher Bedeutung ist:

> „Beide gehören zu den großen Gründern der neuzeitlichen Philosophie. Ihre Aktualität ist im philosophischen und geisteswissenschaftlichen Denken bis heute ungebrochen." [MITTELSTRAß, J. (2011), S. 12]

Und *Mittelstraß* begründet überzeugend, warum sich seine eingehenden Analysen auf Leibniz und Kant konzentrieren. *„Denn beide stehen für die neuzeitliche Philosophie in ihren anspruchsvollsten Formen"* [MITTELSTRAß, J. (2011), S. 12]. Dabei ist für Leibniz eine beispiellose Synthese zwischen Philosophie und (exakter) Wissenschaft charakteristisch (vgl. Abschnitt 1.5). Dafür zeichnete Kant sich durch eine brillante und ebenso beispiellose Konzeption philosophischer und wissenschaftlicher Fundamente aus. So entwickelte er 1756 die Idee einer ›empirischen Philosophie‹ [KrV - B 868]:

> „Es geht um Kräfte, den Raum, das Unteilbare und die Monaden, Konzeptionen, die schon bei Leibniz eine Einheit bilden sollen. In der *Monadologia physica* (1756) stellt eine Monadologie im Leibnizschen Geiste die Grundlage für eine Materietheorie dar, in der die Materie aus einfachen Substanzen, eben Monaden, zusammengesetzt ist, die über das Fehlen von Teilen definiert sind und

deren Zusammensetzung zu Körpern durch die Wirkung attraktiver und repulsiver Kräfte bestimmt ist. Probleme, welche die Teilbarkeit des Raumes mit sich bringt, werden unter Bezug auf Leibniz' Raumbegriff zu lösen versucht." [MITTELSTRAß, J. (2013), S. 31].

Wie *Martin Carrier* im Rahmen seiner Konstanzer Habilitation *("Zum Verhältnis von Theorie und Erfahrung in Raum-Zeit-Theorien"* 1990) nachwies, übernahm Kant dazu ungeniert Leibniz' Position. Dessen relationale Raumtheorie begreift den Raum als Inbegriff möglicher Anordnung von Körpern:

> „Der Raum nämlich ist für Kant von Substantialität völlig frei und eine Erscheinung des äußeren Verhältnisses von vereinigten Monaden... Wenn der Raum nur das *äußere* Verhältnis von vereinigten Monaden ist, dann impliziert die Teilbarkeit des Raums keinesfalls auch die Teilbarkeit der Monaden. Darüber hinaus lässt diese relationale Theorie auch verstehen, wie trotz der unendlichen Teilbarkeit des Raums endliche Raumstücke (also Längen) möglich sind: Der *Raum besteht nicht aus Punkten*; Raumpunkten kommt eine unabhängige Existenz zu." [CARRIER, M. (1990), S. 172]

Dieses erstaunliche Ergebnis einer völlig unerwarteten 'Harmonie' zwischen den Materievorstellungen der beiden Philosophen blieb indessen ein Trugbild:

> „Leibniz und Kant waren anderer Ansicht, und sie blieben bei dieser Ansicht, die viele mit ihnen teilen mochten, nicht stehen, sondern entwickelten, jeder auf seine eigene Weise, eine Philosophie, die den Blick auf die Welt ... zum Thema nahm und dabei eine Welt schuf, die nicht die Welt der Erfahrung ist, aber auch keine Welt jenseits der Erfahrung, vielmehr eine Welt, in der sich die Erfahrung, ... spiegelt als eine zugleich sehr reale und sehr philosophische Welt." [MITTELSTRAß, J. (2013), S. 12-13].

Jedenfalls verabschiedete sich Kant 30 Jahre später in den *Metaphysischen Anfangsgründen der Naturwissenschaft* (1786) von seinem o. a. Leibniz'schen Ansatz in der Materietheorie, „nachdem er zuvor in der KrV (1781) die Grundlage für einen völlig neuen, nämlich *transzendentalen* Ansatz gelegt hatte." [MITTELSTRASS, J. (2013), S. 31]. J. Mittelstraß (2013) erklärt indes Kants späte *Leibnitz-Kritik*[34] für ein „Missverständnis" [MITTELSTRASS, J. (2013), S. 12-13]. In der Einleitung seines Buchs (2011) fin-

---

[34] Kants Kritik im Amphilobie-Kapitel der KrV an Leibniz' Monadenlehre gilt eher ihrer *verwässerten* nachleibnizschen Version (KrV B 321 f).

det der Leser allerdings eine plausible Erklärung für Kants Sinneswandel, indem er sich veranlasst sah, Leibniz' o. a. Modell einer relationalen Raumtheorie aufzugeben. Mittelstraß konstatiert nämlich, dass sich für jenes Modell *„inzwischen feststellen ließ, dass eine Monade dem Eindringen einer anderen Monade in die Sphäre ihrer Wirksamkeit nur dann widerstehen könne, falls jeder Raumpunkt zwischen beiden Monaden mit repulsiver Kraft ausgestattet und mit Materie ausgefüllt sei".*

Mittelstraß beerdigt Leibniz' relationale Raumtheorie mit durchaus sarkastischem Humor:

> „Die Materietheorie löst sich von ihren metaphysischen Voraussetzungen und wird (mit dem Ausschluss fernwirkender Repulsionen) physikalisch." [MITTELSTRASS, J. (2011), S.10].

Die tiefere Einheit der theoretischen Konzepte Leibnizens und Kants lässt sich trotz aller auch unüberbrückbaren Differenzen – tatsächliche oder angenommene – zweifelsfrei konstatieren. Es besteht auch kein Zweifel, *„dass Leibniz in methodischen Dingen bereits die Perspektive Kants teilte, auch wenn sich diese im Sinne Kants noch nicht als transzendental*[35] *ausweisen lässt".* [KAEHLER, K. E. (1981)] Letzteres Manko war wohl einer der Gründe, warum Kant in der Naturphilosophie den wichtigsten Prämissen Leibnizens nicht mehr traute und sie für seine eigene Philosophie der Physik definitiv aufgab. Dazu bewog ihn indes nicht allein die irritierende *Monaden*-Frage, die von Leibniz erstmals 1696 aufgeworfen wurde. Für die 'praktische' Vernunft viel signifikanter war der von Leibniz bereits zehn Jahre früher initiierte Disput über den Kraft-Begriff für einen bewegten Körper, mit der er letztlich die über 150 Jahre andauernde ›vis-viva-Kontroverse‹ auslöste:

> "Two concepts, now called momentum (mv) and kinetic energy ($\frac{1}{2} m v^2$), were discussed as a single concept, »force«, each differing from Newton's idea of force.... One of the many underlying problems of the controversy was clarified by R. Boscovich in 1745 and J. d'Alembert in 1758, both of whom pointed out that *vis viva* (mv^2) and momentum (mv) were equally valid. Obviously, the controversy had its roots in Descartes' law of the quantity of motion, as discussed in

---

[35] Im epistemolischen Sinn, wonach Transzendentes den Bereich des beschränkten menschlichen Erkennens überschreitet.

his Principia philosophiae of 1644. ... The controversy was not only a dispute over the measure of 'force' but also over the conservation of 'force'. On metaphysical grounds Leibniz was convinced that 'force' was conserved in nature. He then successfully argued that (mv^2) not $m|v|$ was the measure of the 'force'"[ILTIS, C. (1971), S. 21-22].

In summa: Leibniz' Einfluss war im Vergleich zu dem von Kant auf die mitteleuropäischen Mathematiker und Physiker während der Epoche der Aufklärung zweifellos groß. Wichtige Motive lieferten nicht nur sein Infinitesimalkalkül, sondern auch seine Materievorstellung auf Grundlage der *ausdehnungslosen* Monaden anstatt der *massebehafteten* Elementarteilchen. Für manche Philosophen mögen die *Monaden* noch ihre eigene Faszination bewahrt haben, für die 'zeitgenössische Physik'[36] sind sie jedenfalls nur noch ein Thema von historischem Interesse. Dasselbe gilt für Leibnizens Kraftbegriff und seine Vis Viva Überzeugungen.

Ganz anders bei *I. Kant*: Seine Metaphysik führt – wie die vorliegende Untersuchung eingehend belegt – zum Triumph der Philosophie. Kants Metaphysik liefert schlussendlich den Nachweis, demzufolge *Descartes* Credo von der ›res extensa‹ eine materielle Grundlage des Universums zur Folge hat, die ausschließlich aus *massebehafteten* Elementarteilchen besteht.

Diesen Sachverhalt darf man als »*Descartes-Kantsches Fundamentaltheorem*« bezeichnen. Aus ihm folgt bereits, dass die Überlegungen von P. Higgs u. A. zum Bild vom *Weißen Schimmel* und damit in eine Sackgasse führen: Das Teilchen mit der A-priori-Masse 126,8 GeV existiert und ist ein gewöhnliches Hochenergieboson; ergo gehört es zu den Bosonen, d. h. zu jener Klasse von Teilchen, die im Standardmodell 2013 der Bose-Einstein-Statistik genügen. Nach dem Spin-Statistik-Theorem besitzen sie *ganzzahligen* Spin [vgl. dazu das Fazit nach Unterkapitel 7.1.4]. Es ist davon auszugehen, dass von diesen Bosonen noch viele existieren, die noch nicht nachgewiesen werden konnten.

---

[36] Über diesen Begriff findet der Leser viele Hinweise z. B. in: DÜRR, H.-P. und ZIMMERLI, W. CH. (1989). Besonders empfehlenswert im Kontext von Abschnitt 6.1 sind die Beiträge von H. P. Dürr, I. Prigogine und K. Popper.

Eng mit diesem Resultat liiert sind Kants Schlussfolgerungen, die mit *extensiven* und *intensiven* Größen zur Darstellung eines ›*physikalischen Systems*‹ führen: Dabei ist jede *extensive* Größe mit ihrer *intensiven* Größe konjugiert. Die daraus resultierenden 'fixen' Paare sogenannter *allgemeinphysikalischen (Zustands-)Größen* sind – sofern sie im Einzelfall aktiviert sind – miteinander funktional verknüpft zu einer mathematischen Darstellung in ihrer charakteristischen *Kant-Form*. In ihrer Grundversion beschreibt letztere bis auf eine Konstante die Energie E des jeweiligen physikalischen Systems. Diese *Systemenergie E* ist ausschließlich durch ihre *extensiven allgemeinphysikalischen Größen* als Systemvariable definiert. Kant zeigt nun in seiner Metaphysik, wie aus dem fundamentalen kartesischen Prinzip der ›res extensa‹ für jegliche Materie deren *Mengenartigkeit zwangsläufig* folgt mit der Konsequenz, dass ausnahmslos jedes einzelne Elementarteilchen eines bestimmten Elementarteilchentyps die zugeordnete *individuelle* Nullpunktsmasse *à priori* besitzt! Diesem Triumph der Philosophie ist das folgende *Kapitel 2* gewidmet.

"Das radikal Neue, das durch die Quantenphysik entdeckt wurde, und das Unerhört Neue ist, dass hier über eine zunächst philosophische Frage letztlich experimentell entschieden wurde. Besser kann nicht deutlich werden, wie wichtig für eine Weltanschauung eine Welt-Anschauung ist."
[HONERKAMP, J. (2010)]

2 GIBBS-FALK-DYNAMIK (GFD)

*"Für den Physiker ist Alles Physik.
Für den Biologen ist Alles Biologie, ist die Welt eine biologische Welt.
Für den Soziologen ist Alles Gesellschaft, ist die Welt eine gesellschaftliche Welt.
Was ist aber der philosophische Blick auf die Welt?"*
[MITTELSTRASS, J. (2013), S. 6]

2.1 Metaphysische Grundlagen

Dieses Unterkapitel 2.1 behandelt mit Priorität den konstitutiven Einfluss Immanuel Kants (*1824 - †1804) auf die Wissenschaften der Neuzeit und vorrangig auf die begrifflich-mathematische Darstellung der modernen Physik. Zum tieferen Verständnis sind einige Vorbemerkungen erforderlich, vornehmlich zur Person Kants, der zu den bedeutendsten Philosophen aller Zeiten gehört. Ich beziehe mich auf den schmalen, indes konzisen Band »*Kant für Manager* 2007« von Bernd Niquet. Der Autor stellt zur Person unumwunden fest:

> „Im revolutionären Ruf »Liberté, Egalité, Fraternité« erkennt Kant nichts anderes als seine eigenen Ideale von Freiheit, Gleichheit und Selbständigkeit wieder...Er ist ein freier Denker, der sich...auf keinerlei Autoritäten verlässt... Kant ist kein Bewohner des Elfenbeinturms. Er schließt sich nicht von der Welt ab... Mit Recht kann man Kant als das bezeichnen, was die Briten einen »private man« nennen, als jemanden, der nicht dem »öffentlichen Denken angeschlossen« ist, also ein Mann, der aus sich heraus, aus seinem eigenen Gewissen und seinem eigenen Streben... handelt." [NIQUET, B. (2007), S. 17 und 21].

Die wichtigsten Fragen, die Kant beschäftigten, waren bekanntermaßen „Was kann ich wissen? Was soll ich tun? Was darf ich hoffen? Und was ist der Mensch?" Die erste dieser vier Fragen, die zugleich die grundlegende und umfassende ist, hat er mit seiner Erkenntnistheorie in der *Kritik der reinen Vernunft* beantwortet, *„stellt sie doch nicht nur den revolutionärsten Teil seines Schaffens dar, sondern zugleich einen der wichtigsten Meilen-*

steine in der modernen Philosophiegeschichte." [NIQUET, B. (2007), S.. 23].

Doch wer waren Kants eigene Lehrer? *Bernd Niquet* konstatiert:

> „Zentraler Einflussfaktor für Kants gesamte Philosophie ist der Spannungsbogen der Bücher zweier überragender Denker, die bleibenden...Eindruck auf Kant ausübten. Einerseits ist das Isaac Newtons berühmte Schrift *Philosophiae Naturalis Principia Mathematica* von 1687, in der er seine noch heute gültigen Gravitations- und Bewegungsgesetze entwickelt... Und auf der anderen Seite David Humes *Traktat über die menschliche Natur* aus dem Jahr 1740, auf welches Kant jedoch erst 1771 aufmerksam wird und das ihm später – 1781 – zur Initialzündung für sein eigenes Hauptwerk wurde." [NIQUET, B. (2007)S. 24].

In der einzigen naturphilosophischen Arbeit, die *Kant* in der *zweiten* Periode seiner schriftstellerischen Tätigkeit schrieb – „Von dem ersten Grunde des Unterschiedes der Gegenden im Raume" (1768) –, äußerte er gegenüber dem Leser, *„indes in skeptischem Ton"*, dass der

> „Raum ein Grundbegriff sei, der alle äußere Empfindung zuerst möglich macht, ... kein bloßes Gedankending; er ist mehr als das. Doch war er sich alles andere als sicher." [KÜHN, M. (2004), S. 221].

Zunächst sah *Kant* im *Raum* eine Form der sinnlichen Anschauung und zwar in *Newtonschen* Vorstellungen. 1769 änderte er seine Meinung: *Raum* wird Anschauungsform des äußeren Sinns.

Mit der Publikation seines Hauptwerks [CRITIK DER REINEN VERNUNFT (1781)] bot er eine Lösung. Sie entsprang einer ganz einfachen *Einsicht* – eher einer Art Intuition: Aus einem „unhintertreiblichen Bedürfnis verstanden" sollte die *Metaphysik* zumindest für die *Wissenschaft* die Fundamente, Voraussetzungen, Ursachen der universalen Strukturen, Gesetze und Prinzipien sowie Sinn und Zweck der gesamten Wirklichkeit erklären. Entscheidend ist dabei die epistemologische Vorgabe, dass dem Menschen die Wirklichkeit prinzipiell nur so erscheint, wie sie durch die besondere Struktur seines Erkenntnisvermögens zugänglich ist. Ein Erkenntniszugriff auf „Dinge an sich" ist daher unmöglich.

> „Kant war davon überzeugt, dass Wissenschaft apodiktische Gewissheit erfordere. Bloß empirische Gewissheit reicht nicht hin, aber apodiktische Gewissheit kann nur a priori sein. Deshalb haben wir Naturwissenschaft ››nur alsdann,

> wenn die Naturgesetze, die in ihr zum Grunde liegen, *a priori* erkannt werden«, und das bedeutet: »Alle eigentliche Naturwissenschaft bedarf also einen reinen Teil, auf dem sich die apodiktische Gewissheit, die die Vernunft gründen könne«. Dieser reine Teil kann nur den allgemeinen Gesetzen des Denkens entstammen, die letztlich auf den Kategorien beruhen." [KÜHN, M. (2004), S. 348]. ❶[37]

Die Berufung auf den Lehrstuhl für Logik und Metaphysik der Albertina im preußischen Königsberg konfrontierte ihn sofort mit den zwei dominanten Lehren der *traditionellen Metaphysik* – einerseits der u. a. von *Descartes*, *Spinoza* und *Leibniz* bestimmten mitteleuropäischen Schule der *Rationalisten* und andererseits der von *Bacon*, *Locke*, *Berkeley* und *Hume* dominierten britischen Schule der *Empiristen*. Beide Lager standen sich ‚sprachlos' gegenüber: Die *Rationalisten* lehrten, dass alle Erkenntnis Vernunfterkenntnis sei. Was Wirklichkeit und Wahrheit sei, könne nur durch die individuelle Vernunft erkannt werden. Die *Empiristen* beharrten indes darauf, dass Erkenntnis von der sinnlichen Erfahrung ausginge. Alle Begriffe würden darauf basieren. *Kant* kritisierte in seinen Vorlesungen zur Metaphysik noch nach *Christian Wolffs* Vorbild beide Positionen. Erst die Einheit aus Sinnen und Verstand führe zu Erkenntnis. Diese Grundeigenschaft hat Kant plakativ formuliert:

> „Gedanken ohne Inhalt sind leer, Anschauungen ohne Begriffe sind blind". [KrV B75, A51]. ❷

Letztlich entschied sich *Kant* für einen dritten Weg:

> „Er setzte eine Stufe tiefer an und fragt, ob es die Erste Philosophie, die Metaphysik, als Wissenschaft geben kann. ... Die Philosophie fängt nicht einfach als Metaphysik an; sie beginnt als Theorie der Philosophie, als die einer wissenschaftlichen Metaphysik. Die Frage nach der Metaphysik als Wissenschaft bringt somit eine bislang unbekannte Radikalität in die philosophische Diskussion. [Sie] wird durch eine neue, gründlichere Denkweise möglich. *Kant* entdeckt sie in der transzendentalen Vernunftkritik." [HÖFFE, O. (2007), S. 12/14].

Dazu brauchte er allerdings eine 'neue Logik', denn vor Kant gab es nur die formale Logik. Letztere untersucht das Denken allein aufgrund seiner Form, ohne Berücksichtigung allen Inhalts. Eine 'neue Logik' musste im

---

[37] Markierungen wie ❶ verweisen darauf, dass im nachfolgenden Text auf das betreffende Zitat Bezug genommen wird.

18. Jahrhundert indes noch Programm bleiben; so wagte Kant es mit einem Apell an die Vernunft, mit seinem berühmten »Sapere aude!«:

> „Kant hat ein Verständnis der Aufklärungsideen, das von einer naiven Aufklärung ebenso weit entfernt ist wie von einer gegenaufklärerischen Attitüde ... Die Philosophie Immanuel Kants stellt nicht nur den intellektuellen Höhepunkt, sondern auch eine Umgestaltung der europäischen Aufklärung dar: »Sapere aude!« Diesen Wahlspruch der Epoche hat Kant ins Prinzipielle gewendet: Seine Grundfrage nach einer autonomen wissenschaftlichen Philosophie zielt auf die Erörterung substantieller Probleme. In Untersuchungen von beispielgebender Originalität und begrifflicher Schärfe sucht er nachzuweisen, wie die diversen Sachbereiche durch erfahrungsunabhängige Elemente konstituiert werden. Damit klärt er, wie Allgemeingültigkeit und Notwendigkeit des wahren Wissens, des sittlichen Handelns möglich werden. Eine wissenschaftliche Philosophie wiederum kann es nur dort geben, wo sich die erfahrungsunabhängigen Elemente methodisch finden und systematisch darstellen lassen. Für Kant geschieht dies in der transzendentalen Vernunftkritik. Die Entdeckung der erfahrungsunabhängigen Elemente und der sie freilegenden Vernunftkritik hat Epoche gemacht. Sie hat die bisherige Art des Denkens revolutioniert und die Philosophie, lt. Kant, endlich auf ein wirklich sicheres Fundament gestellt. Auch wer gegenüber diesem Anspruch skeptisch bleibt, kann nicht bestreiten, dass Kant die philosophische Szene grundlegend verändert hat." [HÖFFE, O. (2007), S. 87].

Diese Untersuchungen *Kants* resultieren aus seiner Inauguraldissertation als ein Kompromiss im Sinn des o. a. Zitats. Sein *opus magnum* behandelt *Metaphysik* als Transzendentalphilosophie:

> „Die Metaphysik will nichts anderes, als das Fragen bis zum vollständigen Ende durchzuhalten, statt es auf halbem Weg abzubrechen. Das Fragen vollendet sich erst bei Grundsätzen, die nicht mehr von weiteren Grundsätzen bedingt sind; die schlechthin letzten Grundsätze sind unbedingt. Solange sich die Vernunft an *Erfahrung* hält, findet sie nur immer entferntere Bedingungen, aber kein Unbedingtes." [HÖFFE, O. (2007), S. 47].

Somit verbot sich, die *Erfahrung* als Wegweiser kritiklos zu akzeptieren, da die *metaphysischen* Grundsätze definitionsgemäß jenseits aller *Erfahrung* liegen. Beharrte man dennoch auf diesem Weg, so war Streit zwischen den Dogmatikern, Skeptikern und Empiristen vorprogrammiert. *Otfried Höffe* hält folgende Erklärung mittels einer Parabel parat:

> „Kant weicht weder den Fragen der Metaphysik aus noch schließt er sich einer der Streitparteien an. Er schlägt den einzigen, bislang aber unentdeckten Weg

ein, der die Metaphysik wirklich aus ihrer verfahrenen Situation befreit – die Einrichtung eines »Gerichtshofs«. An die Stelle des ‚Krieges' tritt der »Gerichtsprozess«, der die Möglichkeit einer reinen Vernunfterkenntnis unparteiisch prüft, die legitimen Ansprüche sichert, die grundlosen Anmaßungen jedoch zurückweist. Eine solche Prüfung, Unterscheidung und Rechtfertigung heißt im originalen Sinn des Wortes *Kritik* (griech.: Krinein: urteilen, vor Gericht stellen)." [HÖFFE, O. (2007), S. 50].

Kants Titelterm »*Kritik*« meint keine ‚Verurteilung' der »Vernunft a priori«, sondern eine

> „Bestimmung der Quellen, als des Umfanges und der Gränzen derselben, alles aber aus Principien." [KrV, A xii].

Die »*Critik der reinen Vernunft*« soll eine Art Protokoll der erfahrungsunabhängigen Vernunft artikulieren, die sich quasi selbst rechtfertigt: Im Verlauf der Selbstprüfung

> „da wir im Grunde völlig unterschiedlicher Ansicht sind, weist die Vernunft den Rationalismus zurück, da durch bloßes Denken die Wirklichkeit nicht erkannt werden kann. Die Vernunft verwirft aber auch den Empirismus. Laut *Kant* beginnt alle Erkenntnis mit der Erfahrung; doch folgt daraus nicht, wie der Empirismus annimmt, dass die Erkenntnis [nur] der Erfahrung entspringt … Im Gegenteil erweist sich selbst die Erfahrungserkenntnis ohne erfahrungsfreie Quellen als unmöglich." [HÖFFE, O. (2007), S. 51].

Mit dem Nachweis erfahrungsfreier, ergo generell gültiger Bedingungen für *Erfahrung*,

> „zeigt *Kant*, dass Metaphysik möglich ist, freilich im Gegensatz zum Rationalismus als Theorie der Erfahrung, nicht als eine den Erfahrungsbereich übersteigende Wissenschaft, und im Unterschied zum Empirismus nicht als empirische, sondern nur als transzendentale Theorie der Erfahrung." [HÖFFE, O. (2007), S.52].

Waren Kants Erwartungen von der Rezeption seines Buchs von Beginn an zu hoch gegriffen, so ist dennoch die »*Kritik*« eine detaillierte *Analyse* (von Optionen), um Grenzen zwischen dem Wissbaren und Unwissbaren zu fixieren. Kant suchte mit seiner Analyse konzise Antworten auf die Doppelfrage

> „Was sind die [grundlegenden] Bedingungen aller Möglichkeit von Erkenntnis? Was kann ich wissen? *Kants* Antworten fußen auf seinen Postulaten von einem

»intelligiblen Wesen des Menschen« und die Erläuterungen zur speziellen Wissensart der *deskriptiven* Metaphysik." [HAMPE, M. (2007), S. 105-106].

Im Folgenden soll zunächst seine Theorie über den ›(evolutionär) bedingten Mechanismus des menschlichen Erkenntnisvermögens‹ kurz kommentiert werden. Dazu wird die aktuelle Sekundärliteratur mit den entsprechenden Forschungsergebnissen berücksichtigt. Wir bevorzugen hierbei das Buch von *Otfried Höffe*, der sich mit der 7. Auflage (seit 1982) als abwägender Kant-Kenner erweist. Unser Beitrag soll darlegen, dass Kant mit seiner Metaphysik zu einem sehr spezifischen unverzichtbaren Fundament für jegliche begrifflich-mathematische Systemtheorie beitragen kann. Dieses Ziel lässt es als wünschenswert erscheinen, im Regelfall nicht auf Kant-Zitate zurückzugreifen, sondern auf solche eines kompetenten Autors, der – nach unserem Verständnis und auch in Kenntnis der Kant'schen Schriften – den Sachverhalt in seiner Interpretation der Kant'schen Texte mit *modernen sprachlichen Mitteln* darzustellen versteht.

Mit der Vorlage seiner *Kritik der reinen Vernunft* (Erste Auflage 1781) war der Beweis erbracht, dass sich Kants Philosophie fundamental gewandelt hatte. Kritisch-transzendental ist sein *neues Forschungsprogramm*,

> „das im Zusammenhang der Frage nach der *Metaphysik* als Wissenschaft steht und die notwendigen Bedingungen untersucht, ohne die keine objektiven Gegenstände und Erkenntnisse als möglich gedacht werden können. Dieses Forschungsprogramm lässt sich, so Kant, indes nur durch eine progressive und zunehmend reichere Analyse des Erfahrungsgegenstandes einlösen...". [HÖFFE, O. (2007), S. 106].

Es war *Kant* gelungen, rein verbal eine geschlossene Theorie mit dem Ziel zu entwerfen, alle mentalen und emotionalen Prozesse zu erklären, die für objektive *Erkenntnisse* notwendig sind.

In vier Abschnitten beschreibt d i e *Kritik* (d. h. Kritik der *vorempirischen* Vernunft) alle *Erkenntnis* a priori – d. h. diejenige *vor* aller empirischen Erfahrung. Sie besitzt eine *materiale* und eine *emotionale* Komponente: Als erste zählt die *Empfindung* (als ‚Materie' der empirischen *Anschauung* aller Sinne); sie beruht auf der »Affektion« der *Sinnlichkeit* durch die Dinge und ist das eigentliche *Aposteriorische*, das allein noch zu keiner *Erkenntnis* führt. Sie kommt zustande durch die *Spontaneität* (zu ihr gehört angeborene und antrainierte Intelligenz!) des *Verstandes* als *zweite* Komponente. *Kant* nennt sie die *Synthesis* – jene Verbindung von *Vorstellungen* (von Anschauungen oder Begriffen), die eine objektive Gültigkeit beansprucht. Sie ist Voraussetzung für *Erkenntnis* als »ein Ganzes verglichener verknüpfter Vorstellungen«. Beide – *Sinnlichkeit* und *Verstand* – sind zwar eins, werden aber – methodologisch motiviert – isoliert betrachtet. Das »Ganze« entsteht, indem die *Synthesis* auf »den Begriffe gebracht« und damit als »Einheit« begriffen wird, indem man »Begreifen« versteht als »Zusammenfassung in einer einzigen *Erkenntnis*«!

Die *Sinnlichkeit* als *empirische Anschauung* führt zur Mannigfaltigkeit vieler Eindrücke. Naturnotwendig sind dafür die *Formen der Sinnlichkeit a priori*, d. h. die *reinen Anschauungsformen Raum* und *Zeit*. Erst diese beiden Formen ermöglichen Lebewesen, *materielle* Dinge als *ausgedehnt* sowie als in *ihren Positionen veränderlich* wahrzunehmen. Die der *Synthesis* gemäßen Bedeutung kann so charakterisiert werden:

> „Die von Kant postulierten ›synthetischen Prinzipien a priori‹, mit deren Existenz sein Projekt steht oder fällt, sind nicht im originalen Sinne empirisch oder intuitiv einsehbar und verifizierbar. Sie sind jedoch *transzendentaler* Argumentation zufolge *wahre* Sätze, deren Wahrheit einsehbar ist, wenn auch nicht logisch beweisbar (ergo sind sie *synthetisch*); des Weiteren haben sie empirischen Gehalt und sind notwendig, um Phänomene der äußeren Natur zu erklären, ohne jedoch durch die Phänomene verifiziert werden zu müssen (ergo sind sie *a priori*)." [PULTE, H. (2005), S. 227].

Die zentrale Frage lautet nun: Wie lässt sich die Vorstellung der synthetischen Einheit in diesem ›Mannigfaltigen der *Anschauung*‹ herstellen?

Aus der *zeitgenössischen* formalen Logik ermittelte Kant als Antwort ein komplettes Verzeichnis aller Urteilsformen und fasste sie in einer so genannten Urteilstafel zusammen. Resultat: Die Synthesis – die Verknüpfung, die der Verstand leisten soll – geschieht im Urteilen nach logischen Regeln und unabhängig vom Inhalt der konkreten Vorstellungen. Jeder Begriff ist das Prädikat möglicher Urteile – entsprechend dem Grundmuster von ›Subjekt-Prädikat-Sätzen‹:

> „Das erste Begriffspaar »a priori – a posteriori« unterscheidet die Erkenntnisse nach ihrem Ursprung in Erkenntnisse der Vernunft oder der Erfahrung. Dem zweiten Begriffspaar »analytisch – synthetisch« liegt die Frage zugrunde, woran sich die Wahrheit eines Urteils unterscheidet. Liegt die [Antwort] für die Verbindung von Subjekt und Prädikat im Subjekt oder sonst wo?" [HÖFFE, O. (2007), S. 58].

Wählt man eine doppelt disjunktive Einteilung aller Erkenntnisse und Urteile mittels vier fundamentaler Unterscheidungen nach folgendem Schema, so kann man mit beiden ‚Plakaten' Ⓟ1 und Ⓟ2 [HÖFFE, O. (2007), S. 57-67] ein Teil des basalen Begriffsapparats der Kant'schen Metaphysik übersichtlich gliedern:

Ⓟ1   *Erkenntnisse* gelten entweder *a priori* oder *a posteriori*. Die *Urteile* sind entweder *analytisch* oder *synthetisch*. A priori Erkenntnis ist von Sinneseindrücken unabhängig, *frei von Erfahrung*. Kennzeichen des *A priori* sind unbeschränkte Allgemeinheit und strenge Notwendigkeit. *A posteriori Erkenntnisse* sind der Ursprung von Erfahrung.

Analytische Urteile: Das Prädikat ist im Begriff des Subjekts versteckt. *Analytische* Urteile sind a priori wahr, sonst resultiert ein Widerspruch. *Synthetische Urteile*: Das Prädikat dient nicht nur der Erläuterung des Subjekts, sondern *erweitert* die Erkenntnisse aus dem Subjekt (durch E*rfahrung*).

Die *Logik* reicht nicht mehr aus, um die *Wahrheit* zu finden. Dies führt zu einer doppelten Unterscheidung bei den Urteilen:

   1. *Analytische* Urteile *a posteriori,* die nicht existieren.

   2. *Analytische* Urteile *a priori* sind die logischen Aussagen.

   3. *Synthetische* Urteile *a posteriori* sind Erfahrungsaussagen.

   4. *Synthetische* Urteile *a priori* sind möglich!

Ⓟ2   In der *Kritik der reinen Vernunft* stellt *Kant* die Grundfrage: Wie sind *synthetische Urteile a priori* möglich?

Diese "Schicksalsfrage der Philosophie" beinhaltet die Fragen:

   1. Wie ist *reine Mathematik* möglich?

2. Wie ist *reine Naturwissenschaft* möglich?

3. Wie ist *Metaphysik als reine Wissenschaft* möglich?

Im Zusammenhang mit diesen Fragen spricht *Kant* von der *Transzendentalphilosophie* (TP). Er will die *vor* aller Erfahrung liegenden Bedingungen der Erfahrung aufdecken. Kants TP ist eine Neubegründung der Philosophie und Metaphysik.

Ohne diese Urteilsproblematik zu verstehen, lässt sich z. B. *Kants* ›Transzendentale Doctrin der Urteilskraft (oder Analytik der Grundsätze)‹ nicht nachvollziehen [KRV/A95-188]. Transzendental bedeutet dabei jene Erkenntnis, *»wodurch wir erkennen, dass und wie gewisse Ideen (Anschauungen oder Begriffe) nur a priori angewandt werden oder möglich sind«* [KrV/B80]. Die beiden Plakate ⓟ$_1$ und ⓟ$_2$ fixieren den Kernbestand der Kant'schen Metaphysik, wie sie sich aus Kants Forschungsprogramm ergibt. Nun darf man nicht übersehen, dass letzteres auf der Adaption von Voraussetzungen beruht, die dem status quo der Naturwissenschaft des späten 18. Jahrhundert mit ihrer vergleichsweise großen Lückenhaftigkeit und Zeitgebundenheit entsprachen, ohne dass sie von Kant weder empirisch noch philosophisch abgesichert werden konnten. Diese Fakten stehen in deutlichem Kontrast zu seinem theoretischen Anspruch, der auf unverzichtbares, ergo ‚zeitloses' Wissen über die Natur angewiesen ist:

„Gerade Kants Überzeugung von der Erkennbarkeit allgemeiner, gewisser und notwendiger Naturgesetze erscheint mit Blick auf die Grundlagenentwicklung der Mathematik und Physik der letzten eineinhalb Jahrhunderte…vermessen. Aber auch, wenn man eine Rationalität faktischer Wissenschaftsentwicklung im weitesten Sinne unterstellt, kann diese die Verfehltheit der Kantischen Wissenschaftstheorie nicht beweisen, wohl aber auf eine wesentliche Zeitgebundenheit der »Kantischen Apriori«, d. h. seiner Anschauungsformen und Kategorien hinweisen: Diese Apriori sind erfahrungskonstitutiv, aber auch wissenschaftsrepräsentativ, d. h. sie spiegeln den jeweiligen Stand der Wissenschaft und sind an keinem Punkt ihrer Entwicklung als endgültig auszuweisen. Will man Kants Programm heute noch als die Möglichkeit methodisch reflektierter und empirisch interessierter Wissenschaftstheorie begreifen, die den Problemen des Induktivismus wie der traditionellen Metaphysik entgeht, muss man zuallererst seinen absoluten Begründungsanspruch aufgeben und nach Möglichkeiten suchen, sein Programm in wissenschaftsadäquater Weise weiterzuentwickeln." [PULTE, H. (2005), S. 238-239].

Zugestanden, die von Kant in der Kritik der reinen Vernunft gegebenen Erläuterungen zur Unterscheidung „analytisch oder synthetisch" mögen nach heutigen logisch-semantischen Standards nicht mehr als selbsterklärend erscheinen. Die letzte Perspektive kommentierte *Matthias Wille* kürzlich mit einem zutreffenden Bonmot aus seiner Monographie *Die Mathematik und das synthetische Apriori* wie folgt:

> „… Kant mag zwar nicht im Besitz der erforderlichen Mittel gewesen sein, aber er hatte die richtige Idee!" [WILLE, M. (2007), Cover].

Kant hatte erkannt, dass die Beantwortung der „Schicksalsfrage der Philosophie" mit ihren drei Teilfragen vom *Ja* der o. a. Grundfrage abhängt, d. h., von der *nachgewiesenen* Existenz ›synthetischer Urteile a priori‹. *Zu seiner Zeit war dieser Nachweis unmöglich*: Später waren für die reine Mathematik große Mathematiker und Philosophen wie *G. W. Leibniz, B. Riemann, G. Frege, D. Hilbert, A. N. Whitehead, B. Russell*, u. a. Kronzeugen, die den ausschließlich *analytischen* Charakter der Mathematik beschworen. Erst seit dem Ende des Zweiten Weltkriegs gibt es an diesem ‚Urteil' unter Experten begründeten Zweifel.

Erst ein Existenznachweis *synthetischer Urteile a priori* führt also zu einer „Erkenntniserweiterung vor aller Erfahrung"! Dieser Befund wurde schon zu *Kants* Lebzeiten kontrovers diskutiert. Motiv war vor allem die *Newtonsche Mechanik*, welche das mathematisch–naturwissenschaftliche Weltbild *Kants* und seiner Fachkollegen über mehr als hundert Jahre maßgeblich prägte. Kants Haltung war eindeutig: Ebenso wie in der Mathematik wird der synthetische Charakter von *Urteilen a priori* in den Naturwissenschaften durch deren *Grundsätze* bestimmt. Sie sind *apriorische* Voraussetzungen wissenschaftlicher Erfahrung:

> „Im Fall der Naturwissenschaft (Physik) haben nur ihre Grundsätze synthetischen Charakter *a priori*. Als Beispiele nennt Kant Elemente der klassischen Physik: Das Prinzip der Erhaltung der Materie und das Prinzip der Gleichheit von *actio et reactio*, also das dritte Newtonsche Axiom." [HÖFFE, O. (2007), S. 61; vgl. auch EISLER, R. (1989)].

Kant führte also zum *Beweis* bekannte Elemente der *klassischen* Mechanik an. Beide Beispiele sind allerdings fehlerhaft: Denn sie gehören zu den so genannten *Allaussagen*. Um eine *Allaussagen* zu falsifizieren, reicht es aus, ein einziges Objekt aus dem Objektbereich anzugeben, auf den „die Aussage *nicht* zutrifft"; [vgl. FALK, G. (1990), S. 197]. Um sie hingegen zu *verifizieren*, müsste man in aller Regel jeden Gegenstand des Objektbereichs untersuchen. Beide Methoden sind indes praktisch undurchführbar. Kant wurde demnach ein Opfer der klassischen Mechanik. Zulässige Beispiele ermöglichte erstmals die Thermodynamik, wie sie von *Joseph Fourier* (*1768 - †1830), *Sadi Carnot* (*1796 -†1832) und *J. Willard Gibbs* (*1839 – †1903) entwickelt wurde.

Die o. a. zeitgenössische Kontroverse war Ausdruck von Auswirkungen der theoretischen, aber auch praktischen Physik des 18. Jahrhunderts z. B. auf die Frühindustrialisierung in Großbritannien. So belegt sie neben *Thomas Newcomen* (ab 1712) und *James Watts* (ab 1764) Dampfmaschinentechnik auch den starken Einfluss der Newtonschen Mechanik auf Kants Metaphysik. Dieser Sachverhalt muss erwähnt werden, da Kants Anliegen, zu einer »Erkenntniserweiterung vor aller Erfahrung« zu gelangen, in direktem Kontext zum aktuellen Status von Wissenschaft und Technik stand. Damit war damals aber auch das Potential seiner Philosophie in Frage gestellt, nämlich konkrete Aussagen über die metaphysische Basis wissenschaftlicher Disziplinen machen zu können und zwar unter der Perspektive seiner an zukünftiges Wissen angepassten Kategorienlehre. Denn erst unter diesem Blickwinkel wird man den Fakten gerecht, denen zufolge sich seit dem Ende des 18. Jahrhunderts die Konzepte und Inhalte der Naturwissenschaften gegenüber den heutigen meist in keiner Weise mehr vergleichen lassen. Davon unberührt verblieb für Kants Ziel, Metaphysik als wissenschaftliche Disziplin zu etablieren, die formale Logik die genuine methodologische Basis und zuständig für die formalen Regeln allen Denkens. Bestärkt wurde er dabei durch die Überzeugung, dass

> „nur soviel eigentliche Wissenschaft angetroffen werden könne, als darin Mathematik anzutreffen ist." [KANT, I.: *Metaphysische Anfangsgründe der Naturwissenschaft, A VIII*].

Diese oft zitierte Textstelle sollte man nicht zu wörtlich nehmen, da Kant später ein erweitertes Wissenschaftskonzept bevorzugte; es kommt im zweiten Hauptteil der *Kritik der Urteilskraft* dort zum Ausdruck, wo er von „*eigentlicher Wissenschaft*" spricht, deren Leitkriterium die ›strenge Notwendigkeit‹ ist. Denn natürlich war ihm klar, dass die „objektive Zweckmäßigkeit" als Regulativ eines Forschungsprinzips eher zur *Biologie* – überhaupt zu den Lebenswissenschaften – passt als zur *Physik*. *Kant* meinte zwar zu Recht,

„dass für die Untersuchung des Lebendigen die mechanische Betrachtungsweise nicht ausreicht", [KANT, I.: *Kritik der Urteilskraft, § 83*],

aber seine These, Mathematik als obligaten Theoriebestandteil keineswegs zum *apodiktischen* Ausweis von *Wissenschaftlichkeit* zu fordern [HÖFFE, O. (2007), S. 120 und 279], entspricht – schon im Hinblick auf »das naturwissenschaftliche Glaubensbekenntnis« – keineswegs mehr den heutigen Vorstellungen – weder für Biologie, Medizin, und Ingenieurwissenschaften noch für die Ökonomik sowie Gesellschafts- und Sozialwissenschaften. [vgl. dazu SHELDRAKE, R. (2012), S. 16f.].

Eine solche spezifische Bindung von Mathematik und Naturwissenschaften an ihre *Grundsätze* wird man lt. Kants »Analytik der Grundsätze« [vgl. HÖFFE, O. (2007), S. 111] bei anderen, weniger formal strukturierten ›Vermögen‹ nicht finden. Um diesen speziellen Sachverhalt unmissverständlich festzustellen, muss man sich indes auf Kants eigenwillige Begriffsbildung – ›Vermögen‹ im Sinn von ›Fähigkeiten‹ – einlassen, wie er sie in seiner Einleitung zur *Kritik der Urteilskraft* eingeführt hat. Ein dafür besonders relevantes Beispiel sind die »Grundsätze des reinen Verstandes«. Darunter versteht Kant synthetische Urteile *a priori*, die aus *reinen Verstandesbegriffen* hervorgehen.

Hier kommen erstmals die *Kategorien* zur Anwendung:

„Jeder Kategorie entspricht eine Modifikation der Zeitanschauung, ergo ist das Wesentliche z. B. der Substanz in der Zeit die Beharrlichkeit, das Wesentliche

z. B. des *Daseins jedes Gegenstandes zu aller Zeit die Notwendigkeit.*" [HÖFFE, O. (2007), S. 78].[38]

Die »*Grundsätze* des reinen Verstandes« bestimmen von Beginn an die Metaphysik der Natur, die Kant in den *Metaphysischen Anfangsgründen der Naturwissenschaft* entwickelt hat. Natürlich sind die Prinzipien der Mathematik und Naturwissenschaften von den »*Grundsätzen* des reinen Verstandes« zu unterscheiden:

> „Letztere stellen nicht nur die letzte Stufe in der transzendentalen Konstitutionstheorie der Erfahrung, sondern auch die ersten noch philosophisch begründeten Strukturprinzipien der einzelwissenschaftlichen Forschung dar. Sie bilden das Schluss-Stück des analytischen Teils der Kritik der reinen Vernunft." [HÖFFE, O.(2007), S. 120].

Deshalb konnte er sich im *konstruktiven* „Höhepunkt der Kritik der reinen Vernunft", das Ziel setzen, alternativlose »*Grundsätze*« zur Begründung ›aller objektiven Erkenntnis‹ bereit zu stellen, ergo Fundamentalaussagen über die Realität zu machen, die noch *vor aller Erfahrung* möglich sind. Somit sind diese »*Grundsätze*« möglicher Erfahrung zugleich konstitutiv für die allgemeinen *Gesetze der Natur*, ja für das ›System der Natur‹

> „das ... aller empirischen Naturerkenntnis vorhergeht, diese zuerst möglich macht und daher die eigentliche allgemeine und reine Naturwissenschaft genannt werden kann" [vgl. KANT, I.: *Prolegomena* § 23].

Aus dieser *allgemeinen* System-Aussage wird ein Sachverhalt evident, der häufig zu dubiosen Missverständnissen geführt hat [z. B. POPPER, K. R. (1972), S. 190; bzw. 200]. Allerdings wird man *Otfried Höffe*s konzise Feststellung zustimmen können:

> „In den »Grundsätzen« sucht Kant weder für die Euklidische Geometrie noch für Newtons Bewegungsgesetze die Wahrheit zu beweisen. Er zog [beide] in seinen Schriften zwar immer wieder [als fachspezifisches Wissen] zur Illustration heran. Aber solche Kenntnisse bilden keinen integralen Teil der transzendentalen Kritik. [HÖFFE, O. (2007), S. 122].

Jedoch verhelfen sie zu Beispielen – im Prinzip sofern sie experimentell bestätigt werden könnten – für synthetische Erkenntnisse a priori, deren Po-

---

[38] Lt. Johannes Heinrichs moderner Analyse sind für Kant die Kategorien nichts anderes als *Urfunktionen des Verstandes*... von seinen »*logischen Konstanten*«, vergleichbar den Naturkonstanten in der Physik! [HEINRICHS, J. (2004), S.13]

tenzial dargelegt werden soll. Jede andere Sicht wäre destruktiv, würde Kants Denken in die Sphäre der klassischen Physik hineinziehen, so dass mit dem Fortschritt der Physik Kants erste Vernunftkritik relativiert, vielleicht sogar zunichte gemacht würde. *O. Höffe* konstatiert:

> „Die Erfahrung, für die sich Kant interessiert, beginnt jenseits der analytischen Aussagen. Er beginnt mit dem obersten Grundsatz aller analytischen Urteile, dem Satz des Widerspruchs. Doch interessiert er sich für den Satz nur als Gegenfolie zum Grundsatz der synthetischen Urteile a priori." [HÖFFE, O. (2007), S.122].

*Karl Popper*s Unterstellung, Kant hätte mit seinem angeblich unerschütterlichen Glauben an die *Wahrheit* der Newtonschen Naturphilosophie einen fatalen Fehler begangen, lässt sich also rein fachlich widerlegen. Kant war wohl der erste Philosoph von Rang, dessen *Transzendentalphilosophie* für sich niemals Unfehlbarkeit beanspruchte. Sie war ‚offen', gerade weil für Kant Newtons Physik gerade eben nicht sakrosankt war. In Anbetracht der konstitutiven Rolle, welche die Mathematik in *Kants* Grundlegung der *Metaphysik* spielt, ist dieser Schluss alles andere als eine Selbstverständlichkeit. Schon deshalb sollte man sich deshalb daran erinnern, dass er den Paradigmenwechsel nicht mehr erlebt hat, nämlich den vom

> „antiken geometrisch-kinematischen Wissenschaftsideal zur mathematisch-physikalischen Wissenschaft" [MAINZER, K. (1981), S. 28].

Er kannte aber den erkenntnistheoretischen Grund, der den Empiristen des 18. Jahrhunderts die ›unendlich kleinen Größen‹ als vage Spekulation suspekt machte – d. h. dem »unendlich kleinen Zuwachs einer fließenden Größe z. B. in Newtons Fluxionsrechnung« –:

> „Sie sind keine endlichen, auf Messgeräten ablesbaren Größen, sondern – wie Leibniz richtig feststellt – ideale Zahlen. D'Alembert zieht daher in seinen Artikeln ‚differential' und ‚infini' der französischen Enzyklopädie (1784) die Konsequenzen, verbannt die unendlich kleinen Größen als metaphysische façon de parler und schlägt vor, die erste Ableitung einer Funktion durch den Grenzwertbegriff zu definieren. ..." [MAINZER, K. (1981), S. 22].

Es kann somit kein Zweifel bestehen, dass *Kants Untersuchungen* zur Metaphysik also fast zwei Jahrhunderte lang bereits jene »Minimalbedingung« [HÖFFE, O. (2007), S. 54] erfüllten, die zum Kernbestand heutiger Wissenschaftstheorie gehört – nämlich »widerlegbar« zu sein. Allerdings gibt es gute Gründe, dennoch an *Popper*s Forderung zu erinnern,

> "Kant's problems can and must be revised; and the direction that this revision should take is indicated by his fundamental idea of critical, or self-critical, rationalism," [POPPER, K. R. (1972), S. 200].

Denn der Vergleich der *klassischen* Mechanik des 18. Jahrhunderts mit der modernen Physik zeigt, dass sich heute auch das Verständnis gegenüber den diesbezüglichen Auffassungen zur Zeit Kants über *Wissenschaft* signifikant verändert hat. Kant lebte mit der Mechanik seiner Epoche, er klebte indes nicht stur an Newtons Physik und deshalb verweigerte er der Metaphysik die Widerlegung transzendentaler Denkentwürfe mit den Mitteln empirischer Wissenschaften – begründet durch sein Credo:

> „Da es sich um Gedankenexperimente und zwar der Vernunft handelt, können sie sich nur an der Vernunft bewähren – oder aber an ihr scheitern." [HÖFFE, O. (2007), S. 54].

Dieses »Experiment der Vernunft« steht somit auch für Kants ›Kopernikanische Wende‹. Letztere markiert die neue Einstellung des Subjekts zur Objektivität. Kants bekannte These:

> „Die Erkenntnis soll sich nicht länger nach dem Gegenstand, sondern der Gegenstand nach unserer Erkenntnis richten",

basiert auf dem frappanten Schluss:

> „Die zur objektiven Erkenntnis gehörende Notwendigkeit und Allgemeinheit stammen nicht, wie wir gewöhnlich annehmen, aus den Gegenständen; sie verdanken sich dem erkennenden Subjekt." [HÖFFE, O. (2007), S. 56].

Damit meinte Kant keineswegs die Individualität des Menschen, seine empirische Konstitution, Gehirnstruktur und Stammesgeschichte, schon gar nicht seine gesellschaftlichen Erfahrungen. Untersuchungsgegenstand sind die erfahrungsunabhängigen Bedingungen objektiver Erkenntnis; sie aber liegen laut Kant in der vorempirischen Verfassung des Subjekts.

Kants Revolution der Denkart basiert auf der Idee, dass die Gegenstände der objektiven Erkenntnis vom (transzendentalen) Subjekt zur Erscheinung gebracht werden müssen. Eine autonome Erkenntnistheorie kann es folglich ebenso wenig mehr geben wie eine autonome ›*Ontologie der Gegen-*

stände‹. Wir wissen heute, dass der von Kant entdeckte Weg, Gegenstände zu konstituieren, von der klassischen Mechanik übernommen werden könnte, eine Einsicht, die sogar bis auf wenige prinzipielle Einschränkungen auch für die Quantenmechanik zutrifft. Allerdings hat die *mechanistische* Physik bisher davon keinen Gebrauch gemacht, sondern ihre Objekte ad hoc in die bereits ausformulierten Theorien eingefügt. Sie war indes insofern gehandikapt, als sie wie eh und je über keine Mittel verfügt, den entscheidenden, o. a. empirischen *Existenznachweis* für *Synthetische Urteile a priori* zu erbringen. Die ›Alternative Theorie‹ kann aber dieser Forderung nachkommen, sofern die Pointe der *Kritik der reinen Vernunft* als Option verstanden und in konkrete Wissenschaftlichkeit umgesetzt wird.

> „Sie liegt in der Verschränkung beider Seiten; eine philosophische Theorie dessen, was ein (objektiver) Gegenstand ist, kann ... nur noch als ›Theorie der Erkenntnis‹ vom Seienden [realisiert], und eine Theorie der Erkenntnis nur als ›Bestimmung des Begriffs von einem objektiven Gegenstand‹ geleistet werden."
> [HÖFFE, O. (2007), S. 56].

Dieser unmissverständliche Schluss umschreibt die eigentliche *Revolution des Kant'schen Denkens*. Es basiert auf der durchaus radikalen Einsicht, dass es auch *andere Erkenntnisquellen als die Erfahrung* gibt, ja geben muss! Letztere ist wie o. a. als *a posteriori* charakterisiert; sie steht konträr zu der von allen Sinnen unabhängigen, also »von aller Empirie freien Erkenntnis« – tituliert als *a priori*. Die Rechtfertigung für seine Ideen erwartete Kant von solchen *universellen* Eigenschaften der Mathematik und Naturwissenschaft, die ihre *Wissenschaftlichkeit* betreffen – nicht jedoch ihren zeitgebunden fachlichen Status. In dieser unspezifizierten Form ist seine Erwartung nach wie vor aktuell. Um deren konkrete Zielsetzung vorweg zu umreißen, sei daran erinnert, dass Kant den gesuchten Nachweis an *unwiderlegbaren Synthetischen Urteilen a priori* festmacht, die sich z. B. aus den Gesetzen der Physik ergeben.

Lange Zeit falsch verstandene Konsequenzen aus Kants Wissenschaftstheorie resultieren daraus, dass die Sonderrolle, die Kant der Mathematik zuweist, seit mehr als hundert Jahren weitgehend als unzulässig beurteilt wird: Wie erwähnt, ist die These vom ›*analytischen* Charakter der Mathematik‹ unter vielen Mathematikern seit *G. Freges* und *R. Carnaps* Tagen so gut wie unbestritten geblieben. Aber auch sie entdeckten letztlich gute Gründe, die Mathematik im Allgemeinen als eine *nichtanalytische* Wissenschaft zu bewerten und *nur* die

> „reine Mathematik als eine ›synthetische Erkenntnis a priori‹ zu betrachten." [HÖFFE, O. (2007), S. 66f.].

Differenziertere Ansichten resultierten aus der Forschung im 20. Jahrhundert:

> „Darin ist die Kritik am ›*synthetischen* Charakter a priori der Mathematik‹ fast zum Allgemeingut geworden. ... Von den Mathematikern und Philosophen wird ... der synthetische, von den Naturwissenschaftlern der apriorische Charakter der Mathematik bestritten." [HÖFFE, O. (2007), S. 64].

*O. Höffe*s Befund wurde von *Paul Volkmann*, einem namhaften Hochschullehrer der Albertus-Universität Königsberg i. P. antizipiert: In den 1920er Jahren, als an der preußischen Universität Göttingen *Heisenbergs, Borns* und *Jordans* Quantentheorie entstand, aber dazu auch *von Neumanns* Alternative ausgearbeitet wurde, gab ihm sein Thema »Kant und die theoretische Physik der Gegenwart« Anlass, die aktuelle Situation in der Kant-Philosophie zu artikulieren:

> „Sie mag dadurch gekennzeichnet werden, dass einerseits ein großer Kreis von Verehrern Kants steht, der gerne zugeben würde, dass Mathematik und Physik Ausgangspunkt Kant'scher Spekulationen gewesen ist, der aber kaum innere Fühlung mit diesen Wissenschaften hat und daher darauf angewiesen ist, ohne eine solche innere Fühlung Kant'sche Philosophie zu treiben – dass auf der anderen Seite ein kleiner Kreis von Verehrern Kants steht, der innere Fühlung mit Mathematik und Physik hat und – wie diese Wissenschaften sich nun einmal entwickelt haben – bei aller Verehrung Kants nicht in der Lage ist, allen Wegen Kants restlos folgen zu können." [VOLKMANN, P. (1924-1925)].

Diese Schilderung erwuchs aus den Erfahrungen im 19. Jahrhundert, aber man darf sie offenbar nach wie vor als zutreffend bezeichnen. Der Unterschied zwischen beiden »Kreisen von Verehrern Kants« bestand seit eh und je wohl darin, dass im »großen Kreis« nach wie vor Mitglieder dominieren, die wenig profunde Kenntnis von Mathematik und Physik besaßen. Dagegen bestimmten im „kleinen Kreis" jene Experten für mathematische Physik die Diskussion, die sich nie von ihrem *mechanistischen* Weltbild befreien konnten. Offenbar handelte es sich überwiegend um Gelehrten, die sich niemals wirklich für die theoretischen Konsequenzen interessierten, die allein der Tatsache geschuldet waren, dass die gesamte Menschheitsgeschichte durch zwei »*Revolutionen* von globalem Ausmaß« neu ausgerichtet worden war:

> „Der Übergang zur agrarischen Gesellschaft und die Erfindung industrieller Produktion in Europa. Entscheidend für Europas Erfolg war die Erfindung der Dampfmaschine." [PROBST, R. (2009), S. 26].

Die *Dampfmaschine* ist das Symbol für *Thermodynamik* schlechthin; ihre ‚Evolutionsgeschichte' ist nur indirekt mit der *Naturphilosophie Galileis* und *Newtons* sowie der mechanistischen Dynamik der d'Alembert, Euler, Lagrange als Leitwissenschaft verbunden; sie steht und fällt primär mit den Namen zweier *Ingenieurwissenschaftler*: *James Watt* (†1819) und *Sadi Carnot* (†1832). Erst ihr Realitätssinn und Innovationsreichtum führten zur richtigen Theorie und damit zu einer Lösung von Kants Beweisproblem.

Ohne auf Nuancen einzugehen, wird man kurz auf Kants Methode zurückgreifen, um *nicht-mechanistische* Wissenschaft und *objektive Erkenntnis* zu ‚verlinken'. Der Anspruch auf *objektive Erkenntnis* wurde mehr als 2000 Jahre hindurch von vielen Skeptikern mit großem Namen – von den *Vorsokratikern*, *Sokrates*, *Gorgias* und *Protagoras* bis zu *David Hume* – strikt zurückgewiesen. Um dieser Dogmatik zu entgehen, fand Kant einen genialen Ausweg: Ausgangspunkt ist seine *regulative Idee* – als Muster *transzendentaler Ideen* – demzufolge

> „die Wissenschaft oder objektive Erkenntnis in einem allgemeinen und notwendigen Wissen bestehe. Dann stellt er, in Übereinstimmung mit den Skeptikern, die Frage, ob es so etwas überhaupt geben kann. Seine Antwort hat zwei Aspekte: Erstens ist – aufgrund reiner Anschauungen, Begriffe und Grundsätze – eine allgemeine und notwendige Erkenntnis möglich, aber zweitens nur als Mathematik und Physik. Kurz: Die Wissenschaftlichkeit der Mathematik und Physik ist nicht Prämisse, sondern Konklusion, nicht Beweisgrundlage, sondern Beweisziel... Nur weil in der objektiven Erkenntnis faktisch offerierte Gegenstände gewusst sind, kann sie objektive Aussagen machen." [HÖFFE, O. (2007), S. 72 und 73].

Die Bedingungen, welche *objektive Erkenntnis* garantieren, nämlich die der Mathematik und Naturwissenschaft, entscheiden also darüber, ob es auch eine *objektive Erkenntnis* außerhalb aller Erfahrung, ob es gar die *Metaphysik* als Wissenschaft geben kann. Sollte Letzteres der Fall sein, würde der *Begriff der Wissenschaftlichkeit* (nämlich derjenige der Mathematik), wie er dann der (wissenschaftlichen) *Metaphysik* zugrunde läge, den essentiellen Unterschied gegenüber den ‚*empirischen* Wissenschaften' ausmachen: Entgegen der *Metaphysik* verfügt z. B. die Experimentalphysik über die sie konstituierenden Gesetzesaussagen, die aber von der *Erfahrung nicht eigentlich begründet* werden können. Die damit verbundene Problematik hat Kant mittels seiner ›*Grundsätze* des *reinen* Verstandes‹ erschlossen: Sie befassen sich beispielsweise mit der *Mathematisierung* der Naturwissenschaften – indes nicht zufällig, sondern mit Notwendigkeit. Aber oft nicht immer mit »strenger« Notwendigkeit! So sind die *Grundsätze*

> „eine Richtschnur der Urteilskraft für die wissenschaftliche Forschung, die in erster Linie weder auf formallogischen Ableitungen noch auf einer Faktensammelei beruht, vielmehr eine Praxis vernünftigen Urteilens darstellt. ... Hier kommt Kant das große Verdienst eines Metatheoretikers zu, der im Gegensatz zur Skepsis Humes der Newtonschen Mechanik ein sicheres philosophisches Fundament gibt. Trotzdem ist dieses Verständnis verhängnisvoll, zieht es doch das Denken Kants in die Sphäre der klassischen Physik, so dass mit dem Fortschritt der Physik Kants erste Vernunftkritik relativiert, vielleicht sogar zunichte gemacht wird." [HÖFFE, O. (2007), S. 121].

Das für die Wissenschaft der Neuzeit konstitutive »allgemeine und notwendige Wissen« erfasst Kant – den vier Gruppen der *Kategorien* folgend – zunächst durch ›vier *Momente* des Wissens‹:

Anschauung • *Wahrnehmung* • *Erfahrung* • »*empirisches Denken*«.

Den *vier »Erschließungsoperationen«* (d. h. den *Momenten*) weist I. Kant *vier* sogenannte *Formen* zu. Die zwei ersten werden durch den die *Mathematik* betreffenden Grundsatz (GS) markiert, die zwei letzten durch den Grundsatz für die *Dynamik* – zusammen mit der das betreffende Moment typisierenden Form synthetischer Erkenntnis *a priori*. Daraus resultiert das Schema:

Axiome für die *Anschauung* und *Antizipationen* für die Wahrnehmung → *mathematische* GS

Analogien für die *Erfahrung* und *Postulate* für das empirische »Denken« → *dynamische* GS.

Die ›Wissenschaft der Anschauungsformen‹ ist die *Mathematik*; deren (mathematische) Grundsätze sind die Axiome. Das oberste *Prinzip* für alle Anschauung ist also ein Grundsatz für *alle* Grundsätze (Axiome) der Mathematik. Kant beweist dafür den grundlegenden – und überaus verblüffenden – Schluss:

„Das Princip derselben ist: Alle Anschauungen sind extensive Größen." (KrV/B.202).

Dieses ‚Prinzip' ist für die Naturerkenntnis und damit für die Naturwissenschaft von eminenter Bedeutung: Denn deren Gegenstände sind in der Anschauung gegeben; ihre anschauliche *Gegebenheit* manifestiert sich durch *extensive Größen*. Somit ist Naturwissenschaft *angewandte Mathematik*, sofern die *wissenschaftliche* Erforschung *extensiver Größen* durch Mathematik erfolgt. Das ist aber noch nicht Alles!

Denn die Kernaussage des ‚Prinzips' besteht darin, dass ausnahmslos zueinander ˊkonjugierte Paareˋ von *Größen* als Variable der Systemfunktion – in der Physik ist das die Energie des in Rede stehenden *Systems* – auftreten. M. a. W.: Jeder *extensiven Größe* ist ihre (charakteristische) *intensive Größe* zugeordnet. Diese grundlegende Eigenschaft wissenschaftlicher Systeme bezeichnen wir als *Gibbs-Falk-Prinzip* (GFP). Die Menge der ein physikalisches System begründenden *extensiven* Größen bilden zusammen mit ihren konjugierten *intensiven* Größen seine charakteristische *Kant-Struktur*.

Für von Kants eingeführte *intensive Größen* gilt analog die verbale Umschreibung, wie sie schon für *extensive Größen* präsentiert wurde. So liest sich diese Analogie wie folgt: »Naturwissenschaft ist *angewandte Mathematik*, sofern die wissenschaftliche Erforschung *intensiver Größen* durch Mathematik erfolgt«. Erst die Einführung der *intensiven Größen* erweitert die Möglichkeit, einschlägige Gegenstände quantitativ zu konstituieren. Voraussetzung dafür ist *der oft als marginal eingestufte zweite Grundsatz, das ›Prinzip der Antizipation der Wahrnehmung‹*. Mittels dieses Prinzips fixieren die *intensiven Größen* jene Konditionen, die den Verstand veranlassen aus *subjektiven* Empfindungen („Mir ist kalt") ein *objektiv* gültiges *Wahrnehmungsurteil* („… herrscht eine Temperatur von 2 °C") gewinnt:

> „Die Wahrnehmung ist für Kant das empirische Bewusstsein, in dem zur Anschauungsform die Empfindungen hinzutreten. Im Unterschied zu den Anschauungsformen, die subjektiv sind, vermitteln die Empfindungen dem erkennenden Subjekt etwas, das nicht aus dem Subjekt, sondern aus der »Außenwelt« stammt, also wirklich da ist". [HÖFFE, O. (2007), S. 125].

Es ist also die »Außenwelt«, die des Raums und der Zeit zur Orientierung bedarf:

> „In der Wahrnehmung erhält die in Raum und Zeit ausgebreitete Erscheinung ihre Eigentümlichkeiten (Qualitäten, Eigenschaften); sie verbürgen die Realität im wörtlichen Sinn der tatsächlich vorhandenen Sachhaltigkeit der raum-zeitlich ausgebreiteten Dinge". [HÖFFE, O. (2007), S. 125].

Gerade aber wegen der hohen Relevanz von Kants o. a. Anschauungsprinzip für die gesamte Physik muss noch einmal auf die Vorstellungen Kants von Zeit und Raum und von deren unterschiedlicher Gewichtung eingegangen werden. Denn es wird oft übersehen, dass Kant im selben Jahr 1886 der *zweiten* Auflage der KrV in seinen *Metaphysischen Anfangsgründen der Naturwissenschaft* seine Ansichten über jene Gewichtung entscheidend korrigiert hat. Er setzte jetzt

> „an die Stelle der Prävalenz der Zeit eine Äquivalenz von Zeit und Raum: Beide Anschauungen gelten als gleichermaßen allgemein, homogen und kontinuierlich. Ihren Niederschlag findet diese Korrektur darin, dass Kant die "Transzendentale Ästhetik" mit einem Zusatz versieht, in dem er die fundamentale Bedeutung des Raumes bei der Erklärung des Anschauungscharakters, selbst desjenigen der Zeit hervorhebt, dass er das "System der Grundsätze" um eine "Allgemeine Anmerkung" erweitert, in der er den Zeitschematismus grundsätzlich durch einen Raumschematismus ergänzt wissen will... In den folgenden Schriften, vor allem im opus postumum, ist das Theorem der Gleichwertigkeit von Zeit und Raum fester Bestandteil des Systems." [GLOY, K. (2008), S. 140].

Zeit und *Raum* unterscheidet sich nach Kant darin, dass die Zeit die Form des 'inneren Sinnes' ist und der *Raum* die des 'äußeren Sinnes'. Mittels des 'inneren Sinnes' formt der Mensch die 'inneren' Objekte, eben die *mentalen*, vermittels des 'äußeren Sinnes' formt er die 'externen' Gegenstände. Aber was bedeutet dabei 'Innen' und 'Außen'? Das Koordinatensystem ist naturgemäß das vorstellende Subjekt, wobei sich die äußeren Gegenstände an einem anderen Ort als das Subjekt befinden.

Ausgangspunkt auf dem Weg zur »Außenwelt«, war Kants o. a. *regulative Idee* – als Muster transzendentaler Ideen. Dazu findet sich bei *Kant* ein bemerkenswerter Kommentar; vgl. (KrV/B672).

Es bleibt festzuhalten: Die *Mathematik* als die »Wissenschaft der Konstruktion von Quantitäten« stellt also nicht nur das ›Prinzip der Form‹, sondern eben auch das ›Prinzip des Gehalts *a priori* aller Gegenständlichkeit‹ dar. Damit eröffnet sich die Option, selbst die Realität aller Naturgegenstände – die *Sachhaltigkeit* – mathematisch zugänglich zu machen. Die *Mathematik* gewinnt somit in einem doppelten Sinn *objektive* Gültigkeit derart, dass jeder Sachverhalt,

> „der über bloß subjektive Vorstellungen hinaus gültig sein soll, sowohl in seiner anschaulichen Form der raum-zeitlichen Ausdehnung, als auch in seinem Empfindungsgehalt, den optischen, akustischen, haptischen und anderen Eigenschaften, als Größe darstellbar sein muss" [HÖFFE, O. (2007), S. 126]

– und zwar als *extensive* bzw. *intensive* G r ö ß e, sofern z. B. die Physik betroffen ist! Ausgehend von dieser grundlegenden Einsicht und entsprechend ihrer logischen Implikation wird die ab 2.2 ausgebaut und dient dann im Kapitel 3 als Grundlage der *Alternativen Theorie*.

Diese Option ist eines der spektakulärsten Ergebnisse der Metaphysik Kants für die gesamte Physik: Die obligatorische Verfügbarkeit der *extensiven* und *konjugiert intensiven* Größen als konstituierende Elemente jedes *wissenschaftlichen Systems*. Sie ist insofern „systemisch" als sie die strukturellen Formen jeglicher begrifflich-mathematisch fundierter Systemtheorie betrifft. Das *Gibbs-Falk-Prinzip* (GFP) geht noch weiter: Es gilt für die Physik als Ganzes, schließt prinzipiell aus, dass es Mechanik, Elektrodynamik... als selbständige, gegeneinander abgeschottete Fächer gibt – solange man eben davon ausgeht, dass Physik ein einheitliches Ganzes grundlegender Phänomene in der Natur beschreibt.

Kehren wir jetzt noch einmal kurz zurück zu dem zweiten *Grundsatz*, dem ›Prinzip der Antizipation der Wahrnehmung‹. Im Unterschied zur heutigen Hirnforschung betrieb Kant mit seiner *Wahrnehmungstheorie* Forschungen, die sich – modern ausgedrückt – auf ein Objekt beziehen, dessen Wechselwirkung mit seiner Umgebung einbezogen ist. Eine kurze *Anmerkung* – die es „in sich hat" – soll die Verbindung zur Aktualität erleichtern:

> „Der Mechanismus, der die *inneren* Hirntätigkeiten, mit der *Umgebung* des Hirns, in Verbindung bringt, resultiert darin, dass der *Verstand* in *Zustände* versetzt wird, die ihn dazu veranlassen, »aus *subjektiven* Empfindungen ein *objektiv* gültiges *Wahrnehmungsurteil* herauszufiltern« und zu fällen. Das heutige Konzept der Neurowissenschaftler kennt grundsätzlich kein geeignetes Verfahren, solche ‚Wechselwirkungsprozesse' explizit nachzuweisen und mittels eines geeigneten Begriffskanons zu erklären, gar mathematisch zu modellieren. Der Hauptgrund für dieses Defizit resultiert augenscheinlich aus einem den Hirnforschern in langer Tradition zugrunde liegenden *physikalischen* Weltbild, das *mechanistisch* geprägt ist. Diese Art Mechanik kennt keine Option, sich zwischen je einem *offenen* und *geschlossenen* System unterscheiden zu müssen, auch kennt sie keinen *dissipativen* Prozess. Obwohl die Neurophysiologen wissen, wie grundlegend Hirnprozesse durch chemische und elektromagnetische Prozesse dominiert werden, können sie sich bis in die Gegenwart nicht dazu entschließen, ihr theoretisches Konzept von *mechanistischen* auf *entropische*, d. h. *thermodynamische* Methoden umzustellen – ganz zu schweigen von »angemessener *verbaler* Philosophie«" [WHITEHEAD, A. N. (2001), S. 89].

Ohne in Details einzugehen, wird hier nur auf die einschlägige Problematik aus heutiger Sicht in *Whiteheads* dritter Vorlesung zum Thema *Metaphysik des Verstehens* hingewiesen [WHITEHEAD, A. N. (2001), S. 82-103]. Obwohl der große Mathematiker und Metaphysiker schon 65 Jahre tot ist, hat sich am Kern seines Befunds bis heute inhaltlich nichts geändert.

Es konnte zuzeiten Kants nicht gelingen, den geforderten *empirischen* Nachweis der ›Existenz *synthetischer* Urteile a priori‹ zu führen. Die von ihm angeführten Beispiele aus Newtons Mechanik sind irrelevant, weil sie dem Kriterium der *Wissenschaftlichkeit* nicht genügen (vgl. 3.1). Denn es handelt sich bei den Prinzipien von der Erhaltung der Materie und von *actio et reactio, der Lex Tertia Newtons*, jeweils um *Allsätze*, die der *Endlichkeitsforderung* moderner Physik nicht entsprechen: *All-sätze* können niemals *empirisch* als stets zutreffend bewiesen werden – und sie können nicht einmal wirklich widerlegt werden! Somit sind auch die ›Hauptsätze der Thermodynamik‹ für einen Nachweisversuch ausgeschlossen. Dazu kommt, dass für die heutige Physik sogar der heute noch arg lückenhafte Entwicklungsstand der *Kategorienlehre* für den begründeten Verdacht schon ausreicht, um Einsteins Gravitationstheorie zu unterstellen, sie sei logisch widersprüchlich und physikalisch unhaltbar.

Erst durch diese Perspektive gewinnt der Ausdruck ›synthetisches Urteil a priori‹ den zentralen Platz in Kants Erkenntnistheorie. Er bezeichnet damit Urteile, die *nicht* auf Erfahrung beruhen (d. h. als *a priori* gelten), aber auch nicht auf die Zerlegung von Begriffsbedeutungen zurückgeführt werden können (die also nicht *analytisch* sind). Das Urteil selbst bestätigt einen systemischen Sachverhalt: Zu seiner aktuellen Erkenntnis benötigt das (menschliche) Individuum – auf der Grundlage von jeweils individueller Anschauung und interpretierendem Verstand – die Teilhabe an evolutionär erworbenem *kollektivem* Wissen. Letzteres wird – Kant folgend – mittels der *Kategorien* aufgeschlossen. Sie fungieren ihrerseits als apriorische Denkformen und somit als die ‚soziokulturelle' Grundvoraussetzung für alle Erfahrungen jedes Individuums. Die verbale Präsentation der systematischen Darstellung des gesamten sensorisch-intellektuellen Ablaufs, den jeder Mensch in Gesellschaft und Natur sowie in der von ihm geschaffenen Umwelt ständig wiederholt, ist nach wie vor die unübertroffene und singuläre Leistung Kants. Dieser Schluss gilt unabhängig von seinen sehr von der europäischen Aufklärung geprägten Beiträgen für die *Ethik* mit dem Grundlagenwerk *Kritik der praktischen Vernunft* und für die *Ästhetik* mit der *Kritik der Urteilskraft*.

G. Falk hat anhand der mathematischen Beschreibung der Funktionen einer speziellen Maschine dargelegt, dass die ihr zugrunde liegende Theorie inklusive ihrer Voraussetzungen für jeden konkreten Einzelfall der betrieblichen Praxis den *realen* Funktionsablauf korrekt beschreibt. *Diese Aussage entspricht vollauf den Anforderungen an ein synthetisches Urteil a priori.* Wir sprechen hier vom *Carnot-Falk-Prinzip* – präsentiert anhand der *Wärmekraftmaschine* in der bekannten Standardversion.

Für eine ausführliche Beweisführung, die sogar die *„Irreversibilität realer Vorgänge quantitativ erfasst"* [FALK, G. (1990), S. 164-166], verweisen wir auf Falks Hauptwerk – ergänzt um ein das Gewicht der Beweisführung betonendes Zitat:

> „Das Verallgemeinerte Carnotsche Prinzip (VCP), nämlich dass jede Gewinnung von Arbeit ein noch nicht hergestelltes Gleichgewicht ausnutzt, und dass sich umgekehrt jedes Gleichgewicht mittels Aufwendung von Arbeit aufheben lässt, ist fraglos von allgemeiner Gültigkeit und sicher von vergleichbarer Bedeutung wie die Hauptsätze. Die Folgerungen aus dem VCP... treffen daher nicht nur für thermische Vorgänge zu, sondern für alle Vorgänge, die mit dem Herstellen und Aufheben von Gleichgewichten in Verbindung gebracht werden können. Hier liegt eine Beschreibungsweise der Natur vor, die für die ganze Physik von grundlegender Bedeutung ist." [FALK, G. (1990), S. 164].

Das VCP kann mit Fug und Recht als die *wissenschaftliche* Grundlage der *industriellen Revolution* gelten. Im Vergleich zu einer mathematisch anspruchsvollen und begrifflich hochentwickelten Theoretischen Mechanik kannte allerdings die zeitgenössische *Wärmelehre* praktisch nur zwei Größen: (empirische) Temperatur und Wärme.

Unter dem Motto

> „A mathematician may say anything he pleases, but a physicist must be at least partially sane." [Zitat in: LINDSAY, R. B. (1944), S. 456].

können unsere Ergebnisse aus der Kant-Untersuchung zusammenfasst werden. *I. Kants* erkenntnistheoretisches opus summum *Kritik der reinen Vernunft* (1781 und 1786) und *J. W. Gibbs'* Artikelserie (1876-1878) über die Prinzipien der Thermodynamik in den »*Transactions of the Connecticut Academy of Arts and Sciences*« liefern die begrifflichen Fundamente jeglicher wissenschaftlicher *Systemtheorie*. Grundlegend dabei ist, dass zentrale Elemente dieser Systeme in der Metaphysik und Physik insoweit völlig übereinstimmen als ihre Gegenstände in der Anschauung gegeben sind und sich diese anschauliche *Gegebenheit* durch *extensive Größen* manifestiert. Des Weiteren erweist sich, dass jede *extensive Größe* in der jeweiligen Systemfunktion nur existiert im Verbund mit einer ihr fest zugeordneten *intensiven* Größe. Während die *extensiven* Größen die *Skalierung* des betrachteten Systems bestimmen, beeinflussen die *intensiven* Größen die Art der

Wechselwirkung des Systems mit seiner Umgebung – z. B. Gleichgewichte des betrachteten Systems mit seiner Umgebung oder ‚Fließgleichgewichte' (gleichgewichtsnahe stationäre Zustände mit *minimaler* Entropieproduktion).

Die Kantsche Erkenntnistheorie liefert auch einen entscheidenden Beitrag zum Begriff Wissenschaftlichkeit (vgl. 3.1). So wird man z. B. nach dem Verständnis der Kantschen Metaphysik jedes *wissenschaftliche System* als einen in der Sprache der Mathematik dargestellten Begriffsapparat formulieren. Dieses Konzept gilt heutzutage nicht nur für die Physik als Ganzes, sondern neuerdings auch für die theoretische *Ökonomie*, sofern man sie z. B. als *Alternative Wirtschaftstheorie* (AWT) begreift (vgl. III.6). Entscheidend ist auch hier der grundlegende Variablen-Satz der extensiv-intensiven Größenpaare. Dabei ist nicht nur die Systemfunktion (in der Physik die Größe ‚Energie' des Systems) privilegiert, sondern auch einige systemkonstituierende Größen. Letztere sind z. B. in der Physik die *Teilchenzahlen* als Ausdruck der materiellen Struktur des Systems auf der Grundlage der bekannten Elementarteilchen. Deren prozentualer Anteil wird primär durch die im System vorherrschende absolute Temperatur T bestimmt. Durch T kommt aber *automatisch* die Entropie S als konjugierte Systemgröße ins Spiel. Unter bestimmten noch zu besprechenden Voraussetzungen führt dieser Schritt letztlich zum *Zweiten Hauptsatz* der Thermodynamik, der den Grad der Realitätsbeschreibung des Systems determiniert. Da T bzw. S in *Einsteins Allgemeiner Relativitätstheorie* (ART) – als ein Denkmuster purer *mechanistischer* Physik – nicht als Systemvariable auftritt, folgt bereits daraus zwingend, dass es sich bei der ART um keine *wissenschaftliche* Theorie in dem hier vorgetragenen Sinn handeln kann.

2.2 Allgemeinphysikalische Größen

Die Physik ist von einem wesentlichen Paradox geprägt: Einerseits steht bei den experimentellen Untersuchungen stets nur eine endliche Anzahl der Daten zur Verfügung; andererseits arbeiten die akzeptierten Theorien mit solchen Relationen, Funktionen, Zahlenmengen, die unendliche Bestimmungsmengen besitzen. Diese unendliche Zahl der Angaben ist nicht empirisch überprüfbar, nicht kontrollierbar. Diese einfache, pauschale Feststellung bedeutet, dass es in den verwendeten physikalischen Theorien zahlreiche, direkt oder indirekt nicht kontrollierbare Elemente gibt. Die Analyse dieser und ähnlicher Tatsachen zwang Falk dazu, solche Elemente der Physik als *transzendental* oder *metaphysisch* zu bezeichnen. [FALK, G. (1990), S. iv; bzw. STRAUB (1997), S. 25].

Falks Ziel ist, logisch verbindliche Naturwissenschaft zu betreiben. Seine Grundprinzipien wurden von Straub so zusammengefasst:

„1. Physics should minimize the number of metaphysical elements enclosed in its theories.

2. Physics should lay bare the descriptively and mathematically hard core of its theories, constituted by scientifically rational statements." [STRAUB, D. (1997), S. 26].

Falk führt *„unsere Erfahrung mit der Realität"* auf *„ein abstraktes Gefüge der Relationen zwischen Begriffen, die freie Erfindungen des menschlichen Geistes sind"* sowie auf *„naturwissenschaftlich-quantitative ... Beziehungen ..., die zwischen diesen beiden bestehen – oder vielmehr von uns festgelegt werden, dass sie die realen Erfahrungen wiedergeben".* [FALK, G. (1990), S. 7 f.] Um seine Zielsetzung zu verdeutlichen, interpretiert er Gibbs´ Abhandlung folgendermaßen:

„Um ein »Fundament einer mathematisch strengeren Fassung der Thermodynamik« zu legen, ist es erforderlich, sowohl den Begriff der allgemeinphysikalischen Größe als auch den des Systems mittels mathematischer Relationen festzulegen, die in geeigneter Weise aufeinander abgestimmt sind. Konkret bedeutet das: Zwischen Größen, die als allgemeinphysikalisch gelten, muss es mathematische Relationen geben, die *system-unabhängig*, genauer nur so schwach an der Begriff des Systems gebunden sind, dass sie *für alle Systeme dieselben sind, die dieselben allgemeinphysikalischen Größen besitzen*. Derartige Relationen zwischen Größen legen letztere so fest, dass sie im Rahmen der Theorie überhaupt als allgemeinphysikalisch gelten können. Darüber hinaus muss es weitere Relationen zwischen den *Werten der Größen* geben, die das *einzelne System* festlegen. ... *Diese beiden Grundsätze sind, wie wir behaupten, nicht nur für die mathematisch-naturwissenschaftliche Fassung der Ther-*

modynamik verbindlich, sondern für die mathematisch strenge Fassung jeder naturwissenschaftlich-finiten Theorie." [FALK, G. (1990), S. 203 f.].

Falks Analyse von Gibbs´ Abhandlung kann auf folgende drei Behauptungen reduziert werden [STRAUB, D., LAUSTER, M., BALOGH, V. (2004), S. 694.]:

1. Gibbs´ Arbeit ist eine mathematische Abhandlung über Physik. Dabei haben die Relationen zwischen (dimensionslosen) *Größen* eine zentrale Bedeutung. Diese Größen sind Elemente einer das physikalische Problem bestimmenden *Menge* **G**. Sie besitzen solche mathematischen Eigenschaften, die die jeweiligen Relationen festlegen und damit für die Theorie wesentlich sind. Auch die physikalischen Charakteristika einer Größe sind für die Auswahl der Elemente von **G** maßgeblich. Dieses Auswahlverfahren wird in Gibbs´ Theorie nicht thematisiert.

2. Signifikanterweise werden wichtige Elemente der *Mechanischen Wärmelehre* (*Kreisprozesse, Maschinen, Hauptsätze der Thermodynamik*) von Gibbs nicht erwähnt. [FALK, G. (1990), S. 199.]. M. a. W.: Diese Elemente gehören nicht zum Kern von Gibbs' Methode!

3. Gibbs verwendet drei grundlegende Begriffe in seiner mathematisch-naturwissenschaftlichen Theorie: a) Zustandsgröße; b) Fundamentalgleichung und c) Gleichgewicht als Extremalprinzip.

Die Betonung der „Relationen zwischen (dimensionslosen) Größen" in der mathematischen Theorie von Gibbs schließt für eine echte wissenschaftliche Beschreibung aus, dass solche Begriffe wie Raum und Zeit oder Energie und Impuls etc. als eigenständig, absolut, untereinander relationslos behandelt werden könnten. Eine solche Feststellung gilt für alle Disziplinen der Physik. Daraus hat G. Falk die Konsequenz gezogen, Gibbs' Abhandlung als den exemplarischen Spezialfall einer allgemeinen Methode für die gesamte Physik zu bewerten. [STRAUB, D., LAUSTER, M., BALOGH, V. (2004), S. 695].

Diese als *Gibbs-Falk-Dynamik* (GFD) bezeichnete Methode beinhaltet jene Teile einer physikalischen Disziplin, die zum naturwissenschaftlichen Kern der Physik gehören. So fügen sich die klassische Physik (in der Hamilton'schen Fassung), die Elektrodynamik und die Quantentheorie in das Verfahren der GFD ein. Aber auch alle quantitativen Aussagen der phänomenologischen und der statistischen Thermodynamik werden von diesem naturwissenschaftlichen Kern bestimmt. Sie sind in endlich vielen Schritten über endlich viele Daten nachprüfbar. In diesem Sinne des *Falkschen Endlichkeitaxioms* gehören z. B. die zwei Hauptsätze nicht zur Grundlage jener quantitativen Aussagen und damit zur GFD. Diese Feststellung bedeutet indes keineswegs, dass sie – allerdings als 'metaphysische' Elemente der Theorie – nicht von großer Bedeutung für die Alternative Theorie (AT) sind.

Die GFD ist auf einem Quadrupel von vier Fundamentalbegriffen aufgebaut. Diese sind:

physikalische Größe, Wert einer Größe, Zustand, System.

Diese Wörter erhalten in der GFD eine genaue Bedeutung. Für sie ist der folgende *Grundsatz* maßgeblich:

„In einem Zustand eines Systems hat jede physikalische Größe einen Wert."
[FALK, G. (1990), S. 239].

In den mathematischen Disziplinen werden die Einzelobjekte als Elemente einer Menge betrachtet. Letztere enthält wohldefinierte mathematische Operationen (z. B. Addition, Multiplikationen, etc.). Ihre Elemente erfüllen bestimmte Relationen (z. B. Ordnungsrelationen). Für das Begriffsgefüge der GFD gilt entsprechend: Jeder dieser Begriffe bezeichnet ein Element einer Menge. M. a. W.:

- Eine *Größe A* ist Element der Menge **G**, die für den *„Größenbereich einer Systemklasse"* steht.

- Ein *Wert a* ist Element der Menge **W**, die als *„Wertebereich der Größen von* **G***"* bezeichnet wird.

- Ein *Zustand Z* ist Element einer Menge **S**, die *„Zustandsgesamtheit eines Systems"* heißt.

Mit diesen Benennungen (Namen) kann man den o. a. *Grundsatz* folgendermaßen formulieren:

> „Jedes Element von **S**, das heißt jeder Zustand **Z** erklärt, ja ist eine Abbildung des (gesamten) Größenbereichs **G** auf den Wertebereich **W**." [FALK, G. (1990), S. 240].

Jedes Element *A* von **G** wird auf einen Wert, also auf ein Element *a* von **W** abgebildet. M. a. W.: Im Zustand **Z** hat die Größe *A* den Wert *a* – formal ausgedrückt: **Z[A] = a**.

Damit wird jedes System zu einer Menge von Zuständen. Indes muss eine Menge von Zuständen keineswegs ein System repräsentieren.

Diese Grundpostulate der „thermodynamischen Naturbeschreibung" können dadurch konkretisiert werden, dass die mathematische Struktur der Bereiche axiomatisch festgelegt wird. Zunächst wird eine Struktur der Mengen **G**, **W** und **S** sowie ihrer Elemente durch Beantwortung der Frage nach diesbezüglichen mathematischen Begriffen realisiert, die für alle phänomenologischen Theorien charakteristisch sind. Die Antwort spielt eine sehr wichtige Rolle für die gesamte klassische Physik und kann in zwei Sätzen zusammengefasst werden [STRAUB, D., LAUSTER, M., BALOGH, V. (2004), S. 696]:

> „1. Physikalische Größen sind durch Relationen verknüpft, die als reelle Funktionen fungieren.
> 2. Die Werte einer physikalischen Größe sind von der Form »reelle Zahl mal Einheit«."

In der Formulierung von Falk heißt es [FALK, G. (1990), S. 243]:

> „In der klassischen Physik werden die Größen durch Elemente eines Bereichs **G** reeller Funktionen $f(X_1, X_2, ...)$ irgendwelcher voneinander unabhängiger Variablen $(X_1, X_2, ...)$ mit Koeffizienten aus dem Zahlkörper $\mathbb{R}$ der reellen Zahlen dargestellt. Entsprechend sind reelle Zahlen die Werte der Größen, d.h. Elemente des Körpers $\mathbb{R}$ der reellen Zahlen (so dass **W**= $\mathbb{R}$)." [FALK, G. (1990), S. 243., bzw. STRAUB, D. (1997), S. 49].

Fortsetzend gilt unter Verwendung der o. a. Abbildungsvorschrift:

> „Ein Zustand **Z** ist eine Abbildung einer Gesamtheit **G** reeller Funktionen f(A,B,...) irgendwelcher Variablen A, B, ...auf den Zahlkörper $\mathbb{R}$ der reellen Zahlen." [FALK, G. (1990), S. 243., bzw. STRAUB, D. (1997), S. 49].

Die Zustände als Abbildungen erfüllen Regeln für alle Additionen und Multiplikationen, die aus der Analysis bekannt sind. Einige von den wichtigsten Regeln lauten:

$$Z[f(A, B, \dots)] = f(Z[A], Z[A], \dots) = f(a, b, \dots) \quad (2.2.1)$$
$$Z[A + B] = Z[A] + Z[B] = a + b \quad (2.2.2)$$
$$Z[aB] = aZ[B] \quad (2.2.3)$$
$$Z[AB] = Z[A]Z[A] \quad (2.2.4)$$
$$Z[1] = 1 \quad (2.2.5)$$

Also bedeutet in der GFD ein System eine Menge **S** von Zuständen und ist keineswegs ein realer Gegenstand.[39]

Größenbereiche und Systeme sind grundsätzlich aneinander gebunden. Das wird mit der Anzahl r der Freiheitsgrade derjenigen Systeme ausgedrückt, um deren Größen es geht. Alle Systeme mit denselben r Freiheitsgraden können zu einer Systemklasse zusammengefasst werden. Für die Erzeugung der Elemente der Größenbereiche sollen folgende Bedingungen erfüllt werden [WURST, TH. K. (2002), S. 43]:

- Jedes Einzelsystem einer Systemklasse wird durch alle Abbildungen von **G** auf $\mathbb{R}$ repräsentiert.

- *Gibbs-Axiom*: Die komplette Information über ein System geht aus einer einzigen *Fundamentalrelation* zwischen den Werten der $r+1$ Variablen (eine abhängige und r unabhängige dimensionslose Größen) $(X_0, X_1, \dots, X_r)$ hervor. [STRAUB, D. (1997), S. 52].

In diesem Größenbereich $\mathbf{G}_{r+1}$ der Systeme mit r Freiheitsgraden können also $r+1$ Elemente $(X_0, X_1, \dots, X_r)$ gefunden werden, so dass jedes Element von $\mathbf{G}_{r+1}$ mit Hilfe der Operationen Addition und Multiplikation aus den

---

[39] Vgl. STRAUB, D. (1997), S. 51., bzw. MOULINES, C. U. (1987), S. 65: „*States are not purely mathematical entities, but rather physical objects in mechanics or the `economic agent´ is an idealization of economics, but this does not mean they are extra-empirical in the way numbers or vectors are. States are `abstract´ objects as compared with usual bodies, since the same state may be instantiated in two different bodies occupying different regions in space-time. However, that states are abstract objects in this sense does not mean they aren't physical.*"

Erzeugenden, also den $(X_0, X_1, ..., X_r)$, sowie den reellen Zahlen und dem »Einselement« erzeugt werden kann. Die erwähnten Abbildungsregeln und die genannten Bedingungen erfüllt der »Ring« $\mathcal{R}(X_0, X_1, ..., X_r)$ der reellen Polynome in den Variablen $(X_0, X_1, ..., X_r)$ oder eine Erweiterung dieses Rings. Das allgemeine Element des Rings hat die Struktur $\sum_{i=0}^{r} a_i \chi_i$, wobei $a_i \in \mathbb{R}$ sind. Wird den r unabhängigen Erzeugenden ein Wert zugemessen, dann haben auch die anderen Größen des Systems einen Wert. So legt jede r-fache Wertvergabe einen Zustand des Systems fest.

Zwei Systeme S_1 und S_2 der gleichen Systemklasse sind dann verschieden, wenn die Werte von X_0 durch zwei *unterschiedliche* Funktionen f_1 und f_2 der Werte von $(X_0, X_1, ..., X_r)$ wiedergegeben werden.

Nach Gibbs' Axiom von gewinnt man die komplette Information über ein System aus einer einzigen Fundamentalrelation zwischen den Werten der $r+1$ Erzeugenden. Das mathematische Hilfsmittel ist die Differentiation. Dank der Erzeugenden lässt sich in **G** die partielle Differentiation algebraisch – ohne Bezug auf die Werte und damit auf Stetigkeit, Grenzübergang etc. auf die aus der Analysis vertrauten Regeln zurückführen. [FALK, G. (1990), S. 50, bzw. S. 254 und STRAUB. D. (1997), S. 52].

Diese mathematische Darstellung, die den Anspruch erhebt, für alle Disziplinen der Physik zu gelten, muss einer zusätzlichen fundamentalen Voraussetzung genügen: Die physikalischen Größen $(X_0, X_1, ..., X_r)$ müssen in allen physikalischen Disziplinen dieselbe inhaltliche Bedeutung haben. Falk bezeichnet sie deshalb als *allgemeinphysikalische Größen.*[40] [FALK, G. (1990), S. 203 f].

Eine besondere Bedeutung kommt den *homogenen Größen* in der GFD als Elemente von G_{r+1} zu. Eine Funktion mehrerer Variablen mit der Eigenschaft

$$f(\lambda X_0, ..., \lambda X_r) = \lambda^n f(X_0, ..., X_r) \qquad (2.2.6)$$

---

[40] Hervorhebungen im Original, zitiert auch in: WURST, TH. K. (2002), S. 39 und Zitat in FN 4. Vgl. noch mit STRAUB, D., LAUSTER, M., BALOGH, V. (2004), S. 697-8 und dort FN 148.

heißt in der Mathematik *homogene Funktion n-ten Grades*. Wenn man diese Definitionsgleichung nach λ ableitet und anschließend für $\lambda = 1$ setzt, erhält man

$$\sum_{j=0}^{r} X_j \frac{\partial f}{\partial X_j} = nf \,. \qquad (2.2.7)$$

Dies ist der *Satz von Euler* über homogene Funktionen, die Relation wird als *Euler-Relation* genannt. Die homogenen Elemente des Polynomringes $\mathcal{R}(X_0, X_1, ..., X_r)$ sind die homogenen Polynome in X_0, X_1, ..., X_r. Vom *Homogenitätsgrad* $n \in \mathbb{N}_0$ gibt es davon für r unabhängige *homogene Variable* genau $\frac{(r+n)!}{r!n!}$ linear voneinander unabhängige Polynome, die einen $\frac{(r+n)!}{r!n!}$-dimensionalen Vektorraum über dem Körper $\mathbb{R}$ der reellen Zahlen bilden. Der Homogenitätsgrad $n = 1$ spielt für die GFD und damit für die gesamte Physik deshalb eine herausragende Rolle, weil er – wie gezeigt werden soll – gestattet, einen universellen »Teilchen-Begriff« logisch zu begründen. Nach Gibbs ist jede ein System repräsentierende Menge **S** von Zuständen **Z** dadurch definiert, dass zwischen den Werten $Z[X_0],...; Z[X_r]$, welche die Erzeugenden X_0, X_1, ..., X_r von $\mathbf{G}_{r+1}$ in den Zuständen **Z** haben, eine charakteristische Beziehung besteht, die so genannte *Fundamentalrelation*:

$$F(Z[X_0], Z[X_1], ... Z[X_r]) = 0 \,. \qquad (2.2.8)$$

Daraus folgt mit den bekannten Abbildungsregeln:

$$F(Z[X_0], Z[X_1], ... Z[X_r]) = \Gamma(\xi_0, \xi_1, ..., \xi_r) = 0 \,, \qquad (2.2.9)$$

bzw.

$$F(Z[X_0], Z[X_1], ... Z[X_r]) = Z[F(X_0, X_1, ..., X_r)] = 0 \,. \qquad (2.2.10)$$

Das Element $F(X_0, X_1, ..., X_r)$ wird als *Massieu-Gibbs-Element* des Systems bezeichnet. Im Allgemeinen gibt es mehrere M-G-Elemente. Kann man dieses M-G-Element nach X_0 auflösen, so ist die Funktion $X_0(F, X_1, ..., X_r)$ *Massieu-Gibbs-Funktion*. Sie hängt nur von $X_1, ..., X_r$

ab, da das Element F – laut Definition – auf 0 abgebildet wird. Wenn es darüber hinaus bei den Erzeugenden um extensive Größen geht, d.h. bilden sie ein M-G-Element F, das homogen vom ersten Grad ist, dann gilt:

$$X_0(F, X_1, ..., X_r) = X_0(X_1, ..., X_r) =$$
$$= X_0(\lambda X_1', ..., \lambda X_1') = \lambda X_0(X_1', ..., X_1') \qquad (2.2.11)$$

Nach der Euler-Relation gilt dann weiter:

$$X_0 = F \frac{\partial X_0}{\partial F} + \sum_{j=1}^{r} X_j \frac{\partial X_0}{\partial X_j} \qquad (2.2.12)$$

und

$$X_0 = \sum_{j=1}^{r} X_j \frac{\partial X_0}{\partial X_j}. \qquad (2.2.13)$$

Das Axiom von Gibbs gilt nur für extensive Größen. Wie gezeigt wird in (2.3), geht dieses F-Element in die Fundamentalgleichung des betreffenden Systems über.

> "For those who want some proof that physicists are human,
> the proof is in the idiocy of the different units
> which they use for the measuring energy."
> - Richard Feynman (*1918 - †1988) – [zitiert in: DEAMER, D. (2011), S. 91]

2.3 Systeme und Grundgleichungen

Die *Thermofluiddynamik reiner Stoffe* kann aufgrund der Regeln der GFD als eine Klasse der Körper-Feld-Systeme mit $r = 7$ Freiheitsgraden[41] definiert werden. Im zugeordneten Größenbereich G_{r+1} werden als Erzeugende $X_0, X_1, ..., X_r$ die dimensionslosen Größen $E^0, \mathbf{P}, \mathbf{F}, \mathbf{L}, M, S, V, N$ verwendet[42]. Wenn man die Abbildungsregel der GFD auf diese acht Größen anwendet, erhält man aus $Z[F] = 0$ den Zusammenhang

---

[41] Eigentlich beträgt die Anzahl der Freiheitsgraden 15, wenn man die Vektoren in ihre (unabhängigen) Koordinaten zerlegt.
[42] Die Auswahl der Variablen geschieht nach Callens Prinzip. – Vgl. 3.2

$$Z\left[F\left(E^0,\mathbf{P},\mathbf{F},\mathbf{L},\mathbf{M},S,V,N\right)\right] = F\left(Z\left[E^0\right],Z[\mathbf{P}],Z[\mathbf{F}],Z[\mathbf{L}],Z[\mathbf{M}],Z[S],Z[V],Z[N],\right)$$
$$= \Gamma\left(\xi_0^0,\xi_1,\ldots,\xi_7\right) = 0. \quad (2.3.1)$$

Dabei bedeutet Γ eines der Nullelemente in $\mathbf{G}_{r+1}$, das im Wertebereich $\mathbf{W}$ als implizite Fundamentalgleichung $\Gamma(\xi_0^0,\xi_1,\ldots,\xi_7)=0$ des Systems mit den reellen Werten $\xi_0^0,\xi_1,\ldots,\xi_7$ der acht genannten allgemeinphysikalischen Größen abgebildet wird. Daraus ergibt sich die entsprechende *Gibbs-Euler-Funktion* (GEF), sofern man die Gleichung nach der *Systemenergie* $E = E^0 - E_\#$ auflöst:

$$E^0 - E_\# = E(\mathbf{P},\mathbf{F},\mathbf{L},\mathbf{M},S,V,N), \quad (2.3.2)$$

wobei $E_\#$ eine konstante Referenzenergie bezeichnet, die in vielen Bereichen eine wichtige Rolle spielt. In (2.3.2) kommen nur *extensive Größen* vor, so dass nach der Definition (2.2.6) unmittelbar der Zusammenhang

$$E(\mathbf{P},\mathbf{F},\mathbf{L},\mathbf{M},S,V,N) = E\left(\lambda\mathbf{P}^t,\lambda\mathbf{F}^t,\lambda\mathbf{L}^t,\lambda\mathbf{M}^t,\lambda S^t,\lambda V^t,1\right) =$$
$$= \lambda^n E\left(\mathbf{P}^t,\mathbf{F}^t,\mathbf{L}^t,\mathbf{M}^t,S^t,V^t,1\right) \quad (2.3.3)$$

folgt, wobei $\lambda^n = N$ gilt und der Homogenitätsgrad n wegen der Extensivität gleich Eins ist. Der Zusammenhang eröffnet die Möglichkeit, einen physikalisch adäquaten Teilchenbegriff zu entwickeln. Auf diesen Zusammenhang kommen wir später ausführlich zurück. (Vgl. 3.6)

So ergibt sich nach dem Euler-Satz (2.2.7)

$$E^0 - E_\# = \mathbf{P}\frac{\partial E}{\partial \mathbf{P}} + \mathbf{F}\frac{\partial E}{\partial \mathbf{F}} + \mathbf{L}\frac{\partial E}{\partial \mathbf{L}} + \mathbf{M}\frac{\partial E}{\partial \mathbf{M}} + S\frac{\partial E}{\partial S} + V\frac{\partial E}{\partial V} + N\frac{\partial E}{\partial N}. \quad (2.3.4)$$

Falls die Anzahl der Teilchen konstant ist, dann folgt aus (2.3.2) und (2.3.3) für *ein* Teilchen:

$$E^{0t} - E_\#^t = E\left(\mathbf{P}^t,\mathbf{F}^t,\mathbf{L}^t,\mathbf{M}^t,S^t,V^t,1\right) \quad (2.3.5)$$

Für die partiellen Ableitungen aus (2.3.4) werden zweckmäßigerweise folgende Größen je als Abkürzung eingeführt:

Systemgeschwindigkeit:
$$\mathbf{v}(\mathbf{P},\mathbf{F},\mathbf{L},\mathbf{M},S,V,N) := \frac{\partial}{\partial \mathbf{P}} E(\mathbf{P},\mathbf{F},\mathbf{L},\mathbf{M},S,V,N) \qquad (2.3.6.1)$$

Systemrotationsgeschwindigkeit:
$$\omega(\mathbf{P},\mathbf{F},\mathbf{L},\mathbf{M},S,V,N) := \frac{\partial}{\partial \mathbf{L}} E(\mathbf{P},\mathbf{F},\mathbf{L},\mathbf{M},S,V,N) \qquad (2.3.6.2)$$

Absolute Temperatur des bewegten Systems:
$$T_*(\mathbf{P},\mathbf{F},\mathbf{L},\mathbf{M},S,V,N) := \frac{\partial}{\partial S} E(\mathbf{P},\mathbf{F},\mathbf{L},\mathbf{M},S,V,N) \qquad (2.3.6.3)$$

Druck des bewegten Systems:
$$-p_*(\mathbf{P},\mathbf{F},\mathbf{L},\mathbf{M},S,V,N) := \frac{\partial}{\partial V} E(\mathbf{P},\mathbf{F},\mathbf{L},\mathbf{M},S,V,N) \qquad (2.3.6.4)$$

Chemisches Potential pro Teilchen:
$$\mu_*^t(\mathbf{P},\mathbf{F},\mathbf{L},\mathbf{M},S,V,N) := \frac{\partial}{\partial N} E(\mathbf{P},\mathbf{F},\mathbf{L},\mathbf{M},S,V,N) \qquad (2.3.6.5)$$

Positions- oder Ortsvektor:
$$\mathbf{r}(\mathbf{P},\mathbf{F},\mathbf{L},\mathbf{M},S,V,N) := \frac{\partial}{\partial \mathbf{F}} E(\mathbf{P},\mathbf{F},\mathbf{L},\mathbf{M},S,V,N) \qquad (2.3.6.6)$$

(Dreh)Winkelvektor:
$$\mathbf{\alpha}(\mathbf{P},\mathbf{F},\mathbf{L},\mathbf{M},S,V,N) := \frac{\partial}{\partial \mathbf{M}} E(\mathbf{P},\mathbf{F},\mathbf{L},\mathbf{M},S,V,N) \qquad (2.3.6.7)$$

Die hier verwendeten Definitionen (2.3.6.1) – (2.3.6.7) sind Beispiele des *Truesdellschen Äquipräsenz-Prinzips*. [TRUESDELL, C. A. (1984), S. 301 vgl. STRAUB (1997), S. 90]. Die Grundlage dieses Prinzips bildet folgender mathematischer Satz:

Wenn eine Größe durch Differentiation aus einer Funktion mit mehreren Variablen $f(X_0, ..., X_r)$ gewonnen wird, so wird auch das Ergebnis $f_k := \frac{\partial f(X_0,...,X_r)}{\partial X_k}$ in der Regel eine Funktion $f_k(X_0, ..., X_r)$ der in der ursprünglichen Funktion vorhandenen Variablen $(X_0, ..., X_k, ..., X_r)$ sein.

Die Gleichungen (2.3.4) und (2.3.5) können mit den Definitionen (2.3.6.1) – (2.3.6.7) auf folgende Form gebracht werden:

$$E^{0t} - E^t_{\#} = \mathbf{P}^t \cdot \mathbf{v} + \mathbf{F}^t \cdot \mathbf{r} + \mathbf{L}^t \cdot \boldsymbol{\omega} + \mathbf{M}^t \cdot \boldsymbol{\alpha} + S^t \cdot T_* + V^t \cdot (-p_*) + \mu^t_*. \quad (2.3.7)$$

Die Darstellung einer physikalischen Größe in expliziter Form wie in (2.3.2) oder in (2.3.7) wird als *Massieu-Gibbs-Funktion* (MGF) bezeichnet. In der Thermofluiddynamik tragen die Gleichungen (2.3.4) und (2.3.7) speziell den Namen *Euler-Reech-Gleichung*. Sie stellen die Energie als eine Summe von Produkten aus extensiven und konjugierten Variablen dar. [STRAUB (1997), S. 36, bzw. S. 73 und S. 132].

Bildet man das totale Differential, ausgehend von der GEF (2.3.2)

$$dE = d\mathbf{P} \cdot \frac{\partial E}{\partial \mathbf{P}} + d\mathbf{F} \cdot \frac{\partial E}{\partial \mathbf{F}} + d\mathbf{L} \cdot \frac{\partial E}{\partial \mathbf{L}} + d\mathbf{M} \cdot \frac{\partial E}{\partial \mathbf{M}} + dS \cdot \frac{\partial E}{\partial S} + dV \cdot \frac{\partial E}{\partial V} + dN \cdot \frac{\partial E}{\partial N}$$
(2.3.8)

und verwendet die Definitionen (2.3.1) – (2.3.6) sowie die *Erhaltungsbedingung* für die Teilchenzahl des *reinen* Stoffs ($dN = 0$), so erhält man die *Gibbssche Hauptgleichung* (GHG) der Thermofluiddynamik reiner Stoffe:

$$dE = \mathbf{v} \cdot d\mathbf{P} + \mathbf{r} \cdot d\mathbf{F} + \boldsymbol{\omega} \cdot d\mathbf{L} + \boldsymbol{\alpha} \cdot d\mathbf{M} + T_* \cdot dS - p_* \cdot dV. \quad (2.3.9)$$

Aus der GHG (2.3.9), den Definitionen (2.3.6.1)–(2.3.6.7) und dem grundlegenden Zusammenhang (2.3.4) kann leicht die nachfolgende *Gibbs-Duhem-Gleichung* (GDG) genannte Beziehung abgeleitet werden:

$$d\mu^t_* = -S^t \cdot dT_* + V^t \cdot dp_* - \mathbf{P}^t \cdot d\mathbf{v} - \mathbf{F}^t \cdot d\mathbf{r} - \mathbf{L}^t \cdot d\boldsymbol{\omega} - \mathbf{M}^t \cdot d\boldsymbol{\alpha}. \quad (2.3.10)$$

Nach (2.3.10) ist also die Systemklasse „Thermofluiddynamik einheitlicher Substanzen" dem funktionalen Zusammenhang

$$\mu^t_* = \mu^t_*(T_*, p_*, \mathbf{v}, \mathbf{r}, \boldsymbol{\omega}, \boldsymbol{\alpha}) \quad (2.3.11)$$

für das chemische Potential unterworfen.

Aus der GDG (2.3.10) folgen die zwei äquivalenten Gleichungen

$$V = \frac{\partial(\mu_*)_{T_*, \mathbf{v}, \boldsymbol{\omega}, \mathbf{r}, \boldsymbol{\alpha}}}{\partial p_*} = V(T_*, p_*, \mathbf{v}, \boldsymbol{\omega}, \mathbf{r}, \boldsymbol{\alpha}) \quad (2.3.12.1)$$

$$S = -\frac{\partial(\mu_*)_{p_*, \mathbf{v}, \boldsymbol{\omega}, \mathbf{r}, \boldsymbol{\alpha}}}{\partial T_*} = S(T_*, p_*, \mathbf{v}, \boldsymbol{\omega}, \mathbf{r}, \boldsymbol{\alpha}), \quad (2.3.12.2)$$

die als *thermische*, bzw. *kalorische Zustandsgleichung* bekannt sind. Die Gleichungen werden auch als *Zustandsgleichungen des reinen Stoffes im bewegten System* bezeichnet.

Die Gibbssche Hauptgleichung (2.3.9) für eine Systemklasse mit r Freiheitsgraden hat die Form:

$$dE = \sum_{j=1}^{r} \zeta_j dZ_j =$$
$$= \sum_{j=1}^{k-2} \zeta_j dZ_j + \zeta_{k-1} dZ_{k-1} + \zeta_k dZ_k + \zeta_{k+1} dZ_{k+1} + \sum_{j=k+2}^{r} \zeta_j dZ_j ,$$
(2.3.13)

wobei E ihre *Systemenergie* sowie die ζ_i bzw. Z_i die intensiven bzw. die extensiven Größen sind. Diese Gleichung kann durch die *Legendre-Transformation* in die Form

$$dE^{[Z_{k-1}; Z_k; Z_{k+1}]} = \sum_{j=1}^{k-2} \zeta_j dZ_j - Z_{k-1} d\zeta_{k-1} - Z_k d\zeta_k -$$
$$Z_{k+1} d\zeta_{k+1} + \sum_{j=k+2}^{r} \zeta_j dZ_j$$
(2.3.15)

überführt werden. So werden die Größen $Z_{k-1}; Z_k; Z_{k+1}$ je gegen ihre konjugierten Größen $\zeta_{k-1}; \zeta_k; \zeta_{k+1}$ als neue Veränderliche ausgetauscht. Die Transformationsformel lautet:

$$E^{[Z_{k-1}; Z_k; Z_{k+1}]} = E - Z_{k-1} \cdot \frac{\partial E}{\partial Z_{k-1}} - Z_k \cdot \frac{\partial E}{\partial Z_k} - Z_{k+1} \cdot \frac{\partial E}{\partial Z_{k+1}}.$$
(2.3.16)

Dabei wird die Systemenergie E unmittelbar zu der sich aus dem Variablenwechsel ergebenden energieartigen Größe $E^{[Z_{k-1}; Z_k; Z_{k+1}]}$ in Beziehung gesetzt. Eine solche aus der GEF abgeleitete Legendre-transformierte Funktion ist ein weiteres Beispiel für die so genannten Massieu-Gibbs-Funktionen (MGF). Aus den MGF – wie aus der GEF – lassen sich sämtliche Informationen über das untersuchte System allein aus Differentiationsprozessen gewinnen. Im Gegensatz zur GEF sind jedoch Massieu-Gibbs-Funktionen in aller Regel keine homogenen Funktionen ersten Grades. So gibt es für sie keine Euler-Reech-Funktionen. Nach dem Gibbsschen Axiom lässt sich jedoch stets der Variablensatz einer MGF so transformieren, dass eine linear-homogene Funktion entsteht, die damit GEF des Systems ist.

Abschließend wird betont, dass in der GFD weder *Zeit* noch *Raum* als Größen im Sinne der Theorie auftreten. Der in (2.3.6.6) definierte Ortsvektor **r** ist die zur allgemeinphysikalischen Größe **F** (Feldkraft) konjugierte Größe von der Bedeutung einer Länge oder Ausdehnung – nicht im Sinne einer Raumkoordinate, sondern wie alle in der Wellenmechanik oder Optik auftretenden charakteristischen Wellenlängen.

Grundsätzlich gilt: Die GEF des Systems (2.3.2) beschreibt die Systemenergie E im Phasenraum, aufgespannt aus den ausschließlich *extensiven* Variablen des Systems.

> *„Heutzutage kann man nur der Bildung halber Kant nicht mehr lesen,*
> *das hält ein moderner Mensch nicht mehr durch.*
> *Nur wer ihn braucht, also Hilfe benötigt, muss ihn lesen, ja studieren."*
> [STRAUB, D. (2011)]

2.4 Erstes Fazit

In Anbetracht der vielen neuen Begriffe ist es an dieser Stelle angebracht, auf gewisse zur Entstehung auch von schwerwiegenden Missverständnissen häufig auftretende Fehlerquellen und Verständnisschwierigkeiten mittels einiger Schlagworte hinzuweisen:

(1) Die Gibbs-Falk Dynamik ist durch ihre Kant-Struktur ausgezeichnet: Sie beschreibt ein physikalisches System, dessen Energie E als Funktion endlich vieler ausnahmslos extensiver ›allgemeinphysikalischer Größen‹ X_i ausgedrückt wird. Diese X_i sind die r Koordinaten des Systems im Phasenraum. Zeit und Ortskoordinaten treten nicht auf. Bildet man das totale Differential von E, so resultiert die *Gibbssche Hauptgleichung*, in der die Kant-Struktur explizit deutlich wird: $dE = \sum_{i=1}^{r} \xi_i dX_i$. Die ξ_i ist die der extensiven ›allgemeinphysikalischen Größe‹ X_i konjugierte intensive ›allgemeinphysikalischen Größe‹ ξ_i – ganz entsprechend der Kantschen Meta-

physik (Abschnitt 2.1). Im Phasenraum gibt es keinen Erhaltungssatz für die Systemenergie E.

(2) Will man Prozesse des Systems beschreiben, muss man vom Phasenraum in den *Konfigurationsraum* wechseln; der von den Ortsvariablen eines physikalischen Systems aufgespannt wird. Darin laufen die Prozesse des Systems in Raum und Zeit ab. Erforderlich wird dazu die Auswechslung der Feldvariablen **F** von E durch die Ortskoordinaten **r**. Diese wird durch eine *Legendretransformation* von $E(...\mathbf{F}...) \to E^{[\mathbf{F}]}(...\mathbf{r}...)$ realisiert. Die dann bezüglich der *Gravitationskraft* als Feldvariable **F** nach Gl. (2.3.16) transformierte Energie $E^{[\mathbf{F}]}(...\mathbf{r}...)$ ist nun diejenige Energie, welche für das System zur Erhaltungsgröße wird. Dazu gehört eine linearaffine Zeit t, die dem Noether-Theorem genügt.

(3) Die Kant-Struktur der legendretransformierten Energie $E^{[\mathbf{F}]}(...\mathbf{r}...)$ erlaubt ihre Aufteilung in kinetische und potentielle Energien. Daraus resultiert die Dissipationsgeschwindigkeit und hat – bei einer Teilchenstruktur der Materie – zwangsläufig die Existenz von Teilchenmassen zur Folge, wobei träge und schwere Massen identisch sein müssen (*Äquivalenzprinzip*).

(4) Aus der Gibbsschen Hauptgleichung folgt, dass die Systemenergie E eine extensive ›allgemeinphysikalische Größe‹ ist. Sie ist eine *mengenartige* Größe. Im Fall von Einsteins Formel $E = m_{\#}c_0^2$ bedeutet dies, dass der größte Teil nur aus Bindungsenergie besteht. In Wikipedia liest man dazu ein aufschlussreiches Beispiel: Unter „Äquivalenz von Masse und Energie" versteht man, dass ein 80 kg schwerer Mensch nur zu ca. 800 g aus Elementarteilchen besteht – der Rest der Masse $m_{\#}$ ist Bindungsenergie, die diese Teilchen (auf subatomarer Ebene) zusammenhält: *„Masse $m_{\#}$ als fundamentale extensive Eigenschaft von Materie ist eingefrorene Energie"* [CALDER, N. (1980), S. 26].

(5) Die »mengenartige Größe« ist für die Physik bezüglich ihrer Mengenartigkeit grundlegend im Sinn von irreduzibel. Dazu ein aufschlussreiches Zitat:

> „Immanuel Kant legte eingehend dar, dass [die atomare] Materie träge sei; sie sei nur anhand ihrer Wirkungen erfahrbar, und die Ursache aller dieser Wirkungen sei Kraft. Kräfte und Energien sind im Unterschied zu allem Materiellen keine Dinge, sondern haben etwas mit Abläufen in der Zeit zu tun... Poetisch könnten wir sagen, dass sie der materiellen Natur Leben einhauchen und das Prinzip der Veränderungen manifestieren." [SHELDRAKE, R. (2012), S. 82-83].

Die *nicht-mechanistische* Beschreibung ist Voraussetzung zur quantitativen Erfassung *natürlicher* Prozesse, die gewöhnlich *dissipative* Veränderungen erfahren; letztere werden primär durch deren atomistische Struktur determiniert und vermittelt. Zielführend ist Max Plancks Einsicht von 1945, wonach die menschliche Denkstruktur mit allen *natürlichen* Prozessen zusammenhängt:

> „Was mich zu meiner Wissenschaft führte und von Jugend auf begeisterte, ist die durchaus nicht selbstverständliche Tatsache, dass unsere Denkgesetze übereinstimmen mit den Gesetzmäßigkeiten im Ablauf der Eindrücke, die wir von der Außenwelt empfangen, dass es also dem Menschen möglich ist, durch reines Denken Aufschlüsse über jene Gesetzmäßigkeiten zu gewinnen." [Planck, M. (1990); S. 9].

So wichtig Max Plancks Hinweis auf die (menschlichen) Denkgesetze für jeden Wissenschaftler sein mag, so erfüllt er in erster Linie doch die Funktion eines Glaubensbekenntnisses, dessen Verlässlichkeit im Einzelfall hinterfragt werden muss. Im Kontext mit den seit Jahrzehnten andauernden Forschungen *Stephen Hawkings, Roger Penrose* et al. über Schwarze Löcher hat nun neuerdings *Manfred Eigen* in seinem grandiosen Alterswerk – dem aktuellen *Treatise on Matter, Information, Life and Thought* (2013) – ein konkretes Beispiel dafür geliefert, zu welchen grundlegenden Irrtümern man inzwischen ohne eine seriöse Hinterfragung in der zeitgenössischen theoretischen Physik gelangt ist. Ein in den einflussreichen Medien aktuelles Beispiel läuft neuerdings unter dem neuen Begriff „Informationsparadox", gewissermaßen als Erklärung für *Hawkings* verblüffende Einsicht: „Schwarze Löcher – Es gibt sie gar nicht!"[43]

---

[43] Verwiesen sei auf Hawkings Vier-Seiten-Notiz, die er auf die Arxiv-Webseite unter dem dunklen Titel *Information and Weather Forecasting for Black Holes* gestellt hat (submitted on 22 Jan. 2014).

Offensichtlich steckt hinter diesem Begriff die *Entropie* oder das, was von vielen Kosmologen unter dem Einfluss *Hawkings* und *Penroses* sowie deren Jünger meist verstanden wird. Dem tritt *Eigen* nun entschieden gegenüber:

> "Entropy here appears in a new light. We remember that Edwin Jaynes warned us to call it simply a measure of »disorder«, because otherwise we would have to define carefully what we mean by order. He further emphasised its anthropomorphic nature, argued also by E. Wigner. In order to interpret entropy we must specify the variables of which entropy is to be considered as a function. Is a black hole, in which matter is downgraded into its most elementary constituents, and of which we just know the mass, charge and spin, a less 'ordered' state than our present universe? And what is the meaning of the Bekenstein-Hawking entropy? It is the surface area of the black hole divided by four times the Planck area, i. e. something like the number of little squares of Planck size that fit the black hole's surface or, converted to bits, the number that would be required to specify all elementary constituents of which the black hole consists. Does this have any real meaning, as suggested by [Hawking] ..., or it is just an analogy? Beware of anthropomorphic interpretations before one can account for them in terms of calculable numbers!" [EIGEN, M. (2013); p.211; vgl. 7.4].

M. Eigen geht in seiner skeptischen Position im Buch bis zum Gipfel der *Ironic Science* (see for instance *"Where is the 'Temperature' of Information?"*). Ihr Erfinder – John Horgan – äußerte sich 1990 über Stephen Hawkings Vortrag zum Thema: *„Mir kam das, was er sagte, völlig absurd vor – mehr Science-fiction als Science."* [HORGAN, J. (1997), S. 154].

"Du willst bei Fachgenossen gelten?
Das ist verlorene Liebesmüh'
Was dir mißlingt, verzeih'n sie selten,
Was dir gelingt, verzeih'n sie nie."
[HAKEN, H. (1991), S. 187, 189]

3 GRUNDLAGEN DER ALTERNATIVEN THEORIE (AT)

3.1 Wissenschaftlichkeit physikalischer Theorien

Kants Vorstellungen zur Rolle der *Mathematik* in seiner *Metaphysik* und in den *Naturwissenschaften* sind nach den Erörterungen im Abschnitt 2.1 nach wie vor aktuell und von grundlegender Bedeutung für den Begriff der *Wissenschaftlichkeit*.

Hingegen hat sich aber die Erwartung – wie Kant sie noch voraussetzte – nicht erfüllt, dass die zugrunde liegende *formale Logik* zeitlich invariant ist. Erinnert sei nur an den US-Logiker *Henry M. Sheffer* und dessen Beiträge zur *formalen Logik* mit ihrem großen Einfluss z. B. auf *A. N. Whitehead, B. Russell* und *W. Van Orman Quine*.

Naturgemäß reichen viele Vorstellungen Kants von der konstitutiven Rolle des mathematisch-logischen Denkens für die heutigen Natur- und Ingenieurwissenschaften nicht mehr aus. Spätestens seit den bahnbrechenden Untersuchungen von *Josiah Willard Gibbs* (*1839–†1903) ist jegliche *mechanistische* Physik dubios, und die Mathematiker mussten erst lernen, mit *reellen* Zahlen präzise zu arbeiten, um eine hinreichende Begriffsbestimmung von Naturwissenschaften zu gewährleisten. Was aber waren *Gibbs' epochale* Leistungen? *Gibbs* veränderte *vier* Wissenschaften grundlegend: *Thermodynamik – Chemie – Mathematik –* und schließlich – die *Statistische Mechanik*.

Die Option, die auf der Grundlage von Gibbs' Werk bereitgestellt werden kann, bezieht sich dabei auf jenen Kern heutiger Physik, der ihre sogenannte *Naturwissenschaftlichkeit* betrifft, also auf jene Voraussetzung, die für den gesuchten empirischen Nachweis *unwiderlegbarer synthetischer Urteile a priori* ausschlaggebend ist. Dass diese Aufgabenstellung überhaupt bewältigt werden konnte, verdanken wir *Gottfried Falk*. Er hat in Gibbs' Untersuchungen zu den Grundlagen der *Thermostatik* entdeckt, dass dessen Untersuchungsmethode keineswegs nur einen für die Physik nicht einmal besonders relevanten Zweig betrifft. Auf den Punkt gebracht: *G. Falk* zieht aus einem *„typischen Resultat der logisch verschärften Fassung [heutiger] Physik"* den Schluss, wonach im Gegensatz

> „zur tradierten Auffassung nicht die Thermodynamik eine Folge der (um statistische Postulate ergänzten) Mechanik ist, sondern umgekehrt die Mechanik ein Sonderfall der in der Thermodynamik üblichen mathematischen Beschreibung der Realität – angewandt auf traditionell »mechanisch« genannte Erfahrungstatsachen." [FALK, G. (1990), S. vi].

In diesem Kontext kann man nicht eindringlich genug unterstreichen, was zwei profunde Kritiker der *Speziellen Relativitätstheorie* als Resümee ihres Buchs konstatieren, nämlich dass

> „die Dynamik mit ihren Schützlingen Strahlung, Energie, Masse ein *globales* Konzept ist. Damit verbietet sich von vornherein jede Zerlegung des Ganzen in seine Teile als unstatthafte Manipulation. Das *Ganze* wiederum ist das einzig gültige Bezugssystem. Es gibt nun einmal nur diesen einen (und daher in des Wortes bester Bedeutung *absoluten*) Raum, in dem wir leben und alles uns Zugängliche beobachten. So sehr die künstliche Trennung in Teilsysteme bei der Behandlung begrenzter Probleme von Vorteil sein mag, so sehr führt sie in die Irre, wenn sie zum Herrscher über das Ganze berufen wird." [GALECZKI, G. und MARQUARDT, P. (1997), S. 219].

Dass die Autoren das *„Ganze"* – ergo die *gesamte Physik* – als eine *Einheit* begreifen, indem sie der *Dynamik* einen geradezu singulären Stellenwert einräumen, ist alles andere als eine triviale Einsicht der Naturphilosophie.

Diese eindeutige Präferenz zum *Ganzen* steckt den aktuellen Rahmen ab für Antworten auf die hier im Zentrum stehende Frage nach der wahren Bedeutung des Begriffs von *Naturwissenschaftlichkeit* aller großen Disziplinen der Physik. Orientiert an den Vorstellungen Kants zur Transzendenz sind die dabei angesprochenen Probleme vielschichtig und komplex. Es geht dabei nicht darum, ob alle diese Disziplinen beherrschenden *mathematischen* Theorien physikalisch richtig oder falsch sind, sondern um das diffizilere, indes unvermeidliche Problem, "welche Aussagen jener Theorien finiter Natur sind, also als naturwissenschaftlich gelten können und welche nicht." [FALK, G. (1990), S. 110].

Was allerdings an ihnen genau ‚naturwissenschaftlich' ist und was ‚transzendent', lässt sich ohne einen methodischen Hinweis nicht leicht ausmachen. Einen solchen Fingerzeig bietet nun jene

> "Beschreibungsweise der Natur, die von ihrer mathematischen Konstruktion her *finit* und ein gegebenes Mittel ist, um *finite* Teile von Theorien aufzufinden. Dazu wird die fragliche Theorie oder ein Teil von ihr in »thermodynamische« Form gebracht; dieser Teil bildet dann einen Kern, der als naturwissenschaftlich gelten kann." [FALK, G. (1990), S. 110].

J. W. Gibbs führte seine *Beschreibungsweise* realer, empirischer Sachverhalte, welche der *Thermostatik* entstammen, exemplarisch vor: Sein Ansatz trennt dabei strikt zwei Aussagetypen der Physik voneinander, zwischen denen logisch ein fundamentaler Unterschied besteht:

> "Er beruht darauf, dass alles Beobachten ..., wie auch die Weitergabe des (wirklich und nicht vermeintlich) Beobachteten grundsätzlich mittels endlich vieler Daten nachgewiesen werden kann. Das Unendliche, in welcher Form es auch auftritt, ist niemals Folge der Beobachtung..." [FALK, G. (1990), S. v].

Falk hat 1990 Gibbs' Beschreibungsweise als *universelle Methode* im Sinn *Whiteheads* ‚verstanden' unter der Annahme, dass in der Physik nur solche Aussagen als *naturwissenschaftlich* gelten sollen, die mit *endlich vielen* Daten als gewiss vorausgesetzt werden können. Wir sprechen von *Falks Endlichkeitsprinzip* und von der *universellen Methode* als *Gibbs-Falk-Dynamik* (GFD).

Falk selbst bezeichnete die GFD als ‚thermodynamisch' bzw. ‚dynamisch'. Fest steht, dass entgegen der o. a. *namentlichen* Charakterisierung diese *universelle Methode*

> "keineswegs auf Probleme der Wärme beschränkt, sondern auf die ganze Physik anwendbar ist." [FALK, G. (1990), S. ix].

Inhaltlich wird die *Methode* dadurch geprägt, dass sie nur ‚Theorien', ergo keine ‚Modelle' betrifft:

> "Das Wort »Theorie« bezeichnet – entgegen seiner ursprünglichen Bedeutung von (transzendenter) Anschauung, Sicht, Vorstellung – eine Gesamtheit von Sätzen, die von Relationen zwischen Begriffen handeln und die allein mit Hilfe

logischer Schlüsse aus einigen wenigen Grundannahmen oder Hypothesen genannten Sätzen gefolgert werden. ... [Ihm gegenüber steht heutzutage das Wort] »Modell«, d. h. die zur begrenzten, nur noch gezielt] speziellen Zwecken dienenden, jedoch verallgemeinerungsunfähigen »Illustration«. Natürlich kommt einer solchen Anschauung *keine* logische Verbindlichkeit zu. Zwingend ist nur die mathematische Formel." [FALK, G. (1990), S. 20].

Konfrontiert man die o. a. Feststellungen von *Gibbs* bzw. *Falk* zur *Naturwissenschaftlichkeit* mit dem Aushängeschild zeitgenössischer Naturwissenschaften, der *mathematischen Physik*, so gelangt man zu einer überraschenden Vielfalt von *Kriterien* für alle Fachdisziplinen, einschließlich der ‚Glanzlichter' heutiger Naturwissenschaften wie Quantenmechanik und Gravitationstheorie.

Dabei ist davon auszugehen, dass auch die *Physik* der Neuzeit wie zu allen Epochen einer Menge von wissenschaftlichen *Paradigmata*, also – im Sinn von *Thomas S. Kuhn* – vorherrschenden Denkmustern für eine bestimmte Zeitspanne unterliegt. Das entscheidende *Paradigma* seit der Physik *Newtons* ist das *mechanistische Weltbild*. Ihm entspricht nach wie vor der Anspruch, alle Fachdisziplinen der Physik auf *mechanische* Erklärungen zurückführen zu können.

Ein solches ‚mechanistisches' Paradigma betrifft auch die Astronomie, d. h. die Wissenschaft von den Eigenschaften aller Objekte im *Kosmos*, also der *Himmelskörper* (Sonnen, Planeten, Monde, Sterne und Sternhaufen), der *interstellaren Materie* und der im Kosmos auftretenden *Strahlung*. Maßgebend dabei ist die Rolle der Mathematik mit ihren vielen ‚physikalischen' Formeln, d. h. formalisierten Aussagen über physikalische Phänomene, die mit dem Begriff der Zahl operieren. Auch das ‚Messen' bedeutet ja nichts anderes, als eine Beobachtung in Zahlen (sprich: Daten) auszudrücken. Merkwürdigerweise gewinnen jedoch jene physikalischen Aussagen oft eine besondere Autorität, in denen Zahlen nur eine untergeordnete oder gar keine Rolle spielen; erstaunlich oft genießt auch miserable Mathematik einen solchen autoritativen Status!

Diesbezüglich prominente Beispiele sind 'Glaubenssätze', denen zufolge alle Materie

> „aus bestimmten elementaren Bausteinen, den Elementarteilchen, zusammengesetzt ist, und dass es unmöglich ist, Prozesse in der Welt zu realisieren, die gegen die ... Hauptsätze der Thermodynamik verstoßen." [FALK, G. (1990), S.vi].

Dieses Credo klingt umso absurder, sofern man bedenkt, dass an keiner Stelle von *Gibbs'* Text vom *Ersten* und *Zweiten Hauptsatz* die Rede ist! *Falks* Kommentar dazu ist unerwartet aufschlussreich:

> „Kann ein Autor deutlicher ausdrücken, in welcher Relation diese [Haupt]sätze zur inneren Logik der Theorie, um die es ihm geht, stehen, zumal er sich nicht an jedermann wendet, sondern an den Kenner der Materie (...)? Es besteht kein Zweifel: Gibbs hat, wie der Aufbau seiner Abhandlung deutlich macht, klar erkannt, dass *die beiden Hauptsätze n i c h t zu den logischen Grundlagen der quantitativen Aussagen der Thermodynamik gehören.*" [FALK, G. (1990), S.142].

Ob allerdings zwischen den o. a. quantitativen und rein verbalen Aussagetypen tatsächlich eine grundsätzliche Differenz existiert, ist bislang kein Gegenstand der etablierten Lehre. Indes besteht schon rein *logisch* ein gravierender Unterschied. Es sei erinnert, dass einerseits das Messen wie auch die

> „Weitergabe des (wirklich und nicht vermeintlich) Beobachteten grundsätzlich mittels *endlich vieler* Daten geschehen." [FALK, G. (1990), S. vi].

Andererseits ist eine Aussage der Physik vom 2. Typ – eine so genannte *Allaussage* – niemals die Folge von Beobachtungen, für die *unendlich* viele Daten benötigt würden, um die Aussage *gewiss* werden zu lassen. Ergo, ist ´das Unendliche`, in welcher Form auch immer, stets freie Zutat

> „unserer Art, das Beobachtete zu beschreiben: Die Aussagen der Physik über die Natur zerfallen deshalb in zwei verschiedene Typen: nämlich in solche, die [tatsächlich] mit *endlich* vielen Daten auskommen und solche, deren quantitative Fassung [eigentlich] *unendlich* viele Daten erforderte;"

Die Aussagen vom ersten Typ tituliert *Falk* als ‚*naturwissenschaftlich*'. [FALK, G. (1990), S. vi].

Aussagen vom 2. Typ – dafür prototypisch sind die o. a. ›Elementarteilchen‹ und die ›Hauptsätze‹ – firmieren dagegen im Folgenden unter *allkosmologisch*. In besonderer Würdigung der historisch weltweit hohen

Meinung *all-kosmologischer Aussagen* in der Öffentlichkeit mag es überraschend erscheinen, dass es

> „überhaupt Aussagen der Physik gibt, die von *finiter* Art, in der Terminologie dieser Abhandlung also *naturwissenschaftlich* sind. ... [Und die feststellen,] was die Physik zur Wissenschaft macht, d. h. zu einem Kanon beweisbarer und damit allgemein-verbindlicher Aussagen (nicht etwa über die ihr »zugrundeliegende Wirklichkeit«)." [FALK, G. (1990), S. vi].

Unter diesem Aspekt erscheint nun die Behauptung vermessen, dass zwei seit 150 Jahren zu den ‚modernen' physikalischen Fachdisziplinen gezählten Theorien – *Elektro- und Gravitationsdynamik* – nach *Falks Endlichkeitsprinzip nicht* ‚naturwissenschaftlich' sein sollen – einfach, weil

> „jede Theorie, deren Begriffe durch stückweise stetige Funktionen des Raum-Zeit-Kontinuums ausgedrückt sind, nicht finit und damit nicht-naturwissenschaftlich ist, falls zur quantitativen Prüfung der Übereinstimmung ihrer Aussagen mit der realen Erfahrung kontinuierlich-unendlich viele Angaben erforderlich werden." [FALK, G. (1990), S. 109].

Um dieser Konsequenz zu entgehen, müsste man annehmen dürfen, dass es z. B. zur Beschreibung unserer *elektromagnetischen* Erfahrungen *nicht* erforderlich sei, die Feldstärken in allen (kontinuierlich-vielen) Punkten der Raum-Zeit-Welt zu kennen. Dieser Schluss ist indes ebenso wenig Gegenstand der etablierten Lehre, wie es für letztere keine Zweifel gibt, die »*Hauptsätze*« zu den *elementaren* Grundlagen der *Thermodynamik* zu zählen.

Nun ist der Wertevorrat einer (physikalischen) Größe stets ein Kontinuum. Haben wir es also mit einem *Wertekontinuum* in einer mathematischen Theorie zu tun, so handelt es sich nicht schon um ein Zeichen *fehlender* Naturwissenschaftlichkeit; dafür ist ein solches Kriterium zwar notwendig, aber nicht hinreichend: es kommt vielmehr darauf an, *wie* das Kontinuum in der Theorie auftritt. Beispielsweise arbeitet die *Quantenmechanik* in *E. Schrödingers* Darstellung bekanntlich mit dessen Wellenfunktion. Die fundamentale ψ-Funktion der *Schrödingergleichung* ist zwar eine stetig differenzierbare Funktion der Ortskoordinaten. Zur Festlegung jeder *einzelnen* ψ-Funktion sind

> „aber dennoch nur endlich viele Quantenzahlen und das heißt die Werte von endlich vielen Größen erforderlich. Die Aussagen der Quantenmechanik sind mit der experimentellen Erfahrung demgemäß über endlich viele Angaben verknüpft. Dieses Beispiel zeigt indes deutlich, dass das Kontinuum allein eine Theorie noch nicht zur ´Nicht-Naturwissenschaftlichkeit` verurteilt. Das tut es allerdings, wenn die Größen der Theorie Feldgrößen sind. ... Eine solche Theorie genügt niemals unserem Kriterium der Naturwissenschaftlichkeit." [FALK, G. (1990), S. 109-110].

Die physikalischen Konsequenzen: Die Erfolge der *experimentellen* Quantenphysik – besonders der Quantenphänomene des Lichts – lassen im Vergleich zu deren ‚Konkurrentin', Maxwells Lichttheorie, d. h. zur *Feldtheorie* der Elektrodynamik, nur den Schluss zu:

> „Die Komponenten des Energie-Impuls-Tensors der *Maxwellschen Theorie* ebenso wie der Relativitätstheorie können... nicht die physikalische Bedeutung haben, die ihnen in diesen Theorien zugeschrieben wird." [FALK, G. (1990), S. 53, vgl. STRAUB, D. (1997), Chapter 9].

Dieses Verdikt wird im Folgenden auch durch die heute verfügbare *Kategorialanalyse* erhärtet.

Als Resümee lässt sich zunächst festhalten: In der Physik unterscheiden sich die Fachdisziplinen untereinander in ihrem jeweiligen Verständnis von *Wissenschaftlichkeit*, das offensichtlich auf je voneinander abweichenden *Prinzipien* beruht. Aber können letztere in einer *antinomischen* Beziehung zueinander stehen? Kann man z. B. die *absolute Temperatur* gleichermaßen aus einer Differentialbeziehung *oder* aus dem ›Nullten Hauptsatz der Thermodynamik‹ begründen, also alternativ aus einem Ausdruck, der *Falks Endlichkeitsprinzip* genügt *oder* aus einem Erfahrungssatz *allkosmologischer*, d. h. *transzendenter* Art folgt? Hier ist

> „ohne Zweifel mit der Logik etwas nicht in Ordnung. Da helfen noch so viele Erfolge als Gegenargument nicht." [FALK, G. (1990), S. 198].

Fakt ist hingegen: Die quantitativen, also mathematischen Relationen der *Thermodynamik* beruhen nicht auf *transzendenten* Prinzipien, d. h. nicht auf den *Hauptsätzen der Thermodynamik*,

> „sondern auf anderen, nämlich naturwissenschaftlichen Grundsätzen. Es muss somit verschiedene Arten von Prinzipen geben, naturwissenschaftliche und transzendente." [FALK, G. (1990), S. 198].

Der Nachweis für diese Behauptung besteht darin, die Theorie konstruktiv auf einer begrifflichen Basis zu errichten, auf der keine *transzendenten* Voraussetzungen einfließen über das, was in der realen Welt generell oder nie existiert. G. *Falk* hat ihn 1990 mit seiner *für die gesamte Physik* gültigen o. a. *universellen Methode* erstmals erbracht. Letztere konnte von ihm aus *J. W. Gibbs'* bahnbrechender Studie über Gleichgewichte" [GIBBS, J. W. (1876)] heraus entwickelt werden.

Erst die Tatsache, dass sich die *Hauptsätze* für die mathematische Konstruktion der Gibbsschen Theorie als irrelevant erweisen – sie sind aus gutem Grund nicht vonnöten –, ermutigte *Falk* zu seinem radikalen Schritt: Als Basis einer mathematisch strengen Fassung zunächst der *Thermostatik* legte G. *Falk* – J. W. *Gibbs* folgend – für diese Teildisziplin den Begriff der *(allgemeinphysikalischen) Größe* als auch den des *physikalischen Systems* mittels *mathematischer* Relationen fest. Im Hinblick auf die anderen Fachdisziplinen der gesamten als wissenschaftlich ausgewiesenen *Physik* lässt sich G. *Falks* Intention mit seinen eigenen Worten dokumentieren:

> „Zwischen Größen, die als *allgemeinphysikalisch* gelten, muss es mathematische Relationen geben, die nur so schwach an den Begriff des Systems gebunden sind, dass sie *für alle Systeme dieselben sind, die dieselben allgemeinphysikalischen* Größen besitzen. Derartige Relationen zwischen Größen legen letztere so fest, dass sie im Rahmen der Theorie überhaupt als *allgemeinphysikalisch* gelten können. Darüber hinaus muss es weitere Relationen *zwischen den Werten der Größen* geben, die das einzelne System festlegen." [FALK, G. (1990), S. 203].

So schlüssig und plausibel sich die in der GFD zum Ausdruck kommenden Nachweise von *Wissenschaftlichkeit der Physik* präsentieren mögen, so wenig zwingend erscheint allerdings die Notwendigkeit, dieses Kriterium physikalischer Theorien gegenüber den *tradierten* Optionen zu bevorzugen, ergo z. B. *Thermodynamik* mittels transzendenter Grundlagen – d. h. der *Hauptsätze* – zu betreiben. Zumindest die weitverbreitete Gewohnheit, „in Modellen zu denken", leistet diesen Möglichkeiten zwar Vorschub. Es gibt indes ein Argument zugunsten einer ‚Koexistenz' beider Ansprüche, je die ‚richtige' Grundsteinlegung vorweisen zu können:

> „Etwas vereinfacht gesagt, liefern die naturwissenschaftlichen Annahmen die Formeln, d. h. die quantitativen Relationen zwischen den [allgemein-physikalischen] Größen, während die transzendenten behaupten, was in der Natur, in der Welt realisierbar ist und was nicht, also wie Formeln zu interpretieren, zu »verstehen« sind." [FALK, G. (1990), S. 197].

Entscheidend ist nicht der Nachweis dieser ‚Koexistenz' schlechthin, sondern *erstens* ihre Begründbarkeit innerhalb einer ›naturwissenschaftlich-finiten Konstruktion‹, die gewissen Forderungen an mathematischer Strenge genügt und *zweitens* das Wissen darüber, dass jeder der *Hauptsätze* als *transzendente* Behauptung

> „nur um den Preis in den Rang einer naturwissenschaftlichen also finit begründbaren Aussage gehoben werden kann, dass sie falsch ist". [FALK, G. (1990), S. 197].

Dieser vielleicht paradox erscheinende Schluss ist gleichbedeutend mit der expliziten Feststellung, dass die *Hauptsätze* – auf der Grundlage und nach Maßgabe des Gibbsschen Beweises – in *Poppers* Sinn zwingend als falsifiziert erscheinen müssen. Wir titulieren diese Feststellung im Folgenden als *Falks Zentralaxiom*. Es gehört ebenso wie die *Kant-Struktur* zum Kernbestand des gesamten Theorienkomplexes GFD/AT aller physikalischen Systeme.

Wie lässt sich dann aber die *physikalisch-praktische* Bedeutung, d. h. der stetige Erfolg aller *Hauptsätze* verstehen? Die Antwort ist eigentlich ganz einfach, sofern man beachtet, dass einerseits die GFD primär nur quantitative Relationen zwischen allgemeinphysikalischen Größen behandelt, in denen die ›Zeit als Kurvenparameter‹ *nicht* vorkommt. Andererseits können die *Hauptsätze* nur mit Hilfe der ›Zeit als Kurvenparameter‹ adäquat, d. h. mathematisch korrekt formuliert werden. In diesem Fall aber machen sie für die *Gibbssche Thermostatik* keinen Sinn. Ganz im Gegensatz dazu wird die *Alternative Theorie* (AT), in der die GFD durch die ›linear affine Zeit‹ u. a. parametrisiert wird, mit der Absicht konstruiert, die Realität unserer Welt wissenschaftlich zu erfassen. Inhaltlich ist damit die Notwendigkeit verbunden, die große Vielfalt der *Irreversibilitäten* quantitativ mittels *empirischen Datenmaterials* im Detail zu identifizieren. Dieses Ziel wird erst erreicht, indem den Relationen der Alternativen Theorie (AT) die mathematisch korrekten Formen der *Hauptsätze* in Raum und Zeit hinzugefügt werden. [STRAUB, D. (1997), Chapter 6]. Entscheidend ist dabei aber, dass unter *Zeit* keinesfalls die *reversible Zeit Newtons und Einsteins*, sondern die *Zeit irreversibler Prozesse* verstanden wird, wie sie z. B. Prigogine und Stengers propagiert haben.

Dieses Ergebnis ergänzt die Gibbssche Analyse, so dass es nur konsequent war, dass *Falk* den zunächst nur am Beispiel der *Thermostatik* konstituierenden Satz von *allgemeinphysikalischen* Größen um die ganze Palette *allgemeinphysikalischer* Größen der *anderen* Fachdisziplinen mit dem Ziel erweiterte, den ›*Gibbsschen* Beweis‹ auf die gesamte *Makrophysik* auszudehnen.

Die Gibbs-Falk Dynamik (GFD) kennt somit *zwei* Arten von *Relationen*:

(1) *system-unabhängige* zwischen den *Größen*, um als *allgemeinphysikalisch* gelten zu können,

(2) *system-definierende* zwischen den *Werten von Größen*.

Falk kommentierte „diese beiden Grundsätze" wie folgt:

> „[Sie] sind, wie wir behaupten, nicht nur für die mathematisch-naturwissenschaftliche Fassung der Thermodynamik verbindlich, sondern für die mathematisch strenge Fassung jeder naturwissenschaftlich-finiten Theorie." [FALK, G. (1990), S.204].

3.2 Callens Prinzip

Die von G. Falk ausgearbeitete Methode – wie sie im Kapitel 2 vorgestellt wurde – ist ein allgemeines Verfahren, das prinzipiell für alle Disziplinen der Physik gilt. Wie muss man aber die für das untersuchte System charakteristischen Größen wählen? Dazu formulierte D. Straub im Rahmen der von ihm ausgearbeiteten Alternativen Theorie (AT) die von *Herbert Callen* in den siebziger Jahren des letzten Jahrhunderts vorgeschlagenen Überlegungen als allgemeines Prinzip (Callens Prinzip). [CALLEN, H. B. (1974), STRAUB, D. (1997), S. 70-78, WURST, TH. K. (2002), S. 32-38]. Callens

Idee fußt auf der Prämisse, dass in der Naturwissenschaft der Physiker und Ingenieur

- je einerseits zwar über ein erhebliches Maß an Freiheit bei der Auswahl der zu seinem Problem passenden physikalischen Variablen verfügt,
- andererseits es aber Präferenzen für diese Wahl gibt.

Diese Präferenzen stammen aus einer physikalisch begründeten Hierarchie der bekannten *allgemeinphysikalischen Größen*. Sie ist die Garantie dafür, dass die GFD physikalisch plausibel und formal streng bleibt. Callens Überlegungen waren ursprünglich nur auf die Thermodynamik bezogen. Sie lassen sich aufgrund wörtlicher Zitate als *Thesen* zusammenfassen, die sinngemäß für die gesamte Makrophysik gelten[44]:

1. „The scope of thermodynamics is determined by the criteria for selection of the variables of the theory. The criteria are suggested, but not demanded. The most obvious candidates for thermodynamic coordinates are those *extensive quantities which are conserved*; each such conserved coordinate bespeaks an underlying physical symmetry."

2. „Fundamental physical laws generally are subject to a variety of symmetry transformations quite independent of the detailed content of the basic laws; *their symmetry properties alone impose restrictions on the possible properties of matter*. The study of these symmetry-induced restrictions is the nexus of thermodynamics. "

3. „The most primitive class of symmetries is the class of continuous space-time transformations. The (presumed) invariance of physical laws under time translation implies energy conservation, spatial translation symmetry implies conservation of [linear] momentum **P**, and rotations symmetry implies conservation of angular momentum **L**. Thus, *energy, linear momentum, and angular momentum should play fully analogous in thermodynamics*. The equivalence of these roles is rarely evident in conventional treatments, which appear to grant the energy a misleading unique status. The momentum and the angular momentum are generally suppressed by restricting the theory to systems at rest, constrained by external clamps. Nevertheless, it is evident that, in principle, the linear momentum does appear in the formalism in a form fully equivalent to the energy."

---

[44] Eine deutsche Übersetzung in: WURST, TH. K. (2002), S. 32-34. Hervorhebungen vom Autor.

4. „*Other symmetry principles result in additional conserved parameters.*"

5. „In a system of many particles undergoing the full range of possible nuclear interactions the composition of the system would be described by the conserved *baryon and lepton numbers*. These are the *fundamental compositional coordi*nates of thermodynamics. *In practice*, however, the number of atoms of each atomic species, or the number of molecules of each molecular species may be approximately conserved. Thus, *the mole numbers are appropriate compositional coordinates*. Under appropriate conditions all the conservation theorems of physics would be reflected in associated thermodynamic coordinates."

6. „Aside from many examples in the subatomic level, there are so-called *broken symmetry coordinates* for the macroscopic level. The prototypes of these variables are the electric dipole moment, or the magnetic dipole moment, or the *volume V*. The broken symmetry origin of the volume is evident in the characteristic properties of the condensation of a solid or liquid system, but also in the thermodynamics of anisotropic crystals. In each case a broken symmetry coordinate is subject to an external auxiliary condition, in contrast to conserved coordinates which are determined by universal conservation conditions."

7. „There are three characteristic classes of thermodynamic coordinates: coordinates conserved by the continuous space-time Symmetries (*E*), coordinates conserved by other symmetry principles (*N*), and non-conserved, broken symmetry coordinates (*V*). *The extensive coordinates E, V, N, ... are taken as fundamental;* they can be defined in principle for every microstate, or for nonequilibrium macrostates."

8. „It is *postulated* that there exists an extensive function of the extensive coordinates (called *entropy*) which is maximum in the equilibrium state. In equilibrium all permissible microstates contribute equally to the macrostate. This equal – a-priori probability of states is already in the form of a symmetry principle."[45]

Die von Callen postulierten Variablen sind *allgemeinphysikalische Größen* im Sinne Falks. Bei der mathematischen Beschreibung eines Mehrkomponentensystems sind die Variablen E, **P**, **L** und N_k unentbehrlich, wenn das System sich nicht in Ruhe befindet. Dasselbe gilt auch für die Variablen S

---

[45] Es ist erstaunlich, dass es Herbert Callen, der seinerzeit immerhin zu den renommiertesten Thermodynamikern der USA zählte, seine auf einer großen dreitägigen Fachkonferenz im Juli 1973 in Bussaca (Portugal) vorgetragenen acht Thesen international nicht durchsetzen konnte. Die Konferenz wurde von vielen Thermodynamikern, die weltweit von Rang und Namen waren, besucht. Alle Vorträge wurden eingehend diskutiert; Callens Vorschlag wurde einhellig begrüßt, aber kaum kommentiert. Heute ist er vergessen.

und *V*. Die Gründe dafür werden hier kurz analysiert. [WURST, TH. K. (2002), S. 34-35].

Die *Entropie S* bleibt im isentropen Grenzfall erhalten. Aber mathematisch gesehen ist es ebenso wichtig, dass *S* als *allgemeinphysikalische Größe* die Darstellung der Zerlegung oder Zusammensetzung physikalischer Systeme ermöglicht. Als Beispiel können Mischphasen erwähnt werden, bei denen eine thermische Kopplung der Teilsysteme zu gleichen Temperaturen als den zur Entropie konjugierten Größen führt; erst dadurch resultiert der Gesamtdruck einer Mischphase als Summe der Partialdrücke.

Ein anderes Beispiel ist das so genannte *Gibbssche Paradoxon*. [GIBBS, J. W. (1961), S. 166, STRAUB, D. (1997), S. 66-67]. Es bezieht sich auf die charakteristische Entropiedifferenz, die so genannte Mischungsentropie (für ideale Gase):

$$\Delta S^m = -nR(\chi_1 \ln\chi_1 + \chi_2 \ln\chi_2), \tag{3.2.1}$$

wobei $n = n_1 + n_2$ und $\chi_k = \frac{n_k}{n}$ mit k = 1, 2 sind[46]. Beziehung (3.2.1) weist stets Werte $\neq$ 0 für die Mischungsentropie aus, solange die beiden Stoffe unterschiedlich sind. Gehen jedoch $\chi_1 \rightarrow 1$ und $\chi_2 \rightarrow 0$, existiert also Stoff 2 nicht und es werden zwei Mengen desselben Stoffs gemischt, so ist die Mischungsentropie nach (3.2.1) plötzlich null – im Widerspruch zu jedem experimentellen Befund. Die Auflösung des »Paradoxons« liegt in der Tatsache, dass der Ausdruck (3.2.1) nur dann einen Sinn hat, falls es sich um zwei verschiedene Stoffe handelt. Sofern die Indizes 1 und 2 nur auf zwei verschiedene Mengen desselben Stoffes (z. B. desselben einheitlichen idealen Gases) verweisen würden, könnte man den Ausdruck »voneinander verschiedene Stoffe« im Sinne reeller Zahlen auch als »kontinuierlich voneinander abweichende Stoffe« interpretieren. [WURST, TH. K. (2002), S. 35. und STRAUB, D. (1997), S. 67]. Das ist aber unzulässig, denn die Verschiedenheit materieller Stoffe ist keine kontinuierlich veränderbare Größe, wie der kombinierte Grenzwert ($\chi_1 \rightarrow 1$ und $\chi_2 \rightarrow 0$) eigentlich impliziert. Entscheidend ist hier, dass die tatsächlich auftretende Entropieänderung, wie beim 2. Hauptsatz (»Unvernichtbarkeit«), auf ein Verbot

---

[46] Mit *n* wird die Molzahl und mit *R* die universale Gaskonstante bezeichnet.

verweist. Materielle *Verschiedenheit* kann nicht als mathematisches Kontinuum im Sinne reeller Zahlen aufgefasst werden. Diese zwei Eigenschaften ergänzen zwei andere: Die Entropie garantiert (1) die Existenz der absoluten Temperatur *T* als konjugiert intensive Größe, und sie gestattet, (2) Systemungleichgewicht zu erfassen sowie thermodynamisches Gleichgewicht als Extremalaufgabe zu formulieren.

Die Wahl des *Volumen V* als *allgemeinphysikalische* Variable bedeutet zunächst die Beibehaltung der prä-physikalischen Vormachtstellung geometrisch-räumlicher Anschauungsgewohnheiten. In einem durch einen Teilchenzoo erfüllten Universum wird jedem Quantum der Materie als dem primär Existierenden ein bestimmter Wert des Volumens zugeordnet. Jede Art Materie definiert daher ihr eigenes Raummaß. Damit kann eine Teilchendichte $\tilde{n}$ definiert werden

$$\tilde{n} := \lim_{V \to 0} \left(\frac{N}{V} \right). \qquad (3.2.2)$$

Die Definition (3.2.2) kann als thermodynamischer Grenzwert interpretiert werden. Für alle kontinuumphysikalischen Feldtheorien und für viele praktische Anwendungen ist die Möglichkeit, das Volumen als eine infinitesimale Qualität wählen zu können, entscheidend, um lokale Prozesse eines bewegten Systems in einem raumzeitlichen Koordinatensystem erfassen zu können. [STRAUB, D. (1997), S. 71]. Auch eine weitere Eigenschaft von *V* ist wichtig. Die *allgemeinphysikalische Größe V* bildet zusammen mit den anderen o. a. extensiven allgemeinphysikalischen Größen einen hochdimensionalen Raum, den *Gibbsschen Phasenraum*. Seine Differentialgeometrie der lokalen räumlichen Krümmung besitzt eine spezielle Symmetrieeigenschaft *(Pick-Blaschke Theorie, 1917)*, die über *V* direkt mit den Stabilitätseigenschaften des Systems zusammenhängt. [BLASCHKE, W. (1923)].

Falls man die für mechanische Systeme erforderliche Mindestausstattung an *allgemeinphysikalischen Größen* ergänzt um die beiden Größen *S* und *V* , wird klar, dass das auf Gibbs zurückgehende thermodynamische Verfahren auch die Definition von *Systemklassen* ermöglicht. So gilt die implizite Funktion

$$\Gamma(E, \mathbf{P}, \mathbf{F}, \mathbf{L}, S, V, N_k) = 0 \text{ mit } k \in \{1; \ldots; K\} \qquad (3.2.3)$$

für die Klasse der thermofluiddynamischen Systeme mit den 6+K Freiheitsgraden $\mathbf{P}$, $\mathbf{F}$, $\mathbf{L}$, S, V, N_k, sowie der Systemenergie E als abhängiger Größe. Wie Straub wiederholt betont: Weder zeitliche noch räumliche Koordinaten kommen vor. [STRAUB, D. (1992)]. Hier liefert nun *These 6* der obigen Überlegungen von Callen einen Hinweis auf eine Modifikation von Gl. (3.2.3): Die Zielsetzung, das System durch die per Voraussetzung nach E aufgelöste Funktion

$$E = E(\mathbf{P}, \mathbf{F}, \mathbf{L}, S, V, N_k) \qquad (3.2.4)$$

vollständig beschreiben zu können, macht es notwendig, zumindest die universalen Erhaltungssätzen unterworfenen unabhängigen Impuls-Größen $\mathbf{P}$ und $\mathbf{L}$ durch geeignete Variable zu ergänzen, mit deren Hilfe die Einhaltung der Erhaltungsbedingungen unter allen Umständen garantiert werden kann. Es ist zu beachten, dass sich *Callens* Hinweis auf die Erhaltungseigenschaften von $\mathbf{P}$ und $\mathbf{L}$ auf das System als ganzes und keineswegs nur auf dessen materiellen sowie durch V begrenzten Teil bezieht. Folglich bezieht sich die Feldvariable $\mathbf{F}$ in (3.2.3) als Pauschalausdruck auf unterschiedliche Felder. M.a.W.: Vor allem steht $\mathbf{F}$ als extensive allgemeinphysikalische Größe, die zur Verschiebungsgröße $\mathbf{r}$ konjugiert ist. Dieser Zusammenhang ist aber deshalb fundamental, weil durch Legendre-Transformation die Energie des Systems E in die Energie $E^{[\mathbf{F}]}$ überführt werden kann. Dadurch werden Prozessbeschreibungen im Konfigurationsraum möglich bei Energieerhaltung $\frac{dE^{[\mathbf{F}]}}{d\zeta} = 0$ mit dem Kurvenparameter ζ. Dem materiellen Teil (Körper) sind stets eigenständige, d. h. durch eigene Variable $\mathbf{P}_F$ und $\mathbf{L}_F$ charakterisierte Trägheitsfelder (Index F) zugeordnet. Müssen zudem elektromagnetische Größen berücksichtigt werden, so sind sie ebenso mit Variablen elektromagnetischer Felder zu verschränken.

Werden die genannten Feldvariablen einbezogen, so enthält die Funktion (3.2.4) dann die Variablenliste:

$$E = E(\mathbf{P}, \mathbf{F}, \mathbf{P}_F, \mathbf{L}, \mathbf{L}_F, S, V, N_k). \qquad (3.2.5)$$

Die Erhaltung je des Linear- und Drehimpulses lässt sich formal wie folgt ausdrücken:

$$\frac{d}{d\zeta}[\mathbf{P}+\mathbf{P}_\mathrm{F}]=0 \qquad (3.2.6.1)$$

$$\frac{d}{d\zeta}[\mathbf{L}+\mathbf{L}_\mathrm{F}]=0. \qquad (3.2.6.2)$$

Der Kurvenparameter ζ kann dann im Zusammenhang mit der Festlegung der o. a. Energieerhaltung näher spezifiziert werden. Nimmt man die Äquivalenz $\zeta = t$ an, wobei t der »linear-affine Zeitparameter« ist, so können in beiden Erhaltungsgleichungen (3.2.6.1) und (3.2.6.2) mit der folgenden Definition der Feldimpulse

$$\mathbf{F}:=\frac{d\mathbf{P}_\mathrm{F}}{d\zeta} \quad \text{und} \quad \mathbf{M}:=\frac{d\mathbf{L}_\mathrm{F}}{d\zeta} \qquad (3.2.7)$$

die entsprechenden *Feldkräfte* **F** und **M** substituiert werden. Sie müssen für alle Systeme der betreffenden Klasse übereinstimmen. Es handelt sich um Größen, welche diejenigen physikalischen Felder repräsentieren, denen das jeweilige System ausgesetzt ist. Falls für die *Systemenergie E* (inklusive einer *Referenzenergie*) generell vereinbart wird, dass sie sich für jedes beliebige System ausnahmslos als Funktion von *extensiven* Variablen unter Beachtung des *Callen* Prinzips darstellen lässt und die Ausdrücke »physikalisches System« und »Gibbs-Euler Funktion« (GEF) *synonym* gebraucht werden [STRAUB, D. (1997), S. 73], so offeriert bereits Newtons Dynamik jene universalen Nebenbedingungen für **P** und **L** in Form der zwei zusätzlichen *extensiven* Variablen **F** und **M**. Somit geht Gl. (3.2.4) für jedes *thermofluiddynamische Mehrkomponentensystem* über in die Relation

$$E - E_\# = E(\mathbf{P},\mathbf{F},\mathbf{L},\mathbf{M},S,V,N_k) \qquad (3.2.8)$$

die schon im Fall der Behandlung der Thermofluiddynamik reiner Stoffe in (2.2.2) benutzt wurde.

Hinweis:

- Die Energieerhaltung bezieht sich nicht auf die *Systemenergie E*, sondern auf die *Gesamtenergie* E des Systems. Letztere geht aus einer Legendre-Transformation von E bezüglich ausgewählter extensiver Variablen hervor. Für den Übergang von der GFD zur AT ist die Legendre-Transformation $E^{[\mathbf{F},\mathbf{L},\mathbf{M}]} = E(...\mathbf{r},\omega,\alpha,...)$ entscheidend.

Das für die GFD konstituierende Quadrupel »Größe, Wert, Zustand, System« wird mittels des *Callen* Prinzips in der AT *(i)* bei der Wahl der *allgemeinphysikalischen Größen* unterstützt; *(ii)* hinsichtlich des Begriffs System modifiziert: Es sind stets »Körper-Feld-Systeme«

3.3 Realistisches Materiemodell

Betrachten wir die in 2.3 ausführlich untersuchten Körper-Feld-Einkomponentensysteme der Thermofluiddynamik. Der Übersichtlichkeit halber wird hier nur der Fall $d\mathbf{L} = 0$ und $d\mathbf{M} = 0$ untersucht. So wird die MGF (2.3.16) auf folgende Form reduziert:

$$E - E_\# = E(\mathbf{P},\mathbf{r},S,V,N). \tag{3.3.1}$$

Dementsprechend ist die GHG, deren Herleitung – wie in (2.3.9) gezeigt wurde – den mathematischen Begriff des totalen Differenzials benötigt:

$$dE^{[\mathbf{F}]} := dE = \mathbf{v}(\mathbf{P},\mathbf{r},S,V,N) \cdot d\mathbf{P} - \mathbf{F}(\mathbf{P},\mathbf{r},S,V,N) \cdot d\mathbf{r} + $$
$$+ T_*(\mathbf{P},\mathbf{r},S,V,N) \cdot dS - p_*(\mathbf{P},\mathbf{r},S,V,N) \cdot dV + \mu_*^t(\mathbf{P},\mathbf{r},S,V,N) \cdot dN.$$
$$\tag{3.3.2}$$

Ein Vergleich der GHG mit der traditionellen, häufig verwendeten Definition des (Linear)Impulses: $\mathbf{P} := m\mathbf{v}$ mit m = const. im Rahmen der klassischen Mechanik zeigt, dass das *Truesdellsche Äquipräsenz-Prinzip* nur erfüllt wird, wenn die Masse m *nicht* als konstant behandelt wird. Damit ist es eine Forderung, die Einführung der so genannten *Einstein'schen Äquivalenzrelation*

$$m(\mathbf{P},\mathbf{r},S,V,N) = \frac{E(\mathbf{P},\mathbf{r},S,V,N)}{c^2} \tag{3.3.3}$$

anzunehmen, d. h. die Masse m des Systems als Funktion aller Systemvariablen zu definieren. In dieser Auffassung der AT sind die Begriffe Energie und Masse identisch, nur in unterschiedlichen Maßeinheiten ausgedrückt und gekoppelt mithilfe der konstanten Vakuum-Lichtgeschwindigkeit. Mit der formalen Analogie aus der klassischen Mechanik kann der Impuls durch die *Einstein'sche Fundamentalrelation* (EFR) definiert werden:

$$\mathbf{P} := \frac{E}{c^2} \cdot \mathbf{v}. \qquad (3.3.4)$$

Die EFR führt zu einem alternativen Materie-Modell [STRAUB, D. (1992)], das im Vergleich zu der Massenpunktmechanik den Vorteil hat, dass es mit dem Äquipräsenz-Prinzip *kompatibel* ist.

Die GHG (3.3.2) beschreibt einen physikalischen Prozess, der Energieänderungen als Folge von Impulsänderungen beinhaltet. So genannte (reine) »Energie-Impuls-Transporte« lassen sich bei Erfüllung von bestimmten Bedingungen realisieren. Diese können die Vakuum-Bedingungen

$$T \to 0 \text{ und } p \to 0, \qquad (3.3.5)$$

und weitere Prozessbedingungen wie

$$dN = 0 \Rightarrow N = konstant \text{ und } d\mathbf{r} = 0 \Rightarrow \mathbf{r} = konstant$$
$$(3.3.6)$$

sein. [STRAUB, D. (1997), S. 80; bzw. BETHGE, K. und SCHRÖDER, U. E. (1991), S. 137]. Mit diesen Bedingungen ergibt sich aus GHG (3.3.2):

$$dE = \mathbf{v} \cdot d\mathbf{P} \qquad (3.3.7)$$

Mit der Einstein'schen Fundamentalrelation (3.3.4) folgt nach Integration die Hauptformel der Einstein-Mechanik. Detailliert:

$$dE = \mathbf{v} \cdot d\mathbf{P} = \frac{c^2}{E} \mathbf{P} \cdot d\mathbf{P} \Rightarrow c^2 \int_{\mathbf{P}=0}^{\mathbf{P}} \mathbf{P} \cdot d\mathbf{P} = \int_{E_\#}^{E} E \, dE$$

$$E = \sqrt{(c \cdot \mathbf{P})^2 + E_\#^2} = \frac{E_\#}{\sqrt{1-\left(\frac{v}{c}\right)^2}}. \qquad (3.3.8)$$

Im Ruhezustand ($p \to 0$) wird (3.3.8) auf die Form $E = E_\#$ reduziert, d.h. die Gesamtenergie entspricht dann dem endlichen Wert der Ruheenergie [HENTSCHEL, K. (1990), S. 22]. Mit dieser Interpretation kann man den *kinetischen* Anteil definieren:

$$E_{kin} := E - E_\# = E_\# \left(\frac{1}{\sqrt{1-\left(\frac{v}{c}\right)^2}} - 1 \right). \tag{3.3.9}$$

Für *kleinere Geschwindigkeiten*, also $\left(\frac{v}{c}\right)^2 \ll 1$ kann man die Reihenformel $\frac{1}{\sqrt{1-\left(\frac{v}{c}\right)^2}} \approx 1 + \frac{1}{2}\left(\frac{v}{c}\right)^2$ verwenden. Mit dieser Näherung für (3.3.9) erhält man unter Berücksichtigung der Masse-Energie-Äquivalenz die aus der klassischen Mechanik bekannte Formel für die kinetische Energie:

$$E_{kin} := \frac{1}{2} m_\# v^2. \tag{3.3.10}$$

Ein anderer Grenzfall wird durch Energie-Impuls-Transporte für *extrem hohe Geschwindigkeit*en beschrieben. In diesem Fall ist die Gesamtenergie durch die kinetische Energie repräsentiert:

$$E^2 \approx E_{kin}^2 \approx (c\mathbf{P})^2 \tag{3.3.11}$$

Damit können drei wichtige Typen der Energie-Impuls-Transporte der Teilchen festgelegt werden [STRAUB, D. (1997), S. 81]:
- Für alle Transporte (z.B. Elektron) gilt:

$$E = \frac{E_\#}{\sqrt{1-\left(\frac{v}{c}\right)^2}} \quad \text{und} \quad E_{kin} = E_\# \left(\frac{1}{\sqrt{1-\left(\frac{v}{c}\right)^2}} - 1 \right) \tag{3.3.12}$$

- Für ultrarelativistische Transporte (z. B. Photon; $E_\#^2 \ll (c\mathbf{P})^2$) gilt:

$$E^2 \approx E_{kin}^2 \approx (c\mathbf{P})^2 \tag{3.3.13}$$

- Newtonsche (klassische; $v^2 \ll c^2$) Transporte (z.B. für Atome) gilt:
$$\mathbf{P} = m_\# \cdot \mathbf{v} \quad \text{und} \quad E_{kin} = \frac{1}{2} m_\# \cdot v^2 \qquad (3.3.14)$$

Diese Transporte unter bestimmten Bedingungen werden heute in Großbeschleunigern untersucht. Üblicherweise werden die hier erhaltenen Gleichungen und Zusammenhänge im Rahmen der speziellen Relativitätstheorie unter der Bedingung von Lorentz-Invarianz hergeleitet. Der hier vorgelegte Ansatz der AT von Straub zeigt einen anderen Weg. Die aus der GFD abgeleitete Form (3.3.7) der GHG zusammen mit den grundlegenden Annahme, dass Teilchen realer Materie durch die Identität von Masse und Energie repräsentiert werden sollten, führt zu einer einheitlichen Beschreibung der Teilcheneigenschaften auf atomarer Ebene. Diese Darstellung erfasst auch die relativistischen Effekte, wenn man eine realitätsnahe Theorie vor Augen hat. [STRAUB, D. (1997), S. 82-87].

3.4 Falsche Gleichungen und ihr Gültigkeitsbereich

Strömungen werden häufig mit solchen Variablen beschrieben, die auch experimentell zugänglich sind. Diese Voraussetzung ist im Falle des Volumens V bei örtlichen Zustandsänderungen innerhalb der Strömung nicht erfüllt. Da die Massendichte als lokaler Wert messtechnisch unzugänglich ist, so kommt sie auch nicht in Frage. Folglich ist es zwingend, den zu V konjugierten und experimentell zugänglichen Druck p als Variable zu benutzen. Ein solcher Variablentausch erfolgt mit der Hilfe der Legendre-Transformation (vgl. 2.3.14-15) bezüglich V. Im Fall der MGF $E - E_\# = E(\mathbf{P}, \mathbf{r}, S, V, N)$ der Körper-Feld-Einkomponentensysteme sowie der ihr zugeordneten GHG gibt die Legendre-transformierte Funktion die Legendre-transformierte Energie $E_*^{[\mathbf{F},V]}$ an:

$$E_*^{[\mathbf{F},V]}(\mathbf{P}, \mathbf{r}, S, p_*, N) = \mathcal{E}(\mathbf{P}, \mathbf{r}, S, V, N) - \frac{\partial \mathcal{E}(\mathbf{P},\mathbf{r},S,V,N)}{\partial V} =$$
$$= \mathcal{E}(\mathbf{P}, \mathbf{r}, S, V, N) + p_* V(\mathbf{P}, \mathbf{r}, S, p_*, N) \qquad (3.4.1)$$

Mit der Differentiation erhält man die entsprechende GHG für diesen Fall. In Kurzschreibweise lautet sie:

$$E_*^{[\mathbf{F},V]} = \mathbf{v} \cdot d\mathbf{P} - \mathbf{F} \cdot d\mathbf{r} + T_* dS + \mu_*^t dN. \tag{3.4.2}$$

Diese GHG ist der Ausgangspunkt für viele weitere Untersuchungen.

Wie gezeigt, ist die AT in der Lage, auch unter extremen Prozessbedingungen ablaufende physikalische Prozesse eines reinen Energie-Impuls-Transports im $E(\mathbf{P})$-Zusammenhang zu beschreiben. Die maßgeblichen Versuchsbedingungen werden nun durch einen abgeänderten Satz der Prozessbedingungen ersetzt. Dabei werden die Variationen aller Veränderlichen so, wie sie als unabhängige Variable in der GHG (3.4.2) auftreten, zugelassen. Damit können $E_*^{[\mathbf{F},V]}(\mathbf{P})$-Transporte durch die Bedingungen eines physikalisch relevanten Referenzzustandes parametrisiert werden. Die Werte der konjugierten Größen einer vorgegebenen Teilchensorte werden abhängig von den konjugierten Werten des Referenzzustandes im Bewegungszustand des Systems berechnet. Dabei sind auch die Teilchensorten zugelassen, deren Teilchenzahl sich während der ablaufenden Prozesse veränderten. Die Lösung dieses Problems stammt von *Max Planck* (1907-08). [STRAUB, D. (1997), S. 89; bzw. PLANCK, M. (1910), S. 125] In seiner Untersuchung über ein Photonengas in Bewegung schlug er vor, die EFR (3.3.4) durch die Relation

$$\mathbf{P} := \frac{\mathcal{E} + p_* V}{c^2} \cdot \mathbf{v} = \frac{\mathbf{v}}{c^2} E_*^{[\mathbf{F},V]} \tag{3.4.3}$$

zu ersetzen. In Analogie zur EFR (3.3.4) wird (3.4.3) als *Planck'sche Fundamentalrelation* (PFR) bezeichnet. Diese ist nicht auf die Gesamtenergie, sondern auf die Enthalpie in bewegten Körper-Feld-Systemen als energetische Basis bezogen. Wie weit diese Annahme berechtigt ist, wird am Ende dieses Abschnitts untersucht. Die entsprechende MGF gehört zu Systemklassen, deren Prozesse in einer »pressurized« Umgebung ablaufen. So handelt es sich bei den $E_*^{[\mathbf{F},V]}(\mathbf{P})$-Transporten um Enthalpie-Impulstransporte von Pseudo-Teilchen, die für die Näherung $p_* \to 0$ (Ultra-Hochvakuum) in die durch die EFR definierten Teilchen übergehen.

Geht man von der GHG (3.4.2) aus, bestimmt die Systemgeschwindigkeit und setzt sie in die umgeformte PFR (3.4.3) ein, so erhält man den Ansatz:

$$c\mathbf{P} = \frac{\mathbf{v}}{c} E_*^{[\mathbf{F},V]} = E_*^{[\mathbf{F},V]} \left(\frac{\partial E_*^{[\mathbf{F},V]}}{\partial c\mathbf{P}} \right)_{\mathbf{r},S,p_*,N} = \frac{1}{2} \cdot \left(\frac{\partial \left(E_*^{[\mathbf{F},V]} \right)^2}{\partial c\mathbf{P}} \right)_{\mathbf{r},S,p_*,N}. \quad (3.4.4)$$

Aus (3.4.4) ergibt sich für **P** folgende Differentialgleichung:

$$\frac{\partial}{\partial (c\mathbf{P})} \left[(c\mathbf{P})^2 - \left(E_*^{[\mathbf{F},V]} \right)^2 \right]_{\mathbf{r},S,p_*,N} = 0. \quad (3.4.5)$$

Ihre Lösung beschreibt den $E_*^{[V]}(\mathbf{P})$-Transport:

$$E_*^{[\mathbf{F},V]}(\mathbf{P}|H_0) = \sqrt{\left[(c\mathbf{P})^2 + H_0^2(\mathbf{r},S,p,N) \right]}. \quad (3.4.6)$$

Die (3.4.6) beschreibt den Referenzzustand, der sich beim Übergang vom Bewegungszustand zum Ruhezustand ergibt. Die (3.4.6) macht auch deutlich, dass die Integrationsfunktion $H_0(S,p,N))$ gleich dem Grenzfall von $E_*^{[\mathbf{F},V]}$ für den Ruhezustand zu setzen ist. Diese Ruheenthalpie liefert unmittelbar die konjugierten Größen im Ruhezustand. [WURST, TH. K. (2002), S. 74].

Durch Umformung der (3.4.6) kann folgende Beziehung zwischen $E_*^{[\mathbf{F},V]}$ und H_0 hergestellt werden:

$$\left(\frac{H_0}{E_*^{[\mathbf{F},V]}} \right)^2 = \frac{\left(E_*^{[\mathbf{F},V]} \right)^2 - (c\mathbf{P})^2}{\left(E_*^{[\mathbf{F},V]} \right)^2} = 1 - \left(\frac{c\mathbf{P}}{E_*^{[\mathbf{F},V]}} \right)^2 = 1 - \left(\frac{\mathbf{v}}{c} \right)^2 = 1 - \beta. \quad (3.4.7)$$

Mit dem gewöhnlichen Verfahren erhält man aus (3.4.7) unter Berücksichtigung von (3.4.6) für die Temperatur T_*, sowie das Volumen V und das chemische Potential μ_*^t:

$$T_* = \left(\frac{\partial E_*^{[\mathbf{F},V]}}{\partial S} \right)_{\mathbf{P},p_*,N} = \left(\frac{\partial H_0}{\partial S} \right)_{\mathbf{P},p_*,N} \frac{\partial E_*^{[\mathbf{F},V]}}{\partial H_0} = T_0 \frac{H_0}{E_*^{[\mathbf{F},V]}} = T_0 \sqrt{1-\beta} \quad (3.4.8.1)$$

$$V = \left(\frac{\partial E_*^{[\mathbf{F},V]}}{\partial p_*} \right)_{\mathbf{P},S,N} = \left(\frac{\partial H_0}{\partial p_*} \right)_{\mathbf{P},S,N} \frac{\partial E_*^{[\mathbf{F},V]}}{\partial H_0} = V_0 \frac{H_0}{E_*^{[\mathbf{F},V]}} = T_0 \sqrt{1-\beta} \quad (3.4.8.2)$$

$$\mu_*^T = \left(\frac{\partial E_*^{[\mathbf{F},V]}}{\partial N}\right)_{\mathbf{P},S,p_*} = \left(\frac{\partial H_0}{\partial N}\right)_{\mathbf{P},S,p_*} \frac{\partial E_*^{[\mathbf{F},V]}}{\partial H_0} = \mu_0^t \frac{H_0}{E_*^{[\mathbf{F},V]}} = \mu_0^t \sqrt{1-\beta} \ . \quad (3.4.8.3)$$

Diese Zusammenhänge zwischen den Größen im Bewegungszustand und den Größen im Ruhezustand zeigen, dass Temperatur, Volumen und chemisches Potential keine Lorentz-invariante Größen sind. Die so genannten Falkschen Gleichungen (3.4.7) und (3.4.8.1)-(3.4.8.3) haben drei wichtige Konsequenzen:

- Die Lorentz-Invarianz gilt für bestimmte Wertekombinationen, nämlich für

$$T_0 H_0 = T_* E_*^{[\mathbf{F},V]}; \quad V_0 H_0 = V E_*^{[\mathbf{F},V]}; \quad \mu_0^t H_0 = \mu_*^t E_*^{[\mathbf{F},V]}. \quad (3.4.9)$$

- Um weitere Konsequenzen feststellen zu können, werden die gemischten Ableitungen von (3.4.8.1) – (3.4.8.3) gemäß der extensiven Zustandsgrößen gebildet:

$$\frac{\partial v_i}{\partial P_k} = \frac{\partial v_k}{\partial P_i} = -c^2 \frac{P_i P_k}{\left(E_*^{[\mathbf{F},V]}\right)^3} = -\frac{v_i v_k}{E_*^{[\mathbf{F},V]}} \xrightarrow{\beta \ll 1} -\frac{v_i v_k}{H_0} \quad (i,k=1,2,3) \quad (3.4.10.1)$$

$$\frac{\partial v_i}{\partial S} = \frac{\partial T_*}{\partial P_i} = -c^2 \frac{P_i}{\left(E_*^{[V]}\right)^2} T_* = -\frac{v_i}{E_*^{[V]}} T_* \xrightarrow{\beta \ll 1} -\frac{v_i}{H_0} T_0 \quad (i=1,2,3)$$

$$(3.4.10.2)$$

$$\frac{\partial v_i}{\partial p_*} = \frac{\partial V}{\partial P_i} = -c^2 \frac{P_i}{\left(E_*^{[\mathbf{F},V]}\right)^2} V = -\frac{v_i}{E_*^{[\mathbf{F},V]}} V \xrightarrow{\beta \ll 1} -\frac{v_i}{H_0} V_0 \quad (i=1,2,3) \quad (3.4.10.3)$$

$$\frac{\partial v_i}{\partial N} = \frac{\partial \mu_*^t}{\partial P_i} = -c^2 \frac{P_i}{\left(E_*^{[\mathbf{F},V]}\right)^2} \mu_*^t = -\frac{v_i}{E_*^{[\mathbf{F},V]}} \mu_*^t \xrightarrow{\beta \ll 1} -\frac{v_i}{H_0} \mu_0^t \quad (i=1,2,3)$$

$$(3.4.10.4)$$

(3.4.10.1)–(3.4.10.4) führen für die Variablen (wie z.B. Geschwindigkeit) von dem klassischen Massenpunkt-Materie-Modell abweichende Ergebnisse. [WURST, TH. K. (2002), S. 76, bzw. STRAUB, D. (1997), S. 90]. Die Folgen sind:

1. Das System »bewegter Körper« ist unzerlegbar.

2. Die Strömungen sind auch in relativistischen Fällen dissipativ und die Strömungsgeschwindigkeit hängt von Druck p_* und Teilchenzahl N ab.
3. Auch bei kleineren Strömungsgeschwindigkeiten gelten 1. und 2.
4. Das Massenpunkt-Materie-Modell (klassische Mechanik) kann nicht als Grenzfall des Pseudo-Teilchen-Modells betrachtet werden.

- Die PFR (3.4.3) kann für die Massendefinition der Pseudo-Teilchen herangezogen werden. Demnach wird

$$m := \frac{E_*^{[\mathbf{F},V]}}{c^2} = \frac{H_0}{c^2 \sqrt{1-\beta}} \xrightarrow{\beta \ll 1} m_0(S, p_*, N) = \frac{H_0(S, p_*, N)}{c^2}. \qquad (3.4.11)$$

m_0 ist so nichts anderes als die Enthalpiefunktion für den Ruhezustand, nur in anderen Einheiten ausgedrückt. Aus der Überlegung folgt, dass sich diese Interpretation von Masse von jenem Gebrauch einer Konstante als Referenzmasse unterscheidet.

Falk bezeichnete (3.4.6) als relativistische MGF des Systems »bewegter Körper« [FALK, G. (1990), S. 324]. An dieser Stelle erhebt sich unmittelbar die Frage, ob dies tatsächlich die Enthalpie in ihrer korrekten Definition ist[47]. Verwendet man die EFR (3.4.4) mit der Gesamtenergie E anstelle der Enthalpie und schreibt sie als

$$\frac{\mathbf{v}^2}{c^2} E = \mathbf{v} \cdot \mathbf{P}, \qquad (3.4.12)$$

dann kann man die rechte Seite als der erste Summand der expliziten Form der linear-homogenen Funktion E mit

$$E = \mathbf{v} \cdot \mathbf{P} - \mathbf{r} \cdot \mathbf{F} + TS - pV + \mu N \qquad (3.4.13)$$

---

[47] Diese Problem- und Fragestellung geht auf eine Ausarbeitung von Herrn Prof. Dr. M. Lauster zurück. Für die Bereitstellung des entsprechenden Manuskripts [LAUSTER, M. (2008)] durch Prof. Dr. M. Lauster bedankt sich der Autor.

deuten. Die Funktion (3.4.12) kann aus (3.4.13) auf zweifache Weise gewonnen werden. Die erste Möglichkeit besteht in einer Systemreduktion mit den Bedingungen

$$\mathbf{F} = \mathbf{0};\ S = 0;\ V = 0;\ N = 0. \tag{3.4.14}$$

Damit gilt die einfache Beziehung

$$E = E(\mathbf{P}). \tag{3.4.15}$$

Durch Berücksichtigung der EFR und Integration erhält man die bekannte Gleichung

$$E = \sqrt{c^2 \mathbf{P}^2 + E_0^2} \tag{3.4.16}$$

für die Energie des relativistischen Teilchens. Nach (3.4.12) und (3.4.13) muss (3.4.16) linear homogen sein. Wegen (3.4.15) kann E_0 keine unabhängige Variable sein. So muss E_0 identisch verschwinden. Ergo besitzt das relativistische Teilchen (oder eine beliebige Anzahl derselben) weder Temperatur noch Druck noch chemisches Potential. Darüber hinaus kann es sich nur um ein Teilchen ohne Ruhemasse handeln. So war diese Anwendung von Planck für Photongas nach klassischer Auffassung berechtigt. Ein anderes Anwendungsgebiet wäre im Bereich der Neutrino-Physik. Zwar besitzen sie eine bestimmte Ruhemasse (vgl. 7.1), aber dies können in bestimmten Systemen vernachlässigt werden. Gleichzeitig sieht man auch die Grenzen: Nur für Systeme mit diesen extremen Bedingungen ist die Anwendung möglich.

Alternativ kann die EFR von (3.4.12) als vierfache Legendre-Transformierte der linearhomogenen Funktion (3.3.13) aufgefasst werden:

$$E^{[\mathbf{F},S,V,N]} = E + \mathbf{r} \cdot \mathbf{F} - TS + pV - \mu N. \tag{3.4.17}$$

Nach der Vorgehensweise von Falk [FALK, G. (1990), S. 323] käme für die Enthalpie aus:

$$H = E^{[\mathbf{F},S,V,N]} + pV = E + \mathbf{r} \cdot \mathbf{F} - TS + 2pV - \mu N. \tag{3.4.18}$$

(3.4.18) entspricht aber nicht der klassischen Definition der Enthalpie. Die von Falk angegebene Differentialgleichung (3.4.5), deren Lösung (3.4.6) und die Lorenz-Invarianten (3.4.9) gelten nur unter der Bedingung, dass außer der Bewegung sämtliche Energieformen verschwinden, bzw. vernachlässigt werden können. [Vgl. auch STRAUB, D. (1997), S. 80-81].

Die EFR in der Form von (3.4.12) kann als

$$\mathbf{P} = \frac{E}{v^2} \mathbf{v} \qquad (3.4.19)$$

geschrieben werden [vgl. LAUSTER, M. (2008), S. 5-6]. Unter Berücksichtigung von $\mathbf{v} = \frac{\partial E}{\partial \mathbf{P}}$ erhält man die Differentialgleichung:

$$\left(\frac{\partial E}{\partial \mathbf{P}}\right)^2 \mathbf{P} = \frac{1}{2}\frac{\partial E^2}{\partial \mathbf{P}}. \qquad (3.4.20)$$

Verglichen mit (3.4.5) fällt es auf, dass die Lichtgeschwindigkeit c in (3.4.20) keine explizite Rolle spielt. (3.4.20) kann man nach Multiplikation mit $\frac{\partial E}{\partial \mathbf{P}} \neq \mathbf{0}$, Sortieren und Ausklammern auf folgende Form bringen:

$$\left(\frac{\partial E}{\partial \mathbf{P}}\right)^2 \left(\frac{\partial E}{\partial \mathbf{P}} \cdot \mathbf{P} - E\right) = 0. \qquad (3.4.21)$$

(3.4.21) wird erfüllt entweder, falls

$$\left(\frac{\partial E}{\partial \mathbf{P}}\right)^2 = 0 \qquad (3.4.22)$$

zutrifft oder, falls

$$\frac{\partial E}{\partial \mathbf{P}} \cdot \mathbf{P} = E \qquad (3.4.23)$$

gilt.

(3.4.21) wird also von allen Funktionen für die Energie erfüllt, die von einem beliebigen Variablensatz abhängen, jedoch nicht vom Impuls $\mathbf{P}$; das ist der hypothetische Ruhezustand $\mathbf{P} = \mathbf{0}$. Die Differentialgleichung (3.4.23) hat die Lösung

$$E = E_0 = \sqrt{\frac{\mathbf{P}^2}{\mathbf{P}_0^2}}. \qquad (3.4.24)$$

$\mathbf{P}_0 \neq \mathbf{0}$ ist der Impuls in einem Referenz-Bewegungszustand, $E_0 = E_0(\mathbf{P}_0, S, V, N, ...)$ das zugehörige Feld der Energie für diesen speziellen

Wert des Impulses. Mit den entsprechenden Legendre-Transformationen ergibt sich die Gesamtenergie des Systems:

$$E = (E_0 + \mathbf{r} \cdot \mathbf{F} - TS + pV - \mu N + \cdots)\sqrt{\frac{\mathbf{p}^2}{\mathbf{p}_0^2}}. \qquad (3.4.25)$$

3.5 Ansätze eines neuen Teilchenbegriffs

In der Mechanik von Newton spielen die grundlegenden Begriffe *Masse* und *Kraft* eine wesentliche Rolle. *Masse* dient zur Kennzeichnung unterschiedlicher Fluida und *Kraft* zur Beschreibung von Wechselwirkungen zwischen Teilchen und Feldern. In der modernen Physik (seit Anfang des 20. Jahrhunderts) benutzt man stattdessen vorzugsweise die Begriffe *Teilchen* und *Energie*. Die Existenz der Atome war noch Anfang des 20. Jahrhunderts unter den Physikern strittig. Ernst Mach betrachtete den Atomismus als »Glaubenslehre der heutigen Schule oder Kirche« [MACH, E. (1921), S. VII]. Für ihn war die moderne Atomistik noch »ein Versuch, die Substanzvorstellung in ihrer naivsten und rohesten Form zur Grundvorstellung der Physik zu machen« [MACH, E. (1981), S. 429], gar »ein metaphysisches Element und Inkarnation mechanistischer Naturerklärung« [MEŸENN, K. VON (1997), II. S. 35]. Für Machs Wiener Amtsnachfolger Ludwig Boltzmann war der Atomismus dagegen ein das physikalische Denken fundierendes und vereinheitlichendes Grundprinzip [BOLTZMANN, L. (1979), S. 78]:

> „Zu den bahnbrechenden Leistungen Ludwig Boltzmanns (1844-1906) gehört die Einbettung des Zweiten Hauptsatzes in die Mechanik und die kinetische Wärmetheorie, die allerdings dessen Uminterpretation verlangte. Boltzmanns Werk ist von epochemachender Bedeutung und bis zum heutigen Tag Teil der einschlägigen naturphilosophischen Diskussion." [CARRIER, M. (2009), S. 75].

Dieses Zitat, 2009 verfasst, ist kaum nachvollziehbar, vor allem falls man dessen Inhalt einem von *Walter Höflechner* nur drei Jahre früher anlässlich von Boltzmanns 100stem Todestag zitierten Urteil Ernst Machs über seinen Wiener Nachfolger gegenüberstellt. In jener sehr lesenswerten Rede heißt es:

> „böswillig sei er ja nicht, nur unglaublich naiv und burschikos, kurz ein Mann, *der kein Gefühl für das Maß des Zulässigen hat*". [HÖFLECHNER, W. (2006), S.1]

Der Grazer Wissenschaftshistoriker Höflechner zieht im Vortrag ein nüchternes Fazit, das hier als Gegenposition zu Carriers Homage an Boltzmann für die heutige Naturphilosophie zitiert werden soll:

> „Die hinter beiden Bereichen – hinter der mit der Vorstellung vom Äther als Medium verknüpften elektromagnetischen Lichttheorie wie hinter der Thermodynamik – stehende Auffassung war eindeutig die der Mechanik. *Das Grundgesetz der Mechanik war für Boltzmann der Gott, von dessen Gnaden die Könige regieren.* Ihre Prämisse war die Atomistik in Gestalt der Interaktion von festen Teilchen. Und die mechanistische Erklärung dieser Phänomene war es, die Boltzmann beschäftigte und an die Grenzen der klassischen Physik führte: – der Äther als das von Maxwell postulierte, eine mechanische Erklärung der elektromagnetischen Theorie ermöglichende Medium, wurde noch von Einstein nur widerstrebend als entbehrlich eliminiert und – der Zweite Hauptsatz kollidierte in seinen mechanistischen Erklärungsversuchen trotz aller Bemühungen mit der als unbezweifelbar erachteten Irreversibilität von Naturvorgängen. Damit ist in beiden Fällen der mechanistische Erklärungsversuch letztlich gescheitert. Hier lag – zumindest in Bezug auf die Thermodynamik – Boltzmanns großes, ihn bewegendes und mit Zweifeln quälendes Problem." [HÖFLECHNER, W. (2006), S. 4]

Heutzutage gehört der Atomismus zu den zentralen Fundamenten moderner Physik. Die zeitgenössische Auffassung über den Materieaufbau kann man wie folgt skizzieren: (1) Ein Nukleon besteht aus Quarks; (2) Ein Atomkern besteht aus Nukleonen; (3) Ein Atom besteht aus Atomkernen und Elektronen; (4) Ein Molekül besteht aus Atomen; (5) Eine Organelle besteht aus Molekülen; (6) Eine Zelle besteht aus Organellen; (7) Ein Organismus besteht aus Zellen. Die eigentliche Frage lautet: Mit welchem Teilchenbegriff muss man im Rahmen der AT arbeiten? Auf welcher Basis kann dieser definiert werden? Ist ein Teilchen ein »metaphysisches Gebilde« wie Mach von den Atomen behauptet hatte? Diese Fragen werden im Rahmen der AT hier untersucht.

Als Ausgangspunkt bietet sich Gibbs' Hauptwerk von 1876/78 an. Seine klare Ausführung wird hier einfach zitiert [GIBBS, J. W. (1876), S. 63]:

> „… if we consider the matter in the mass as variable, and write $m_1, m_2, ..., m_n$ for the quantities of various substances $S_1, S_2, ..., S_n$ of which the mass is com-

> posed, [the internal energy] ε will evidently be a function of $\eta, v, m_1, m_2, \ldots, m_n$, and we shall have for the complete value of the differential ε of $d\varepsilon = td\eta - pdv + \mu_1 dm_1 + \mu_2 dm_2 + \cdots + \mu_n dm_n$, $\mu_1, \mu_2, \ldots \mu_n$ denoting the differential coefficients of ε taken with respect to $m_1, m_2, \ldots, m_n$.
>
> The substances $S_1, S_2, \ldots, S_n$ of which we consider the mass composed, must of course be such that the values of the differentials $dm_1, dm_2, \ldots, dm_n$ shall be independent, and shall express every possible variation in the composition of the homogeneous mass considered, including those produced by the absorption of substances different from any initially present. It may therefore be necessary to have terms in the equation relating to component substances which do not initially occur in the homogeneous mass considered, provided, of course, that these substances, or their components, are to be found in some part of the whole given mass.
>
> If the conditions mentioned are satisfied, **the choice of the substances which we are to regard as the components of the mass considered, may be determined entirely by convenience, and independently of any theory in regard to the internal constitution of the mass.** The number of components will sometimes be greater, and sometimes less, than the number of chemical elements present." (Hervorhebungen vom Autor)

Gibbs erwähnt für diese »bequeme Auswahl« noch einen sehr wichtigen Fall:

> „The units by which we measure the substances of which we regard the given mass as composed may each be chosen independently. To fix our ideas for the purpose of a general discussion, we may suppose all substances measured by weight or mass. Yet in special cases, it may be more convenient to adopt chemical equivalents as the units of the component substances." [GIBBS, J. W. (1876), S. 63].

Der hier erwähnte Spezialfall ist heute der Normalfall, nachdem wir seit 1905 die Loschmidtzahl, d. h. die Einheit »Mol«, kennen. Um die obigen Ausführungen von Gibbs vertiefen zu können, stellen wir die im vorigen Kapitel eingeführte *Euler-Reech-Gleichung für Körper-Feld-Mehrkomponenten-Systeme* mit den üblichen Bezeichnungen auf:

$$E - E_\# = \mathbf{v} \cdot \mathbf{P} - \mathbf{F} \cdot \mathbf{r} + T_* S - p_* V + \sum_{j=1}^{J} \mu_{*j}^l N_j . \qquad (3.5.1)$$

Dabei stellt $E_\# = m_\# c^2$ die Bezugsenergie (Nullpunktenergie) dar. Im Abschnitt 3.3 wurde die physikalische Bedeutung von $m_\#$ geklärt. Demnach drückt Einsteins Gleichung eine allgemeinphysikalische Größe zum einen in Energieeinheiten, zum anderen in Masseeinheiten aus. Jetzt möchten wir klären, welche Bedeutung der Term $\sum_j \mu_j^t dN_j$ in der GHG sowie die Bedingung $\sum_j N_j = N$ für die Gesamtteilchenzahl N hat, die bei Diffusionsprozessen konstant bleibt und sich bei chemischen Reaktionen in aller Regel verändert. M. a. W: Welche Teilchenänderung dN_j ist gemeint?

Wir benutzen zur Vereinfachung ein Beispiel [WURST, TH. K. [Hrsg.] (2002), S. 79]. Trockene Luft besteht bei Umgebungsbedingungen aus einem N_2-O_2-Gemisch. In Abhängigkeit von Druck und Temperatur dissoziiert die Luft, also zerfallen die Moleküle in ein anderes Molekül und in Atome. Bei etwa 2000 K und 1 bar entsteht ein 5-Komponentengemisch, bestehend aus N_2, O_2, NO, N und O. Für die entsprechenden Molenbrüche ergeben sich die Gleichgewichtswerte:

$$\chi_{N_2} = 0,7856; \quad \chi_{O_2} = 0,1954; \quad \chi_{NO} = 0,01; \quad \chi_N = 0; \quad \chi_O = 0,005.$$

Für denselben Druck aber bei Temperaturen um 5000 K ändern sich diese Molenbrüche wesentlich:

$$\chi_{N_2} = 0,6315; \quad \chi_{O_2} = 0,0020; \quad \chi_{NO} = 0,02; \quad \chi_N = 0,02; \quad \chi_O = 0,3237.$$

Ab 7000 K kann man die Ionisierung des Gases deutlich feststellen, so entstehen freie Elektronen und Radikale.

Bei Betrachtung der Dissoziations- und Rekombinationsreaktionen in einfachster Form, also $A_2 \leftrightarrow A + A$, erkennt man, dass ein Austausch der insgesamt vorhandenen Protonen, Neutronen, Elektronen und deren Antiteilchen zwischen den drei Teilchen A_2 und den zwei A stattfindet, aber ihre jeweilige Gesamtzahl bleibt konstant. Diese Konstanz der Anzahl der Baryonen (Protonen, Neutronen und ihre Antiteilchen) und Leptonen (Elektronen, Neutrinos und ihre Antiteilchen) ist charakteristisch für chemische Reaktionen bei gewöhnlichen technischen Vorgängen. So sind die relevanten Variablen die Komponenten mit den Teilchenzahlen N_j, deren Variationen ein Maß für die ablaufenden chemischen Veränderungen darstellen. D. h. da bei der obigen Reaktion keinerlei Kernreaktionen auftreten, dient als

Referenz für die N_j die Avogadrozahl oder Loschmidtzahl: $N_A = 6{,}02 \cdot 10^{23}$ Teilchen/Mol.

Die Euler-Reech-Gleichung (3.5.1) enthält als Bezugsgröße die Nullpunktenergie $E_\#$. Sie wird rein formal in zwei Teile zerlegt

$$E_\# := E_\#^{B+L} + \Delta E_\#, \tag{3.5.2}$$

wobei sich die dem Energieanteil $E_\#^{B+L}$ zugeordnete Masse m^{B+L} auf die Massen aller – das Gemisch mit der gesamten Teilchenzahl der Komponenten konstituierenden – Baryonen und Leptonen bezieht. So ergibt sich für die Nullpunktenergie $E_\#$ aus (3.5.2)

$$E_\# := m_\# c^2 := \sum_{j=1}^{J} m_j^{t^{B+L}} N_j c^2 \left(1 + \frac{\Delta m_\#}{m_j^{t^{B+L}}}\right) = \sum_{j=1}^{J} m_j^{B+L} c^2 \left(1 + \frac{\Delta m_\#}{m_j^{t^{B+L}}}\right), \tag{3.5.3}$$

in der mit $m_j^{t^{B+L}}$, bzw. m_j^{B+L} die Masse der Teilchen der j-ten Komponente, bzw. die Gesamtmasse aller Teilchen der j-ten Komponente bezeichnet werden. In der Umformung von (3.3.3) wurden folgende Zusammenhänge verwendet:

$$m_j^{t^{B+L}} \sum_\lambda N_\lambda^{(j)} = m_\lambda^t N_\lambda^{(j)} \text{ und } m_j^{B+L} = m_j^{t^{L+K}} N_j \text{ mit } j \in \{1,\ldots,J\}. \tag{3.5.4}$$

In (3.5.4) beziehen sich die Indizes t und λ auf die Masse m_λ^t pro Elementarteilchen der Sorte λ jener Baryonen und Leptonen, die an der Bindung der Komponente j mit der Elementarteilchenzahl $N_\lambda^{(j)}$ beteiligt sind. So bedeutet $m_j^{t^{B+L}}$ eine mittlere Masse pro Teilchen dieser Komponente j.

Die thermodynamische Vorstellung von Masse bezieht sich auf die Erhaltung der Baryonen und Leptonen. Also ist die Theorie auf Änderungen des Zustandes beschränkt, bei denen eine chemische Reaktion auf atomarer Ebene abläuft. Diese Massenvorstellung beinhaltet einen neuen Teilchenbegriff, der zunächst nur auf Atome, bzw. auf Prozesse auf atomaren Ebenen zutrifft. Eine Verallgemeinerung auf die Bereiche, die traditionell von der Quantenmechanik beschrieben werden, wird möglich sein, sofern geklärt wird, wie durch einen solchen Teilchenbegriff die Verschränkung der

Makro- und Mikrophysik bewerkstelligt wird. Dies wird zeigen, dass »Atome« als konstituierende Elemente der Theorie widerspruchsfrei eingebaut werden können. Bevor wir diesen Schritt unternehmen, behandeln wir einige Konsequenzen aus (3.5.4).

Falls man die Gesamtmasse des Gemisches aus den Teilmassen seiner Komponenten bildet, so ergibt sich

$$m^{B+L} = \sum_{j=1}^{J} m_j^{B+L} = \sum_{j}^{J} \sum_{\lambda}^{\Lambda} m_{\lambda}^{t} N_{\lambda}^{(j)} N_j \,. \tag{3.5.5}$$

Der Ausdruck (3.5.5) führt m^{B+L} auf die m_λ^t zurück. Verwendet man statt der Teilchenzahlen N_j die Molzahl n_j, so ergibt sich die Molmasse $M_j = m_j^{t\,B+L} N_A$ (z. B. in der Einheit g pro Mol). Damit lassen sich die Relationen zwischen den Massen und den Molzahlen herstellen: $m^{B+L} = \sum_{j=1}^{J} M_j n_j = \overline{M} \cdot n$. Dabei bedeutet $\overline{M}$ die mittlere Molmasse und n die Gesamtmolzahl des Gemisches. Differentiation von (3.5.5) liefert zusammen mit dem Ausdruck der Massenerhaltung auf der durch Baryonen-Leptonen-Konstanz definierten Beschreibungsebene aller im Phasenraum ablaufenden Prozess ($dm^{B+L} \equiv 0$) den Differentialausdruck

$$\overline{M}dn + nd\overline{M} \equiv 0, \tag{3.5.6}$$

der nur bei Diffusionsprozessen verschwindet, da aus $d\overline{M} \equiv 0 \Rightarrow dn = 0$ wird. Bei chemischen Reaktionen stellt sich eine Veränderung der mittleren Molmasse $\overline{M}$ ein, die durch eine entsprechende Änderung der Gesamtmolzahl n kompensiert wird.

Die Festlegung der Konstanten m^{B+L} ermöglicht die Einführung der spezifischen Größen für die extensiven Standardvariablen [STRAUB, D. (1997), S. 134]. So kann man folgende Abkürzungen verwenden:

$$\varepsilon := \frac{E}{m^{B+L}} \qquad \textit{spezifische (Gesamt-)Energie des Systems}$$

$$\tag{3.5.7.1}$$

$$\mathbf{i} := \frac{\mathbf{P}}{m^{B+L}} \qquad \textit{spezifischer Impuls} \tag{3.5.7.2}$$

$$s := \frac{S}{m^{B+L}} \qquad \textit{spezifische Entropie} \qquad (3.5.7.3)$$

$$\rho := \left(\frac{E}{m^{B+L}}\right)^{-1} \qquad \textit{Massendichte} \qquad (3.5.7.4)$$

$$\mu_{*j} := \mu_{*j}^{t}\frac{N_A}{M_j} \qquad \textit{spezifisches chemisches Potenzial} \qquad (3.5.7.5)$$

$$\omega_j := \frac{\rho_j}{\rho} \qquad \textit{Massenbruch,} \qquad (3.5.7.6)$$

wobei $j \in \{1;..;J\}$ ist.

Mit den hier eingeführten Größen nimmt (3.5.1) folgende Form an:

$$e = \mathbf{v} \cdot \mathbf{i} - \mathbf{f} \cdot \mathbf{r} + T_* S - \frac{p_*}{\rho} + \sum_{j=1}^{J} \mu_{*j}\omega_j + c^2\left(1 + \frac{\Delta m_\#}{m^{B+L}}\right). \qquad (3.5.8)$$

Analog erhält man für die GHG

$$\rho de = \mathbf{v} \cdot \rho d\mathbf{i} - \mathbf{r}\rho \cdot d\mathbf{f} + T_*\rho ds + \frac{p_*}{\rho}d\rho + \sum_{j=1}^{J} \mu_{*j}\rho d\omega_j \qquad (3.5.9)$$

und für die Gibbs-Duhem Relation

$$dp_* = \mathbf{i} \cdot \rho d\mathbf{v} - \rho \mathbf{f} \cdot d\mathbf{r} + \rho s dT_* + \sum_{j=1}^{J} \rho\omega_j d\mu_{*j}. \qquad (3.5.10)$$

(3.5.10) ist ein Differentialausdruck für die Zustandsgleichung $p_* = p_*(T_*; \mu_*; \mathbf{v}; \mathbf{r}; \mathbf{f})$. Diese funktionale Struktur einer Zustandsgleichung ist keineswegs an den Begriff des thermodynamischen Gleichgewichts gebunden.

Nun können wir uns der Frage zuwenden, wie weit die atomare Struktur der Materie aus dieser Alternativen Theorie begründet werden kann. Die Antwort wird nicht nur die atomare Struktur, sondern auch ganz allgemein die Teilchenstruktur bestimmter Systeme, so auch der quantenmechanischen betreffen. Grundlegend ist es nämlich, wie die endliche Anzahl der Messergebnisse, die makroskopisch ermittelt werden, mit den von der Mikroebene stammenden Ergebnissen übereinstimmt.

Hierzu wird die freie Enthalpie des idealen Gases näher betrachtet. Für das ideale Gas existieren zahlreiche Messergebnisse. Für viele praktische Anwendungen mit realen Gasen stellt es eine gute Näherung dar [STRAUB, D. (1997); S. 91-93]. Ganz besonders wurde die Abhängigkeit der Wärmekapazität von der Temperatur mit kalorischen und spektroskopischen Methoden untersucht. Falk [FALK, G. (1990); S. 327] zeigte, dass die freie Enthalpie $G = n\hat{\mu}$ eines idealen Gases in drei Terme zerlegt werden kann

$$G(T, p, n) = E - TS + nRT = G_1(n) + G_2(T; p; n) + G_3(T; n) \,. \quad (3.5.11)$$

Die G_i ($i = 1, 2, 3$) sind MGF von unabhängigen Teilsystemen des idealen Gases

$$G_1(n_1) = n_1 e_0 = n_1 \mu_1 \quad (3.5.12.1)$$

$$G_2(T_2; p_2; n_2) = -n_2 RT_2 \ln\left(\frac{aRT_2^{\frac{\kappa}{\kappa-1}}}{p_2 e^{\frac{\kappa}{\kappa-1}}}\right) = n_2 \mu_2(T_2; p_2) \quad (3.5.12.2)$$

$$G_3(T_3; n_3) = -n_3 RT_3 \int_0^{T_3} \frac{\varphi(T')}{T'} dT' = n_3 \mu_3(T_3) \,. \quad (3.5.12.3)$$

Die sechs Parameter des Gesamtsystems können mit den Bedingungen

$$n := n_1 = n_2 = n_3; \qquad \mu := \mu_1 = \mu_2 = \mu_3; \qquad p := p_2$$
$$T := T_2 = T_3; \qquad S := S_2 = S_3; \qquad V := V_2$$
$$(3.5.13)$$

auf eine Menge von drei Parametern n, p und T reduziert werden. Das Teilsystem 1 kann als »Energiemenge-Reservoir« betrachtet werden. Die Teilsysteme 1 und 2 zusammen definieren ein einfaches ideales Gas mit $\varphi(T) \equiv 0$. Der Integralausdruck in (3.5.12.3) muss aber noch geklärt werden. Die stetige Funktion $\varphi(T)$ ist durch die charakteristische Relation der molaren Wärmekapazität bei konstantem Druck

$$RT\varphi(T) = \int_0^{T_3} [C_p(T') - C_p(0)] dT' \quad (3.5.14)$$

definiert, wobei der Integrand die molare Wärmekapazität des Teilsystems 3 ist. Ein Integralausdruck der Form $\int_0^T \frac{\varphi(T')}{T'} dT'$ und das Endlichkeitsaxiom von Falk sind nicht konsistent, da zur Ermittlung der stetigen Funktion φ unendlich viele Bestimmungsstücke notwendig sind. Diese lassen sich jedoch nicht in einer endlichen Anzahl von Experimentalschritten gewinnen. Ein solcher Integralausdruck ist nur erlaubt, wenn die Funktion $\varphi(T)$ eine endliche Zahl der Werte besitzt. Eine Rückführung von $\varphi(T)$ auf die aus der statistischen Thermodynamik bekannten Zustandssummen eröffnet genau diese Möglichkeit. Im Rahmen der statistischen Thermodynamik sind thermochemische Gleichgewichte von kanonischen Mannigfaltigkeiten durch die inneren Verteilungsfunktionen Z_N^{int} etabliert. Mit der modifizierten Boltzmann-Statistik bekommt man als Grundeigenschaft des idealen Gases [SONNTAG, R. E. und VAN WYLEN, G. J. (1968); S. 166]

$$Z_N^{\text{int}} := \sum_{j=1}^N g_j e^{-\frac{\varepsilon_j}{k_B T}} = \sum_{j=1}^N g_j e^{-\frac{\varpi_j}{\theta}} \text{ mit } \varpi_j := \frac{\varepsilon_j}{k_B T_0}, \text{ und, } \theta := \frac{T}{T_0}$$

(3.5.15)

wobei k_B die Boltzmann-Konstante und T_0 eine Referenz-Temperatur sind. Die Parameter g_j bezeichnen die Entartungen der Komponenten-Energie-Niveaus und messen damit die Auffindwahrscheinlichkeiten im j-ten Energieniveau innerhalb der Menge aller N Energieniveaus. Rekurriert man auf die Gleichgewichtszustände der entsprechenden idealen Gase

$$T := T_1 = ... = T_N; \ \mu := \mu_1 = ... = \mu_N; V := V_1 = ... = V_N, \quad (3.5.16)$$

so ergibt sich ein Zusammenhang zwischen Z_N^{int} und der freien Enthalpie $G_3(Tn)$ [FALK (1990); S. 337]:

$$G_3(T;n) = -nRT \ln Z_N^{\text{int}}. \quad (3.5.17)$$

(3.5.12.3) und (3.5.17) liefern also den Zusammenhang

$$\varphi(T) = T \frac{d\left[\ln Z_N^{\text{int}}\right]}{dT}. \quad (3.5.18)$$

Unser Ziel ist, einen Zusammenhang zwischen der *stetigen* Funktion $\varphi(T)$ und der *endlichen* Anzahl der durch die Formeln (3.5.15) gelieferten Angaben zu erhalten. Laut der Theorie der Laplace-Transformationen kann die innere Verteilungsfunktion durch einen speziellen Fall des so genannten Laplace-Stieljes-Integrals ausgedrückt werden

$$Z_N^{\text{int}}(\theta) = \int_0^\infty e^{\frac{-\varpi}{\theta}} g d\Gamma(\varpi) = Z_3(\theta), \qquad (3.5.19)$$

wobei die Spektralfunktion $\Gamma(\varpi)$ zu Z_3 eine nicht abnehmende Funktion für $\varpi \in \mathbb{R}$ ist. Ausgehend von diesem Theorem kann der Verlauf von $\Gamma(\varpi)$ sowohl für differenzierbare Funktionen als auch für Treppenfunktionen (mit Sprungstellen ϖ_j und Gewichtung g_j) bestimmt werden.

Die Folgerungen aus dieser Analyse können so ausgelegt werden [STRAUB, D. (1997), S. 93]:

- Es gibt eine Relation zwischen der endlichen Anzahl N, den ganzen Zahlen g_j und den Energieniveaus ε_j einerseits und der empirischen Information $C_p(T)$ andererseits. Das zeigt eine starke Verschränkung der mikroskopischen Beschreibungsebene mit der makroskopischen Ebene. Damit wird die statistische Interpretation der Thermostatik bestätigt.

- Für unsere Untersuchung ist es aber wichtiger, dass N mit der Anzahl der Teilchen identisch ist. Also sind die Teilchen keine Massenpunkte im Sinne der klassischen Mechanik, sondern sie können als »thermodynamische Teilchen« aufgefasst werden. Wie schon Falk darauf hingewiesen hat [FALK, 1990, S. 344], betrachtete Einstein ein einzelnes »Teilchen« eines einfachen Gases als eine Mannigfaltigkeit der Zustände, für die die Größe n dem Wert der elementaren Menge, also $1{,}66 \cdot 10^{-24}$ mol entspricht.

Dieses Ergebnis ist keine Selbstverständlichkeit. Es bedeutet, dass der (mikroskopische) Teilchenbegriff keineswegs aus der Quantenmechanik folgt, sondern historisch gesehen wesentlich früher bereits von J. W. Gibbs über den Begriff der chemischen Äquivalente in die Physik als Grundlage der Mechanismen zur theoretischen Erklärung chemischer Reaktionen eingeführt wurde. Diese Lösung nahm im Prinzip bereits Bohrs Korrespondenzprinzip vorweg. 1876/1878 kannte Gibbs sogar noch nicht einmal die Loschmidtzahl, die als entscheidende Voraussetzung für die Einführung der Größe Mol betrachtet werden kann. Diese Größe definiert die »Ebene chemischer Reaktionen« durch Konstanz der Zahlen aller beteiligten Baryonen und Leptonen und ermöglicht so die begriffliche *Verschränkung* von Makro- und Mikrophysik. Mathematisch erfolgt diese Verschränkung durch statistische Verfahren, wobei die bekannte endliche Anzahl der beteiligten ‚Teilchen' – auf Makroebene zusammengefasst als die betreffende Anzahl der Mole – auf Mikroebene über ein Gitternetz verteilt wird, dessen Netzweite durch die Plancksche Konstante bestimmt ist (s. Kapitel 5). Auch dadurch wird wiederum Bohrs Korrespondenzprinzip befolgt, nämlich alle auf Mikroebene benutzten Begriffe von der Makroebene zu entlehnen.

In der Darstellung dieses auf Falk zurückgehenden Teilchenmodells spielt die Bewegung des Systems keine Rolle. Andererseits gilt es zunächst nur für ein ideales Gas im Ruhezustand, dessen Teilchen miteinander nicht in Wechselwirkung stehen. Dieses ideale Gas ist aus N-vielen elementaren Teilchen zusammengesetzt, für die eine innere Zustandssumme gebildet werden kann. Die Gesamtheit aller Zustände eines elementaren Teilgases wird als Teilchen (Partikel) dieses Gases bezeichnet [nach Einstein – vgl. FALK, G. (1990), S. 339 ff.].

Um die genannten Einschränkungen aufzuheben, wird folgende Definition vorgeschlagen [vgl. LAUSTER, M. (2008), S. 7]:

Gegeben sei ein System **S** durch seine MG-Funktion $E(\mathbf{P}, \mathbf{F}, S, V, N_{k,...})$ für die Gesamtenergie ε. Jede Teilmenge dieser Zustandsgesamtheit **S**, für welche

i) die *i*-te der *l*-vielen Teilchen-Variablen $N_k (k = 1, 2, ..., i, ... l)$ den Wert $N_i = N_L^{-1} \approx 1{,}66 \cdot 10^{-24}$ annimmt, während

ii) alle weiteren Teilchen-Variablen $N_k (k \neq i)$ den Wert 0 haben, heißt *Teilchen* (Partikel) der *i*-ten Komponente des *l*-ten Komponentengemischs. Mit dieser Definition wird das Teilchen wieder ein System sein. Ein Teilchen geht durch (*l*-1)-fache Systemreduktion aus **S** hervor; zusätzlich erhält die Variable N_l einen festen Wert. Diese Systemreduktion ist aber nicht linear homogen, also die Vervielfachung aller Variablen mit einem Faktor λ verändert den Wert der Systemfunktion nicht im gleichen Maß. Das System **S** ist »umfangreicher« als die Vereinigung seiner Teilchen; es kann nicht durch einfache Zusammenstellung auch noch so vieler Teilchen erzeugt werden.[48]

Mit dieser Definition können auch die Versuche zur Darstellung von »Elementarteilchen« in Synchrotronen und Linearbeschleunigungen gekennzeichnet werden. Dort werden Zustände zugelassen, die die Vakuumbedingung erfüllen, also den (hypothetischen) Grenzfall

$$T \to 0; \quad p \to 0 \tag{3.5.20}$$

gilt. Die beschreibende Funktion wird nochmals reduziert zu

$$E = E\left(\mathbf{P}, \mathbf{F}, 0, 0, 0, ..., N_L^{-1}, ..., 0\right), \tag{3.5.21}$$

Falls nur ein einziges Elementarteilchen betrachtet wird oder

$$E = E\left(\mathbf{P}, \mathbf{F}, 0, 0, 0, ..., N_L^{-1}, 0, ..., N_L^{-1}, ..., 0\right), \tag{3.5.22}$$

falls z. B. eine Zweier-Wechselwirkung unterschiedlicher Partikel untersucht werden wird. Die Energieformen der Entropie und des Volumens entfallen. So bleiben nur die Energieformen der Bewegung (**P**), der Feldkräfte (**F**) für die beschleunigenden und ablenkenden Felder), sowie der beteiligten Teilchensorten berücksichtigt. Für die Konstruktion eines Gesamtsystems (z. B. Atom, Molekül, etc.) gilt das Aristotelische Prinzip: »*Das Ganze ist mehr als die Summe seiner Teile*«.

---

[48] »*Das Ganze ist mehr als die Summe seiner Teile*« - wird häufig Aristoteles zitiert. Die ursprüngliche Formulierung lautet: »*Das was aus Bestandteilen so zusammengesetzt ist, dass es ein einheitliches Ganzes bildet, nicht nach Art eines Haufens, sondern wie eine Silbe, das ist offenbar mehr als bloß die Summe seiner Bestandteile.*« Metaphysik 1041 b 10 (VII. Buch (Z))

Für die mit (3.5.21) und (3.5.22) beschriebenen Elementarteilchen gilt das Modell der Einstein-Mechanik. Für das totale Differential der beiden Gleichungen gilt:

$$dE = \mathbf{v} \cdot d\mathbf{P} - \mathbf{r} \cdot d\mathbf{F}. \qquad (3.5.23)$$

Mit der für die in Linearbeschleunigern annähernd erfüllten Zusatzbedingung ($\mathbf{F}$ = const.) hat man die Gleichung:

$$dE = \mathbf{v} \cdot d\mathbf{P}. \qquad (3.5.24)$$

Da bei diesen Experimenten die Bedingung (3.5.20) gilt, kann auch die PFR (3.4.3) verwendet werden, da hier $H = E + pV = E$ identisch erfüllt ist. Gleichung (3.5.24) wird dann zu

$$dH = \frac{c^2}{H} \mathbf{P} \cdot d\mathbf{P}, \qquad (3.5.25)$$

deren allgemeine Lösung (3.3.6) ist, wobei

$$H_0(S, p, N) = H_0(N_L^{-1}) \qquad (3.5.26)$$

Als Ruheenergie des Teilchens zu setzen ist. In dieser Definition ist auch der klassische Teilchenbegriff enthalten [vgl. LAUSTER, M. (2008), S. 8]. Auch die statistische Fundierung kann so bewältigt werden. Dazu werden die Teilmengen der Zustandsgesamtheit **S** (die Teilchen) nach einer MB-Statistik und der zugehörigen Interpolationsfunktion über die Zellen des Phasenraums verteilt, wie es in LAUSTER, M. (1998) beschrieben wurde. Die Variablenwerte sind (vgl. Definition) einzuschränken.

Ein mathematisch konsistenter Teilchenbegriff wurde auf der Basis der GFD definiert. Er erweist sich als eine *Relation*, die durch alle *relevanten* allgemeinphysikalischen Zustandsgrößen des reagierenden Makrosystems bestimmt wird. Die vorgeschlagene Definition fußt auf den Ideen von Gibbs und verallgemeinert eine von Falk vorgegebene Definition für elementare Teilgase eines idealen Gases. Damit können auch die theoretische Einschränkungen der Teilchenmodell der klassischen und der Einstein-Mechanik aus der Sicht der GFD beleuchtet werden [vgl. LAUSTER, M. (2008), S. 1-4]. Vakuum ist der physikalische Grenzfall, für den die ‚Teilchen' als Energie-Impuls-Transporte hervorgehen. Letztere sind in Beschleunigeranlagen dem Experiment zugänglich; ihre theoretische Deutung fällt in den durch die Erweiterte Differentialgleichung vom Schrödinger Typ definierten Bereich der Quantentheorie (s. Kapitel 5). Dabei zeigt sich, dass die Suche nach Elementarteilchen in Synchrotronen und Linearbeschleunigern mit den aufwendigen Experimenten nicht zu den gewünschten Ergebnissen führt: sie liefert eben nicht die Bausteine, aus denen die Welt zusammengesetzt ist, sondern lediglich Auskünfte über einige sehr eingeschränkte Sonderfälle von Zuständen kondensierter Materie.

„Überzeugungen sind gefährlichere Feinde der Wahrheit als Lügen."
[NIETZSCHE, F.: Menschliches, Allzumenschliches *I, Aph. 483.*]

3.6 Dynamik und der elementare Teilchenbegriff

Bekanntlich ist die *Kinematik* (gr.: *kinema*, Bewegung) lt. WikipediA die klassische Lehre der Bewegung von Punkten und Körpern im Raum, beschrieben durch die Größen Position, Geschwindigkeit und Beschleunigung, ohne die Ursachen der Bewegung (Kräfte) zu betrachten. Zu Zeiten Newtons *„war ihre anschauliche Seite vermutlich intellektuelles Gemeingut der Wissenschaftsgemeinde der damaligen Zeit"* [FALK, G. (1990), S. 34]. Newtons Beitrag zur Dynamik war hingegen ganz neu. Seine Darstellung befasste sich durchaus im Sinn ihrer gegenständlichen Anschauung, vor allem aber lieferte sie eine begrifflich mathematische Antwort auf die Frage: Was ist Newtons Dynamik? Die einfachste Antwort läuft auf eine Erweiterung seiner Kinematik mit ihren vier Grundgrößen hinaus, welche die Geometrie der Weltlinien in einem (3+1)-dimensionalen Raum erfassen. Eine Weltlinie lässt sich durch drei bezüglich eines Kurvenparameters t eindeutige Funktionen $x(t), y(t), z(t)$ darstellen. Dadurch erhält die Größe t eine gegenüber den drei Raumkoordinaten privilegierte Rolle. Die beiden Teile der (3+1)-dimensionalen Welt – der x-y-z-Raum $\mathbb{R}^3$ – und der 1-dimensionale t-Raum $\mathbb{R}^1$ – *Zeit* genannt – stehen nach Newtons Auffassung weder untereinander noch mit anderen von ihm neu eingeführten Begriffen in irgendeiner Beziehung: Es sind *absolute* Begriffe.

Die Newtonsche Dynamik resultiert nun mittels erwähnter Erweiterung der Kinematik, die unter Hinzunahme zweier zusätzlicher Axiome erfolgt:

> „(i) Neben den vier Größen *x, y, z, t,* gibt es eine von diesen unabhängige fünfte Größe *m* – die (*träge*) Masse. Jede Weltlinie {*x*(*t*), *y*(*t*), *z*(*t*) = **r**(*t*)} mit einem festen *m*-Wert heißt ein *Körper* oder ein *Massenpunkt*.
>
> (ii) Zu einem Körper {**r**$_j$ (*t*), *m*$_j$} gibt es stets *N*–1 weitere Körper {**r**$_j$ (*t*), *m*$_j$} derart, dass insgesamt *N* Gleichungen (Bewegungsgleichungen) bestehen $m_i \frac{d^2 \mathbf{r}_i}{dt^2} =$ $\mathbf{F}_i(\mathbf{r}_1, ..., \mathbf{r}_N; m_1, ..., m_N)$, die ein System von Differentialgleichungen bilden, das bei gegebenen Werten von $\mathbf{r}_1(t_0), ..., \mathbf{r}_N(t_0)$, $\left(\frac{d\mathbf{r}_1}{dt}\right)_{t_0}, ..., \left(\frac{d\mathbf{r}_N}{dt}\right)_{t_0}$ für irgendeinen Wert *t*$_0$ genau eine Lösung **r**$_1$(*t*),..., **r**$_N$(*t*) besitzt. Die (als vorgegeben betrachteten) Funktionen **F**$_i$ genügen für jeden *t*-Wert der Bedingung $\sum_{i=1}^{N} \mathbf{F}_i(\mathbf{r}_i; m_i) = \mathbf{0}$."
> [FALK, G. (1990), S. 35].

Das Axiom (i) legt fest, dass es neben den vier kinetischen Größen **r** und *t* noch eine weitere Größe gibt, die Masse *m*. Sie ist von den **r** und *t* unabhängig, also absolut und damit eine weitere fünfte Dimension $\mathbb{R}^1$ *Falk* konstatiert:

> „Mit *m* gelingt es, einen zusätzlichen 'dynamischen Freiheitsgrad' des bewegten Körpers zu fassen. Die Größe *m* wird allerdings nur 'punktweise', d. h. als Konstante und nicht als stetig veränderliche Variable benutzt. Mit der Masse *m* und der Kinematik wird in (i) erklärt, was *mathematisch* (im Gegensatz zu *anschaulich* oder *intuitiv*) ein Körper ist. Im Axiom (ii) ist all das enthalten, was seit Newton gewöhnlich in drei Axiome aufgeteilt wird: Das Trägheitsgesetz, der Zusammenhang zwischen Beschleunigung und Kraft sowie die Gleichheit von actio und reactio... Weder das Axiom (i) noch das Axiom (ii) handeln explizit von der Einbettung dieser Körper in einen 3-dimensionalen euklidischen Raum.
>
> [Allein] auf die Axiome (i) und (ii) gestützt, hielten eine ganze Reihe abgeleiteter Begriffe Einzug in die Physik. Dazu gehört der Begriff des *Massenmittelpunkts*, des *Impulses*, vor allem aber der für die Entwicklung der Mechanik wichtige Begriff des *Integrals der Bewegung*. Letzteres ist eine Funktion der Variablen und ihrer Zeit-Ableitungen, die bei der Bewegung eines *N*-Körpersystems ihren Wert nicht ändert." [FALK, G. (1990), S. 35-37].

Der Begriff des allgemeinen Integrals der Bewegung beruht bekanntlich darauf, dass an die Kraftfunktionen **F**$_i$ gewisse Bedingungen gestellt werden. Dabei betreffen die wichtigsten Fälle die *Erhaltungssätze* für die *Gesamtenergie*, den (Gesamt-)*Impuls* sowie den *Drehimpuls* des N-Körper-Systems. Dass die Newtonsche Dynamik – repräsentiert durch die Axiome (i) und (ii) – einerseits nicht ausreicht, um alle Widersprüche mit der Erfahrung auszuschließen, zeigt sich zwar an den Folgen für den Begriff des 'Integrals der Bewegung'. Aber an Newtons berühmtem »Gesetz der allgemeinen Gravitation« erweist sich andererseits, dass seine Kopplung mit den Axiomen (i) und (ii) und dem daraus resultierenden Drehimpulssatz für *konservative* Kräfte nicht zu logischen Komplikationen führt. Zumindest die Erfolge des Gravitationsgesetzes lassen sich als Beweis für die Widerspruchslosigkeit der Axiome (i) und (ii) ansehen. Im Kontext mit dem hier angesprochenen Teilchenbegriff erscheint damit die Forderung nach der *elementaren* Zuordnung der Masse m_i zum Körper i als zwingend – jedenfalls im Sinn von Newtons Intentionen.

Dennoch ist dieser weitreichende Schluss fragwürdig: Wie Falk in einer lesenswerten Analyse nachweist, beruht Newtons Dynamik eines N- Körper-Systems auf der Idee, die Weltlinien miteinander wechselwirkender Körper als Lösungen von Differentialgleichungen zweiter Ordnung in der unabhängigen Zeitvariablen t zu beschreiben. Nach diesen Lösungen eines Anfangswertproblems übt jeder Körper j auf den Körper i momentan eine Kraft aus, d. h. ohne jegliche Verzögerung. Diese fehlende zeitliche Verzögerung eines Ablaufes (Retardierung) ist unabhängig davon, wie weit die Körper i und j voneinander entfernt sind [vgl. FALK, G. (1990), S. 43f.]. Für die Physik sind die Konsequenzen außergewöhnlich. Das wichtigste Resultat ist, dass

> „die als Erfahrung einzustufende Retardierung den Grundansatz von Newtons Theorie, nämlich das Phänomen 'Bewegung' durch Differentialgleichungen mit *finiten* Anfangsbedingungen zu beschreiben, als *allgemeingültiges* Prinzip eines Weltverständnisses für naturwissenschaftlich unhaltbar erklärt: *Newtons Begriff der durch Bewegungsgleichungen sowie endlich viele Anfangswerte beschriebenen Weltlinien von Körpern und eine retardierte Wechselwirkung zwischen den Körpern sind mathematisch miteinander unvereinbar.*" [FALK, G. (1990), S.48].

Und sie blieben es bis heute: Alle Versuche, *"die Retardierung in das Newtonsche Konzept einzubauen, z. B. dadurch, dass man sie in den Kräften F_i berücksichtigt, also das Gleichzeitigkeits-Anfangswertproblem durch ein retardiertes Anfangswertproblem ersetzt, waren vergeblich."* [FALK, G. (1990), S. 45]. Sie sind unvereinbar mit dem Newtonschen Begriff der Bewegungsgleichung entsprechend Axiom (2). Historisch gesehen trat das Problem der Retardierung in voller Schärfe erst 200 Jahre später auf, als die Rivalität zwischen der 'Fernwirkungs-' und der 'Nahwirkungstheorie' der elektromagnetischen Phänomene nicht mehr zu übersehen war [vgl. FALK, G. (1990), S. 48]. Die im Kontext mit der Faraday-Maxwellschen Elektrodynamik gewonnenen Erfahrungen machen deutlich, dass Retardierungseffekte wesentlich als Folge dissipativer Effekte zu verstehen sind, also in der AT mit dem Auftreten der Entropie erklärt werden müssen [vgl. STRAUB, D. (1997), Chapt. 9]. Dieser Schluss wäre auch für die Newtonsche Dynamik zu erwarten, insofern die dort obligatorischen Bewegungsgleichungen dissipative Effekte ausweisen würden [vgl. 7.4].

Ungeachtet dessen liefert die Newtonsche Dynamik den natürlichen Ansatz, von der GFD zur AT zu gelangen. Die aus Newtons Axiomen folgenden Grundlagen für die Erhaltungseigenschaften aber auch für das Trägheitsprinzip sind offenbar mit dem *isentropen* Sonderfall der AT kompatibel, insofern die allgemeinphysikalischen Größen N_i – die Teilchenzahlen der im System enthaltenen 'Körper' – je durch die *konstanten* Werte ihrer ›elementaren Massen m_i‹ auch für diesen Sonderfall repräsentiert werden. Die GFD selbst liefert darüber hinaus einen bemerkenswerten Zusammenhang zwischen dem obligatorischen Variablenpaar 'Entropie und absolute Temperatur' und den Teilchensorten (i = 1,..., N).

G. Falk hat 1978 in einem Aufsatz [FALK, G. (1978)] die Änderung des Wertes der Molzahl n mit der Temperatur T graphisch dargestellt und kommentiert:

> „Die Abbildung zeigt zunächst, dass *Materie* keine einfach abgrenzbare physikalische Qualität ist, wie man aufgrund beschränkter Erfahrung anzunehmen geneigt ist ... Weiter zeigt sich, dass jeder Temperaturbereich, zu dem ein kleinerer Wert der Teilchenzahl N gehört, durch Energiezufuhr und damit durch

»Teilchen-Erzeugung« die den Charakter einer N-Vervielfachung hat, in einen Temperaturbereich übergeht, zu dem ein größerer N-Wert gehört. Im gewohnten Gebrauch des Wortes Teilchen drückt sich das so aus, dass die bei höherer Temperatur auftretenden Teilchen aus den bei kleinen T-Werten auftretenden Teilchen durch *Zerfall* hervorgehen. .. [Letztlich resultiert] die folgende Reihe Kristall ↔ Molekülaggregate ↔ Moleküle ↔ Atome ↔ Ionen + Elektronen ↔ Kerne + Elektronen + Positronen + ... ↔ Temperaturabhängigkeit der Menge n eines Stoffs, der in materieundurchlässige Wände eingeschlossen ist.

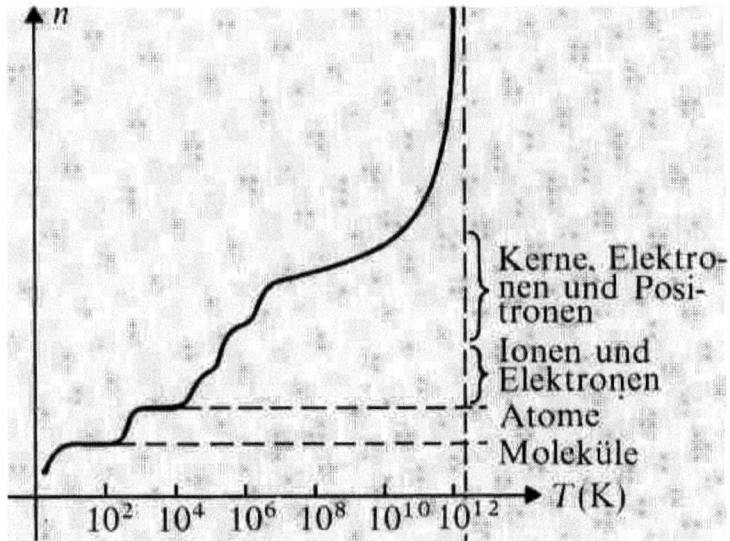

Wir haben die Reihe nach links gleich bis zum makroskopischen Kristall hin fortgesetzt, denn es ist nicht einzusehen, warum sie mit den Molekülen enden sollte. Dass sie nach links überhaupt endet, liegt daran, dass die Energie und die Entropie jedes Systems nach unten beschränkt sind. Dagegen ist nicht zu erwarten, dass die Reihe nach rechts abbricht, denn es gibt keine prinzipielle obere Schranke für die Werte sowohl der Energie als auch der Entropie eines Systems wie des betrachteten. [Wichtig ist, dass] die Sätze wörtlich richtig bleiben, wenn man überall das Wort »Teilchen« durch »Wert von N« ersetzt. ...sie gewinnen sogar an naturwissenschaftlicher Zuverlässigkeit. Die Namen Atom, Molekül, Ion, Elektron,... offenbaren damit gleichzeitig ihre wahre physikalische Bedeutung: Sie bezeichnen bestimmte Zustände des betrachteten Systems und nicht, wie wir gewöhnt sind, irgendwelche kleinen Objekte. ... Gar nicht berücksichtigt haben wir dabei die Photonen, die ebenfalls immer vorhanden sind und mit steigender Temperatur sogar das Übergewicht bekommen." [STRAUB, D. (2011), S. 102-103, bzw. FALK, G. (1978), S. 10].

Dieses erstaunliche Resultat gibt dem Teilchenbegriff und dessen Bezug zur Teilchenmasse über die absolute Temperatur und damit zur Entropie eines physikalischen Systems eine Deutung, die in der heutigen Elementarteilchen-Physik offenbar noch nicht erkannt worden ist (vgl. 7.1). Ein Beleg dafür ist der schmale Band von *C. Blöss* mit dem Titel *Crashkurs Entropie*. Darin geht der Autor im Kontext des Kapitels *Energiewandlung* auf den von *G. Falk* festgestellten Sachverhalt ein, wonach Namen wie Atom, Molekül, Ion, Elektron,... eigentlich Platzhalter für bestimmte Zustände des betrachteten Systems sind, markiert hier durch dessen Temperatur, die je eine zugeordnete Verteilung einer ganzzahligen Anzahl von Teilchensorten bestimmt. Leider benutzt Blöss für seinen Kommentar ein irritierendes Vokabular wie 'Stoffquanten', 'Inventar', 'Impulsinventar', 'Stoffinventar', 'Inventur', 'stoff-adiabat', Beitrag eines 'thermischen bzw. chemischen Pensums'. [BLÖSS, C. (2010), S. 13-20].

"You cannot get anything but at a far greater cost in low entropy".
– Nicolescu Georgescu-Roegen – [GEORGESCU-ROEGEN, N. (1981); p. 279].

4 NICHTGLEICHGEWICHTSPHYSIK AUFGRUND DER AT

4.1 Größen, Dissipationsgeschwindigkeit, Ruhezustand

In der Einstein-Mechanik können die Zustände im Ruhezustand und die in Bewegung voneinander differenziert behandelt werden. Der Ruhezustand ist durch die Bedingung $\mathbf{P} = \mathbf{0}$ festgelegt und durch die konstante Ruheenergie $E_\# = m_\# c^2$ beschrieben. Darüber hinaus müssen die physikalischen Gesetze beim Übergang von einem Inertialsystem zum anderen Lorentz-invariant sein. Zur Betonung des genannten Unterschieds zwischen Ruhezustand und bewegtem Zustand werden die relevanten intensiven Größen sowie die abhängige Variable des bewegten Systems mit Index $*$ gekennzeichnet. Die Gibbssche Hauptgleichung bei einem Mehrkomponenten-Einphasen-Körper-Feld-System hat folgende Form:

$$dE = \mathbf{v} \cdot d\mathbf{P} - \mathbf{r} \cdot d\mathbf{F} + T_* dS + \sum_{j=1}^{J} \mu_{*j}^t \, dN_j. \qquad (4.1.1)$$

Wie bereits notiert erfordert Lorentz-Invarianz, dass das Volumen V durch p als Variable ersetzt wird. Mit Hilfe der betreffenden $\mathbf{F}, V$-Legendre-Transformation und des *Truesdellschen Äquipräsenzprinzip* folgt die GHG für die $\mathbf{F}, V$-Legendretransformierte Energie $E_*^{[\mathbf{F},V]}$:

$$dE_*^{[\mathbf{F},V]} = \mathbf{v} \cdot d\mathbf{P} - \mathbf{F} \cdot d\mathbf{r} + T_* dS + V dp_* + \sum_{j=1}^{J} \mu_{*j}^t \, dN_j. \qquad (4.1.2)$$

Damit ist die Legendre-transformierte Energie $E_*^{[\mathbf{F},V]}$ als Massieu-Gibbs-Funktion zu betrachten. (4.1.2) beschribt alle physikalisch zulässigen Abläufe (im Regelfall dissipative Prozesse) im Konfigurationsraum eines Nichtgleichgewichtssystems. Den Ruhezustand erhält man aus der Doppel-Bedingung: $\mathbf{P} \to \mathbf{0}$ und $\mathbf{r}$ = konstant. Damit sind sowohl $d\mathbf{P} = \mathbf{0}$ als auch $d\mathbf{r} = \mathbf{0}$. So werden (4.1.2) bzw. (4.1.1) auf folgende Form reduziert:

$$dE_*^{[V]} = dH = TdS + Vdp + \sum_{j=1}^{J} \mu_{*j}^t \, dN_j. \qquad (4.1.3)$$

$$dU = TdS - pdV + \sum_{j=1}^{J} \mu_{*j}^t \, dN_j. \qquad (4.1.4)$$

H bedeutet hier wie gewöhnlich in der Thermodynamik die Enthalpie, U die innere Energie. Dies sind die maßgeblichen Gleichungen zur Beschreibung thermodynamischer Zustandsänderungen in ruhenden Systemen.

In bewegten Systemen sind die Verhältnisse ungleich verwickelter. Betrachtet man Gleichung (3.4.9) $E_{kin} = E_\# \left(\dfrac{1}{\sqrt{1-(v/c)^2}} - 1 \right)$, die eine der Kernaussagen der Speziellen Relativitätstheorie darstellt, dann zeigt sich im Licht der AT, dass sie nur für eine ganz spezielle Klasse von Systemen gültig ist. Reduziert man nämlich die **F**-Legendretranformierte GHG

$$dE^{[F]} = \mathbf{v} \cdot d\mathbf{P} - \mathbf{F} \cdot d\mathbf{r} + T_* dS - p_* dV + \mu_{k*} d\omega_k \qquad (4.1.5)$$

mit Hilfe der Prozessbedingungen

$$\mathbf{r} = \text{const.}, \; S = \text{const.}, \; V = \text{const.}, \; \omega_k = const., \qquad (4.1.6)$$

dann ist die intensive Variable **v** nur noch eine Funktion ausschließlich des Impulses **P** und die verbleibende Differentialform

$$dE^{[F]} = \mathbf{v} \cdot d\mathbf{P} \qquad (4.1.7)$$

ist ein totales Differential, das integriert werden kann.

Mit der Einstein'schen Fundamentalrelation

$$\mathbf{P} = \frac{E^{[F]}}{c^2} \mathbf{v} \qquad (4.1.8)$$

wird daraus

$$E^{[F]} dE^{[F]} = c^2 \mathbf{P} \cdot d\mathbf{P}. \qquad (4.1.9)$$

Durch Integration ergibt sich

$$\left(E^{[F]}\right)^2 - E_\#^2 = (c\mathbf{P})^2 \qquad (4.1.10)$$

wobei die Energie $E_\#$ für $\mathbf{P} = \mathbf{0}$, also die Ruheenergie, bezeichnet. Die erneute Anwendung der Einstein'schen Fundamentalrelation und die Berücksichtigung der Definition

$$E_{kin} := E^{[\mathbf{F}]} \tag{4.1.11}$$

führt zur Gleichung (3.3.9); die Lorentz-Invarianz für die Energie ergibt sich hier also als Folgerung.

Die Voraussetzungen für die Herleitung zeigen allerdings den beschränkten Gültigkeitsbereich dieser Beziehung: Sie gilt streng nur für nichtbeschleunigte Systeme $d\mathbf{r} = \mathbf{0}$, in denen reversible (dS=0), d.h. dissipationsfreie, isochore (dV=0) Prozesse ohne chemische Reaktionen ($d\omega_k = 0$) ablaufen. Derartige Bedingungen lassen sich näherungsweise noch für kosmische Objekte weit entfernt von Gravitationsquellen annehmen, bereits für die Experimente in Teilchenbeschleunigern, wo sich große Ensembles von Partikeln in gegenseitiger Wechselwirkung und unter dem Einfluss starker elektromagnetischer Felder bewegen, gilt sie schon nicht mehr.

Bei realen Prozessen in beschleunigten Systemen, die Dissipation, Volumenänderung und chemische Reaktionen beinhalten, müssen andere Überlegungen greifen. Aus praktischen Erwägungen soll die in allen physikalischen Disziplinen verwendete Definition der kinetischen Energie

$$E_{kin} := \frac{1}{2} m \mathbf{v}^2 \tag{4.1.12}$$

beibehalten werden. Der hier verwendete Massenbegriff m bezieht sich auf die als konstant betrachtete Masse aller Baryonen und Leptonen m^{B+L} des Systems[49]. E_{kin} soll, wie bereits in den vorhergehenden Überlegungen, der Differenz zwischen der Legendre-transformierten Gesamtenergie $E^{[\mathbf{F}]}$ und der Ruheenergie $E_\#$ entsprechen. Diese Aufteilung der Gesamtenergie gibt der AT einen entscheidenden Vorteil bei der praktischen Anwendung.

---

[49] Die Gesamtmasse eines Gemisches kann man aus den Teilmassen seiner Komponenten bilden. So entsteht der Ausdruck $m^{B+L} = \sum_{j=1}^{J} \sum_{\lambda=1}^{\Lambda} m_\lambda^t N_\lambda^{(j)} N_j$, wobei sich die Indizes t und λ auf die Masse m_λ^t pro Elementarteilchen der Sorte λ jener Baryonen und Leptonen, die an der Bildung der Komponente j mit der Elementarteilchenzahl $N_\lambda^{(j)}$ beteiligt sind.

Aus der Überlegung, dass Messwerte für intensive Variablen, Materialwerte und Parameter in Zustandsgleichungen fast ausschließlich bei Gleichgewichtsbedingungen gewonnen werden und somit nicht unmittelbar mit den Werten intensiver Variabler in bewegten Systemen vergleichbar sind, besteht durch die Abspaltung der Ruheenergie die Möglichkeit, diese Messwerte konsistent in Berechnungen mit einfließen zu lassen.

Als erste unmittelbare Folgerung erhält man aus der Aufteilung, dass

$$\frac{\partial E^{[F]}}{\partial \mathbf{P}} = \frac{\partial E_{kin}}{\partial \mathbf{P}} + \frac{\partial E_{\#}}{\partial \mathbf{P}} = \frac{\partial E_{kin}}{\partial \mathbf{P}} \qquad (4.1.13)$$

gilt, da nach der Definition der Ruheenergie

$$\frac{\partial E_{\#}}{\partial \mathbf{P}} \equiv \mathbf{0} \qquad (4.1.14)$$

erfüllt sein muss.

Durch Einsetzen der Definitionen für die intensive Variable $\mathbf{v}$ auf der linken und für die kinetische Energie auf der rechten Seite ergibt sich

$$\mathbf{v} = m\mathbf{v} \cdot \frac{\partial \mathbf{v}}{\partial \mathbf{P}} \qquad (4.1.15)$$

oder umgeformt:

$$\mathbf{v} \cdot \left(m\frac{\partial \mathbf{v}}{\partial \mathbf{P}} - \mathbf{1} \right) = \mathbf{0}, \qquad (4.1.16)$$

wobei **1** für den Einheitstensor steht.

Diese Gleichung gilt für sämtliche Zustände des Systems und kann erfüllt werden, falls einer der beiden oder beide Faktoren gleichzeitig identisch Null verschwinden. Für den ersten Faktor ist mit $\mathbf{v} \equiv \mathbf{0}$ keineswegs der Ruhezustand beschrieben. Der zweite Faktor stellt eine lineare Tensordifferentialgleichung erster Ordnung dar, die leicht integriert werden kann:

$$m\frac{\partial \mathbf{v}}{\partial \mathbf{P}} = \mathbf{1} \iff m\mathbf{v} = \mathbf{P} + \mathbf{\Phi} \qquad (4.1.17)$$

oder in spezifischen Größen

$$\mathbf{v} = \mathbf{i} + \boldsymbol{\varphi}. \qquad (4.1.18)$$

Als untere Integrationsgrenzen wurden $\mathbf{v} = \mathbf{0}$ und $\mathbf{P} = \mathbf{0}$ gewählt. Die Integrationsfunktion φ ist dabei gemäß den Regeln der partiellen Differentiation eine Funktion sämtlicher extensiver Variablen, nicht jedoch des Impulses $\mathbf{P}$; dies entspricht auch dem Truesdellschen Äquipräsenzprinzip.

Aus dem obigen Integrationsvorgang lässt sich auch unmittelbar erkennen, dass die drei Größen $\mathbf{v}$, $\mathbf{i}$ und φ für den Ruhezustand einem dreifachen Limes unterliegen:

$$\text{Für } \mathbf{i} \to \mathbf{0} \Rightarrow \begin{cases} \mathbf{v} \to \mathbf{0} \\ \varphi \to \mathbf{0} \end{cases}. \tag{4.1.19}$$

Die Umkehrung gilt nicht: die Geschwindigkeit kann z.B. an Staupunkten Null werden, ohne dass der Impuls verschwindet; er wird an diesen Stellen vollständig durch Φ kompensiert.

Es ist zu betonen, dass die Integrationskonstante Φ nach dem *Truesdellschen Äquipräsenzprinzip* eine Funktion aller in der Ableitung konstant gehaltener Variablen ist [STRAUB, D. (1997), S. 163]. In *spezifischen* Größen formuliert, wird (4.1.18) folgende Form erhalten:

$$\mathbf{v} = \mathbf{i} + \varphi \text{ mit } \varphi = \varphi(\mathbf{r}; s; \rho^{-1}; \omega_j). \tag{4.1.20}$$

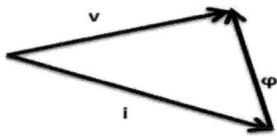

Dieser Zusammenhang (sowie die Skizze) erklärt die *vektorielle* Differenz zwischen $\mathbf{v}$ und $\mathbf{i}$. Die Funktion $\varphi(\mathbf{r}; s; \rho^{-1}; \omega_j)$ wird als *Dissipationsgeschwindigkeit* bezeichnet. Sie wirkt umfassend als *Dissipationsfunktion*. Die Bedeutung von (4.1.7) für praktische Aufgaben, bzw. die theoretischen Konsequenzen fasst D. Straub wie folgt zusammen [STRAUB, D. (1997), S. 164]:

> „...it is remarkably that the velocity φ simply explains an important fact normally experienced in all real flows along any given walls. That is, on account of the *wall adhesion* of any viscous flow, *maximum dissipation* occurs at the wall if the flow velocity **v** tends toward zero. In this case the corresponding specific momentum **i** locally equals φ, though with opposite signs. In my opinion, this important example convincingly proves the conclusion that, unlike traditional physics would have it, there is a physically fundamental difference between the two key terms *linear momentum* **P** and the property $m_{\#}\mathbf{v}$, originally labeled as *quan-*

titas motus by Isaac Newton in 1687." [Vgl. noch SIENIUTYCZ, S. und BERRY, R. S. (1993), S. 172].

Bildet man das totale Differential der spezifischen kinetischen Energie e_{kin} unter Berücksichtigung von (4.1.7), so erhält man:

$$de_{kin} = \mathbf{v} \cdot d\mathbf{v} = \mathbf{v} \cdot d\mathbf{i} + \mathbf{v} \cdot d\boldsymbol{\varphi} = \mathbf{v} \cdot d\mathbf{i} + \mathbf{i} \cdot d\boldsymbol{\varphi} + \boldsymbol{\varphi} \cdot d\boldsymbol{\varphi}. \qquad (4.1.21)$$

Das totale Differential der Dissipationsfunktion $\boldsymbol{\varphi}$ liefert eine Summe mit $3+J$ Summanden:

$$d\boldsymbol{\varphi} = \left(\frac{\partial \boldsymbol{\varphi}}{\partial \mathbf{r}}\right)_{s,\rho,\omega_j} \cdot d\mathbf{r} + \left(\frac{\partial \boldsymbol{\varphi}}{\partial s}\right)_{\mathbf{r},\rho,\omega_j} \cdot ds +$$

$$+ \left(\frac{\partial \boldsymbol{\varphi}}{\partial \rho}\right)_{s,\mathbf{r},\omega_j} \cdot d\rho + \sum_{j=1}^{J} \left(\frac{\partial \boldsymbol{\varphi}}{\partial \omega_j}\right)_{s,\rho,\mathbf{r},\omega_{\neq j}} \cdot d\omega_j \qquad (4.1.22)$$

Die GHG für die Klasse der Mehrkomponenten-Einphasen-Körper-Feld-Systeme kann somit in folgender Form angegeben werden:

$$\rho de^{[F]} = \mathbf{v}\rho \cdot d\mathbf{i} - \rho \mathbf{f} \cdot d\mathbf{r} + T_*\rho dS + \frac{p_*}{\rho} d\rho + \sum_{j=1}^{J} \mu_{*j} \cdot d\omega_j.$$

$$(4.1.23)$$

Berücksichtigt man (4.1.21) und das totale Differential (4.1.22), kann GHG (4.1.23) in folgende Form übergeführt werden:

$$de^{[F]} = de_{kin} - \boldsymbol{\varphi} \cdot d\boldsymbol{\varphi} -$$

$$-\mathbf{i} \cdot \left[\left(\frac{\partial \boldsymbol{\varphi}}{\partial \mathbf{r}}\right)_{s,\rho,\omega_j} \cdot d\mathbf{r} + \left(\frac{\partial \boldsymbol{\varphi}}{\partial s}\right)_{\mathbf{r},\rho,\omega_j} \cdot ds + \left(\frac{\partial \boldsymbol{\varphi}}{\partial \rho}\right)_{s,\mathbf{r},\omega_j} \cdot d\rho + \sum_{j=1}^{J} \left(\frac{\partial \boldsymbol{\varphi}}{\partial \omega_j}\right)_{s,\rho,\mathbf{r},\omega_{\neq j}} \cdot d\omega_j\right] -$$

$$-\mathbf{f} \cdot d\mathbf{r} + T_* dS + \frac{p_*}{\rho^2} d\rho + \sum_{j=1}^{J} \mu_{*j} d\omega_j. \qquad (4.1.24)$$

Sortieren wir nach den Ableitungen, um die auftretenden Energieformen besser analysieren zu können:

$$de^{[F]} = de_{kin} - \boldsymbol{\varphi} \cdot d\boldsymbol{\varphi} - \left[\mathbf{f} + \mathbf{i}\left(\frac{\partial \boldsymbol{\varphi}}{\partial \mathbf{r}}\right)_{s,\rho,\omega_J}\right] \cdot d\mathbf{r} + \left[T_* - \mathbf{i}\left(\frac{\partial \boldsymbol{\varphi}}{\partial s}\right)_{\mathbf{r},\rho,\omega_J}\right] \cdot ds +$$

$$+\frac{1}{\rho^2}\left[p_* - \rho^2\mathbf{i}\cdot\left(\frac{\partial\boldsymbol{\varphi}}{\partial\rho}\right)_{r,s,\omega_j}\right]\cdot d\rho + \sum_{j=1}^{J}\left[\mu_{*j} - \mathbf{i}\cdot\left(\frac{\partial\boldsymbol{\varphi}}{\partial\omega_j}\right)_{r,\rho,s,\omega_{\neq j}}\right]\cdot d\omega_j$$

(4.1.25)

Um der Transparenz willen (d. h. nicht aus physikalischen Gründen), wird im Folgenden angenommen, dass eine mögliche Abhängigkeit der *Dissipationsgeschwindigkeit* **φ** vom Positionsvektor **r** vernachlässigt und die (spezifische) Feldkraft **f** als konservativ (also nur von ihrer konjugierten Größen **r** abhängig) angenommen werden kann. Dementsprechend resultiert das totale Differential einer spezifischen potentiellen Energie e_{pot}:

$$de_{pot} := -\mathbf{f}(\mathbf{r})\cdot d\mathbf{r}\,.$$

(4.1.26)

Natürlich stellt diese geforderte Übereinstimmung der differenziellen Energie*art* e_{pot} ausschließlich mit der »Energieform der Verschiebung« $\mathbf{f}(\mathbf{r})\cdot d\mathbf{r}$ nur eine Näherung dar.

Neben den *kinetischen* und *potentiellen* Energien tritt eine weitere Energieart, die spezifische *Dissipationsenergie* e_φ, auf. Sie ist die direkte Folge aus (4.1.25), indem man den zweiten Term der rechten Seite partiell integriert:

$$e_\varphi = -\frac{1}{2}\boldsymbol{\varphi}^2\,.$$

(4.1.27)

Entsprechend steht in (4.1.25) anstelle des zweiten Terms das totale Differential von e_φ. Wenn man noch folgende Definitionen einführt:

$$T := T_* - \mathbf{i}\cdot\left(\frac{\partial\boldsymbol{\varphi}}{\partial s}\right)_{\rho,\omega_j}\quad p := p_* - \rho^2\mathbf{i}\cdot\left(\frac{\partial\boldsymbol{\varphi}}{\partial\rho}\right)_{s,\omega_j}\quad \mu_j := \mu_{j*} - \mathbf{i}\cdot\left(\frac{\partial\boldsymbol{\varphi}}{\partial\omega_j}\right)_{s,\rho,\omega_{\neq j}},\quad(4.1.28)$$

ergibt sich die Beziehung

$$du = d\left(\varepsilon - e_{kin} - e_{pot} - e_\varphi\right) = TdS + \frac{p}{\rho^2}d\rho + \sum_{j=1}^{J}\mu_j d\omega_j \qquad (4.1.29)$$

mit der überraschenden Konsequenzen ($e_\# = const.$), (4.1.30) dass die spezifische innere Energie sich nicht auf die Systemenergie bezieht, sondern auf die Legendretransformierte Energie $E^{[F]}$, für die der Energieerhaltungssatz gilt.

(4.1.29) und (4.1.30) stellen die direkten Folgen der Definition der kinetischen Energie auf der Grundlage der Baryonen-Leptonen-Konstanz dar: Der klassische Ansatz, wonach die Gesamtenergie der Summe aus innerer, kinetischer und potentieller Energie entspricht, ist nur gültig, wenn zusätzlich ein »Massenpunkt-Materie-Modell« vorausgesetzt wird. In jedem anderen Fall muss die Gesamtenergie $E^{[F]}$ durch die *Dissipationsenergie* ergänzt werden. Gleichungen (4.1.28) sind Spezialfälle der allgemeinen Tatsache, dass jede *allgemeinphysikalische* intensive thermische Größe τ_* von derselben *allgemeinphysikalischen* Zustandsgröße τ von Werten eines geeigneten Referenzzustandes abhängt; zudem wird τ_* vom spezifischen Impuls **i** sowie vom Einfluss der zu τ konjugierten Variablen auf die Dissipationsgeschwindigkeit **φ** bestimmt.

Der Ruhezustand, der hier als Referenz gewählt wurde, definiert sich dabei durch folgende Bedingungen:
$$\tau_* \to \tau \quad \mathbf{i} \to 0; \quad \boldsymbol{\varphi} \to 0; \quad \mathbf{v} \to 0. \quad (4.1.31)$$

Der Grenzfall $\boldsymbol{\varphi} \to 0$ ist eine direkte Folge der Basisgleichung (4.1.7). Darüber hinaus markiert er den universellen Trend zum Gleichgewicht. Der Grenzfalls $\boldsymbol{\varphi} \to 0$ verhindert den Umkehrschluss, wonach mit der Bedingung für die Geschwindigkeit $\mathbf{v} \to 0$ auch der spezifische Impuls **i** gegen Null tendieren sollte [vgl. (4.1.19)]. Bewegung und Gleichgewicht sind zwei sich widersprechende Bedingungen (Ausnahme: kinetisches Gleichgewicht). Nur die Größen (T, p, μ) sind diejenigen, die bei Gleichgewichtsexperimenten gemessen werden. Dies ist die wahre Bedeutung des hypothetischen Ruhezustands als Referenzzustand!

Sind an den Grenzwänden einer Strömung die Voraussetzungen der globalen Haftbedingungen erfüllt, so ergibt sich mit der »Wandbindung«
$$\mathbf{v} \equiv 0 \to \mathbf{i} = -\boldsymbol{\varphi} \quad (4.1.33)$$

als physikalische Folge, dass an der Wand der spezifische Impuls der Strömung zu *reiner* Dissipation wird.

4.2 Divergenz- und Dissipationstheoreme

Die zentrale Problemstellung der Feldtheorie der Nichtgleichgewichtsthermodynamik ist die mathematische Beschreibung eines physikalischen Feldes $\mathfrak{B}$ mithilfe der Gibbs-Falk-Dynamik. Als zweifaches Ziel können einerseits die Verbindung der Kinematik eines physikalischen Feldes mit der problemspezifischen Systembeschreibung durch die GFD und andererseits die Formulierung von Nichtgleichgewichtstheoremen gesetzt werden.

Für die folgende Darstellung ist es wesentlich, die in 3.3 eingeführte Unterscheidung zwischen *Gesamtenergie* E und *Systemenergie E* zu betonen. Entsprechend werden die *spezifische* Gesamtenergie mit ε und die *spezifische* Systemenergie mit e bezeichnet.

Als Ausgangspunkt wählt man zur mathematischen Beschreibung eines Mehrkomponenten-Einphasen-Körper-Feld-Strömungs-Systems die Gibbs-Euler Funktion mit ausschließlich extensiven Größen als unabhängigen Variablen

$$E = (\mathbf{P}, \mathbf{F}, S, V, n_j), \qquad (4.2.1)$$

sowie die Euler-Reech-Gleichung

$$E - E_\# = \mathbf{v} \cdot \mathbf{P} + \mathbf{r} \cdot \mathbf{F} + T_* S - p_* V + \sum_{k=1}^{K} \mu_{*k}^m n_k. \qquad (4.2.2)$$

Die Legendre-Transformation bezüglich $\mathbf{F}$ führt auf die Gesamtenergie $E(\mathbf{P}, \mathbf{r}, S, V, n_j)$ und damit auf die GHG:

$$dE = \mathbf{v} \cdot d\mathbf{P} + \mathbf{F} \cdot d\mathbf{r} + T_* dS - p_* dV + \sum_{k=1}^{K} \mu_{*k}^m dn_k. \qquad (4.2.3)$$

Eine weitere Legende-Transformation bezüglich V liefert die Gesamtenthalpie $E_*^{[V]}(\mathbf{P}, \mathbf{r}, S, p_*, n_j)$ und damit die GHG:

$$E_*^{[V]} = \mathbf{v} \cdot d\mathbf{P} + \mathbf{F} \cdot d\mathbf{r} + T_* dS - V dp_* + \sum_{k=1}^{K} \mu_{*k}^m dn_k. \qquad (4.2.4)$$

(4.2.3) und (4.2.4) können für *spezifische Größen* (Gesamtenergie, bzw. Gesamtenthalpie) umgeformt werden:

$$\rho d\varepsilon = \mathbf{v} \cdot \rho d\mathbf{i} - \mathbf{f}\rho \cdot d\mathbf{r} + T_* \rho ds + p_* \frac{d\rho}{\rho} + \sum_{k=1}^{K} \mu^m_{*k} \rho d\omega_k \quad (4.2.5)$$

$$\rho d\varepsilon_*^{[\rho]} = \mathbf{v} \cdot \rho d\mathbf{i} - \mathbf{f}\rho \cdot d\mathbf{r} + T_* \rho ds + dp_* + \sum_{k=1}^{K} \mu^m_{*k} \rho d\omega_k . \quad (4.2.6)$$

Der bisher benutzte *Phasenraum* ist ein mathematisches Konstrukt beliebiger (endlicher) Dimensionen mit euklidischer Geometrie[50]. Entsprechend sind die Definitionen der intensiven Variablen. Sie sind einfache partielle Differentiale ohne Zusätze. Der Phasenraum besitzt kein unmittelbares ontologisches Korrelat, seine Verbindung zur »Wirklichkeit« sind jedoch die Variablen, die ihn konstituieren und die zur Beschreibung der physikalischen Effekte benutzt werden (vgl. Callen-Prinzip). Er ist durch die Einfachheit seiner Konstruktion ein effektives Hilfsmittel, aber er bietet keine Möglichkeit ingenieurmäßiger Anwendbarkeit in der wahrgenommenen Welt, insbesondere fehlt die Möglichkeit der Prognose. Hierzu wird der *Parameterraum* benötigt, ein »anthropomorphes Konstrukt« mit einer (evolutionär bedingten) Anzahl von Koordinaten, von denen eine als »Zeit« bezeichnet wird. Der Parameterraum zeichnet sich dadurch aus, dass er der menschlichen Wahrnehmung angepasst ist. Er dient dazu, Messvorgänge zu etablieren, Prognosen durchzuführen und diese dann in Form statistischer Test zur Kalibrierung oder Evaluation physikalischer Theorien zu nutzen. Die Geometrie des Parameterraums ist global gekrümmt, allenfalls lokal unter günstigen Bedingungen euklidisch. Der Weg vom Phasen- in den Parameterraum wird durch eine differentielle Transformation vermittelt, aus der sich letztlich der Krümmungstensor und der Krümmungsparameter des Parameterraums bestimmen lassen. So kann der Kurvenparameter *t* folgendermaßen eingeführt werden:

$$\left. \frac{d}{dt} \right|_E \equiv D := \partial_t + \mathbf{v} \cdot \partial_r . \quad (4.2.7)$$

So ergibt sich für die Gesamtenergie:

---

[50] Dies folgt per definitionem, da die Existenz von Massieu-Gibbs-Funktionen sowie eine Gibbs-Funktion gefordert wird, deren kovariante Ableitung die Form eines gewöhnlichen totalen Differentials haben soll.

$$\rho D\varepsilon = \mathbf{v}\cdot\rho D\mathbf{i} - \mathbf{f}\rho\cdot\mathbf{v} + T_*\rho Ds + p_*\frac{D\rho}{\rho} + \sum_{k=1}^{K}\mu_{*k}\rho D\omega_k. \quad (4.2.8)$$

Die differentielle Bilanzgleichung der Gesamtenergie für »offene Systeme« hat die Form einer allgemeinen Bilanzgleichung

$$\rho Dz + \nabla\cdot\mathbf{j}_z = \sigma_z, \quad (4.2.9)$$

wobei z eine spezifische (extensive) Größe, $\mathbf{j}_z$ die zugehörige Stromdichte und σ_z ihre Produktionsdichte darstellt. Für alle extensiven Größen kann eine derartige Bilanz angegeben werden; die Erhaltungsgrößen unter ihnen zeichnen sich dabei durch eine verschwindende Produktionsdichte aus. Für die Gesamtenergie gilt damit:

$$\rho D\varepsilon + \nabla\cdot\mathbf{j}_e \equiv 0 \Rightarrow \sigma_e \equiv 0 \quad (4.2.10)$$

Tabellarische Übersicht über Stromdichten und Produktsdichten [s. STRAUB (1997), S. 171]:

Bilanz- gleichung der spezifischen Größe z	Konvektionsterm	Stromdichte $\mathbf{j}_z$	Produktionsdichte σ_z
Enthalpie – $e_*^{[\rho]}$	$\rho De_*^{[\rho]}$	$\mathbf{j}_{e_*^{[\rho]}}$ Enthalpiestromdichte	$\partial_t p_*$ Enthalpieproduktionsdichte
(Körper)-Impuls – $\mathbf{i}$	$\rho D\mathbf{i}$	Π Impulsstromdichte	σ_P Impulsproduktionsdichte
Entropie – s	ρDs	$\mathbf{j}_s$ Entropiestromdichte	σ Entropieproduktionsdichte
Massenbruch – ω_k ($k = 1, ..., K$)	$\rho D\omega_k$	$\mathbf{j}_k$ Diffusionsstromdichte	Γ_k Chemische Produktionsdichte

Aus dieser Tabelle können die »Bilanzgleichungen« abgelesen werden:

$$\begin{aligned}\rho De_*^{[\rho]} + \nabla\cdot\mathbf{j}_{e_*^{[\rho]}} &= \partial_t p_* \\ \rho D\mathbf{i} + \nabla\cdot\Pi &= \sigma_P \\ \rho Ds + \nabla\cdot\mathbf{j}_s &= \sigma \\ \rho D\omega_k + \nabla\cdot\mathbf{j}_k &= \Gamma_k; \quad k = 1,...,K.\end{aligned} \quad (4.2.11)$$

Die letzten Bilanzgleichungen, die »Komponentenkontinuitätsgleichungen« müssen kommentiert und ergänzt werden. Summiert man für alle Komponenten, erhält man:

$$\rho D \sum_{k=1}^{K} \omega_k + \nabla \cdot \sum_{k=1}^{K} \mathbf{j}_k = \sum_{k=1}^{K} \Gamma_k \qquad (4.2.12)$$

mit der die Massenerhaltung ausdrückenden Zusatzbedingung:

$$D \sum_{k=1}^{K} \omega_k = D1 \equiv 0 \qquad (4.2.13)$$

und damit

$$\nabla \cdot \sum_{k=1}^{K} \mathbf{j}_k = \sum_{k=1}^{K} \Gamma_k. \qquad (4.2.14)$$

Diffusion und chemische Reaktionen aber stehen für zwei voneinander *unabhängige Elementareffekte*, d. h. Diffusion kann ablaufen unabhängig davon, ob gleichzeitig chemische Reaktionen stattfinden oder nicht. Beide Seiten der Gleichung (4.2.14) müssen daher derselben Konstanten gleich sein. Berücksichtigt man weiterhin, dass Produktion und Vernichtung einer Komponente durch unterschiedliche Vorzeichen ausgedruckt werden, dann muss diese Konstante 0 sein. Das führt zu den zwei Schließbedingungen, die zum Ausdruck bringen, dass von den K Diffusionsstromdichten $\mathbf{j}_k$, bzw. chemischen Produktionsdichten Γ_k jeweils K-1 dieser Dichten unabhängig voneinander sind:

$$\sum_{k=1}^{K} \mathbf{j}_k \equiv 0 \text{ und } \sum_{k=1}^{K} \Gamma_k \equiv 0. \qquad (4.2.15)$$

Nach der Einführung der Zeit t als Kurvenparameter [vgl. (4.2.7)] ergibt sich für die spezifische Gesamtenthalpie [Vgl. STRAUB (1997), S. 170, (6.31)]:

$$\rho D \varepsilon_*^{[\rho]} = \mathbf{v} \cdot \rho D \mathbf{i} - \mathbf{f} \rho \cdot \mathbf{v} + T_* \rho D s + D p_* + \sum_{k=1}^{K} \mu_{*k} \rho D \omega_k. \qquad (4.2.16)$$

Berücksichtigt man die »differentielle Bilanzgleichung für offene Systeme« (4.2.11/1), folgt für (4.2.16) ein auch für offene Systeme gültiger Zusammenhang:

$$\partial_t p_* - \nabla \cdot [\mathbf{j}_e - \rho_* \mathbf{v}] = \mathbf{v} \cdot \rho D \mathbf{i} - \mathbf{f} \rho \cdot \mathbf{v} + T_* \rho D s + D p_* + \sum_{k=1}^{K} \mu_{*k} \rho D \omega_k. \qquad (4.2.17)$$

(4.2.17) dient als Ausgangspunkt zu der Herleitung der Divergenz- und Dissipationstheoreme.

Setzt man die relevanten Bilanzgleichungen (4.2.11) in die Gleichung (4.2.17) ein, so ergibt sich mit

$$\partial_t p_* - \nabla \cdot [\mathbf{j}_e - \rho_* \mathbf{v}] = [\sigma_\mathbf{P} - \nabla \cdot \mathbf{\Pi} - \mathbf{f}\rho]_V \cdot \mathbf{v} + T\sigma - T_* \nabla \cdot \mathbf{j}_s +$$
$$+ \partial_t p_* + \mathbf{v} \cdot \nabla p_* + \sum_{k=1}^{K} \mu_{*k} - \sum_{k=1}^{K} \mu_{*k} \nabla \cdot \mathbf{j}_k \qquad (4.2.18)$$

eine Beziehung, welche die Stromdichten und Produktionsdichten aller *Transportprozesse* zusammenfasst.

Mithilfe der bekannten Regeln der Tensor-Algebra [s. z. B. in: BIRD, STEWART und LIGHTFOOT (1960), S. 731] kann (4.2.17) umgeformt und in charakteristischer Weise angeordnet werden:

$$\nabla \cdot \left[\mathbf{j}_e - \mathbf{\Pi} \cdot \mathbf{v} - T_* \mathbf{j}_s - \sum_{k=1}^{K} \mu_{*k} \mathbf{j}_k \right] + [\sigma_\mathbf{P} - \mathbf{f}\rho] \cdot \mathbf{v} +$$
$$+ \left(-p_* \nabla \cdot \mathbf{v} + \mathbf{\Pi} : \nabla \mathbf{v} + T_* \sigma + \mathbf{j}_s \cdot \nabla T_* + \sum_{k=1}^{K} \mu_{*k} \Gamma_k + \sum_{k=1}^{K} \mathbf{j}_k \cdot \nabla \mu_{*k} \right) \equiv 0. \qquad (4.2.19)$$

Abgesehen von (T_*, p_*, μ_*), d.h. den intensiven *allgemeinphysikalischen* Größen geht die Bedeutung der weiteren Größen – Stromdichten, Produktionsdichten (vgl. Tabelle) – aus den »Bilanzgleichungen« (4.2.11) hervor. Dabei muss man die direkten Konsequenzen aus der dritten Klammer analysieren: Sie fasst zwei physikalisch unterschiedliche Effekte zusammen. Einerseits die beiden *Produktionsdichten* der Entropie (σ) und der Stoffbilanz (Γ_k); andererseits solche Terme, die über die Gradienten der intensiven Variablen direkt mit Nichtgleichgewichtsvorgängen verbunden sind. Bestimmte Voraussetzungen können garantieren, dass die den jeweiligen Gradienten zugeordneten *Stromdichten* diesen (und eventuell auch den anderen) Gradienten direkt proportional sind. Der »Zweite Hauptsatz der Thermodynamik«, ausgedrückt durch $T_*\sigma \geq 0$, kann dann stets erfüllt werden, falls es gelingt, eine Aussage über die beiden ersten Terme in der Klammer zutreffen. Da es nach dem sogenannten Divergenz-Verbot begründet, gibt keine Möglichkeit, das Vorzeichen des Wertes der lokalen Divergenz einer Vektorgröße durch eine nicht lokale Zwangsbedingung festzusetzen, kann man das Problem dadurch auflösen, dass man mithilfe der schon erwähnten tensoralgebraischen Zusammenhänge die tensorielle Impulsstromdichte definitionsgemäß in einen Druckterm (multipliziert mit dem Einheitstensor) und in eine tensorielle Residuumgröße, den *Reibungsspannungstensor* aufspaltet:

$$\Pi := \{p_*\mathbf{1}\} + \mathbf{\tau}_* . \tag{4.2.20}$$

Mit dieser Definition (4.2.20) kann sich die Π-Terme im ersten und dritten Klammerausdruck von (4.2.19) folgendermaßen umformen:

$$-p_*\nabla \cdot \mathbf{v} + \Pi : \nabla \mathbf{v} = \mathbf{\tau}_* : \nabla \mathbf{v}; \quad \text{bzw.} \quad \mathbf{j}_e - \Pi \cdot \mathbf{v} = \dot{\mathbf{q}}_* + \dot{\mathbf{w}}_*^t - \mathbf{\tau}_* \cdot \mathbf{v} \tag{4.2.21}$$

und (4.2.19) modifizieren in

$$\nabla \cdot \left[\dot{\mathbf{q}}_* + \dot{\mathbf{w}}_*^t - \mathbf{\tau}_* \cdot \mathbf{v} - T_* \mathbf{j}_s - \sum_{k=1}^{K} \mu_{*k} \mathbf{j}_k \right] + \left[\sigma_P - \mathbf{f}\rho \right] \cdot \mathbf{v} + $$
$$+ \left(\mathbf{\tau}_* : \nabla \mathbf{v} + T_* \sigma + \mathbf{j}_s \cdot \nabla T_* + \sum_{k=1}^{K} \mu_{*k} \Gamma_k + \sum_{k=1}^{K} \mathbf{j}_k \cdot \nabla \mu_{*k} \right) \equiv 0, \tag{4.2.22}$$

so dass drei Klammerausdrücke unterschiedlicher physikalischer Bedeutung identifiziert werden können. (4.2.22) muss für alle Prozesse, auch für Grenzfälle, eine physikalisch realisierbare Lösung besitzen. Um diese Forderung zu erfüllen, muss man die Gleichung (4.2.22) universellen, vom Einzelfall unabhängigen, Bedingungen unterwerfen. In der mathematischen Feldtheorie kann jede physikalische Größe als Funktion eines Ortparameters und/oder Zeitparameters dargestellt werden, wobei die konvektiven Veränderungen einer allgemeinphysikalischen spezifischen Größen – wie oben dargestellt wurde – von zwei Einflüssen bestimmt werden: den Stromdichten und den entsprechenden Produktionsdichten. Nach dem Prinzip von den elementaren Basiseffekten hängen diese Einflüsse nicht unmittelbar, sondern nur mittelbar über das Feld voneinander ab.

Dadurch wird mithilfe der Gleichung (4.2.22) nicht nur eine qualitative Aussage, sondern eine quantitative Bestimmung ermöglicht. Der Erste Hauptsatz macht eine globale Aussage darüber, die Energie eines offenen Systems geändert werden kann: Statt den Energieaustausch des betroffenen Systems mit allen anderen über die jeweiligen Gibbs-Funktionen zu berechnen, werden alle diese Systeme zur »Umgebung« zusammengefasst. Energieänderungen des Systems werden dann durch den Austausch von »Wärme« und »Arbeit« mit dieser Umgebung realisiert:

$$\mathbf{j}_e := \dot{\mathbf{q}}_* + \dot{\mathbf{w}}_* . \tag{4.2.23}$$

Die lokale Wärmestromdichte $\dot{\mathbf{q}}_*$ wird im Wesentlichen durch die beiden lokalen Gradienten der Temperatur und des chemischen Potentials bestimmt. Bei der lokalen Arbeitsstromdichte $\dot{\mathbf{w}}_*$ muss man dagegen annehmen, dass diese auf lokal auftretenden Geschwindigkeits- und Druckgradienten zurückgeführt werden kann. Die lokale Stromdichte $\mathbf{j}_e$ der spezifischen Gesamtenergie wird von allen Gradienten der lokalen intensiven Zustandsvariablen auf sehr unterschiedliche, aber charakteristische Weise festgelegt.

In den hier untersuchten System-Klassen kann angenommen werden, dass die Wärmestromdichte $\dot{\mathbf{q}}_*$ entsprechend der Gleichung (4.2.22) nur von den Gradienten der beiden den Stromdichten $\mathbf{j}_*$ und $\mathbf{j}_k$ zugeordneten intensiven Variablen T_* und μ_{*k} abhängen soll. Damit erscheint es folgerichtig, die technische Arbeitsstromdichte $\dot{\mathbf{w}}_*^t$ durch die Variablen des lokalen Druck- und Geschwindigkeitsfeldes in geeigneter Weise zu ersetzen. Die Definition (4.2.20) ergänzend, definieren wir die »technische Arbeitsstromdichte« $\dot{\mathbf{w}}_*^t$ durch

$$\dot{\mathbf{w}}_*^t := \boldsymbol{\tau}_* \cdot \mathbf{v}, \tag{4.2.24}$$

also in Ausdrücken der lokalen Strömungsgeschwindigkeit $\mathbf{v}$ und den bewegungsrelevanten Geschwindigkeitsgradienten, wie sie im Reibungsspannungstensor $\boldsymbol{\tau}_*$ zusammengefasst sind. Dadurch erhält (4.2.22) folgende Form:

$$\nabla \cdot \left[\dot{\mathbf{q}}_* - T_* \mathbf{j}_s - \sum_{k=1}^{K} \mu_{*k} \mathbf{j}_k \right] + \left[\boldsymbol{\sigma}_\mathbf{P} - \mathbf{f}\rho \right] \cdot \mathbf{v} + \\ + \left(\boldsymbol{\tau}_* : \nabla \mathbf{v} + T_* \sigma + \mathbf{j}_s \cdot \nabla T_* + \sum_{k=1}^{K} \mu_{*k} \Gamma_k + \sum_{k=1}^{K} \mathbf{j}_k \cdot \nabla \mu_{*k} \right) \equiv 0. \tag{4.2.25}$$

Mithilfe dieser Gleichung (4.2.25) kann man das o. g. Prinzip der elementaren Basiseffekte quantitativ erfassen, sie fungiert als *konstitutive Feldgleichung*.

Im Spezialfall $\mathbf{v} = \mathbf{0}$ verkürzt sich (4.2.25) zu

$$\nabla \cdot \left[\dot{\mathbf{q}}_* - T_* \mathbf{j}_s - \sum_{k=1}^{K} \mu_{*k} \mathbf{j}_k \right] + \left(T_* \sigma + \mathbf{j}_s \cdot \nabla T_* + \sum_{k=1}^{K} \mu_{*k} \Gamma_k + \sum_{k=1}^{K} \mathbf{j}_k \cdot \nabla \mu_{*k} \right) \equiv 0. \quad (4.2.26)$$

Da wegen des Divergenzverbots die erste Klammer gleich Null ist, muss auch die zweite Null sein. Meistens wird die Geschwindigkeit nicht verschwinden. Die erste und dritte Klammer kann nur Null sein, wenn die zweite Klammer der konstitutiven Feldgleichung (4.2.25) ebenfalls identisch verschwindet. Abgesehen von der Orthogonalität kommt für $\mathbf{v} \neq \mathbf{0}$ nur die von allen möglichen Prozessen der Mehrkomponenten-Einphasen-Körper-Feld-Strömungssysteme unabhängige Identität infrage

$$[\boldsymbol{\sigma}_P - \mathbf{f}\rho] \equiv 0, \quad (4.2.27)$$

Sie drückt die Kopplung des Körpers an das Feld mittels der Impulsproduktionsdichte $\boldsymbol{\sigma}_P$ aus.

Die Nullsumme unter dem Nabla-Operator und im 3. Klammerausdruck führen bei (4.2.25) zu zwei physikalisch grundlegenden Konsequenzen. Vor allem liefert die erste Nullsumme den Ausdruck

$$\dot{\mathbf{q}}_* = T_* \mathbf{j}_s + \sum_{k=1}^{K} \mu_{*k} \mathbf{j}_k \quad (4.2.28)$$

Der die Wärmestromdichte $\dot{\mathbf{q}}_*$ auf die lokal auftretenden Entropie- und Diffusionsstromdichten mit den konjugierten thermischen Variablen T_* und μ_{*k} zurückführt. Wenn keine Diffusionsströme auftreten, dann ergibt sich die einfache, in der Fachliteratur selten erwähnte oder nicht überzeugend begründete Verknüpfung zwischen Entropiestromdichte $\mathbf{j}_s$ und Wärmestromdichte $\dot{\mathbf{q}}_*$:

$$\mathbf{j}_s = \frac{\dot{\mathbf{q}}_*}{T_*}. \quad (4.2.29)$$

Neben (4.2.28) erhält man aus (4.2.24) unter Berücksichtigung von (4.2.20) und der Definition der technischen Wärmestromdichte:

$$\dot{w}_*^t + p_* \mathbf{v} = p_* \mathbf{v} + \boldsymbol{\tau}_* \cdot \mathbf{v} = \boldsymbol{\Pi} \cdot \mathbf{v} \Rightarrow \dot{w}_* = \boldsymbol{\Pi} \cdot \mathbf{v}. \tag{4.2.30}$$

Dieses Ergebnis (4.2.30) erklärt, wie die lokale Arbeitsstromdichte $\dot{w}_*$ von den lokalen Werten der Impulsstromdichte $\boldsymbol{\Pi}$ und der Strömungsgeschwindigkeit $\mathbf{v}$ bestimmt sind. Wenn man (4.2.30) zur Gleichung (4.2.28) addiert und die formale Zerlegung der Energiestromdichte $\mathbf{j}_e$ von (4.2.23) verwendet, erhält man das sogenannte *Divergenz-Theorem:*

$$\boxed{\mathbf{j}_e - \boldsymbol{\Pi} \cdot \mathbf{v} - T_* \mathbf{j}_s - \sum_{k=1}^{K} \mu_{*k} \mathbf{j}_k \equiv 0}. \tag{4.2.31}$$

Das Theorem (4.2.31) könnte man formal aus (4.2.19) gewinnen. In diesem Fall ginge jedoch das tiefere Verständnis der zwei anderen Klammerausdrücke verloren. Die Bedeutung des Theorems wird von Straub so zusammengefasst:

> „The importance of this so-called *divergence theorem* extends far beyond its direct application to multicomponent single-phase body-field systems. This is true because the structure ... indicates that for other classes of systems only the pertaining flow densities will have to be included." [STRAUB, D. (1997), S. 173, (6.44)].

Durch das Verschwinden der dritten Klammer in (4.2.25) erhält man das sogenannte *Dissipationstheorem:*

$$\boxed{\boldsymbol{\tau}_* : \nabla \mathbf{v} + T_* \sigma + \mathbf{j}_s \cdot \nabla T_* + \sum_{k=1}^{K} \mu_{*k} \Gamma_k + \sum_{k=1}^{K} \mathbf{j}_k \cdot \nabla \mu_{*k} \equiv 0}. \tag{4.2.32}$$

Diese Identität erfasst alle für die untersuchte Klasse (Mehrkomponenten-Einphasen-Körper-Feld-Strömungssysteme) in Frage kommenden Ausdrücke, die je die spezifischen Beiträge zur Irreversibilität im System beschreiben. Das Dissipationstheorem zusammen mit dem Zweiten Hauptsatz ($\sigma \geq 0$) bedeutet eine physikalisch grundlegende Zwangsbedingung. Sie ist aus den elementaren Basiseffekten hergeleitet und kann in der folgenden Ungleichung dargestellt werden:

$$\frac{\boldsymbol{\tau}_*}{T_*} : \nabla \mathbf{v} + \mathbf{j}_s \cdot \frac{\nabla T_*}{T_*} + \sum_{k=1}^{K} \frac{\mu_{*k}}{T_*} \Gamma_k + \sum_{k=1}^{K} \frac{\mathbf{j}_k}{T_*} \cdot \nabla \mu_{*k} \leq 0 \,. \tag{4.2.33}$$

Diese Zwangsbedingung stellt u. a. [vgl. WURST, TH. K. [Hrsg.] (2002), S. 126] dar, dass

- die für gewisse Materialklassen aufgestellten Theorien zur Modellierung der Stromdichten sowie der chemischen Produktionsdichten bestimmten Restriktionen unterworfen sind. Diese begründen in erster Näherung die konstitutiven Gleichungen für die »Transportkoeffizienten« wie *Viskosität, Wärmeleitzahl und Diffusionskoeffizient;*
- jeder der vier Terme der Ungleichung (4.2.33) auf einen *quadratischen* Ausdruck im jeweiligen Gradienten zurückgeführt wird;
- die Ungleichung dann automatisch erfüllt wird, falls jeder »Transportkoeffizient« ζ_Z, definiert durch die lineare Verknüpfung $\mathbf{j}_Z := -\zeta_Z \nabla \xi_Z$, ausnahmslos für alle Zustände positiv definit ist.

Für das Verständnis physikalischer Nichtgleichgewichtsprozesse sind die *Divergenz- und Dissipationstheoreme* grundlegend. Diese Theoreme können aus den Grundlagen der Gibbs-Falk-Dynamik ohne jede Vernachlässigung hergeleitet werden. Die hier gezeigte Herleitung wurde nur für die Klasse der Mehrkomponenten-Einphasen-Körper-Feld-Strömungssysteme durchgeführt, aber die mathematische Form jedes Theorems lässt erkennen, wie sie für andere Systemklassen und damit für andere Mengen *allgemeinphysikalischer* Größen modifiziert werden muss. Bei der Herleitung war das Prinzip der elementaren Basiseffekte wesentlich. Mit anderen Worten: Strom- und Produktionsdichten sind individuell identifizierbar, treten gewichtet additiv auf, sind kooperativ, d. h. sie wirken über das Feld zusammen. Die AT ist damit für Körper-Feld-Systeme eine auf den Körperanteil fokussierte Prozesstheorie, d. h. sie beschreibt reale Prozesse, denen der Körperteil unterzogen wird. Die AT gestattet prinzipiell eine Bewertung realer Prozesse in Bezug auf den hypothetischen reversiblen Grenzfall. Sie enthält explizit mindestens ein Element des Feldanteils, nämlich das konstitutive Element der Trägheit jedes Körpers als Ausdruck der Retardierung von Wechselwirkungen zwischen Körpern im Feld. Durch diese Darstellung der AT erweist sich Physik als Wissenschaft von den Nichgleichgewichtsphänomenen. Entgegen der traditionellen Deutung sind »Gleichgewichte« die Ausnahme, nicht die Regel. »Stationäre Prozesse«, häufig mit Gleichgewichtszuständen verwechselt, sind ein wesentliches Kennzeichen stabiler, realer Systeme und finden stets fern vom Gleichgewicht statt. Die AT weist nach, dass die Formeln der klassischen Mechanik meist nur wichtige Idealisierungen und Spezialfälle beschreiben, aber für die Darstellung der in der Realität gewöhnlich auftretenden Nichtgleichgewichtsprozesse nicht erweitert oder modifiziert werden können. Die *Divergenz- und Dissipationstheoreme* gehören zu den wichtigsten Schlussfolgerungen beim Übergang der Beschreibung physikalischer Prozesse im Gibbs-Phasenraum zur Beschreibung im Konfigurationsraum.

4.3 Allgemeine Bewegungsgleichungen und ihre Näherungen

Den Ursprung der allgemeinen Bewegungsgleichung muss man in der Bilanzgleichung für den spezifischen Linearimpuls **i** des sich bewegenden bzw. ruhenden Körpers suchen. Bei dieser Darstellung muss man sofort die Frage stellen, wie sich diese Bilanzgleichung in die allgemeine Form der Bewegungsgleichung der betreffenden Systemklasse überführen lässt. Diese Problemstellung zieht nach sich, dass einerseits das substantielle Differential $D\mathbf{i}$ durch $D\mathbf{v}$ ersetzt und andererseits der Reibungsspannungstensor τ_* auf die Systemvariablen zurückgeführt werden muss. Traditionell wird diese Problematik aus *Cauchy*s Spannungsprinzip heraus untersucht [Vgl. STRAUB, D. (1997), S. 178-179, bzw. TRUESDELL, C. (1968), S. 194]. Um die Leistungsfähigkeit und Allgemeinheit der Bewegungsgleichung nach AT richtig würdigen zu können, muss man an dieser Stelle das »Cauchy-Prinzip«« kurz erläutern. Es basiert auf dem »Eulerschen Schnittprinzip«, nach dem ein beliebiger Teil des (materiellen) Körpers virtuell abgetrennt wird. Die auf den Teilkörper *TK* mit den Oberflächenelementen ∂TK wirkenden Kräfte werden ins kinetische Gleichgewicht gesetzt. Cauchy legt das Fundament der klassischen Kontinuum-Mechanik bekanntlich mittels eines für die Mechanik grundlegenden Begriffs, des Spannungstensors **T**. Die Druck- oder Zugspannung (tension) **t** in ∂TK ist zur Oberflächennormalen **n** von ∂TK „schiefgerichtet". Das tensorielle Transformationsgesetz hat die Form **t** = **T*****n**. Demnach ist **t** eine homogene lineare Funktion von **n**, **T*** ein symmetrischer Tensor zweiter Stufe. Der Euler-Druck kann als dem Skalarfeld definiert werden: $\mathbf{t}_n = p_E \mathbf{n}$, wobei p_E dem Euler-Druck entspricht. »Cauchys Reibungsspannungstensor« $\boldsymbol{\tau}_C$ resultiert damit aus der formalen Zerlegung des Spannungstensors **T**:

$$\mathbf{T} := -p_E \mathbf{1} + \boldsymbol{\tau}_C. \qquad (4.3.1)$$

Cauchys Theorie basiert ausschließlich auf der Newton-Eulerschen Dynamik, gilt nur, wenn die Bedingung $\mathbf{i} \equiv \mathbf{v}$ erfüllt ist. Mit diesen (sehr einschränkenden) Annahmen nimmt »Cauchys Bewegungsgesetz« bekanntlich folgende Form an:

$$\rho D\mathbf{v} - \nabla \cdot \mathbf{T} = \rho \mathbf{f}; \quad \mathbf{T} = \mathbf{T}^t; \quad \mathbf{T}(\mathbf{r};t) \equiv T_{\alpha\beta} = \begin{pmatrix} T_{11} & T_{12} & T_{13} \\ T_{21} & T_{22} & T_{23} \\ T_{31} & T_{32} & T_{33} \end{pmatrix}. \quad (4.3.2)$$

Die Existenz von **T** wird als Cauchys Fundamentaltheorem bezeichnet. In (4.3.2) ist das Tensorfeld **T** zu einem gegebenen Zeitpunkt überall differenzierbar, die spezifische Feldkraft **f** und die Massendichte ρ sind stetig. Die zweite Teilgleichung von (4.3.2) drückt die Symmetrie des Tensors **T** aus.

Wie oben schon angedeutet, scheint die Cauchy-Theorie nur den reversiblen Fall darzustellen. Der Grund dafür ist, dass Cauchys Argumentation überwiegend geometrischer Natur ist – kombiniert mit einer Gleichgewichtsüberlegung. Dieser Schluss beruht auf der unausgesprochenen Voraussetzung, dass Reibung – oder allgemein Dissipation – die mathematische Struktur der Bewegungsgleichungen nicht tangiere. Die »Eulerschen Bewegungsgleichungen« für den reversiblen Grenzfall erhält man aus

(4.3.2), wenn man zusätzlich annimmt, dass die Druck- oder Zugspannung (der Vektor **t**) normal zum betreffenden Oberflächenelement wirkt und zum skalaren Euler-Druck p_E führt.

Gemessen an der AT ist die physikalische Basis und deren Begründung für »Cauchys Bewegungsgleichungen« sowie deren Entwicklung zu den »Navier-Stokes-Bewegungsgleichungen« mehr als dubios. Letztere sind seit 170 Jahren die als sakrosankt und paradigmatisch geltenden, mathematischen Hauptwerkzeuge der Kontinuumsmechanik. Sie spielen in der Technik eine dominierende Rolle; neuerdings werden sie auch als grundlegend für die Klimaforschung bezeichnet. Nähme man Karl Poppers »Falsifikationsgebot« ernst, so müssten die »Navier-Stokes-Bewegungsgleichungen« schon längst ihren wissenschaftlichen Nimbus eingebüßt haben: Immerhin beanspruchen sie im Gegensatz zu den »Cauchy Bewegungsgleichungen« die Zuständigkeit für die Beschreibung dissipativer Effekte in Strömungen, ohne dass *Irreversibilität* bei Cauchys mathematische Basis explizit berücksichtigt würde. Die nachgeschobene Einführung der Viskosität ist faktisch eine rein *heuristische* Korrektur, da auch die dafür oft herangezogene »kinetische Gastheorie« eine rein mechanische Theorie mit denselben grundlegenden Defiziten ist.

Im Rahmen der AT lässt sich eine physikalisch und mathematisch korrekte Bewegungsgleichung herleiten – startend mit der differentiellen Impulsbilanz [vgl. (4.2.10)$_2$]. Unter Berücksichtigung der Identität (4.2.25), welche die Kopplung des Körpers an das Feld mittels der Impulsproduktionsdichte σ_P ausdrückt, erhält man zunächst

$$\rho D\mathbf{i} + \nabla \cdot \mathbf{\Pi} = \rho \mathbf{f} \qquad (4.3.3)$$

mit der spezifischen Feldkraft **f**. Die Anwendung der Basisrelation $\mathbf{i} = \mathbf{v} - \boldsymbol{\varphi}$ [vgl. (4.1.7)] für die *Dissipationsgeschwindigkeit* in (4.2.18) führt dann zur »allgemeinen Bewegungsgleichung der AT«:

$$\rho D\mathbf{v} - \rho D\boldsymbol{\varphi} + \nabla \cdot \{p_*\mathbf{1} + \boldsymbol{\tau}_*\} = \rho \mathbf{f} = \rho D\mathbf{v} - \partial_t \rho\boldsymbol{\varphi} + \nabla \cdot \{p_*\mathbf{1} + \boldsymbol{\tau}_* - \rho\mathbf{v}\boldsymbol{\varphi}\}$$
$$(4.3.4)$$

Man kann nun die beiden *Bewegungsgleichungen* (4.3.2) und (4.3.4) zueinander in Beziehung setzen, um die physikalische Relevanz der mathematischen Struktur des Cauchyschen Spannungstensor **T**(**r**, t) zu bewerten. Mit den Definitionen für den Drucktensor **Π** und Reibungsspannungstensor $\boldsymbol{\tau}_*$

$$\mathbf{T} := -\mathbf{\Pi}; \quad \mathbf{\Pi} := p_* \mathbf{1} - \boldsymbol{\tau}_* \tag{4.3.5.1}$$

und unter Vernachlässigung des instationären Terms $\partial_t \rho \boldsymbol{\varphi}$ resultieren zwei zentrale Aussagen:

1. Der Reibungsspannungs-tensor $\boldsymbol{\tau}_*$ ist durch das dyadische Produkt aus der Strömungs- und Dissipationsgeschwindigkeit festgelegt:

$$\boldsymbol{\tau}_* = \frac{1}{2}\rho \begin{bmatrix} v_1\varphi_1 & v_2\varphi_1 & v_3\varphi_1 \\ v_1\varphi_2 & v_2\varphi_2 & v_3\varphi_2 \\ v_1\varphi_3 & v_2\varphi_3 & v_3\varphi_3 \end{bmatrix}. \tag{4.3.5.2}$$

2. (4.3.5.2) – eines der Hauptresultate der AT – bestätigt formal die mathematische Struktur des Cauchyschen Spannungstensors, gibt ihm darüber hinaus physikalischen Sinn: Er erweist sich als dyadisches Produkt aus lokaler Strömungsgeschwindigkeit und lokaler Dissipationsgeschwindigkeit.

Trotz der formalen Übereinstimmung mit (4.3.1) besteht keine inhaltliche Identität: Während der Cauchy-Reibungsspannungstensor **T** mittels zusätzlicher Annahmen und Hypothesen durch Geschwindigkeitsgradienten ausgedrückt wird, wird der lokale Euler-Druck p_E aus den verfügbaren Feldgleichungen berechnet; Der thermodynamische Druck p_* und die Dissipationsgeschwindigkeit $\boldsymbol{\varphi}$ sind dagegen lokale Funktionen der einschlägigen Systemvariablen. Die Komponentendarstellung (4.3.5) von $\boldsymbol{\tau}_*$ zeigt, dass Geschwindigkeitsgradienten bei einer der Gibbs-Falk-Dynamik unterliegenden Systemklasse keine erstrangige Rolle spielen. Aber die Verbindung zwischen $\boldsymbol{\varphi}$ und $\boldsymbol{\tau}_*$ ist eindeutig. Einige Konsequenzen dieser Tatsache wollen wir an dieser Stelle hervorheben. Die Dissipationsgeschwindigkeit ist eng mit der Irreversibilität verbunden, die Rolle von $\boldsymbol{\varphi}$ für den Ruhezustand unverkennbar. Die diesbezüglichen Grenzbedingungen (4.1.18) können so ergänzt werden, dass die Impulsbilanz für den reversiblen Grenzfall belegt ist:

$$\varphi \to 0 \Rightarrow \mathbf{i} = \mathbf{v} \Rightarrow \begin{cases} p_* \to p \\ \tau_* \to \tau \end{cases} \Rightarrow \rho D\mathbf{v} + \nabla p = \rho \mathbf{f} \ . \qquad (4.3.6)$$

Dieses *Reversibilitätstheorem* [vgl. STRAUB, D. (1997), S. 180] führt ohne jegliche Viskositätsbeziehung zur Eulerschen Bewegungsgleichung. Weiterhin folgt daraus, dass nur im reversiblen Grenzfall der Nichtgleichgewichtsdruck p_* in den Druck p im Ruhezustand übergeht. Für diesen Fall gilt die thermische Zustandsgleichung. (4.3.6) dient als Bestätigung der theoretisch wichtigen Verbindung zwischen thermodynamischem Gleichgewicht und Reversibilität: Reversibilität ist ein Spezialfall für die Dissipationsgeschwindigkeit $\varphi \to 0$.

Bezüglich der Impulsbilanz liefert das Reversibilitätstheorem weitreichende Schlüsse [s. WURST, TH. K. (Hrsg.) (2002), S. 133-134]:

(1) Der durch das Reversibilitätstheorem festgelegte Spezialfall kann bezüglich des Dissipationstheorems dahingehend auf eine breite Basis unter dem *Generalaxiom* gestellt werden, dass der physikalische Grenzfall $\sigma \to 0$ mit dem gleichzeitigen Verschwinden aller dissipativen Effekte verbunden ist.

(2) Mithilfe von σ erlaubt dieses *Generalaxiom* die einheitliche Definition diverser Relaxationszeiten, um typische (dissipative) Transportphänomene zu charakterisieren.

(3) Aus der speziellen Struktur des Drucktensors folgt, dass für jede »nonslip condition« ($\mathbf{v} = \mathbf{0}$) der Reibungsspannungstensor im Nichtgleichgewicht identisch verschwindet. So ergibt sich, dass solcherart lokal auftretenden dissipativen Effekte einer Strömung in den skalaren Strömungsdruck p_* einbezogen sind. Die Relation $p := p_* - \varrho^2 \mathbf{i} \cdot \left(\frac{\partial \varphi}{\partial \rho} \right)_{r,s,\omega_j}$ verbindet beide Drücke über φ miteinander. Für den Fall der `Wandbindung´ ($\mathbf{v} = \mathbf{0}$) kann man das Integral ausrechnen, demnach wirkt der

Einfluss der Strömung nur noch über die spezifische »Dissipationsenergie« e_φ gemäß dem Ausdruck

$$p_* = p + \rho^2 \left(\frac{\partial e_\varphi}{\partial \rho}\right)_{r,s,\omega_j}, \qquad (4.3.7)$$

d. h. aber, dass sich die Strömung eines Fluids an einer festen Begrenzung durch reine Dissipation bemerkbar macht. Die skalare Größe e_φ hängt dabei von den Werten aller Variablen an der Wand ab. Die o. a. Ausführungen zeigen, welche wichtige Rolle die »Dissipationsgeschwindigkeit« in den verschiedensten Fällen spielt. Folglich ist es zweckmäßig, sich abschließend die wichtigsten physikalisch-mathematischen Eigenschaften von φ klar zu machen. Aus der Basisrelation heraus kann man aus den drei Vektoren $\mathbf{v}$, $\boldsymbol{\varphi}$ und $\mathbf{i}$ die drei Skalarprodukte

$$\mathbf{v} = \mathbf{i} + \boldsymbol{\varphi} \Rightarrow -\frac{1}{2}\boldsymbol{\varphi}\cdot\mathbf{v} = -\frac{1}{2}\boldsymbol{\varphi}\cdot\mathbf{i} - \frac{1}{2}\boldsymbol{\varphi}\cdot\boldsymbol{\varphi} \Rightarrow e_\tau = e_i + e_\varphi. \qquad (4.3.8)$$

bilden, die je unterschiedliche physikalische Bedeutung besitzen, aber nicht unabhängig voneinander sind. Die (spezifische) Reibungsspannungsenergie e_τ und die (spezifische) dissipative Bewegungsenergie e_i als Irreversibilitätsparameter spielen eine zentrale Rolle bei der Definition von Relaxationszeiten. Die Berücksichtigung der mathematischen Definition des Skalarprodukts und (4.3.8) geben für die (spezifische) dissipative Bewegungsenergie e_i:

$$e_i = -\frac{1}{2}\mathbf{i}\cdot\boldsymbol{\varphi} = \frac{1}{2}\mathbf{i}^2 - \frac{1}{2}\mathbf{v}\cdot\mathbf{i} = \frac{1}{2}\mathbf{i}^2[1 - \chi\cos(\mathbf{v},\mathbf{i})]. \qquad (4.3.9)$$

Der Parameter $\chi \leq 1$ definiert in (4.3.9) den Wert von $\mathbf{v}$ als den Bruchteil des Wertes von $\mathbf{i}$, der Kosinuswert des Winkels zwischen $\mathbf{v}$ und $\mathbf{i}$ erfasst anschaulich die Drift zwischen den lokalen Werten von Impuls und Geschwindigkeit in einer realen Strömung. Diese Drift ist für die auftretende Irreversibilität verantwortlich. Ein Driftwinkel $(\mathbf{v},\mathbf{i}) \geq 90^0$ ist irregulär. Wenn e_i als *allgemeinphysikalische Größe* Irreversibilität darstellt, dann besitzt e_i charakteristische Eigenschaften, die typisch sind für alle realen Substanzen unter Nichtgleichgewichtsbedingungen. Traditionell werden solche Eigenschaften durch »Transportkoeffizienten« repräsentiert. Seit

Maxwell werden jene Koeffizienten auf charakteristische Relaxationszeiten zurückgeführt. [Vgl. STRAUB, D. (1997), S. 182]. »Diese Zeiten« können als positiv definite Funktionen angenommen werden, wobei jede Funktion von jenen Systemvariablen abhängt, die auch die lokalen Werte der Dissipationsgeschwindigkeit φ bestimmen. Für die Praxis ist wichtig, dass die drei o. a. dissipativen Energien skalare Größen sind. Diese Eigenschaft ist verantwortlich dafür, dass e_i direkt auf die Entropiestromdichte bezogen werden kann. Damit lautet der Ansatz zur Definition der *Relaxationszeit* – t_i:

$$\rho e_i := t_i \cdot T_* \sigma \Rightarrow \begin{cases} t_{i^*} \geq 0 \\ T_* \geq 0 \Rightarrow e_i \geq 0 \\ \sigma \geq 0 \end{cases}. \qquad (4.3.10)$$

Das Verhältnis $\frac{\rho e_i}{\sigma}$ ist von der Beschreibungsebene unabhängig. So kann man $t_i \cdot T_* = t_i T$ \qquad (4.3.11)

postulieren. Diese Symmetriebeziehung ist analog auch für andere *Relaxationszeiten* gültig.

Für Haftbedingungen, also $\mathbf{v} = \mathbf{0}$, ergibt sich unter Berücksichtigung (4.3.8) für (4.3.10):

$$\rho e_\varphi := -t_\varphi \cdot T_* \sigma \Rightarrow \begin{cases} t_{\varphi^*} \geq 0 \\ T_* \geq 0 \Rightarrow e_\varphi \leq 0 \\ \sigma \geq 0 \end{cases}. \qquad (4.3.12)$$

Dieselbe mathematische Struktur der Ansätze (4.3.10) und (4.3.12) stellt sicher, dass die den drei *dissipativen Energien* zugeordneten drei Relaxationszeiten die Bedingung

$$t_{\tau^*} = t_{\varphi^*} + t_{i^*} \qquad (4.3.13)$$

erfüllen. Aus dem Ansatz (4.3.10) folgt, dass bei der Berechnung der dissipativen Energien über die *Entropieproduktionsdichte* σ die differentielle Bilanz der Entropie in die Theorie der Transportgrößen eingebaut wird.

„Die meisten sehen gar nicht, was für ein gewagtes Spiel mit der Wirklichkeit sie treiben."
-Albert Einstein- (Brief am 22.12.1950 an E. Schrödinger).

5 QUANTENTHEORIE ALS NACHWEIS DER AT FÜR DIE MIKROPHYSIK

„Tiefe darf im Kunstwerk nicht grundlos, nicht bodenlos sein."
JOACHIM KAISER (2006)[51]

5.1 Grundlegende Theoreme der Quantentheorie John von Neumanns

„Ohne den philosophischen Anspruch,
die grundlegenden Fragen nach dem Aufbau der Natur zu beantworten,
degeneriert die Physik zur Beliebigkeit wie eine Zivilisation ohne Werte."
[UNZICKER, A. (2012), S. 27]

5.1.1 Warum kann man Quantentheorie ohne John von Neumann nicht verstehen?[52]

In 1953, seit 20 Jahren tätig am renommierten ›*Princeton Institute of Advanced Study* (IAS)‹ und bereits weltberühmt, stellte Professor *von Neumann* seiner Fakultät die Frage *„Wie kann irgendjemand von uns Professor genannt werden und Gödel nicht?"* [REGIS, E. (1989), S. 75].

Die Begegnung mit dem österreichisch-amerikanischen Mathematiker *Kurt Gödel* während der Konferenz 1930 im ostpreußischen Königsberg war von nicht zu überschätzendem Einfluss auf *von Neumanns* Denken. Er war bald überzeugt, dass *Gödels Erster Unvollständigkeitstheorem* die größte logische Entdeckung seit langem sei. Auch erkannte er sofort, dass *Kurt Gödels* beide *Unvollständigkeitssätze* das gesamte ›Hilbertsche Programm‹ einer ‚finiten' Beweistheorie zur Makulatur machten [vgl. YOURGRAU, P. (2005),

---

[51] Joachim Kaiser: Tiefe – Über ein unlösbares, doch unabweisbares ästhetisches Geheimnis. Feuilleton; Süddeutsche Zeitung 3. Juni 2006.
[52] Richard Feynmans selbstherrliche These von 1967: *„I think I can safely say nobody understands Quantum mechanics"* [zitiert nach HEY, A. J. G. (2003); S. 335] belegt lediglich, dass er nur sich selbst gemeint haben kann. Insofern rechtfertigt er durchaus die Überschrift von Abschnitt 5.1. *Feynman* und *von Neumann* kannten sich nämlich sehr gut und schätzten sich!

S. 72, letzter Absatz]: Hilberts Traum, ein konsistentes und vollständiges *Axiomensystem* für die gesamte Mathematik zu entwickeln, war damit ausgeträumt.

Von Neumann wusste seit langem, dass die ‚Gödel-Katastrophe' der wahre Grund war für die Blockade der Kollegen am IAS gegen Gödels Berufung. Erst nach 13 Jahren Zugehörigkeit zum IAS beförderten sie ihn schließlich zum Professor für Mathematik. Diese gnadenlose ‚Exilierung' eines der größten Logiker aller Zeiten gab *von Neumann* im Nachhinein Recht, sich über Jahrzehnten nicht mehr offiziell zur Quantentheorie zu äußern; für ihn war sie zwischen 1932 und 1936 im Kern abgeschlossen. Was sind aber die Tatbestände für diese rigorose Reserviertheit und was bedeuten sie für die Quantentheorie selbst? Leider wird der heutige Leser kaum noch eine Antwort auf diese rhetorische Frage erwarten.

Die Publikation 1932 des Buchs von John von Neumann [NEUMANN VON, J. (1932); englisch erst ab 1955!] wird – selten genug auch heute noch – als angeblicher Meilenstein in der Geschichte der Quantenmechanik charakterisiert – oft unter Bezug auf *Carl Friedrich von Weizsäckers* Bücher, in denen dem Buch ständig höchstes Lob ob seiner wissenschaftlichen Qualität ausgesprochen wird (vgl. auch den Abschnitt ‚Motivation'). Tatsächlich geht es seinem Werk aber ähnlich wie schon Newtons *Principia*, das kaum je gelesen, geschweige denn studiert wurde/wird (vgl. Kapitel 1). Vor allem bezeichnend war das Verhalten seinerzeit der Göttinger und Kopenhagener nobelierten Kollegen – von wenigen Ausnahmen wie *Max Born* abgesehen: Sie ignorierten bereits die langjährige – durch viele bedeutende Publikationen *von Neumanns* dokumentierte – Entstehungsgeschichte seines Grundlagenwerks.

Dieser Sachverhalt wirkt besonders in der Physik befremdlich: *Johann von Neumanns* opus summum von 1932 – ‚*Mathematische Grundlagen der Quantenmechanik*' – gilt (oft jedenfalls in ‚Sonntagsreden') nach wie vor als *das* Standardwerk der Quantenmechanik schlechthin. Allerdings hat es eher den Status eines Kultbuchs erreicht ohne dass es heutzutage in Publikationen überhaupt einmal erwähnt wird![53] Das gilt auch uneingeschränkt für die neueste Deutung der Quantenmechanik: Der ›Quanten-Bayesianismus‹ [BAEYER, H. C. (2013), S. 46-51].

Von Neumann selbst reagierte auf diese kollegiale Resonanz ab 1930 ‚brutalstmöglich' gegen sich selbst. Er wagte den ‚Befreiungsschlag'! – motiviert durch die Einsicht, dass als unmittelbare Konsequenz von *Gödels* Unvollständigkeitstheoremen das ganze ‚Hilbert-Programm' – an dem der junge *von Neumann* beteiligt war und dem er sich verpflichtet fühlte – endgültig in eine Sackgasse geraten war (was David Hilbert erst ab 1934 akzeptierte). Er wusste zwar schon lange, dass sein Ziel, die Quantenmechanik in ihrer ‚diskreten' und ‚kontinuierlichen' Variante konsequent als eine einheitliche statistische Theorie zu etablieren, mit dem *abstrakten Hilbertraum*[54] als mathematischer Basis nicht zu erreichen war. Erst jetzt begann er aber mit einem eigenen Projekt, um diese Basis durch neue logische und vor allem mathematische Instrumente systematisch zu analysieren und letztlich zu ersetzen.

Die Quantenmechanik betreffend hatte er von Beginn an die Intention, die ihm längst bekannten konzeptionellen Defizite der anerkannten Vorstellungen von einer adäquaten Wahrscheinlichkeitstheorie zu beseitigen. In diesem Kontext sei daran erinnert, dass *John von Neumann* sich erstmals Ende 1935(!) in einem privaten Schreiben an seinen Partner bei den Untersuchungen zur Quantenlogik, *Garrett Birkhoff*, in wahrlich aufschlussreicher Weise ‚outete':

> "I like to make a confession which may seem immoral: I don't believe absolutely in Hilbert space any more." [zitiert in: RÉDEI, M. (1996), S. 493].

Die Bedeutung dieser ‚Beichte' ist darin zu sehen, dass sie unmittelbar *von Neumanns* Grundverständnis dessen betraf, was für ihn *Physik* als Natur-

---

[53] Zwei aktuelle Beispiele, die für sich sprechen – von zwei Großmeistern der Physik: (1) ein konzises Büchlein, das verspricht, Quantenmechanik (endlich) ‚verstehen' zu können und (2) ein Konvolut aus sechs Teilen und 41 Kapiteln, das den Anspruch erhebt, im DIN A4 Format und 1388 Seiten die gesamte Physik mit besonderem pädagogischem Aplomb zu präsentieren. Im Einzelnen handelt es sich um (1) PIETSCHMANN, H. (2003); sowie (2) TIPLER, P. A. und MOSCA, G. (2004). Die große Ausnahme [EIGEN, M. (2013), S. 577-578].

[54] Vektorraum über den reellen oder komplexen Zahlen mit einem Skalarprodukt.

wissenschaft ausmachte. Seine Vorstellungen darüber waren bereits 1927 mit dem *Hilbertraum* untrennbar verbunden. Letzterer war die Darstellungsbasis einer mathematisch formulierten Quantenmechanik, deren Umrisse *von Neumann* 1927 in den Göttinger Nachrichten – bereits 5 Jahre vor dem Erscheinen seines epochalen Grundlagenwerks zur Quantenmechanik [NEUMANN VON, J. (1932)] – mit drei umfangreichen Untersuchungen (i) bis (iii) zum Thema ‚Quantentheorie' dokumentiert hatte. Der Autor verfolgte darin *drei* Hauptlinien:

(1) Zum einen plante er die strenge mathematische Fundierung der Quantenmechanik [NEUMANN VON, J. (1927a)].

(2) Zum anderen verfolgte er das Ziel, die Quantenmechanik methodologisch mittels eines adäquaten Begriffs einer *Quantenwahrscheinlichkeit* als Experimentalwissenschaft zu qualifizieren [NEUMANN VON, J. (1927b)].

(3) Für eine Quantenmechanik als statistische Theorie forderte er schließlich Experimente, bei denen stets die verwendeten Messapparaturen in die Auswertung der Messergebnisse einbezogen werden müssen [NEUMANN VON, J. (1927c)].

Forderung (3) ist unverzichtbar, weil das entscheidende Charakteristikum jedes Quantensystems darin besteht, dass seine *Vermessung* gleichzeitig seine *Veränderung* bewirkt. Sie besagt genau das, was bald als Szabós *Laboratory Record Argument* (LRA) bezeichnet wurde. [Vgl. SZABÓ, L. E. (2001)].

Maßgeblich dabei war die Intention, *Quantenwahrscheinlichkeit* im Sinne einer präzisen Interpretation von *Wahrscheinlichkeit als relative Häufigkeit* mathematisch begründet zu fassen. Man kann es nicht genug betonen, dass *von Neumann* in jenen Jahren diese wohlbekannte ´Häufigkeitsinterpretation` sogar als *die* (einzige ohne Einschränkung in Frage kommende) Wahrscheinlichkeitstheorie betrachtete [NEUMANN VON, J. (1927b)]. Für *von Neumann* war sie – durch ihre technische Ausführbarkeit und Kontrollierbarkeit – der alleinige Garant, quantenstatistische Experimente als wissenschaftlich ausweisen und damit *Physik* erst zur Naturwissenschaft erklären zu können.

Trotz dieses klaren Konzepts verlief die internationale Entwicklung der Quantenphysik in jener Zeit in eine ganz andere Richtung. *N. Bohr* setzte seine Vorstellungen rigoros durch. Sein (und *W. Heisenbergs*) „Verdikt" richtete sich – unter dem Einfluss Wolfgang Paulis – vor allem gegen *von Neumanns* Auffassungen. Dies war umso verwunderlicher, da bei vielen Experten *von Neumanns abstrakte Quantentheorie* für lange Zeit einen singulären Ruf besaß: Mit dem unbeschränkten *Hilbertraum* als mathematische Basis bildete sie den weltweit einzig anerkannten *Bezugsrahmen* im Sinne A. N. Whiteheads [WHITEHEAD, A. N. (1984), S. 41] zur Bewertung anderer Quantentheorien im passenden Geltungsbereich und hatte *paradigmatischen Status* erreicht.

In der Rückschau erscheinen *von Neumanns* Werke für die heutige Generation von Wissenschaftlern inhaltlich in aller Regel wohl zu anspruchsvoll. Er hat keine Lehrbücher für Erstsemester verfasst, und die Autoren solcher Lehrbücher sind auf die internationale Entwicklung eingestellt, nämlich die Lehre in den neuen Studiengängen vornehmlich auf eine Verwendung des Gelernten außerhalb der Universität auszurichten. Deshalb befassen sie sich nur noch eingeschränkt mit dem umfangreichen Werk *von Neumanns* bzw. äußern sich so gut wie nie zu seinen teilweise epochalen Leistungen. Dieser Eindruck verfestigte sich, wenn auch in unterschiedlichen Nuancen, auch in einschlägigen Festschriften, beispielsweise zu Ehren *Heisenberg* oder auf den großen speziellen Konferenzen zur Quantentheorie.[55] So rekurrierten in

---

[55] Beispielsweise das 9. Symposiums der Colston Research Society an der Universität Bristol im April 1957 oder die Festschrift 1961 zu Ehren von Heisenbergs 60stem Geburtstag. In Bristol trafen sich insgesamt mehr als 50 hochkarätige Fachleute aus ganz Europa, Israel und USA zu 17 Vorträgen auf 7 Sitzungen, deren jede mit einer eingehenden Diskussion beendet wurde. Alle Themen von zentraler Bedeutung in von Neumanns Vorstellung von Quantenmechanik und deren mathematische Realisierung standen zur Debatte: Wahrscheinlichkeiten, verborgene Variable, Messprozesse, Einzelereignisse und Statistik. Nur in wenigen, indes gewichtigen Fällen wurde von Neumann erwähnt – wohl deshalb, weil sowohl die Vortragenden als auch die meisten Diskussionsteilnehmer sich auf die *orthodoxe* Quantenmechanik und die ihr eigenen Probleme bezogen. Beim Problemkreis ‚Wahrscheinlichkeiten' wurden bevorzugt Münzwurf, Würfelspiel, Wetten beim Pferderennen als Beispiele für theoretische Erörterungen zum Generalthema ‚Beobachtung und Interpretation' herangezogen und zur Debatte gestellt.

Bristol 1957 die meisten der prominenten Redner bzw. Autoren erstaunlicherweise immer wieder auf *von Neumanns* vor mehr als 20 Jahren publizierte Basistheorie. Im Gegensatz dazu begann überraschenderweise sein Andenken gerade dort zu verblassen, wo er die in seinen letzten Lebensjahren entstandenen, für die Entwicklung der Informatik richtungsweisenden Ideen eingebracht hat, vornehmlich zu Rechnerstrukturen oder den Prinzipien des Halbleiterlasers. Demgegenüber bleibt *„in der Mathematik und Ökonomik sein Name – etwa in seiner Algebra und Spieltheorie – fest verankert."* [STILLER, A. (2003)].

Während also im Verlauf der Zeitgeschichte z. B von Informatik[56] und Operation Research die Würdigung *von Neumanns* vielleicht ungerecht erscheint, indes allein schon durch den technologischen Fortschritt auf dem Gebiet Rechner jeder Größenklasse nachvollziehbar ist, stellt sich die Lage hinsichtlich der *Problemgeschichte der Quantentheorie* völlig anders dar: Initiator der *Quantenlogik* (QL) war *von Neumann* (zusammen mit *Garret Birkhoff*). Eigentliches Motiv war *von Neumanns* Intention, die Quantentheorie, als ‚naturwissenschaftlich nachzuweisen', d. h. aber, die Quantenmechanik als *experimentelle* Disziplin zu verifizieren. Dafür kamen nach *von Neumanns* Überzeugung nur *statistische* Messmethoden infrage. Beste Erfahrungen macht man dabei mit Experimenten, die zu *relativen Häufigkeiten* führen. Diese ganzheitliche Sicht, Quantenmechanik als untrennbar theoretisch-experimentelle Disziplin zu verstehen, unterscheidet *J. von Neumann* grundlegend von *N. Bohr*. [Vgl. HELD, C. (1998); bzw. WEIZSÄCKER VON, C.F. (1985), S. 506f und 512f].

Dieses das Messproblem betreffende Rahmenkonzept basiert auf *Richard von Mises'*, *Franz Serafin Exners* und *Erwin Schrödingers* Ideen. Letztere konditionierten im angegebenen Zeitraum alle Abhandlungen *von*

---

[56] Vgl. REGIS, E. (1989), S. 112 bzw. S. 124 bzw. S.132-133: *„Eine sich selbst reproduzierende Maschine galt lange Zeit als unmöglich, bis John von Neumann Ende der 50er Jahre mathematisch das Gegenteil bewies. Seine abstrakte Analyse selbstreproduzierender Von-Neumann-Maschinen hatte er im Dezember 1949 beendet, vier Jahr bevor Francis Crick und James Watson die Arbeitsweise des DNS-Moleküls erklärt hatten. Es stellte sich heraus, dass DNS-Moleküle sich selbst genau so reproduzieren wie von Neumann es von einer selbsterzeugenden Maschine behauptete."* Man kann nur staunen!

Neumanns zur „neueren Quantenmechanik". Für das Verständnis dieser Ideen und von deren entscheidender Bedeutung auch für die heutige Quantentheorie fehlt noch ein unmissverständlicher Kommentar:

> "Yet there are two important differences between Schrödinger and von Neumann: the first of which, interestingly, brings the latter even closer to the former's most revered teacher. Exner's fundamental indeterminism was grounded on drawing ontological conclusions from the relative frequency interpretation of probability, by considering collectives as possible basic entities of physical theory, Similarly, von Neumann was sticking so closely to the frequency interpretation that he was even willing to sacrifice his own brainchild, the Hilbert space formalism because, within the framework, one could not define a meaningful *a priori* probability that was acceptable to the frequentist. Von Neumann's subsequent achievements in developing an algebraic theory, assigned to infinite quantum systems a conceptual priority over single particles.
>
> Schrödinger, on the other hand, – albeit an anti-realist on the metaphysical level – initially intended to interpret his wave function as the basic entity of quantum mechanics. But on this track there was no easy cure in sight for his qualms about the quantum ontology and its relation to the macroworld. His dissatisfaction found its pictorial expression in the famous cat-paradox." [STÖLTZNER, M. (2001), S. 59].

Das Zitat belegt dreierlei: *Schrödinger* war sich offensichtlich darüber klar, dass das Messproblem der Quantenmechanik (i) zusammen mit der Bornschen Interpretation der Wahrscheinlichkeitsfunktion paradoxe Konsequenzen hat, und für *von Neumann* war das Messproblem einerseits (ii) integraler Bestandteil der Transformationstheorie sowie andererseits (iii) nur mittels der relativen Häufigkeit als Instrument zur statistischen Auswertung quantenmechanischer Messungen korrekt zu beschreiben. Dieses Trilemma steckt inhärent in *von Neumanns* Buch über die *Mathematischen Grundlagen der Quantenmechanik*.

Von Bedeutung ist hier auch, wie *Exner* für die Physik die Mikroebene von der Makroebene abgrenzt und die Ergebnisse seiner Analyse komprimiert:

> „Zwei Welten grenzen aneinander: die Welt des Zufalls und die Welt der Gesetze, der Mikrokosmos und der Makrokosmos: Wir haben unterschieden zwischen Einzelereignissen und einer Vielheit von solchen. Im letzteren Fall sind für uns jene Vielheiten von Interesse, bei denen die Einzelereignisse völlig unabhängig voneinander eintreten; die Frage, ob diese kausal bedingt sind oder

zufällig, ist irrelevant. Wir befinden uns im Mikrokosmos oder Makrokosmos, je nachdem wir das einzelne Ereignis in einer Vielheit oder den Durchschnitt der letzteren untersuchen. Diesen beiden Möglichkeiten entsprechen das zufällige und das gesetzmäßige Geschehen." [EXNER, F. (1922), S. 693].

Exners zusätzliche Auslegung der Begriffe Mikro- und Makrokosmos ist besonders erwähnenswert, weil sie das Messproblem der Quantenmechanik im Kern trifft:

„... nicht das Klein oder Groß, etwa an menschlichem Maßstab gemessen, trifft das Wesentliche des Unterschieds; dieser liegt vielmehr darin, dass in dem einen Fall das zufällig eintretende Einzelereignis, in dem anderen der Durchschnittswert durch eine lange Reihe solcher das Objekt unserer Beobachtung ist." [EXNER, F. (1922), S. 693].

5.1.2 Hilberts Traum und Hilbertraum führen zur Quantenlogik

Wann genau sich bei *von Neumann* der Verdacht entwickelt hat, wonach sich seine mathematische Fundierung der QM mit eben jener seiner o. a. Intention als inkompatibel erweisen könnte, ist nie bekannt geworden. M. a. W.: *Von Neumann* befürchtete, dass die von ihm präsentierte Fundierung auf den *separablen unendlichdimensionalen Hilbertraum* direkt zu einem Wahrscheinlichkeitsbegriff führt, der zwar der klassischen Aussagenlogik entspricht, aber keine Messungen adäquater Werte relativer Häufigkeiten zulässt.

Unter diesem Aspekt untersuchten *von Neumann* und *Birkhoff* die Konsequenzen eines durch *relative Häufigkeiten* repräsentierten Wahrscheinlichkeitsbegriffs für die Aussagenlogik der vorliegenden *von Neumannschen* Quantenmechanik. M. a. W.: Diese so genannte QL thematisiert erstmals eine Verallgemeinerung der Prinzipien der klassischen Logik auf die formalen Strukturen des Hilbertraums in der Quantenmechanik.[57]

---

[57] Allgemein anerkannte Formulierung für *Quantenlogik*: „Den mathematischen Propositionen der klassischen Logik entsprechen die »ja/nein«-Aussagen von elementaren (messbaren) physikalischen Größen, den sogenannten Projektoren. Die algebraische Struktur dieser Opera-

Als Endergebnis ergibt sich eine *Quantenlogik mit Distributivverbot*[58] – konträr zur klassischen Aussagenlogik! Diese Einschränkung hat zur Folge, dass *von Neumann* sein Ziel nicht realisieren konnte: Das Konzept der *relativen Häufigkeiten* lässt sich nicht entsprechend den Prinzipien der *klassischen* Wahrscheinlichkeitstheorie als genuiner Teil seiner vorliegenden Fundierung der Quantenmechanik einbauen.

Die Alternative wäre gewesen, den separablen unendlichdimensionalen *Hilbertraum* – wie er in der Physik allenthalben verwendet wird – als Basis jeglicher gesamten mathematischen Darstellung der Quantenmechanik aufzugeben und durch eine solche zu ersetzen, die mit dem Distributivgesetz oder zumindest der schwächeren Form – der Modularität – kompatibel ist.

Was aber wären die faktischen Konsequenzen dieser Alternative gewesen? Abgesehen von gravierenden konzeptionellen und mathematischen Maßnahmen wäre diese Option damals wie heute gleichbedeutend damit, gegen eines der seit Jahren geltenden Paradigmata der Physik zu verstoßen. Allerdings war anfangs bis Ende der 1930er Jahre dieses Paradigma – die Bohr-Born-Heisenberg-Pauli-Quantentheorie – noch keineswegs etabliert. Auf jene Zeit verweist eine aufschlussreiche Notiz von *M. Rédei*:

> "Von Neumann considered the existence of a finite a-priori probability so important that he even insisted on the assumption of modularity of quantum logic despite the fact that he knew perfectly well that the quantum logic one can extract from the Hilbert space formalism is not modular." [RÉDEI, M. (1996), S.597].

Objektiv gesehen, bedeutete der offenkundige Konflikt mit o. a. Paradigma für *von Neumanns* epochales Programm »Mathematische Grundlagen der Quantentheorie in Gestalt einer *nicht-kommutativen* Operatortheorie« faktisch das ‚Aus'.[59] Im Nachhinein schien diese Einschätzung für alle Aspekte zu gelten, die seinen Begriff der Quantenwahrscheinlichkeit und sein

---

toren stellt eine Verallgemeinerung der Booleschen Algebra dar, die der klassischen Logik zugrunde liegt." Online: Wikipedia.

[58] Das Distributivgesetz regelt das Ausklammern und das Ausmultiplizieren einer Klammer, in der je eine Addition oder Subtraktion steht.

[59] ‚Aus' klingt vielleicht zu melodramatisch. Tatsächlich belegen die vor wenigen Jahren bekannt gewordenen Dokumente, dass dieser Ausdruck genau von Neumanns Empfinden nach dem endgültigen Scheitern seines ‚Projekts' entsprach.

Konzept von einer Quantenmechanik als Teil der *experimentellen* Physik betrafen. Tatsächlich war der Konflikt keineswegs das Ende der Story – zumal weder die Scientific Community noch die breite Öffentlichkeit von den Skrupeln *von Neumanns* Kenntnis hatte. Eine für *von Neumann* typische Reaktion folgte: Er ‚übererfüllte' sein ′Programm`, d. h. er führte es zu einem Ergebnis, das die Quantenphysik bis heute gewissermaßen zu einem ‚Club der Glasperlenspieler' degradiert. Wie war das möglich?

Noch während der Arbeit an seinem Buch *Mathematische Grundlagen der Quantenmechanik* befasste sich *John von Neumann* als 25jähriger Privatdozent mit teilweise völlig neuen Konzepten und Lösungen, die wesentlich waren für die Fortentwicklung gewisser Aspekte der abstrakten Operator-Theorie im *Hilbertraum*. Erste Resultate veröffentlichte er 1929 unter dem Titel *Zur Algebra der Funktionaloperatoren und Theorie der normalen Operatoren*, gefolgt von zwei weiteren diesbezüglichen Publikationen [Vgl. NEUMANN VON, J. (1961c), S. 15-16]. Die anschließenden Untersuchungen zusammen mit *F. J. Murray* zogen sich ab 1935 über 10 Jahre hin; sie umfassen in vier Teilen 220 Druckseiten:

> "Of all his work, these concepts will quite probably be remembered the longest. Currently it is one of the most powerful tools in the study of quantum physics."
> [Vgl. NEUMANN VON, J. (1961c), S. 15-16].

Unter einem *Ring* versteht man in der Mathematik eine Menge von Elementen, mit denen alle elementaren Rechenoperationen mit Ausnahme der Division erlaubt sind. *Alle* Körper sind Ringe, es gibt aber auch Ringe, die keine Körper sind, z. B. die ›Ganzen Zahlen‹ oder die ›Ganzen rationalen Funktionen‹ sowie die Potenzreihen. Heute sind die Ringtheorie sowie die so genannten *Algebren* z. B. für Anwendungen der *Funktionalanalyse* wichtig geworden.[60]

---

[60] Algebren sind Ringe, die gleichzeitig endlichdimensionale Vektorräume über einem Körper sind. Somit sind Vektorräume und die zwischen ihnen möglichen Abbildungen Gegenstand der Funktionalanalysis. Für die moderne Physik von großem Interesse sind die so genannten C*-Algebren; es handelt sich um Banach-Algebren mit je festgelegten Normbedingungen. Ist eine solche C*-Algebra in der ‚starken' Operator-Topologie abgeschlossen, so heißt sie heute weltweit von Neumann-Algebra oder W*-Algebra.

Von Neumanns stärkstes Motiv für diese algebraischen Untersuchungen wird aus seinem Einführungskommentar deutlich. Nach zwei Vorbemerkungen stellte er programmatisch fest:

> "Third, various aspects of the quantum mechanical formalism suggest strongly the elucidation of this subject. Fourth, the knowledge obtained in these investigations gives an approach to a class of abstract algebras without a finite basis, which seems to differ essentially from all types hitherto investigated.
>
> The results which we shall obtain throw light on an entirely new side of operator theory; they lead to a notion of linear dimensionality (...); and indicate a way out of the paradoxes of unbounded operator theory." [NEUMANN VON, J. (1961c), S.6].

Es ging *John von Neumann* also unzweifelhaft und vorrangig darum, wie er durchaus im Sinn seines o. a. Programms zu einer für die algebraische Fundierung der Quantenmechanik passenden *nicht-kommutativen* Operatortheorie gelangen konnte. Sein Hinweis auf die „Paradoxien einer unbegrenzten Operatortheorie" lässt – sofern man berücksichtigt, dass er 1936 erfolgte – zudem den Schluss zu, dass er die ungelösten Probleme seiner ‚Quantenmechanik' (QM) von 1932 und seiner ‚Quantenlogik' (QL) von 1936 ebenfalls schon im Blick hatte.

Für den an dieser Stelle erforderlichen Einblick in die geniale Lösung, die *von Neumann* und *Murray* für ihr geschildertes Problem fanden, genügt ein zentrales Ergebnis ihrer Untersuchungen *On Rings of Operators*. Gemeint ist das resultierende *Ordnungsschema* der ›von Neumann-Algebren‹ in Kurzform. Es liefert eine in sich widerspruchsfreie Quantentheorie (QT), die mit der passenden QL unterlegt ist und in einer als *relative Häufigkeit* identifizierten Quantenwahrscheinlichkeit (QW) resultiert. Natürlich ist die dafür notwendige mathematische Basis der QM jetzt nicht mehr der ›separable unendlichdimensionale *Hilbertraum*‹!

Zu diesem *Ordnungsschema* der ›von Neumann-Algebren‹ und ihrem jeweiligen ‚*Faktor* M, das für unsere Zwecke hier ausreicht, gehört zunächst einmal ein Identifikationsmerkmal:

„The map *d* is called the dimension function on P(M). This proposition implies that the order type of P(M) can be read off the order type of the range of the function *d*. Authors determined the options for the *d*-range." [RÉDEI, M. (1996)].

Wie aber lässt sich der jeweilige Ordnungstyp des Projektionsverbands P(M) bestimmen? Im Original heißt es:

> *"Theorem* VIII: „The range of *d* (α) – i.e. the set of all values of α given *d* (α) – is one of the sets:
>
> (I_n) $n = 1, 2, ...$ The set $0, 1, ..., n$.
> (I_∞) The set $0, 1, ... \infty$.
> (II_1) The set of all α, $0 \leq \alpha \leq 1$.   (Tabelle 5.1.2.1)
> (II_∞) The set of all α, $0 \leq \alpha \leq \infty$.
> (III_∞) The set $0, \infty$.
>
> We call the cases (I$_n$), (II$_1$) the *finite* cases, the cases (I$_\infty$), (II$_\infty$), (III$_\infty$) the *infinite* ones. On the other hand we call the cases (I) the *discrete* cases, the cases (II) the *continuous* cases, and the case (III) the *purely infinite* case." [NEUMANN VON, J. (1961c), S. 62].

Das Schema eignet sich bestens als Grundgerüst, um zusammen mit den Ergebnissen aus der Birkhoff-von Neumannschen Quantenlogik (QL) die eminenten konzeptionellen Probleme der axiomatischen Quantenmechanik in *von Neumanns* Sinn analysieren zu können. Das Werkzeug dafür ist die *Dimensionsfunktion* d(α) über dem Projektionsverband P(M), dessen Kenntnis von der jeweiligen Klassifizierung der von Neumann-Algebren abhängt. M. a. W. Man wird ein gemeinsames Bild erwarten dürfen, das aus den Resultaten der Ringtheorie (Operatoren, Faktoren, Dimensionsfunktion, u. a.) und der QL besteht und dessen Verständnis durch das o. a. Ordnungsschema erleichtert, ja hinsichtlich der von Neumannschen Intention, Quantenmechanik axiomatisch als eine statistische Theorie relativer Häufigkeiten zu begreifen und darzustellen, überhaupt erst ermöglicht wird. Beispielhaft ist die Einsicht in die kategoriale Struktur der QM, wie sie sich aus der QL ergibt und als Folge sogar Ergebnisse der Murray-von Neumannschen-Klassifikationstheorie spezieller Operator Ringe vorweg nimmt:

> "It was only because he had known this already at the publication of his quantum logic paper 1936 that von Neumann could propose the idea of quantum logic as a modular lattice different from the Hilbert lattice of a finite dimensional Hilbert space." [RÉDEI, M. (2001), S. 162].

Der endlich-dimensionale Hilbertraum H_n ($n = 1, 2, ...$) – der im Ordnungsschema beispielsweise den Ring aller Matrizen aus n Reihen und n Spalten repräsentiert – ist unter dieser Perspektive besonders bemerkenswert im Hinblick auf den Grenzfall $n = 4$ für H_n. Für *von Neumanns* Fundierung der QM ist dieser unendlichdimensionale Hilbertraum H_4 die mathematische Basis. Es erweist sich nun, dass der Projektionsverband $P(H_4)$ nicht mehr modular, sondern nur noch *orthomodular* ist. Im Ordnungsschema sind diese kategorialen Eigenschaften betreffend die Hilberträume H_n ($n = 1, 2, ...$) und $H_{n=4}$ den Typen (I_n) und (I_4) zuzuweisen.

Dieser Sachverhalt ist charakteristisch, zeigt er doch, dass den jeweils betreffenden Typen (I_∞) bis (III_∞) weitere relevante Eigenschaften zugeordnet werden können, die meist mit Anglizismen markiert werden ('modular', 'atomicity', 'atomic', 'non-atomic'[61]) und sich – je nach Typ (I_∞) oder (II_∞) oder (III_∞) – auf diskrete oder kontinuierliche Quantensysteme beziehen.

Weitere Angaben lassen sich auch im Hinblick auf *von Neumanns* Anliegen machen, den quantenmechanischen Wahrscheinlichkeitsbegriff als relative Häufigkeiten in großen Teilchenensembles zu etablieren. Aus der Analyse seines statistischen Ansatzes geht hervor, dass dafür Verteilungen von *A-priori-Wahrscheinlichkeiten* unabdingbar sind. *Miklós Rédei* bemerkt dazu:

> "Facing the clash between the necessary but infinite a priori probability and the frequency interpretation of probability, and not wanting or being able to abandon either the a priori probability or the frequency interpretation, von Neumann was left with one option only, which is a radical one: To consider the appearance of infinite, not normalized 'a priori probabilities' as a pathology (from the point of view of probability theory) of Hilbert space quantum mechanics, and to try to

---

[61] Vgl. RÉDEI, M. (1996), S. 503: *"The protection lattice of a finite dimensional Hilbert space is an example of a projective geometry, which is discrete, or 'atomic' (the one-dimensional subspaces being the atoms)"*.

work out a well-behaved non-commutative probability theory, one in which there exists (normalized) a priori probability." [RÉDEI, M. (2001), S. 162].

Um zu überprüfen, ob normalisierbare A-priori-Wahrscheinlichkeiten überhaupt eingeführt werden können, führten *Murray* und *von Neumann* komplizierte, jedoch für die QM relevante Untersuchungen an N-Algebren aller aufgeführten Typen durch. Ziel war, für deren hermitesche Operatoren $A[M]$ jeweils eine reellwertige Funktion $T(A)$ zu definieren, welche die formale Eigenschaft einer *Spur* besitzt und die *Normierungsbedingung* $T(1) = 1$ erfüllt. Die mathematische Forderung dafür war der Beleg, dass unter bestimmten Prämissen die Dimensionsfunktion $d(A)$ zu einem eindeutigen, finiten Spur-Funktional $T(A)$ erweitert werden kann.

Somit betreffen die Zuordnungen bei den Typen (I_n) bis (III_∞)[62] einerseits alle wahrscheinlichkeitstheoretischen Voraussetzungen und Konsequenzen für mögliche A-priori-Wahrscheinlichkeiten. Andererseits lassen sich korrespondierende Eigenschaften entsprechend der klassischen Wahrscheinlichkeitstheorie für Vergleichszwecke einfügen. So steht z. B. die Eigenschaft, *unitär invariant* zu sein, für die Konstanz aller Wahrscheinlichkeiten.

Die Tabelle 5.1.2.2 enthält die Zusammenstellung einiger wichtiger Eigenschaften von vier W^*-Algebra-Typen u. a. hinsichtlich *nicht-kommutativer* Wahrscheinlichkeit (im Vergleich zur klassischen Wahrscheinlichkeit).

Diese Tabelle wurde im Hinblick auf *von Neumanns* Arbeiten zur QM und QL erstellt. Seine mathematische Fundierung der QM von 1932 spiegelt sich in der *Typ I_4-Konfiguration* wider: Ihre mathematische Basis ist der *unendlichdimensionale* Hilbertraum H_4; sein Projektionsverband ist eine abstrakte projektive Geometrie und als solche *diskret* (d. h. die eindimensionalen Unterräume von H_4 sind ‚atomic') und *orthomodular*. Typ I_4 liefert keine zuverlässige Möglichkeit, für eine Ensemble-Darstellung der QM die

---

[62] Von irgendwelchen Anwendungen bezüglich Typ (III 4) hatte man in den Jahren, während derer sich Murray und von Neumann mit ihrer Algebren-Theorie befassten noch keinerlei Vorstellungen. Erst viel später – Mitte der 60er Jahre des 20. Jahrhunderts – erwies sich diese Konfiguration als relevant für bestimmte Fragestellungen innerhalb der relativistischen Quantenfeldtheorie. Vgl. YNGVASON, J. (2003).

passende A-priori-Wahrscheinlichkeitsverteilung als Prämisse, um relative Häufigkeiten konstruieren zu können.

	Wahrscheinlichkeit	
	Klassische	*Nicht-kommutative*
(I_n)	0; 1; ...; n uniform Permutationsinvarianz Finit A-priori-Wahrscheinlichkeit	$P(H_n)$; dim H = n uniform unitär invariant finit A-priori-Wahrscheinlichkeit Modular, `atomic`, nicht distirutiv $n \geq 2$
(I_∞)	0; 1; ...; ∞ uniform Permutationsinvarianz **Keine** Wahrscheinlichkeit (∞)	$P(H)$; dim H = ∞ uniform unitär invariant **Keine** Wahrscheinlichkeit (∞) orthomodular, `atomic`
(II_1)	$0 \leq \alpha \leq 1$ Lebesgue-Maß Translationsinvarianz A-priori-Wahrscheinlichkeit	M P(M); MTyp II_1 Faktor SPUR unitär invariant A-priori-Wahrscheinlichkeit Modular, `atomless`
(II_∞)	$0 \leq \alpha \leq \infty$ Lebesgue-Maß Translationsinvarianz **Keine** Wahrscheinlichkeit (∞)	M P(M); MTyp II_∞ Faktor SPUR **Keine** Unitärinvarianz **Keine** A-priori-Wahrschenlichkeit Non-modular, `non-atomic`

Tabelle 5.1.2.2

Betrachtet man indes die präsentierten Ergebnisse unter dem Blickwinkel aller Probleme soweit sie von Neumanns Intention betreffen, nämlich Wahrscheinlichkeiten als relative Häufigkeiten bei quantenmechanischen Ensembles zu nutzen, so gipfelten *Murrays* und *von Neumanns* Studie *On Rings of Operators* in der Entdeckung der *Typ II_1-Konfiguration*.

Diese von Neumann-Algebra ist zweifellos die gesuchte algebraische Struktur, in der sich *endliche A-priori-Wahrscheinlichkeiten* in einer kanonischen Weise nachweisen lassen. Charakteristisch für diesen Typ (II_1)-Faktor sind drei im Vergleich zum Typ (I_4)-Faktor stark abweichende Eigenschaften: (1) Sein Projektionsverband P(M) ist exemplarisch für eine projektive Geometrie, die ‚kontinuierlich' (d.h. ‚atomless') ist, (2) seine mathematische Basis erweist sich als endlich-dimensionaler Euklidischer Raum (im Gegensatz zu H_4 bei I_4)

„where *tr* is the product of the normalized trace functional *T(A)* on M_2." [RÉDEI, M. (2001), S. 162].

Zudem ist (3) diese Konfiguration (II$_1$) *modular* als unabdingbare Voraussetzung, die Option für eine *frequency interpretation of probability* auszuüben. Dafür ist der Bereich der Dimensionsfunktion $d(A)$ mittels *Lebesgue-Mass* erklärt.[63]

Heureka! Das gesetzte Ziel schien wider Erwarten in erreichbarer Nähe, nämlich (evtl.) eine nicht-klassische QL zu bekommen – zusammen mit einer untadeligen nicht-kommutativen Maßtheorie für eine statistisch fundierte und (evtl.) per relative Häufigkeiten realisierte Wahrscheinlichkeitskonzeption zur einheitlichen mathematischen Begründung der QM.

Aber der Preis dafür? *Von Neumann* hätte der Wechsel von der *Typ I$_4$-Konfiguration zur Typ II$_1$-Konfiguration* die Aufgabe des ungeliebten abstrakten Hilbertraumes H$_4$ als mathematische Basis gekostet. Warum aber war ihm dieser Preis offensichtlich zu hoch? In der Rückschau lassen sich innerhalb eines Zeitraums von etwa 10 Jahren zweifelsfrei drei Gründe belegen, die man als ‚umständehalber', ‚logisch-physikalisch bedingt' und ‚rein persönlich' benennen kann: Ab 1936 galt die Hilbertsche Quantenmechanik als etabliert und akzeptiert als eine der erfolgreichsten physikalischen Theorien überhaupt. An H$_4$ hatten sich viele und einflussreiche Mitglieder der internationalen Physiker-Gemeinschaft bereits gewöhnt. Ihre Haltung gegenüber von Neumann war bivalent: Seine Arbeiten wurden als

---

[63] Das Lebesgue-Maß μ ist das übliche verwendete Maß im euklidischen Raum. μ wird verwendet um geometrischen Objekten (oder allgemeiner Mengen im euklidischen Raum) einen Inhalt (Volumen, Fläche, Länge, ...) zuzuordnen. .... . μ von einfachen geometrischen Objekten ist deren Volumen (im 3-dimensionalen), bzw. Fläche oder Länge (für zwei- bzw. ein-dimensionale Objekte). Das Banach-Tarski Paradoxon ist das bekannteste Beispiel, dass μ auch erlaubt, komplizierten (aber nicht allen) Mengen einen wohl definierten Wert als Inhalt zuzuordnen: So ist es möglich, dass man eine Vollkugel so in sechs Teile zerlegen kann, daß die Teile, anders zusammengesetzt, zwei Vollkugeln derselben Größe wie die Ausgangskugel ergeben (Spektrum der Wissenschaft, April 1990, Seite 12). Wie kann sich durch bloßes Umordnen das Volumen verdoppeln? Nun, die Teile sind so kompliziert gebaut, dass sie gar kein wohl definiertes Volumen haben. Sie sind eher unendlich komplexe kugelförmige Staubwolken als zusammenhängende Objekte. Mit einem real existierenden Gegenstand aus endlich vielen Atomen ist eine solche Zerlegung nicht zu machen. Aber auch für das Intervall [0, 1] lässt sich ein Lebesgue-Maß μ definieren: Für zwei Zahlen r_1, $r_2 \in [0, 1]$ wird $r_1 + r_2$ als *Modul* 1 bezeichnet (d. h. $r_1 + r_2$ ist die gewöhnliche Summe von r_1 und r_2 minus 1 im Fall, dass die Summe den Wert 1 überschreitet oder erreicht); Itamar Pitowsky weist für den Fall nach – falls man μ-Mengen benutzt – alle Gesetze der klassischen Wahrscheinlichkeitstheorie intakt bleiben und ein konsistenter Gebrauch des Begriffs ‚Wahrscheinlichkeit' im Sinn von Erwartungswerten und relativen Häufigkeiten möglich ist; vgl. PITOWSKY, I. (1989), S. 151, bzw. S. 165-166.

herausragende intellektuelle Leistungen einerseits geschätzt. [vgl. RÉDEI, M. (1996), S. 503]. Die Vorstellung aber, dass die H_4-Quantenmechanik

> "may not be adequate in all respects after all must have seemed extremely dubious to the physicists of the time. Especially, because von Neumann's suggestion was not based on new empirical findings; rather, it was based partly on purely mathematical results and partly on two, philosophically flavored and motivated requirements: that probabilities must be interpreted as relative frequencies ..., and that the quantum probability statements must be interpretable as conditional probability statements with the prior probability given by a trace. This position regarding quantum probabilities was not maintainable if one considered the standard Hilbert lattice of an infinite dimensional Hilbert space as representing the random event structure." [RÉDEI, M. (2001), S. 167].

Indes, da war noch die Sache mit der *Modularität*! Sie war nach *von Neumanns* Auffassung von Quantenlogik ein Schlüsselbegriff, da er den Zusammenhang zwischen relativer Häufigkeit und Distributivgesetz manifestiert. [vgl. NEUMANN VON, J. (1962), S. 115]. Eine genaue Analyse zeigte, dass Modularität im Rahmen der von Neumann-Algebra mit der Forderung nach der Existenz von A-priori-Wahrscheinlichkeiten genuin verbunden ist. Zu diesen zwei Aspekten bezüglich der Quantenmechanik hat sich *M. Rédei* unzweideutig geäußert:

> „The incompatibility of these two viewpoints may have been the deeper reason why von Neumann abandoned the frequency interpretation of probability when talking about quantum logic after 1936." [RÉDEI, M. (2001), S. 166].

Das war offensichtlich *John von Neumanns* Waterloo!

5.1.3 Das Ende vom Lied

John von Neumann äußerte sich in einem unveröffentlichten Manuskript von 1937 unmissverständlich zu jenem ‚Gegenstand', der für den Zeitraum von 1926 bis 1936 quasi als Antriebsmotor für seine vielen Untersuchungen zur QM, QL und zur Algebren gelten kann, zur Häufigkeitsinterpretation der Wahrscheinlichkeitstheorie:

> „This view, the so-called 'frequency theory of probability', has been very brilliantly upheld and expounded by R. von Mises. This view, however, is not ac-

ceptable to us, at least, not in the present 'logical' context." [NEUMANN VON, J. (1962), S. 196].

So sehr – subjektiv beurteilt – dieses Eingeständnis und, mehr noch, seine weit reichenden Konsequenzen eine persönliche Tragödie für einen 34jährigen Wissenschaftler selbst vom Rang *von Neumanns* bedeuteten, so kommen sie doch – objektiv betrachtet – auch einer Tragikomödie gleich, deren Story sich vielleicht mit der Metapher vom *Zauberlehrling* auf den Punkt bringen ließe: Ein genialer junger Mann schrieb 1932 die ‚Quantenbibel' [HERBERT, N. (1985)][64] zu jener wissenschaftlichen Teildisziplin, die als das Glanzstück moderner theoretischer Naturwissenschaft schlechthin anerkannt ist, ja seine subtile axiomatische Fundierung der Quantenmechanik mittels modernster mathematischer Methoden veredelte das neue *Paradigma* von der Quantenwelt durch den Anschein epistemologischer Tiefe und wissenschaftlicher Seriosität. Diesen Beitrag zur Physik und zu dessen Einfluss auf Begrifflichkeiten sowie die Mathematisierung der modernen Physik haben auch jene Zeitgenossen unter den Physikern (und Mathematikern) *von Neumann* zugestanden, die seine Schriften nicht näher studiert haben. Für die meisten muss man wohl davon ausgehen.

Ein aktueller Beleg für diesen bösen Verdacht findet sich scheinbar z. B. in FISCHER, E.P. (2012). Benennt man indes, auch um die überragende Bedeutung *J. von Neumanns* für die Quantentheorie zu belegen, nur einige Namen der Zeitgeschichte, so wird der Leser das neueste Werk des renommierten Wissenschaftshistorikers E. P. Fischer zur Geschichte der Quantenmechanik kaum mehr nachvollziehen können: Meine Kronzeugen sind D. Hilbert, M. Born, K. Gödel, R. Feynman, P. E. Peierls, P. A. Feyerabend, C. F. von Weizsäcker, R. Haag, M. Rédei und J. Bub, welche die

---

[64] Zur letzten deutschen Auflage dieses Buchs (Springer 1996, Geleitwort von R. Haag) gibt es folgenden Zusatztext: „*Es gibt einige Bücher, die die naturwissenschaftliche Welt verändert haben: John von Neumanns Buch über die Quantenmechanik gehört dazu! Mit dieser richtungsweisenden Studie legte er den Grundstein für seine späteren, weltberühmten Arbeiten in den USA. Das Buch ist nicht nur von historischem Interesse, sondern kann immer noch als elementare Einführung in die Grundbegriffe der Quantenmechanik mit Gewinn studiert werden. Seine besondere Stärke ist die Verbindung zwischen physikalischer Idee und mathematischer Exaktheit. Ein Gewinn für jeden Leser aus den Bereichen Mathematik und Physik – schon ab dem vierten Semester*";
vgl. http://www.hyperkommunikation.ch/literatur/von_neumann_quantenmechanik.htm

Zeitgeschichte der letzten 80 Jahre abdecken. Demgegenüber erschließt *Ernst Peter Fischers* neues Buch seine Ansicht von der Geschichte der Quantentheorie, indem der Autor letztere personalisiert: Sie ist angeblich das Resultat von je *acht* „Pionieren, Revolutionären und Erben"! Alles ausnahmslos Physiker und meist nobeliert – *Johann von Neumann* ist nicht darunter. Auf 350 Seiten wird er zweimal kurz erwähnt (S. 295 und 297) und zwar im Kontext des vom „großen ungarischen Baron und Mathematiker John von Neumann" vorgelegten Beweis, „der das Vorhandensein von noch unbekannten oder unzugänglichen Bestimmungsstücken als Teil der Quantenmechanik ausschloss." Dieser 'Beweis' wurde „von vielen Physikern bestenfalls oberflächlich gelesen, aber vom Ergebnis her dankend zur Kenntnis genommen". Dazu gehört der Autor selbst; er versteckt sich hinter *John Bells* bekannter Kritik (1966) an von Neumanns 'Beweis' und dem darin angeblich enthaltenen 'konzeptionellen Fehler'. Dabei erwähnt *Fischer* nicht, dass *"however, in 2010, Jeffrey Bub published an argument that Bell misconstructed von Neumann's proof, and that it is actually not flawed, after all."* [BUB, J. (2010)].

Diese Vermutung indes vom weitgehend 'ungelesenen Quantentheoretiker von Neumann' wird insofern bestärkt, als seine Schriften bis in die Details belegen, welchen zeitlichen Aufwand man erbringen und welchem intellektuellen Stress man sich aussetzen muss, um *von Neumanns* Weg entlang *dreier* Teilstrecken verfolgen zu können:

(1) Die Transformationstheorie der QM auf der mathematischen Basis des abstrakten Hilbertraumes; ihre mengentheoretische Axiomatisierung als statistische Theorie großer Teilchengesamtheiten mit dem Ziel eines konsistenten Begriffs der quantenmechanischen Wahrscheinlichkeit; letztere als Resultat einer „frequency theory of probability" sowie einer thermodynamisch begründeten Quantentheorie der Messung.

(2) Die Idee, dass der mengentheoretisch formulierten Struktur der QM eine von der klassischen Aussagenlogik abweichende logische Struktur – die QL – inhärent ist. Letztere erweist sich als Verbandsstruktur unter Ausschluss des Distributivgesetzes. Dieses zu Recht als Birkhoff-von

Neumann-Konzept der QL bezeichnete Paper ist hinsichtlich der theoretischen Fundierung der QM subtil und unterscheidet sich meist deutlich von heute geltenden Standards.

(3) *Von Neumann* Algebren sind seit Jahrzehnten Teil der Funktionalanalysis und von Wert sui generis. Deren Klassifizierung diente bezüglich (1) und (2) dazu, jene die QL repräsentierende algebraische Struktur als Typ einer modularen W*-Algebra von zufälligen Quantenereignissen zu identifizieren. Deren Struktur lässt sich mittels der diesbezüglichen Dimensionsfunktion im Sinne einer nicht-kommutativen Wahrscheinlichkeitstheorie interpretieren.

In Anbetracht allein der hinter diesen drei Items versteckten komplizierten mathematischen und physikalischen Zusammenhänge nimmt es kaum Wunder, dass von Neumann nach der Revision in 1937 seiner in seinem Werk von 1932 dargelegten Ziele – zurückhaltend agierte. Dazu passt *Rédeis* ironischer Kommentar:

> "As we have seen von Neumann's proposal for quantum logic was part of a bold suggestion to replace Hilbert space quantum mechanics by a different mathematical framework based on the theory of von Neumann algebras, above all, on the theory of type II_1 - algebras. This is a bold suggestion indeed and maybe this is why it was put forward by von Neumann in a cautious manner, in footnotes and introductions to his papers." [RÉDEI, M. (2001), S. 167].

Diese Revision bedeutete das letzte Signal für den Zauberlehrling, mit dem ‚Zauberbesen' die unbefriedigende Situation entscheidend zu verbessern. Aber wo ist ein ‚Zauberbesen' verfügbar und was war zu verbessern? Eine Bestandsaufnahme 'aus einem Guss' stammt von Rédei: Worauf *von Neumann* in den Jahren 1935/36 abzielte, war – wie gesagt – die Quantenanalogie zum klassischen Fall der Booleschen Algebra, interpretiert als Tarski-Lindenbaum Algebra einer klassischen Aussagenlogik und als algebraische Struktur von Zufallsereignissen der Wahrscheinlichkeitstheorie mit einem Booleschen Wahrscheinlichkeitsbegriff

> „satisfying the strong additivity, and where the probabilities can be interpreted as relative frequencies." [RÉDEI, M. (2001), S. 168].

Bedauerlicherweise existieren keine nicht-kommutativen Versionen der gesuchten „Analogie zur klassischen Situation." Diese lapidare Feststellung ist das Resultat der geschilderten Bemühungen *von Neumanns* und seiner Mitarbeiter. Beispiele für *nicht-kommutative* Wahrscheinlichkeiten, die sich auch als relative Häufigkeiten darstellen lassen, können lediglich aus den finiten (Faktors) von Neumann-Algebren mit kanonischer Spur hergeleitet werden. *Miklós Rédei* verfasste dazu einen aufschlussreichen Kommentar:

> "However, the non-commutativity of these examples is somewhat misleading because the non-commutativity is suppressed by the fact that the trace is exactly the functional that is insensitive for the non-commutativity of the underlying algebra. So it seems that while one can have both a non-classical (quantum) logic and a mathematically impeccable non-commutative measure theory, the conceptual relation of these two structures cannot be the same as in the classical, commutative case – as long as one views the measure as probability in the sense of relative frequency." [RÉDEI, M. (2001), S. 169].

Dieser Sachverhalt zusammen mit der Nichtvereinbarkeit z. B. der *Typ II_1-Konfiguration* mit dem abstrakten Hilbertraum ergibt zumindest eine offensichtlich vernünftige Erklärung dafür, dass *von Neumann* seine Untersuchungen zur QM und QL endgültig einstellte; lediglich die rein mathematischen Arbeiten zu den von Neumann-Algebren setzte er noch einige Jahre fort, z. B. über Eigenschaften und evtl. Anwendungen der *Typ III-Konfiguration. Von Neumanns* ‚Abschlussformel' *„It didn't work!"* wird durch die Ziele und Fakten plausibel, wie sie durch die beiden zuletzt zitierten Texte *Rédeis* zum Ausdruck kommen und allesamt bereits vor knapp 70 Jahren dem interessierten Fachmann tatsächlich zugänglich waren. Dass diese Erklärung indes keineswegs ausreicht, um zu verstehen, warum *von Neumann* z. B. das damals noch aktuelle Thema ‚Quantenlogik als Projektionsverband P(M) einer *Typ II_1-Konfiguration*' nicht weiterverfolgte, ja niemals wieder irgendeine schriftliche Äußerung zum Thema QL verlauten ließ, wurde erst durch einen Privatbrief vom 2. Juli 1945 evident.

Mitte März 1945 hatte *von Neumann* auf Einladung der ›Washington Philosphical Society‹ die 14. Joseph-Henry-Lecture zum Thema *Application of Mathematics to Quantum Mechanics* gehalten. In seinem ausführlichen Schreiben vom 2. Juli 1945 an *Dr. F. B. Silsbee*, den Präsidenten der WPS erläuterte *von Neumann*, warum er sich außerstande fühlte, die gegebene Zusage für eine Publikation über einen Teilaspekt seines Vortrags einzuhalten. Monologisierend begründete er die eminenten Schwierigkeiten, das gewählte Thema *Logics of Quantum Mechanics* erfolgreich zu bearbeiten. Dieser Brief war bis zur Publikation im Jahr 2001 unveröffentlicht! In ihrem Report brachten die Herausgeber jene *von Neumann* erwähnten Schwierigkeiten zwar auf den Punkt, nämlich

> „to give a satisfactory account of the unified theory of logic, probability and quantum mechanics, a web of problems that is still with us and which von Neumann also selects as the main topic of his Amsterdam talk." [RÉDEI, M. und STÖLTZNER, M. (2001), S. 221].[65]

Sie verzichteten aber auch darauf, die engen Bezüge dieses „web of problems" zur 10 Jahre zurückliegenden Trias ‚QM-QL-Rings of Operators' überhaupt nur zu erwähnen – schon gar nicht im Kontext mit von Neumanns *Abbruch* seiner Untersuchungen zu QM und QL im Jahr 1937. John von Neumanns Schreiben weist. unzweifelhaft auf Anzeichen von Resignation hin, ja lässt depressive Symptome anklingen. Die Formel „it just didn't work" erlaubt eben keinesfalls eine „Interpretation" á la Rédei (s. o.) ausschließlich mit Hinweisen auf konkrete Sachverhalte, die z. Z. der Abfassung des Schreibens schon seit fast 10 Jahren öffentlich zugänglich waren. Letztere aber sind unschwer zu erkennen: *Von Neumann* hatte in den vergangenen Jahren (seine Bemerkung *„I have thought a good deal on the subject since."* deutet darauf hin) über Lösungen der Probleme nachgedacht, derentwillen er sein Projekt ‚Quantenmechanik als statistische Theorie mit relativen Häufigkeiten als Wahrscheinlichkeiten' 1937 endgültig abgebrochen hatte. Letztendlich nahm er offenbar seine Verpflichtung gegenüber der *Washington Philosphical Society* zum Anlass, sich noch einmal mit diesem Projekt zumindest in Teilen eingehend zu befassen. Trotz ungewöhnlichem Aufwand scheiterte er erneut – bei diesem ‚struggle' *„schien er mehr zu kämpfen, als auf dem Höhepunkt seines Schaffens zu*

---

[65] Es sei erwähnt, dass *"the beginning of KAM-theory, which is named after Kolmogorov, Arnold and Moser. Kolmogorov addressed the International Congress of Mathematicians in Amsterdam in 1954 on this topic with his important talk General theory of dynamical systems and classical mechanics."*
Vgl. http://www-history.mcs.st-andrews.ac.uk/history/Mathematicians/Kolmogorov.html.

sein." [Analogie aus YOURGRAU, P. (2005), S. 179].

Mit hoher Wahrscheinlichkeit gibt es indes einen weiteren Grund für von Neumanns ungewöhnliche Reaktion. Es geht um die internationale Rezeption seiner o. a. Projekt betreffenden Ideen. Abgesehen davon, dass die bereits erwähnte Haltung der Scientific Community

> "prevented his position from being considered on its own merits,"

gibt es angeblich eine Argumentation, auf die man erst einmal kommen musste, und mit welcher *Michael Stöltzner* fortfährt:

> „Instead, the Mathematical Foundations were conceived as the mathematical codification of an orthodox Copenhagen Interpretation – perhaps a historical artefact in itself – and the no-hidden variable proof, in particular, became the point of attack for generations of alternative interpretations: which, pointing at the metaphysically questionable status of the observer took recourse to commonsense realism, to wit, to 'things' or 'be able',"

Um ohne Beleg mit folgender Beurteilung der einschlägigen Wirkungsgeschichte zu enden:

> „In the debates waged on the foundation of quantum mechanics, von Neumann's mathematical accomplishments of the late 1930s were neglected and instead of observing the openness to modification that is part of the axiomatic method, axiomatization was equated to the infamous finality claim of Copenhagen orthodoxy." [STÖLTZNER, M. (2001), S. 59].

Diese Darstellung scheint die Tatsachen in ihr Gegenteil zu verkehren, was umso mehr irritiert, als deren Autor immerhin der zweite Herausgeber des o. a. Briefs an Dr. *Silsbee* ist. Wie o. a. erwähnt, konnte sich – laut Zeitzeuge C. F. von Weizsäcker – Bohr nie mit *John von Neumanns* ‚Quantenbibel' anfreunden[66], und *Werner Heisenberg*, der ‚Lordsiegelbewahrer'[67] der Kopenhagener Deutung, hatte offensichtlich keinen Draht zu *von Neumann*: Abgesehen davon, dass letzterer in *Heisenbergs* zahlreichen

---

[66] vgl.: *„Bohr widersetzte sich allen zu präzisen Klärungsversuchen (z. B. von Sommerfeld, von Neumann, axiomatische Feldtheorien). Solche Versuche hatten die Tendenz... die Forschung zu behindern."* [FEYERABEND, P. (1989), S. 383]

[67] ‚Lordsiegelbewahrer der Tradition Platons' müsste man ergänzen, folgt man von Weizsäcker in seiner Charakterisierung Heisenbergs als dem *„wohl größten, heute lebenden, theoretischen Physiker [, der] seine Naturwissenschaft als eine [solche] in der Tradition Platons versteht."* [WEIZSÄCKER VON, C. F. (1977), S. 562]

Veröffentlichungen, sogar jenen zur Quantenphysik, nur selten und höchstens en passant erwähnt wird, scheinen auch Äußerungen von *K. O. Friedrichs* und von *W. Heisenberg* selbst darauf hinzuweisen [vgl. MACRAE, N. (1994), S. 125-126]; so kritisierte er *von Neumanns* einzige veröffentlichte Studie zur *Quantenfeldtheorie* [mittels Operator-Algebra – NEUMANN VON, J. (2001a)] in einem Briefwechsel (November 1936 mit W. Pauli) als eher unphysikalisch und prognostizierte für „die wahre Wellenmechanik" eine „universale Länge", mit einem Argument also, das er selbst nie verfochten hat! [RÉDEI, M. und STÖLTZNER, M. (2001), S. 222-223].

Mit diesem Hintergrund konnte *Stöltzner* mit seiner Unterstellung nur meinen, dass die Scientific Community, weltweit zunehmend auf das Kopenhagener Paradigma eingeschworen, *von Neumanns* Meisterwerk mehr oder weniger aus Unkenntnis der Bohrschen Deutung der Quantenmechanik zuordnete. Es ging dabei nicht nur um physikalische und philosophische Probleme bei der Interpretation neuer Physik. Bohr verband sie schon früh mit der Machtfrage gegenüber mächtigen Antipoden; die ‚Ausgangslage' war von vornherein insofern höchst unterschiedlich, als Persönlichkeiten, die sich nach eigenem Bekunden in der Forschung selbst als ‚Außenseiter' oder besser als ‚Einzelgänger' bezeichneten, wie *Planck, Einstein, L. de Broglie* und *Schrödinger*, einem *Netzwerk* [vgl. SCHMUTZER, M. E. A. (2004)] gegenüberstanden, das von *Bohr* unter Einsatz beträchtlicher Mittel für ungewöhnlich gute Arbeitsmöglichkeiten in Kopenhagen sowie für viele Stipendien systematisch auf internationale Wirkung hin ausgebaut wurde. Der Erfolg war durchschlagend: Trotz teilweise großer erkenntnistheoretischer Diskrepanzen wurde die *Kopenhagener Deutung* für die Ausbildung der Physikstudenten weltweit dominant.

Unter diesen Umständen muss man wohl davon ausgehen, dass es *von Neumann* bis Mitte der dreißiger Jahre klar geworden war, selbst das Opfer jenes Paradigmas geworden zu sein, zu dessen Glaubenssätzen der abstrakte Hilbertraum inzwischen gehörte, den er durch seine unvergleichlich virtuose Handhabung zum inzwischen unverzichtbaren Werkzeug der zeitgenössischen Quantentheorie beigesteuert hatte [vgl. WEIZSÄCKER VON, C. F.

(1992), S. 785]. Wie sollte er es unter diesen Umständen bewerkstelligen, zum Rückzug zu blasen, d. h. den abstrakten Hilbertraum aus der Theorie zu eliminieren, nur um mit einer neuen mathematischen Basis (auf der Grundlage der Murray – von Neumannschen Operatortheorie) eine in sich konsistente QM (d. h. aber auch unterlegt von einer korrekten QL!) zu begründen, deren statistische Ensembletheorie auf experimentell kompatiblen Wahrscheinlichkeiten beruht, ergo die Messung von relativen Häufigkeiten garantiert?

Der Brief vom Juli 1945 [NEUMANN VON, J. (2001d)] macht unmissverständlich klar, dass sich *von Neumann* keinerlei Illusionen hingab. Er wusste als renommiertes Mitglied des Princeton Institute for Advanced Study inzwischen längst, wie die Scientific Community mit ‚Außenseitern' und ‚Einzelgängern' selbst höchster Prominenz umgeht. Warum aber sind alle diese Erfahrungen mit den Kollegen im Zeitraum vom Datum des Brief an Dr. *Silsbee* bis zu seinem frühen Tod am 8. Februar 1957 erwähnenswert hinsichtlich der Frage, wie *von Neumanns* Bitte an den Adressaten wirklich zu verstehen ist, seine Zusage für die Publikation zum Thema *Logics of Quantum Mechanics* stornieren zu dürfen? In einem frühen Vortrag hat Benedikt XVI dazu eine konzise Metapher geprägt:

> „So unbestreitbar richtig alles ist, was uns das Mikroskop zeigt, wenn wir ein Stück Baum in ihm betrachten, so kann es doch zugleich Wahrheit verdecken, wenn es uns vergessen lässt, dass das Einzelne nicht bloß das Einzelne ist, sondern dass es eine Existenz im Ganzen hat, die nicht mikroskopierbar und doch wahr, wahrer als die Isolierung des Einzelnen ist." [RATZINGER, J. (1982), S. 59].

Die Umkehrung besagt, dass die Umstände das interessierende *Ganze* ohne die mikroskopischen Betrachtungen völlig im Dunkeln lassen. Bedenkt man, dass 1945 *von Neumann* noch mit voller Schaffenskraft und voller Pläne wirkte, oft die ganze Nacht durcharbeitete, musste man seine Andeutungen von übermäßigem Stress nicht besonders ernst nehmen. Ausschlaggebend für seine Absage dürften neue wissenschaftliche Interessen zusammen mit vielen ehrenvollen Verpflichtungen[68] sowie manche Erfahrungen

---

[68] John von Neumann gehörte zum elitären Kreis um den wissenschaftlichen Direktor des Man-

mit der Scientific Community und deren Repräsentanten gewesen sein. Besonders deren Verhalten sogar gegenüber den zwei ‚Größten' ihrer Zunft, nämlich *Einstein* und *Gödel*, muss ihm klar gemacht haben, dass das ‚Kapitel' QM – QL – *Quanten-Wahrscheinlichkeit* QW für ihn definitiv abgeschlossen war. Dazu kam, dass er als Mathematiker zwar nicht in die Ecke der Außenseiter bzw. Einzelgänger gedrängt wurde, aber Gefahr lief, gegebenenfalls zum ‚Wilderer' im Gehege vieler potentieller Nobelpreisträger erklärt zu werden.

Das *Ganze* bestand also Ende 1945 aus unüberwindlichen fachlichen Hürden, aus einer skeptischen Einstellung gegenüber gewissen akademischen Eliten sowie neuen wissenschaftlichen Interessen verbunden mit vielen unabweisbaren Pflichten gegenüber der US-Administration.

5.1.4 Von Neumanns ‚quantenmechanisches' Vermächtnis

Allein schon diese drei Motive bilden ein ausreichendes Erklärungsmuster für ein Dokument, das fast 10 Jahre später entstand, erst 2001 publiziert wurde und, falls man will, jenem ‚Kapitel' QM – QL – QW eine völlig unerwartete öffentliche Aufmerksamkeit sicherte. Im November 1952 schrieb der Vorsitzende des Komitees zur Vorbereitung des Internationalen Mathematiker Kongresses 1954 in Amsterdam einen Brief an *J. von Neumann*. Darin lud er ihn ein, eine „Adresse über ungelöste Probleme der Mathematik" an die Versammlung zu richten – vergleichbar mit dem berühmten Programm, das Hilbert auf dem Zweiten internationalen Mathematikerkongress in Paris im Jahr 1900 in Form einer Sammlung offener Fragen betreffend 23 ungelöste Probleme vorgetragen hatte. In diesem Brief heißt es:

"... the committee's opinion is that you are probably the only active mathemati-

---

hattan-Projekts (Robert Oppenheimer und seine – mit einer Ausnahme (Van Vleck.) – ‚exilierten' ‹luminaries›; ab 1942: Hans Bethe, Edward Teller, John H. Van Vleck, Felix Bloch, Enrico Fermi, Leo Szilárd, später auch John von Neumann, Stanislaw Ulam – die meisten verbrachten einen Großteil ihrer post-doc-Ausbildung in Deutschland; alle sprachen deutsch). Damit war er hochrangiger Geheimnisträger, wissenschaftlicher Berater fast aller geheimen Militärprojekte der USA im 2. Weltkrieg; vgl. z. B.
http://www.whagen.de/vortraege/Camouflage/CamouflageVortrag.htm.

cian in the world who is master of the whole of mathematics to such a degree as to be able to deliver an address of the character as expressed above." [RÉDEI, M. und STÖLTZNER, M. (2001), S. 227].

In seiner Antwort vom 25. März 1953 wurde deutlich, dass sich *von Neumann* der ungewöhnlichen Ehre einer solchen Einladung bewusst war:

> "In view of the exceptional confidence that your invitation expresses, I do not see how I can do otherwise than accept your invitation." [RÉDEI, M. und STÖLTZNER, M. (2001), S. 228].

In einem nachgeschobenen Schreiben vom 10. April 1953 schränkt er indes die ursprüngliche Intention der geplanten ‚Adresse' wie folgt ein:

> "It would, therefore, be quite unrealistic not to admit, that any address I could possibly give would not be biased towards some areas in mathematics in which I have had experience, to the detriment of others which may be equally or more important. To be specific, I could not avoid a bias towards those parts of analysis, logics, and certain border areas of the applications of mathematics to other sciences, in which I have worked. ..." [RÉDEI, M. und STÖLTZNER, M. (2001), S.229].

John von Neumanns Ansprache am 2. September 1954 vor den Teilnehmern des Amsterdamer Mathematiker Kongresses ist nur in rudimentären Teilen publiziert. Die handschriftlichen Notizen enthalten Passagen, die im Typoskript der Rede nicht vorkommen. Dieses maschinengeschriebene Manuskript ist völlig unkorrigiert, und wer es verfasst hat, ist nicht bekannt. Ungeachtet dessen handelt es sich um ein historisch wichtiges Dokument[69],

> "because it is the only detailed and systematic formulation of von Neumann's post-1932 views on quantum mechanics, which is intimately related to the theory of von Neumann algebras, and which differ considerably from the view he had held in the period of creating abstract Hilbert space quantum mechanics (1926-1932)." [RÉDEI, M. und STÖLTZNER, M. (2001), S. 222].

Mit diesem Kommentar zum Inhalt liegen die Herausgeber zweifellos richtig. Allerdings enthalten sie sich jeder Kritik, zu der in zweierlei Hinsicht Anlass besteht, sofern man davon ausgehen darf, dass das Typoskript *von Neumanns* Vortrag in allen entscheidenden Teilen inhaltlich und in der Botschaft korrekt wiedergibt: Zum einen kann dann keinerlei Rede davon

---

[69] Es ist nicht geklärt, ob von Neumann das Typoskript überhaupt gesehen hat.

sein, dass *von Neumann* entgegen der Verabredung mit dem Veranstalter seine ‚Adresse' wenigstens in eingeschränktem Maß aktuellen ‚ungelösten Problemen der Mathematik in der Tradition Hilberts' widmet. Zum anderen handelt es sich bei *von Neumanns* Darstellung eher um einen Rechenschaftsbericht, der in einer Art Offenbarungseid mündet – zumindest was sein ursprüngliches Ziel betrifft: die mathematische Grundlegung der Quantenmechanik als statistische Theorie.

Tatsächlich sprach *von Neumann* über seine Untersuchungen (teilweise mit *Birkhoff* und *Murray*) zur Quantentheorie, die zwischen 1932 und 1936 im Kern abgeschlossen waren, also bereits fast 20 Jahre vor seiner Amsterdamer ‚Address'! Seine Anmerkungen zur QL, zur QW sowie zu den vonNeumann-Algebren bezogen sich ausschließlich auf das ungelöste Problem der Quantentheorie von statistischen Gesamtheiten, das er kryptisch umschrieb als

> „the concept of a priori probability in quantum mechanics ... uniquely given from the start," [NEUMANN VON, J. (2001d), S. 245].

und im Jahr 1937[70] endgültig abgebrochen hatte. Wenn von Neumann seinen Vortrag mit den Worten eröffnete,

> "I will speak about operator theory and about its connections with various areas and quite particularly about how it hangs together with a number of open questions in physics and how I think it hangs together or ought to hang together with a number of questions in logics and probability theory and questions of the foundations of these and certain reformulations of these which I think it puts into a quite different light from the one with which was usually look at these subjects" [NEUMANN VON, J. (2001d), S. 231],

so trifft diese Ankündigung zweifellos zu, allerdings in einem ganz anderen Sinn, als ihn jeder Besucher einer mathematischen Großveranstaltung wohl

---

[70] Eine einschlägige Bemerkung zum Zustand, in dem sich J. von Neumann (abgesehen von großen privaten Schwierigkeiten; vgl. MACRAE, P. (1994), S. 154f) in jenem Jahr befand, findet man bei einem seiner Biographen: *„1937 bereitete er sich darauf vor »mit viel Lärm um die Nicht-Distributivität der Logik einen Skandal auszulösen... Ich glaube, ich weiß, wie man die Quantoren in einem solchen System handhabt. Ich sollte besser ehrliche Arbeit auf dem Gebiet der Algebra und der Arithmetik kontinuierlicher Ringe leisten – aber schließlich ist vor Gott ein Zeitvertreib so gut (oder so schlecht) wie der andere.« Er führte diese Ideen niemals richtig durch und seine Resignation (‚vor Gott ist ein Zeitvertreib ...') hat etwas mit seiner Stimmung in den 30er Jahren in Princeton zu tun. ..."* [MACRAE, P. (1994), S. 164-165].

erwarten darf. Durch den langen zeitlichen Abstand von den Ereignissen, über die *von Neumann* überwiegend sprach, war er anscheinend im Stande, mit diesem Vortrag für sich eine Art therapeutische Lehrstunde zu veranstalten – mit dem Ziel, noch einmal die ganze Problematik zwischen 1932 bis 1937 konzise aufzuarbeiten und eine Beerdigung erster Klasse für die ‚Trias' QM-QL-QW zu arrangieren. Man muss diesen Sachverhalt so deutlich herausstellen, weil aus dem Auditorium – vielleicht abgesehen von ein paar Spezialisten, die sich noch an *von Neumanns* ‚Quantenbibel' von 1932 und/oder die umfangreichen Arbeiten mit *Birkhoff* von 1936 zur Quantenlogik bzw. *Murray* ab 1935 über Ringe von Operatoren erinnerten, – kaum jemand ernsthaft *von Neumanns* Intentionen folgen konnte/wollte, aus der Fülle der Für und Wider, den Andeutungen und den angeblich bewussten Wiederholungen („*saying the same thing over and over again*") die Quintessenz zu präparieren:

> "This means that one has a formal mechanism, in which logics and probability theory arise simultaneously and are derived simultaneously." [NEUMANN VON, J. (2001d), S. 245].

Aber warum störte ihn dieses Resultat? Wie in den voran stehenden Abschnitten bereits eingehend dargelegt, gehörte nach *von Neumanns* ehernen Vorstellungen – sein *Grundpostulat* für jede axiomatische Quantenmechanik – die passende Wahrscheinlichkeitstheorie zu den Axiomen jeder physikalischen statistischen Theorie, welche gestattete, Experimente z. B. mit statistischen Gesamtheiten mittels relativer Häufigkeiten in *Exners* und *von Mises'* Sinn auszuwerten. Letztere setzen indes das Distributivgesetz voraus. Somit schlossen sich *relative Häufigkeiten* und QL in *von Neumanns* QM gegenseitig aus! *Von Neumann* und seinen Mitarbeitern war bekanntlich schon lange bewusst, dass für diese Unvereinbarkeit – oder gar Aporie – in erster Linie der abstrakte Hilbertraum verantwortlich gemacht werden müsste.

Wie bereits angedeutet, wollte er weder den Hilbertraum als mathematische Basis noch die Häufigkeitsinterpretation seiner Ensemblestatistik aufgeben, ergo musste *von Neumann* seine QM von 1932 für verfehlt, ja definitiv als gescheitert erklären *und* einen neuen *Weg* suchen, diese Aporie aufzulösen.

Dabei war dessen Ziel nach wie vor, (1) die mathematischen Grundlagen der Quantenmechanik als *abgeschlossene Theorie* zu formulieren, und zwar (2) in Form einer mengentheoretisch fundierten Theorie statistischer Gesamtheiten mit Wahrscheinlichkeitswerten als relative Häufigkeiten und schliesslich (3) alles auf der Grundlage einer konsistenten Quantenlogik darzustellen.

Dieser Weg folgt dem Wegweiser mit der Inschrift *On Rings of Operators*! *Murray* und *von Neumann* gingen ihn seit 1935 weit über 10 Jahre. Es ist somit evident, dass *von Neumanns* gesamte Ansprache eigentlich seine mathematische Theorie der QM insoweit zum Thema hat, als er nur solcherart ‚unsolved problems' der Operatortheorie anspricht, die sich direkt auf die QM auswirken. Ein bekanntes Beispiel sind die hermitescher Operatoren, zu denen *von Neumann* vermerkt, dass die Eigenschaft ‚hermitesch' zu sein, zu gewissen Schwierigkeiten führt

> „since the simplest operation, namely multiplication destroys the Hermitean character." [NEUMANN VON, J. (2001d), S. 243].

Besonders erwähnenswert sind ihm die markanten Unterschiede zwischen (Hilbertschen) ‚bounded operators' und den ‚unbounded operators', wie sie besonders für die Matrizen-Darstellung der QM relevant geworden sind [NEUMANN VON, J. (2001d), S. 235 vgl. PIETSCHMANN, H. (2003), S. 37f]. Hier verweist *von Neumann* auf die Dringlichkeit einer systematischen Operatortheorie (*„satisfactory calculus of operators"* – NEUMANN VON, J. (2001c), S. 237) am Beispiel der Frage nach der Äquivalenz zweier beschränkter Operatoren. Er zeigt, dass unter gewissen Voraussetzungen solcherart Äquivalenz nicht transitiv ist, d. h.

> "It is not hard to construct examples ... Not only is partial equivalence not transitive, not only is true that *A* can be partially equivalent to *B* and *B* to *C* without *A* being so to *C*: ... But even more is true, specifically it is true, if you take two bounded operators, then by a limited number of steps which is certainly not more than nine, you can pass from *A* to a partially equivalent A_1, from there to a partially equivalent A_2 and so on and get in no more than nine steps to *B*. Nine is surely not the smallest number by the way. Consequently it is completely hopeless to try to get to any sensible concept of equivalence in this manner. There is plenty of other pathology in this area, but the example that I have men-

> tioned is characteristic of the rest of it. ...
>
> One possible procedure for them is to say that after all, the assemblage of all operators does make all these troubles. One knows that certain subsets of it will not make such troubles. ... One can therefore ask whether there are subsystems of operators in which the above pathology is avoided. In talking of subsystems of operators it would be of course very interesting whether one can find subsystems, which as far as internal properties are concerned, behave like the system of all operators, in other words, which have the same algebraical properties as all operators. Well, in that case one evidently should talk of rings, in other words, of systems which are closed under addition, multiplication and subtraction." [NEUMANN VON, J. (2001c), S. 236 und 237].

In diesen Sätzen steckt die konzeptionelle Basis und Motivation der Untersuchungen *On Rings of Operators* oder – in moderner Ausdrucksweise – über Von-Neumann-Algebren. Was *von Neumann* nicht erwähnte, ja nur einmal indirekt kurz andeutete, ist die strikte Ausrichtung dieser Studien auf QM und QL nach wie vor unter der Perspektive von Wahrscheinlichkeiten als relative Häufigkeiten. Ersatzweise sprach er zwar manche technische Details an, die für eine Klassifizierung der unterschiedlichen Typen von W*-Algebren sicher von zentraler Bedeutung sind, jedoch, wie z. B. die Konzepte [NEUMANN VON, J. (2001c), S. 239] der *Dimensionalität* und *Äquivalenz*, dem nicht darauf spezialisierten Hörer kaum hinreichend vermittelbar gewesen sein dürften.

Fast zum Schluss seiner Ausführungen drückt *von Neumann* sein tiefes Unbehagen am abstrakten Hilbertraum (als mathematische Basis seiner Fundierung der QM) aus, das er erstmals fast 20 Jahre vorher in einem privaten Schreiben an *G. Birkhoff* offen geäußert hatte. Er versteckt seinen Frust hinter einer Fassade brüchiger wissenschaftlicher Argumentation:

> „..., all the troubles of operator theory in Hilbert space and all the troubles of the last two decades in quantum theory with the well-known divergences indicate that the transition to infinite dimensionality has not been performed quite as happily as it might have been. In other words, in getting to something, there must be an inherent reason for going to infinite dimension, but Hilbert space, which apparently did this to nearly 100%, clearly did not do it perfectly (or else one would not have the divergence difficulties of all the more elaborate forms of quantum mechanics, in which one is).
>
> The question...arises, ... how the physical difficulties indicate where the math-

ematical bird is hidden. It indicates strongly, that one ought to find an abstract machinery which imitates the machinery of Hilbert space rings quite a way, so far that it was possible to be led to this system. But at some point it must bench off." [NEUMANN VON, J. (2001c), S. 242].

Farbe bekennen? Und das tut *von Neumann* denn doch in unerwarteter Deutlichkeit – in Form der faktischen Trennung vom Hilbertraum:

> "Finally, one can take this, which should be a theory of certain sub-spaces of a Hilbert-space, namely all those which are invariant under some given group, but free oneself of the Hilbert space and look for a set of entities which have all of the formal properties of sub-spaces of this space, but are *not* tied to Hilbert space. This operation can be performed and has been performed in the past successfully. I am looking to the so-called lattice theory. ... .
>
> It is a very deep observation, but after you have made it, it sounds very simple. The properties which among all lattices characterize those which behave like the linear subspaces of a linear space were discovered by Garrett Birkhoff quite some time ago. Their very simple algebraic property, the so-called modular law ... is a very simple weakening of the distributive law." [NEUMANN VON, J. (2001c), S. 243].

Erst unter Verzicht auf den abstrakten Hilbertraum als mathematische Basis der axiomatischen QM *von Neumanns* eröffnet sich eine Perspektive für eine verschränkte axiomatische Behandlung von Logik und Wahrscheinlichkeitskalkül. Zunächst stellte *von Neumann* klar:

> "One also has this parallelism that logics corresponds to set theory and probability theory corresponds to measure theory and that given a system of logics, so given a system of sets and you can infer to probability,"

um sogleich unmissverständlich fortzufahren:

> "At this point one comes to the question which is not being axiomatically understood to this day and where an axiomatic treatment is certainly desired, and - I would rather think - would be very rewarding. Namely, it is quite clear that one has here in hands the tools, with which one gets to the systems of logics which immediately also contains the probability theory. It is very characteristic that in quantum theory logics and probability go very closely together." [NEUMANN VON, J. (2001c), S. 244].

Der letzte Satz besagt nichts anderes, als dass Quantentheorie eine *abgeschlossene Theorie* in *Heisenbergs* Sinn ist, also ein ‚Gesamtkunstwerk', das aus drei Teilen besteht, die aufeinander abgestimmt sind. Aus *von*

Neumanns Sicht handelt es sich indes um Zukunftsmusik, denn er fixiert den status quo mit folgenden Worten:

> "All the existing axiomatizations of this system are unsatisfactory in this sense, that they bring in quite arbitrarily algebraical laws which are not clearly related to anything that one believes to be true or that one has observed in quantum theory to be true. So, while one has very satisfactorily formalistic foundations of projective geometry of some infinite generalizations of it, including orthogonality, including angles, none of them are derived from intuitively plausible first principles in the manner in which axiomatization in other areas are." [NEUMANN VON, J. (2001c), S. 245].

Nach dieser eindrucksvollen Synthese eines Forscherlebens als Mathematiker auf dem Gebiet der Quantenphysik entließ *John von Neumann* das Auditorium mit einer Schlussfolgerung – und einer *Vision* – aus einem Satz:

> "Now I think that at this point lies a very important complex of open problems, about which one does not know well of how to formulate them now, but which are likely to give logics and the whole dependent system of probability a new slam." [NEUMANN VON, J. (2001c), S. 245].

Wie in jeder großen Oper nehmen wir Anteil an einem grandiosen Schluss. Drei Jahre vor seinem Tod, bei einem Podiumsauftritt, der *von Neumann* wenigstens bei seinen Mathematiker-Kollegen eine weltweite Resonanz verschaffte, trug er sein wissenschaftliches Vermächtnis als faszinierende Perspektive für die Quantentheorie vor, die noch heute aktuell ist. Wie viele ‚Opernliebhaber' anwesend waren, ist nicht überliefert. Im Gegensatz indes zu jeder Oper, die lebt und im Gedächtnis verhaftet bleibt, ja durch regelmäßige Neuinszenierungen immer wieder erneut ins Bewusstsein gerückt wird, geriet *von Neumanns* Amsterdamer Auftritt alsbald in Vergessenheit – bis seine Ansprache fast ein halbes Jahrhundert später erstmals publiziert wurde.

5.2 Theorie der Verallgemeinerten Schrödingergleichung

Die in den Kapiteln 2 bis 4 vorgestellte AT betrachtet die allgemeinphysikalischen Größen im mathematischen Sinn als kontinuierlich. Dadurch wird es ermöglicht, dass die Methoden der mathematischen Analysis sehr erfolgreich verwendet werden können. Aber die hinter der mathematischen Beschreibung stehenden physikalischen Objekte sind keineswegs stetig, da sie – nach der heutigen Auffassung – aus endlich vielen Teilchen aufgebaut sind (vgl. 3.6) und nur mit endlicher Genauigkeit ʾabgelesenʹ werden können. Diese Tatsache kommt bei der Messung mit den heute immer häufiger verwendeten digitalen Messgeräten besser zum Ausdruck. Die grundsätzliche Frage, ob sich diskrete Beobachtung und kontinuierliche Beschreibung, die in der AT, wie gesehen, so erfolgreich ist, überhaupt vereinbaren lassen, wurde von *Michael Lauster* in seiner Habilitationsschrift untersucht. [LAUSTER, M. (1998)]. Seine grundlegenden Ergebnisse ermöglichen einen Brückenschlag zwischen der Makro- und Mikrophysik, d. h. die einheitliche Darstellung der physikalischen Probleme. Inspiriert von dem wegweisenden Gedankengang von *Ulrich Hoyer* hat Michael Lauster eine allgemeine Herleitung der maßgeblichen Regeln mit den Mitteln der mathematischen Statistik gegeben. *Hoyer* hat die Ergebnisse der Quantenmechanik aus dem statistischen Ansatz erhalten. [Vgl. HOYER, U. (2002)]. Seine Theorie benutzt neben den statistischen Ansätzen die Annahmen eines offenen, annährend mechanischen (**r**, **p**) –Systems. Diese Spezialisierung der AT wird im nächsten Kapitel gezeigt. So wird nachgewiesen, dass diese Spezialisierung wichtige Übereinstimmungen mit den charakteristischen Ergebnissen der konventionellen Quantenmechanik liefert.

Unsere Untersuchung wird jetzt von der Herleitung von *Lauster* ausgehen. Die von ihm gefundenen »verallgemeinerten Schrödingergleichungen« zeigen zu den Ergebnissen der »synthetischen Quantentheorie« von Hoyer einen direkten Weg. Es ist zu betonen, dass die »Hoyer-Theorie« – wie im nächsten Kapitel gezeigt wird – die speziellen Annahmen eines mechanistischen Bildes in Anspruch nimmt. Diese Annahmen werden in diesem Kapitel nicht behandelt. In diesem Sinne ist die Darstellung des jetzigen Kapitels allgemein und abstrakt.

5.2.1 Phasenraumstruktur

Für die Untersuchung eines Systems mit vielen Einzelelementen ist die Statistik das geeignete mathematische Mittel. Deswegen sind Vielteilchensysteme par excellence die passenden Anwendungsgebiete statistischer Methoden. Das dynamische Verhalten des Systems wird durch das oben dargestellte *Gibbs-Falksche* Verfahren – wie in AT – beschrieben, dessen wesentliches Merkmal die Verwendung der extensiven Variablen ist. Deren Anzahl hängt von dem untersuchten Problem ab und wird im Wesentlichen von den beobachteten und als relevant eingestuften Wechselwirkungen bestimmt. Sie soll beliebig groß, aber *endlich* sein; *Falk* hat gezeigt, dass die »Wissenschaftlichkeit« der Beschreibung physikalische Phänomene nur dann unterstellt werden darf. [FALK, G. (1990); S. Vff.] Die für die weiteren Erörterungen notwendige Festlegungen werden von Lauster prägnanterweise so zusammengefasst:

> „Der im Sinne des Modellbauers vollständige Satz von Standardvariablen hängt über die Fundamentalrelation zusammen und kann, falls die Bedingungen des Allgemeinen Auflösungssatzes erfüllt sind, in funktionaler Form, als sog. »Massieu-Gibbs-Element« des Systems, dargestellt werden, dabei ist es immer möglich, einen Satz von Variablen zu finden, der die entsprechende Funktion linear-homogen und damit zu einer »Gibbs-Funktion« macht." [LAUSTER, M. (1998); S.33].

Betrachten wir ein empirisch prüfbares System mit einer großen, aber endlichen Anzahl N von Teilchen. Diese Teilchenzahl wird sich während der Untersuchung nicht ändern, so dass gilt [vgl. LAUSTER, M. (1998), S. 33, auch FN 112]:

$$N = \text{const.} = n \gg 1 \, ; n \in \mathbb{R}^+. \tag{5.2.1.1}$$

Dabei wird die übliche Bezeichnung (Variablen groß geschrieben, ihre Werte klein) verwendet. Die Verwendung der »Menge der *reellen* Zahlen« scheint unmotiviert zu sein, da sie nur für die Teilchenzahl benutzt wird, die mit der »Menge der *natürlichen* Zahlen« beschrieben werden könnte. Diesbezüglich müssen folgende Tatsachen berücksichtigt werden: *i)* N ist eine Variable der phänomenologischen »Events«, d. h. der Makro-Ebene; für deren mathematische Beschreibung ist die »Differenzierbarkeit« eine wesentliche Voraussetzung zur Formulierung der entsprechenden Theorie; *ii)* Bei der statistischen Untersuchung wird die Variable *N* als »Erwartungswert der Teilchenzahl« bei vielen gleichartigen Systemen interpretiert, sodass damit *makroskopisch* nur *reelle* Werte in Frage kommen können. Zur Beschreibung des Systems wird entsprechend der Gibbs-Falk-Dynamik (vgl. 2.2) ein Satz von *extensiven* Variablen (ihre Anzahl wird mit *r*+1 bezeichnet) verwendet. Um bei der mathematischen Beschreibung größere Freiheit zu erhalten, werden die Variablen auf ihren Wert in einem »Normzustand« bezogen [LAUSTER, M. (1998), S. 34)]. So wird erreicht, dass die aus dieser Lineartransformation entstehenden Größen X_j, (*j*=1, 2, ..., *r*+1) »reine Zahlen als Werte« besitzen. Damit können die Größen durch die üblichen *mathematischen Operationen* (Multiplizieren, Addieren, Potenzieren, Logarithmusbildung, etc.) miteinander verknüpft werden. Durch die Transformation über den Normzustand bleibt der innere Zusammenhang der Werte erhalten. Somit kann man mit diesem so hergestellten Variablensatz die Fundamentalrelation (vgl. Gibbs-Axiom in 2.2) erhalten:

$$\widehat{\Gamma}(X_1, X_2, ..., X_r, X_{r+1} \equiv H) \equiv 0. \tag{5.2.1.2}$$

(5.2.1.2) kann nach *H* aufgelöst werden:

$$H = \widehat{H}(X_1, X_2, ..., X_r); \tag{5.2.1.3}$$

wobei die Funktion $\widehat{H}$, wie aus 2.2 schon bekannt, *linearhomogen* ist[71]. Das ermöglicht, den Anteil $X_j^{(i)}$ bzw. $H_j^{(i)}$ jedes Teilchen an den Variablen

---

[71] Die gewählte Größe *H* wurde in (2.3.2) für einen konkreten Fall eingeführt. Ähnlich wurde *E* als Systemenergie z. B. in (3.1.8) benutzt. In diesem Kapitel gilt ganz allgemein: Die Auswahl von *H* wird im Wesentlichen durch den Zweck der Untersuchung beeinflusst sein. Weiterhin ist der Unterschied zur „klassischen Hamilton-Theorie" (z. B. in der Kontinuumsmechanik) zu betonen: Dort stehen die unabhängigen Variablen für die verallgemeinerten Orts- und Impulskoordinaten und die lineare Homogenität ist keine zwangsläufige Voraussetzung für eine Hamiltonfunktion.

X_j ($j = 1,2,...,r$) und H festzulegen. Der Gesamtwert der Größen ergibt sich dann aus den jeweiligen Anteilen:

$$X_j = \sum_{i=1}^{n} X_j^{(i)} \text{ für } j = 1,2,...,r; \ H = \sum_{i=1}^{n} H^{(i)}. \quad (5.2.1.4)$$

Betrachten wir für unsere weitere Untersuchung den durch die unabhängigen Variablen $X_j (j = 1,2,...,r)$ aufgespannten Unterraum des ($r+1$)-dimensionalen Phasenraums. Wegen der Diskretheit der Werte der Größen muss man annehmen, dass sämtliche Variablen ihre Werte nur in nichttrivialen und nichtdifferentiellen Inkrementen $\Delta X_j = \varepsilon_j > 0$ ($j = 1,2,...,r$) ändern. So wird der Phasenraum in Zellen des endlichen »Volumens« $\prod_{j=1}^{r} \Delta X_j$ unterteilt. Außerdem wird der Wert x_j einer Variablen X_j durch natürliche Vielfache der jeweiligen Intervalle angegeben:

$$X_j = a_j \cdot \Delta X_j \text{ bzw. } x_j = a_j \cdot \varepsilon_j \ (a_j \in \mathbb{R}; j = 1,2,...,r). \quad (5.2.1.5)$$

Jede Zelle ist durch das r-Tupel $(a_1, a_2,...,a_r)$ festgelegt. Es gibt insgesamt λ-viele derartige Zellen mit $\lambda = \prod_{j=1}^{r} a_{j,\max}$, wobei $X_{j,\max} = a_{j,\max} \cdot \Delta X_j$ ist. Jedes Teilchen in der Zelle $(a_1, a_2,...a_r)$ trägt einen Anteil von H mit Wert $h_{a_1, a_2,...a_r}$ bei:

$$\begin{aligned} h_{a_1,a_2,...a_r} &= \hat{H}(a_1 \cdot \varepsilon_1, a_2 \cdot \varepsilon_2, ..., a_r \cdot \varepsilon_r) \\ H_{a_1,a_2,...a_r} &= \hat{H}(a_1 \cdot \Delta X_1, a_2 \cdot \Delta X_2, ..., a_r \cdot \Delta X_r). \end{aligned} \quad (5.2.1.6)$$

Damit ist die Phasenraumstruktur[72] für die statistische Untersuchung festgelegt.

---

[72] Zum Begriff „Phasenraum" s. noch LAUSTER, M. (1998), S. 35, FN 118.

5.2.2 Boltzmann-Statistik im Phasenraum

Die Aufgabe der Statistik besteht darin, festzustellen, wie die n Teilchen des Systems auf λ Zellen verteilt werden.[73] Neben der Bedingung (5.2.1.1) [konstante Teilchenzahl] müssen folgende Voraussetzungen erfüllt werden [LAUSTER, M. (1998), S. 37)]:

- Die Teilchen sind individuell unterscheidbar.
- Jede Zelle des Phasenraumes ist für jedes Teilchen prinzipiell zugänglich.
- Der Totalwert von H [vgl. (5.2.1.4)] sei beliebig, wird aber konstant gehalten.
- Alle Verteilungen sind möglich, sofern sie mit der konkreten Form von $\hat{H}$ und dem konstanten Gesamtwert von H kompatibel sind.

Die erste Voraussetzung muss im Rahmen der Atomstatistik noch einmal näher erläutert werden, da sie bei bestimmten Statistiken (Fermi-Dirac, bzw. Einstein-Bose) nicht erfüllt werden können. Welche Art von allgemeinen statistischen Folgen damit verbunden ist, wird in 5.2.4 thematisiert. Bezeichnet man durch $\Omega_{a_1,a_2,\ldots,a_r}$ mit Werten $\omega_{a_1,a_2,\ldots,a_r} \in \mathbf{N} \cup \{0\}$ »die Besetzungszahl der Phasenraumzelle« $(a_1, a_2, \ldots, a_r)$, so gilt:

$$\sum_{a_1=1}^{a_{1,\max}} \sum_{a_2=1}^{a_{2,\max}} \ldots \sum_{a_r=1}^{a_{r,\max}} \Omega_{a_1,a_2,\ldots,a_r} = N \text{ bzw. } \sum_{a_1=1}^{a_{1,\max}} \sum_{a_2=1}^{a_{2,\max}} \ldots \sum_{a_r=1}^{a_{r,\max}} \omega_{a_1,a_2,\ldots,a_r} = n.$$

(5.2.2.1)

So kann man eine diskrete Funktion f mit rationalen Funktionswerten basierend auf (5.2.1.5) definieren, welche die Teilchendichte im Phasenraum beschreibt:

---

[73] Neben LAUSTER, M. (1998) findet sich weitere grundlegende Literatur zu den hier folgenden Ausführungen: FELLER, W. (1968); CARATHÉODORY, C. (1994); KENDALL, M. und STUART, A. (1976).

$$f(a_1 \cdot \Delta X_1, a_2 \cdot \Delta X_2, \ldots, a_r \cdot \Delta X_r) := \frac{\Omega_{a_1, a_2, \ldots, a_r}}{\prod_{j=1}^{r} \Delta X_j}. \qquad (5.2.2.2)^{74}$$

Für jede Verteilung f kann bei gegebenen Besetzungszahlen die Anzahl P der »Anordnungsmöglichkeiten« der n Teilchen mit der kombinatorischen »Permutation mit Wiederholung« angegeben werden:

$$P = \frac{N!}{\prod_{a_1=1}^{a_{1,max}} \prod_{a_2=1}^{a_{2,max}} \cdots \prod_{a_r=1}^{a_{r,max}} \Omega_{a_1, a_2, \ldots, a_r}!}. \qquad (5.2.2.3)^{75}$$

Man nimmt nun an, dass diejenige Verteilung, die die höchste Anzahl der Anordnungsmöglichkeiten zulässt, auch am häufigsten von den Teilchen eingenommen wird. Dieses Variationsproblem kann wie folgt formuliert werden:

Extremalbedingung: $P \to \max$;

Nebenbedingungen: $N = const$; $H = const$.

Zur praktischen Durchführung der Variation verwendet man den natürlichen Logarithmus der Funktion P und die Näherungsformel von Stirling[76] für die Fakultäten. Damit wird für die bedingte Optimierung die *Lagrange-*

---

[74] Diese Funktion hat die Eigenschaft, dass ihre Konstruktion bereits eine Einteilung des Phasenraums mit sich bringt. Diese ist so fein zu wählen, dass nur eine Gleichverteilung von H bezüglich der Teilchen innerhalb der Zellen sinnvoll ist. Jede andere Einteilung würde nämlich eine noch feinere Verteilung ermöglichen. (Vgl. LAUSTER, M. (1998), S. 38)

[75] Das entspricht dem klassischen Urnenproblem »Ziehen ohne Zurücklegen«. Damit wird es sichergestellt, dass jedes Teilchen eindeutig einer Phasenraumzelle angehört. Der Möglichkeit, die Werte von H anordnen zu können, wird durch die Berücksichtigung der Reihenfolge der Phasenzellen Rechnung getragen.

[76] Die Stirling-Formeln sind Approximationsformeln [James Stirling: *Methodus Differentialis*, 1730]. Sie lauten: Für alle natürlichen Zahlen $n \geq 1$ gilt näherungsweise $n! \approx \sqrt{2\pi n} \left(\frac{n}{e}\right)^n$ oder genauer $n! \approx \sqrt{2\pi n} \left(\frac{n}{e}\right)^n \left(1 + \frac{1}{12n}\right)$ oder als asymptotische Formel und noch genauer

$$n! \approx \sqrt{2\pi n} \left(\frac{n}{e}\right)^n \left(1 + \frac{1}{12n} + \frac{1}{288n^2} - \frac{139}{51840n^3} - \frac{571}{2488320n^4} + O\left(\frac{1}{n^5}\right)\right).$$

In den physikalischen Anwendungen wird die einfachste (erste) Form verwendet.

Funktion[77] aus $\ln(P)$ und den Nebenbedingungen gebildet und variiert. Die erhaltene Lagrange-Funktion lautet:

$$L = \ln P + \alpha \cdot \widehat{H}(a_1 \cdot \Delta X_1, a_2 \cdot \Delta X_2, \ldots, a_r \cdot \Delta X_r) + \beta \cdot N. \quad (5.2.2.4)$$

Die notwendige Bedingung des Optimums ist das Verschwinden der ersten Variation der *Lagrange-Funktion* L:

$$\delta L = 0. \quad (5.2.2.5)$$

(5.2.2.5) erhält unter Verwendung von (5.2.2.4) und der Stirling-Formel folgende Form:

$$\delta \left\{ N \cdot \ln N - \frac{1}{2}\left(\prod_{j=1}^{r} a_{j,\max} - 1\right) \cdot \ln(2\pi) - N \cdot \ln\left(\prod_{j=1}^{r} \Delta X_j\right) - \right.$$
$$\left. - \sum_{a_1=1}^{a_{1,\max}} \sum_{a_2=1}^{a_{2,\max}} \ldots \sum_{a_r=1}^{a_{r,\max}} \left(f \cdot \left[\ln f + \alpha \cdot \widehat{H}(a_1 \cdot \Delta X_1, \ldots, a_r \cdot \Delta X_r) + \beta\right] \cdot \prod_{j=1}^{r} \Delta X_j \right) \right\} = 0$$

$$(5.2.2.6)$$

Aufgrund der Bedingung (5.2.2.6) darf die Einteilung des Phasenraums nicht willkürlich gewählt werden. Wenn nämlich ein ΔX_j null wird oder sogar alle verschwinden würden, dann würde ein unbestimmter Ausdruck für den Logarithmus des Zellenvolumens auftreten. Die diskrete Struktur der hier verwendeten Methode der Beschreibung ermöglicht, dass die Theorie die teilchenartige Struktur physikalischer Objekte und das endliche Auflösungsvermögen menschlicher Sinneswahrnehmungen widerspiegelt.

Nach der Ausführung der Variation erhält man folgende Bedingung:

$$\ln f + 1 + \alpha \cdot \widehat{H}(a_1 \cdot \Delta X_1, a_2 \cdot \Delta X_2, \ldots, a_r \cdot \Delta X_r) + \beta = 0. \quad (5.2.2.7)$$

Aufgelöst nach der gesuchten Teilchendichte erhält man die bekannte *Maxwell-Boltzmann-Verteilung*:

$$\widehat{f}_{MB}(a_1 \cdot \Delta X_1, a_2 \cdot \Delta X_2, \ldots, a_r \cdot \Delta X_r) = e^{\beta-1} \cdot e^{-\alpha \widehat{H}(a_1 \cdot \Delta X_1, a_2 \cdot \Delta X_2, \ldots, a_r \cdot \Delta X_r)}.$$

$$(5.2.2.8)[78]$$

---

[77] Eine Definition der Lagrange-Funktion findet man z. B. in: SEILER, J. (2005), S. 11.
[78] Dieser Verteilung entspricht die Pareto-Verteilung in der Ökonomie [vgl. LAUSTER, M. (1998), S. 40-41.].

Damit kann ein Maß für die Eintrittswahrscheinlichkeit einer bestimmten Verteilung zugewiesen werden. So lautet das *1. statistische Postulat* von M. Lauster [LAUSTER, M. (1998), S. 41]:

> „Unterliegt das partikelweise identifizierbare Vielteilchensystem keinen äußeren Zwangsbedingungen, so ist die Maxwell-Boltzmann-Verteilung ... unter allen möglichen diejenige mit der höchsten Eintrittswahrscheinlichkeit."

Die *»Eintrittswahrscheinlichkeit«* wird an dieser Stelle als Erwartungswert der relativen Häufigkeit aufgefasst. Ohne näher den Ausführungen von C. F. von Weizsäcker zu folgen, schließen wir uns an seine Darstellung an [WEIZSÄCKER VON, C.F. (1985), S. 103]:

> „Nun denken wir an eine zukünftige Serie von Ausführungen desselben Versuchs. Nehmen wir an, unsere (theoretischen und empirischen) Kenntnisse befähigen uns, eine Wahrscheinlichkeit p_k für das Ereignis E_k in dem Versuch anzugeben. Dann wollen wir als den Sinn dieser Zahl p_k annehmen, sie sei eine Vorhersage der relativen Häufigkeit f_k für zukünftige Versuchsserie. Man wird diese Vorhersage p_k überprüfen, indem man sie mit den Werten von f_k vergleichen wird, die sich in dieser und weiteren Serien des betrachteten Versuchs ergeben werden."

Das erste statistische Postulat von M. Lauster kann bezüglich der Werte der Verteilung gedeutet werden: Jeder mögliche Wert von f_{MB} ist wahrscheinlicher als die Werte einer beliebigen anderen Verteilung, berechnet mit derselben Parameter- und Variablenzusammenstellung. Damit wird die Maxwell-Boltzmann-Verteilung[79] zum grundlegenden Verteilungsgesetz der Statistik von Vielteilchensystemen. Diese diskrete Verteilung kann die endliche Genauigkeit empirischer Erfahrungen beschreiben. Das Urnenmodell trägt zu einer echten Modellbildung bei und die relativen Häufigkeiten können als echte »Prüfgrößen« der Wahrscheinlichkeiten dienen.

In der Physik benutzt man üblicherweise stetige Verteilungen. Dabei wird i. a. das Verfahren von Boltzmann in Anspruch genommen [Boltzmann wird zitiert in: LAUSTER, M. (1998), S. 41-42]:

> (man nimmt an), „dass gemäß unserer Definition bei Bestimmung der Größe P immer zuerst angenommen werden muss, die Zahl der Moleküle, also n wachse

---

[79] Bzw. die aus ihr ableitbare Pareto-Verteilung für Anwendungen in der Ökonomie.

immer mehr, dann erst darf man die Größen ε, ζ, η abnehmen lassen, welch letztere von anderer Qualität unendlich klein sind."

Die stetige $f_{MB,kont.}$ der *Maxwell-Boltzmann-Verteilung* entsteht aus (5.2.2.8) dadurch, dass die Intervalle durch die Variablen ersetzt werden:

$$\hat{f}_{MB}(X_1, X_2, ..., X_r) = e^{\beta-1} \cdot e^{-\alpha \hat{H}(X_1, X_2, ..., X_r)} = f_{MB,kont.} \quad (5.2.2.9)$$

Dieses Vorgehen widerspricht einem konsequenten Teilchengedanken. Der Nutzen von (5.2.2.9) liegt jedoch darin, dass die diskrete und die stetige Version der Maxwell-Boltzmann-Verteilung an den Zellengrenzen des Phasenraumes in ihren Werten übereinstimmen.

Der Wert von α ist, wie man aus der Konstruktion der Lagrange-Funktion (5.2.2.4) leicht feststellt, direkt mit der Aufteilung von H auf die Zellen des Phasenraums gekoppelt. Er ist somit ein charakteristisches Maß für die Feinheit der Phasenraumstruktur. Im Wesentlichen entspricht er in der physikalischen Anwendung dem Kehrwert des »Planckschen Wirkungsquantum« h geteilt durch 2π, also: $\alpha = \frac{2\pi}{h}$. A. Sommerfeld schreibt dazu:

„Diese gequantelten Zustände sind vor allen übrigen Möglichkeiten als stationäre Zustände des Systems ganzzahlig hervorgehoben; sie schließen sich nicht stetig aneinander, sondern bilden ein Netzwerk ... Der Phasenraum, als Mannigfaltigkeit aller denkbaren, auch der nichtstationären Zustände, ist von den Bildkurven der stationären Bahnen maschenartig durchzogen. Die Größe der Maschen ist durch das Plancksche h bestimmt." [SOMMERFELD, A. (1922), S. 248].

5.2.3 Interpolationsbedingungen

Adaptation gemessener Daten, Prognosen oder einfacher gesagt, alle praktischen Anwendungen der Theorie, verlangen eine raum-zeitliche Beschreibung im Parameterraum. Hierzu ist ein Wechsel des Koordinatensystems von den extensiven Variablen, die den Phasenraum aufspannen, zu Orts- und Zeitkoordinaten notwendig. Dabei werden sämtliche auftretenden Variablen $H, X_1, X_2, ..., X_r$ als Funktionen zweier »Kurvenparameter« des Ortes (**r**) und der Zeit (*t*) aufgefasst. So wird $f_{MB,kont.}$ nur von diesen Koordinaten des Parameterraumes abhängen. Dieser Übergang wird mit Hilfe der resultierenden Differentialrechnung bewerkstelligt, die allerdings Stetigkeit bei allen beteiligten Beziehungen voraussetzt. Damit stellt sich das Problem, eine entsprechende kontinuierliche Ersatzfunktion finden zu müssen, welche die *Maxwell-Boltzmann-Verteilung* als die maßgebliche Verteilung für Vielteilchensysteme richtig annähert und eine Transformation in den Parameterraum ermöglicht. Die Funktion $f_{MB,kont.}$ von (5.2.2.9) spielt zwar bei der Lösung des Problems eine wichtige Rolle, sie selbst ist aber aus erwähnten Gründen als Lösung ungeeignet. Dadurch entsteht eine typische *Interpolationsaufgabe*: Gesucht ist eine *stetige* Funktion $f_{kont.}$ durch eine gegebene Punktmenge derart, dass die Werte an den jeweiligen Grenzen der »Phasenraumzellen« *genau* übereinstimmen und eventuell weitere Bedingungen erfüllt sind. Die stetige Funktion $f_{kont.}$ wird nur eine Annäherung an den fiktiven, exakten, diskreten Zusammenhang ermöglichen. Daraus resultieren die notwendigen *drei Interpolationsbedingungen*. Bei M. Lauster findet man darüber detaillierte Angaben [LAUSTER, M. (1998), S. 44 ff.], die hier und im Anhang (III.3) kurz zusammengefasst sind:

1. An den Grenzen der Phasenraumzellen besitzt die interpolierende Funktion $f_{kont.}$ *dieselbe Funktionswerte* wie f_{MB}. [Vgl. (III.3.1)].

2. An den Grenzen der Phasenraumzellen hat $f_{kont.}$ *dieselbe Steigung* wie $f_{MB,kont.}$. [Vgl. (III.3.2)].

3. Für den Gradienten von $f_{kont.}$ gilt im gesamten Phasenraum die zusätzliche *Innere-Produkt-Bedingung* $(\nabla f_{kont})^2 \equiv 0$ [Vgl. (III.3.3)].

Da der Wert von f_{MB} innerhalb einer Zelle konstant ist, müsste $\nabla f_{kont} \equiv \mathbf{0}$ gelten. Diese Konsequenz stünde mit der *zweiten* Interpolationsbedingung (Existenz einer nicht verschwindenden ersten Ableitung an den Zellengrenzen) im Widerspruch. Dieser wird durch die dritte Interpolationsbedingung aufgehoben. Die Bedeutung dieser dritten Interpolationsbedingung besteht u. a. darin, dass sie die diskrete Struktur von f_{MB} beibehält. Sie wird unter spezialisierten Bedingungen von U. Hoyer als »komplexe Diskontinuitätsbedingung« bezeichnet [HOYER, U. (2002), S. 128]. Die Bedingung (III.3.3) kann man ausführlich so schreiben:

$$\sum_{j=1}^{r}\left(\frac{\partial f_{kont}}{\partial X_j}\right)^2 = 0. \tag{5.2.3.1}$$

Sofort erkennt man, dass f_{kont} nur komplexwertig sein kann, da eine Summe von Quadraten reeller Zahlen nur dann null wird, falls sämtliche Summanden null sind. Die wichtige Bemerkung von M. Lauster hat weitgehende interpretatorische Bedeutung:

> „Der Preis für die korrekte Interpolation der diskreten Maxwell-Boltzmann-Verteilung ist das Ausweichen auf eine Funktion mit Werten in $\mathbb{C}$; zur Ermittlung der interpolierten Häufigkeiten aus den komplexen Zahlen muss ein entsprechendes Verfahren angegeben werden." [LAUSTER, M. (1998), S. 45].

Damit haben wir eine logische Erklärung, warum der Bereich der *komplexen* Zahlen einbezogen werden muss.[80]

Die Identität (5.2.3.1) lässt sich einer der r ersten Ableitungen auflösen. Aus der resultierenden Formel

$$\frac{\partial f_{kont}}{\partial X_k} = \pm i \cdot \sqrt{\sum_{\substack{j=1 \\ j \neq k}}^{r}\left(\frac{\partial f_{kont}}{\partial X_j}\right)^2} \qquad (k=1,2,\ldots,r). \tag{5.2.3.2}$$

ergibt sich unter Berücksichtigung der ersten bzw. zweiten Interpolationsbedingung der folgende Zusammenhang [ausführliche Herleitung s. LAUSTER, M. (1998), S. 45]:

$$\frac{\partial f_{kont}}{\partial X_k} = \pm i \cdot (-\alpha) \cdot f_{kont} \cdot \sqrt{\sum_{\substack{j=1 \\ j \neq k}}^{r}\left(\frac{\partial H}{\partial X_j}\right)^2} \qquad (k=1,2,\ldots,r). \tag{5.2.3.3}$$

Aus Gleichung (5.2.3.3) kann man die typische Struktur einer exponentiellen Ableitung an den Grenzen der Phasenraumzellen für alle $k=1,2,\ldots,r$ erkennen.

---

[80] Eine frühere Vermutung wurde auf einer anderen Interpretationsbasis von C. F. von Weizsäcker so formuliert:
„... warum die Quantentheorie in einem komplexen Raum definiert ist, war schon Gegenstand eines Meinungsaustausches zwischen Ehrenfest (1932) und Pauli (1933). Unsere Vermutung (Drieschner, Görnitz, Weizsäcker, 1987) ist, dass dies mit der Auszeichnung einer sehr umfassenden Symmetriegruppe für die Wahrscheinlichkeiten zusammenhängt, welche die Wahrscheinlichkeitsmetrik invariant lässt." [WEIZSÄCKER VON, C. F. (1992), S. 151]

Um eine vereinfachte Darstellung zu erreichen, werden zwei Definitionen

$$H_k := \sqrt{\sum_{\substack{j=1 \\ j \neq k}}^{r} \left(\frac{\partial H}{\partial X_j}\right)^2} \quad \text{und} \quad \Psi := \frac{f_{kont}}{N} \tag{5.2.3.4}$$

eingeführt, wobei die komplexwertige Funktion Ψ die Bedeutung einer »relativen Häufigkeitsdichte« (d. h. einer *statistisch* zu verstehenden Dichte) hat. Mit deren Hilfe ergibt sich:

$$\frac{\partial \Psi}{\partial X_k} = \pm i(-\alpha) \cdot \Psi \cdot H_k \quad (k = 1, 2, \ldots, r). \tag{5.2.3.5}$$

Vektoriell aus den beiden letzten Gleichungen für den Spaltenvektor mit den Komponenten H_k ($k = 1, 2, \ldots, r$) formuliert, steht

$$\nabla \Psi = \pm i(-\alpha) \cdot \Psi \cdot (H_k) \tag{5.2.3.6}$$

für ein erstes System der Differentialbeziehungen für die »relative Häufigkeitsdichte« als Interpolationsfunktion Ψ.

5.2.4 Verallgemeinerte Schrödingergleichung (VSG) und Streurelationen

Um Gleichung (5.2.3.6) zu interpretieren, muss man die zur komplexwertigen Funktion Ψ passenden *Randbedingungen* kennen. Die Anzahl der notwendig zu erfüllenden Randbedingungen bestimmt bekanntlich auch die *Ordnung* der zu integrierenden Differentialgleichung für Ψ. Aus dem Konzept der »Phasenraumzellen« geht hervor, dass mindestens *zwei* Konditionen für Ψ erfüllt sein müssen:

I. 1. Die Besetzungsdichte von »Phasenraumzellen« muss verschwinden, falls die Koordinatenwerte gegen Unendlich gehen. Diese Forderung entspricht dem Grenzfall

$$\lim_{x_j \to \infty} \Psi = 0 \in \mathbb{C} \quad (j = 1, 2, \ldots, r). \tag{5.2.4.1}$$

I. 2.   Aufgrund der Differentialbeziehung *erster Ordnung* (5.2.3.6) ist es naheliegend, dass auch der Gradient von Ψ im Grenzfall des Unendlichen verschwinden muss, also

$$\lim_{x_j \to \infty} \nabla\Psi = 0 \in \mathbb{C} \quad (j = 1, 2, \ldots, r) \tag{5.2.4.2}$$

gelten soll.

Da beide Randbedingungen (5.2.4.1) und (5.2.4.2) simultan erfüllt werden müssen, ist die Überführung von (5.2.3.6) in eine Differentialbeziehung *zweiter* Ordnung zwangsläufig. Durch Divergenzbildung von (5.2.3.6) resultiert:

$$\nabla \circ \nabla\Psi = \pm i \cdot (-\alpha) \cdot \nabla \circ [\Psi \cdot (H_k)] =$$
$$= \pm i \cdot (-\alpha) \cdot \nabla\Psi \circ (H_k) \pm i \cdot (-\alpha) \cdot \Psi \cdot \nabla \circ (H_k) =$$
$$= \pm i \cdot (-\alpha) \cdot [\pm i(-\alpha) \cdot \Psi \cdot (H_k)] \circ (H_k) \pm i \cdot (-\alpha) \cdot \Psi \cdot \nabla \circ (H_k) =$$
$$= \left[-\alpha^2 \cdot (H_k)^2 \pm i \cdot (-\alpha) \cdot \nabla \circ (H_k) \right] \cdot \Psi . \tag{5.2.4.3}$$

Mit dem Laplace-Operator ($\Delta := \nabla \circ \nabla = \sum_{j=1}^{r} \frac{\partial^2}{\partial X_j^2}$) als Divergenz des Gradienten und dem komplexwertigen Ausdruck

$$Z := -\alpha^2 \cdot (H_k)^2 \pm i \cdot (-\alpha) \cdot \nabla \circ (H_k)$$

erhält man als endgültige Differentialgleichung

$$\boxed{\Delta\Psi + Z \cdot \Psi = 0} \tag{5.2.4.4}$$

für die Interpolationsfunktion.

(5.2.4.4) besitzt die Struktur einer »zeitunabhängigen Schrödingergleichung«. Die hier präsentierte Herleitung stammt von M. Lauster, angeregt durch frühere Überlegung von U. Hoyer. Diese Herleitung ist von besonders weitreichender Bedeutung:

> „Da ... weder eine Spezialisierung der extensiven Größen zu Ortskoordinaten vorgenommen, noch irgendwelche einschränkenden Vereinbarungen bezüglich der systembeschreibenden Funktion $\widehat{H}$ getroffen wurden..." [LAUSTER, M. 1998, S. 47-48].

Somit sind Konzept und Anwendung von (5.2.4.4) keineswegs auf die Physik begrenzt. Ihre besonderen Merkmale werden von Lauster so zusammengefasst:

> „...man hat sogar a fortiori davon auszugehen, dass für jede Anwendungswissenschaft, in der das Konzept der extensiven Variablen, kombiniert mit statistischen Überlegungen zu sinnvollen Beschreibungen führt, je eigene Beziehungen der obigen Art existieren." [LAUSTER, M. 1998, S. 48].

Somit ist es sinnvoll, die Beziehung (5.2.4.4) als *Verallgemeinerte Schrödinger-Gleichung* (VSG) zu bezeichnen. Die Bedeutung, Entstehung der Schrödingergleichung, sowie ihre Anwendung in der heutigen Quantentheorie werden im Anhang (III.1 und III.2) ausführlich dargestellt.

Die Folgen der Komplexwertigkeit der Interpolationsfunktion Ψ lassen sich mittels einiger einfacher mathematischer Umformungen leichter sehen. Falls z. B. eine beliebige Funktion mit den Eigenschaften von Ψ die VSG (5.2.4.4) erfüllt, also Lösung der VSG ist, dann ist auch die »konjugiert-komplexe Funktion« Ψ^* Lösung der entsprechenden *konjugiert-komplexen* VSG. Also gilt auch

$$\Delta \Psi^* + Z^* \cdot \Psi^* = 0. \tag{5.2.4.5}$$

Multipliziert man dann (5.2.4.4) und (5.2.4.5) mit Ψ^* bzw. Ψ und addiert die Ergebnisse, erhält man nach Umformung folgendes Resultat:

$$\nabla \circ \left(\Psi^* \cdot \nabla \Psi - \Psi \cdot \nabla \Psi^* \right) + 2i \cdot Z_{\text{Im}} \cdot \Psi \cdot \Psi^* = 0, \tag{5.2.4.6}$$

wobei Z_{Im} den Imaginärteil von Z bezeichnet. Integriert man (5.2.4.6) über ein Teilvolumen G des Phasenraums, zieht anschließend den Satz von Gauß-Ostrogradsky zu Hilfe, um das resultierende Volumenintegral in ein Flächenintegral umzuformen, so liefert der Ausdruck

$$\begin{aligned} &\int_G \left[\nabla \circ \left(\Psi^* \cdot \nabla \Psi - \Psi \cdot \nabla \Psi^* \right) + 2i \cdot Z_{\text{Im}} \cdot \Psi \cdot \Psi^* \right] \cdot dV = \\ &= \int_{\partial G} \left(\Psi^* \cdot \nabla \Psi - \Psi \cdot \nabla \Psi^* \right) \cdot dO + 2i \cdot \int_G Z_{\text{Im}} \cdot \Psi \cdot \Psi^* \cdot dV = 0 \end{aligned} \tag{5.2.4.7}$$

ein Ergebnis von weitreichender Bedeutung für den Einsatzbereich jeder VSG: Da die empirischen Werte endlich sind, muss die Besetzung der Phasenraumzellen bei der Expansion des Gebiets G zwangsläufig gegen null gehen, falls die Variablenwerte gegen Unendlich gehen. Folglich verschwindet auch $\Psi^* \cdot \nabla\Psi - \Psi \cdot \nabla\Psi^*$ über die Oberfläche ∂G, sofern das Volumen über alle Grenzen zunimmt. Als Konsequenz gelten in allen Fällen die Bedingungen

$$\Psi^* \cdot \nabla\Psi - \Psi \cdot \nabla\Psi^* = 0 \text{ und} \tag{5.2.4.8.1}$$

$$\int_G Z_{\text{Im}} \cdot \Psi \cdot \Psi^* \cdot dV = 0, \tag{5.2.4.8.2}$$

die ihrerseits jeweils zu fundamentalen Aussagen z. B. über die Quantentheorie führen. So wird (5.2.4.8.2) nur erfüllt, falls der Integrand identisch verschwindet. Da für sinnvolle Anwendungen stets $\Psi \cdot \Psi^* \neq 0$ ist, ist die Annahme

$$Z_{\text{Im}} \equiv 0 \tag{5.2.4.9}$$

immer berechtigt. Dieses Ergebnis erlaubt den Vergleich mit der traditionellen Hilbert-Raum-Theorie. In ihrem Rahmen wird (5.2.4.9) dadurch erfüllt, dass nur »hermitische Operatoren« verwendet werden, die *reelle* Eigenwerte besitzen. (Vgl. Anhang III.1). Das ist ein klassisches Resultat der Quantenmechanik.

Bedingung (5.2.4.8.1) muss nicht nur auf dem unendlich fernen Rand, sondern für beliebige Volumina G erfüllt sein. Also gilt sie immer (unabhängig davon, ob Z eine Eigenfunktion des Operators $\Delta + Z \cdot I$ ist oder nicht):

$$\Psi^* \cdot \Delta\Psi + \Psi \cdot \Delta\Psi^* = \Delta\Psi \cdot \Psi^*. \tag{5.2.4.10}$$

Damit ist ein wesentliches Kriterium für alle komplexwertigen Funktionen Ψ^* erfüllt, welche der VSG (5.2.4.4) genügen. M. a. W.: die Gültigkeit der *rein reellen Differentialgleichung* mit Z_{Re} als dem Realteil von Z

$$\Delta\Psi \cdot \Psi^* + 2 \cdot Z_{\text{Re}} \cdot \Psi \cdot \Psi^* = 0 \tag{5.2.4.11}$$

ist unter den gültigen Systemvoraussetzungen generell bewiesen. Damit erfüllt das Betragsquadrat der komplexwertigen Interpolationsfunktion Ψ eine zu den VSG strukturell ähnliche Differentialgleichung.

Diese Aussage eröffnet die Möglichkeit, eine weitere statistische Festlegung zu treffen, welche die Bestimmung der relativen Häufigkeiten bzw. Wahrscheinlichkeiten regelt. Lauster formuliert sie als *Axiom* folgenderweise:

> „Das Betragsquadrat der komplexen Interpolationsfunktion Ψ gibt die relative Besetzungshäufigkeit einer Phasenraumzelle oder, - was mathematisch gleichwertig ist -, die Aufenthaltswahrscheinlichkeit eines Teilchens in einer solchen Zelle an." [LAUSTER, M. (1998), S. 50].

Bevor die Folgen dieses Satzes weiter ausgeführt werden, müssen einige Probleme der so genannten »Quantenwahrscheinlichkeiten« angesprochen werden. Die Wahrscheinlichkeit wurde in vorliegender Ausarbeitung als »Erwartungswert der relativen Häufigkeit« aufgefasst [vgl. auch WEIZSÄCKER VON, C. F. (1985), S. 103. – zitiert oben]. Traditionell wird dagegen die »Quantenwahrscheinlichkeit« formal als »Wahrscheinlichkeitsmaß des Unterverbands des Hilbertraums« definiert (vgl. 4. Axiom im Anhang III.1). Die Untersuchungen von E. L. Szabó zeigen, dass diese formale Definition der »Quantenwahrscheinlichkeiten« nicht als relative Häufigkeiten interpretiert werden kann. Sein Nachweis ist dargestellt im Anhang III.4. Aus den Ergebnissen von Szabó folgt für unsere Untersuchung, dass die Wahrscheinlichkeiten, die für die Vorhersage bestimmter Messergebnisse eingeführt werden, immer als relative Häufigkeiten interpretiert werden müssen. (Vgl. noch 5.1).

Aus dem oben angegebenen Axiom von Lauster folgt, dass das Betragsquadrat der komplexen Interpolationsfunktion Ψ entsprechend den Kolmogorov-Axiomen die Eigenschaften einer Wahrscheinlichkeitsdichte besitzen muss, also:

$$\Psi \cdot \Psi^* \geq 0 \text{ (reelle Zahl) und } \int_{G_\infty} \Psi \cdot \Psi^* dV = 1. \qquad (5.2.4.12)$$

Die erste Bedingung ist trivial erfüllt. Die zweite Bedingung wird nur erfüllt, sofern Ψ quadratintegrierbar[81] ist. Die Folgen dieser Forderung sind

---

[81] Eine reell- oder komplexwertige Funktion ist quadratintegrierbar (quadratintegrabel) auf einem Intervall *I*, wenn das Integral des Quadrats des Absolutbetrags der Funktion über *I* existiert

wichtig. Nach Lausters Untersuchungen [vgl. LAUSTER, M. (1998). S. 50-51] führt die Quadratintegrabilität zu folgendem Zusammenhang:

$$\sum_{k=1}^{r} \frac{\sum_{\substack{j=1 \\ j \neq k}}^{r}\left(\frac{\partial H}{\partial X_j} \cdot \frac{\partial^2 H}{\partial X_j \partial X_k}\right)}{\sqrt{\sum_{\substack{j=1 \\ j \neq k}}^{r}\left(\frac{\partial H}{\partial X_j}\right)^2}} = \sum_{k=1}^{r}\left[\frac{\sum_{j=1}^{r}\left(\frac{\partial H}{\partial X_j} \cdot \frac{\partial^2 H}{\partial X_j \partial X_k}\right) - \frac{\partial H}{\partial X_k} \cdot \frac{\partial^2 H}{\partial X_k^2}}{\sqrt{\sum_{j=1}^{r}\left(\frac{\partial H}{\partial X_j}\right)^2 - \left(\frac{\partial H}{\partial X_k}\right)^2}}\right] = 0$$

(5.2.4.13)

Man erkennt, dass unter anderem alle systembeschreibenden Funktionen H zugelassen werden, die sich als Summe von Funktionen H_j, die jeweils nur von einer extensiven Variablen X_j darstellen lassen. In Formeln ausgedrückt

$$H = \hat{H}(X_1, X_2, ..., X_r) = \sum_{j=1}^{r} \hat{H}_j(X_j) \Rightarrow \frac{\partial^2 H}{\partial X_j \partial X_k} = 0$$

$$j, k = 1, 2, ..., r; j \neq k \quad (5.2.4.14)$$

erkennt man unmittelbar, dass sämtliche Summanden zu Null werden. Dies ist für das praktische Rechnen von Bedeutung, wenn die systembeschreibende Funktion mittels eines additiven Separationsansatzes approximiert werden soll. Die wichtigste mathematische Folgerung zieht Lauster:

> „Die statistische Betrachtung der diskreten Phasenraumstruktur liefert also auch zugleich einschränkende Bedingungen für die Wahl der systembeschreibenden Funktionen in Form der Differentialgleichung...!" [LAUSTER, M. (1998), S. 51; hier (5.2.4.13)].

Damit ist die Herleitung der grundlegenden Verteilungsgesetze bzw. Interpolationsvorschriften abgeschlossen. In den beiden folgenden Abschnitten werden einige wichtige statistische Beziehungen abgeleitet und außerdem

---

und konvergiert (d. h. endlich ist), also für das Intervall mit den Grenzen a, b $\int_a^b |f(x)|^2 dx < \infty$.

Bei einer auf ganz $\mathbb{R}$ definierten Funktion spricht man im engeren Sinne von quadratintegrierbar, wenn für eine Funktion $f: \mathbb{R} \to \mathbb{C}$ das Integral $\int_{-\infty}^{\infty} |f(x)|^2 dx$ existiert und konvergiert.

das Problem der Nichtlinearität untersucht. Im nächsten Kapitel wird dann gezeigt, wie diese Ergebnisse kombiniert mit Ansätzen der klassischen Mechanik die Resultate der traditionellen Quantenmechanik liefern können.

Der vorgestellte, teilchenorientierte Ansatz verlangt die Untersuchung bestimmter statistischen Größen der beteiligten Variablen. Eine große Bedeutung kommt den so genannten *zweiten Momenten* zu, da sie Informationen über die prinzipiell erreichbaren Genauigkeiten bei Experimenten liefern. Daraus resultieren die »charakteristischen Streurelationen«, welche die Form der bekannten »Heisenbergschen Unschärferelationen« besitzen.

Die Annahme (5.2.4.12) verlangt, dass der Imaginärteil der Funktion Z verschwindet, der Rest

$$Z = Z_{Re} = \alpha^2 \cdot (H_k)^2 = \alpha^2 \cdot \sum_{k=1}^{r} \left[\sqrt{\sum_{\substack{j=1 \\ j \neq k}}^{r} \left(\frac{\partial H}{\partial X_j} \right)^2} \right]^2 \qquad (5.2.4.15)$$

lässt sich als eine *reelle* Bedingung für Z interpretieren. Formt man ihren Summenausdruck passend um, so geht die VSG (5.2.4.4) in den Ausdruck

$$\sum_{j=1}^{r} \frac{\partial^2}{\partial X_j^2} \Psi + \alpha^2 \cdot (r-1) \cdot \sum_{j=1}^{r} \left(\frac{\partial H}{\partial X_j} \right)^2 \cdot \Psi = 0 \qquad (5.2.4.16)$$

über, der über einen geeigneten »Separationsansatz« den Einstieg in die Behandlung eines zentralen Themas der Quantenphysik erlaubt, die mittels der Alternativen Theorie erstmals zu neuen und vertieften Einsichten führt.

Zunächst wird angenommen, dass der lineare »Separationsansatz«

$$\Psi = \sum_{j=1}^{r} c_j \cdot \Psi_j \quad \text{mit} \quad \Psi_j := \hat{\Psi}(X_j) \quad \text{für} \quad j = 1, 2, \ldots, r \quad \text{und} \qquad (5.2.4.17)$$

für die Interpolationsfunktion Ψ zutrifft, deren Gewichte c_j per Voraussetzung die Bedingung

$$\sum_{j=1}^{r} c_j = 1 \qquad (5.2.4.18)$$

erfüllen. Als Konsequenz des Separationsansatzes konnte Lauster nachweisen [s. LAUSTER, M. (1998), S. 36-37], dass die VSG in der modifizierten Form (5.2.4.15) auch für die Einzelfunktionen Ψ_v des Separationsansatzes gelten:

$$\frac{d^2}{dX_v^2}\Psi_v + \alpha^2 \cdot (r-1) \cdot \sum_{j=1}^{r}\left(\frac{\partial H}{\partial X_j}\right)^2 \cdot \Psi_v = 0 \text{ mit } v = 1,2,\ldots,r. \quad (5.2.4.19)$$

Dementsprechend sind auch die einzelnen Ψ_j quadratintegrabel und entsprechend je als »relative Randhäufigkeit (-wahrscheinlichkeit)« einer mehrdimensionalen Häufigkeitsverteilung zu interpretieren.

Für den allgemeinen Fall, dass der Separationsansatz aufgegeben wird, lässt sich ein zu (5.2.4.19) analoges statistisches Lemma beweisen:

> „Die zu einer komplexen r-dimensionalen Verteilungsfunktion Ψ gehörenden, r-vielen komplexen Randverteilungsfunktionen Ψ_v, $v = 1, 2, \ldots, r$; sind ebenfalls Lösungen der VSG, ... Die Betragsquadrate der Ψ_v, sind wieder als Häufigkeitsdichten interpretierbar." [LAUSTER, M. (1998), S. 59].

Bei beliebiger reeller Variablen ξ ist das so genannte quantenmechanische Hilfsintegral

$$I(\xi) := \int_0^{+\infty}\left[\xi \cdot X_j \cdot \left|\widehat{\Psi}_j(X_j)\right| - \frac{d\left|\widehat{\Psi}_j(X_j)\right|}{dX_j}\right]^2 dX_j \quad (5.2.4.20)$$

zur Herleitung der Streurelationen nützlich. Mithilfe der binomischen Formel und der Einführung der Koeffizienten B_1, B_2 und B_3 erhält das Integral (5.2.4.20) die Form

$$I(\xi) = B_1 \cdot \xi^2 + B_2 \cdot \xi + B_3. \quad (5.2.4.21)$$

B_1 ist als das zweite nichtzentrale Moment der Verteilung von X_j durch das Integral

$$B_1 := \int_0^{+\infty} x_j^2 \cdot \left|\widehat{\Psi}_j(X_j)\right|^2 dx_j = \overline{X_j^2} \quad (5.2.4.22)$$

definiert.

Da für alle Messwertreihen von X_j sämtliche Momente existieren müssen, werden als Lösungen Ψ der VSG nur solche zugelassen, deren Randverteilungen das Integral (5.2.4.22) absolut konvergent machen. [LAUSTER, M. (1998), S. 60 und 128].

Es ist leicht einzusehen, dass der Koeffizient $B_2 = 1$ ist. Eingeführt durch

$$F_j^2(X_j) := \sum_{v=1}^{r} \left(\frac{\partial H}{\partial X_v} \right)^2$$

definiert der Koeffizient B_3 das *zweite* Moment von F_j

$$B_3 := \alpha^2 \cdot (r-1) \cdot \int_0^{+\infty} f_j^2 \cdot \left| \widehat{\Psi}_j(X_j) \right|^2 dx_j = \alpha^2 \cdot (r-1) \cdot \overline{F_j^2} . \quad (5.2.4.23)$$

Der Integrand in (5.2.4.20) ist positiv, was auch für das Integral zutrifft. Daraus folgt, dass die beiden Wurzeln der quadratischen Gleichung $B_1 \cdot \xi^2 + B_2 \cdot \xi + B_3 = 0$ konjugiert komplex sind. Also muss die Diskriminante negativ sein:

$$B_2^2 - 4 \cdot B_1 \cdot B_3 = 1 - 4 \cdot \overline{X_j^2} \cdot \alpha^2 \cdot (r-1) \cdot \overline{F_j^2} < 0 . \qquad (5.2.4.24)$$

Durch Umformung erhält man die Streurelation:

$$\boxed{\overline{X_j^2} \cdot \overline{F_j^2} > \frac{1}{4 \cdot \alpha^2 \cdot (r-1)}} . \qquad (5.2.4.25)$$

Die hier vorgestellte, von Lauster stammende Herleitung ermöglicht eine Charakterisierung des Streuverhaltens der Verteilungen von X_j und F_j. Mit seiner Formulierung:

- „Im Mittel ist das Produkt der beiden zweiten Momente nicht unter einen bestimmten Wert zu drücken;
- Dieser Wert ist – über die Strukturkonstante α – vollständig durch die Feinheit der Einteilung des Phasenraums festgelegt.

Die Beziehung ... entspricht in der Physik den berühmten Heisenbergschen Unschärferelationen, hier insbesondere der Orts-Impuls-Unschärfe. .... Im Lichte der hier dargelegten Ableitung kann die Interpretation der Streurelationen ... nur in einem statistischen Sinn .... erfolgen. Die Relationen wurden durch Überlegungen gewonnen, die auf einem Konzept mit endlicher Teilchenzahl und diskreten Messwerten fußen. Die in ihnen vorkommenden zweiten Momente beziehen sich keinesfalls auf Einzelwerte, sondern stets auf eine Meßwertemenge. ... Zusätzlich ist deren Interpretation nicht mehr eine selbständige, weitere Annahme, sondern durch den Ableitungsgang quasi vorgegeben." [LAUSTER, M. (1998), S. 61-62].

Bei der Lösung der VSG spielt eine wichtige Unbekannte, die Strukturkonstante α, eine wesentliche Rolle.

In der vorgestellten Theorie ist die wesentliche Voraussetzung der Stetigkeit für alle beteiligten Größen erfüllt. So kann eine Übertragung vom Phasen- in den Parameterraum vorgenommen werden, wenn geeignete Raum- und Zeitkonzepte vorliegen. Eine solche Übertragung wurde von Lauster [LAUSTER, M. (1998), S. 64-72] durchgeführt. In unserer Untersuchung wird dieses Thema unter spezialisierten Annahmen im Rahmen der synthetischen Quantentheorie (Kapitel 6) thematisiert.

5.2.5 Nichtlineare verallgemeinerte Schrödingergleichung

Bei der bisherigen statistischen Diskussion war stets vorausgesetzt, dass die Teilchen unterscheidbar sind. Wenn man diese Voraussetzung aufgibt, gelangt man zu zwei bekannten Formen von Verteilungen, nämlich jenen für die sog. Bose-Einstein- (BE-) und Fermi-Dirac- (FD) Statistik.

BE- und FD-Statistik unterscheiden sich des Weiteren voneinander. Im FD-Fall wird jeweils höchstens ein einziges Teilchen pro Phasenraumzelle zugelassen, im BE-Fall werden für die Besetzungszahlen keine Einschränkungen gemacht.

Ein Optimierungsverfahren bezüglich der größten Anzahl von Anordnungsmöglichkeiten der Teilchen kann auch für diese »neuen« Statistiken durchgeführt werden. Das Ergebnis führt zu einer Verallgemeinerung der Gleichung (5.2.2.8) für die diskrete Häufigkeitsfunktion:

$$\widehat{f}(a_1 \cdot \Delta X_1, a_2 \cdot \Delta X_2, \ldots, a_r \cdot \Delta X_r) = \frac{1}{e^{\beta-1} \cdot e^{\alpha \widehat{H}(a_1 \cdot \Delta X_1, a_2 \cdot \Delta X_2, \ldots, a_r \cdot \Delta X_r)} + a},$$

(5.2.5.1)

wobei die Bedeutung der Parameter und der Funktionsargumente unverändert bleiben und für a gilt:

$$a = \begin{cases} 0 \Leftrightarrow MB-Verteilung \\ +1 \Leftrightarrow FD-Verteilung \\ -1 \Leftrightarrow BE-Verteilung \end{cases}. \quad (5.2.5.2)$$

Unter der Verwendung der Interpolationsbedingungen (III.3.1), (III.3.2) und (III.3.3) kann man eine kontinuierliche Teilchendichtefunktion f_{kont} einführen und dann erhält man analog zu (5.2.3.5) und (5.2.3.6) folgende Beziehungen:

$$\frac{\partial f_{kont}}{\partial X_k} = \pm i \cdot (-\alpha) \cdot f_{kont}^2 \cdot e^{\alpha H + \beta - 1} \sqrt{\sum_{\substack{j=1 \\ j \neq k}}^{r} \left(\frac{\partial H}{\partial X_j}\right)^2}, \quad (5.2.5.3)$$

$$\nabla \Psi_{NL} = \pm i \cdot (-\alpha) \cdot \frac{\Psi_{NL}^2}{\Psi_{MB}} \cdot (H_k). \quad (5.2.5.4)$$

Ψ_{NL} ist die komplexwertige Häufigkeitsdichtefunktion für den BE- und FD-Fall. Da f_{kont} bzw. Ψ_{NL} aufgrund der diskreten Struktur sowohl für BE, als auch für FD-Statistik gelten, liegt der Unterschied zwischen diesen Verteilungen nicht in den Lösungen der entsprechenden Differentialgleichungen. Bei einer FD-Statistik tritt höchstens ein Teilchen pro Phasenraumzelle auf, also muss das Produkt $\Psi_{NL} \cdot \Psi_{NL}^*$ als ein Maß dafür gedeutet werden, ob die betreffende Zelle besetzt ist oder nicht. Bei einer BE-Statistik stellt derselbe numerische Wert tatsächlich eine relative Besetzungshäufigkeit dar.

Es ist leicht einzusehen, dass die komplexwertigen relativen Häufigkeitsfunktionen Ψ_{NL} und Ψ_{MB} für große Teilchenzahlen ineinander übergehen, also die Grenzfälle

$$\lim_{N \to \infty} \frac{\Psi_{NL}}{\Psi_{MB}} = 1 \quad \text{und} \quad \lim_{N \to \infty} \frac{\Psi_{NL}^2}{\Psi_{MB}} = \Psi_{MB} \quad (5.2.5.5)$$

gelten.

Die Randbedingungen von (5.2.4.1) und (5.2.4.2) für unbeschränkt wachsende Werte der Variablen X_j ($j = 1, ..., r$) müssen auch von Ψ_{NL} und

Ψ_{MB} erfüllt werden. Durch Divergenzbildung bei (5.2.5.4) wird eine Differentialgleichung zweiter Ordnung erzeugt. Ausführung der Ableitungen und Berücksichtigung der Dichtebedingungen für Ψ_{MB}, insbesondere der Gleichung (5.2.4.9) zusammen mit der Definition für Z, liefern nach Umformungen eine nichtlineare partielle Differentialgleichung zweiter Ordnung für Ψ_{NL}, die die lineare VSG als Grenzfall enthält [LAUSTER, M. (1998), S. 108]:

$$\boxed{\Delta\Psi_{NL} + \left[2 \cdot \left(\frac{\Psi_{NL}}{\Psi_{MB}}\right)^2 - \frac{\Psi_{NL}}{\Psi_{MB}}\right] \cdot Z \cdot \Psi_{NL} = 0}. \tag{5.2.5.6}$$

M. Lauster bezeichnet sie als »Nichtlineare Verallgemeinerte Schrödingergleichung« (NLVSG). Sie gibt die allgemeine Bedingung zur statistischen Beschreibung von Vielteilchensystemen wieder.

Als Verallgemeinerung der Gleichung (5.2.4.11) findet man auch eine Differentialgleichung für das Betragsquadrat der komplexwertigen Interpolationsfunktion:

$$\boxed{\Delta\Psi_{NL} \cdot \Psi_{NL}^* + 2 \cdot Z \cdot \mathrm{Re}\left[2 \cdot \left(\frac{\Psi_{NL}}{\Psi_{MB}}\right)^2 - \frac{\Psi_{NL}}{\Psi_{MB}}\right] \cdot \Psi_{NL} \cdot \Psi_{NL}^* = 0}.$$
(5.2.5.7)

Aus (5.2.5.7) lässt sich die Entwicklung des entsprechenden Wahrscheinlichkeitsmaßes (der relativen Besetzungshäufigkeit) bestimmen. Die dazu notwendige Bedingung führt zu folgender Schlussfolgerung:

> „Die Forderung, dass das Betragsquadrat der komplexwertigen Interpolationsfunktion einer relativen Häufigkeit oder Wahrscheinlichkeit entsprechen solle, lässt sich nur erfüllen, falls die Interpolationsfunktion des fermionischen oder bosonischen Systems mit der ihr als Referenzverteilung zugeordneten Maxwell-Boltzmann-Funktion in Phase ist!" [LAUSTER, M. (1998), S. 109].

Diese Forderung kann man als Invarianz-Prinzip angeben: Die Phasenlage der Wellenfunktion eines Vielteilchensystems ist unabhängig von seiner Teilchenzahl.

Die Parameterraumbeziehungen und die entsprechenden Streurelationen könnten auch in diesem Fall bestimmt werden. Darauf verzichten wir an dieser Stelle. Im nächsten Kapitel wollen wir unsere Kenntnisse auf einige der für die Quantenmechanik relevanten atomphysikalischen Fälle anwenden. Dazu nehmen wir die »synthetische Quantentheorie« von U. Hoyer in Anspruch (vgl. 6). Diese Analyse wird zeigen, dass einfache Bedingungen, die eigentlich aus der klassischen Mechanik stammen, die Ergebnisse der Quantenmechanik liefern können.

„Es ist nicht wenig Zeit, die wir haben,
sondern viel Zeit, die wir nicht nutzen."
- SOKRATES - zit. in Berneckers AB 29 (2013), S. 8

6 QUANTENTHEORIE ALS KONSEQUENZ NEWTONISCHER REVERSIBLER MECHANIK: SYNTHETISCHE QUANTENTHEORIE

Die im Kapitel 5 diskutierte Schrödingergleichung wird in diesem Kapitel unter den in der gewöhnlichen Quantenmechanik üblichen Bedingungen hergeleitet. Damit wird gezeigt, dass die – wie in den vorherigen Kapiteln dargestellt – unter den speziellen Bedingungen des mechanistischen Weltbildes die bekannten quantenmechanischen Ergebnisse dargestellt werden können. U. Hoyer zeigt in seiner *Synthetischen Quantentheorie* [HOYER, U. (2002)], dass die Quantenmechanik die klassische Mechanik als streng gültig voraussetzt und weder eine Korrektur der klassischen Mechanik noch einen Widerspruch zu ihr darstellt. Die Bedeutung dieser Theorie bezüglich unserer Untersuchung besteht darin, dass sie – wie unten gezeigt wird – zu einer *abgeleiteten* Schrödingergleichung führt, und darüber hinaus weitere charakteristische Abweichungen gegenüber z. B. der Kopenhagener Auffassung aufweist. Eine Verschränkung zwischen Makro- und Mikrophysik in dem Sinne, dass aus dem Verhalten des Makrosystems auf die Verhältnisse auf der Teilchenebene geschlossen werden kann, oder dass das sog. Aggregationsproblem, die Erklärung des Makroverhaltens aus dem Verhalten der individuellen Teilchen, gelöst werden kann, ist indes mit der Hoyerschen Theorie nicht zu erreichen. Eine solche Grundlegung der Theorie kann nur über die vollständige Kenntnis der Makrophysik, d. h. im Rahmen der AT als Theorie offener Systeme erfolgen.

Dieses Problem der Verschränkung der Makrophysik mit der Mikrophysik bestand seit Anfang der Entstehung der Quantenmechanik und wurde auch vom Vater der Kopenhagener Deutung, N. Bohr, stets angemahnt.[82] Durch

---

[82] Vgl. WEIZSÄCKER VON, C.F. (1985), S. 510: *„Als entscheidend für die quantenmechanische Komplementarität empfand Bohr, dass wir jede reale Messung mit klassischen Begriffen beschreiben müssen. Ich zitiere hier noch einmal eine öfter erzählte Anekdote: Beim Institutstee*

Verwendung der Begriffe der AT lässt sich zudem zeigen, unter welchen speziellen Voraussetzungen die Beziehungen der klassischen Quantenmechanik abgeleitet werden können. Dabei wird die Darstellung von Hoyer [HOYER, U. (2002)] benutzt. Zusätzlich werden die Untersuchungen von M. Lauster [LAUSTER, M. (1998)] herangezogen [Vgl. Kap. 5].

6.1 Grundbedingungen –
Boltzmannstatistik des Einteilchensystem

Zunächst müssen diejenigen Bedingungen festgelegt werden, welche die physikalischen Eigenschaften beschreiben. Dazu betrachten wir nur *solche Systeme* (Atome), die durch folgendes Atommodell repräsentiert werden sollen [Vgl. HOYER, U. (2002), S. 120]:

- A1   Die Atome sind aus Kernen und Elektronen zusammengesetzt.
- A2   Jedes Atom enthält nur ein einziges Elektron.
- A3   Die Kräfte der Einteilchensysteme können wie im Fall des Elektrons aus einem Potential abgeleitet werden.
- A4   Die Kräfte ändern sich nicht mit der Zeit.
- A5   Die Atome und Teilchensysteme sind so weit voneinander entfernt, dass ihre gegenseitige Wechselwirkung vernachlässigt werden kann.
- A6   Die Elektronen und die Teilchen können durch Strahlung weder Energie gewinnen noch verlieren.

Für unsere statistische Überlegung wird die sehr große Zahl n der Atome endlich sein, also gilt weiterhin die allgemeine Bedingung (5.2.1.1). Die auftretenden Fakultäten können auch in diesem Fall durch die Stirling-

---

saßen Eduard Teller und ich neben Bohr. Teller versuchte, Bohr klarzumachen, dass wir nach langer Gewöhnung an die Quantentheorie doch die klassischen Begriffe durch quantenmechanische ersetzen könnten. Bohr hörte scheinbar abwesend zu, zuletzt sagte er: »Oh, ich verstehe. Man könnte ja auch sagen, dass wir nicht hier sitzen und Tee trinken, sondern dass wir alles nur träumen.« Es ist klar, dass er damit auf die Vorbedingungen eines Phänomens hinwies."

Formel angenähert werden. Das entspricht einem konsequenten Atomismus.

Die Phasenraumstruktur wird durch die vereinfachte Variablenzahl (pro Teilchen nur 6 Koordinaten) durch folgende Voraussetzungen angegeben:

- Es werden relative Koordinaten vorausgesetzt [vgl. 5.2]. M. a. W. die Herleitungen beziehen sich auf kartesische Koordinatensysteme, in deren Ursprüngen die Kerne ruhen.
- Die in 5.2.1 festgelegte Phasenraumstruktur wird hier entsprechend klassischen mechanischen Voraussetzungen vereinfacht. Die Koordinatenräume und die zugehörige Impulsräume werden in eine große Zahl von Elementen der endlichen Größe $\Delta x = \Delta y = \Delta z = \varepsilon > 0$, bzw. $\Delta p_x = \Delta p_y = \Delta p_z = \eta > 0$ zerlegt. Der Bezug auf den »Normzustand« von 5.2 bleibt erhalten, also diese Größen besitzen reine Zahlen als Werte. Sie können durch die üblichen mathematischen Operationen miteinander verknüpft werden. [Diese Einschränkung, bzw. Verallgemeinerung ist in vielen Bereichen der Physik nicht unbedingt nötig, da viele physikalische Größen schon aus Grundgrößen abgeleitet werden.]

Für die *synthetische* Quantentheorie bedeuten die allgemeinen Definitionen (5.2.2.1) und (5.2.2.2) folgende Festlegungen:

Bedeutet $\omega_{aba'b'c'}$ die Besetzungszahl im µ-Raum (Phasenraum) der Elektronen mit den Koordinaten $x = a\Delta x$, $y = b\Delta y$, $z = c\Delta z$, $p_x = a'\Delta p_x$, $p_y = b'\Delta p_y$, $p_z = c'\Delta p_z$ (a, b, c und a', b', c' sind ganze Zahlen), wird die Elektronendichte f durch den Ausdruck

$$f(a\Delta x, b\Delta y, c\Delta z, a'\Delta p_x, b'\Delta p_y, c'\Delta p_z) := \frac{\omega_{aba'b'c'}}{\Delta x \Delta y \Delta z \Delta p_x \Delta p_y \Delta p_z}$$

(6.1.1)

definiert.

Die wahrscheinlichste Verteilung wird unter den aus 5.2.2 bekannten statistischen Prämissen gesucht. Der Totalwert von *H* wird hier mit dem festen

Wert für die Energie U gleichgesetzt[83]. Das sehr spezialisierte Atommodel (vgl. A1 bis A6) ermöglicht, dass die Theorie mit dieser einfachen Energieart auskommt. Diese Bedingungen sind jedoch so speziell, dass das Modell nur einen sehr begrenzten Gültigkeitsbereich besitzt. Da die Atome nach A5 sehr weit voneinander entfernt gedacht werden, können sie auch unterschieden werden. Die zwei weiteren statistischen Bedingungen von 5.2.2 werden durch das »erste statistische Axiom« von Hoyer ersetzt:

> „Es sei jede mit dem Energiesatz verträgliche spezielle Verteilung (Komplexion) der Elektronen über die Zellen des 6n-dimensionalen Γ-Raumes ebenso wahrscheinlich wie jede andere." [HOYER, U. (2002), S. 121].[84]

Wie in (5.2.2.3) kann für jede Verteilung bei gegebenen Besetzungszahlen die Anzahl P der Anordnungsmöglichkeiten der Teilchen mit der Kombinatorik bestimmt werden. Die wahrscheinlichste Zustandsverteilung ist diejenige, in welcher $\ln P$ maximal wird. Mit Hilfe der Variationsrechnung kann man zeigen, dass die Boltzmannsche Verteilungsfunktion

$$f(a\Delta x, b\Delta y, c\Delta z, a'\Delta p_x, b'\Delta p_y, c'\Delta p_z) = Ce^{-hE} \quad (6.1.2)$$

Lösung dieses Variationsproblems bietet. Hier ist C eine reelle, positive Konstante, da Besetzungszahlen reelle, positive Größen sind. Die so gewonnene Boltzmannsche Verteilungsfunktion ist diskret.

Eine wichtige wissenschaftshistorische Bemerkung wird von Hoyer zu dieser Ausführung gemacht:

> „Boltzmann selbst ist bei ähnlichen statistischen Betrachtungen stets zu kontinuierlichen Verteilungsfunktionen übergegangen, indem er die Zahl der Teilchen n über alle Grenzen wachsen ließ. Dieses Vorgehen widerspricht aber einem konsequenten Atomismus." [HOYER, U. (2002), S. 125].

---

[83] Diese Energiebezeichnung U wird sowohl bei Hoyer als auch in der theoretischen Physik benutzt. Dagegen wird im Rahmen der Thermodynamik mit U die innere Energie bezeichnet. Um dem klassisch-mechanischen spezialisierten Charakter der Darstellung dieses Kapitels gerecht zu werden, wird hier die Bezeichnung von Hoyer übernommen.

[84] Das erste atomstatistische Axiom kann als logische Folge des Liouvilleschen Satzes betrachtet werden. Demzufolge ist die Dichte im Γ-Raum im Laufe der Zeit konstant, wenn sie zu Beginn der Bewegungen konstant war. So werden die einzelnen Volumenelemente im diskretisierten Γ-Raum als gleichwahrscheinlich angesehen.

Nimmt man also den Grundgedanken des Atomismus ernst, müssen die Dichten im Phasenraum diskret bleiben. So gesehen ist die klassische Atomstatistik Quantenstatistik. Sie führt auf die in der Quantentheorie eine wesentliche Rolle spielenden endlichen Intervalle des Energieraums.

Aufgrund der Isotropie (Gleichberechtigung der drei Koordinatenrichtungen) kann man festlegen:

$$\Delta x \cdot \Delta p_x = \Delta y \cdot \Delta p_y = \Delta z \cdot \Delta p_z = 2\pi \hbar = const. > 0 \,. (6.1.3)$$

So erhält man den sogenannten atomstatistischen Invarianzsatz, d. h. die Dichteverteilung im μ-Raum ist von der Einteilung in statistische Elementarzellen unabhängig. Dennoch wäre eine Einteilung willkürlich wählbar. Daraus würden aber verschiedene Energien und auch unterschiedliche Mittelwerte resultieren. Es müssen also Invarianten der Atomstatistik gefunden werden.

Zusammenfassend kann man die bisherigen wichtigsten Voraussetzungen in den folgenden drei Punkten angeben:

- Konsequenter Atomismus;
- Gleichwahrscheinlichkeitsannahme (Erstes atomphysikalisches Axiom, also die Gültigkeit der klassischen Wahrscheinlichkeitsrechnung);
- Verankerung in der klassischen Mechanik: Liouville-Satz; Energie-Erhaltung (bei Herleitung des Boltzmannschen Verteilungsgesetzes).

Die weiteren Invarianzeigenschaften können als mathematische Postulate formuliert werden. In 5.2.3 wurden sie als Interpolationsbedingungen im allgemeinen Fall eingeführt. Anstelle der drei Interpolationsbedingungen – mit Berücksichtigung der speziellen Voraussetzungen der Atomstatistik – können folgende mathematische Postulate eingesetzt werden:

Erstes mathematisches Postulat: Die reelle Boltzmannsche Verteilungsdichte f_r wird durch das Produkt der komplexen Dichteamplitude f und ihres konjugiert-komplexen Wertes f^+ ersetzt:

$$f_r = f f^+ \text{ mit } f = (a + bi)e^{-\alpha E}, \tag{6.1.4}$$

worin α, a, b reelle Konstanten sowie i die imaginäre Einheit bedeuten.

Ein Vergleich von (6.1.2) mit (6.1.4) liefert folgende Zusammenhänge:

$$(a^2 + b^2) \cdot e^{-2\alpha E} = c \cdot e^{-hE} \Rightarrow h = 2\alpha \text{ und } c = a^2 + b^2. \tag{6.1.5}$$

Die eingeführten komplexen Dichteamplituden bleiben diskret.

Zweites mathematisches Postulat[85]: Die »kontinuierliche Dichteamplitude« f_k soll die Gleichungen

$$\frac{\partial f_k}{\partial \dot{x}} = -\alpha m \dot{x} f_k = -\alpha p_x f_k; \quad \frac{\partial f_k}{\partial \dot{y}} = -\alpha p_y f_k; \quad \frac{\partial f_k}{\partial \dot{z}} = -\alpha p_z f_k \tag{6.1.6}$$

erfüllen.

Die nächsten zwei Postulate sichern den diskontinuierlichen Charakter im sechsdimensionalen Phasenraum.

Drittes mathematisches Postulat (Diskontinuitätsbedingung): Innerhalb der einzelnen Phasenraumintervalle gilt:

$$\left(\operatorname{grad} f_k\right)^2 = 0. \tag{6.1.7}$$

Wenn die Verteilung nur von einem Freiheitsgrad abhängt, so folgt aus (6.1.5)

$$\left(\frac{\partial f_k}{\partial x}\right)^2 + \frac{1}{\tau^2}\left(\frac{\partial f_k}{\partial \dot{x}}\right)^2 = 0. \tag{6.1.8}$$

Die eingeführte Zeiteinheit τ sichert, dass die Summanden in (6.1.8) die gleiche physikalische Dimension besitzen. Wie Hoyer nachgewiesen hat [HOYER, U. (2002), S. 137], kann das Ersetzen der Diskontinuitätsbedingung (6.1.7) durch die speziellere Voraussetzung (6.1.8) dadurch begründet werden, dass die räumlichen Gradienten der reellen Verteilungsdichte

---

[85] Von Hoyer als „Interpolationsbedingung" bezeichnet [HOYER, U. (2002), S. 127)]. Da in Kap. 5 die »Interpolationsbedingung« in einem anderen (erweiterten) Sinn benutzt wurde, wird hier Hoyers Benennung nicht übernommen.

$f_k \cdot f_k^+$ in den einzelnen statistischen Elementarintervallen unter dieser Voraussetzung verschwinden.

Viertes mathematisches Postulat (Diskontinuitätsbedingung für alle Dimensionen): Die Gültigkeit von (6.1.8) erstreckt sich auf alle drei Dimensionen, also gilt:

$$\left(\frac{\partial f_k}{\partial x}\right)^2 + \frac{1}{\tau^2}\left(\frac{\partial f_k}{\partial \dot{x}}\right)^2 = 0 \,;\; \left(\frac{\partial f_k}{\partial y}\right)^2 + \frac{1}{\tau^2}\left(\frac{\partial f_k}{\partial \dot{y}}\right)^2 = 0 \,;\; \left(\frac{\partial f_k}{\partial z}\right)^2 + \frac{1}{\tau^2}\left(\frac{\partial f_k}{\partial \dot{z}}\right)^2 = 0.$$

(6.1.9)

Führt man die Bezeichnung $\kappa = \frac{\tau}{\alpha}$ ein, erhält man bei Berücksichtigung von (6.1.6) in dieser atomstatistischen Auffassung der Wellenmechanik folgende Differentialgleichungen

$$p_x f_k(x,y,z,\dot{x},\dot{y},\dot{z}) = \pm i\kappa \frac{\partial}{\partial x} f_k(x,y,z,\dot{x},\dot{y},\dot{z})$$

$$p_y f_k(x,y,z,\dot{x},\dot{y},\dot{z}) = \pm i\kappa \frac{\partial}{\partial y} f_k(x,y,z,\dot{x},\dot{y},\dot{z})$$ (6.1.10)

$$p_z f_k(x,y,z,\dot{x},\dot{y},\dot{z}) = \pm i\kappa \frac{\partial}{\partial z} f_k(x,y,z,\dot{x},\dot{y},\dot{z})$$

für die Komponenten des Impulses. Die Größe f_k bezeichnet die »kontinuierliche Dichteamplitude«.

Die von Hoyer gezogene Konsequenz hat eine weitreichende Bedeutung:

> „Bemerkenswerterweise erscheinen hier die Differentialgleichungen der Impulskomponenten als Konsequenzen der Prämissen der Boltzmannschen Statistik, während sie in vielen systematischen Darstellungen der Quantentheorie als fundamentale mathematische Axiome vorausgesetzt werden, die für den statistischen Charakter der wellenmechanischen Gleichungen verantwortlich sein sollen, ohne dass allerdings der logische Zusammenhang mit der Statistik erkennbar würde." [HOYER, U. (2002), S. 130].

So wird auch das Kommutativgesetz der komplexen Zahlen gültig bleiben, da gilt:

$$(xp_x - p_x x)f_k = 0$$
$$(yp_y - p_y y)f_k = 0 \qquad (6.1.11)$$
$$(zp_z - p_z z)f_k = 0$$

Der quantentheoretisch typische »Operatorformalismus« mit den Vertauschungsrelationen wird in dieser Darstellung nicht verwendet. Oder präziser ausgedrückt: Er muss nicht benutzt werden! Nach diesem grundlegenden Befund ist es allerdings erforderlich, die Konsequenzen für die Anwendungen der hier präsentierten quantentheoretischen Option mit den entsprechenden Erfahrungen aus der konventionellen Quantentheorie an ausgewählten Beispielen zu korrelieren. Danach kann man sich an den zentralen Aussagen der bekannten Quantentheorie zuwenden. Hier wird gezeigt, dass man sie auch mit dieser elementaren statistischen Darstellung erhalten kann.

6.2 Zeitunabhängige Schrödingergleichungen

Nach der partiellen Differentiation der einzelnen Koordinaten ergeben sich aus den entsprechenden Komponentengleichungen von (6.1.10) drei partielle Differentialgleichungen für die »kontinuierliche Dichteamplitude« f_k:

$$p_x \frac{\partial f_k}{\partial x} = \pm i\kappa \frac{\partial^2 f_k}{\partial x^2};\ p_y \frac{\partial f_k}{\partial y} = \pm i\kappa \frac{\partial^2 f_k}{\partial y^2};\ p_z \frac{\partial f_k}{\partial z} = \pm i\kappa \frac{\partial^2 f_k}{\partial z^2}.$$
$$(6.2.1)$$

Auf der linken Seite von (6.2.1) lassen sich aus dem Resultat (6.1.10) die Zusammenhänge $\frac{\partial f_k}{\partial x} = \frac{1}{\pm i\kappa} p_x f_k;\ \frac{\partial f_k}{\partial y} = \frac{1}{\pm i\kappa} p_y f_k;$ und $\frac{\partial f_k}{\partial z} = \frac{1}{\pm i\kappa} p_z f_k;$ einsetzen. Die nach einigen Umformungen resultierenden Gleichungen

$$p_x^2 = -\kappa^2 \frac{\partial^2 f_k}{\partial x^2};\ p_y^2 = -\kappa^2 \frac{\partial^2 f_k}{\partial y^2};\ p_z^2 = -\kappa^2 \frac{\partial^2 f_k}{\partial z^2}. \qquad (6.2.2)$$

können in der Summe unter gewissen Voraussetzungen mit dem Energiesatz der klassischen Mechanik in der Form $U = E = E_{kin} + V$ in Verbindung gebracht werden. Da mit der Teilchenmasse m und der kinetischen Energie E_{kin} der Zusammenhang

$$(p_x^2 + p_y^2 + p_z^2)f_k = 2mE_{kin}f_k \tag{6.2.3}$$

gilt, so ergibt sich mit (6.2.2):

$$2mE_{kin}f_k = -\kappa^2\left(\frac{\partial^2 f_k}{\partial x^2} + \frac{\partial^2 f_k}{\partial y^2} + \frac{\partial^2 f_k}{\partial z^2}\right). \tag{6.2.4}$$

Der mit f_k multiplizierte Energiesatz liefert unter Berücksichtigung von (6.2.4) die Gleichung

$$Vf_k - \frac{\kappa^2}{2m}\left(\frac{\partial^2 f_k}{\partial x^2} + \frac{\partial^2 f_k}{\partial y^2} + \frac{\partial^2 f_k}{\partial z^2}\right) = Ef_k. \tag{6.2.5}$$

Bei einer Gesamtzahl der n Teilchen ist die Wahrscheinlichkeitsdichte in dem mit den Koordinaten $x, y, z, \dot{x}, \dot{y}, \dot{z}$ angegebenen Phasenpunkt:

$$w = \frac{f_k f_k^+}{n}. \tag{6.2.6}$$

Somit ist die entsprechende Wahrscheinlichkeitsamplitude:

$$\Psi = \frac{f_k}{\sqrt{n}}. \tag{6.2.7}$$

Ψ (wie f_k) ist also eine Funktion der sechs Variablen $x, y, z, \dot{x}, \dot{y}, \dot{z}$. Wenn neben der Gesamtenergie auch der Drehimpuls j und seine Komponente j_z Konstante der Teilchenbewegung sind, dann können die Geschwindigkeitskomponenten durch diese neuen Variablen ersetzt werden, so dass folglich

$$\Psi(x, y, z, \dot{x}, \dot{y}, \dot{z}) = \Psi(x, y, z, E, j, j_z) \tag{6.2.8}$$

gilt.

Mithilfe der Wahrscheinlichkeitsamplitude und der Setzung der Konstante $k = \hbar$ lässt sich (6.2.5) auf die bekannte Form der *zeitunabhängigen Schrödingergleichung* bringen:

$$\boxed{V\Psi - \frac{\hbar}{2m}\left(\frac{\partial^2 \Psi}{\partial x^2} + \frac{\partial^2 \Psi}{\partial y^2} + \frac{\partial^2 \Psi}{\partial z^2}\right) = E\Psi}. \tag{6.2.9}$$

Die bei der Herleitung verwendeten mathematischen Mittel, sowie die benutzten statistischen Parameter [α (oder h) und C] sichern, dass *die zeitunabhängige Schrödingergleichung eine atomstatistische Invariante ist*. Ihre Geltung ist mithin unabhängig von der speziellen Form der Elementarzellen des Phasenraums. Damit ermöglicht die zeitunabhängige Schrödingergleichung die Bestimmung invarianter diskreter Gesamtenergien bei allen Einteilungen. Aus diesem Resultat folgt ihre bekannte fundamentale Bedeutung für die Atomphysik.

Zwei Bemerkungen schließen sich an: Es gibt Fälle, in denen der Drehimpuls durch äußere Drehmomente nicht mehr konstant ist. Man summiert deshalb an einer festen Stelle des Ortsraums alle Teilchen derselben Gesamtenergie E, so dass

$$\Psi = \frac{1}{\sqrt{n}} \sum_{p,q,r} f_k\left(x, y, z, \dot{x}_p, \dot{y}_q, \dot{z}_r\right). \tag{6.2.10}$$

Damit wird Ψ eine Funktion der x, y, z und E, und ihre Differentialgleichung stellt sich zusammen mit der Gleichung (6.2.5) wie folgt dar:

$$V \sum f_k - \frac{\kappa^2}{2m} \sum \left(\frac{\partial^2 f_k}{\partial x^2} + \frac{\partial^2 f_k}{\partial y^2} + \frac{\partial^2 f_k}{\partial z^2} \right) = E \sum f_k. \tag{6.2.11}$$

Aus (6.1.11) folgt dann die zeitunabhängige Schrödingergleichung.

Die zweite Bemerkung bezieht sich auf die Zeitabhängigkeit der Boltzmannschen Atomstatistik. Da für die eingeführten Konstanten der Zusammenhang $\alpha = 2\frac{\tau}{h}$ gültig ist, setzt man h als Lagrange-Multiplikator in (6.1.2) ein, und erhält so:

$$f = C e^{-\frac{2}{h} E_{abca'b'c'} \tau}. \tag{6.2.12}$$

Hier kann man die Zeitabhängigkeit der Boltmannschen Atomstatistik ablesen. Sie wird in (6.2.3) näher untersucht. Zuerst werden aber die wichtigsten Eigenschaften der reellen Verteilungsdichte kurz erörtert.

Die reelle Dichteverteilung $f_{k_{reell}}$ der Teilchen an einer Stelle des Phasenraums ist durch

$$f_{k_{reell}} = f_k f_k^+ \qquad (6.2.13)$$

gegeben [vgl. erstes mathematisches Postulat in (6.1.4)]. Eine analoge Gleichung gilt auch für die Ψ-Funktion. Wie mit dem dritten Postulat vereinbart, verschwindet der Gradient der reellen Funktion $f_k f_k^+$ in den Elementarintervallen des Ortsraums:

$$\text{grad}(f \cdot f^+) = 0. \qquad (6.2.14)$$

Man kann zeigen, dass sowohl die zweiten Ableitungen als auch die höheren Ableitungen von $f_k f_k^+$ nach den Ortskoordinaten in den Elementarzellen verschwinden.

Im Gegensatz dazu sind die Ableitungen nach den Geschwindigkeitskomponenten im Allgemeinen von Null verschieden. Dieses Ergebnis wird auch erhalten, wenn man die reelle Boltzmannverteilung nach den entsprechenden Geschwindigkeitskomponenten differenziert. Das ist ein weiterer Hinweis auf den statistischen Charakter der Schrödingerschen Wellenmechanik.

Hoyer zeigt weiterhin [HOYER, U. (2002), S. 139], dass sich das Produkt $f_k f_k^+$ innerhalb einer Phasenraumzelle längs der Ortskoordinate nicht ändert. So ist die Gleichung

$$i\hbar f_k f_k^+ \bigg|_a^b - i\hbar \int_a^b f_k f_k^+ dx = 0 \qquad (6.2.15)$$

identisch erfüllt. Durch ähnliche Herleitung [s. HOYER, U. (2002), S. 140] kann man zeigen, dass die Gleichung

$$f_k(a) f_k^+(a) = f_k(b) f_k^+(b) \qquad (6.2.16)$$

innerhalb jeder Phasenraumzelle gilt.

Die hier erwähnten statistischen Eigenschaften der reellen Verteilungsdichte werden auch von der in (6.2.8) eingeführten Ψ-Funktion erfüllt.

Im Mehrteilchensystem werden für jedes weitere Teilchen (Elektron) im Atom sechs neue unabhängige Variable eingeführt. Somit wird die Verteilungsfunktion f bei einer Anzahl N der Teilchen pro Atom die Form

$$f = f(x_1, y_1, z_1, \dot{x}_1, \dot{y}_1, \dot{z}_1, \ldots, x_N, y_N, z_N, \dot{x}_N, \dot{y}_N, \dot{z}_N) \quad (6.2.17)$$

haben. Wenn die Elektronen voneinander nicht unterscheidbar sind, so erhält man für die Zahl der Permutationen einer gegebenen, den Energiesatz erfüllenden Verteilung:

$$P = \frac{n!}{\prod \cdots \prod \omega_{x_1 \ldots \dot{z}_N}!}. \quad (6.2.18)$$

Diese verallgemeinerte Verteilungsfunktion (auf den $6N$-dimensionalen Phasenraum bezogen) ist diskret. Sie kann in folgender Form angegeben werden:

$$f = A e^{-\alpha E_{x_1 \ldots \dot{z}_N}}. \quad (6.2.19)$$

Die Gesamtenergie E in (6.2.11) setzt sich (voraussetzungsgemäß für *dissipationsfreie* Systeme) aus der Summe der kinetischen Energien der N Teilchen, dem Potential der äußeren Kräfte V und dem Wechselwirkungspotential V_{kj} der Teilchen untereinander zusammen:

$$E = \sum_{k=1}^{N} \left(\frac{1}{2} m_k v_k^2 + V(x_k, y_k, z_k) \right) + \sum_{k \neq j=1}^{N} V_{kj}(x_k, y_k, z_k, x_j, y_j, z_j). \quad (6.2.20)$$

Mit dem zweiten und dem dritten mathematischen Postulat [(6.1.14) und (6.1.15)] für sämtliche Freiheitsgrade kann man an einer festen Stelle des Konfigurationsraums durch Summenbildung aller Elemente derselben Gesamtenergie E von der Verteilungsfunktion f zur Ψ-Funktion übergehen. Als Resultat erhält man die *zeitunabhängige Schrödingergleichung für Mehrelektronensysteme*

$$\boxed{\sum_{k=1}^{N} \left(-\frac{\hbar^2}{2m_k} \Delta_k + V(x_k, y_k, z_k) \right) \Psi + \sum_{k \neq j=1}^{N} V_{kj}(x_k, y_k, z_k, x_j, y_j, z_j) \Psi = E \Psi}$$

$$(6.2.21)$$

mit dem bekannten Laplaceoperator

$$\Delta_k = \frac{\partial^2}{\partial x_k^2} + \frac{\partial^2}{\partial y_k^2} + \frac{\partial^2}{\partial z_k^2}.$$ (6.2.22)

In der obigen Begründung wurden die einzelnen Atome als unterscheidbar vorausgesetzt, während die Teilchen (Elektronen) innerhalb des Atoms nicht voneinander unterschieden werden können. Dieses Paradoxon wird von Hoyer wie folgt aufgelöst:

> „Die Ψ-Funktion des N-Teilchensystems ist demnach eine Wahrscheinlichkeitsamplitude, die sich auf eine große Zahl n derartiger Systeme von N Teilchen bezieht. Fragt man hingegen nach der Dichteverteilung der Teilchen (Elektronen) innerhalb der einzelnen Atome, wobei man das Pauli-Prinzip und die Vertauschbarkeit der Teilchen zu berücksichtigen hat, so erhält man die Ergebnisse der Fermi-Dirac-Statistik. Nach der hier vertretenen Auffassung ist also die Boltzmannstatistik, insofern sie die Energieeigenwerte und die Ψ-Funktion der Mehrteilchensysteme liefert, gegenüber der Fermi-Dirac-Statistik, welche die diskreten Energien bereits voraussetzt, fundamental." [HOYER, U. (2002), S. 142].

Die Standardabweichung und Erwartungswerte sind die charakteristischen Größen bei allen statistischen Mannigfaltigkeiten. Deshalb wurden die entsprechenden Streurelationen für den allgemeinen statistischen Fall im fünften Kapitel untersucht. An dieser Stelle werden die dortigen Erkenntnisse für den in der Quantentheorie maßgebenden speziellen Fall noch einmal vorgestellt.

Die Varianzen (mittlere Streuquadrate) können ausgehend von der Definition mithilfe der Verschiebungsregel, wenn man exemplarisch nur die x-Koordinaten berücksichtigt und wenn $\bar{x}$ und $\overline{p_x}$ die Erwartungswerte (Mittelwerte) des Ortes und des Impulses bedeuten, in folgender Form angegeben werden:

$$\overline{(\Delta x)^2} = \overline{(x-\bar{x})^2} = \overline{x^2} - \bar{x}^2 \text{ und } \overline{(\Delta p_x)^2} = \overline{(p_x - \overline{p_x})^2} = \overline{p_x^2} - \overline{p_x}^2.$$ (6.2.23)

Mit entsprechender Wahl des Koordinatensystems kann $\bar{x} = 0$ angenommen werden. Daraus wird die Varianz des Ortes in x-Richtung für alle Teilchen mit der festen Gesamtenergie E und beim Festhalten der anderen Koordinaten zu:

$$\overline{(\Delta x)^2} = \int_{-\infty}^{+\infty} x^2 \Psi(x,y,z)\Psi^+(x,y,z)dx. \qquad (6.2.24)$$

Ohne Beschränkung der Allgemeinheit kann angenommen werden, dass die Bewegung eindimensional ist und der Mittelwert des Impulses durch die Wahl des Koordinatensystems verschwindet. Das daraus folgende Integral

$$\overline{(\Delta p_x)^2} = \int_{-\infty}^{+\infty} p_x^2 \Psi\Psi^+ dx \qquad (6.2.25)$$

ist (abgesehen von einer Konstante) die klassische kinetische Energie, gemittelt über den ganzen (hier eindimensionalen) Raum. Sie lässt sich umformen in den Ausdruck

$$\overline{(\Delta p_x)^2} = -\hbar^2 \int_{-\infty}^{\infty} \frac{\partial^2 \Psi}{\partial x^2} \Psi^+ dx. \qquad (6.2.26)$$

Wie im fünften Kapitel kann man auch hier das Hilfsintegral

$$I(\xi) = \int_{-\infty}^{\infty} \left| \xi x \Psi(x) + \frac{d\Psi(x)}{dx} \right|^2 dx \qquad (6.2.27)$$

einführen. Mit der Betragsbildung der Integrandenfunktion kann man das von der reellen Variablen ξ abhängige Integral auf folgende quadratische Form bringen:

$$I(\xi) = A\xi^2 + B\xi + C. \qquad (6.2.28)$$

Die Koeffizienten lassen sich mithilfe von (6.2.24), bzw. (6.2.26) wie folgt umformen:

$$A = \int_{-\infty}^{\infty} x^2 \Psi\Psi^+ dx = \overline{(\Delta x)^2} \qquad (6.2.29)$$

$$B = \int_{-\infty}^{\infty} x \frac{d}{dx}(\Psi\Psi^+) dx = \underbrace{\left[x\Psi\Psi^+\right]_{-\infty}^{\infty}}_{=0} - \underbrace{\int_{-\infty}^{\infty} \Psi\Psi^+ dx}_{Normierung} = -1 \qquad (6.2.30)$$

$$C = \int_{-\infty}^{\infty} \frac{d\Psi}{dx}\frac{d\Psi^+}{dx} dx = -\int_{-\infty}^{\infty} \Psi^+ \frac{d^2\Psi}{dx^2} dx = \frac{\overline{(\Delta p_x)^2}}{\hbar^2}.$$ (6.2.31)

Da aus (6.2.27) folgend $I(\xi) \geq 0$ ist, darf die aus den Koeffizienten gebildete Diskriminante nicht positiv sein, also gilt:

$$0 \geq B^2 - 4AC = 1 - 4 \cdot \overline{(\Delta x)^2} \cdot \frac{\overline{(\Delta p_x)^2}}{\hbar^2}.$$ (6.2.32)

Daraus ergibt sich für die Varianzen des Ortes und des Impulses:

$$\overline{(\Delta x)^2} \cdot \overline{(\Delta p_x)^2} \geq \frac{\hbar^2}{4}; \text{ bzw. } \boxed{\Delta x \Delta p_x \geq \frac{\hbar}{2}}.$$ (6.2.33)

Mit dieser Herleitung der typischen charakteristischen statistischen Größen zeigt sich eindeutig die statistische Herkunft der Quantentheorie.

Die Physik wird von *Peter Mittelstaedt* und *Paul Weingartner* so typisiert, dass es nach ihnen zwei Arten von Naturgesetzen gibt: dynamische und statistische Gesetze. Beide haben die Eigenschaft, dass der eine Typ nicht auf den anderen zurückgeführt werden kann. In diesem Sinne behaupten die genannten Autoren:

> "The laws of QM (quantum mechanics) are of both types. Those like the Schrödinger equation are dynamical laws; those which make predictions about the outcomes of measurement processes are statistical laws." [MITTELSTAEDT, P. und WEINGARTNER, P. (2005), S. 142].

Als wichtiges Ergebnis der obigen Darstellung kann festgestellt werden, dass ein erstes atomstatistisches Axiom gerechtfertigt ist, demzufolge der gesamte Komplex der quantenmechanischen Aussagen auf statistische Eigenschaften zurückgeführt werden kann. Hoyers Untersuchung kann offensichtlich einen wesentlichen Beitrag zur Interpretationsdebatte der Quantentheorie leisten.

6.3 Zeitabhängige Schrödingergleichungen

Um die bekannten *zeitabhängigen* Schrödingergleichungen auch im Rahmen der hier dargestellten *synthetisch*en Quantentheorie zu erhalten, werden folgende axiomatische Festlegungen getroffen [Vgl. HOYER, U. (2002), S. 150-151]:

Zweites atomstatistisches Axiom (Zerfallsaxiom): Die Teilchendichten (Besetzungszahlen) ändern sich nach dem radioaktiven Zerfallsgesetz, also gilt:

$$f_r = Ce^{-\frac{2E}{\hbar}t} \,. \tag{6.3.1}$$

Diese reelle, zeitabhängige Verteilungsdichte wird in zwei konjugiert komplexe Werte zerlegt. Daraus ergibt sich die zeitliche Interpolationsbedingung:

$$\frac{\partial f}{\partial t} = -\frac{E}{\hbar} f \,. \tag{6.3.2}$$

Die Verteilungen bleiben laut dem Liouville-Satz sowohl im Γ-Raum als auch im μ-Raum konstant. Das ist die Grundbedingung für das

- *dritte atomstatistische Axiom (Stationaritätsaxiom):* Die diskontinuierliche Boltzmannverteilung ist im zeitlichen Mittel stationär.

Um die Verteilungen längs der zweiten Zeit-Achse t' konstant zu halten, muss die sogennante *zeitliche Diskontinuitätsbedingung*

$$\left(\frac{\partial f}{\partial t}\right)^2 + \left(\frac{\partial f}{\partial t'}\right)^2 = 0 \tag{6.3.3}$$

erfüllt werden. Daraus ergibt sich zusammen mit (6.3.2)

$$\frac{\partial f}{\partial t'} = \pm \frac{i}{\hbar} E f \,. \tag{6.3.4}$$

Das gleiche gilt, wenn man von der Amplitude der Verteilungsdichte *f* zur Amplitude der Wahrscheinlichkeitsdichte Ψ übergeht, während die Zeitvariable durch den Kurvenparameter *t* ersetzt wird:

$$\frac{\partial \Psi}{\partial t} = \pm \frac{i}{\hbar} E \Psi \,. \tag{6.3.5}$$

Um die bekannte Form der *zeitabhängigen Schrödingergleichung* zu erhalten, wird die zeitunabhängige Schrödingergleichung berücksichtigt:

$$\boxed{\pm i\hbar \frac{\partial \Psi}{\partial t} = V\Psi - \frac{\hbar^2}{2m} \Delta \Psi} \,. \tag{6.3.6}$$

Die Folgerungen können mit den Worten von Hoyer so zusammengefasst werden:

> „Die Differentialgleichungen des zeitlichen Verhaltens der Ψ-Funktionen erscheinen hier also weder als Konsequenzen der Fouriertheorie, wie es nach Bohrs Ansicht sein müsste, noch als Folge energetischer oder zeitlicher Meßunsicherheiten, wie es Heisenbergs Anschauung entspräche, sondern als Resultat der zeitlichen *Stabilität der Boltzmannverteilung gegen ihren durch den Atomismus bedingten Zerfall*. In den Differentialgleichungen des sogenannten Energieoperators sprechen sich also ebenso wie in den Differentialgleichungen der Impulsoperatoren allein atomstatistische Sachverhalte aus." [HOYER, U. (2002), S. 151].

Das Mehrelektronensystem lässt sich in gleicher Weise behandeln wie das Einelektronsystem. Dazu ist es nur nötig, dass die dort auftretende, von N Teilchen abhängige Gesamtenergie mit der Zeitkoordinate multipliziert wird. Das zeigt eindeutig, dass die Wellenmechanik in ihrer zeitabhängigen komplexen Fassung in der Boltzmann-Statistik großer, aber endlicher Teilchenzahlen wurzelt.

Abschließend ist an dieser Stelle anzumerken, dass die Analysis der Schrödingergleichungen als Evolutionsgleichungen im Rahmen der C_0-Halbgruppentheorie auf Banach-Räumen so gut verstanden ist, dass bereits numerische Verfahren zu ihrer näherungsweisen Lösung untersucht werden können [vgl. dazu u.a. DESCOMBES, S. und M. THALHAMMER (2010)]. Diese werden in dieser Studie nicht untersucht.

Ulrich Hoyer hat kürzlich nachgewiesen [HOYER, U. (2012a), S. 89-99], wie sich die statistische Begründung der Quantentheorie schon dadurch erzielen lässt, dass vom *Liouvilleschen Satz* ausgegangen und eine für den Phasenraum gültige Annahme hinsichtlich der *Anzahl der gleichwahr-*

scheinlichen Fälle der Statistik getroffen wird. Dann ergeben sich z. B. für das ideale Gas nicht nur unmittelbar die diskreten Impulse und Energien der Atome, sondern es folgt auch ohne weiteres deren Frequenzgesetz sowie die *zeitabhängige* Schrödingergleichung.

Ferner ergibt sich auf diesem Wege auch die *de Broglie-Relation*, aus der im zweiten Schritt die *zeitunabhängige* Schrödingergleichung der Wellenmechanik gefolgert werden kann, mit der Schrödingers Untersuchungen einst begonnen hatten. Der vorstehende Befund lässt sich ohne Schwierigkeiten, auf Partikel übertragen, die sich nicht frei, sondern in Kraftfeldern bewegen. Damit ist auch die Wellen-mechanik unter Wahrung der klassischen Mechanik (der die Bewegungen des Einzelteilchens unterliegen) im Ganzen *statistisch begründet*. Dieser relevante Beitrag *Hoyers* blieb in bisherigen Rezensionen seines Buchs bislang unberücksichtigt.

Dieses Kapitel soll mit einer *biographischen Notiz* abgeschlossen werden. Dazu erweisen sich zunächst einmal einige wenige Hinweise als nützlich, die Sinn, Zweck und Bedeutung von *U. Hoyers* Hauptwerk *Synthetische Quantentheorie* von 2002 primär unter Bezug auf das von Prof. Hoyer vertretene theoretische Konzept kompakt herausstellen sollen. Dazu sollen auch die hier präsentierten mathematischen Ableitungen dienen. Demnach mutiert Newtons Physik als Repräsentant klassischer Mechanik auf durchaus überraschende Weise zum 'Aufklärer', insofern man in Hoyers *Synthetischer Quantentheorie* Ergebnisse registrieren wird, die jeder tradierten Schulphysik radikal widersprechen. Auf den Punkt gebracht: In Hoyers konsequenter Deduktion erweist sich die Quantenmechanik in ihrer dominierenden Kopenhagener Deutung zwangsläufig als eine neue Version des »Märchens von des Kaisers neuen Kleidern«. Warum das so ist, soll im Folgenden kurz dargelegt werden.

Hoyers Theorie geht von folgenden Thesen aus: (1) Es existiert eine sehr große, aber endliche Anzahl N von Atomen. (2) Für sie gilt die Boltzmannstatistik für *N* Atome. (3) Da letztere auf der *klassischen* Mechanik, also auf einer *reversiblen* Physik basiert, setzt die Quantentheorie diese Mechanik als streng gültig voraus. Das heißt aber: Quantentheorie per se konstituiert somit weder eine Korrektur der klassischen Mechanik noch einen Widerspruch zu ihr. Diese von Hoyer gezogenen Konsequenzen lassen sich durch Gleichung (6.2.33) quantitativ erfassen und zwar bezüglich der typischen statistischen Eigenschaften eines den Gesetzen der klassischen Mechanik unterworfenen Vielteilchensystems. Seine Theorie kann man unter folgenden Thesen zusammenfassen:

> „Die Differentialgleichungen der Impulskomponenten des Vielteilchensystems lassen sich als direkte Konsequenzen allein aus den Prämissen der Boltzmannschen Statistik herleiten. Demgegenüber treten sie in den vorherrschenden systematischen Formulierungen der Quantentheorie Bohrscher Prägung durchweg als mathematische Axiome auf – ergo die *Heisenbergschen Unbestimmtheitsrelationen*. Letztere sollen für den statistischen Charakter der wellenmechanischen Gleichungen typisch sein, ohne dass indes der logische Zusammenhang mit der Statistik erkennbar wäre."

Wie Hoyer detailliert nachgewiesen hat, resultieren alle bekannten Ergebnisse der Quantenmechanik von *Heisenberg, Born, Jordan* u. a. aus elementarer Mathematik – allerdings unter völligem Verzicht auf den angeblich „quantentheoretisch typischen Operatorformalismus!" [sic]. Sogar beide Formen der Schrödingergleichung werden – bis heute wider allen Glauben – als 'abgeleitete Gleichungen' präsentiert. In ihrer zeitunabhängigen Form erweist sie sich zudem als atomstatistische Invariante [vgl. 6.2]. Hoyers spektakulärste Ergebnisse aus seiner Bolzmannstatistischen 'Quantenmechanik' sind aber gewiss W. Heisenbergs berühmte Unschärferelationen (oder Unbestimmtheitsrelationen); sie resultieren mathematisch exakt als (statistische) *Streurelationen*. Somit ist die Kopenhagener Interpretation, derzufolge zwei komplementäre Eigenschaften *eines* Teilchens – wie Ort und Impuls – gleichzeitig nicht beliebig genau messbar seien, unzulässig. M. Lauster konstatierte zudem aus seiner »Nichtlinearen Verallgemeinerten Schrödingergleichung«, dass *„die Interpretation der Streurelationen nur in einem statistischen Sinn erfolgen darf"* – ergo nie auf ein *einzelnes Teilchen* bezogen werden kann [vgl. 5.2.5].

Es erscheint nur allzu verständlich, dass *U. Hoyer* mit seiner 'Quantentheorie wider den Zeitgeist' zunächst durchweg bei seinen Veröffentlichungsversuchen auf breite Skepsis, gar Ablehnung stieß. Nach einer kurzen Einführung 1981 zum Thema in *Philosophia Naturalis* Bd. 18 dauerte es ein weiteres Jahr, bis es ihm gelang, unter dem Titel *Ludwig Boltzmann und das Grundlagenproblem der Quantentheorie* die zentralen Aussagen seines theoretischen Konzepts in einem fachlich eher deplazierten und wenig verbreiteten Publikationsorgan zu veröffentlichen. Es sei hier dazu sein knappes 'Summary' zitiert:

> "Boltzmann's principle is part of classical physics, and one of the corner-stones of Planck quantum theory. It is shown, why Planck's theory of radiation can be derived from this principle without abandoning classical physics, if due regard is taken of atomism. Finally, there is given an outline of a quantum theory completely based on statistical axioms without any appeal to non-classical physical principles." [HOYER, U. (1982), S. 9].

Dass es 20 Jahre später zur Veröffentlichung der im 6. Kapitel diskutierten *Synthetischen Quantentheorie* in Buchform kam, ist zunächst einem Umstand geschuldet, der fast als 'Fügung' gelten mag: Am 8. Februar 1978 bedankte sich *Karl Popper* mit Briefbogen der LSE kurz bei *Ulrich Hoyer* für einen Sonderdruck der *Philosophia Naturalis*. Persönlich lernten sich beide anlässlich der Frankfurter Ehrenpromotion Poppers am 8. Juni 1979 an der Goethe-Universität kennen.

Aus dieser Bekanntschaft entstand zwischen Anfang 1978 und Dezember 1984 ein vertrauter Brief-wechsel („Lieber Hoyer", „verehrter Popper"), in dem es im Kern um Hoyers *Quantentheorie* ging.

Schon im ersten Antwortbrief vom 25. Januar 1979 schilderte Herr Hoyer in wenigen Sätzen Sir Karl sein aktuelles Forschungsprogramm:

> „... Während man gewöhnlich beim Nachweis der engen Beziehung zwischen Quanten- und klassischer Mechanik von der ersteren zur letzteren übergeht, bin ich zuletzt den umgekehrten Weg gegangen, und glaube zeigen zu können, dass sich in Boltzmanns statistischer Thermodynamik... sehr bemerkenswerte Analogien zur Quantentheorie Plancks zeigen, die im einzelnen geradezu auf Identitäten hinauslaufen. Jedenfalls wage ich zu behaupten..., dass Boltzmann ein Quantentheoretiker reinsten Wassers war, obgleich er unzweifelhaft auf dem Boden der klassischen Physik stand..."

Dazu gehört Poppers geradezu euphorische Zwei-Zeilen-Antwort vom 9. Februar 1979. Sie liefert den Schlüssel zum tieferen Verständnis des gesamten Briefwechsels:

> ".. I was very glad to get your letter dated 25th January,1979. Please excuse me if I do not say more now but I think your work is very very good and very important."

In den folgenden fast sechs Jahren sorgte sich Popper in seinen Briefen wiederholt darum, dass es Hoyer endlich gelänge, bald eine Möglichkeit für eine adäquate Veröffentlichung seiner originellen Ideen zur Quantentheorie zu finden. Als er das 1982 erreichte (s. o.), äußerte sich Popper am 10. Juli zu dieser Schrift unter Anderem mit einer ersten zutreffenden 'Charakterisierung' von Hoyers Theorie:

> "... it is classical ('prima facie deterministic'), but obviously not deterministic, whatever may hold for the underlying statistical theory."

Schlussendlich gelang es Professor Hoyer 1983, alle relevanten konzeptionellen und mathematischen Bausteine seiner *Synthetischen Quantentheorie* zusammenzustellen und in einem schmalen Band von 110 Seiten als IPN-Arbeitsbericht an der Universität Kiel zu publizieren. [HOYER, U. (1983)] Am 3. Dezember 1984 verschickte Hoyer ein Exemplar dieses „Büchleins" zusammen mit einem kurzen Anschreiben an Sir Karl. Und dieser reagierte darauf – bereits 10 Tage später:

> „... Vielen Dank für Ihr neues IPN-Buch. Es ist in jeder Hinsicht ausgezeichnet: klar, überzeugend... Das Buch kam heute und ich habe es ganz durchgelesen, was mir möglich wurde, da ich ja die Grundideen kannte. Aber ich glaube, dass Sie (ganz abgesehen von der speziellen Relativitätstheorie, deren Anwendung mir ganz neu war) die Darstellung sehr verbessert haben...."

Betrachtet man den gesamten Briefwechsel, so stellt sich die Frage, warum sich einer der seinerzeit weltweit renommiertesten aber auch umstrittensten Philosophen und Wissenschaftstheoretiker sogar noch in hohem Alter derart entschieden für Hoyers gegen die etablierten Quantentheoretiker gerichtete Wellenmechanik interessierte, sie in jeglicher Hinsicht lobte und förderte? Natürlich war Karl Poppers lebenslange Opposition gegen die einflussreichen Vertreter der in der Kopenhagener/Göttinger Ära der Physik vorherrschenden *induktivistisch-empirizistischen* Bestätigungspositionen bekannt. Dabei ging es vordergründig stets um die korrekte Interpretation der *Unbestimmtheitsrelationen*.

Dieses Problem stellt sich auch in Hoyers *Synthetischer Quantentheorie*. Warum dessen Lösung Poppers Interesse quasi aus dem Stand erweckte, zunehmend steigerte und festigte, lässt sich aus einer späteren Auflage von Poppers Hauptwerk herauslesen. In der sechsten, verbesserten Auflage von Poppers *Logik der Forschung* [1976 sic] kann man den maßgeblichen Unterschied zwischen *Heisenbergs* und *Poppers* Interpretation der *Unbestimmtheitsrelationen* leicht erkennen:

> „Messungen und Bahnbestimmungen.. sind unentbehrlich, wenn wir unsere Prognosen, nämlich unsere Häufigkeitsprognosen überprüfen wollen: Die statistischen Streuungsrelationen behaupten ja, dass die Impulse bei Ortsausblendung streuen. Diese Prognose wäre nicht überprüfbar, nicht falsifizierbar, wenn wir nicht durch Experimente von der geschilderten Art imstande wären, die verschiedenen Impulse im Augenblick nach der Ortsaussonderung zu messen, bzw. zu berechnen." [POPPER, K. (1976), S. 180].

Popper fügt hier eine Fußnote ein, in der er o. a. Zitat in diesem Kontext als sehr wichtig einschätzt. Und er ergänzt:

> „... Die Streuungsrelationen besagen, dass eine scharfe Ortsaussonderung... zu einer Streuung der Impulse führt. ... Dies ist nun eine Prognose, die wir durch Messung der einzelnen Impulse und Feststellung ihrer statistischen Verteilung nachprüfen müssen. Diese Messungen der einzelnen Impulse ... werden in jedem einzelnen Fall beliebig präzise Resultate ergeben und jedenfalls sehr viel präzisere als Δp, d h. die mittlere Streuungsbreite...Daher wird als Folge der Streuungsrelationen nur die Präzision der Voraussage 'verschmiert' oder 'unscharf', aber nie die Präzision einer Messung." [POPPER, K. (1976), S. 180].

Diese Textpassage findet sich in früheren Auflagen der 'LOGIK' nicht! Insgesamt sind Karl Poppers Argumente immer qualitativ und scharfsinnig; sie resultieren aus Ahnungen, Impetus, Intuition und Wissen, Chuzpe und Logik, allerdings fehlt seinem Werk durchgängig jegliche mathematische Unterfütterung. Die liefert ihm *Ulrich Hoyers Synthetische Quantentheorie* frei Haus – laut IPN-Arbeitsbericht *„… ohne widersprüchliche Konsequenzen."*

Der Briefwechsel *Hoyer-Popper* erweist sich somit überraschenderweise von hohem Wert für ein vertieftes Verständnis der Physik.[86] Er zeigt aber auch – zusammen mit späteren Auflagen von Poppers *Logik der Forschung* – die Schwierigkeiten, die sich bei einer seriösen Rezension von Hoyers Buch *Synthetische Quantentheorie* von 2002 zwangsläufig einstellen.

Ein bedenkenswertes Beispiel für eine solche Rezension ist die, welche der weiland renommierte Wissenschaftshistoriker *Max Jammer* 2004 im J. General Philosophy of Science zu Professor Hoyers *Synthetischer Quantentheorie* (HSQ) verfasst hat. Seine Buchbesprechung ist kompetent, geistreich und durchweg fair. Zum Abschluss betont der Autor anhand von neueren Entwicklungen in der Quantenphysik (Bell, Teleportation...) ganz entschieden, warum die HSQ nicht korrekt sein kann. Dennoch empfiehlt er die Lektüre der Studie:

> "It is with respect to this fact that Hoyer's non-conformist *Synthetische Quantentheorie* deserves the attention especially of philosophers of science, for it demonstrates how surprisingly far an attempt at reducing the still enigmatic theory of quanta to the principles of classical physics can be carried out."

Leider handelt es sich bei dieser freundlichen Geste vor allem offenbar um ein Missverständnis Max Jammers: Denn alle jene von ihm gegen HSQ ins Feld geführten Beispiele betreffen jenes Phänomen, zu dessen tieferem Verständnis heute der Oberbegriff der *Dekohärenz* genannt werden muss. Nun ist *Irreversibilität* bei *Hoyer* von vorneherein ausgeschlossen, und man kann davon ausgehen, dass Max Jammer das nicht übersehen hat. Der Rezensent schließt deshalb versöhnlich:

> "Aware of the fact that his (UH) approach is highly unconventional...Hoyer refers to Descartes third rule of his *Discours de la Méthode* (1637) according to which »one should not ask what others thought about it..., but only what presents itself clearly and distinctly to the mind - non aliter enim scientia acquiritur«."

---

[86] An dieser Stelle möchte ich Herrn Prof. Hoyer herzlich für die Einsichtnahme in den Briefwechsel und Herrn Prof. Straub für die Vermittlung dieser wichtigen Informationen danken.

7 ANWENDUNGEN

> *„Mit vier Parametern kann ich einen Elefanten anpassen!"*
> -JOHN VON NEUMANN- zit. in ROTHMAN, T. (2012), S. 64-65

7.1 Die Ruhemassen der Elementarteilchen

> *"Stay Hungry. Stay Foolish!"*
> - Stewart Brand - zit. im Whole Earth Catalog 1974 als Kern der Hippie-Philosophie.-

7.1.1 Das Standardmodell und der Higgs-Mechanismus als Verheißung

In 3.5 und 3.6 wurden die Ansätze eines neuen Teilchenbegriffs vorgestellt – mit Rückgriff auf eine grundlegende Idee von *Josiah W. Gibbs*. Demnach werden die das betreffende Makrosystem konstituierenden Teilchen durch *Relationen* definiert. Ihrerseits sind diese gemäß der Gibbs-Falk Dynamik (GFD) durch alle *extensiven* ›allgemeinphysikalischen Größen‹ festgelegt, welche im Makrosystem aktiviert sind und in summa dessen Energie E beschreiben. Somit lassen sich diese Partikel jeder vorkommenden Sorte (Index k) *indirekt* durch ihre 'Anzahl von k-Teilchen' (N_k) je als *mengenartige*, d. h. *extensive* ›allgemeinphysikalische Größe‹ zuordnen. Zudem folgt aus 3.6, dass die Grundeigenschaft dieser Teilchen – ihre *Masse* – *dynamisch* erklärt ist. Die Teilchen werden bekanntermaßen aus *Elementarteilchen* konfiguriert oder sind selbst welche (z. B. freie Elektronen, Photonen, etc.).

Aber warum besitzen Teilchen überhaupt eine Masse? Diese Frage ist schon deshalb geboten, weil die Existenz von gewissen *massiven* Teilchen – den Eichbosons – in direktem Widerspruch mit dem in der *Scientific Community* geltenden *Standardmodell* der Teilchenphysik steht (vgl. z. Wikibooks). Aus derselben Quelle lässt sich dazu folgender Kommentar entnehmen:

> „Vor fast 50 Jahren schrieb der Brite Peter Higgs an einen Studenten: ′Ich habe etwas völlig Nutzloses entdeckt`. Heute halten wir diese Entdeckung jedoch nicht mehr für ganz so nutzlos – ganz im Gegenteil: Gegenwärtig geben wir Milliarden von Dollar aus, um die Entdeckung zu überprüfen." [WIKIBOOKS: TEILCHENPHYSIK (2011)].

Aus dem Grundsatz, wonach jedes Teilchen stets mit dem adäquaten Feld verbunden sein muss, postulierte *Higgs* ein uniformes Feld im Universum – heute als *Higgs-Feld* bezeichnet – und demzufolge ein neues, bis heute unentdecktes Teilchen. Dieses *Higgs-Teilchen* sollte elektrisch ungeladen sein und einen *intrinsischen* Spin haben. Vor allem aber hatte es zwei Funktionen jedes *Eichbosons* zu erfüllen – eine *allgemeine*, d. h. je eine der vier *Naturkräfte* zu übertragen, sowie eine *spezifische*, nämlich jedes Teilchen unterschiedlich abzubremsen, d. h. seine inhärente *Trägheit* zu aktivieren und seine *Masse* zu manifestieren.

Der maßgebliche Status quo der Elementarteilchenphysik wird gegenwärtig in der Öffentlichkeit als der eines »experimentum crucis« hingestellt:

> „Sollte man das Higgsteilchen [experimentell] nicht finden, sich die Higgs-Theorie also als falsch herausstellen, so wäre dies ein Beweis dafür, dass das Standardmodell grundlegend falsch ist." [WIKIBOOKS: TEILCHENPHYSIK (2011)].

Warum sollte das so sein? Das *Standardmodell* (SM - 'finalized' ca. 1975) der Teilchenphysik kann dazu Antworten liefern. Diese Theorie beansprucht, die bekannten Elementarteilchen und die Wechselwirkungen zwischen ihnen zu beschreiben. Sie ist eine rudimentäre Quantenfeldtheorie, der primär Einsteins SRT unterlegt ist, und die weder Gravitation noch *kalte dunkle* Materie einbezieht.

Das ist bloß das Konzept, die Praxis sieht anders aus: Das SM kann viele Fakten nicht erklären; dennoch gab es für Teile der Modellentwicklung in sechs Jahren Nobelpreise. In 2008 wurde z. B. der Physik-Nobelpreis für die *Cabibbo-Kobayashi-Maskawa*-Matrix verliehen:

> „Sie enthält einige der berüchtigten freien Parameter, nicht gerade entscheidende Bauteile der Natur im Vergleich zu früheren Entdeckungen." [UNZICKER, A. (2010), S. 204].

Cui bono? Denn gleichzeitig mutierte das SM faktisch zum ´biegsamen` *heuristischen Ansatz*, mit *„fast 20 freien Parametern (mit den Massen sogar wesentlich mehr)"* [UNZICKER, A. (2010), S. 203], deren Werte

> „nicht aus der Theorie hervorgehen, sondern anhand von Experimenten festgelegt werden." [vgl. WIKIPEDIA, STANDARDMODELL, Stand 27.04.2012].

Dieser Sachverhalt kaschiert den größten Mangel des SM: Seine o. a. quantentheoretische Fundierung kann keine konkrete „*Vorhersage über die Masse der von ihr erfassten Elementarteilchen machen, ja das Modell bietet nicht den geringsten Ansatz, dieses Problem in Angriff zu nehmen.*" [UNZICKER, A. (2010), S. 200]. Unter diesem Aspekt ist *Peter Higgs'* Mechanismus wohl bestenfalls eine sinnvolle Erklärung wenigstens für „*ein Konzept, das den Begriff der Masse erlaubt.*"" [UNZICKER, A. (2010), S. 202].[87]

Die Elementarteilchenphysik zielt darauf ab, die Wechselwirkungen der Materiefelder durch rein abstrakte mathematische Symmetrien (sog. Eichsymmetrien mit ihren Eichgruppen) zu erfassen; im Kurzschluss wird das SM dadurch auch als Eichtheorie interpretiert. Den an die drei o. a. *Naturkräfte* gekoppelten Eichbosons des SM (für die *elektromagnetische*, die *schwache* und die *starke* Wechselwirkung)[88] ist gemeinsam, dass sie *ganzzahligen* Spin besitzen. Was aber gilt für das *Higgs-Teilchen*? Konstruiert ist es zweifellos als ein *Austauschteilchen*, das mit dem *Higgs-Feld* wechselwirkt. Da dieses Teilchen 'aus sich heraus' keine Information über den unveränderlichen Betrag der quantenmechanischen Eigenschaft '*Spin*' erkennen lässt, liegt es nahe, das 'Higgs' ob seiner Grundfunktion als Boson zu definieren und ihm den geringsten Betrag zuzuweisen, also 'Null'.

Wie aber erkennt man aus Messungen der Art wie sie z. B. am ›Large Hadron Collider‹ (LHC) des CERN durchgeführt, dort am ›Compact Muon Solenoid‹ (CMS) particle detector beobachtet und ausgewertet werden, dass es sich um das *Higgs-Boson* handelt? Jede korrekte Beantwortung dieser Frage wird zur aktuellen Krux der Physiker – weltweit! Dieses Problem wird schon dadurch verschärft, dass das SM schon ob seiner erkennbaren Heuristik 'dubios' zu werden droht. Ein Zitat macht das Dilemma drastisch deutlich:

---

[87] In einem vom MPI für Physik produzierten Informationsvideo wird gar von einem Erdbeben in der Physik gesprochen, sollte das Higgs nicht gefunden werden. Vgl. UNZICKER, A. (2010), S. 202.
[88] Photonen bewirken die Übertragung der elektromagnetischen Wechselwirkung, acht Gluonen die starke Wechselwirkung sowie die W^+- und Z-Bosonen die schwache Kernkraft; das Graviton ist Eichboson der (Quanten-) Gravitation.

"Some consider it to be ad-hoc and inelegant, requiring 19 numerical constants whose values are unrelated and arbitrary. Although the Standard Model, as it now stands, can explain why neutrinos have masses, the specifics of neutrino mass are still unclear. It is believed that explaining neutrino mass will require an additional 7 or 8 constants, which are also arbitrary parameters." [vgl. WIKIPEDIA, STANDARD MODEL, Stand 2.05.2012]

Dieser deprimierenden Perspektive steht der optimistische Ausblick zum Higgs-Boson von Ende Juli 2011 des CERN-Generaldirektors gegenüber, demzufolge am Jahresende von 2012

"either the Standard Model Higgs boson will be observed or excluded in all mass ranges, implying that the Standard Model is not the whole of the story." [ESPINER, T. (2011)].

Dieser Optimismus wurde nur ansatzweise Ende 2011 bestätigt:

"On 13 December, physicists on the LHC's two largest experiments announced signals consistent with the possible appearance of the Higgs boson, ... If supported by further data, the results suggest a Higgs particle with a mass of about 125 gigaelectronvolts (GeV). But members of both experiments emphasize that the latest data are also statistically consistent with the particle's absence. »We have not collected enough evidence for a discovery. There is an excess of events compatible with the hypothesis that it could be a Higgs,« says Guido Tonelli, spokesman for the Compact Muon Solenoid (CMS) experiment. His sentiment was echoed by Fabiola Gianotti, spokeswoman for the LHC's ATLAS experiment. »It could well be something intriguing, but it could be a background fluctuation«, she says." [REICH, E. S. (2011), vgl. JHA, ALOK (2011)].

Das scheint der aktuelle Stand der Dinge!

Tatsächlich haben *D. Straub* und *V. Balogh* bereits vor 12 Jahren eine »Semi Empirical Mass Formula« (SEMF) als unmittelbare Konkurrenz zum SM veröffentlicht [vgl. STRAUB, D. und BALOGH, V. (2000)]. Das umfangreiche Manuskript wurde nach erfolgreichen *double-blind reviews* durch zwei Gutachter akzeptiert und in einer renommierten französischen Fachzeitschrift eines internationalen Verlags publiziert.

"If the universe is the answer, what is the question?"
[LEDERMAN, L. (2006), S. 402]

7.1.2 Ruhemassen der Elementarteilchen als Konsequenz der GFD

Ganz im Gegensatz zum SM zielt die neue Theorie von *Straub* und *Balogh* von vorneherein darauf ab, *konkrete Vorhersagen über die MASSEN der von ihr erfassten Elementarteilchen machen zu können*. Die dazu entwickelte Methode basiert auf den Voraussetzungen, die im *Abstract* des Papers zusammengestellt sind und den Kern der vorliegenden Untersuchung ausmachen. Als Einführung sind sie im Folgenden zitiert:

> "As developed by *G. Falk* (following *J. W. Gibbs*), methods of modern thermodynamics allow by means of the Einstein mechanics to describe as well energy-momentum transports (EMT) which occur under vacuum conditions. Such EMT relations are proved to manifest a set of elementary particles which in its entirety determines real state changes of fluids on the macro level. EMT differ from each other by their masses at rest ($m_\#$) resulting as integration constant each. In order to identify $m_\#$, *W. Seelig* has established a new concept whose physical background is de Broglie's mechanics of matter waves. Seelig's results stand out without exception by their excellent agreement with a lot of measured $m_\#$ values of elementary particles. Strikingly, the structure of the Seelig equation even permits for an extension upon particles hitherto outside Seelig's approach. This new semi-empirical mass formula agrees with the experimental $m_\#$ values of *all* known stabile elementary particles better than 0.085% on weighted average. The formula has some outstanding properties leading to some remarkable conclusions on Higgs particle and allowing predictions of particles hitherto unknown. Thus, a new key to a uniform understanding of real processes in physics... is now at hand: matter is realized on the micro-level by a finite number of particle classes which are subject to well-posed constraints holding on macro-level for the physical system in question." [STRAUB, D. und BALOGH, V. (2000), S. 931].

Aus den einführenden Darlegungen geht hervor, dass die GFD durch ihre mathematische *Struktur* den *Teilchenbegriff* indirekt enthält (vgl. 3.5). Dasselbe trifft auch für den Begriff der *Masse* zu. Dabei stellt sich heraus, dass das moderne Konzept von Materie mehrdeutig ist – nicht nur im Vergleich z. B. zum Atomismus des Demokrit. Interessanterweise konnten dessen zwei Hauptprinzipien – Unteilbarkeit und zeitlose Existenz der Atome –

'überdauern' und zwar als Folge der hohen Abstraktion moderner Theorien', aber auch aus später zu besprechenden Gründen.

Gemeint sind in erster Linie Transformationsgesetze für Symmetrien, die zur Erhaltung der *elektrischen Ladung* und anderer Ladungen von Elementarteilchen gehören; Beispiele betreffen Wellenfunktionen von Elektronen, *Quarks* und *Neutrinos*. Die Autoren stellen dazu fest:

> "On the subatomic level the characteristic rules of symmetry constitute the laws of nature for the elementary particles. Their interactions are primarily dependent on the gravitational and electromagnetic forces, as well as the so-called weak and strong nuclear ones". [STRAUB, D. und BALOGH, V. (2000), S. 932].

Besonders relevant für diese Naturgesetze ist Einsteins »Spezielle Relativitätstheorie« (SRT):

> "The central part of the SRT is, however, of much more general relevance than its results concerning in particular relativistic motions. It identifies *Newton-Eulerian mass-point mechanics* as a special case of extended mechanics, called *Einstein mechanics*." [STRAUB, D. und BALOGH, V. (2000), S. 933].

Einsteins Schlüssel für eine neue Darstellung von Materie erhielt er dadurch, dass er ein grundlegendes Axiom von Newtons Mechanik aufgab:

> "The equivalence relation between the (linear) *momentum* **P** of a particle and Newton's *quantity of motion (quantitas motus)* $m^{i \cdot}$ **v** postulates the identity of the *local particle flow velocity* **v** with the *specific momentum* **i** i. e. **v** ≡ **i** = **P**/m^i, where m^i means the permanent mass per particle as a characteristic property of matter. Starting point of Einstein's mechanics is the opposite idea which may be clarified by the apparently very simple mathematical relationship **P** = $m(E)$**v** where the mass $m(E)$ is now a function of the (total) energy E assigned to a Number N of a certain kind of particles like electrons or neutrons. Clearly, this number of particles forms a system establishing its motion by the flow velocity **v**
>
> **v** = ∂ E (**P, r,** V, S, N) / ∂ **P**   (7.1.2.1)
>
> The term *system* is used according to the Gibbs-Falkian dynamics". [STRAUB, D. und BALOGH, V. (2000), S. 932-933].

Im klassischen Fall der Newtonschen Mechanik und der *mechanistischen* Physik, wie sie „*Geistesgestalten der ersten Hälfte des 18. Jahrhunderts vertraten, nämlich G. W. Leibniz, J. Bernoulli d. Ä., D. Bernoulli und L. Euler*" [vgl. NICK, K. R. (2001), Zusammenfassung], verkürzt sich diese Differentialform für 'mechanische' System und führt zum obigen Ausdruck

$$\mathbf{v} = \partial E (\mathbf{P}...) / \partial \mathbf{P}. \qquad (7.1.2.2)$$

> *common* transports:	$E = E_\# (1 - \beta)^{-1/2}$; $\beta := (v/c)^2$
- e. g.: electrons -	$E_{kin} = E_\# [(1 - \beta)^{-1/2} - 1]$
> *ultra-relativistic* transports	$E_\#^2 \ll (cP)^2$
- e. g.: photons -	$E^2 \approx E_{kin}^2 \approx (cP)^2$
> *Newtonian* transports:	$P/N = m_\# v$; $\beta \ll 1$
- e.g.: atoms -	$E_{kin}/N = \frac{1}{2} m_\# v^2$

Tabelle 7.1.2.1 [STRAUB, D. und BALOGH, V. (2000), S. 937]

Die Aktualität des Problems lässt sich daran erkennen, wie es *Klaus Robert Nick* mit seiner Online-Veröffentlichung vor knapp 10 Jahren unter dem Titel *Kontinentale Gegenmodelle zu Newtons Gravitationstheorie* mit wenigen Sätzen auf den Punkt bringen konnte:

„[L. Euler] war wohl der erste, der aus der Definition Newtons, ›Kraft sei die [zeitliche] Änderung der 'quantitas motus'‹ die Formulierung ›Kraft sei Masse mal Beschleunigung‹ machte. Es brauchte auf dem Kontinent seit Newtons Arbeit – auf diese Art abgeändert – fast ein ganzes Jahrhundert, bevor Newton als Säule der neuen Wissenschaft 'Physik' installiert war." [NICK, K. R. (2001), Zusammenfassung].

Für *Newton* war seinerzeit das maßgebliche Motiv, die (innerhalb der GFD entscheidende) ›allgemeinphysikalische Größe‹ *Impuls* durch die *Bewegungsgröße* (*quantitas motus*) zu ersetzen, um die *Energie E* zerlegen und zur *vis viva*, der *Lebendigen Kraft* gelangen zu können. Man sollte sich allerdings daran erinnern, dass Newton noch glaubte, die Bewegungsenergie sei der Geschwindigkeit **v** proportional! Natürlich handelt es sich um die *kinetische Energie* $\frac{1}{2}m\mathbf{v}^2$.

Mittels Einsteins SRT können die diversen *Teilchen* formelmäßig – und ganz im Sinn der mechanistischen Physik – je als ›Energie-Impuls-Transport im Vakuum‹ definiert werden:

"In other words, there exists a well-known mathematical relation $E(\mathbf{P})$ between energy and linear momentum which today forges the decisive basis for the experimental link to atomic reality... The corresponding *Einstein mechanics* can be summarized by the fundamental relation $\mathbf{P} = (E/c^2) \mathbf{v}$ which differs markedly from the basic relation $\mathbf{P} = m \mathbf{v}$ of the mass-point mechanics," [WEYL, H. (1977), S. 33, 18, 111]. This so-called Einstein fundamental relation (EFR) contains the entire transported Energy E which in turn depends on the transport velocity **v**. It should be stressed that the EFR is not at all only valid for relativistic motions. According to Falk's dynamics, [the EFR] furnishes a constitutive condition which specifies a physical system as a manifestation of some few universal classes of particles. To identify such classes, a definite system will be selected which moves in a (Dirac) vacuum. The latter is defined by the double constraint of zero-point pressure and temperature. [These two vacuum conditions are assumed] to be valid under the additional constraint that all processes occur without any influence of the position vector **r**. ... The respective *Gibbs main equation* ... will shrink to the simple differential equation $dE = \mathbf{v} \cdot d\mathbf{P}$. In combination with the EFR (...), the well-known *energy-momentum relation* $E^2 = (c\mathbf{P})^2 + E_\#^2$ results by integration starting from the value $\mathbf{P} = 0$ of the momentum.

Note that Einstein's legendary equivalence relation $E_\#/N = m_\# c^2$ between the zero-point energy $E_\#/N$ per particle and its (*inertial* or *rest*) mass $m_\#$ holds true for $\mathbf{P} = 0$ [HENTSCHEL, K. (1990), S.22]. From the different features of ′motion` and ′state of the rest` the *kinetic energy* of the $E - \mathbf{P}$ transport in vacuum‹ is defined as follows: $E_{kin} := E - E_\#$. ...

By the way, it is well known that the equation $E^2 = (c\mathbf{P})^2 + E_\#^2$ can be derived directly from the required invariance for all 'four forces' associated with the kinematics of the SRT [HENTSCHEL, K. (1990), S.24]. This fact admirably confirms the efficiency of Falk's dynamics. ... Both equations $E^2=(c\mathbf{P})+E_\#^2$ and $E_{kin}:=E-E_\#$ along with the EFR permit the arrangement of an extraordinarily important universal classification of 'particles'. It quantifies the discrete energy structure of atoms which was first demonstrated by the Frank-Hertz experiment." [STRAUB, D. und BALOGH, V. (2000), S. 936-937].

Family	Particle	$m_\#$ [MeV/c^2]	Charge	Spin [S]	Interaction
Photon		0	0	1	e (electrical force)
Leptons	Neutrino ν_e ν_μ ν_τ	2.27 10^{-6} 9.07 10^{-6} 20.4 10^{-6}	0	½	w (weak force), g
	Electron	0.511	± e	½	e, w, g (gravitional force)
Baryons	Proton	938.27	± e	½	all
	Neutron	939.57	0	½	all (≠ e)
Newtonian	Mass-points	> 0 optional	0	0	all (≠ w, s strong)

Tabelle 7.1.2.2 [STRAUB, D. und BALOGH, V. (2000), S. 937]

In der Tabelle 7.1.2.2 sind die wichtigsten Daten zusammengestellt. Sie stammen aus Experimenten, die vornehmlich molekulare und chemische Relaxationsprozesse einbezogen [BETHGE, K. und SCHRÖDER, U. E. (1991), S. 12]. Für Teilchen mit $m \neq 0$ wurden nur stabile Partikel mit unbegrenzter Lebensdauer berücksichtigt. Für letztere ist ein abschließender Hinweis nützlich, der belegt, dass die *Masse* z. B. n i c h t als eine extensive *allgemeinphysikalische Größe* zu deuten ist:

> "If a system splits into two, then the original *rest-mass* is not the sum of the resulting two *rest-masses*. For example, the π^0-meson has a positive rest-mass, while the rest-masses of each of the two resulting photons is zero." [PENROSE, R. (1990), p. 220].

„Neutrinophysik ist die Kunst,
aus der Beobachtung von nichts viel zu lernen."
-*Haim Harari*, 1940, zit. in SPEKTRUM der Wissenschaft, Juli 2013, S. 46

7.1.3 Alternatives Standardmodell nach W. Seeligs Theorie der Ruhemassen

Basis der hier in Erinnerung gerufenen Elementarteilchentheorie von D. Straub und V. Balogh sind die folgenden Prämissen:

> "(A) Corresponding to the vindication of the SM each other rational is equally admissible, provided the latter is confirmed in great detail by reliable and well-posted experiments. (B)There exists no mathematical theory to determine the masses of elementary particles within any of the well-known SM-concepts. Neither string and superstring theories [GREEN, B. (2000), S. 218, 340], nor a higher dimensionalized quantum field theory achieve this. (C) Applications of the SM are restricted to low energy processes with particle masses, the values of which do not exceed 175 GeV, i. e. the value of the top quark. The electron-neutrino mass in an order of magnitude 10^{-11} GeV cannot be accounted for by the SM formalism. ... (D) Quark masses cannot be determined without reference to an exclusive computation scheme..." [STRAUB, D. und BALOGH, V. (2000), S. 935].

Prämisse (B) ist zwar schwerwiegend in ihren Konsequenzen für die Naturwissenschaften, weshalb auch im letzten Abschnitt dieses Unterkapitels kurz darauf eingegangen werden soll. Dennoch erweisen sich diese vier Prämissen als ausreichend, um ein neues Konzept zum Verständnis von

Materie zu legitimieren. Ziel ist, die Existenz der im SM ausgewiesenen Familien aller bisher bekannten und noch unbekannten Elementarteilchen theoretisch durch ein *Alternatives Standardmodell* nachweisen und ihre Werte genau berechnen zu können. Es ist laut W. Seelig indes nicht auszuschließen, dass sich diese Werte als Ergebnis *stationärer* Lösungen erweisen: m.a. W. die Teilchenmassen können von der Zeit abhängen [vgl. III. 5.4].

Das Konzept ist unter ausdrücklichem Bezug auf Prämisse (B) *pragmatisch* orientiert; es beruht auf einem Teilchenbegriff, der als *Energie-Impulstransport* im Sinn von 7.1.2 verstanden wird. Dazu treten zwei zusätzliche Elemente, die in der Originalarbeit eingehend dargelegt worden sind und hier nur kurz erwähnt werden [STRAUB, D. und BALOGH, V. (2000), S. 938-940].

Element I betrifft die Grundlagen der Wellenmechanik nach *Louis de Broglie*, dem Entdecker der Wellennatur des Elektrons:

> "... a moving particle is associated with the wavelength λ of a complementary wave. This idea was suggested on the grounds that electromagnetic fields can be treated as particles, the so-called *photons*. One could, therefore, expect material particles to behave in some circumstances like waves ... and valid for the system with respect to de Broglie's set of equations ...
>
> $$\lambda_\# m_\# = \frac{h}{c} \; ; \; E_\# = m_\# c^2 \qquad (7.1.3.1)$$
>
> [which] were applied to the state at rest associating $\lambda_\#$ as well as $E_\#$ with $m_\#$."
> [STRAUB, D. und BALOGH, V. (2000), S. 938].

Es ist bemerkenswert, dass die berühmte Einstein-Gleichung $E_\# = N m_\# c^2$ nur für den Ruhezustand als fiktiver Grenzfall eines *bewegten* „Teilchens" definiert ist. „Teilchen" als Synonym für ›Energie-Impuls Transport‹ verstanden, drückt eben laut GFD die Dynamik eines ganzen Systems aus, zu dem besagtes „Teilchen" gehört.

Wie aber gelangt man von diesem allgemein gültigen Resultat zu konkreten Zahlenangaben für die Ruhemassen $m_\#$ aller möglichen „Teilchen" aus verschiedenen Familien der Elementarteilchen? Die Antwort hat bereits vor 20 Jahren *Wolfgang Seelig* († 2010) präsentiert; er hat entdeckt, dass eine theoretische Basis existiert, um die $m_\#$-Werte aller *bekannten* Elementarteilchen zu berechnen, vgl. [BALOGH, V., SEELIG, W. und STRAUB, D. (1997)]. Die Grundidee ist verblüffend einfach: (7.1.3.1) enthält auf der rechten Seite nur das Planck'sche Wirkungsquantum h und die Vakuumlichtgeschwindigkeit c als Naturkonstanten mit der Folge, dass auch gilt

$$m_\# = \frac{\lambda_\#^*}{\lambda_\#} m_\#^*.$$

(7.1.3.2)

(7.1.3.2) besagt nun, dass man den Wert der gesuchten Ruhemasse $m_\#$ auf bekannte Referenzwerte (Indes *) zurückführen kann.

N°	Elementary Particle		a	b	c	d	$k_\#$	$m_{\#, \text{Seelig}}$ MeV/c²	$m_{\#, \text{experimental}}$ MeV/c²
1	Electron	e	1	0	0	2	1	0.510945	0.51099907
2	Myon	μ	0	1	0	3	1	105.021	105.66
3	Tauon	τ	3	0	1/4	3	2π	1,784.7	1,784.2
4	Pion	π	2	0	0	3	1	140.028	139.56995
5	Proton	p	3	0	1	3	π	930.577	938.27
6	u-Quark		3	0	½	2	2	4.204	1.5 to 5
7	d-Quark		1	-1	0	3	$π^{-1}$	7.43	3 to 9
8	Meson-mass		0	2	-½	3	1	306.35	310
9	Nucleon-Mass		0	1	2	3	π	369.096	363
10	Vector-Boson W±		3	-1	0	4	2π	80374.12	80330
11	Neutral Boson Z⁰		3	-1	3	4	2π	90662	91187

Tabelle 7.1.3.1: Mass values of elementary particles adapted from W. Seelig [STRAUB, D. und BALOGH, V. (2000), p. 941].

Die eigentliche Überraschung bringt allerdings erst der folgende Kommentar zum Ausdruck:

> "Equation (7.1.3.1) is remarkable as to the fact that the ratio $\lambda_\#^*/\lambda_\#$ can be expressed by means of additional physical arguments in analogy to a formula derived long ago for the rest mass of an *unattached electron*: ... $\lambda_\#^* / \lambda_{\# e} = 2\alpha^{-2}$. The quantity α is commonly named as *fine structure constant* [and introduced by *A. Sommerfeld* in 1916]. The crucial point to understand [this last relationship] is the fact that the mass $m_\#^*$ belongs to a certain equivalent energy as-

signed to the common *Rydberg constant* R_∞." [STRAUB, D. und BALOGH, V. (2000), S. 938].

"Unfortunately, there is no room for W. Seelig's sophisticated considerations intending to find an individual solution for each particle as well as some general patterns of the function C_T. ... [The latter defined by the *ansatz*] is modified by the *Seelig factor* ς where $\beta \in \{0; 1; 2; 3\}$, and ς equals α^{-1} numerically." [STRAUB, D. und BALOGH, V. (2000), S. 939-940].

"To make preparation for a particular extension of W. Seelig's results to hitherto unknown masses of well-known elementary particles and even of particles which are allowed to be predictable, a simple mathematical generalization [of the ansatz above] may be presented

$$m_\# = 2^a \cdot 3^b \left(k_\# \cdot f_k^c \right) \cdot \varsigma^d \cdot m_\infty \qquad (7.1.3.3)$$

where the dilatations factor f_k is defined by $f_k = 1/(1 - 1/(3\pi))^{1/2}$.

For the purposes of comparison, Seelig's results, calculated [by the ansatz] and exactly mapped by means of the equation (7.1.3.3), are appropriately compiled for a lot of well-known elementary particles and presented in table [Tabelle 7.1.3.1]." [STRAUB, D. und BALOGH, V. (2000), S. 940, vgl. BALOGH, V., SEELIG, W. UND STRAUB, D. (1997), S. 31].

> *"There is no accelerator on earth, unfortunately,*
> *that has the energy to create God's Particle as heavy as*
> *1 TeV. Why? If it is more than 1 TeV, the standard model becomes inconsistent,*
> *and we have the unitarity crisis."*
> [LEDERMAN, L. (2006), S. 376]

7.1.4 Semi-Empirical Mass Formula (SEMF)

Seeligs Hauptgleichung (7.1.3.3) motivierte meinen Koautor und mich, die Generalisierung von (7.1.3.3) für alle bisher bekannten, aber auch für alle zukünftig zu entdeckenden 'Elementarteilchen' zu versuchen. Diesen Versuch haben wir in unserer Publikation eingehend begründet.[STRAUB, D. und BALOGH, V. (2000), p. 940]. Hier seien die wichtigsten Passagen kurz zitiert:

"The crucial point can be focused by means of three aspects:

(1) The decisive advantage of Seelig's theory in comparison to competed theories is its mathematical simplicity distinguished, nonetheless, by a strict re-

course to the basic concepts of de Broglie's wave mechanics and Einstein's particle mechanics....

(2) Seelig's theory allows establishing a well-proved empirical foundation – quite in the strict sense how particle physics uses its Standard Model of matter only with reference to success a posteriori.

(3) Seelig's central result seems universally true:
• The set of particle masses at rest consists of a finite number of elements, where each of them is definitely related to a certain reference mass at rest.
• The proportionality between the mass in question and the reference mass is quantified by a product of factors represented by a power function each. Any mass value differs from others only by different values of that product.

Considering all these arguments the subsequent semi-empirical mass formula (SEMF) is easily derived from equation (7.1.3.3) after some simple mathematical manipulations. On that occasion the plot-structure of equation (7.1.3.3) was slightly changed for the following reason: Seelig's theory yields identical masses for *proton* and *neutron*, in contrast to experimentally observed mass values.... The same is valid for Ξ^*- particles of the baryon family.... Especially remarkable is this fact for Σ^*- baryons with three different stable states." [STRAUB, D. und BALOGH, V. (2000), S. 940-941].

Die sogenannte *semi-empirische Massenformel* (SEMF) lautet

$$\boxed{m_{\#} = 2^p \cdot 3^q \cdot (3\pi)^v \cdot F^{w+v'} \cdot m_{\infty}} \qquad (7.1.4.1)$$

und sollte für alle bekannten und noch unentdeckten Elementarteilchen gelten.

Mit $m_{\infty} = 13{,}6056981\,\mathrm{eV}$ wird die Rydberg-Masse bezeichnet, $F = \left(1 - \dfrac{1}{3\pi}\right)^{-\frac{1}{8}}$ ist ein numerischer Faktor, und das Zahlentupel $(p; q; v; w)$ ist charakteristisch für jedes Elementarteilchen und seine `Familie´. Der Korrekturexponent v' ergibt sich aus der folgenden Anordnung:

$$v' = \begin{cases} 0 & \text{für die Fälle mit einem Zustand} \\ \dfrac{1}{v(1+\sqrt{1+v})^2}\,;\ \dfrac{1}{v} & \text{für die Fälle mit zwei Zuständen} \\ -\dfrac{1}{1+\sqrt{1+v}}\,;\ -\dfrac{1}{2+\sqrt{1+v}}\,;\ 0 & \text{für die Fälle mit drei Zuständen} \end{cases}$$

$$(7.1.4.2)$$

Die Grundidee für die Beziehung (7.1.4.1) geht davon aus, dass letztere sich auf Energie-Impuls-Transporte für den Grenzfall des Hochvakuums bei verschiedenen Impulsen beziehen soll. Also kann die Ruhemasse nur von Parametern abhängen, welche die in Frage kommende Teilchenfamilie sowie deren unterschiedlich Teilchenmitglieder nebst den entsprechenden Teilchenzuständen charakterisieren. Bezogen auf eine Referenzmasse m_∞ kommt für eine Parameterdarstellung nur ein Ansatz mit *ganzen Zahlen* in Betracht.

Die einfache Struktur von (7.1.4.1) genügt dem gesamten Spektrum der Massen aller Elementarteilchen. Folgende Tabelle gibt einen Überblick von allen bekannten (und aus der Symmetrie herauslesbaren) Massen.

Groups	Charge (e-units)	Value range of masses (MeV/c^2)	Spin (spin-units)	Number of particles	Averaged and maximum deviation (%)
Leptons [#]	-1	0.51094 (e) to 1784,5 (τ)	½	3	0.089 ; 0.2
Quarks	-2/3 ; 1/3	1.5 (u) to 173 800 (t)	½ and 0	6	0 [§]
Gauge Bosons	0; ±1	80 330 (W$^\pm$) to 91 187 (Z)	1	2	0.01 ; 0.46
Baryons	-1; 0; +1	938.27 (p) to 2285 (Λ_C^+)	1/2 ; 3/2	13	0.0743 ; 0.45
Mesons	0; ±1	134.98 ($\pi°$) to 9460.4 (Υ)	1 and 0	22	0.1470 ; 0.67

[#] without the corresponding neutrinos   [§] within the accuracy of measurement

7.1.4.1 Tabelle [Vgl. STRAUB, D. und BALOGH, V. (2000), S. 942]

Neutrino	ν_e (-1, -1, 0, 0)	ν_μ (1, -1, 0, 0)	ν_τ (-1, 1, 0, 0)	$\nu_?$ (1, 1, 0, 0)
Neutrino – mass - eV/c^2 -	2.2676164	9.070465	20.4085472	81.63418884
Mass-ratio of neutrino/electron	$4.4376 \cdot 10^{-6}$	$17.750 \cdot 10^{-6}$	$29.9385 \cdot 10^{-6}$	$159.754 \cdot 10^{-6}$

7.1.4.2 Tabelle [Vgl. STRAUB, D. und BALOGH, V. (2000), S. 942]

Wie schon der Tabelle 7.1.4.2 zu entnehmen ist, haben auch die *Neutrinos* Ruhemasse. Diese Ruhemasse war ursprünglich von dem Standardmodell der Teilchenphysik nicht vorhersehbar. Seit der Verleihung des Nobelpreises im Jahre 2002 ist in der Forschung anerkannt, dass Neutrinos Masse haben[89].

Eine weitere außergewöhnliche Eigenschaft dieser Massenformel ist die Gruppierung der Neutrinos. Nach dem Standardmodell gibt es drei Neutrinos. Aus der vorhandenen Symmetrie sollte nach dem SEMF-Modell noch ein *viertes* Neutrino existieren: Diese Idee wird auch von anderen Wissenschaftlern geteilt. Sie vermuten, dass dieses vierte Neutrino – das *Neutralino* – für die sogenannte „Dunkle Materie" im Weltall verantwortlich ist. Die Experimente von LHC können vielleicht die Voraussetzung für eine Entscheidung in dieser Frage herbeiführen [Vgl. SZ-Magazin Nr. 32, 080808, S. 15-19]. Sie wäre deshalb von großer Bedeutung, weil auch nach neueren Meldungen und Auswertungen [BREUER, R. (2011)] bis 2011 die Messergebnisse bei LHC bislang keinen verlässlichen Hinweis dafür bieten, dass die Ruhemassen der Elementarteilchen mit dem hypothetischen Higgs-Mechanismus erklärt werden könnten. Theoretisch besteht durchaus Aussicht auf die Existenz des Higgs-Bosons. Wie in [STRAUB, D. und BALOGH, V. (2000) S. 944-946] dargelegt wurde, gibt es derzeit zwar keine guten Gründe für dessen Existenz, aber diese Argumentation beruft sich auf den Status quo der derzeitigen theoretischen Physik. Aus einer *alternativen* ›einheitlichen Feldtheorie‹ versuchte ab 1977 auch *Burkhard Heim* das Massenspektrum der Elementarteilchen herzuleiten [vgl. HEIM, B. (1997)]. Ausgehend von seinen Grundprinzipien kommt *B. Heim* – was das *Higgs-Boson*, das 'Ding', betrifft – zu einem eindeutigen Ergebnis, das unter ganz anderen Aspekten von grundlegender Relevanz ist, nämlich zum absoluten *'Verbot' der Nullmasse*:

> „Zweitens kommt allen diesen Partikeln eine von Null verschiedene Masse zu, und zwar entweder eine reine Feldmasse oder eine Ruhemasse. Auf keinen Fall ist aber diese Masse gleich Null, denn wenn sie gleich Null wäre, würde das 'Ding' nicht existieren, auch wenn es eben nur freie Feldmasse ist, wie beim Photon!" [HEIM, B. (2009), S. 10].

---

[89] Vgl. z. B. http://nobelprize.org/nobel_prizes/physics/laureates/2002/. Über empirische Ergebnisse s. noch GÖGER-NEFF, M., OBERAUER, L. und SCHÖNERT, S. (2013).

Im abschließenden Abschnitt 7.1.5 soll auf die Heim-Theorie näher eingegangen werden.

Die hier vorgestellte Massenformel (7.1.4.1), interpretiert man sie – in direkter Anlehnung an das aktuelle *Standardmodell* (SM 2012) der *Elementarteilchenphysik* – als »*Standardmodell Seelig 2000*« (SM 2000), unterscheidet sich auch in dieser Funktion signifikant vom SM 2012. Während letzteres mittlerweile über 20 ´freie` d. h. – ´frei von jeglicher physikalischer Bedeutung` – Parameter ausweist,[90] verfügt das SM 2000 – abgesehen von den 'Zustandsparametern' gemäß (7.1.4.1) – lediglich über das *Zahlentupel* (p; q; v; w) für die Kennzeichnung jedes bekannten, aber auch jedes noch unentdeckten Partikels. Ergo charakterisieren vier *ganze* Zahlen eindeutig je die Ruhemasse *eines* 'Teilchens'! Aus dem u. a. Koordinatensystem lässt sich somit die 'Positionierung' jedes 'Teilchens' relativ zum Koordinaten- Ursprung ($p = 0$; $q = 0$) ablesen (*7.1.4.3 Tabelle*). Zudem ist evident, dass die Massenformel gewisse charakteristische Symmetrieeigenschaften wie bei den *Neutrinos* auszudrücken vermag, aber auch 'privilegierte' Anordnungen gelingen, wie sie z. B. für alle *Quarks* typisch sind. *Neue* Teilchen (glueballs) sind positioniert.

Dennoch ist die Vermutung nicht von der Hand zu weisen, dass dieses p-q-'Kreuzdiagramm' in erster Linie den derzeitigen Status der experimentellen Optionen widerspiegelt, wie sie an internationalen Großforschungsanstalten gepflegt werden. Was unter dieser Perspektive für die weitere Zukunft der Hochenergieforschung zu erwarten ist, lässt sich nur mutmaßen; z. B. meldete das CERN zuletzt:

---

[90] Das aktuelle *Standard Modell der Elementarteilchenphysik* besitzt **26** freie (dimensionslose, aber keineswegs *ganzzahlige*) Parameter, die aus ausschließlich aus Experimenten gewonnen werden müssen: • **3** Maßzahlen für die Stärke der Wechselwirkungen (Kopplungskonstanten) • **12** Massen (Quarks, geladene Leptonen, Neutrinos) • **9** Winkel (zur Beschreibung von Quarkzerfällen, Neutrinomischungen und der "CP Verletzung" in der starken Wechselwirkung) • **1** Masse des Higgs Teilchens • **1** Vakuum-Erwartungswert des Higgsfeldes. Laut Statements der Uni Wuppertal (nach 2004) wurden in den letzten Jahrzehnten diese Parameter mit wachsender Genauigkeit und mit verschiedenen Methoden gemessen, ohne das sich daraus Widersprüche ergeben haben. „Es ist ein beeindruckender Erfolg der Teilchenphysik, dass im Prinzip alle Beobachtungen aus dieser überschaubaren Anzahl an 'Naturkonstanten' zusammen mit den Gleichungen des Standard Modells beschrieben werden können." [vgl. auch die aktuellen Ausführungen in: VELTMAN, M. G. J. (2003), pp. 35-48.]

„Am 30. März 2010 gelang es erstmals, Protonen mit einer Rekordenergie von jeweils 3,5 TeV aufeinander treffen zu lassen. Ab wann die volle Teilchenenergie im LHC erreicht wird, ist noch unbekannt, geplant ist es für das Jahr 2015."
[WIKIPEDIA, CERN, Stand: 21.04.2012].

Die kürzlich vom CERN ermittelten Daten sind in der Tabelle eingetragen. Sie verweisen auf ein als bislang unbekanntes, aber ganz normales (Hochenergie-) Elementar-teilchen [(sic)] mit einer Masse von 126,8 GeV. Dieses Ergebnis weicht unerwartet stark von den Massewerten in der folgenden Pressemeldung vom 4.7.2012 ab und liegt zudem deutlich außerhalb des dort notierten Wertebereichs:

„Geneva, 4 July 2012. At a seminar held at CERN today as a curtain raiser to the year's major particle physics conference, ICHEP2012 in Melbourne, the ATLAS and CMS experiments presented their latest preliminary results in the search for the long sought Higgs particle. Both experiments observe a new particle in the mass region around 125-126 GeV." [CERN, PR17.12, am 4.7.2012].

Ein Jahr später – bereits n a c h der Verleihung der Nobelpreise an Peter Higgs und François Englert – bestätigen H. Lesch und Mitarbeiter diese Massewerte mit dem Kommentar:

„Beim CMS-Detektor sieht es ungefähr genauso aus. Nur dass jetzt fünf Zerfallsarten untersucht wurden. Man hat hier eine Masse von etwa 125,3 GeV gemessen." [LESCH, H. (HRSG. 2013), S.129].

Keine der bekannten Standardmodelle, weder SM 2012, noch SM 2000, auch nicht die Massenformel nach der Heim-Theorie geben irgendwelche Hinweise auf eine Beschränkung nach oben im betreffenden Energiebereich der Elementarteilchenphysik. Auch existiert keine solche Beschränkung im Zusammenhang mit dem Higgs-Mechanismus. Der Grund dafür könnte darin zu suchen sein, dass der 'Teilchenbegriff' selbst in den drei Modellen obsolet geblieben ist.

p \ q	-2	-1	0	1	2
-3			Ξ^- (9; 20)		Λ (8; 11) Σ (8; 16) Ξ^0 (8; 23) Δ (8;18) μ (7; 3)
-2			Λ_C (9; 10)		
-1	η (9; 15)	Σ^* (9; 3) Ξ^* (9; 10) Glueball (9; 15) e-neutrino (0;0)	K^+ (8; 11) K^0 (8; 12)	$\pi^{\pm}$ (7; 2) π^0 (7;0) τ-neutrino (0;0)	e (4; 4)
0	p (9; 4) n (9; 4)	η_C (9; 8) J/Ψ (9; 11)	η'(8;9) K*(8;4) Φ(8;13) Y(9;12) W(10;5) Z(10;14) R(0;0) Photon (0[-90];0)		
1	Glueball (9; 17)	μ-neutrino (0;0)	Ω (8; -1) D (8; 7) D_S(8;11) D*(8;12) u-Quark (5;0) t-Quark (10;10)	?-neutrino (0;0) B (8; 3) B_S (8; 4)	τ (7; 7)
2			d-Quark (5;0) b-Quark (8;15)	S_{10}^*(9; 20)	
3			s-Quark (6;0) c-Quark (7;31) ρ(7;5) ω(7;6)		Lepton (4; 3?)

The reference mass m_∞ may be assigned to an elementary particle R denoted as Rydberg particle R(0,0,0,0).

7.1.4.3 Tabelle [Vgl. STRAUB, D. und BALOGH, V. (2000), S. 943]

An dieser Stelle muss zu den jüngsten Messungen am CERN wenigstens darauf hingewiesen werden, dass *A. Unzicker* in seinem neuesten Buch darüber eine vernichtende Kritik äußert. Was die derzeitige 'Higgs-Theorie' betrifft, so sind die Ausführungen von Unzicker schockierend. Der Leser sollte sich selbst ein Urteil bilden, was er davon hält. Hier soll nur ein Zitat eingefügt werden, um einen ersten Eindruck zu gewinnen, was den Leser erwartet. Es geht um die Datenverarbeitung:

> „Die am LHC anfallenden Datenmengen überschreiten jede Dimension, die noch abzuspeichern wäre. ...die praktische Lösung lautet, dass man 99,99% der Daten sofort aussortiert und nur jene verwendet, die Interessantes versprechen – das sogenannte Triggern. Pro Jahr bleiben damit immer noch soviel Bytes übrig, dass sie, auf DVDs gepresst, einen Turm in Höhe des Mont Blanc ergäben... Kann man dieses Datengebirge je sinnvoll analysieren?" [UNZICKER, A. (2012), S.212].

Was die aktuelle Einschätzung, gar Stimmung am CERN angeht – das *Higgs-Boson* betreffend – wird sie von den Genfer Teilchenphysiker eher als pessimistisch, gar depressiv umschrieben.[91]

Aber auch in der Physik geschehen ab und an Zeichen und Wunder: Dreimal wurde am Dienstag, dem 8. Oktober 2013 in Stockholm die Verkündigung des diesjährigen Physik-Nobelpreises verschoben. Schließlich wurden vom Nobelpreis-Komitee die Preisträger 2013 bekanntgegeben. In einem kurzen Statement wurde betont, dass es im Preis-Komitee „eine sehr gute Diskussion gegeben habe".

Dazu konnte man am 10. Oktober in TIME Science & Space lesen:

> "There were no high odds on this year's Nobel Prize in Physics going to the discoverers of Higgs Boson, the so-called 'God particle' – still, a member of the Nobel jury called the decision 'wrong.' Anders Barany, a member of the Royal Swedish Academy of Sciences, told AFP News that the CERN laboratory where the particle was finally spotted, should have been recognized together with lau-

---

[91] In der Ausgabe der WELT vom 5.12.2012 berichtet S. Humml unter dem Titel *Higgs-Teilchen entzieht sich dem Forscherbeweis* von Fehlern des Standardmodells, die eine eindeutige Bestätigung der Existenz eines Higgs-Teilchens ausschließen. Plötzlich tauchen am CERN Fragen auf, ob es sogar viele Arten von Higgs-Teilchen gibt? Die Suche nach dem *Neutralino* als „*ein sehr guter Kandidat für die Dunkle Materie*" kommt wieder für das zukünftige CERN-Forschungsprogramm in Betracht – neben der bisher vergeblichen Suche nach supersymmetrischen Teilchen [vgl. HUMML, S. (2013)].

reates Francois Englert and Peter Higgs. The announcement of the prize, delayed for an hour due to 'a lot of discussion', only mentioned the Swiss lab in a brief note accompanying the decision. ›It's too watered down‹, Barany said. ›I think those experimental researchers have done incredibly fantastic work and should be rewarded‹."

Um der weltweit interessierten Öffentlichkeit eine konzise Übersicht über den Hintergrund dessen, was vom Preiskomitee konkret nobeliert wurde, publizierte die *University of Edinburgh* eine aktuelle »*Brief History of the Higgs Mechanism*«. Dieser Abriss enthält auch einige bibliographische Angaben zu den wichtigsten Originalarbeiten zum Thema »unified theory of the forces of Nature« zwischen 1964 und 1981.

Fazit – Kommentar zum 'Gottesteilchen' als gegenwärtigem Hype der Elementarteilchenphysik

Natürlich hat der Leser der vorliegenden Studie Anspruch auf eine kurze Stellungnahme zu den seit der Verleihung des Nobelpreises für Physik 2013 bekanntgewordenen relevanten Fakten zum Thema '*Higgs*'. Dies gilt insbesondere im Hinblick auf die von mir dazu vertretenen Ansichten, wie sie vor allem in den Unterabschnitten 7.1.1 bis 7.1.4 diskutiert werden.

Zunächst soll eine aktuelle Äußerung eines meinungsbildenden Physikers zitiert werden, welche den Status quo in mehrfacher Hinsicht festhält [vgl. die angegebenen Seiten in: LESCH, H. (Hrsg.), (2013)].

> „Das Higgs-Teilchen ist eine Anregung des Higgs-Feldes, das im Hintergrund arbeitet" (S. 85).

> „Das Higgs-Boson ist lediglich aufgrund seiner Unauffindbarkeit stark mystifiziert worden... und zum »Gottesteilchen« aufgewertet worden... »Göttlich« - im Sinn von vertrackt - ist allenfalls die Geschichte dieser Begriffsentstehung" (S. 37-39).

Was lässt sich verbindlich nach dem 8. 10. 2013 sagen? Das BMBF ließ an diesem Tag verlautbaren:

> „In den vergangenen Jahren hatten Forscher am Large Hadron Collider (LHC) des Forschungszentrums CERN in Genf nach dem sogenannten Higgs-Boson gesucht. Dafür ließen sie Protonen bei einer Energie von bis zu sieben Teraelektronvolt kollidieren. *Am 4. Juli 2012* meldeten die Wissenschaftler der

Experimente ATLAS und CMS den Nachweis eines Teilchens bei der vorhergesagten Masse."

Was aber ist die „vorhergesagte Masse und was bedeutet sie?" Es erscheint empfehlenswert, n a c h diesem ominösen Datum zunächst die Meinung eines internationalen Experten einzuholen:

> "Roughly, all we can say right now [...] is that the data roughly resembles what would be expected of a Standard Model Higgs, it is therefore not possible to say the new particle is not a Standard Model Higgs, many possible alternatives to the simplest Higgs have now been ruled out by the data, though many others still remain. [...] [W]e do see some deviations from the Standard Model Higgs hypothesis, but they aren't even that statistically significant yet even if they were, there are reasons to be concerned about uncertainties from other sources than just statistics." [*Matt Strassler*, Rutgers Univ., NJ, USA, zitiert in: FISCHER D. (2012)]

Strasslers Text hört sich zu *Harald Leschs* durchaus passendem Vergleich erst einmal reserviert an:

> „Anfang Juli 2012, 215 Jahre nach Goethes *Zauberlehrling*, veröffentlichten Forscher des CERN, die am Experiment mit dem LHC beteiligt sind, einige Resultate, die bestätigten, dass etwas entdeckt wurde. Es lag nahe, dass es sich dabei um das Higgs-Boson handelte... Es ist erfreulich, dass der Mensch es schafft, vorhersagbare Ergebnisse in äußerst komplexen Experimenten zu erzielen. Der Nutzen wissenschaftlicher Entdeckungen kann nicht hoch genug veranschlagt werden, und für viele ist Wissenschaft heutzutage eine geradezu religiöse Instanz." [LESCH, H. (Hrsg.), 2013, S. 26].

Selbst falls das mit dem LHC entdeckte neue Hochenergie-Boson im Rahmen der bisherigen Mess-Statistik den Erwartungen an das Higgs-Boson des heutigen Standardmodells entsprechen sollte, sind alle verdächtigen Abweichungen seiner Zerfalls-"Kanäle" derzeit immer noch nicht signifikant, weil die Anzahl aller beobachteten mutmaßlichen 'Higgse' – rund 200! – und ihrer Zerfälle noch zu gering ist. Das folgende Zitat, nämlich

> „dass das 'Teilchen an sich' überhaupt mit haarscharf 5 Sigma bis Ende Juni nachgewiesen werden konnte, hat die meisten Physiker überrascht; immerhin haben 2012 die drei Monate LHC-Betrieb mit 8 TeV die gesamte Ausbeute mehr als verdoppeln können, und 'die Natur' kam dem LHC sogar mit einer Teilchenmasse von 125-126 GeV entgegen." [LESCH, H. (Hrsg.), 2013, S.26].

Das Verständnis dieses Sachverhalts wird erst klar, wenn man die Bedeutung der statistischen Marke von „5 Sigma" für den LHC samt seiner beiden Detektoren CMS und ATLAS kennt: Im ATLAS-Detektor konnte man die Masse des angeblichen Higgs-Teilchens mit einer Wahrscheinlichkeit von 99,977% zu 126 GeV bestimmen. Beim CMS-Detektor hat man eine Masse von 125,3 GeV gemessen. Allerdings reicht trotz der großen Präzision beider Detektoren die Genauigkeit nicht aus: Die Wahrscheinlichkeit einer Entdeckung sollte laut H. Lesch wenigstens 99,99966% betragen [vgl. LESCH, H. (Hrsg.), 2013, S. 129]. Im Übrigen sollte man die 'Sigma-Dynamik' nicht unterschätzen:

> „Der Tevatron – ein Teilchenbeschleuniger des Fermilab in Batavia im US-Bundesstaat Illinois hätte übrigens noch Jahre laufen müssen, um das Teilchen mit 5 Sigma fest zu nageln, und der LHC-Vorgänger LEP hätte es nie geschafft." [FISCHER, D. (2012)].

Diese kaum nachvollziehbaren Anforderungen werden indes bereits aus der Differenz von 0,70 GeV der o. a. Werte beider Detektoren ersichtlich. Um sie zu schließen bedarf es eines extrem teuren experimentellen Aufwands, der in die Milliarden Euro gehen wird. Aber er wird unvermeidlich sein, will man die Lücke schließen, um per exzessiver *statistischer Auswertung* des zugrunde liegenden Standardmodells SM 2013 die physikalische Erklärung aller Teilchenmassen aus dem Higgs-Feld aufrechterhalten zu können.

Eine solche Hypothek muss unser (stationäres) Standardmodell SM 2000 nicht tragen: Es resultiert aus einigen Grundgesetzen der Physik, die durch einen mathematischen Ansatz mit *vier* freien *ganzzahligen* Exponenten zusammengehalten werden [vgl. 7.1.4]. Dieses Modell enthält im Gegensatz zum SM 2013 keine Apriori-Auflage ideologischer Natur, welche die *atomistische* Materie zum 'Weißen Schimmel' macht. Solche 'Glaubensbekenntnisse' haben indes sehr wohl einen beträchtlichen Einfluss. Ein aktuelles Beispiel liefert eine apodiktische Aussage eines neuen Buchs von Frank Close mit dem anspruchsvollen Titel *Das Nichts verstehen – Die Suche nach dem Vakuum und die Entwicklung der Quantenphysik*:

> „Das Higgs-Feld hat seltsame Auswirkungen. Teilchen wie das Elektron breiten sich langsamer als mit Lichtgeschwindigkeit durch den Raum aus, weil sie eine

Masse haben und diese haben sie nur aufgrund ihrer Wechselwirkung mit dem allgegenwärtigen Higgsfeld. Trotzdem bewegen sie sich widerstandsfrei durch den Raum. Die Newton'schen Gesetze gelten weiterhin..." [CLOSE, F. (2009), S.154].

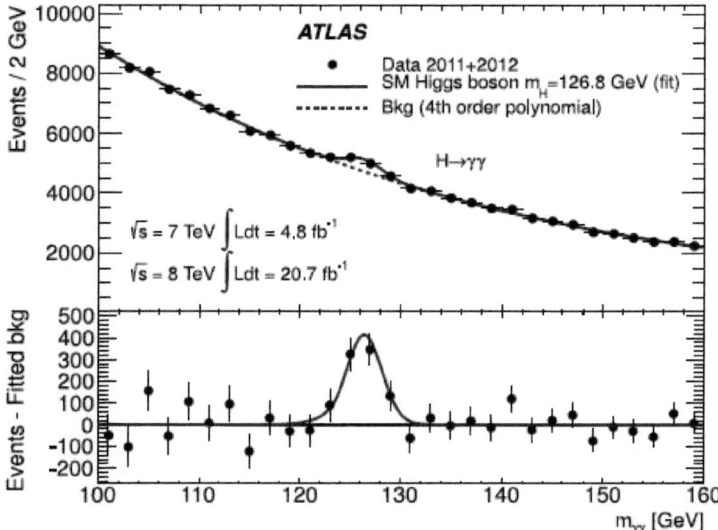

Fig. 2. Invariant mass distribution of diphoton candidates after all selections of the inclusive analysis for the combined 7 TeV and 8 TeV data. The result of a fit to the data with the sum of a SM Higgs boson signal (with $m_H = 126.8$ GeV and free signal strength) and background is superimposed. The residuals of the data with respect to the fitted background are displayed in the lower panel.

ATLAS Collaboration / Physics Letters B
726 (2013) 88-119

Diese Sackgasse wird nach unserer Einsicht durch die *Kant-Struktur* der gesamten Physik blockiert.

Im Folgenden wird der Unterschied zwischen beiden Modellen deutlich werden. Zunächst wird aus den beiden o. a. Messungen 125,3 GeV und 126 GeV für das SM 2013 klar, dass beide im Modell SM 2000 ohne jede weitere Voraussetzung im Wert **126,8** GeV zusammenfallen und auf ein neues Teilchen hinweisen. Ob es ein Higgs-Teilchen ist, kann aus dem SM 2000 nicht erschlossen werden, ob ein solches überhaupt existiert, erst recht nicht!

Bemerkenswertweise spricht Georg Wolschin bereits im Dezemberheft 2013 von *Spektrum der Wissenschaft* vom *„Krönenden Abschluss des Standardmodells"*. Er bezieht sich auf die letzte Auswertung der ATLAS-Messungen, wie sie von der *Atlas-Collaboration* in den *Physics Letters B, Vol. 726 (2013) pp. 88-119* einen Tag vor der Verleihung der Nobelpreise für Physik publiziert wurde. Das Resultat – die Masse des angeblichen Higgs-Bosons – ergibt sich genau zu 126,8 GeV und stimmt *total* mit dem Wert überein, wie er aus dem SM 2000 berechnet wurde. Es ist evident, dass dieser Wert nicht als Referenz für die Nobelpreise gedient hat.

Von dem in der vorliegenden Studie vertretenen Standpunkt aus betrachtet, schließt allerdings das am Ende von Kapitel 1.6 angeführte »*Descartes-Kantsche Fundamentaltheorem*« die Existenz des sogenannten *Higgs-Mechanismus* kategorisch aus. Bleibt den Teilchenphysikern in CERN u. a. noch die Hoffnung, die Theorie der Supersymmetrie ('Susy') experimentell zu bestätigen, „die viele der noch ungeklärten Rätsel der Teilchenphysik mit einem Schlag erklären könnte... – allerdings unter der Annahme, dass supersymmetrische Teilchen existieren" [LINDINGER, M. (2011), S. N1]. Und zwar unter dem entscheidenden Aspekt, dass „für jedes Elementarteilchen ein supersymmetrischer Partner existiert". Im Jahr 2011 waren die Hoffnungen groß, mit dem LHC „zumindest die leichtesten Varianten der supersymmetrischen Teilchen erzeugen und nachweisen zu können". Doch die Hoffnungen trübten sich ein, als die Großexperimente ATLAS und CMS zu keinerlei Spuren von Supersymmetrie führten. Bis heute (Anfang 2014) hat sich an diesem Befund nichts geändert. Wie sieht gegenwärtig die Zukunft am CERN aus? Das letzte Meinungsbild stammt vom 12.02.2014. An diesem Tag ließ das CERN unter dem Motto „Schneller beschleunigt in die Zukunft" verlauten:

> „Noch gut zwanzig Jahre lang soll der LHC seine beschleunigende Arbeit tun, doch das CERN denkt schon weiter. Das Forschungsinstitut überlegt, einen neuen Teilchenbeschleuniger zu bauen. Der dafür notwendige Tunnel soll mit hundert Kilometern Länge fast viermal so lang sein wie der des LHC. Mitte Februar begann die Arbeit an einer Machbarkeitsstudie zum Future Circular Collider (FCC). Etwa fünf Jahre soll es dauern, bis technische Fragen und vermutliche Kosten geklärt sind."

„Physicists love to celebrate.
They'll celebrate any particle's birthday, no matter how obscure."
[LEDERMAN, L. (2006), S. 141]

7.1.5 H. D. Zehs „sonderbare Geschichte von Teilchen und Wellen"[92]

Als *Burkhard Heims* Hauptwerk gilt sein Versuch, ab den 1940er Jahren, eine *einheitliche Feldtheorie* zu formulieren. Zunächst verdienen es seine und seiner Mitarbeiter umfangreiche Studien, in ihren wesentlichen Ideen, Methoden und Ergebnissen – soweit sie hier relevant sind – kurz vorgestellt zu werden. Dadurch lässt sich auch *H. Dieter Zehs* Essay auf seine wichtigsten Thesen zum Teilchen-Wellen-Dualismus reduzieren.

Gegenüber den heutigen Standardtheorien beinhalten Heims Studien manche, teilweise gravierende Widersprüche. Sie sind sicher auch in seiner Biographie begründet.[93] Heims Auffassung nach entsprang das Universum aus einer einzigen endlich großen Elementarzelle heraus – keineswegs als Folge d e s Urknalls... Diese originelle Idee ist für ihn gleichbedeutend mit der Vorstellung, dass sich der physikalische Raum aus Elementarzellen zusammensetzt, *„deren Fläche heute ca. dem Quadrat aus Planckschen Längen entspricht."* [WIKIA, HEIM-THEORIE, Stand: 19.05.2012].[94] Davon ausgehend, begann Heims ›einheitliche strukturelle Quantenfeldtheorie der Materie und Gravitation‹ mit *„der Quantisierung des geometrischen Teils der Einsteinschen Feldgleichungen"*. Aber die vierdimensionale Raumzeit genügte ihm nicht. Er postulierte zwei zusätzliche *imaginäre* Koordinaten, ergo Ordnungsparameter, die 'Organisationszustände' betreffen [Vgl. WIKIA, HEIM-THEORIE, Stand: 19.05.2012]. Dieser Sachverhalt ist unabhängig von vielen anderen Einwänden gegen Heims Theorie deshalb relevant, weil er belegt, dass er sich ganz den traditionellen Denkschemata der *mechanis-*

---

[92] ZEH, H. D. (2012a)
[93] Der spätere theoretische Physiker B. Heim (*1925 - †2001) wurde 1943 als Soldat abkommandiert, um Sprengstoffe für die *Chemisch-technische Reichsanstalt* herzustellen. Dabei verlor er im Mai 1944 bei einer Explosion beide Hände und erlitt eine irreversible Schädigung des Seh- und Hörvermögens; vgl. LUDWIGER VON, I. (2010).
[94] Auch Roger Penrose' Twistoren-Theorie von 1975 basiert darauf, *„dass keine infinitesimalen Punktmengen auftreten."*

tischen Physik unterwirft. So verwundert es keineswegs, dass Heim den Welle-Teilchen-Dualismus sowie den Indeterminismus in seiner Quantenmechanik bestätigt findet. Erwähnenswert sind auch zwei erstaunliche Hypothesen in *Heims* Theorie, die mit dem offiziellen Kanon der mathematischen Physik und den gängigen Vorstellungen der Kosmologen nicht zu vereinbaren sind:

> „ – Lt. Heim erklärt sich die Rotverschiebung nicht anhand der Expansionsgeschwindigkeit. Sie ist eine Folge von Korrekturen am Gravitationsgesetz.
> – Ein weiterer möglicher Widerspruch sind die *zeitlich variablen* Naturkonstanten. Ihre Änderung ... hängt von den das Universum aufbauenden Elementarzellen ab." [WIKIA, HEIM-THEORIE, Stand: 19.05.2012].

Dagegen sind die konkreten Ergebnisse der Heim-Theorie – seine Massenformel sowie die Angaben über die Lebensdauer der Elementarteilchen – beeindruckend. Sie betreffen vier Lösungsklassen – Gravitonen, Bosonen, Leptonen, neutrale und geladene Teilchen. Darüber hinaus

> „liefert Heim mit seiner Theorie die Ableitung der für die Elementarteilchen gültigen Symmetriegesetze und deren Ruhemassen. Daraus ergibt sich eine Massenformel, mit der sich die Massen fast sämtlicher *bekannter* Elementarteilchen berechnen lassen. Zumindest deren numerische Richtigkeit wurde bei DESY nachgewiesen. Über die Richtigkeit der Herleitung wurden leider keine näheren Aussagen gemacht...Auch die Herleitung und Berechnung der Kopplungskonstanten der Naturkräfte... sowie die Kopplung zwischen Photonen und der Gravitation gelingt." [WIKIA, HEIM-THEORIE, Stand: 19.05.2012].

Problematisch erscheint indes der in zahlreichen Tabellen vorliegende Vergleich zwischen experimentellen Daten und den Rechnungen. *„Die Vermutung liegt nahe, dass die Theorie im Vergleich zu älteren, ungenaueren, experimentellen Daten feinabgestimmt wurde."* [WIKIA, HEIM-THEORIE, Stand: 19.05.2012].

Die in der vorliegenden Studie präsentierten Ergebnisse lassen sich nur bedingt mit Heims physikalischem Konzept verknüpfen. Das in 7.1.4 erwähnte Heimsche Zitat stützt allerdings unmissverständlich unsere in: STRAUB, D. und BALOGH, V. (2000) begründete These (S. 946), derzufolge alle Elementarteilchen je eine Masse *ungleich* Null besitzen müssen! Dass trotz stark differierender physikalischer Grundlagen eine so weitreichende Übereinstimmung in einer Aussage erreicht wird, die in der Scientific Community wenig Unterstützung erfährt, war nicht zu erwarten. Denn B. Heims Theorie ist ebenso wie eine ihrer wichtigsten Grundlagen, die tensorielle Gravitationstheorie Einsteins, im Kern *mechanistischer* Natur. Demgegenüber beruht die SEMF letztlich auf der *nicht-mechanistischen* GFD, somit strenggenommen auf einem von vorneherein total unterschiedlichen Teilchenbegriff.

Diese begriffliche Unbestimmtheit ist in den letzten Jahren erkennbar das herausragende Problem von *H. Dieter Zeh,* Professor emeritus für mathematische Physik an der Universität Heidelberg und einer der Begründer der Theorie der *Dekohärenz.* Damit gehört er zu den wenigen 'Rebellen', die gegen das Glaubensbekenntnis der dogmatischen Quantentheoretiker verstoßen, die *dissipationsfreie* Hamilton-Theorie. In seiner jüngsten Studie vom April 2012 zum Teilchenproblem offeriert Zeh „*eine historisch verkürzte, aber aktuelle Darstellung"* betitelt „*Die sonderbare Geschichte von Teilchen und Wellen"* [ZEH, H. D. (2012a)]. Warum „sonderbar"? 'Atome' – die Teilchen der Antike – 'gibt' es schließlich weit länger als zweitausend Jahre!

Der Teilchenbegriff – erfasst man ihn zunächst in dieser langen Historie zwischen den scharfsinnigen Spekulationen der Vorsokratiker und der Maxwell-Boltzmannschen Gaskinetik – stieß rückblickend mit dem 'very sophisticated' *Gibbsschen Paradoxon* (GP) an irritierende Grenzen. Für letztere gibt es Beispiele, die man eigentlich nicht für möglich hält. „*Und folglich tritt das Paradoxon in der modernen Physik nicht auf."* [WIKIPEDIA, GIBBSSCHEN PARADOXON, Stand: 19.05.2012]. Weiter wird der US-Quantenphysiker *Edwin T. Jaynes* (1996) als Orakel von Delphi zitiert:

> "The difference in dS on mixing of like and unlike gases can seem paradoxical only to one, who supposes erroneously, that entropy S is a property of the microstate."[WIKIPEDIA, GIBBSSCHEN PARADOXON, Stand: 19.05.2012].

Beide Beispiele sind symptomatisch für das weitverbreitete Denken, das in der mechanistischen Physik vorherrscht.[95] Um was es tatsächlich beim GP geht, kann man aus dem folgenden Zitat unschwer entnehmen:

> „Wir erblicken im Gibbsschen Paradoxon geradezu einen Beweis dafür, dass die Theorie sich nicht auf intuitive, bildhaft-stoffliche Vorstellungen gründen lässt.
>
> Man braucht nicht lange zu suchen, um in dem zum Paradoxon führenden Überlegungen einen Begriffskomplex ausfindig zu machen, den es in der mathematischen Fassung der GFD gar nicht gibt. Es ist der Begriffskomplex »verschiedene Stoffe«... Überdies kennt das [hier vertretene] dynamische Beschreibungsverfahren den Begriff *Stoff* gar nicht. Es kennt lediglich den Begriff »Anzahl der unabhängigen Mengenvariablen...des Systems«. Wie viele 'Stoffe' im Sinn unserer (meist atomistisch geprägten) Anschauung jede einzelne dieser Mengenvariablen jedoch repräsentiert, darüber kann die Thermodynamik keine verbindliche Aussage machen...In der dynamischen Beschreibung darf das Wort *Stoff* logisch-operativ also synonym mit 'Mengenvariable' verwendet werden. Demzufolge kann die 'Anzahl verschiedener Stoffe' nicht stetig verändert werden, denn die Anzahl der unabhängigen Variablen eines Systems ist ebenso wenig veränderlich, wie etwa die Anzahl der Dimensionen eines Raums."
> [FALK, G. (1990), S. 319-320].

In den Abschnitten 49 bis 51 seines opus summum beschreibt *G. Falk* wie ein Stoffbegriff aussieht, den die GFD anstrebt. Bei der Begriffsbildung verzichtet er nicht nur auf das Kontinuum, sondern auch auf jede Art von 'Unendlichkeit'. Zudem lässt er nur solche physikalische Größen zur Unterscheidung von Stoffen zu, die eine besondere – aus der Wahrscheinlichkeitstheorie bekannte – Wertestruktur haben: Ihre Werte bilden zwar ein Kontinuum, in dieses sind indes endlich viele ausgezeichnete Werte eingelagert, die und nur die als Unterscheidungsmerkmale von Stoffen geeignet sind. Diese spezifische Struktur von Eigenwerten in der Quantenmechanik hat übrigens zuerst *John von Neumann* bemerkt [vgl. FALK, G. (1990), S.321].

---

[95] In Anbetracht des geschilderten Sachverhalts unter Einbeziehung der physikalischen Vorstellungen der Vorsokratiker ist die Schlussfolgerung eines populären zeitgenössischen Physikers doch bedenkenswert: „Sie [die Vorsokratiker] waren alle Naturphilosophen. Im Grunde genommen Physiker, meine Kollegen sozusagen. Früher war Physik experimentelle Philosophie." [LESCH, H. (2011), S. 33].

Das Gibbssche Paradoxon lässt – richtig verstanden – wohl vermuten, dass das dahinter verborgene 'Stoff-Problem' mit dem Partikel-Begriff der mathematischen Physik auf ungeklärte Weise zusammenhängt, gar kollidiert und dringend der Aufklärung bedarf. Die Idee, Ende des 19. Jahrhunderts für die Avogadro- oder Loschmidtzahl einen *endlichen* Wert anzugeben, dem *Teilchen* damit definitiv seine Existenz zu bescheinigen, erschien indes durch das damals ungeklärte Gibbssche Paradoxon als illusorisch. Streitbare Skeptiker, wie *W. Ostwald*, der Sprecher der einflussreichen Energetiker, vor allem *E. Mach* und sogar *M. Planck* bezweifelten noch über 1900 hinaus diese 'Existenzberechtigung'. Für sie erlaubte nur das „Weltbild der Kontinua", eine adäquate wissenschaftliche Beschreibung der physikalischen Realität.

H. D. Zeh erinnert nun daran, dass dieses dominierende Weltbild in seiner Bedeutung für die gesamten Naturwissenschaften ab 1897 in den folgenden 30 Jahren durch ein *'Weltbild der Teilchen und Wellen'* abgelöst wurde. Entscheidende Stationen waren der Nachweis der *elektrischen Elementarladung* von *J. J. Thomson* (1897), der *Strahlungsquanten* durch *Planck* (1900), der *Lichtquantenhypothese* und der *Brownschen Bewegung* als theoretische Begründung für die Loschmidtzahl N_L durch *Einstein* (1905), sowie der experimentellen Bestätigung der Avogadro-Konstanten durch *Perrin* (1909). Als Abschluss der ersten Phase galt N. Bohrs legendäres Atommodell:

> „Daraus resultierte die noch immer verbreitete Auffassung von der Quantenmechanik als nur einer neuartigen, stochastischen Dynamik für Teilchen." [ZEH, H. D. (2012a), S. 4].

Die zweite Phase begann 1923 mit *Louis de Broglie*s genialer Idee,

> „den Schritt von elektromagnetischen Wellen zu Photonen für Elektronen umzukehren..., indem er ihnen Wellen mit einer Wellenlänge λ = h/p zuordnete, wobei *p* für den Elektronenimpuls steht" [ZEH, H. D. (2012a), S. 4].

Angeregt durch de Broglies Konzept entwickelte *Schrödinger* 1926 seine Elektronentheorie unter der Annahme, dass es sich bei Elektronen um Wellen handelt. Besonders interessant war ein theoretischer Spezialfall – der harmonische Oszillator, – für den W. Schrödinger

> „schmale 'Wellenpakete' konstruierte[96], die sich wie Teilchen bewegen und solche somit vortäuschen können... Ist das nicht sehr überzeugend, um die scheinbaren Teilchen auf in Wirklichkeit allein existierende Wellenfelder zurückzuführen?" [ZEH, H. D. (2012a), S. 4].

Professor Zeh stellt diese Frage zurecht, wie aus der im selben Jahr von *M. Born, W. Heisenberg* und *P. Jordan* präsentierten Matrizenmechanik hervorgeht. Denn der daraus von Heisenberg mit seiner Unbestimmtheitsrelation gezogene Schluss widerspricht offensichtlich dem

> „Begriff des Teilchens, das zu jedem Zeitpunkt einen Ort und eine Geschwindigkeit besitzen muss, während es sich bei der Annahme von Wellenfunktionen einfach im Sinn des Fourier-Theorems als Unschärfe zwischen der Lokalisierung eines Wellenpakets und der Bestimmtheit seiner Wellenlänge verstehen lässt, ohne dass die Welle selber deswegen unbestimmt sein muss." [ZEH, H. D. (2012), S. 5].

Allerdings ließen sich mehrere, teilweise wichtige Quantenphänomene, vor allem aber die 'Bohrschen stochastischen Quantensprünge'

> „mit Schrödingers ansonsten erfolgreicher Wellendynamik für die Elektronen überhaupt nicht erklären." [ZEH, H. D. (2012a), S. 5].

Diesen gordischen Knoten zerschlug *Max Born* mit seinem Postulat von 1926, demzufolge

> „die Wellenfunktion eine reine 'Wahrscheinlichkeitsamplitude' für das spontane Auftreten von Partikeleigenschaften, die vorher gar nicht existierten, darstellt. Dieses Konzept erwies sich als pragmatisch sehr erfolgreich und setzte sich daher allgemein durch, obwohl es niemals ganz ehrlich war. Denn die Wellenfunktion beschreibt nicht nur Wahrscheinlichkeiten; sie bestimmt vielmehr auch individuelle Eigenschaften mikroskopischer Objekte, die sich nicht auf Wahrscheinlichkeitsverteilungen zurückführen lassen..." [ZEH, H. D. (2012a), S. 6].

Die Folgen dieses Postulats sind bis heute noch stilbildend. Erstens konnte Bohr damit sein *„Irrationalistisches Komplementaritätsprinzip einführen...".* In diesem Kontext wird *D. Zeh* gegenüber der Kopenhagener Dogmatik wirklich 'ätzend':

> „...wonach zur Beschreibung der Natur je nach Bedarf ›komplementäre‹ (also sich eigentlich ausschließende) Begriffe wie Teilchen und Wellen notwendig

---

[96] *„Das Paket als Ganzes bewegt sich wie ein Teilchen mit einer durch seine mittlere Wellenlänge λ gegebenen 'Gruppengeschwindigkeit' $v = p/m = h/(m\lambda)$, wobei die Masse m nur ein Parameter der Wellengleichung ist";* [vgl. ZEH, H. D. (2012a) S. 5].

sind. Ab dann war die Forderung nach konsistenten Begriffen in einer Theorie der Mikrophysik nicht mehr erlaubt (man sagt auch, es gäbe gar keine mikrophysikalische Realität), was gemeinhin als eine besonders tiefsinnige Erkenntnis gilt. Nur wenige wagten einzuwenden, dass dieser 'Kaiser gar keine Kleider' anhat – also nichts als eine inhaltsleere Worthülse zur Verschleierung einer Inkonsistenz bedeutet." [ZEH, H. D. (2012a), S. 6].

Zweitens aber eröffnete Borns Postulat der Wellenmechanik Schrödingers ganz neue Perspektiven: Bei ihrem Entwurf ging Schrödinger von einer von *W. R. Hamilton* 1834/35

> „stammenden Form der klassischen Mechanik aus. Dieser hatte bereits eine Art Wellenfunktion benutzt...Dabei interessiert ihn indes weniger die Anwendung als die elegante Form der Theorie." [ZEH, H. D. (2012a), S. 7].

Der Dollpunkt, auf den H. D. Zeh explizit hinweist, weist allerdings in eine andere Richtung:

> „Hamiltons Theorie ist für einen allgemeinen Phasenraum definiert[97]. Somit erhielt Schrödinger ebenfalls eine Wellenfunktion im vieldimensionalen Phasenraum, was sich später als die einzig richtige Wellenmechanik erweisen sollte. Da er einerseits das Elektron durch ein reales Feld beschreiben wollte, andererseits von einer Realität in Raum und Zeit überzeugt war, beschränkte er sich anfangs mit großem Erfolg auf stationäre Einteilchenprobleme (separate Massenpunkte), bei denen der Konfigurationsraum mit dem Ortsraum identisch ist.... Ähnlich ließen sich Streuprobleme behandeln, die dreidimensionale Wellenfunktionen entweder für die Schwerpunkte der Streuobjekte in einem äußeren Potential oder für die Relativkoordinaten in einem Zweikörperproblem erfordern. Hier ist Borns Wahrscheinlichkeitsinterpretation...besonders nützlich, so dass gewöhnlich diese dreidimensionale Welle gemeint ist, wenn vom »Welle-Teilchen-Dualismus« die Rede ist...Mehr noch: [Borns Theorem] verwandelt die Verschränkung bei Messungen in statistische Korrelationen zwischen den gemessenen Größen." [ZEH, H. D. (2012a), S. 7 und 9].

Mit gehörigem Abstand von der Historie wird man heute eine Wellenfunktion im jeweiligen *hochdimensionalen* Phasenraum für alle Vielteilchenprobleme als korrekte Form der Quantentheorie anerkennen. Das klingt sehr abstrakt, besagt auch wenig besonders im Hinblick auf die vielleicht sogar banale Frage, wie ein Phasenraum,

---

[97] Bekanntlich ist der Konfigurationsraum klassisch als Raum aller möglichen Zustände (früher: Phasen) eines Systems definiert.

> „der ja sogar für jedes System ein anderer ist, unseren gewohnten dreidimensionalen Raum als Bühne für eine reale Wellenfunktion ersetzen kann?" [ZEH, H. D. (2012a), S. 9].

Versuche, plausible Antworten zu finden, sind bestens bekannt, und sie kamen unerwartet von 'Außenseitern' der Scientific Community:

- Zunächst verwiesen *Einstein*, *Podolsky* und *Rosen* 1935 darauf, dass die *Verschränkung* zweier *räumlich* voneinander entfernter Teilchen – per definitionem können sich nach einer Wechselwirkung *mehrere* daran beteiligte Teilchen in einem *gemeinsamen* Zustand befinden – zu nachprüfbaren *Konsequenzen* führen kann.
- Dann bewies *John Bell* 1964 auf schockierend simple Weise, dass die Quantenmechanik weder eine realistische noch eine lokale Theorie sein kann. M. a. W.: Jeder Gegenstand einer physikalischen Theorie (*„enthalte er nun Partikel, Felder oder etwas ganz Neues"* [ZEH, H. D. (2012a), S. 10]) im dreidimensionalen Raum ist mit den Konsequenzen verschränkter Wellenfunktionen unvereinbar.

Und die Scientific Community reagierte auf ihre Weise:

> „Da die Konsequenzen verschränkter Wellenfunktionen bis heute stets bestätigt wurden, schwelt weiterhin ein Streit, ob diese Tatsache denn nun die Lokalität oder die Realität der Mikrophysik ausschließt." [ZEH, H. D. (2012a), S. 10].

H. D. Zeh zieht nun an dieser Stelle seiner Abhandlung die Notbremse, indem er jeden Leser unentrinnbar in eine Sackgasse – die »universale Wellenfunktion« – schickt; das liest sich so:

> „Wenn man begrifflich konsistent bleiben will, muss man also von einer Wellenfunktion des ganzen Universums ausgehen...Will man trotzdem an einer universellen Schrödingergleichung festhalten, muss man die Frage stellen, was denn eine verschränkte Wellenfunktion von mikroskopischem Objekt und Messgerät bedeuten kann... Liest [der Beobachter] etwa das Ergebnis ab, wird er zwangsläufig selber mit der Zeigerstellung des Apparats 'verschränkt' – wäre also objektiv in Zuständen unterschiedlicher Wahrnehmung..." [ZEH, H. D. (2012a), S.11].

Der Abschlussteil von Zehs „sonderbarer Geschichte" war wohl als 'Rundumbefreiungsschlag' gedacht, erweist sich jedoch nicht unerwartet als Fehlschlag und lässt den Leser bis auf *drei* Schlussbemerkungen nur mehr ratlos im Stich:

> ① „Der universellen Wellenfunktion unterworfen, muss jede *makroskopische* Eigenschaft unvermeidbar und irreversibel auch mit dieser verschränkt werden – noch bevor irgendein Beobachter die Szene betritt... [So] lässt sich im Prinzip sehr gut verstehen, wie dadurch ein ständiger Übergang von Wellenfunktionen lokaler Systeme zu scheinbaren statistischen Verteilungen aus Wellenpaketen zustande kommt... Denn einem lokalen Beobachter ist das verschränkte Gesamtsystem einschließlich seiner unkontrollierbaren und ständig wachsenden Umgebung nicht mehr zugänglich. Man bezeichnet diese Konsequenz als *Dekohärenz*, da die unzugänglich gewordenen Aspekte der Wellenfunktion wesentlich durch Phasenbeziehungen zwischen seinen verschiedenen lokalisierten Wellenpaketen (die deren Kohärenz ausmachen) definiert sind. *Dekohärenz* bewirkt auch, dass man einzelne Atome kontinuierlich in einer 'Pauli-Falle' oder einzelne Teilchenspuren in einer Nebelkammer als Teilchen zu beobachten scheint." [ZEH, H. D. (2012a), S. 12].
>
> ② "Diese Interpretation mit Hilfe einer universellen Wellenfunktion erlaubt im Prinzip eine konsistente und einheitliche Naturbeschreibung. Damit ist aber die merkwürdige Geschichte von Teilchen und Wellen nicht zu Ende. Es sind ja nun Wellen zu einem hochdimensionalen Raum und keine *räumlichen* Felder, welche die so beschriebene Quantenwelt darstellen, so dass die 'Bühne' der vollständigen Wellenfunktion etwa durch den Phasenraum eines N-Teilchen-Kosmos gegeben wäre. Zu seiner Vervollständigung hatten wir bereits den Phasenraum der elektromagnetischen Felder kennengelernt... der notwendig war, um Max Plancks Strahlungsquanten...zu begründen. Das spontane und lokale Auftreten einzelner Lichtquanten (als scheinbare Lichtpartikel) kann man dann wieder durch Dekohärenzprozesse erklären." [ZEH, H. D. (2012a), S. 13].
>
> ③ "Damit ist die ungewöhnliche Geschichte der Felder und Wellenfunktionen vorerst vielleicht im Prinzip zu einem Abschluss gekommen, wobei sich die immer wieder in Erscheinung getretenen Teilchen zu einer reinen Illusion verflüchtigt haben. Auch wenn klassische Vorstellungen, wie die von Teilchen, wegen der gewöhnlich unvermeidbaren Dekohärenz der Quantenfelder für den pragmatischen Physiker phänomenologisch gerechtfertigt sind, sollte diese Tatsache entscheidend für unser physikalisches Weltbild sein..." [ZEH, H. D. (2012a), S. 17].

H. D. Zehs Geschichte ist nicht „sonderbar", sondern nur trostlos: „Eine universelle Wellenfunktion des Universums" als 'Endlösung' ist keine Wissenschaft mehr! Zehs Analyse bestärkt indes das von Straub und Balogh publizierte Standardmodell (SM 2000), das den Optimismus des „pragmatischen Physikers" rechtfertigt: Denn auch dann, wenn man sich unter dem Begriff des *Teilchens* als ›*Energie-Impulstransport*‹ eher ein Wellenpaket vorstellt, fußt das SM 2000 auf *vier* Basiselementen gesicherter Physik: (1) die Grundlagen der Wellenmechanik nach *Louis de Broglie*, (2) *Einsteins* Fundamentalrelation (EFR), (3) *Seeligs* 'Rydberg-Partikel' als Referenz-Teilchen und (4) die GFD als universale Systemtheorie des Phasenraums, definiert je durch alle aktivierten ›allgemeinphysikalischen Größen‹ des aktuellen physikalischen Systems im Grenzfall des Hochvakuums.

Fazit

Die Verschränkung in einem quantenmechanischen System S – beispielsweise von Elektronen und Kernen in Atomen und Molekülen – ist schon früh bestätigt worden. Aber auch messprozessartige Wechselwirkungen zwischen dem System S und seiner 'Umgebung', wie sie z. B. in einem Apparat A vom *von Neumannschen* Typ ablaufen, führen dazu, dass eine in S lokalisierte Superposition dislokalisiert wird. Dadurch verändern sich sowohl der Zustand von A als auch der Zustand von S und zwar irreversibel; beide werden als *Dekohärenz* wahrgenommen. Heute weiß man, dass a l - l e Systeme stets auch mit ihrer weiteren Umgebung wechselwirken müssen. Bei Messprozessen ist es gewöhnlich eine *irreversible* Wechselwirkung eben vom *von Neumannschen* Typ.

Man muss davon ausgehen, dass sich die im Unterkapitel 3.6 beschriebene newtonsche Dynamik eines N-Teilchensystems auf Basis der Newtonschen Axiome als *retardierte Wechselwirkung* zwischen den Teilchen ('Körpern') erweist. Retardierung läuft gewissermaßen als eine Art spezieller Dekohärenz ab und macht sich als lokale *irreversible* Veränderung des Systems (und seiner Umgebung) bemerkbar.

Newton war durch seine Nähe zur antiken Naturphilosophie ein entschiedener Anhänger des Atomismus. Im bekannten Briefwechsel zwischen G. F. Leibniz und Newtons Vertrautem S. Clarke wird unzweifelhaft klar, dass I. Newton den für seine Physik grundlegenden Atomismus mit der Mengenhaftigkeit der Materie, d. h. der Atome (Teilchen), in dem Sinn identifiziert, dass jedes Atom durch seine individuelle Gestalt und Masse identifiziert ist [vgl. CLARKE, S. (1990), S. LXXXIII). J. Dalton übernahm zu Beginn des 19. Jahrhunderts Newtons Materievorstellungen und „fasste zugleich die Atome als gleichartige kugelförmige Teilchen auf, die von (chemischem) Element zu Element sich nur durch ihr Atomgewicht unterscheiden. Laut *Academic dictionaries and encyclopedias* 2012 begründete er damit bis heute die elementare chemische Atomlehre." [ATOMISMUS (2012)].

Newtons Dynamik ist einerseits durch ein Teilchenbild geprägt, das durch jeweils N unveränderliche Massen die Systemeigenschaft 'Trägheit' erfährt. Andererseits unterliegt die Dynamik dem Axiom, das sich durch N Bewegungsgleichungen für $3N$ Werte der Lagen und Geschwindigkeiten aller wechselwirkender 'Körper' ausdrücken lässt. Das große Manko der Newtonschen Dynamik besteht nun bekanntlich darin, dass die ihr zugrunde gelegten Bewegungsgleichungen keinen Term enthalten, der die Irreversibilität realer Prozesse – hier die Retardierung – und damit den Einfluss der Entropie des N-Teilchensystems erfasst.

Es ist evident, dass unter den Bedingungen der Newtonschen Dynamik als Konstrukt mit eng begrenzten physikalischen Optionen keine weitreichenden Schlüsse von wissenschaftlicher Relevanz zu erwarten sind. Dennoch ist es überraschend, dass sich selbst aus diesem simplen Konstrukt konstante Teilchenmassen zwar durchaus als konstitutiv erweisen, aber keinerlei Existenzberechtigung für irgendeine Art von Higgs-Teilchen erkennen lässt. Nichts lässt darauf schließen, dass irgendein 'privilegiertes' Teilchen erkennbar wirkt, d. h. angeblich *zusätzlich* zu den das physikalische System S konstituierenden N-Teilchen irgendeine Eigenexistenz führt und mittels eines bis heute rein *fiktiven* Mechanismus allen 'Körpern' (Teilchen) von S ihre jeweilige Masse 'verleiht' – was das auch immer zu bedeuten hat. Für die *makroskopische Physik* schließt Kant mit seinen Paaren aus jeweils einer systemrelevanten *extensiven* 'Allgemein physikalischen Größe' und der ihr konjugierten *intensiven* 'Allgemein physikalischen Größe' einen solchen 'massenstiftenden' Mechanismus kategorisch aus.

Bemerkenswerterweise wird die Existenz eines solchen 'Gottesteilchen' gewöhnlich mit der starken *Abkühlung des Kosmos* nach dem 'Urknall' in Verbindung gebracht, ergo mit dessen Temperatur und damit seiner Entropie. Dieser Aspekt und seine Konsequenzen werden indes nie erwähnt, obwohl laut Literatur die *Entropie* und damit der *zweite Hauptsatz* mittels des *Higgs-Feldes* (einer Art von ›Higgs-Sirup‹) angeblich dissipativ die *Mengenartigkeit* der beteiligten Teilchen bewirken soll.

Es ist hier nicht der Platz, auf die zum Teil heftige Kritik an der jetzt mit dem Nobelpreis für Physik 2013 ausgezeichneten Grundlagenforschung für Elementarteilchenphysik einzugehen, wie sie z. B. von *Alexander Unzicker* zum Thema vorgetragen wird. [vgl. PONTES, U. (2013)].

> *„Faraday performed in his brain the work of a great mathematician without using a single mathematical formula."*
> [HELMHOLTZ, H. (1881), S. 243]

7.2 Elektrodynamik eingebettet in die AT[98]

Zwischen 1856 und 1865 wurden von Maxwell drei Studien[99] veröffentlicht, in denen er sich mit der Weiterentwicklung der Faraday'schen Ideen und Experimenten befasste. Die Abhandlung von 1861 mit dem Titel *On Physical Lines of Force* macht es evident: Maxwells damaliges elektromagnetisches Modell basierte auf einem mechanischen Substanzbegriff, der Trägheit und Elastizität manifestieren sollte. In einem solchen Medium konnten bei zeitlichen Zustandsänderungen *Wellen* ablaufen. Ihre Existenz vermochte Maxwell aus den sein Modell konstituierenden Gleichungen

---

[98] Das Unterkapitel 7.2 basiert auf einer ausführlichen Abhandlung, die der Autor der vorliegenden Studie bereits in 2004 zusammen mit den Ko-Autoren Michael Lauster und Dieter Straub vorgelegt hat [vgl. STRAUB, D., LAUSTER, M.und BALOGH, V. (2004)].

[99] Tatsächlich handelt es sich um vier Studien: Die vierte – James Clerk Maxwell, Fleeming Jenkin: On the Elementary Relations between Elektrical Measurements. *Philosophical Magazine*, ser. IV, XXIX (1865), pp. 436-460, 507-525 – wird "nahezu übersehen", obwohl die Autoren sogar den "Begriff `Feld´ in einer der heutigen Verwendung sehr nahe kommenden Weise einführen", siehe COHEN, I. B. (1994), S. 410. Fleeming Jenkin (*1833 – +1885) war Maschinenbauingenieur, beteiligt an der ersten Atlantik-Unterwasser-Verkabelung, Professor of Engineering at the Universities of London and Edinburgh sowie Künstler (!) mit vielen Talenten.

nachzuweisen. M. a. W.: Maxwell machte aus seinem Ansatz, Faradays *Experimental Researches in Electricity* zu formalisieren, aber mechanistisch zu erklären, scheinbar eine *Lichttheorie*. Tatsächlich war es eine gewagte Hypothese: Sein *Lichtäther* beruhte auf einem dubiosen Substanzmodell und war der mechanistischen Ideologie total unterworfen, d. h. er schloss Irreversibilitäten kategorisch aus!

Umso erstaunlicher war und ist nach wie vor Maxwells Kehrtwendung[100] einerseits und seine intuitive Beharrlichkeit andererseits, wie er sie 1865 in seiner dritten Abhandlung mit dem Titel *A Dynamical Theory of the Elektromagnetic Field* [MAXWELL, J., C. (1865)] vortrug. Er gab sein sehr spezifisches mechanisches Modell auf[101], berief sich nun aber auf die Existenz eines Mediums, das er mit dem Lichtäther identifizierte [MEYA, J. (1990), S. 189].

Nach wie vor bleiben die Regeln der allgemeinen Dynamik verbindlich. Dem Vorgang der elektrischen Verschiebung schrieb er nun auch magnetische Wirkungen zu. Dieses neue Konzept des *Verschiebungsstroms* machte indes auch die Änderung des Ladungskonzepts erforderlich. Denn jetzt waren alle elektrischen Ströme geschlossen und deshalb elektrische Ladung nicht mehr als eine Ansammlung von *Elektrizität* vorstellbar. Die notwendigen Anpassungen an die mathematische Ausgestaltung seiner gesamten Theorie vollzog *Maxwell* allerdings erst in seinem zweibändigen opus magnum *Treatise on Electricity and Magnetism*.

In diesem 1873 erschienenen Hauptwerk brachte Maxwell die Faraday-Maxwellschen Vorstellungen elektromagnetischer Vorgänge in eine mathematische Form, die zum Ziel hatte, mittels 11 Gleichungen (§§ 613, 618,

---

[100] Nach wie vor glaubte Maxwell „noch immer, dass seine elektromagnetische Theorie mit irgendeiner Artikulierung der Newtonschen mechanischen Anschauung vereinbar sei.", siehe MAXWELL, J. C. (1873), p. 470.

[101] Verwiesen sei auf H. Hertz' Vortrag bei der 62. Versammlung deutscher Naturforscher und Ärzte, bei dem er Maxwells Lichttheorie auf den Umstand zurückführte, dass „bewegte Elektrizität magnetische Kräfte, bewegter Magnetismus elektrische Kräfte ausübt, ... Zu den Wechselbeziehungen zwischen Elektrizität und Magnetismus treten also Geschwindigkeiten hinzu, und die Konstante, welche diese Beziehungen beherrscht und in denselben beständig wiederkehrt, ist selber eine Geschwindigkeit von ungeheurer Größe." Natürlich handelt es sich um die Vakuum-Lichtgeschwindigkeit. Siehe HERTZ, H. (1889), S. 14.

619 im ‚Treatise') unmittelbar 18 elektromagnetische Größen miteinander zu verknüpfen. Dieser Satz von Gleichungen prognostiziert das gesamte Spektrum *elektromagnetischer Wellen*, die sich in sich zeitlich verändernden elektrischen und magnetischen Feldern ausbreiten können.

Zusätzlich zu den 18 Größen treten noch zwei weitere Feldgrößen hinzu, die zwar nicht explizit in jenen 11 Gleichungen vorkommen, jedoch daraus ermittelt werden können. Es handelt sich um die (skalare) *Energiedichte* sowie um sogenannte *mechanische Kräfte* des elektromagnetischen Feldes, die aus ihm abgeleitet werden.

Vermutlich kannte kaum jemand aus dem Kreis der ‚Maxwellianer' den *Treatise* besser als *Oliver Heaviside*. Ihm gelang es 1884, den von Maxwell als Essenz seiner physikalischen Vorstellungen ausgearbeiteten, aber wenig transparenten Satz von mehr als 10 Gleichungen für den Fall ‚ruhender Körper im elektromagnetischen Feld' auf *zwei Hauptgleichungen* zu reduzieren. Sie werden durch *zwei ‚Quellbeziehungen'* ergänzt. Diese *vier* Gleichungen heißen heute gewöhnlich *Heaviside-Maxwell Gleichungen*, aber in aller Regel werden sie – irrtümlicherweise – kurz als *die Maxwell–Gleichungen* bezeichnet. Bekanntlich brachten die Experimente, die Heinrich Hertz 1888 an der TH Karlsruhe durchführte, für die Maxwellsche Elektrodynamik den weltweiten Durchbruch. Hertz' Entdeckung elektromagnetischer Wellen kam zuallererst für die *Maxwellsche* Theorie einem *experimentum crucis* gleich[102]; da es sich aber auch um (ungewöhnlich) *hochfrequente* (108 Hz) elektrische Schwingungen handelte, konnte mit den Messungen auch die Hypothese vom ‚Verschiebungsstrom' als richtig bestätigt werden[103]. Damit war diese Maxwellsche Schlüsselgröße etabliert,

---

[102] POINCARÉ, H. (1909), S. 108f. Das Karlsruher *experimentum crucis* sollte entscheiden, ob die Webersche Elektrodynamik oder Maxwells Theorie letztlich zutreffend sei. Die schwierigen Versuchsbedingungen führten zu einem unerwarteten Ergebnis: Es war für b e i d e „vernichtend"! (S.112). Die definitive Entscheidung zugunsten Maxwells Vorhersagen erbrachten erst die Genfer Experimente der Physiker Édouard Sarasin und Lucien de la Rive zwischen 1890 und 1893, vgl. S. 96.

[103] Dieser Nachweis entsprach der Aufgabe des Preisausschreibens der Berliner Akademie der Wissenschaften von 1879, an dem sich Hertz auf Anregung von Hermann von Helmholtz beteiligte, POINCARÉ, H. (1909), S. 226 und HERTZ, H. (1894), S.XV.

die sich besonders bei raschen zeitlichen Änderungen des Feldes auswirkt [ABRAHAM, M. und FÖPPL, A. (1918), S. 223].

Hertz schloss sich Heavisides Darstellung der Maxwellschen Gleichungen vor allem deshalb an, weil er ebenfalls die in ihren beiden Hauptgleichungen herausgestellte Symmetrie zwischen elektrischem und magnetischem Feld für physikalisch relevant hielt. Dass es sich um ein *neues Paradigma* handelte, lässt sich weniger durch den in allen zeitgenössischen Berichten als fast augenblicklich und äußerst entschieden geschilderten Meinungsumschwung belegen als durch eine erstaunliche historische Unverwüstlichkeit: Durch Heavisides Fassung der *Maxwell* Gleichungen *(HMG)* sowie deren faktische Identifikation mit Maxwells Theorie durch Hertz wurden Fakten geschaffen, die für die Makro- und Mikrophysik ebenso wie für die *Elektrotechnik* und *Informatik* auch noch zu Beginn des 21. Jahrhunderts verbindlich sind. Ja, sie waren jetzt regelrecht kanonisiert. Das gilt aber nur für die Fachleute und ihre Schüler um den Preis, dass die aus dem Verständnis des *mechanistischen Weltbildes* herrührende Einstellung kaum Möglichkeiten der Falsifikation gegenüber theorieimmanenten Fehlern gestattet. Dieser Befund wird von *P. K. Feyerabend* bitterböse kommentiert. Er verweist darauf, dass sich nach der Elektrodynamik von Maxwell und Lorentz „ein bewegtes freies Teilchen selbst beschleunigt"! Trotzdem wird an der Theorie festgehalten, der Sachverhalt verdrängt – mit der Selbstverpflichtung,

> „die Schwierigkeiten zu vergessen, nie über sie zu reden und zu verfahren, als wäre die Theorie fehlerlos. Diese Haltung ist heute weit verbreitet." [FEYERABEND, K. P. (1986), S. 77].

Natürlich stellt sich die Frage, ob sie gelockert oder gar aufgegeben werden kann – schon im Hinblick auf Th. S. Kuhns optimistische Erwartung von einer *Normalwissenschaft* auch im Fall der elektromagnetischen Theorie? Kuhn selbst meinte:

> „Der Erfolg eines Paradigmas – sei es Aristoteles' Analyse der Bewegung ... oder Maxwells Mathematisierung des elektromagnetischen Feldes – ist am Anfang weitgehend eine Verheißung von Erfolg, die in ausgesuchten und noch

unvollständigen Beispielen liegt. Die normale Wissenschaft[104] besteht in der Verwirklichung jener Verheißung, einer Verwirklichung, die durch weitere Artikulierung des Paradigmas selbst herbeigeführt wird." [KUHN, TH. S. (1969), S. 46].

Diese Art der *'self-fulfilling prophecy'* muss sich natürlich erst noch erweisen. Dringender Anlass dazu besteht. Die AT kann einen signifikanten Beitrag dazu leisten, das Hertz-Heaviside-Maxwell-Paradigma weiter zu „artikulieren".

Der erste, der diesen Versuch wagte, war zweifellos Heinrich Hertz selbst. Dessen Beitrag zum Verständnis elektromagnetischer Phänomene ging über seine berühmten Karlsruher Experimente von 1888 weit hinaus:

„Er hat uns ... ein sehr eigenartiges und tiefgründiges Werk[105] über die Prinzipien der Mechanik hinterlassen." [POINCARÉ, H. (1909), S. 46].

Dieses posthume Werk war von weitreichendem Einfluss auf die zeitgenössischen Fachvertreter – und zwar vor allem durch seine konsequente Kritik am vorherrschenden Paradigma der *Analytischen Mechanik*, kaum dagegen in wissenschaftlicher oder praktisch orientierter Hinsicht.

Alles in allem zusammengenommen ist die Lektüre H. von Hertz' Mechanik auch mehr als 100 Jahre nach ihrer Erstveröffentlichung zum vertieften Verständnis der Faraday-Maxwell Theorie von hohem Interesse. Hertz' tiefschürfende Analyse macht deutlich, warum sich der Autor auf Maxwells Verstrickungen in die Mechanik als angebliche Voraussetzung für seine elektromagnetischen Begriffe und mathematischen Relationen erst gar nicht einlassen wollte. Er stellt zunächst unumwunden fest, dass in der Natur elektromagnetische Kräfte *dissipativ* sind, sobald sich die Bewegung *verborgener* Massen auswirkt. Mit seiner Zustimmung zu den *Heaviside-Maxwell-Gleichungen* ignoriert er indes seine eigenen Schlussfolgerungen. Diese Haltung ist umso bemerkenswerter, weil Maxwell selbst – wie bereits erwähnt – zwischen 1861 und 1865 die Ästhetik der frühen mathematischen Form seines Gleichungssystems in seinem Hauptwerk von 1873

---

[104] KUHN, TH. S. (1969), S. 37ff. ‚Normalwissenschaft' gehört zu Kuhns Schlüsselbegriffen; er spielte noch vor 20 Jahren in Kontroversen zwischen der Kuhns und Poppers Auffassung über die Entwicklung der Wissenschaft eine große Rolle, vgl. dazu ALBERT, H. (1991); S. 244.
[105] Vgl. HERTZ, H. (1894)

zugunsten eines wesentlich erweiterten Gleichungssystems aufgegeben hatte. Teile des letzteren betreffen konkret die *dissipativen* ‚Kräfte', die phänomenologisch durch das *Ohmsche Gesetz* für den *elektrischen Widerstand* in leitendem Material beschrieben werden [MAXWELL, J. C. (1873), I, pp. 362, 407].

M. a. W.: Maxwells *erweitertes* Gleichungssystem von 1873 berücksichtigt auch *irreversible* elektromagnetische Prozesse. Entscheidend ist indes, dass Maxwells Originalsatz [MAXWELL, J. C. (1873), II, pp. 618, 619] seiner Gleichungen zu simultanen Lösungen für die Feldvariablen führt, deren Werte indirekt von diesem *dissipativen* Effekt abhängen. Eine solche Abhängigkeit existiert dagegen keineswegs für die von Hertz sanktionierten Heaviside-Maxwell-Gleichungen: Die *dissipative* Joulesche Wärme lässt sich deshalb auch erst *nachträglich* aus den Lösungen seines Gleichungssystems näherungsweise berechnen [MAXWELL, J. C. (1873), I, p. 242]. Sie führen erfahrungsgemäß auf erhöhte *Temperaturen* und somit zu einem *entropieabhängigen* Effekt! Die weltweit verbreiteten elektrischen Heizungen sind der für jedermann einsichtige Beleg dafür.

Eine noch deutlichere Verknüpfung zwischen der Faraday-Maxwell Theorie und der Thermodynamik lässt sich am Beispiel der *Wärmestrahlung* belegen. Da das *Hertz-Heaviside-Maxwell* Paradigma dem Anspruch äquivalent ist, jedes Teilspektrum der elektromagnetischen Strahlung als (transversale) elektromagnetische Wellen mit dem Faraday-Maxwellschen Begriffsapparat mathematisch beschreiben zu können, lieferte die Wärmestrahlung als *Infrarot-Strahlung* einen entscheidenden Testfall. Er führte *Max Planck* zu seinem berühmten »Strahlungsgesetz eines Schwarzen Körpers« und war somit der eigentliche Anlass zum `Geburtstag der Quantentheorie´ am 14. Dezember 1900.

Zusammenfassend sollte festgehalten werden, dass die das *Hertz-Heaviside-Maxwell-Paradigma* definierenden *Heaviside-Maxwell-Gleichungen mechanistisch* begründet sind und

1. den Anspruch erheben, nicht nur für stationäre, sondern auch für *instationäre* elektrodynamische Prozesse zuverlässige Lösungen zu liefern;
2. nur bei thermodynamischem *Gleichgewicht*
   - für den speziellen Fall der Infrarot-Strahlung die Experimente bestätigen,
   - die Energieverteilung durch *diskrete Energieeigenwerte* repräsentiert wird;
3. für die Berücksichtigung der Jouleschen Wärme durch zusätzliche *empirische* Gleichungen (wie z. B. das Ohmsche Gesetz) komplettiert werden müssen. Deren Auswertung erfolgt mittels *gegebener Lösungen* der *Heaviside-Maxwell-Gleichungen*.

Punkt 1 folgt unmittelbar aus den Gleichungen selbst. Punkt 2 ist nur in Bezug auf die Quantisierung der Energie von Interesse; außerhalb des Gleichgewichts laufen Begriffe wie *thermodynamische Wahrscheinlichkeit* oder 'statistische Unordnung' ins Leere, da es faktisch unmöglich ist, sie mit *Werten thermodynamischer Zustandsgrößen* zu verknüpfen. Letztere sind indes erforderlich, um z. B. die Joulesche Wärme als eine der praktisch wichtigsten elektromagnetischen Phänomene durch die entsprechende *Entropieproduktion* als dem quantitativen Maß für dissipative Prozesse auszudrücken. Ist dieser Weg verbaut, so kommt nur Punkt 3 in Betracht. Für das theoretische Verständnis der ablaufenden elektromagnetisch-thermischen Wechselwirkungsprozesse wäre dann allerdings der schwerwiegende Nachteil verbunden, auf die notwendige Kenntnis der den Wärmeprozess steuernden Temperatur und der anderen mitwirkenden Systemvariablen verzichten zu müssen.

Erst zusammen mit diesem *Kommentar* zu den Punkten **1** bis **3** entspricht das *Hertz-Heaviside-Maxwell-Paradigma* dem ‚state of the art'. Um die vielfältigen Zusammenhänge durchschauen und verstehen zu können, bedarf es offensichtlich beträchtlicher historischer Kenntnisse. Indes ist es heutigen Naturwissenschaftlern meist nicht bekannt, dass praktisch zur selben Zeit, als Maxwell seinen *Treatise* veröffentlichte, z. B. J. W. Gibbs zwischen 1876 und 1878 der Scientific Community das erste seiner beiden grundlegenden Werke[106] vorstellte. Gibbs' Kollegen waren sich einig, dass es sich um eine neuartige, mathematisch höchst anspruchsvolle Theorie der *Thermostatik* handelte. Die Abhandlung wurde bald nach ihrem Erscheinen von einflussreichen Wissenschaftlern (z. B. Wilhelm Ostwald, Henry Le Chatelier) ins Deutsche und Französische übersetzt, fand viel Lob und Anerkennung, wurde indes wohl weder verbreitet gelesen noch eingehend studiert [STRAUB, D. (1997), S. 19ff]. Zumindest verbreitete sich der erste Eindruck und verfestigte sich. Noch hundert Jahre später konnte *Truesdell* registrieren:

„It is Gibbs' singular merit to have seen the essence of this thermostatics: a variational definition of equilibrium, including its stabilities and instabilities, in which infinitely many putative equilibria are compared, ..." [TRUESDELL, C. A. (1984), S. 20].

Ein weiteres Zitat *Truesdells*

„Gibbs attributed an entropy to a body in any state of motion. Insofar as he referred to thermodynamics, he did not limit it to slow changes or to bodies subservient to 'equation of state." [TRUESDELL, C. A. (1984), S. 22].

lässt sich geradezu als *Leitmotiv* für die theoretischen Vorstellungen von Gibbs verstehen: Sie beziehen sich auf die gesamte Physik. Gibbs' Zuordnung einer *Entropie* gilt demnach ebenso für Strömungen wie für *elektromagnetische* Körper in Bewegung.

In der im Eingang erwähnten Studie wurde gezeigt, wie die Maxwell-Heaviside-Hertz-Elektrodynamik in die AT eingebettet werden kann.[107] Hier werden einige Aussagen dieses Aufsatzes [STRAUB, D., LAUSTER, M., BALOGH, V. (2004)] zusammengefasst.

---

[106] GIBBS, J. W. (1876), p. 55-353; GIBBS, J. W. (1902), p. 721. Besonders empfehlenswert ist ein `Abstract´ von Gibbs´ erstem Hauptwerk, p. 354-371. Das zweite Hauptwerk betraf GIBBS, J. W. (1902).
[107] Die Einbeziehung elektromagnetischer Prozesse erfolgte im Rahmen der GFD bzw. AT erstmalig durch D. Straub [STRAUB, D. (1997), Chapter 9] und M. Lauster in mehreren detaillierten, teilweise unveröffentlichten Untersuchungen.

Auch für physikalische Systeme, die *elektrische* und *magnetische* Erzeugende im G_{r+1} erhalten (vgl. 2.2), existiert die Fundamentalgleichung in Form der M-G-Funktion. Eine charakteristische Anwendung für solche Körper-Feld-Systeme bieten reaktive Nichtgleichgewichtsströmungen in polarisierten Fluiden, in denen das Trägheitsfeld zusammen mit dem elektromagnetischen Feld mit der Materie wechselwirken. In diesem Fall lässt sich die betreffende M-G-Funktion in der Kurzschreibweise angeben:
$E - E_\# = \xi_0(\mathbf{P}, \mathbf{G}, \mathbf{F}, S, V, N_k, \xi_e, \xi_m)$.

Diese Funktion beschreibt den (bis auf die Referenzenergie $E_\#$) durch E symbolisierten Wert der *Systemenergie* als Funktion der Zustandswerte von Impuls **P** des Fluids, Schwerkraft **G**, elektromagnetische Feldkraft **F**, Entropie S, Volumen V, Teilchenzahl N_k der k-ten Komponente sowie von entsprechenden elektrischen und magnetischen Variablen ξ_e und ξ_m des Fluids.

Im Sinne der Gibbs-Falk-Dynamik und entsprechend der AT sind den *extensiven allgemeinphysikalischen Größen* ξ_e und ξ_m die zwei elektrischen und magnetischen Variablen ξ_e und ξ_m konjugiert. Auch hier kann man den Systembegriff (die Menge **S**) und die betreffende M-G-Funktion synonym benutzen. Damit enthält die mathematische Formulierung alle dem System immanenten Informationen. Auch die konstitutiven »Heaviside-Maxwell-Hertz-Gleichungen« sind Teil der Beschreibung für *bewegte* Systeme. Für beide Systemdarstellungen gilt folgender Satz:

    ⇨ Die vier elektromagnetischen Größen der Heaviside-Maxwell-Hertz Gleichungen (Elektrische Feldstärke, Dielektrische Verschiebung, Magnetische Feldstärke und Magnetische Flussdichte) werden über die vier Variablen ξ_e, ξ_m, ζ_e und ζ_m an die M-G-Funktion gekoppelt.

Ohne das Verfahren der Kopplung ausführlich zu beschreiben werden hier die wichtigen Konsequenzen zitiert [STRAUB, D., LAUSTER, M., BALOGH, V. (2004), S. 701-704]:

1.   Komplexe Probleme, wie die lokale Veränderung z. B. des Magnetfeldes durch Einflüsse von Konvektion, Entropie, Druck und anderen Va-

riablen sind einer ganzheitlichen Betrachtung mathematisch zugänglich. ...

2. Maxwells Überzeugung, elektromagnetische Prozesse mittels Modellvorstellungen der klassischen Mechanik beschreiben zu können, kulminiert im Begriff der »Maxwellschen Spannungen« als einem Hilfsmittel zur Ermittlung der mechanischen Kräfte. Demgegenüber realisiert die GFD dieses Anliegen durch eine mathematische Darstellung, die den heutigen Materialvorstellungen folgt. Auf der feldtheoretischen Beschreibungsebene entspricht sie im Wesentlichen den Methoden, wie sie aus der Fluidmechanik bekannt sind. Die Theorie der Fourier-Navier-Stokes-Gleichungen ist das bekannteste Beispiel.

3. In allen bisherigen Theorien ist es Standard, das ganzheitliche Körper-Feld-System in seine beiden Hauptbestandteile zu zerlegen. Diese artifizielle Trennung diente früher vornehmlich dem Zweck, unterschiedliche mathematische Ausdrücke für das Spannungsverhalten in Körper und Feld zu erhalten. Da es für die Zerlegung keine einheitliche Regel gibt, führt sie zu einigen Inkompatibilitäten. In polarisierter Materie wird dadurch die Definition der ponderomotorischen Kräfte bis zu einem gewissen Grad willkürlich. Die GFD kennt keine solche Inkompabilitäten, ponderomotorische Kräfte existieren nicht!

4. Generell wird man registrieren müssen, dass für Strömungen polarisierter Fluide oder diamagnetischer Plasmen oder elektrisch leitender Gase und Elektrolyten die Methoden der AT mit denen der »Thermodynamik irreversibler Prozesse« oder der rationalen Mechanik inkompatibel sind.

5. Für ruhende, inkompressible, isentrope Körper-Feld-Systeme resultieren – wie oben bereits angegeben – die Heaviside-Maxwell Gleichungen als Grenzfall.

Worin besteht für den *Elektromagnetismus* derzeit vor allem die praktische Bedeutung der GFD? Sie offeriert einen theoretisch und empirisch verankerten Bezugsrahmen, um problemspezifische physikalische Vereinfachungen des mathematischen Apparates zur fundierten Beantwortung komplexer elektromagnetischer Fragestellungen für *bewegte* Systeme abzuleiten.

Ungeachtet dessen verweisen die Erörterungen im Abschnitt 7.2 unzweideutig auf schwerwiegende Widersprüche, die sich im derzeit geltenden *Herz-Heaviside-Maxwell-Paradigma* (HHMP) verbergen. Daher erscheint es empfehlenswert, sich als Alternative an *Wilhelm Eduard Webers* (*1804 – † 1891) leider in Vergessenheit geratene *korpuskulare* Elektrizitätstheorie zu erinnern. Jene frühen Forschungen Webers zu elektrodynamischen Messverfahren haben fundamentale Bedeutung erlangt, über die er ab 1846 über 30 Jahre lang publizierte. Messungen, die er 1856 zur Bestimmung des Zahlenverhältnisses der elektrodynamischen und elektrostatischen Ladungseinheiten durchgeführt hatte, stützen 1865 Maxwells *dissipationsfreie* Theorie des Lichts. Auf letzterer beruht heute die dominierende Rolle der *Vakuumlichtgeschwindigkeit* z. B. für Albert Einsteins Allgemeine Relativitätstheorie. Dabei bot Webers molekulartheoretische Lehre von der Elektrizitätsleitung viel mehr: So lieferte sie im Hinblick auf das *Ohmsche Widerstandsgesetz* von 1826 erstmals eine plausible Erklärung darüber,

> „dass der elektrische Strom ein diskontinuierliches Phänomen ist, das durch die Beteiligung positiv und negativ geladener Teilchen zustande kommt", ergo Webers „atomistische Vorstellungen... zu diskreten Verteilungen führen müssen"
> [HOYER, U. (2012), S. 121-122].

Letztlich erklären sie, dass in der Sommerfeldschen Metallelektronentheorie für *irreversible* Strom- und Wärmeleitfähigkeit natürlich die Plancksche Konstante h auftreten muss. Die *Joulesche Wärme* ist also ein thermischer Effekt, die ihre Erklärung in den physikalischen Ideen von *Georg Simon Ohm* sowie den Messungen von Weber findet. Er ist mit dem HHMP nicht kompatibel.

Die *Kant-Struktur* der Darstellung physikalischer Systeme erfordert solche Allgemeinphysikalischen Größen (ApG) ξ_k, die für die *elektrischen* als auch für die *magnetischen* Einflüsse zum einen mengenartig (*extensiv*) sind. Andererseits werden die konjugierten *intensiven* ApG ζ_k dann jene Dimensionen aufweisen, welche für die Energieform $\xi_k \cdot \zeta_k$ die Dimension Joule = [kg m^2 s^{-2}] ergeben.

Man hat keine Wahl: In Frage kommen nur bestimmte ApG, nämlich die elektrische Ladung Q [As] sowie die elektrische Spannung U [kg m²s⁻³A⁻¹]; für den *magnetischen* Einfluss bilden der elektrische Strom ι [A] sowie die *magnetische* Menge $\varXi$ [kg m² s⁻² A⁻¹] das korrekte ApG-Paar.

Der entscheidende Punkt ist der: Die *Heaviside-Maxwell-Gleichungen (HMG)* enthalten keine einzige physikalische Größe, die als ApG in Frage käme! Natürlich lassen sich die für die GHG passenden elektromagnetischen Größen mit den o. a. Größen dieser HMG mathematisch exakt in Verbindung bringen. Aber man bekommt über die o. a. HMG keinerlei Hinweise, inwieweit sie dazu geeignet sind, über dissipative elektromagnetische Effekte theoretisch sichere Schlussfolgerungen zu ziehen.

Unter Berücksichtigung der *Ladungserhaltung* folgt aus dem *Dissipationstheorem* der AT:

$$-U_*\Gamma_q - \boldsymbol{j}_q \nabla U_* - \boldsymbol{\tau}_* : \nabla \boldsymbol{v} - \boldsymbol{j}_S \cdot \nabla T_* - \sum_{k=1}^{K} \mu_{k*}\Gamma_k - \sum_{k=1}^{K} \boldsymbol{j}_k \cdot \nabla \mu_{k*} = T_*\sigma \geq 0$$

(7.2.1)

– der *Zweite Hauptsatz* – ausgedrückt durch die positiv definite Entroproduktionsdichte σ des hier behandelten *bewegten, reaktiven elektromagnetischen Systems* – bringt zwei grundsätzlich unterschiedliche Effekte zum Ausdruck: Zum einen sind es Stromdichten vektorieller oder tensorieller Art als Folge von treibenden *Gradienten,* die zum Anstieg von σ beisteuern.

Zum anderen sind es chemische Reaktionen oder elektromagnetische Einflüsse auf Materieumwandlungen, die dazu beitragen. Die *Joulesche Wärme* $\boldsymbol{j}_q$ ist der bei weitem bekannte Effekt für den gewaltigen Einfluss von Irreversibilitäten auf den weltweiten Alltag.

Die *Heaviside-Maxwell-Gleichungen* erlauben eine solche Lösung nicht, da sie als angebliche theoretische Basis (abgeleitet aus der *reversiblen* Maxwellschen Lichttheorie von 1865) dissipative elektromagnetische Phänomene nicht berücksichtigen. Dies steht in krassem Widerspruch zu

Maxwells Hauptwerk von 1873, in dem als Teil der (reversiblen) Heaviside-Maxwell-Gleichungen auch das *Ohmsche Widerstandgesetz* und andere Gesetze von irreversiblen Phänomenen eingebaut sind!

In seinem Buch von 2010 berichtet der Autor *Dieter B. Herrmann* vom Physiker *Antony J. Leggett*,

> „er wette, dass kein Physiker in der Lage sei, das Ohmsche Gesetz bzw. die Joulesche Wärme mittels der Grundlagen der Atomtheorie und des Elektromagnetismus für eine reale Versuchsanordnung zu beweisen". Hermann meint: „Diese Wette würde er sicher gewonnen haben, wenn sie nur jemand angenommen hätte." [HERRMANN, D. B. (2010), S. 219].

Im Divergenztheorem (4.2.31) und im Dissipationstheorem (4.2.32) der AT findet der Leser die Lösung. Sie ist eines der wichtigsten Ergebnisse der GFD/AT und bescheinigt der gegenwärtigen Physik eine falsche theoretische Basis für die gesamte Elektrodynamik; [vgl. STRAUB, D., LAUSTER, M., BALOGH, V. (2007), S.706-707].

> *„Kein Drache kann dem Zauber einer Rätselsprache widerstehen.*
> *Es macht ihm auch nichts aus, wenn er mit den Versuchen,*
> *sie zu lösen, Zeit vergeudet."*
> - JOHN RONALD REUEL TOLKIEN (*1892 - †1973) – [Zitat in: STRAUB, D. (1990), S. 73]

7.3 Relativitätstheorien

> *PARSIFAL: Ich schreite kaum, doch wähn' ich mich schon weit.*
> *GURNEMANZ: Du siehst, mein Sohn, zum Raum wird hier die Zeit!*
> - RICHARD WAGNER: Parsifal (1877)- 1. Aufzug -

7.3.1 „Eine neue Erklärung des Universums"[108]

„Fast alle modernen Theorien der Gesamtstruktur des Universums lassen sich teilweise auf die Ideen von Albert Einstein zurückverfolgen" [NORTH, J. (1997), S. 338]. Mit dieser Behauptung beginnt das 17. Kapitel von John North' Geschichte der Astronomie und Kosmologie. Zumindest, was das Hauptcharakteristikum von Einsteins Allgemeiner Relativitätstheorie

---
[108] Untertitel von HAWKING, S. und MLODINOW, L. (2011).

(ART) angeht – die Raumzeit – ist es immerhin bemerkenswert, dass selbige bereits 38 Jahre vorher von *Richard Wagner* über ein mathematisches Konzept hinaus, zur Erklärung einer Handlung explizit herangezogen wurde. Dennoch sind die teilweise aberwitzigen Entdeckungen – vornehmlich die experimentellen Befunde im letzten Jahrhundert – hauptsächlich auf den eminenten technischen Fortschritt auf breiter Front zurückzuführen. Genannt seien vor allem die Optik, Elektronik, Lasertechnik und Weltraumtechnik.

Für unser Thema sind seit 1915 vier ‚Entdeckungen' in Astronomie und Kosmologie von herausragender Bedeutung. Sie sollen hier in der gebotenen Kürze angesprochen und im Hinblick auf den im Titel des 7.3.1 Abschnitts zum Ausdruck kommenden Anspruch kommentiert werden. Vor allem Item 4 bedarf gezielter Sorgfalt, berührt doch das aktuelle Thema – die *Schwarzen Löcher* – zutiefst unser Verständnis dessen, was man fast 100 Jahre nach *Einsteins* Veröffentlichung seiner ART unter dem Begriff „Allgemeine Relativitätstheorie" verstehen darf. Unter diesem Aspekt betreffen die folgenden vier Items solche Phänomene, die im Entstehungsjahr der ART praktisch unbekannt waren – sofern man von den üblichen ‚Vorläufern' wie z. B. von *John Michells* frühen Ahnungen vom ‚Schwarzen Loch' einmal absieht:

(1) Den *Urknall* als Ursache für die Entstehung von Materie, Raum und Zeit aus einer genuinen Singularität kennt man seit 1931. Sein Namensgeber *Sir Fred Hoyle* hat ihn indes ironisch verstanden!

(2) Den Beginn der Astrospektroskopie und der Messung kosmologischer *Rotverschiebung* kann man mit dem Geburtsjahr 1915 der ART gleichsetzen und namentlich am US-amerikanischen Astronomen *Vesto Slipher*, dem Entdecker der Galaxienflucht festmachen. Unter *Rotverschiebung* elektromagnetischer Wellen wird die Verlängerung der gemessenen Wellenlänge gegenüber der ursprünglich emittierten Strahlung verstanden. Es gibt dafür mindestens vier Ursachen. Ihr Anwendungsbereich ist in der Kosmologie als einem Teilbereich der Astronomie die Erforschung des expandierenden Universums als Ganzem zwischen Quelle und Beobachter. In

Astronomie und Astrophysik wird sie gewöhnlich bei allen Projekten eingesetzt, die sich auf Sterne, Galaxien, Schwarze Löcher u. a. beziehen:

> „Aufgrund der räumlichen Verteilung anderer Galaxien, sowie ihrer im Spektrum mit Hilfe der von Edwin P. Hubble und Milton Humason nachgewiesenen Rotverschiebung, postulierte 1927 der belgische Priester Abbé Georges H. Lemaître die Expansion des Weltalls…Diese »Urknall-Theorie« ist bis zur Entdeckung der kosmischen Mikrowellenstrahlung (1964) … in der Regel als zu ‚theologisch' motiviert abgelehnt worden … Hubbles Kollege am Mount Wilson Observatory Fritz Zwicky hatte deshalb 1929 vorgeschlagen, die kosmische Rotverschiebung statt auf eine Expansion eher auf eine Verringerung der Lichtgeschwindigkeit aufgrund der »Ermüdung« der Photonen über riesige Distanzen zurückzuführen…" [KRAFFT, F. (2007), S. 229, bzw. 237].

‚Tired light' war indes sogar gegenüber der ‚theologischen' Motivation für die Scientific Community das bei weitem unverzeihlichere Sakrileg![109]

(3) Zwei Amerikaner *Arno Penzias* und *Robert Woodrow Wilson* entdeckten 1964 eher zufällig die so genannte *kosmische Hintergrundstrahlung*. *Björn Alex'* Kommentar dazu vom 26.11.2002 lautet:

> "Discovered in 1965 by Penzias and Wilson, the Cosmic Microwave Background (CMB) provides a precise gauge for cosmological parameters. Recent experiments show the spectrum is that of a near-perfect blackbody of 2.725±0.002 Kelvin with deviations of less than 50 parts per million…Smaller-scale anisotropies with an amplitude of 10^{-5} K can be interpreted as the result of acoustic oscillations in the universe at the time of decoupling. The CMB has provided us with strong evidence for a flat universe consisting mainly of dark matter and dark energy, with large-scale structures created by gravitational instability from quantum fluctuations." [ALEX, B. (2002), S. 1].

Der Autor konstatierte also, dass sich der CMB als ein nahezu perfektes Schwarzkörper-Spektrum mit Abweichungen unter 50 ppm erweist. Die Temperatur beträgt 2,728 ± 0,004 K. Die Konsequenz aus diesem Phänomen ist indes spektakulär. *A. Unzicker* beschreibt sie eindringlich:

> „Der CMB zeigt uns aber eine weitere Eigenschaft des Kosmos, auf die heute selten hingewiesen wird, vielleicht, weil sie von Theoretikern gar nicht so erwünscht ist…[Bekanntlich] beruht Einsteins Relativitätstheorie gerade darauf,

---

[109] Als eigentliche Konsequenz erwies sich für Zwicky ein Phänomen, das erst im 21. Jahrhundert salonfähig wurde: »dark matter«: *„So, in 1933, Fritz published a radical idea that well over 90% of the matter in these clusters was dark. And the theory of dark matter was born"*. SIEGEL, E. (2009) Vielleicht bekäme er heute den Nobelpreis dafür!

> dass man mit keinem Experiment, auch nicht durch Messung der Lichtgeschwindigkeit, unterscheiden kann, ob man ‚ruht' oder sich mit gleichmäßiger Geschwindigkeit bewegt. Seit kurzem gibt es dieses Experiment doch. Die Signale des CMB sagen klar, dass wir nicht ruhen, sondern uns mit 370 km/s in Richtung des Sternbildes Becher bewegen – in Relation zur Lichtgeschwindigkeit recht gemütlich…Fakt ist, dass der CMB ein *absolutes Bezugssystem* definiert. Wir wissen zum ersten Mal, was Ruhe bedeutet, obwohl uns die Theorien von Galilei bis zu Einstein erklärt haben, dass wir es nicht wissen müssen." [UNZICKER, A. (2010), S. 126-127].

Dieses Ergebnis widerlegt eindrucksvoll *Einsteins* Unterstellung, die Relativitätstheorie sei keine Experimentalphysik, sondern ein gelungener Versuch, eine neue Physik auf der Grundlage einer ganz und gar genuinen A-priori-Philosophie zu kreieren. Somit sei die ART auf seinen – Albert Einsteins – axiomatischen Postulaten, *„zum Teil auch Ernst Machs (der das gar nicht gerne sah)"* [THEIMER, W. (2005), S. 31] errichtet.

Natürlich ist dieser für die ART fatale Sachverhalt schon deshalb ein Treppenwitz der Geschichte, weil er ausgerechnet aufgrund *thermodynamischer* Fakten zwangsläufig zustande kommt. Damit kann aber endlich eine Konsequenz aus *Einsteins* Naturphilosophie korrigiert werden, welche die Scientific Community seit eh und je totschweigt:

> „Gleichzeitigkeit zweier entfernter Ereignisse ohne Uhrenablesung anzunehmen, ist nach Einstein unzulässig". [THEIMER, W. (2005), S. 33].

Dieses dogmatische Verdikt bedeutet, dass die *Thermodynamik* für die Kosmologie als ‚eliminiert' gelten muss. Denn was *Gleichzeitigkeit* für die *Thermodynamik*, gar für die gesamte Physik inhaltlich meint, wird durch nachfolgendes Zitat aus *Gottfried Falks* Hauptwerk *Zahl und Realität* evident:

> „[Die Zeit] wird nicht als Größe in dem Sinn benutzt, wie sonst Größen in der Physik verwendet werden – nämlich so, dass ihre Werte ein angeordnetes Kontinuum bilden –, sondern allein in ihrer Fähigkeit festzulegen, was *gleichzeitig* heißt. Das ist nötig, um Bilanzen und damit den Hauptsätzen einen Sinn zu geben. So hat z. B. die Aussage des 1. Hauptsatzes, dass die Summe der Energien zweier wechselwirkender, nach außen abgeschlossener Systeme immer denselben Wert hat, hat offensichtlich nur Sinn bei der Unterstellung, dass die Energiewerte der beiden Systeme jeweils zum selben Zeitpunkt genommen werden. Für den 2. Hauptsatz gilt, falls man ihn als Aussage über das Verhalten

der Entropie formuliert – nämlich bei adiabatischem Abschluss niemals abzunehmen – ganz Entsprechendes. Dabei wird überdies noch eine bestimmte Richtung des Zeitablaufs vorausgesetzt (...). Die Gleichzeitigkeit ist übrigens nicht notwendig an Zeit*punkte* gebunden, man kann sie auf Zeitintervalle ausdehnen, sofern in diesen mit den Systemen nichts passiert..." [FALK, G. (1990), S. 116-117].

Einsteins Diktum, man könnte über die Gleichzeitigkeit von Events an verschiedenen Orten nach freiem Ermessen verfügen, bedeutet zwar gemäß *Falks* Zitat schon das Ende der Physik. Aber erfasst die Metrik, wie sie sich *Einstein* vorstellt, überhaupt das Seiende? Zutreffend ist:

„Gleichzeitigkeit ist ein legaler ontologischer Begriff auch in den Fällen, wo man sie nicht messen kann. Entgegen Einsteins Anschauung kann man nicht bezweifeln, dass in diesem Augenblick, wo irgendetwas auf der Erde geschieht, auch vieles in anderen entfernten und bewegten Systemen geschieht. Dass wir es nicht instantan messen können oder kein Signal davon erhalten, ändert nichts an seiner Gleichzeitigkeit..." [DESSAUER, F. (1958), S. 362-362].

Auch *Walter Theimer* stellt darüber hinaus unmissverständlich fest:

„Nach Kant ist die Gleichzeitigkeit gegeben, ehe wir messen, und kann nicht willkürlich definiert werden. Die Zeitrelativierung widerspricht der Evidenz und untergräbt jedes vernünftige Denken. Mit ihr verschwinden die Begriffe der Gegenwart, Vergangenheit und Zukunft..." [THEIMER, W. (2005), S. 178].

Ähnliches findet sich bei *Karl Brinkmann* [BRINKMANN, K. (1988), S. 82-132]; leider drückt sich der Autor in typischem Juristendeutsch aus. Aber es wird noch viel ominöser, gar dubioser... Warum? Weil der jüngste ‚Hype'[110] vieler Astronomen und Kosmologen – die *Schwarzen Löcher* betreffend – laut ihren führenden Theoretikern ohne die Hauptsätze der Thermodynamik angeblich nicht erklärt werden kann!

(4) Volle 50 Jahre nach *Einsteins* Publikation der *Grundlagen der allgemeinen Relativitätstheorie* (ART) führte *John A. Wheeler* den Begriff *Schwarzes Loch* ein:

"A black hole is what is left behind after an object has undergone complete gravitational collapse. Spacetime is so strongly curved that no light can come out, no matter can be ejected, and no measuring rod can ever survive being put

---

[110] Laut Wikipedia jene *„in den Massenmedien aufgebauschten oder übertriebenen Nachrichten, die gezielt zur Werbung lanciert wurden"*.

in. ... No one has yet a way to distinguish between two black holes constructed out of the most different kinds of matter if they have the same mass, charge, and angular momentum. Measurement of these three determinants is permitted by their effect on the Kepler orbits of test objects, charged and uncharged, in revolution about the black hole. How the physics of a black hole looks depends more upon an act of choice by the observer himself than on anything else."
[RUFFINI, R. und WHEELER, J. A. (1971), S. 30].

Ein »*Schwarzes Loch*« ist also ein astronomisches Objekt, in dessen Nähe die *Gravitation* extrem stark ist. Solcherart Vorstellungen von Sternen, von denen „korpuskulares Licht" nicht entkommen könne, wurde bereits Ende des 18. Jahrhunderts vom Landpfarrer *John Michell* (1783), gar vom berühmten *Pierre Simon Laplace* (1796) diskutiert.

In neuerer Zeit wurden *Schwarze Löcher* zunächst bis in die 1960er Jahre per Einsteins ART definiert und über *exakte* Lösungen der Einstein-Gleichungen konkret beschrieben: *Karl Schwarzschild* (1916) und *Roy Patrick Kerr* (1963) machten den Anfang mit nichtrotierenden und rotierenden Objekten. Jahre später (2002) veröffentlichten *Abhay Ashtekar und Badri Krishnan* neue Vorstellungen über *wachsende Schwarze Löcher* [ASHTEKAR, A. und BADRI KRISHNAN, B. (2002)] mittels einer *exakten* Lösung für ein kosmisches Modell, die bislang mittels der einsteinschen Feldgleichungen nicht gelungen war. Zu nennen wäre die Ph. D. Thesis (1996) von *J. M. Maldacena*: Black Holes in String Theory [vgl. MALDACENA, J. M. (1996)].

Verstärktes Interesse der Astronomen entwickelte sich erst ab den 1970er Jahren im Rahmen der bemannten US-Raumfahrt. Deren Ende bedeutet, dass die Zukunft der Astronomie erst noch bevorsteht. Das wird wohl noch im 21. Jahrhundert der Fall sein, sofern sich die UN dazu entscheidet, den Mond nachhaltig als Außenstation zu besiedeln. Damit könnte man dort beispielsweise astronomische Großteleskope viel größer und effizienter bauen. Die fehlende Atmosphäre und die niedrigen Temperaturen in der Mondnacht würden Beobachtungen von einer Qualität ermöglich, die von der Erde aus niemals realisiert werden können.

Derzeit sind die Optionen der Astronomen indes noch sehr begrenzt, z. B. *Schwarze Löcher* zu lokalisieren, gar systematisch ihre unterschiedlichen charakteristischen Eigenschaften zu identifizieren. Immerhin gelang es den Astronomen im Jahr 1971 mit dem Röntgendoppelstern *Cygnus X-1* im Sternbild Schwan den *ersten* Kandidaten für ein *Schwarzes Loch* von 21±8 Sonnenmassen und etwa 300 Kilometern Durchmesser zu identifizieren. Es ist etwa 6000 Lichtjahre von der Erde entfernt.

Im Jahr 2001 lieferten darüber hinaus die beiden Weltraumteleskope *Hubble* und *Chandra* den Nachweis, dass die Materie plötzlich verschwindet. Astronomen vermuten, dass ganz entsprechend der tradierten Lehre der Ereignishorizont als Senke für jegliche Materie fungiert. Inzwischen gibt es in den verschiedenen ‚Schwarz-Loch-Klassen' eine beträchtliche Anzahl solcher Kandidaten. Allein in der Milchstraße sind es mehr als ein Dutzend.

Eine völlig neue Ära der Kosmologie schien sich abzuzeichnen, als zu Beginn der 1960er in der internationalen Fachliteratur, später auch im Internet immer häufiger drei Namen bei der theoretischen Interpretation des kosmischen Phänomens der *Schwarzen Löcher* auftauchten: *Yakov Borisovich Zel'dovich*[111], *Sir Roger Penrose* und *Stephen W. Hawking*. *Zel'dovich* war viel älter als die Briten, hatte an der Entwicklung sowjetischer Nuklearwaffen führend mitgewirkt; er begann erst ab 1965 in der Astrophysik und Kosmologie zu forschen. [Vgl. ZEL'DOVICH, Y. B.und PODURETS, A. M. (1965) bzw. ZEL'DOVICH, Y. B. und STAROBINSKI, A. A. (1971)]. Die beiden Briten gelten als Kosmologen, sind indes Mathematikprofessoren; sie forschen als mathematische Physiker reinsten Wassers. Seit vielen Jahren produzieren sie – oft gemeinsam – einen Bestseller nach dem anderen.[112] Darin verbreiten sie öffentlichkeitswirksam ihre Thesen über Grundlagenfragen der Relativitätstheorien und der Quantenmechanik, vor allem aber

---

[111] Stephen Hawking zu Yakov Borisovich Zel'dovich: „*Now I know you are a real person and not a group of scientists like Bourbaki.*" Zitiert nach GOLDANSKII, V. I. (1988), S. 98.
[112] Ein wichtiger Aspekt zu den Arbeiten von Hawking wird von K. Mainzer betont: „In Interviews bekennt er [Hawking] sich ... freimütig als Agnostiker. In seinem Buch »A Brief History of Time« wechseln sich physikalische Erklärungen und mathematische Modelle unmittelbar mit religiösen Fragen und theologischen Formulierungen ab. Das mag für Bestsellerauflagen und Besprechungen in bekannten Nachrichtenmagazinen sorgen, verführt aber den Laien zu Kurzschlüssen zwischen Gebieten, die kritisch zu trennen sind." [MAINZER, K. (1989), S. 39; vgl. Rezension BALOGH, V. (1992)].

über die angeblich ‚wahren' Ursachen von *Schwarzen Löchern*. Ab 1974 beanspruchte *Hawking* in der öffentlichen Wahrnehmung erfolgreich die Priorität, *thermodynamische* Aspekte als ausschlaggebend für die Entstehung und Entwicklung eines *Schwarzen Lochs* entdeckt zu haben. Inzwischen scheinen sich seine diesbezüglichen Auffassungen zu bestätigen. Jedenfalls finden sich in vielen Fachbereichsarbeiten junger Physikstudenten ganze Passagen aus Hawkings Büchern zitiert. [Vgl. FAUSTMANN, C. (2004), S. 18ff].

In den letzten Jahren versucht nun *Penrose* ihm diesen Rang zunehmend streitig zu machen. Mit seinem letzten überall hochgelobten Hauptwerk »*Zyklen der Zeit*« erreicht er wohl sein Ziel: In dessen Zentrum steht der Versuch des Autors, eine angeblich „grundsätzliche Unverträglichkeit zwischen dem *Zweiten Hauptsatz der Thermodynamik* und der Natur des Urknalls" definitiv aufzuklären. [PENROSE, R. (2011), Vorwort].

Die mittlerweile beträchtliche Anzahl ihrer Texte verstärken indes bei beiden Mathematikern einen geradezu typischen Eindruck: Sowohl *Stephen Hawking* als auch *Sir Roger* kümmern sich auffällig wenig um zeitgenössische Thermodynamik! Ihr diesbezügliches Weltbild endet bei *Boltzmanns* früh gescheitertem Versuch, die *mechanistische* Tradition der Lagrange-Hamiltonschen Theorie in der Thermodynamik zu verankern. Dafür gibt es einen schier untrüglichen Beweis: In keinem ihrer Bücher wird auch nur einmal der Name desjenigen Gelehrten erwähnt, der nicht nur die Thermodynamik, sondern letztlich durch seine *Elementary Principles in Statistical Mechanics* auch die Quantentheorie vom Kopf auf die Füße gestellt hat: Der US-amerikanische Eisenbahn-Ingenieur und erste Doktoringenieur in den USA und spätere Yale-Professor *Josiah Willard Gibbs* (*1839 - †1903). Ein solcher Fehler ist nicht nachvollziehbar! Dieser Vorwurf wird durch die in der vorliegenden Studie präsentierten, auf Gibbs' Schaffen basierenden Prinzipien begründet, primär auf jene der Gibbs-Falk Dynamik.

Die Malaise beginnt bei Roger Penrose (RP), der, wie er sich ausdrückt, die *„bemerkenswerte Formel von Boltzmann"* als zentralen Bezug seines ganzen letzten Buchs heranzieht — $S = k \cdot \ln W$ — und im Inhaltsverzeichnis

Entropie als *„Abzählung von Zuständen"* umschreibt. Im Internet (Wikipedia) findet man dazu *zwei* sich ergänzende verbale ‚Erklärungen:

> "(1) In statistical thermodynamics, *Boltzmann's equation* is a probability equation relating the entropy *S* of an ideal gas to the quantity *W*, which is the number of microstates corresponding to a given macrostate.
>
> (2) The Boltzmann formula shows the relationship between entropy and the number of ways the atoms or molecules of a thermodynamic system can be arranged."

Nach gängiger Auffassung ist der Begriff der Wahrscheinlichkeit somit ein Mittel, einen signifikanten Mangel an Information zahlenmäßig zu kaschieren. Folglich erscheint die *Entropie* als ein Maß für die *Unvollständigkeit*, mit der ein physikalischer Sachverhalt bekannt ist. Für *Gottfried Falk* handelt es sich dabei allerdings um ein grobes Missverständnis. Was den in Rede stehenden physikalischen Sachverhalt anbetrifft, so verweist *Falk* darauf,

> „dass [eben selbiger Sachverhalt] genauer bekannt sein könnte und eine vollständigere Beschreibung erlaubte. [Besagte] Unvollständigkeit besteht darin, dass man sich mit Mittelwerten von Größen zufrieden gibt, wo es sich im Prinzip um wohlbestimmte, scharfe Werte handelt…So gesehen scheint das Auftreten der Entropie dafür zu stehen, dass es sich um eine makroskopisch-grobe Beschreibung handelt. Die Entropie wäre damit mehr eine Folge unserer groben Mess- und Nachweisinstrumente…als eine echte unentbehrliche Größe der ‚wirklichen', mikroskopischen Realität. Unsere Worte deuten an, dass wir in Boltzmannschem Schritt, oder gar in seiner gewohnten Interpretation, einen erheblichen Anteil an Metaphysik erblicken.
>
> … und deutlich machen wollen, dass letztere in die völlig falsche Richtung weist. Das meinte wohl auch *Einstein*; er hielt es immerhin für angebracht, darauf hinzuweisen [EINSTEIN, A. (1914), S. 820 – *Bemerkung des Autors*], dass »die wichtigsten neueren Ergebnisse der Wärmelehre, nämlich die Plancksche Strahlungsformel und das Nernstsche Theorem ohne Zuhilfenahme des Boltzmannschen Prinzips auf rein thermodynamischem Wege mit Benutzung der Grundgedanken der Quantentheorie abgeleitet werden können.«" [FALK, G. (1990), S. 117-118].

Die zwielichtige Ausdrucksweise, *„Entropie als ein Maß für die Unvollständigkeit"* (ganz im Sinn von ›hinlänglich‹, ›fragmentarisch‹, ›lückenhaft‹?) zu erklären, wird sogar noch durch die weitverbreitete Unsitte übertroffen, Entropie als *„Maß der Unordnung zu definieren, beispielsweise unter den Atomen, aus denen ein System besteht"* [NORTH, J. (1997), S. 398]. Für seriöse Wissenschaften ist sie ein völlig unpassender Begriff, wie *Carl Friedrich von Weizsäcker* in seinen Schriften betonte:

> „Die generelle Deutung der Entropie als Maß der Unordnung ist nichts… als eine sprachliche Schlamperei." [WEIZSÄCKER VON, C. F. (1985), S. 165].

Gänzlich unterschieden von der Begriffsbildung in der modernen *mathematischen* Wahrscheinlichkeitstheorie ist vor allem der Begriff der ›thermodynamischen Wahrscheinlichkeit‹ wie er in der Statistischen Thermodynamik verwendet wird:

> „Man kann sich des Eindrucks nicht erwehren, dass man das Wort ›thermodynamischen Wahrscheinlichkeit‹ erfunden hat, um physikalische Probleme zu vernebeln und durch Zauberei verschwinden zu lassen." [LUDWIG, G. (1978), S.195].

Verfolgt der Leser die Darlegungen von *Penrose* von der Stelle seines Buchs aus, wo er die „elegante Definition" von *Boltzmanns* Entropieformel als den Schlüssel der eigenen Analyse einführt, so erlebt er eine doppelte Überraschung: Zunächst legt der Autor aus mathematischen Gründen seiner Argumentation ein kosmologisches Modell CCC (*„konforme zyklische Kosmologie"*) zugrunde, für das *„Dunkle Materie und Dunkle Energie notwendige Bestandteile sind"* [PENROSE, R. (2011), S. 189]. Fünfzig Seiten weiter konstatiert er, dass *„selbst, wenn wir sie als physikalisch ‚real' interpretieren"* die *Entropie* anscheinend keinen nachweisbaren Freiheitsgraden entspricht. Schließlich kommt *Penroese* zu einer frappanten Einsicht und er beschließt:

> „Wie dem auch sei, ich vertrete die Meinung, dass wir S und T unberücksichtigt lassen können, und ich werde ohne sie weitermachen." [PENROSE, R. (2011), S.241].

Stephen Hawkings Ansatz, *thermodynamische* Fakten als ursächlich für die Existenz von Schwarzen Löchern anzusehen, wird hier offensichtlich zur Privatsache! Im letzten Buch *Hawkings* (gemeinsam mit *Leonard Mlodinow*) findet der Leser dazu das passende aufschlussreiche Aperçu: *„Das naive Wirklichkeitsverständnis ist nicht mit der modernen Physik zu ver-*

einbaren" [HAWKING, S. und MLODINOW, L. (2011), S. 12]. Bezieht man es auf *Penrose'* Statements zu Entropie und Zufall inklusive den Items – Der Zweite Hauptsatz und sein tiefes Geheimnis • Der unablässige Vormarsch des Zufalls • Die Robustheit der Entropiedefinition • Die unaufhaltsame Zunahme der Entropie in der Zukunft (Inhaltsverzeichnis) – oder gar auf seinen o. a. ‚Entschluss', so gebietet der gesunde Menschenverstand, das Aperçu zu korrigieren in „Das *moderne* Wirklichkeitsverständnis ist nicht mit *naiver* Physik zu vereinbaren." Das gilt umso mehr, als die angesprochenen Bücher von *Penrose* und *Hawking* beide in deutscher Übersetzung inhaltlich denselben Untertitel aufweisen: „Eine neue Sicht/Erklärung des Universums".

In Penrose' Buch wird apodiktisch behauptet, „der berühmte zweite Hauptsatz der Thermodynamik, demzufolge die Unordnung der Welt insgesamt zunimmt", sei u. a. der „Schlüssel zur neuen Kosmologie". Letztere lässt als Folge von Penrose' o. a. Entschluss, S und T nicht länger zu berücksichtigen, ein „Ende unseres immer schneller expandierenden Universums erwarten", das „als Urknall eines neuen Kosmos gedeutet werden kann". Nichts mehr hört der Leser von einem „tiefen Geheimnis des zweiten Hauptsatzes", weil die *Entropie* nach einer „Neubewertung von *Boltzmanns* Definition der Entropie *S*" unter dem neuen, ebenso ungeklärten Begriff „Informationsverlust" (oder treffender „Verlust von Freiheitsgraden") [vgl. PENROSE, R. (2011), S. 221] nichts mehr hergibt – ‚sich selbst eliminiert'! Aber ohne *Entropie* wollte selbst ein mathematischer Zauberer wie *Sir Roger* den *Zweiten Hauptsatz* nicht weiter zurechtbiegen. So endet letztlich das Buch mit einer Art eschatologischer Offenbarung gar von einem *neuen* Kosmos und einem mathematischen Anhang ohne jeglichen erkennbaren Bezug zur Thermodynamik.

Bei der nachfolgenden Kritik an den wissenschaftlichen Beiträgen *Stephen Hawkings*, „der zweiten zentralen Figur in dieser Geschichte" [von den ‚Schwarzen Löchern' – vgl. NORTH, J. (1997), S. 396] geht es um die vielen (entscheidenden) Irrtümer und Fehler, die in seinen Schriften speziell im Kontext mit *thermodynamischen* Grundlagen wiederholt auftreten. Dabei beziehen wir uns auf die in der vorliegenden Studie dargelegten neuen Theorien von *J. W. Gibbs*, *G. Falk*, *D. Straub* und *M. Lauster*. Hier ist vornehmlich von *Gibbs'* berühmter Abhandlung „*On the equilibrium of heterogeneous substances*" [GIBBS, J. W. (1876)] die Rede sowie von deren in *Falks* Hauptwerk durchgeführten Erweiterung zu einer systemischen, für die ganze Physik gültigen Methode. Um die stets drohende Gefahr von Missverständnissen zu verringern, wiederhole ich zunächst in einer knappen Übersicht deren wichtigste Ergebnisse:

① Gibbs' Aufbau der *Thermostatik* basiert auf drei Grundbegriffen: (i) die ›allgemeinphysikalischen Größen‹, (ii) die ›Zustände‹ und (iii) die ›Gleichgewichte‹, die durch Extremalprinzipien bestimmt werden. Diese Begriffe spielen für das verallgemeinerte *Carnot-Prinzip* wie auch für die „*Dynamische Beschreibungsweise*" – DBW ≡ GFD (Gibbs-Falk Dynamik) – eine zentrale Rolle, aber eben auch für die ganze Physik! Die sie dominierenden Prinzipien konstituieren die empirisch beobachteten Relationen. Indes determinieren sie nicht die Natur, sondern die begrifflich-mathema-tische Sprache, in der die Natur erfasst werden kann.

② Für die Physik geht es hier nach *Falk* um eine neue Erkenntnis: Alle Theorien, welche die Natur sowie unsere Erfahrungen beschreiben, sind *mathematisierte* Sprachen: Die Begriffe sind die Wörter, die Größen stehen insbesondere für die Hauptwörter, und die Relationen zwischen den Begriffen bilden die grammatikalischen sowie die syntaktischen Regeln. Ob sie einen realen Tatbestand beschreiben, ist nicht in der Sprache angelegt, sondern folgt aus der Anwendung dieser Sprache auf die Erfahrungen sowie der Verständigung zwischen Mensch und Mensch sowie zwischen Mensch und Natur. Die Sprache selbst ist weder sinnvoll noch sinnlos, sie ist nur arm oder reich an Wörtern (ergo Begriffen) und deren gegenseitigen Verknüpfungen. Sie zusammen bewerten ihre Flexibilität und Ausdruckskraft, letztlich den Nutzen der DBW.

③ *Gibbs* knüpfte mit seinem Konzept nicht an den wegweisenden Prinzipien *Sadi Carnots* an, sondern an den begrifflichen Fundamenten der Thermostatik, wie sie von *Rudolf Clausius* um 1865 gelegt wurden. Der hier maßgeblicher Aspekt ergibt sich allein daraus, dass sich die Logik des Aufbaus der Thermodynamik, ja der gesamten Physik aus den o. a. Abhandlungen von *J. W. Gibbs* über Thermostatik herauslesen lässt. Das Verdienst dafür gebührt *G. Falk*, aus Gibbs' Art seines mathematischen Vorgehens diesen Aufbau entschlüsselt zu haben. Das Resultat ist die in der vorliegenden Studie als Gibbs-Falk Dynamik (GFD) dargestellte mathematische Theorie sowie deren Erweiterungen durch *D. Straub* und *M. Lauster*.

④ Weder der gewöhnlich durch Messvorschriften definierte Begriff der ›allgemeinphysikalischen Größe‹ als singuläres Phänomen, noch jene Assoziation, die man mit dem Wort *System* zu verbinden pflegt, sind geeignet, als Fundament einer mathematisch strengeren Fassung der Thermodynamik, gar der gesamten Physik zu dienen. Konkret heißt das: Zwischen Größen, die als *allgemeinphysikalische Größen* gelten, muss es mathematische Relationen geben, die nur schwach an den Systembegriff gebunden, also *system-unabhängig* sind. D. h. sie bedeuten dasselbe für alle Systeme, welche dieselben *allgemeinphysikalische Größen* haben.[113] Zudem muss es noch Relationen zwischen den *Werten* der Größen geben, die das *einzelne System* festlegen. [FALK, G. (1990), S. 202-203].

Von Bedeutung eigener Art sind die ›allgemeinphysikalischen Größen‹ (Vgl. Abschnitt 2.2) also nur im Kollektiv! Unabhängig von der physikalischen Disziplin, in der sie als Systemvariable auftreten können, handelt es sich um Größen mit stets je derselben begrifflichen Bedeutung. Sie sind in zwei *Arten* unterteilt: *Art I*: Exemplarisch seien genannt: (linearer) Impuls **P**; Drehimpuls **L**; Volumen V; Feld **F**; Entropie S; Teilchenzahl N der betreffenden Substanz; elektrische Ladung Q; magnetischer Kraftfluss Ξ; etc. Für ein beliebiges einzelnes physikalisches System ist dessen *Energie E* de-

---

[113] Im oft kolportierten Fall von *Claude Shannon*s Problem, einen griffigen Begriff für the "measure of uncertainty" zu kreieren, ließ er sich von einem kompetenten Freund aufs Glatteis führen: Mit der eigenen Formulierung von Shannon: "I thought of calling it 'information'. But the word was overly used, so I decided to call it 'uncertainty'. When I discussed it with John von Neumann, he had a better idea: (...) »You should call it entropy, for two reasons. In first place your uncertainty has been used in statistical mechanics under that name, so it already has a name. In second place, and more important, no one knows what entropy really is, so in a debate you will always have the advantage«".

finiert durch die für den Systemzweck ausreichende Auswahl der *Art I*. Beispielsweise steht $E = E(\mathbf{P}, \mathbf{L}, \mathbf{F}, V, S, N)$ für die *Energie* einer einheitlichen, elektrisch neutralen, strömenden, dabei chemisch nicht reagierenden Substanz. M. a. W. Die (Gibbssche) Fundamentalgleichung $\Gamma = \Gamma(E, \mathbf{P}, \mathbf{L}, \mathbf{F}, V, S, N) \equiv 0$ ist eine Identität, die sich immer auf die (Gesamt-) *Energie* E bezieht. Die hier in Γ beteiligten ›allgemeinphysikalischen Größen‹ der Art I sind alle dadurch ausgezeichnet, dass für sie gilt:

$$E = E^t N; \quad \mathbf{P} = \mathbf{P}^t N; \quad \mathbf{L} = \mathbf{L}^t N; \quad \mathbf{F} = \mathbf{F}^t N; \quad V = V^t N; \quad S = S^t N; \quad N = 1N \qquad (7.3.1.1)$$

Alle durch (hochgestelltes t) ausgezeichneten Größen beziehen sich je auf *ein* Teilchen. Diese Notierung ist relevant, weil durch bestimmte mathematische Manipulationen (Legendre-Transformationen) erreicht wird, die Funktion $E = E(\mathbf{P}, \mathbf{F}, \mathbf{L}, V, S, N)$ so zu verändern, dass Größen gegen andere ausgetauscht werden, die nicht mehr die o. a. Bedingung vom Typ $X = X^t N$ befolgen. In diesem Fall hat man es nicht mehr mit der *Systemenergie* E zu tun, sondern mit einer anderen ‚energieartigen' Größe. Einen großen Fortschritt erzielte *Gibbs*, indem er die Energiefunktion $E(\ldots)$ einer Änderung im Sinn eines *totalen* Differentials unterzog. Wir wählen die o. a. ›allgemeinphysikalischen Größen‹ der Art I [vgl. (2.3.9)]:

$$dE = \mathbf{v} \cdot d\mathbf{P} - \mathbf{r} \cdot d\mathbf{F} + \omega d\mathbf{L} + T_* dS - p_* dV + \sum_k \mu_{k*} dN_k +$$
$$+ U_* dQ - \xi_* d\Xi \qquad (7.3.1.2)$$

Der tiefgesetzte Stern erinnert, dass sich im Allgemeinen das System – definiert durch die *Gibbs-Euler Funktion* (GEF) $E = E(\mathbf{P}, \mathbf{F}, \mathbf{L}, S, V, N_k, Q, \Xi)$ – im Nichtgleichgewichtszustand befindet. Die Vorzeichen sind Konvention. Die ›allgemeinphysikalischen Größen‹ der *Art II*, die jeweils vor den Differentialen der ›allgemeinphysikalischen Größen‹ der *Art I* stehen, lassen sich leicht als die *partiellen* Ableitungen aus folgendem Ausdruck [vgl. (2.3.8)] identifizieren [vgl. (2.3.6.1) bis (2.3.6.7)]:

$$dE = \left(\frac{\partial E}{\partial \mathbf{P}}\right)_{\ldots} \cdot d\mathbf{P} + \left(\frac{\partial E}{\partial \mathbf{F}}\right)_{\ldots} \cdot d\mathbf{F} + \left(\frac{\partial E}{\partial \mathbf{L}}\right)_{\ldots} d\mathbf{L} + \left(\frac{\partial E}{\partial S}\right)_{\ldots} dS +$$
$$+ \left(\frac{\partial E}{\partial V}\right)_{\ldots} dV + \sum_k \left(\frac{\partial E}{\partial N_k}\right)_{\ldots} dN_k + \left(\frac{\partial E}{\partial Q}\right)_{\ldots} dQ + \left(\frac{\partial E}{\partial \Xi}\right)_{\ldots} d\Xi$$
$$(7.3.1.3)$$

Die tiefgesetzten Punkte deuten an, dass die Ableitungen unter Einbeziehung (Konstanthaltung) aller anderen Variablen des Systems, ergo der *aktiven* ›allgemeinphysikalischen Größen‹ der Art I zu bilden sind. Diese sogenannte *Gibbssche Hauptgleichung* koppelt auf diese Weise die beiden *Arten I und II* der ›allgemeinphysikalischen Größen‹. Es ist ganz erstaunlich, dass sich diese Arten I und II bereits in *Kants* berühmter »Kritik der reinen Vernunft« von 1781 finden lassen, einem der einflussreichsten Werke in der *Philosophiegeschichte* (vgl. 2.1). In der zweiten Auflage der KrV von 1787 werden sie vertieft. Dort treten erstmals die Bezeichnungen *Extensive Größen* und *Intensive Größen* auf, die auch *Gibbs* und *Falk* für die ›allgemeinphysikalischen Größen‹ übernommen haben.

Man kann nun dem *mechanistischen* Weltbild vieler Astronomen, Mathematiker und Kosmologen ein begründetes *physikalisches Weltbild* für Physiker, Ingenieure und Philosophen gegenüberstellen. Es hat *drei* Aussagenschwerpunkte von außerordentlicher Bedeutung:

(α) Die Physik erlaubt eine einheitliche Darstellung aller denkbaren *Systeme*, die durch adäquate, aktivierbare ›allgemeinphysikalischen Größen‹ repräsentiert werden können.

(β) In der physikalisch-technischen Praxis spielen *Disziplinen* eine große Rolle. Deren *Systeme* werden durch die Berücksichtigung *vorrangig* der sie speziell charakterisierenden ›allgemeinphysikalischen Größen‹ erfasst. Allerdings ist zu beachten, dass die drei ›allgemeinphysikalischen Größen‹ E, S und N_k bei *realistischer* Betrachtung eines *Systems* stets zu berücksichtigen sind.

(γ) Aus *Gibbs'* Abhandlung (Transactions...1875-78) zieht *Falk* die Bilanz und fügt einen wesentlichen Kommentar hinzu:

„Es besteht kein Zweifel: Gibbs hat, wie der Aufbau seiner Abhandlung deutlich macht, klar erkannt, dass die beiden Hauptsätze nicht zu den logischen Grundlagen der quantitativen Aussagen der Thermodynamik gehören. ...

... Die Hauptsätze sind deshalb kein Teil der ‚Grundlagen', weil sie in ihrer thermodynamischen Verwendung nicht von Relationen zwischen Größen handeln, sondern jeweils von einer einzelnen Größe und der ihr ‚innewohnenden' Eigenschaft des unbedingten Erhaltenseins [der *Energie* im Ersten Hauptsatz].

> Die Mathematik aber kennt keine ‚innewohnenden' Eigenschaften, sondern nur Relationen. Daher sind die beiden Sätze nur in einer Theorie mathematisch formulierbar, in der sich das ‚Erhaltensein' ebenso wie das ‚Vernichten' (und damit auch das ‚Erzeugen') als Relationen zwischen physikalischen Größen ausdrücken lassen.
>
> Tritt die Zeit als Größe in der Theorie auf, so ist das in der Tat möglich, nicht aber, wenn, wie in der klassischen Thermodynamik, es nur um quantitative Relationen geht, in denen die Zeit nicht vorkommt. Für eine solche Theorie können die Hauptsätze daher gar nicht von fundamentaler Bedeutung sein." [FALK, G. (1990), S. 199].

Natürlich ist es leicht, eine mathematisch korrekte Form des *Ersten Hauptsatzes* zu präsentieren:

$$\frac{d}{dt} E^{[\text{F}]} = W + Q; \qquad (7.3.1.4)$$

Auf der rechten Seite stehen die *Arbeitsrate W* und die *Wärmerate Q*, ergo auf die Zeit bezogene Arbeit und Wärme, d. h. mechanische und thermische Leistungen. Im Fall der *klassischen* Thermodynamik z. B. für ein ruhendes, elektrisch neutrales Gas reduziert sich (7.3.1.3)

$$dE^{[\text{F}]} = \left(\frac{\partial E^{[\text{F}]}}{\partial S}\right)_{..} dS + \left(\frac{\partial E^{[\text{F}]}}{\partial V}\right)_{..} dV + \sum_k \left(\frac{\partial E^{[\text{F}]}}{\partial N_k}\right)_{..} dN_k \qquad (7.3.1.5)$$
$$\Rightarrow T(S,V)dS - p(S,V)dV$$

Diese *Gibbssche Hauptgleichung* (GHG) $E^{[\text{F}]} = E^{[\text{F}]}(S, V)$ steht für selbiges Gas als Einkomponentensystem (k = 1). Sie zeigt die typische *feste* Kopplung der *intensiven* und *extensiven* ›allgemeinphysikalischen Größen‹ T und S bzw. –p und V für die beiden beteiligten *Energieformen TdS* und –pdV. Diese mathematische Struktur der Gibbs-Falk Dynamik (GFD) ist ganz offensichtlich den Granden der Schwarz-Loch-Kosmologie wie z. B. *Roger Penrose*, *Stephen Hawking* oder *Leonard Susskind* völlig fremd. Letzterer stellt in seinem letzten Buch (deutsche Erstausgabe 2010) unumwunden fest:

> „Die Existenz von Entropie bedeutet an sich noch nicht, dass ein System eine Temperatur hat, ... Das Schlimmste war der Begriff Entropie ... Erschwert wurde die Sache durch den Umstand, dass ich nicht wusste, was Temperatur bedeutet." [SUSSKIND, L. (2010), S. 196-197].

Hawking suggeriert im Gegensatz dazu seinen Lesern, dass er wüsste, was *Temperatur* sei:

> „Der erste Hauptsatz der Thermodynamik besagt, dass eine kleine Veränderung in der Entropie eines Systems stets mit einer proportionalen Veränderung in der Energie des Systems einhergeht. Der Proportionalitätsfaktor wird die Temperatur des Systems genannt." [HAWKING, S. W. (1996), S. 101].

Es ist evident: *Hawking* verwechselt die GHG (7.3.1.5) mit dem darüber stehenden *Ersten Hauptsatz der Thermodynamik*, der mit der GHG nichts zu tun hat. Demnach schreibt *Hawking* genau das in einer Art Variationsdarstellung $\delta E = T\delta S + p\delta V$ an, was er fälschlicherweise für den *Ersten Hauptsatz* hält [vgl. HAWKING, S. und PENROSE, R. (1998), S. 37].

Bei den ›allgemeinphysikalischen Größen‹, die in (7.3.1.2) und (7.3.1.3) aufgeführt sind, handelt es sich um Zustandsgrößen. Die Hauptsätze mit den Prozessgrößen W und Q gehören nicht dazu. *G. Falk* schreibt:

> „Die Arbeit – als typischer Vertreter der Prozessgrößen – ist dagegen niemals »Größe eines Systems«. Arbeit wird vielmehr »*an* einem System verrichtet«..." [FALK, G. (1990), S. 236].

Das alles sind insofern fundamentale Irrtümer, da man bei ihrem Gebrauch gewiss sein kann, dass man sich bereits in einer Sackgasse befindet, aus der man nicht mehr herauskommt. Diese Konsequenz gilt auch für den o. a. Fall, der sich auf *Hawkings* Zitat bezieht – den Ersten Hauptsatz betreffend. Das Zitat wird durch folgende ‚gewichtige' Bemerkung unmittelbar davor motiviert. *Hawking* erinnert uns:

> „Die Analogie zwischen den Eigenschaften Schwarzer Löcher und den Gesetzen der Thermodynamik ist von James M. Bardeen, von Brandon Carter..., und von mir ausgeweitet worden."

Fügt man diesen ‚Gesetzen' noch die Feststellung *Hawkings* hinzu:

> „Der von dem österreichischen Physiker L. Boltzmann entwickelte Zweite Hauptsatz der Thermodynamik lieferte weitere Anhaltspunkte. Ihm zufolge wächst die Gesamtmenge der Unordnung im Universum..." [HAWKING, S. W. (1998), S. 83],

so bleibt nur noch Staunen: „*...die Gesamtmenge der Unordnung*"? Was besagt ein solcher Satz? Wer soll das verstehen? Und war es nicht *Rudolf*

Clausius, der 1850 erstmals den Zweiten Hauptsatz der Thermodynamik formulierte und 1865 den Entropiebegriff einführte? Es ist evident: *Jacob D. Bekenstein* ist mit seiner Idee *John von Neumann* voll auf den Leim gegangen, nämlich *„die Anzahl der Konfigurationen, aus denen ein Schwarzes Loch mit bestimmten Werten seiner Masse, elektrischen Ladung und seines Drehimpulses hervorgehen könnte"*, mit dessen *Entropie* in Verbindung zu bringen. *Hawking* bringt eine Art von ‚Höllensturz' ins Spiel:

> „Bekenstein schlug vor, dass man den Logarithmus dieser Anzahl Z als die Entropie des Schwarzen Lochs interpretieren könnte. Der ln(Z) wäre ein Maß für die Information, die bei der Entstehung des Schwarzen Lochs während des Sturzes durch den Ereignishorizont unwiederbringlich verlorengegangen wäre." [HAWKING, S. W. (1998), S. 103].

Hier ist sie wieder: die Fata Morgana: die Verbindung zwischen *Information* und *Entropie*. Zwei Worte, die man – laut *J. von Neumann* – beide nicht versteht, werden durch einen Logarithmus und eine *dimensionsstiftende* Konstante miteinander verknüpft. Was noch mehr verblüfft: Viele Kosmologen glauben allen Ernstes, dadurch die Thermodynamik und deren ganzen begrifflichen Apparat mit ins Boot zu holen. Daher *Hawkings* ‚Logik':

> „Das Problem in Bekensteins Argumentation war, dass ein Schwarzes Loch, besäße es eine endliche Entropie proportional zur Fläche seines Ereignishorizonts, auch eine endliche Temperatur haben müsste. Daraus würde folgen, dass sich ein Schwarzes Loch bei irgendeiner Temperatur ungleich Null mit der thermischen Strahlung im Gleichgewicht befinden könnte. Doch nach klassischen Begriffen ist kein solches Gleichgewicht möglich, da das Schwarze Loch... absorbieren würde, ohne... zu emittieren." [HAWKING, S. W. (1998), S.103].

Wahr ist nur, dass ein Schwarzes Loch „keine Haare" hat, ein Ausdruck, der seit 1967 *Werner Israels No-Hair-Theorem* ironisiert. Aber eben in einem unerwarteten Sinn: Was die internationale Elite der theoretischen Kosmologen nie zur Kenntnis genommen hat – weil ihre Nachwuchsleute bei der vielen Konkurrenz wahrscheinlich nie *Gibbs'* Hauptwerke studiert haben – war die simple Tatsache, dass ‚ihre Entropie' eher eine 'Shannonsche Entropie' ist, nämlich Informationen betreffend, indes keine *thermodynamische Entropie*. Somit ist sie keiner absoluten, d. h. *thermodynamischen Temperatur* konjugiert. Folglich existiert auch kein Problem mit einer thermischen Strahlung. Natürlich steht es jedermann frei – wie *Bekenstein* und *Hawking*[114] – Formeln für ‚ihre Entropie und Temperatur' z. B. aus dem ›Ereignishorizont‹ ‚abzuleiten'. Nur mit der Systemtheorie nach *Gibbs, Falk* u. a. hat das alles nichts zu tun! Dort ist die *Entropie* eine ›allgemeinphysikalische Größe‹ mit eigenständiger Bedeutung, die Temperatur *T* nichts anderes als die partielle Ableitung $(\partial E/\partial S)_{A,B,C...}$ bei konstant gehaltenen ‚aktiven' ›allgemeinphysikalischen Größen‹ *A, B, C* ... des betreffenden Systems. Zudem sind die *Hauptsätze der Thermodynamik* und die daraus abgeleiteten Bewegungsgleichungen mit *Prozessgrössen* formuliert, die *lokal* nichts mit der Einstein-Geometrie der ART zu tun haben. Das führt sofort zum Problem, inwieweit der *Zweite Hauptsatz* überhaupt mit der ART kompatibel ist. Umgekehrt entsteht indes Sinn: Vom Standpunkt der GFD/AT gibt es ohne Beteiligung von *E, S* und N_k keine makroskopische Physik auf mikrophysikalischer Basis. Denn über die zur Entropie *S* konjugierte ›allgemeinphysikalische Größe‹ *T* wird der Einfluss aller *Elementarteilchen* der Sorten N_k (k = 1..κ) aktiviert. Dieser Basismechanismus fehlt aber in der ART völlig, unabhängig davon, ob im Kosmos *irreversible* Prozesse ablaufen oder nicht.

Glücklichweise gibt es seit jüngster Zeit ein Maßstäbe setzendes Buch von einem der renommiertesten deutschen Naturwissenschaftler. Der Autor bringt den ganzen Wirrwarr von 'physikalischer Entropie', 'Unordnungsentropie', 'Informationsentropie', etc. in einer einzigen Frage exemplarisch auf den Punkt: "Where is the 'Temperature' of Information?" [EIGEN, M. (2013), 3.10; vgl. noch 7.4.4].

Die Antwort sei schon vorweg genommen: Wenn man unbedingt eine zur Information konjugierte 'informelle Temperatur' will, muss man sie aus der 'Informationstheorie' ableiten; gewiss hat sie aber nichts mit der Kelvintemperatur zu tun und somit schon gar nichts mit *physikalischen* Strah-

---

[114] Hier soll an den Menschen *Hawking* erinnert werden. Dazu wird auf das Taschenbuch „Hawking" von *Klaus Mainzer* verwiesen [MAINZER, K. (2004)]. Des Autors Anliegen besteht vor allem darin, dem gebildeten, aber vor allem interessierten Leser zu vermitteln, warum Hawkings Ideen und Entdeckungen so bahnbrechend erscheinen. Aber Mainzer zeigt auch die Grenzen des Verständnisses für den physikalischen Laien. Das letzte Kapitel über Zeitreisen steht dafür.

lungsprozessen. Letztere sind seit 1967 im Kontext mit *Werner Israels No-Hair-Theorem* im Gespräch, das sich bis heute zum *Schwarzen-Loch-Paradoxon* hinzog, demzufolge entgegen allen sonstigen Vorgängen in der Quantenmechanik ein *Zeitpfeil* resultierte.

Unter Beachtung von *Nicolai Hartmanns* kategorialer Kritik an Einsteins ART [vgl. detaillierte Ausführungen in III.5.3] – wird dem Leser eine fundamentale Erfahrung zugänglich:

> „... Wohl gibt es Etwas, das der Erhaltung der Energie eine Grenze setzt – nämlich das Gesetz der Entropie: Entropie bedeutet keine Zerstörung oder Vernichtung von Energie, eher eine Neutralisierung, in der keine Transformationen mehr stattfinden." [HARTMANN, N. (1980), S. 303].

Es ist schlüssig, dass keine einzige der o. a. 'nicht-physikalischen Entropien' über eine solche gesetzmäßige Einflussnahme verfügt.

> *„Wenn weise Männer nicht irrten, müssten die Narren verzweifeln."*
> - JOHANN WOLFGANG VON GOETHE – [Zitat in: UNZICKER, A. (2012), S. 88]

7.3.2 Fazit

Es erscheint makaber, dass der letzte Satz der Analyse im Abschnitt 7.3.1 *Einsteins* Credo widerspiegelt, auf dem er bis zu seinem Tod hartnäckig bestanden hat: *Irreversibilität* sei eine Illusion! Dass dadurch die gesamte Problematik tangiert wird, welche die Singularitäten betrifft, die aus seiner ART und insbesondere aus seinen Gravitationsgleichungen folgen, erscheint dubios. Denn es besagt: Das ‚Urknall-Problem' als ‚Ur-Singularität' tritt theoretisch nur dann auf, wenn Einsteins Credo zutrifft. Dieser Schluss bedeutet dann aber, dass man die Thermodynamik von vornherein konsequent negiert und sich auf die lupenreine Hamilton-Mechanik als Basis der ART beschränkt, oder zumindest nur *isentrope* Prozesse ins Auge fasst, um wenigstens das Phänomen der Hintergrundstrahlung zu ‚retten'.

Die Stringtheoretiker scheinen in dieser Richtung zu denken. Einer ihrer Hauptleute, *Leonard Susskind*, der sich immer für „besser als seine Lehrer, aber ungeeignet zum Ingenieur" [vgl. BYRNE, P. (2012), S. 50] hielt, hat in einem aufschlussreichen Interview dafür die Perspektive gewiesen. Darin thematisiert er den Begriff der *Realität* im Kontext mit einem radikalen Wandel in der Physik. Im Sinn von *Thomas Kuhn* war „die Relativitätstheorie ein solcher Paradigmenwechsel". Auf die Frage, ob es bei solchem Wechsel „überhaupt Platz für so etwas gibt wie objektive Realität", nannte *Susskind* als „Indiz für Objektivität die Reproduzierbarkeit der Experimente. Allerdings sprächen Physiker fast nie von Realität". Seine Lehre:

> „In unserer ... Diskussion wollen wir ohne diesen Begriff auskommen. ... Er beschwört die Dinge herauf, die uns kaum helfen. Das Wort »reproduzierbar« ist nützlicher als »real«." [BYRNE, P. (2012), S. 50].

Sein Buch betreffend mit dem werbewirksamen Titel *Holographic Principle, Black hole thermodynamics, Black hole information paradox* [SUSSKIND, L. (2009)] erläutert *Susskind* seine Einsicht. Als er folgerte:

> „Wir müssen die alte Idee aufgeben, ein Bit Information nehme einen eindeutig bestimmten Ort ein" [BYRNE, P. (2012), S. 51][115]

wurde er vom Interviewer auf das neuerdings von zahlreichen Stringtheoretikern favorisierte *holographische Prinzip* angesprochen. Letzteres basiert auf der Idee, man könne mit geeigneter Mathematik die gesamte in einem Schwarzen Loch enthaltene *Information* durch eine ihr äquivalente Beschreibung ersetzen, die nur auf dem Rand dieses extrem gekrümmten Raum-Zeit-Gebiets lokalisiert sei [vgl. I Motivation]. Unter Bezug auf das Thema ‚Realität' stellt *Susskind* fest:

> „Es gibt zwei Beschreibungen der Realität: Entweder ist sie das Raumzeitvolumen innerhalb der Grenzfläche oder die Realität ist die Grenzfläche selbst. Welche Beschreibung ist nun real? Darauf gibt es keine Antwort." [BYRNE, P. (2012), S. 51].

Vorstellbar aber ist *„eine kompliziert verschlüsselte Information auf der Grenzfläche"*, welche das Schwarze Loch umschließt: *„Es handelt sich um eine unglaublich verworrene Abbildung des einen auf das andere"* [BYRNE, P. (2012), S. 51].

Die Art und Weise, wie *Susskind* mit o. a. Buchtitel die Thermodynamik für die Stringtheorie in Beschlag nimmt, sie mit dem Informationsbegriff

---

[115] Vgl. Susskind, L. (2010), S. 159: *„Wie viele Informationsbits sind zwischen den Buchdeckeln versteckt? ... Bei 37 Zeilen pro Seite und 350 Seiten ergibt sich fast eine Million Zeichen."*

verknüpft, hebt offensichtlich die ‚Missverständnisse' zwischen ihm und *Hawking* auf, stoppt den ‚Krieg ums Schwarze Loch'. Die Sprache der ‚befriedeten' Kosmologen verrät indes, dass sie Gibbs' Systemtheorie nicht zur Kenntnis nahmen mit der Folge: Der nichtssagende Informationsbegriff macht alles kaputt! Mit ihm kann es in ihrer *Theorie der Schwarzen Löcher* keine Entropie geben, damit aber auch weder Temperaturen noch Elementarteilchen, ergo keine Massen und auch keine Schwarzen Löcher.

Jedenfalls keine, wie sie heutzutage erklärt werden! Aber wer soll die 'richtigen' entdecken? Kaum von ‚Worttypen', wie *Halton Christian Arp* die Kollegen charakterisierte. Er dagegen, der New Yorker Astronom, ist eher der unangepasste Künstlertyp, der – berühmt durch seine spektakulären astronomischen Fotografien – dennoch *„am Palomar-Observatorium in Ungnade fiel"*, seit er der Urknalltheorie abgeschworen hatte. Viele Kollegen haben ihn für diese Sünde wider den Korpsgeist weltweit über Jahrzehnte abgestraft; nach 11 Jahren ‚Exil'

> „am MPI in Garching, baten [1994 sogar] einige Mitarbeiter den neuen Institutsleiter Simon White, Arp rauszuwerfen. Er sei eine Blamage fürs Institut. White ignorierte sie, obwohl er Arps Thesen für Unsinn hält." [RAUNER, M. (2010)].

Warum ist es angebracht, *„Arps Geschichte auch als Beleg dafür zu benennen, dass die Wissenschaft zu stromlinienförmig geworden ist"*, die Physiker zu *„autoritätsgläubig"*? [vgl. RAUNER, M. (2010)]. Eben weil die ‚Worttypen' unter den theoretischen Kosmologen – meist Mathematiker und theoretische Physiker – ebenso wenig wie z. B. *Nicholas Georgescu-Roegen* (*1906 -†1994), der prominente ‚Vater der bioökonomischen Theorie' es nie für nötig erachteten die Kriterien der Gibbs-Falk-Methodologie zu beachten: Man kann eben ein beliebiges Wort, gar ein scheinbar eingängiger Begriff wie ‚Information' oder ‚Unordnung' einfach nicht naiv mit einem Ausdruck wie *Entropie* koppeln, um dadurch ‚Informationen' ursächlich aus den Auswirkungen kosmischer ‚Gravitation' zu gewinnen. Vor allem nicht, falls man diese ‚*Informationsentropie*' an den *Zweiten Hauptsatz* anhängen möchte. Denn letzterer ist ganz auf die systemische *Entropie* ausgerichtet. Die aber spielt über die Kelvin-Temperatur eine genau definierte, zentrale Rolle in Gibbs' Systemtheorie. Und zwar nur dort! Zudem ist es ein Charakteristikum der Gibbs-Falk Dynamik, dass in ihr weder der *Erste* noch der *Zweite Hauptsatz* überhaupt vorkommen dürfen. Bei beiden handelt es sich nämlich laut *Falk*

> „um unsere finiten Erfahrungsmöglichkeiten übersteigende All-Behauptungen …[also um solche] die nur um den Preis in den Rang einer naturwissenschaftlichen, also finit begründbaren Aussage gehoben werden können, dass sie falsch sind. Falls aber ein als so zentral eingestufter Satz wie der Erste Hauptsatz eine metaphysische [d. h. ‚falsche' – VB] Aussage ist, spricht dann nicht der physikalische Erfolg der Thermodynamik eindringlich dafür, den Unterschied zwischen naturwissenschaftlichen und metaphysischen Postulaten nicht so hochzuspielen und unsere Theorien und mit ihnen das, was wir Naturerkenntnis nennen, eben auf falsifizierbare (statt auf verifizierbare) Prinzipien zu gründen?...Man muss in der Wahl der metaphysischen Annahmen eben nur eine glückliche Hand haben." [FALK, G. (1990), S. 195, bzw. S. 197-198].

Die eben erläuterte ‚*Informationsentropie*' bildet anscheinend genau jene Grundlage für das ab 1972 von *Jacob D. Bekenstein, Stephen Hawking* u. a. in die heutige Kosmologie eingeführte Konzept. Es herrscht bis heute vor und dient zur theoretischen Beschreibung Schwarzer Löcher im Kontext mit der ART *Albert Einsteins*. Dieses Gesamtkonzept erweist sich laut unserer Analyse physikalisch als unbegründet (vgl. III.5), damit inhaltsleer, weil realiter *ohne* thermodynamische Basis. Es fußt nicht auf mathematischen Relationen, sondern stützt sich direkt auf Worte, die beispielsweise eine ganze Epoche prägen (Informationsgesellschaft), gar auf mechanistische Phrasen (*„Irreversibilität ist Illusion."*). Und die ganze Konzeption ist unlogisch und fährt jegliche kosmologische Schlussfolgerung gegen die Wand. Aber selbst in den neuesten populären Büchern über Astronomie und Kosmologie findet der Leser faktisch keinerlei sachgerechte Andeutung über die hier geschilderten thermodynamischen Grund-lagenprobleme, vgl. z. B. *J. P. Luminets* Ausführungen über die angeblich grundlegende Rolle der *Information* für Schwarze Löcher [LUMINET, J.-P. (1997); S.206f.].

Das wissenschaftliche Niveau selbst von hochgelobten Büchern renommierter Physikhistoriker ist wenig ermutigend, indes 'political correct', ergo: Alles ist paletti! Typische Beispiele sind die Ausführungen über *Schwarze Löcher*, speziell im Kontext zu Hawkings Originalität die *Entro-*

pie betreffend [vgl. FISCHER, E. P. (2011), S. 268-276]. Einen aufschlussreichen Grund nennt einer der heute renommiertesten Mathematiker *Cédric Villani*, Franzose und aktueller Träger der Fields-Medaille:

> „...Boltzmann und die Entropie. Lennart Carleson ist einer der seltenen Mathematiker, die diesen Gegenstand gut kennen..." [VILLANI, C. (2013), S. 194].

Im folgenden Abschnitt 7.4 wird sich die Gelegenheit zur Prüfung ergeben, inwieweit C. Villani selbst zu jenen „seltenen" Mathematikern gehört. Vor allem aber wird anhand neuerer Fachliteratur (ab dem Jahr 2000) von kompetenten Autoren wie *Manfred Eigen* deutlich werden, wie unhaltbar die stets wie ein Mantra zitierte Identität von Entropie und Information eigentlich ist; vgl. Abschnitt 7.4.4.

Der *Abschnitt 7.3* erfordert indes einen überraschenden Abschluss, der alle bisherigen Kommentare zu *S. Hawkings* Vorstellungen von einem Schwarzen Loch als obsolet erweist. Am 23. August 2013 – also knapp zwei Monate vor der Verleihung der Physik-Nobelpreise an die in jenen Tagen favorisierte Konkurrenz der renommierten 'Gottesteilchen-Erfinder' – hielt *Hawking* via ›Skype‹ am Kavli Institute in Santa Barbara einen Vortrag, in dem er sich *gegen* die Vorstellung von einem *Ereignishorizont* als eine definitive »Grenzfläche in der Raumzeit« eines Schwarzen Lochs wandte:

> „Hawking's new work is an attempt to solve what is known as the black-hole firewall paradox, which has been vexing physicists for almost two years, after it was discovered by theoretical physicist Joseph Polchinski... Polchinski's team came to the startling realization that the laws of quantum mechanics, which govern particles on small scales, change the situation completely. Quantum theory, they said, dictates that the event horizon must actually be transformed into a highly energetic region, or 'fire-wall'... This was alarming because, although the firewall obeyed quantum rules, it flouted Einstein's general theory of relativity... As far as Einstein is concerned, the event horizon should be an unremarkable place...Now Hawking proposes a third, tantalizingly simple, option. Quantum mechanics and general relativity remain intact, but black holes simply do not have an event horizon to catch fire. The key to his claim is that quantum effects around the black hole cause space-time to fluctuate too wildly for a sharp boundary surface to exist. ... Polchinski, however, is sceptical that black holes without an event horizon could exist in nature. »The kind of violent fluctuations needed to erase it are too rare in the Universe«, he says... »In Einstein's gravity, the black-hole horizon is not so different from any other part of

space«, says Polchinski. »We never see space-time fluctuate in our own neighbourhood: it is just too rare on large scales... In place of the 'event horizon', Hawking involves an 'apparent horizon'. In general relativity, for an unchanging black hole, these two horizons are identical. ... However, the two horizons can, in principle, be distinguished«... ." [ZEEYA, M. (2014), pp. 1-3].

Am 22. Januar 2014 veröffentlichte Stephen Hawking seine jüngste Studie auf dem Preprint-Server arXiv; eine Begutachtung durch andere Wissenschaftler hat NATURE am 24. Januar 2014 in Form von weit mehr als 100 'comments' publiziert.

"Wenn ich in den Himmel kommen sollte, erhoffe ich Aufklärung über zwei Dinge: Quantenfeldtheorie und Turbulenz. Was den ersten Wunsch betrifft, bin ich ziemlich zuversichtlich."
- HORACE LAMB *(*1849 − †1934)* −
[Zitat in: LESCH, H., BIRK, G.T. und ZOHM, H. (2009), S. 108]

7.4 Ein Dilemma der mechanistischen Physik − die Bewegung von realen Fluiden[116]

7.4.1 Die konzeptionellen und mathematischen Grundlagen der Fluiddynamik

Bekanntlich befasst sich das ganze und in der zweiten Auflage (1713) wesentlich erweiterte *Zweite* Buch von Newtons Principia mit der *Dynamik von Flüssigkeiten und Gasen*, ergo von Fluiden! In deutlichem Gegensatz zum *Ersten* Buch mit seinen Bewegungsgesetzen sowie dem allgemeinen Massenanziehungsprinzip ist indes das *Zweite* Buch *„fast vollkommen eigenständig und beinahe ganz falsch... Dennoch ist Newton der erste, der diese Grundprobleme ausgewählt und anzupacken gewagt hat."* [SZABÓ, I. (1979), S. 151f.].

Für die gesamte Physik ist es nun aufschlussreich, dass die Newton nachfolgenden Begründer der *mechanistischen* Physik − von den Bernoullis bis

---

[116] 7.4 basiert unter anderem auf einer ausführlichen Abhandlung, die der Autor der vorliegenden Studie kürzlich in 2011 als Mitarbeiter der Koautoren Dieter Straub und Tim Boson vorgelegt hat; [vgl. STRAUB, D. (2011)].

zu Sir William Rowan Hamilton – niemals auch nur den Versuch machten, die Thematik jenes Zweiten Buchs aufzugreifen. Im Gegenteil versuchten prominente Mathematiker wie *Joseph-Louis Lagrange* und *Pierre-Simon Laplace* mit allen Mitteln 15 Jahre lang die Publikation der ersten seriösen Theorie – *Théorie analytique de la chaleur* – zur mathematischen Beschreibung *dissipativer* Prozesse des Wärmetransports zu verhindern; für deren Grundlagen war *Jean-Baptiste Joseph Fourier* von der Académie des Sciences 1807 'preisgekrönt' worden.

Die zwei Meisterstücke Sir Hamiltons *On a General Method in Dynamics* von 1834/35 [vgl. HAMILTON, W. R. (1834)] waren für die nachfolgenden Generationen Theoretischer Physiker so verführerisch, dass sie bis heute als eine Art von wissenschaftlichem Glaubensbekenntnis betrachtet werden. In diesem Sinn durchaus auch mit der Intention, die zentralen 'Glaubensinhalte' der Hamiltonfunktion einzig zum Zweck des liturgischen Bekennens zu vermitteln. Übereinstimmung wird man dabei bis heute über folgende Erklärung herstellen können:

> ① "Hamilton associates to a dynamical system of attracting and repelling points a *characteristic function*. The value of this function is the action determined by the evolution of the dynamical system from an initial to a final configuration. (This action is defined to be twice the integral of the kinetic energy of the particles with respect to time as the system evolves from its initial to its final state.) Hamilton refined his approach in his second paper on dynamics." [HAMILTON, W. R. (1834), Einführung zur Online-Ausgabe].
>
> ② "This work has proven central to the modern study of classical field theories such as electro-magnetism,...Hamiltonians can also be employed to model the energy of more complex dynamic systems such as planetary orbits in celestial mechanics and also in quantum mechanics." [Vgl. Würdigung im Internet bei Online-Ausgabe von HAMILTON, W. R. (1834)].

Entscheidend ist für den Ablauf der einschlägigen Wissenschaftsgeschichte, dass z. B. in der *mechanistischen* Physik – im Kontrast zu der o. a. Dynamik von Flüssigkeiten und Gasen – die *Hamilton-Funktion* durch die *hamiltonschen Bewegungsgleichungen* bestimmt, wie sich die Orte und Impulse der Teilchen bei ´Vernachlässigung` von Reibung mit der Zeit ändern. So die weitverbreitete 'Erklärung' seit 1835! Doch sie vernebelt den wahren Sachverhalt, denn der Ausdruck ´Vernachlässigung` ist völlig unzutreffend, da die *mechanistische* Physik – im Gegensatz zu Newtons II. Buch, Abschnitt IX, § 73 – gar keine Reibung kennt, die sie vernachlässigen könnte. M. a. W.: Eine seriöse Theorie der Bewegung zäher Fluide konnte erst ab 1821 entwickelt werden – basierend auf *Augustin-Louis Cauchys* Darstellung des allgemeinen Spannungszustands in einem fluiden Kontinuum. *Claude-Louis Navier* war der erste, der in seinem Memorandum von 1822 Lösungen für instationäre, eindimensionale Rohrströmungen ableitete. Deren Methodik erinnert zweifellos an *Fouriers* Pionierarbeit *„Über die Ausbreitung von Wärme in festen Körpern"* von 1807, ohne dass Navier den Autor erwähnt hätte. Bemerkenswerterweise entspricht die für Naviers System partieller Differentialgleichungen charakteristische Materialfunktion/-konstante dem Viskositätskoeffizienten, wie ihn Newton definiert und heuristisch begründet hatte (s. o.) [vgl. SZABÓ, I. (1979), S. 261]. Naviers Bewegungsgleichungen enthalten zudem noch Ortsableitungen des hydrostatischen Drucks, der lokal mit Dichte und Temperatur des strömenden Fluids verknüpft ist. Selbst für ideale Gase war dieser Zusammenhang um 1820 immer noch Terra incognita, zumal bis dahin ein wissenschaftlich fundierter Temperaturbegriff in der mechanistischen Physik überhaupt nicht vorkam.

Der englische Physiker *John Herapath*, der teilweise die kinetische Gastheorie vorwegnahm, postulierte zu jener Zeit in einer Mitteilung an die Royal Society, dass „der *Impuls* eines Teilchens in einem Gas nichts anderes als die Messung der Temperatur des Gases sei!" [TRUESDELL, C. A. (1968), S. 286]. Deren neuer Präsident Sir Humphry Davy

> "self-condemned but self-righteous, wrote to Herapath not to expect anything kind of him in the future... and non-official journals began to reject Herapath papers...Today, Davy remains a general hero of science, while even specialists in mechanics often have never heard Herapath's name." [TRUESDELL, C. A. (1968), S. 286].

Nach den üblichen Gepflogenheiten hatte Davy sogar recht, da er sich auf *Leonard Euler* bezog, der schon um 1730 als erster eine realistische kinetische Theorie formulierte. Bei ihm war die Temperatur – einer Idee des Mathematikers *Jakob Hermann* folgend (*"is in the compound ratio of the den-*

sity of the hot body and the square of the agitation of its particles", 1716) – proportional der *kinetischen* Energie, gebildet aus der gemittelten Molekülgeschwindigkeit [vgl. TRUESDELL, C. A. (1968), S. 274]. Dazu notierte *Truesdell*, der im Schlussdrittel des 20. Jahrhunderts als erste Autorität für die Geschichte der *rationalen* Mechanik galt:

> "We all know that Euler's molecular model is not in accord with the current view of the gaseous state. However, his results serve as a pattern of what to expect from a rudimentary kinetic theory... The outcome of the theory is to be an equation of state, enabling us to refine and correct the empirical gas laws as to identify the specific properties of different gases in terms of the nature and dimensions of their molecules." [TRUESDELL, C. A. (1968), S. 276].

Truesdells Kommentar weist zweifellos die Richtung für die begrifflichen und mathematischen Usancen in der kinetischen Gastheorie, auf die seit ca. 200 Jahren z. B. bei der Berechnung von Transportkoeffizienten – in heutiger Terminologie also von Viskosität, Wärmeleitung, Diffusion, Thermodiffusion von Fluiden und Fluidgemischen – zurückgegriffen wird. Um die Brisanz dieses Tatbestands richtig zu verstehen, sollte der Leser den o. a. Text jenem Appell gegenüberstellen, den ausgerechnet Truesdell 14 Jahre später in einer 'Prefatory Note' zu drei Lectures offensichtlich als Warnung vor einem schwerwiegenden Missverständnis publizierte:

> "In our treatise Muncaster and I advisedly refrained from use of temperature because in the kinetic theory of gases it is simply a multiple of the energetic. We wished to leave nobody a chance to miss the strictly mechanical character of the kinetic theory." [TRUESDELL, C. A. (1984), S. 405].

In diesem Zitat kommt eine offene Bringschuld der heutigen theoretischen Physik zum Ausdruck, jedenfalls solange sie sich noch für die kinetische Gastheorie als Grundlage zur Berechnung der o. a. »Transportkoeffizienten insbesondere für hohe Temperaturen« zuständig erklärt. Das ist indes seit Jahrzehnten nicht mehr der Fall. So gibt es für diese anspruchsvolle Aufgabe, die von zentraler Bedeutung z. B. für die bemannte Raumfahrt ist, derzeit keine verlässliche Alternative, da präzise experimentelle Methoden ebenfalls nicht verfügbar sind.[117]

---

[117] Es gibt zahlreiche Hinweise, dass die Space-Shuttle-Flotte letztlich aus Sicherheitsgründen außer Dienst gestellt werden musste, obwohl die ursprünglich geplante Häufigkeit der Starts

Die Entwicklung der Bewegungsgleichungen *zäher* Fluide fand primär in der Nachfolge von C. L. Navier durch den Ingenieur und Mathematiker *Jean Claude Barré de Saint-Venant* statt. Zu jener Zeit gehörte er zu den führenden Autoritäten in Mechanik. Ihm gelang 1843 die bis heute sanktionierte Herleitung der Navier-Stokes-Gleichungen – zwei Jahre vor George G. Stokes. Heutiger Auffassung zufolge

> „wird ... mit dem Ausdruck Navier-Stokes-Gleichungen im engeren Sinn die vektorielle Impulsgleichung für Strömungen gemeint. Im weiteren Sinne jedoch – insbesondere in der »Numerischen Strömungsmechanik« – wird diese *Impulsgleichung* um die *Kontinuitätsgleichung* und die *Energiegleichung* erweitert und bildet dann ein System von nichtlinearen partiellen Differentialgleichungen zweiter Ordnung. Dieses ist das grundlegende *mathematische Modell* der Strömungsmechanik. Insbesondere bilden Gleichungen [die Grundlage zur Einbeziehung von typischen Strömungsphänomenen wie...]." [WIKIPEDIA, Stand: 15. Mai 2012].

Die Impulserhaltung wird in Indexschreibweise und mit dem Impulsdichtevektor **m** = ρ**v** notiert

$$\partial_t m_i + \sum_{j=1}^{3} \partial_{xj}(m_i v_j + p\delta_{ij}) = \sum_{j=1}^{3} \partial_{xj} S_{ij} + \rho g_i \quad (i = 1,2,3)$$

(7.4.1.1)

wobei δ_{ij} das Kronecker-Delta ist und

$$S_{ij} = \mu\left[(\partial_{xj}v_i + \partial_{xi}v_j) - \frac{2}{3}\delta_{ij}\sum_{k=1}^{3}\partial_{xk}v_k\right] \quad (i,j = 1,2,3)$$

(7.4.1.2)

den viskosen Spannungstensor meint. Dabei stehen μ für die dynamische Viskosität und g_i für die *i*-te Komponente des Gravitationsvektors. Die wahre physikalische Bedeutung von S_{ij} umschreibt C. A. Truesdell mit den Worten: *„In the continuum theory of fluids this relation stands alone; it is a postulate,... the definition of a model."* [TRUESDELL, C. A. (1984), S. 427].

Die Angaben laut WikipediA machen bereits deutlich, dass es sich bei den NS-Gleichungen auf der Basis einer über 200jährigen Tradition nicht mehr

---

niemals erreicht wurde. Dafür war einfach das verfügbare Wärmeschutzsystem für alle notwendigen Re-entry Manöver viel zu unsicher ausgelegt und gefährdet. [Vgl. STRAUB, D. (2011), S. 41-42].

um Physik im Sinn einer typisch *evolutionären* Fortentwicklung, sondern um ein mathematisches Modell handelt. Dessen Zweck ist weniger im physikalischen Verständnis zu suchen als über die Möglichkeit zu verfügen, zuverlässige und aktuelle *experimentelle* Informationen in ein allgemein bekanntes mathematisches Raster einzufügen. In der Literatur findet man viele Hinweise, für welche Gase und Flüssigkeiten unter welchen Strömungsbedingungen die NS-Gleichungen angewendet werden können: (i) auf *laminare* Fluidströmungen mit Strömungsgrenzschichten und 'innerer Reibung', (ii) auf newtonsche Flüssigkeiten und Gase, (iii) bei der Modellierung *turbulenter* Strömungen mittels *Large Eddy Simulation*, welche die großen Wirbel direkt numerisch zu berechnen erlaubt und erst die kleinen Skalen über ein Turbulenzmodell erfasst. Schließlich (iv) finden die NS-Gleichungen Verwendung für *kompressible* Fluide, die als ideale Gase oder Gasgemische approximiert werden können. Deren Zustandsgleichungen sowie Transportkoeffizienten entsprechend der 'neueren' kinetischen Gastheorie beispielsweise à la *Sydney Chapman* and *David Enskog* oder *Harold Grad*[118] müssen zuverlässige Informationen je über einen ausreichenden Zustandsbereich gewährleisten. Die darin behandelten Prozesse bringen die immer mehr oder weniger vorhandene thermodynamische Irreversibilität der Strömung idealer Gase und Gasgemische zum Ausdruck. So einfach sich die programmatische Aussage dieses letzten Satzes anhört, so sicher führte sie bis jetzt stets zu Missverständnissen. Denn der Satz wird in der Fachliteratur stets so interpretiert, dass der Übergang von den dissipativen NS-Strömungen zu den 'idealen' (d. h. dissipationsfreien) *Eulerschen Bewegungsgleichungen* durch die Forderung nach der Identität $\mu \equiv 0$ für die Viskosität des Fluids bewerkstelligt wird. Eine solche Interpretation ist indes grundlegend unzutreffend, denn für *thermodynamische* Irreversibilitäten gilt – sofern die Physik noch die Mechanik welcher Schule auch immer dominiert – der Zweite Hauptsatz hier im Grenzfall *isentroper* Strömung. Der Umkehrschluss besagt, dass ein von den lokal vorherrschenden *thermi-*

---

[118] Ihre bahnbrechenden Leistungen publizierten die drei Forscher erstmals zwischen 1910 bzw. 1920 und 1958 (H. Grad).

schen Zuständen der Gasströmung jeweils ein bestimmter µ-Wert der Stoffeigenschaft 'Zähigkeit' ohne Grund nie schlagartig zu Null werden kann. In des populären Münchner TV-Professors *Harald Lesch*' bemerkenswerter Vorlesung »Theoretische Hydrodynamik« steht im Kontext mit dem hier geschilderten Problem, zu den Navier-Stokes-Gleichungen zu gelangen, der folgende Hinweis:

> „Die Euler-Gleichung muss geändert werden!
> Ideale Formulierung: $(\partial/\partial t)(\rho v_i) = -(\partial/\partial x_k)\Pi_{ik|ideal}$
> Π_{ik} : Tensor der Impulsstromdichte
> ≡ rein reversible Impulsübertragung
> ≡ mechanische Fortbewegung der verschiedenen Flüssigkeitsteile von Ort zu Ort und die in der Flüssigkeit wirkenden Druckkräfte
> $\Pi_{ik|ideal} = p\delta_{ik} + \rho v_i v_k$.
>
> Die Zähigkeit (innere Reibung) der Flüssigkeit äußert sich im Auftreten einer zusätzlichen *irreversiblen* Impulsübertragung von einem Ort mit größerer Geschwindigkeit an einen Ort mit kleinerer Geschwindigkeit... Eine Strömung, deren Verhalten durch die innere Reibung bestimmt wird, heißt laminare Strömung (im Gegensatz zur turbulenten Strömung). Flüsse oder auch Wasser in Leitungen sind i. A. turbulent! Die Blutzirkulation ist laminar." [LESCH, H., BIRK, G.T. und ZOHM, H. (2009), S. 89 und 91].

Zumindest die Eingangsforderung ist zweideutig. Denn die Euler-Gleichung hat ihre eigene große *historische* und *physikalische* Bedeutung als Ausdruck eines wichtigen Grenzfalls – ohne wenn und aber! Augenscheinlich wird ihre *historische* Funktion den Studenten nicht mehr hinreichend vermittelt, so dass es ihnen schwer fällt, den *mechanistischen* Standpunkt zugunsten einer realistischen Betrachtung der Vielfalt komplexer *thermodynamischer* Irreversibilitäten aufzugeben.

Clifford A. Truesdell war es wieder, der für die neuere Geschichte der Mechanik die notwendigen neuen Akzente setzte und, was die Eulerschen Bewegungsgleichungen betrifft, „insbesondere die gewaltigen Leistungen Eulers" erkannte und zu würdigen verstand:

> „Diese Eulersche Theorie der Flüssigkeiten besitzt eine kaum zu überschätzende Wichtigkeit. Ihre Grundgesetze wurden von *Euler* in Form einiger einfacher und schöner Gleichungen formuliert, die mit knapper Erklärung auf eine Postkarte geschrieben werden könnten. Es ist eine der tiefsinnigsten Seiten des Buches der Natur. Erstens war es die erste Formulierung einer Teilerfassung der

Erfahrungswelt mit Hilfe des Modells des kontinuierlichen Feldes. Zweitens hat die ideale Flüssigkeit als Musterbeispiel oder Ausgangspunkt für viele spätere physikalische Modelle bis in die heutige Zeit gedient. Drittens ist daraus ein ganz neuer Zweig der reinen Analysis entstanden, die Theorie der partiellen Differentialgleichungen. Interessanterweise handelt es sich dabei um verborgene, erst viel später bewiesene Folgerungen der Eulerschen Theorie." [SZABÓ, I. (1979), S. 257].

Wichtig ist ein Hinweis *Truesdells* auf die singuläre Rolle *Eulers* für die Wissenschaftsgescchichte:

„In der Mechanik erscheint *Euler* nicht so sehr als Rechner oder Löser besonderer Probleme, vielmehr als der ingeniöse Schöpfer der Begriffe. Seine großen Leistungen in der Mechanik bilden einen Triumph der mathematischen Denkweise." [SZABÓ, I. (1979), S. 257].

Was bedeutet nun diese Eloge konkret für die heutigen Ingenieurwissenschaften, die bei Strömungsproblemen alle dabei stets auftretenden *thermodynamischen* Irreversibilitäten zu berücksichtigen haben? Die zunächst abstrakt erscheinende Antwort wird aus o. a. Ansatz von *Harald Lesch* et al. sofort klar: Das Gegenteil von dem, was er fordert, ist richtig: Die Euler-Gleichung darf n i c h t geändert werden! Aus einer Bewegungsgleichung, die aus physikalischen Prinzipien abgeleitet wird, und dazu dient, die realen *thermodynamischen* Irreversibilitäten zu beschreiben, muss sich *die Euler-Gleichung als Grenzfall verschwindender Irreversibilitäten* ergeben und zwar unabhängig von den das jeweilige Fluid charakterisierenden Materialeigenschaften wie die Transportkoeffizienten. Das ist die grundsätzliche Lösung des Problems der Beschreibung von *dissipativen* Strömungsprozessen mittels adäquater Bewegungsgleichungen. Sie ist explizit m. W. zuerst von *Dieter Straub* in 1989 für einen konkreten Anwendungsfall in der bemannten Raumfahrt präsentiert [STRAUB, D. (1989), S. 120 f] und acht Jahre später in seinem Hauptwerk eingehend begründet worden [STRAUB, D. (1997), Chapter 6]. Straubs neue Theorie dissipativer Prozesse fußt auf der Alternativen Theorie (AT), die als Fortsetzung der Gibbs-Falk Dynamik (GFD) resultiert. Sie wurde hier in *Kapitel 4* behandelt: Um einen ersten Eindruck von den Problemen – die Herleitung der Bewegungsgleichungen realer Fluide – zu erhalten, sei zunächst an die dortigen detaillierten Darlegungen der AT erinnert. Die Schlüsselfunktion nimmt eine neue

Größe ein, die sogenannte Dissipationsgeschwindigkeit φ, die als Vektordifferenz von lokalem spezifischem Impuls **i** und lokaler Strömungsgeschwindigkeit **v** definiert ist und im *isentropen* Grenzfall der Strömung identisch verschwindet. Gleichung (4.3.5.2) – sicher eines der Hauptresultate der AT – bestätigt die originale mathematische Struktur des bekannten Cauchyschen Spannungstensors, gibt ihm gar physikalischen Sinn: Er erweist sich als *dyadisches* Produkt aus lokaler Strömungsgeschwindigkeit **v** und lokaler Dissipationsgeschwindigkeit φ.

> „... Ach die Gewohnheit ist ein lästig Ding,
> Selbst an Verhasstes fesselt sie."
> - Franz Grillparzer, Sappho IV, 3. (1818) – [zit. In: BLÖSS, CH. (2010), S. 2] –

7.4.2 Eulers Bewegungsgleichung als integraler Teil der MM zur Leistungsberechnung der SSME

Um die Relevanz des *isentropen* Grenzfalls und damit der AT zu skizzieren, soll kurz auf den erwähnten „konkreten Anwendungsfall in der bemannten Raumfahrt" eingegangen werden.

Beim Einsatz der Space-Shuttle-Flotte, hatte die NASA zwischen 1969 und 1982 jahrelang große Sicherheitsprobleme bei Tests und beim Betrieb der SSME – der **S**pace-**S**huttle-**M**ain-**E**ngine. Sie resultierten aus der vorliegenden Unsicherheit über die *wahren* Brennkammertemperaturen im Vergleich zu den aus dem *Gutachten eines namhaften US-Konzerns* vorhergesagten Temperaturwerten. Durch seine neuartige Berechnungsmethode, die in STRAUB, D. (1989) [S. 65-99] erläutert wird, ermittelte der *Konzerngutachter* Temperaturwerte, die beim Referenztriebwerk J-2 um über 600°C niedriger liegen sollten als jene 'adiabatic flame temperatures', die auf konventionelle Weise mittels des sogenannten Lewis-Code der NASA berechnet werden konnten [vgl. STRAUB, D. (1989), S. 89]. Diese markante Temperaturdifferenz war völlig inakzeptabel, bedeutete sie doch die totale Unkenntnis des wahren Leistungsvermögens der SSME. In der Öffentlichkeit wurde das Problem nie thematisiert. Interessanterweise berichtete *Richard Feynman* im Kontext zur Challenger-Katastrophe 1986 über diese Unsicherheit ob der damit drohenden Überhitzung bzw. Leistungsverminderung der SSME und ständig verbunden mit dem, was ihm dazu „die Ingenieure des Jet Propulsion Lab der NASA in Pasadena als jahrelangen Alptraum erzählt hatten." Konkrete Abhilfe war damals offenbar nicht in Sicht.[119] Schließlich wurde 1983 Professor *Straub* durch Mitarbeiter des Marshall Space Flight Center (MSFC) nach Huntsville, Al um fachliche Hilfe gebeten.

Im Februar 1985 auf einem nur für geladene Teilnehmer organisierten Workshop trug Prof. D. Straub seinen Lösungsvorschlag vor, den er mit seinen Münchner Mitarbeitern im Auftrag des Bundesministeriums für Forschung und Technologie (BMFT) in *vorläufiger* Form ausgearbeitet hatte. Diese »Münchner Methode« (MM) wurde von einem kleinen Gremium der anwesenden Workshop-Experten – einschließlich einflussreicher NASA-Wissenschaftler – einstimmig an Stelle aller bisher in den USA praktizierten Berechnungsmethoden als Lösungsverfahren akzeptiert und seine Verwendung empfohlen [vgl. STRAUB, D. (2011), S. 62, 80-81, 83].

Einige NASA-Manager hielten sich indes nicht an diese Empfehlung, sondern beauftragten die Autoren und 'Monopolverwalter' des im Westen als 'Bibel' benutzten Lewis-Code NASA SP-273 (1976)[120], so rasch wie möglich ein *NASA-Memorandum* unter Beachtung von Straubs Ausführungen, jedoch in eigener Regie zu erstellen. Gleichzeitig wurde einer der Hauptautoren des NASA-Lewis-Code beim US-Verlagsrepräsentanten des Schweizer Birkhäuser Verlags vorstellig, um das Erscheinen von Straubs 'Raketentriebwerksbuch' zu verhindern oder zumindest den Autor persönlich an den Pranger zu stellen. Bei diesem Gespräch nahm der hochrangige Denunziant

---

[119] Jedenfalls nicht für Außenstehende. Tatsächlich betrieben NASA und die an der Entwicklung der SSME beteiligten Konzerne einen großen Aufwand, um einen sicheren Betrieb und wiederholten Einsatz des Shuttle ("The original life requirement was for 100 missions and 27,000 seconds, including 6 exposures at the 'Emergency Power Level' of 109 percent.") zu gewährleisten. Vgl. dazu: "Space Shuttle Main Engine, The First Ten Years," Part 1 to 10 by Robert E. Biggs, pp. 69-122. Copyright © 1992 by American Astronautical Society.

[120] Dabei handelt es sich um ein umfangreiches Dokument, zu dem das *Glenn Research Center* der NASA folgendes vermerkt: *"The NASA Computer program CEA (Chemical Equilibrium with Applications) calculates chemical equilibrium compositions and properties of complex mixtures. Applications include assigned thermodynamic states, theoretical rocket performance, Chapman-Jouguet detonations, and shock-tube parameters for incident and reflected shocks."*

selbst ein 'Eigentor' in Kauf, in dem er den absurden Vorwurf erhob, Straub wisse wohl nicht, dass nicht nur für die NASA, sondern für die ganze USA schon lange der »Zweite Hauptsatz der Thermodynamik« nicht mehr gelte! Dieser nicht nachvollziehbare Affront ist in einem FAX vom 28.03.1989 dokumentiert. Darin berichtete der Bostoner Repräsentant seinem Schweizer Mutterverlag von diesem Gespräch; wörtlich hieß es dabei:

> "The USA does not traditionally use 2nd Law thermodynamic analysis though other countries do" – "NASA is the strongest opponent to 2nd Law analysis (spokesman for which is NN at NASA Lewis), but they do not build rockets and are not fully influential in what the manufacturing companies will do." [STRAUB, D. (2011), S. 67].

Motive für den fünf Jahre dauernden Konflikt finden sich in einem aufschlussreichen Buch in Form des Dialogs zwischen Tim Boson und T. S. W. Salomon (beides Pseudonyme). Von besonderem Interesse sind die in diesem Dokument angesprochenen fachlichen und politischen Probleme und Perspektiven im Kontext mit der jüngst beendeten Phase der von der NASA gesteuerten, jedoch vom militärisch-industriellen Komplex der USA stets dominierten *bemannten* Raumfahrt. Aus gegebenem Anlass soll zum Abschluss des Unterkapitels 7.4.2 hier kurz die MM kommentiert werden.

Die MM ist speziell auf Hochleistungsraketentriebwerke vom SSME-Typ zugeschnitten. Sie ist für solche Raketenmotoren deshalb besonders gut geeignet, weil dieses Aggregat als thermodynamisches System mit je einer fixen *minimalen* und *maximalen* Systemtemperatur T_{min} und T_{max} beschrieben werden kann. Mit Werten z. B von T_{min} = 20 K für den Flüssig-Wasserstoff und von T_{max} = 3612 K für die stationäre Verbrennungstemperatur des LH2-LOX-Gemisches in der Brennkammer resultiert ein optimaler Carnot-Wirkungsgrad von 0,9945 für das gesamte Brennkammer-Lavaldüsen-System.

Der Motor läuft somit faktisch mit einem thermischen Wirkungsgrad von Eins. Folglich arbeitet der Raketenmotor trotz vieler *lokaler* Irreversibilitäten z. B. beim Verbrennungsprozess des Flüssig-Wasserstoff-Sauerstoff-Gemisches theoretisch optimal, d. h. äquivalent einem *idealen Vergleichsprozess* ICP zwischen Einspritzvorgang des Brennstoffs (LH), *Zündung* mit dem Oxidator (LOX) in der (1) zylindrischen Brennkammer und *Strömung* des Reaktionsgemisches bis zum (2) Eintritt in die Lavaldüse, *Zwangsbedingung* (Ma ≡ 1) für die lokal *reaktive* Gasströmung im (3) Düsenhals und umgebungsbeeinflussten *Verdichtungsstößen* im (4) Düsenaustritt. Zur bloßen Anschauung genügt auch ein *Staustrahltriebwerk* (s. Abbildung)[121].

Bei der SSME entfällt der ganze Einlass- und Verdichtungsteil. Der Oxidator wird unter hohem Druck zusammen mit dem Treibstoff in die Brennkammer eingebracht und gezündet. Vier 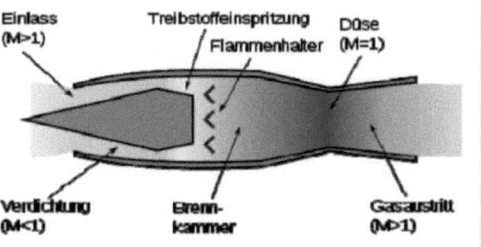 Querschnittsflächen A: (1) konstantes A_{BK} der Brennkammer bis zum Düseneintritt (2) Düseneintrittsquerschnittsfläche $A_1 = A_{BK}$; (3) engster Düsenquerschnitt A_e (4) Düsenaustrittsquerschnittsfläche A_4.

Laut WikipediA (Stand: 16. Mai 2012) gehörten die SSMEs zu den leistungsfähigsten Triebwerken

> „... in der Geschichte der Raumfahrt. Jedes Triebwerk produzierte über 2000 kN Schub. In der Brennkammer betrug die Temperatur ca. 3300 °C. Durch Turbopumpen wurde der Treibstoff mit ca. 450 Bar und der Oxidator mit ca. 300 Bar zur Brennkammer gefördert... Jeder Orbiter war mit drei Haupttriebwerken ausgerüstet, deren Brenndauer beim Start ca. achteinhalb Minuten beträgt. Für die weitere Mission wurden die SSMEs abgeschaltet. Zum Manövrieren in der Umlaufbahn verwendete die US-Raumfähre das Reaction Control System sowie das Orbital Maneuvering System."

Um das bis 1985 andauernde – und heute noch nicht aufgearbeitete – Problem der NASA-Ingenieure und -Missionsmanager mit den für die Auslegung und den Betrieb der SSMEs maßgeblichen Brennkammertemperaturen überhaupt zu verstehen, muss man den wissenschaftlich-technologischen Status quo in jenen Jahren berücksichtigen. Folgendes Zitat dürf-

---

[121] Die Münchner Methode (MM), wie sie in Straubs Raketentriebwerksbuch dargestellt ist [STRAUB, D. (1989), S. 133f.] wurde durch Stefan Dirmeiers Dissertation (1993) ergänzt: *„Thermofluiddynamik des idealen Vergleichsprozesses für Staustrahltriebwerke mit und ohne Kühlung".* [DIERMEIER, S. (1993)]

te dazu einige aufschlussreiche, aber sicher auch überraschende Informationen beitragen:

> „Der *spezifische* Vakuumimpuls I_E^{vac} (am Austrittsquerschnitt *E*) eines Raketenmotors ist die ‚heilige Kuh' der Raketenmotor-Ingenieure. Sie ziehen aus ihren Erfahrungen Schlüsse. Erwartungsgemäß reduzierte sich der I_E^{vac} um 1,4 Sekunden. Durch Verbesserung des Hauptinjektors konnten davon 0,4 Sekunden zurück gewonnen werden. Um den restlichen verlorengegangenen spezifischen Impuls zu kompensieren, wurden die Triebwerke für 104,5 % Leistung zertifiziert. Die Münchner Methode [MM] zeigt dazu konträr *drei* wichtige Erkenntnisse:
>
> (1) Das Ergebnis der Rocketdyne-Ingenieure basiert auf Rechnungen der *klassischen Gasdynamik;* sie sind deshalb für Raketenmotoren mit chemischer Verbrennung unzutreffend.
>
> (2) I_E^{vac} ist von der *Treibstoffpaarung* und ihrem *Mischungsverhältnis*, aber nicht von der gewählten idealtypischen Konfiguration des Raketenmotors abhängig. Letztere hat einen signifikanten Einfluss auf den *Massenstrom* $\dot{m}$ [in kg/s] und den *Vakuumschub* F_E^{vac} [in kN] am Düsenendquerschnitt *E*. Der Zusammenhang zwischen den drei Größen lautet $g_0\, I_E^{vac} = F_E^{vac} / \dot{m}$; die Konstante g_0 bezeichnet die Erdbeschleunigung auf See-Höhe Null.
>
> (3) Die Kenntnis a l l e i n von I_E^{vac} erlaubt demnach keineswegs die Beurteilung der optimal möglichen Leistung des untersuchten Triebwerks! Um für letztere einen stimmigen, ergo *konsistenten* Wert zu erhalten, benötigt man zusätzlich die unabhängige Information über $\dot{m}$ als so genanntem Eigenwert."
> [STRAUB. D. (2011), S. 57].

So wird vor allem Item (3) relevant. Um die konsistente, d. h. *optimale* Triebwerksleistung zu erhalten, müssen (i) die o. a. Voraussetzungen für den ICP gelten und (ii) die *geometrischen* Daten der idealtypischen Konfiguration des Raketenmotors bekannt sein. M. a. W.: Die Werte seiner o. a. vier Querschnittsflächen A_{BM}, A_1, A_e, A_4 als die idealtypischen *geometrischen* Daten des Triebwerktyps müssen zusammen mit dem Förderdruck und Massenstromverhältnis von Brennstoff und Oxidationsmittel vorgegeben werden. Erst damit sind Schub F_E^{vac} und Durchsatz $\dot{m}$ als die eigentlichen Zielgrößen jeglicher Leistungsrechnung eindeutig bestimmt. Es ist nun für die Geschichte der SSME aufschlussreich, dass es im eingangs erwähnten *Konzerngutachten* durch

> „die Einbeziehung der gewählten idealtypischen Konfiguration des Raketenmotors genau um diese Zusammenhänge geht! Es ist evident, dass die Rocketdy-

ne-Ingenieure davon im Jahr 1980 nichts wussten. Die verantwortlichen Ingenieure des MSFC zwar auch nicht, aber sie wussten von der Existenz des Konzerngutachtens, jedoch nicht, ob es korrekte Aussagen liefert. Welche Konsequenzen sich daraus im Einzelnen am MSFC und speziell für die Rocketdyne-Teams ergaben – darüber ist bis heute so wenig bekannt,... Erstaunlicherweise gab es [zum Konzerngutachten] keine Inhouse-Expertise des MSFC... [Dort suchte man] seit 1980 nach geeigneten US-Experten. Das Ergebnis war...angeblich gleich Null." [STRAUB. D. (2011), S. 58].

In seinem Raketentriebwerksbuch verweist der Autor *D. Straub* bei der kritischen Analyse des Konzerngutachtens auf die Ursprünge der *Münchner Methode* (MM):

"The fundamental elements of the Alternative Theory (AT) serve as the basis for the set of premises used for the Munich Method (MM). The method's aim is the assertible representation of a thermodynamic ideal comparative process for relaxing flows (ICP)." [STRAUB, D.(1989), S. 133].

Der Ausdruck „Idealisierter Vergleichsprozess" setzt bei der MM zwei *Elemente* voraus, die dem Entwurf eines Raketenantriebs anschaulichen Sinn verleihen, gar seinen Zweck garantieren:

„Das *erste* Element betrifft den *Antrieb* selbst, d. h. jene Charakteristika, die ihn auf den *Satz* der seine Funktion definierenden *geometrischen* Parameter reduzieren. Gemeint sind die Durchmesser von Brennkammer, Düseneintritt, -hals und -austritt – kurz: sein *Design*... [Die Parameter] dienen dabei nicht dazu, die *reale* dreidimensionale Strömung reaktiver Gase eines Raketenmotors (RE) durch eine stationäre eindimensionale Stromfadentheorie approximativ zu simulieren.

Das *zweite* Element betrifft die Funktionsweise: Dabei interessieren die im *Antrieb* zur Erfüllung seines Zwecks ablaufenden *realen* physiko-chemischen und strömungsmechanischen Prozesse. Sie betrifft besonders jene physiko-chemischen Prozesse, die im *ganzen* Antrieb virtuell ablaufen könnten, falls man

(1) sie in geordneter Folge auf die charakteristischen Daten des Designs beziehen und

(2) voraussetzen darf, dass sie ausnahmslos *isentrop* – d. h. völlig verlustfrei – ablaufen.

Gibt es denn ein *formales* Verfahren, um die *geforderte* Isentropie begründen, gar gewährleisten zu können? Ja, und zwar nur in der Thermodynamik [infolge des Carnot-Prinzips]! Die einschneidende Bedingung besteht darin, dass sich die MM nur für einen solchen Flugmotor anwenden lässt, der ein Design in der genannten Art gestattet. Vor allem aber muss er [als Carnot-Maschine] die thermodynamischen Bedingungen erfüllen, die für die unter Item (2) *geforderte Voraussetzung* notwendig und hinreichend sind. Bei Raketenantrieben vom Typ der SSME ist das der Fall, auch bei Ramjets, also bei gewissen *Staustrahlantrieben (SST) mit Unterschallverbrennung,* die für die Verwendung in Kombinationsantrieben prädestiniert sind." [STRAUB, D. (2011), S.129].

Was macht aber das *Carnotsche Prinzip* für die MM so bedeutsam? *G. Falk* stellt in der GFD dieses Prinzip in seiner wissenschaftlichen und praktischen Relevanz auf das Level aller Hauptsätze der Thermodynamik. Und er konstatiert in seinem Hauptwerk (1990):

„Entscheidend ist, »dass Carnots Theorie imstande ist, die Irreversibilität realer Vorgänge sogar quantitativ zu fassen« (S. 164). Damit ist gemeint, »dass Irreversibilitäten sich stets und ausschließlich in der Verletzung der Entropie-Erhaltung äußern« (S. 195)." [STRAUB, D. (2011), S.130].

Gewiss ist das *Carnotsche Prinzip* (CP) von nicht zu überschätzender Bedeutung für alle Naturwissenschaften einschließlich der Medizin. Dass es in der *mechanistischen* Physik keinen Platz findet, stellt vielleicht deren größtes Manko dar. Speziell im Fall von Raketenantrieben bei bemannter Raumfahrt bietet das CP die Gewähr dafür, sichere Aussagen zu den intern auftretenden Temperaturen der reaktiven Gase und gleichzeitig über die erforderlichen zugeordneten Motorleistungen machen zu können.

Um diese Art von Lebensversicherung ging es letztlich bei der Frage, inwieweit die diesbezüglichen Aussagen des o. a. *Konzerngutachtens* verlässlich waren. Dass sie es n i c h t waren, hing auch am Konzerngutachter. Er übersah, dass sich mit der konkreten Vorgabe des Designs die gesamte Auslegung des Raketenantriebs grundlegend verändert:

„Beispielsweise resultiert aus der Definition der Designpositionen (Element I der MM), dass sich ein so genanntes *Eigenwertproblem* ergibt. Es hat zur Folge, dass der Massendurchsatz $\dot{m}$ des Antriebs nicht frei vorgegeben werden kann. Sein Wert muss iterativ berechnet werden und zwar gekoppelt mit der chemischen Zusammensetzung der den Schub generierenden Verbrennungsgase, deren Zustandsgrößen sich entlang der Strömung verändern. Wie auch der Laie nachvollziehen mag, ist darin ein für die Raketenfunktion zentrales Problem verborgen: Worin unterscheidet sich die Einstellung von chemischen Gleichgewichten in einer reaktiven Strömung gegenüber dem Standardfall für ein ruhendes Gasgemisch bei bekannten Werten von Druck und Temperatur?

> Die Lösung wurde erstmals im Rahmen der AT in Straubs Raketentriebwerksbuch (1989, S. 134-138) explizit angegeben und kommentiert...Im Gegensatz dazu ist die theoretische Basis in Bezug auf das zentrale Anliegen des NASA-Lewis-Code 'Chemical Equilibrium with Applications' von Beginn seiner Entwicklung an [S. GORDON, ET ALII 1959] weder begrifflich adäquat noch strömungsmechanisch-thermodynamisch korrekt formuliert. Das Manko beginnt damit, dass ein großer numerischer Aufwand bei der Berechnung komplexer chemischer Gleichgewichte in Multikomponenten-Gasgemischen mit der *simpelsten* Form reibungsfreier *Stromfadentheorie* gekoppelt wird, um die Strömungsprozesse in Raketenmotoren miteinzubeziehen." [STRAUB, D. (2011), S.132].

Die vom MSFC-Management ohne Rücksprache mit Prof. Straub und in offensichtlicher Konkurrenz zur MM durchgesetzte 'Erweiterung' der 1985er Standardform des NASA-Lewis-Code erfolgte im April 1988. Es handelt sich um ein schmales Heft, das *NASA Technical Memorandum 100785* von *S. Gordon & B. J. McBride* mit dem Titel *"Finite Area Combustor Theoretical Rocket Performance"*. Abweichend vom NASA-Lewis-Code kann deren zylindrische Brennkammer mit *unendlich* großem Durchmesser jetzt gegen eine Brennkammer mit *endlicher* Querschnittsfläche ausgetauscht werden. Dazu stellen die Autoren apodiktisch fest:

> "This results in a stagnation pressure drop from the injector face to the end of the combustion chamber." [STRAUB, D. (2011), S.133].

Umso erstaunlicher klingt die anschließende Begründung für die Ursache dieses "pressure drop", welche die gesamte Abhandlung zur Makulatur werden lässt: Die Autoren erklären den Druckabfall keineswegs durch die voneinander abweichenden Gasgeschwindigkeiten infolge unterschiedlicher Durchmesser von Brennkammer und Eintrittsöffnung der angeflanschten Lavaldüse; sie deklarieren ihn als *dissipativen* Effekt der *nichtisentropen* Verbrennung in der Brennkammer des Raketenmotors.

Bereits diese Interpretation macht deutlich, dass das NASA-Memorandum von 1988 den im Februar 1985 erzielten Workshop-Beschluss unterlaufen sollte, die geforderte Finite-Area-Correction des NASA-Lewis-Code nach dem Konzept der MM vorzunehmen und zwar als Konsequenz des Carnot-Prinzips speziell für Raketenmotoren vom SSME-Typ. Die Art dieser Manipulation, deren Zweck ausschließlich darin bestand, eine *geometrische*

Option zum originalen CEA-Programm der NASA anzubieten, ist freilich demaskierend; ihr Zweck erschließt sich unmittelbar aus dem NASA-Memorandum 1988:

> "for calculating rocket performance based on the assumption of adiabatic, but non-isentropic combustion in a finite area combustor (FAC) followed by isentropic expansion." (NASA 1988, p.1/2).

Genau diese Reihenfolge 'non-isentropic ⇨ isentropic' ist indes mit der Stromfadentheorie, die dem CEA-Programm der NASA zugrunde liegt, physikalisch nicht vereinbar. Deren Fundamente sind *isentrope* Zustandsänderungen, die zur Folge haben, dass das Strömungsfeld *wirbelfrei* ist. Folglich gilt stets der Kelvinsche Wirbelsatz; er besagt, dass die sogenannte Zirkulation auf beliebigen geschlossenen materiellen Linien *zeitlich* invariant ist:

> „Ist die Strömung wirbelfrei, so bleibt sie *für alle Zeiten* wirbelfrei. Im Umkehrschluss heißt das aber, dass für den Fall einer *isentropen* Düsenströmung bereits die Strömung in der Brennkammer als *wirbelfrei* vorausgesetzt werden muss – ganz im Einklang mit der Stromfadentheorie! Dann aber darf entgegen der Voraussetzung von *S. Gordon & B. J. McBride* die reaktive Brennkammerströmung keineswegs als »*adiabatic, but non-isentropic*« angenommen werden (NASA 1988, p.1) Damit aber hängt das ›NASA Technical Memorandum 100785‹ theoretisch völlig in der Luft." [STRAUB, D. (2011), S.133-134].

Dieser Sachverhalt hat sich bis heute – d. h. nach Abschluss der Spaceshuttle-Ära Mitte 2011 – nicht geändert. So verbleibt das Memorandum 100785 von 1988 bestenfalls als Beleg, um an eine 15jährige(!) quälende Phase der SSME-Geschichte zu erinnern: Seit 1969 lag dem MSFC das optimistische Fachgutachten eines der NASA eng verbundenen US-Konzerns über neue Methoden zur Berechnung des Zusammenhangs zwischen Triebwerksleistung und korrespondierender thermischer Belastung einer SSME vor. Bis 1985 vermochten die Verantwortlichen des MSFC nicht zweifelsfrei zu entscheiden, ob das Fachgutachten unerwartet neue Chancen für das Missionsspektrum der SSME oder eine tödliche Bedrohung für den Shuttle verhieß.

Die konkreten Gefahren durch dieses Damoklesschwert wurden auf dem Workshop 1985 in Huntsville durch den kritischen Beitrag von Prof. Straub zu den Kernthesen des Konzerngutachtens entschärft. Die vom Veranstalter des Workshops eingesetzte Expertenkommission verwarf umgehend das Gutachten einstimmig und in Gänze. Erst durch diese von der NASA akzeptierte Entscheidung wurde die Gefahr einer – bis dahin von offensichtlich zahlreichen mehr oder weniger eingeweihten US-Wissenschaftlern bei jedem Shuttle-Start befürchteten – Explosion einer SSME faktisch beendet. In *Richard Feynmans* Sondervotum von 1986 für die 'Roger-Kommission' zur regierungsamtlichen Untersuchung der Challenger-Katastrophe werden diese Alpträume ausdrücklich in Erinnerung gerufen [vgl. dazu STRAUB, D. (2011), S. 26].

Es bedarf wohl keiner weiteren Ausführungen zu der Feststellung, dass die Alternative Theorie (AT) zumindest für diesen Spezialfall einer durch das Carnot-Prinzip dominierten Anwendung, wie sie sich bei Raketenmotoren vom Typ der SSME realisieren lässt, in Form der *Münchner Methode* ihre Bewährungsprobe bestanden hat.[122]

Die AT als allgemeine Fortschreibung der GFD für *irreversible* Veränderungen liefert natürlich auch für die kinetische Theorie solcher Prozesse eine Reihe grundlegender Aussagen, die in der vorliegenden Studie dargelegt werden.

---

[122] In Straubs Raketentriebwerksbuch liegt eine unzulässige Vernachlässigung vor [STRAUB, D. (1989). S. 146]. Zur Beseitigung des in der Originalfassung der MM auftretenden Entropiefehlers war es erforderlich, den komplexen Gleichgewichts-Chemismus des eingesetzten Treibstoff-Oxidator-Gemisches eines Raketenmotors korrekt miteinzubeziehen. *„Hierzu mussten die ursprünglich verwendeten – nur für einen Spezialfall chemischer Reaktionen streng geltenden – analytischen Beziehungen zur Berechnung der partiellen Ableitungen der Reaktionslaufzahlen nach Druck bzw. Temperatur durch lineare Gleichungssysteme ersetzt werden. Deren Formulierung gestattet jetzt eine einheitliche Behandlung aller möglichen Gleichgewichtsmechanismen idealer Gasreaktionen."* [DIRMEIER, S. (1993), S. 90].

> *„Zeit ist so definiert, dass Bewegungen einfach aussehen."*
> - JOHN ARCHIBALD WHEELER – [Zitat in: UNZICKER, A. (2012), S. 81]

7.4.3 Die Boltzmann-Gleichung und das H-Theorem: Konsequenzen für die Dynamik verdünnter Gase und den Entropiebegriff[123]

Anhand eines paradigmatischen Beispiels moderner Antriebstechnik in der Raumfahrt erweist sich im Unterabschnitt 7.4.2 die *praktische* Bedeutung der *Eulerschen Bewegungsgleichung* als *Grenzgesetz* für die Bewegungsgleichungen *reaktiver* Fluide – z. B. vom Typ der Navier-Stokes-Gleichungen. Letztere gehören zu den komplexesten *realen* Stoffsystemen, d. h. sie sind der Beleg dafür, dass es in der Natur per se nur kompressible Fluide gibt, eine Voraussetzung, die z. B. in der *mathematischen Physik* in aller Regel außer Acht gelassen wird!

Der universelle Trend zum *Grenzgesetz* ist die mathematische Konsequenz der *Alternativen Theorie* (AT) für *verschwindende* Dissipationsgeschwindigkeiten φ und folgt eben nicht aus zu Null gesetzten Viskositätskoeffizienten *inkompressibler* Fluide [vgl. Kapitel 4]. Inkompressibilität gehört indes zu jenem mathematischen Modell zur Beschreibung von *reibungsfreien* Fluiden, einem Modell, wie es in den letzten Jahrzehnten in weltweit verteilten renommierten Zentren der *mathematischen Physik* Mode geworden ist und unter anderem in einer Auffassung ganz anderer Art über die *Eulergleichung* resultiert. In diesem Kontext werden viele Papers – dazu überwiegend von jüngeren Mathematikern – präsentiert und nach der obligatorischen "double blind peer review" günstigstenfalls mit der seit 1936 alle vier Jahre verliehenen Fields-Medaille ausgezeichnet.

Dem Vorbild des kürzlich erschienenen Buchs von *Cédric Villani* folgend – einem der letzten vier Träger der Fields-Medaille – sollen die *physikalischen* Grundlagen einiger typischer Papers im gebotenen Umfang dargelegt werden. Dabei soll es hier zunächst nur darauf ankommen, im konkreten

---

[123] Die Unterkapitel 7.4.3 und 7.4.4 wurden von Prof. J. Gwinner angeregt und mit Anweisungen von Prof. D. Straub ausgearbeitet. Auch an dieser Stelle ein herzlicher Dank.

Einzelfall die vom betreffenden Autor gewählte physikalische Basis für sein Problem vorzustellen und zu kommentieren. Darüber hinaus werden die Lösungen verbal kurz dargelegt und dann im Vergleich zu dem in der vorliegenden Studie vertretenen physikalischen Standpunkt kritisiert. Details des eingesetzten und oft die Hauptsache der Problemlösung bildenden *mathematischen Apparats* können dagegen kein Objekt dieser Untersuchung sein. So ein Verfahren liegt schon deshalb nahe, weil die hier interessierende Problematik stets dieselbe ist und sich hinter ihrer gewählten physikalischen Basis verbirgt – der berühmten *Boltzmann-Gleichung* (BG - 1872), aus der z. B. die grundlegenden gasdynamischen Gesetze wie die Euler-Gleichungen (EuG) abgeleitet werden.

Bevor wir auf die BG eingehen, möchte ich allerdings noch einige charakteristische *mathematische* Eigenschaften der EuG kurz anführen, die zum eisernen Bestand der heutigen Fluiddynamik gehören. Den zentralen Teil der EuG bildet der *Impulssatz* der klassischen Mechanik. Können äußere Kräfte außer Acht bleiben, so lautet seine differentielle Form

$$\frac{\partial \mathbf{v}}{\partial t} + (\mathbf{v}\cdot\nabla)\mathbf{v} + \rho^{-1}\nabla p = \mathbf{0} \qquad (7.4.3.1)$$

wobei **v** für den Geschwindigkeitsvektor steht; weiterhin markieren ϱ die Massendichte, p den Druck, x den Ortsvektor, t die lokale Zeit und ∇ den Nabla-Operator. Die EuG sind ein System nichtlinearer partieller hyperbolischer Differentialgleichungen 1. Ordnung. Auch bei glatten Anfangsdaten können nach endlicher Zeit Unstetigkeiten auftreten, die sich als Verdichtungsstöße auswirken. Unter üblichen Voraussetzungen ($\varrho, p \geq 0$) existieren glatte Lösungen, sofern sie sich als eine Art Verdünnungswelle ausweisen. Im stationären Fall sind die EuG je nach Machzahl elliptisch oder hyperbolisch. Die Eigenwerte der EuG ergeben sich als die korrigierte Geschwindigkeit $\mathbf{v}_n$ in Normalenrichtung plus minus ($\pm$) c (Schallgeschwindigkeit). Damit sind die EuG zusammen mit der Zustandsgleichung für ideale Gase im eindimensionalen Fall strikt hyperbolisch – im Gegensatz zum mehrdimensionalen.

Wenn wir uns nun der *Boltzmann-Gleichung* zuwenden, so sollte sich der Leser an ihre extrem umstrittene Entstehungsgeschichte in einer Zeit erinnern, welche durch die mathematische Physik auf der Basis der klassischen Mechanik im subtilen Gewand der Hamilton-Jacobi-Theorie geprägt war, indes auch durch die rasant fortschreitende industrielle Revolution herausgefordert wurde. In einem kurzen Aufsatz anlässlich der Verleihung der Fields-Medaille an den französischen Mathematiker *Cédric Villani* umriss der Autor *Felix Otto* die ganze Problematik dieser Entstehungsgeschichte wie folgt

> "Was ist der Ursprung und das Wesen von Reibung in Flüssigkeiten, Gasen und Plasmen? Diese Frage ist gleichsam [nicht nur] von philosophischem Interesse: Obwohl die einzelnen Partikel, z. B. Gasmoleküle oder Elektronen, der zeitumkehrbaren Newtonschen Mechanik (oder gar der Quantenmechanik) genügen, verhält sich das gesamte Medium effektiv so, als wäre die Zeit nicht umkehrbar... Aus mathematischer Sicht stellt sich die Frage wie folgt: Wie entstehen aus einem zeitumkehrbaren (riesigen) System von gewöhnlichen Differentialgleichungen ein effektiv irreversibles Verhalten für gemittelte Größen?" [OTTO, F. (2011), S. 24].

Dieser seit Galileis Zeiten virulente Fragenkomplex bildet das Urmotiv für die Aufstellung der *Boltzmann-Gleichung* (auch als Boltzmannsche Transportgleichung bezeichnet). Sie ist anscheinend noch heute die grundlegende Integro-Differentialgleichung der kinetischen Gastheorie und z. B. laut WikipediA auch der Nicht-Gleichgewichts-Thermodynamik.

Charakteristisch für *Ludwig Boltzmanns* Denkweise ist die Priorität der Zielsetzung seiner Integro-Differentialgleichung, nämlich den Nachweis von *irreversiblem* Verhalten in der Zeit zu erbringen.

Dazu konstruierte er die berühmte Formel $S = k \cdot \ln W$. In seiner Sammlung der 13 schönsten mathematischen Formeln platzierte *T. Jüstel* sie an erster Stelle zusammen mit seinem Kommentar:

> „Die Boltzmann-Gleichung beschreibt den Zusammenhang zwischen der thermodynamischen Zustandsgröße Entropie S eines physikalischen Systems in einem gewissen Makrozustand und dem natürlichen Logarithmus der statistisch bestimmten *thermodynamischen Wahrscheinlichkeit* W des dazu gehörigen Mikrozustandes. Dabei ist k die Boltzmann-Konstante (k = $1{,}38 \cdot 10^{-23}$ J K^{-1}). Die Boltzmann-Gleichung deutet somit die Entropie als ein Maß für die *thermody-*

namische Wahrscheinlichkeit eines Zustands bzw. den *Grad der Unordnung.*"
[JÜSTEL, T. (2013), S. 1]

Diese Formel belegt unmittelbar eine wichtige Bemerkung *Ilya Prigogines* zu Boltzmanns Physik. Prigogine stellte fest:

> „Zunächst muss betont werden, dass die Boltzmannsche Betrachtungsweise über die Dynamik hinausreicht; sie verwendet eine bemerkenswerte Mischung von dynamischen und wahrscheinlichkeitstheoretischen Begriffen." [PRIGOGINE, I. (1988), S. 167].

Und er ergänzte:

> „In seinen »Leçons de Thermodynamique« von 1892 ging Poincaré des näheren auf die Beziehung zwischen dem Zweiten Hauptsatz und der klassischen Dynamik ein. Dabei wird Boltzmann nicht einmal erwähnt! Zudem kommt er zu der kategorischen Folgerung: *Thermodynamik und Dynamik sind unvereinbar.* Er stützt seine Schlussfolgerung auf eine kurze Abhandlung, die er zuvor (1889) veröffentlicht hatte und in der er bewies, dass es im Rahmen der Hamiltonschen Dynamik keine Funktion der Ortskoordinaten und Impulse geben kann, welche die Eigenschaften einer Ljapunow-Funktion haben würde.
>
> Wie B. Misra vor kurzem zeigte, bleibt diese Folgerung auch im Rahmen der Ensembletheorie gültig. [Das Poincaré-Misra-Theorem] ist deshalb bedeutsam, weil es nur zwei Auswege lässt. Entweder kommen wir mit Poincaré zu dem Schluss, dass es eine dynamische Interpretation des zweiten Hauptsatzes nicht gibt. Die Irreversibilität beruht dann auf zusätzlichen phänomenologischen oder subjektivistischen Annahmen, auf 'Fehlern'... Lebewesen... wären dann gewissermaßen auch 'Fehler'." [PRIGOGINE, I. (1988), S. 167].

„Glücklicherweise gibt es noch eine Alternative" (Dto.). Der Leser sei auf den neueren Aufsatz von N. Suciu and A. Georgescu verwiesen [SUCIU, N. and GEORGESCU, A. (2002)]. Ich will indes diese Option hier nicht weiter verfolgen, zumal eine solche „zusätzliche phänomenologische Annahme" durch den in der vorliegenden Studie präsentierten GFD/AT-Theorienkomplex verfügbar ist.

Ein Problem ist allerdings offensichtlich: Einerseits kann man die dezidierten Einwände von *Poincaré* und *Prigogine* gegen Boltzmanns Dynamik nicht einfach außer Acht lassen. Andererseits genießt letztere unter den Spezialisten der Mathematischen Physik neuerdings, d. h. seit den 1990er

Jahren eine erstaunlich hohe Akzeptanz. Warum ist das so? Erste Antworten sollen hier versucht werden.

Folgt man den Ausführungen F. Ottos, so scheint es so,

> „als wäre die Boltzmann-Gleichung ein getreues Abbild der Newtonschen Mechanik – nur auf einer anderen Beschreibungsebene: Statt den Zustand durch die Positionen $\{x_i\}_{i=1,...,N}$ und die Geschwindigkeiten $\{v_i\}_{i=1,...,N}$ der (idealisiert kugelförmigen und identischen) $N \gg 1$ Teilchen zu beschreiben, wird der Zustand durch eine Teilchendichte $f(\mathbf{v},\mathbf{x},t)d\mathbf{x}d\mathbf{v}$ im Phasenraum von Orts- und Geschwindigkeitskoordinaten beschrieben. Per Integration der Teilchendichte $\int_A f(\mathbf{v},\mathbf{x},t)d\mathbf{x}d\mathbf{v}$ erhält man die Gesamtzahl der Teilchen zum Zeitpunkt t mit Position und Geschwindigkeit in der Teilmenge A des Phasenraums." [OTTO, F. (2011), S. 24].

Will man die Boltzmann-Gleichung (BG) verstehen, so geht das nur mittels sehr guter Lehrbücher renommierter Experten über die *Zeit* sowie über *Irreversibilität*. In meinem Fall beziehe ich mich (1) auf Ilya Prigogines Klassiker der Zeitphilosophie *Vom Sein zum Werden* (1988) und (2) auf Bolzmanns Biografen (1998), den Physiker *Carlo Cercignani* und sein Meisterwerk von 1969: *Mathematical Methods in Kinetic Theory*. Zur Ableitung der BG heißt es darin ohne Umschweife:

> "We want now to derive briefly the Boltzmann equation from the Liouville equation plus the assumption of averaging over the details of the molecular interactions." [CERCIGNANI, C. (1969), S. 23].

Die Liouville-Gleichung lautet in Kurzschreibweise

$$i\frac{\partial \rho}{\partial t} = \mathbf{L}\rho \quad \Rightarrow \quad \mathbf{L} = -i\frac{\partial H}{\partial p}\frac{\partial}{\partial q} + i\frac{\partial H}{\partial q}\frac{\partial}{\partial p}. \qquad (7.4.3.2)$$

Mit **L** ist der lineare Liouville-Operator benannt, wobei H die *Hamiltonfunktion* des Systems ist. Der Ausdruck $\rho\, dq_1 ... dp_s$ erfasst die Wahrscheinlichkeit, zur Zeit t einen repräsentativen Punkt in dem Volumenelement $dq_1... dp_s$ des Phasenraums vorzufinden. Die Änderung der Dichte ρ in jedem Volumenelement des Phasenraums beruht auf dem Unterschied der Materieflüsse durch dessen Grenzen. Bekannt ist, dass der Fluss im Phasenraum 'inkompressibel' ist. Wir haben es mit einem *Gibbs'schen Ensemble* zu tun; im Grenzfall einer großen Anzahl von Teilchen kann die 'Partikel-Wolke' durch ein kontinuierliches Fluid mit der Dichte $\rho(q_1, \ldots q_s; p_1, \ldots p_s, t)$ im Phasenraum beschrieben werden.

Die Boltzmann-Gleichung ist eine Gleichung für die *Einteilchen*-Verteilungsdichte $f^1(\mathbf{v}, \mathbf{x}, t)$. Hierbei sind $\mathbf{x}$ der Ort, t die Zeit, und $\mathbf{v}$ die Geschwindigkeit. Die Dichte $f^1(\mathbf{v}, \mathbf{x}, t)$ kann man so interpretieren, dass der Ausdruck $f^1(\mathbf{v}, \mathbf{x}, t)d\mathbf{x}d\mathbf{v}$ die relative Anzahl der Teilchen angibt, die sich zum Zeitpunkt t im Ortsvolumen $[\mathbf{x}, \mathbf{x}+d\mathbf{x}]$ befinden und dabei Geschwindigkeiten im Bereich $[\mathbf{v}, \mathbf{v}+d\mathbf{v}]$ besitzen.

Die Boltzmann-Gleichung, die äußere Einwirkungen (Kraft **F**) berücksichtigt, hat die einfache Form

$$\left(\frac{\partial}{\partial t} + \mathbf{v} \cdot \nabla_x + \mathbf{F} \cdot \nabla_x\right) f^1(\mathbf{v}, \mathbf{x}, t) = \left(\frac{\partial f^1(\mathbf{v}, \mathbf{x}, t)}{\partial t}\right)_{Stoss}. \qquad (7.4.3.3)$$

Die rechte Seite von (7.4.3.3) – der Kollisionsoperator – beschreibt (formal) den Effekt von Stößen zwischen zwei Teilchen. Dieser Operator ist ein bilinearer Ausdruck, der explizit auf die Variable $\mathbf{v}$ wirkt.

Diese Darstellung (7.4.3.3) ist eine Art mathematischer Kurzschrift für ein physikalisches Modell, dessen Intentionen in o. a. Zitat von *F. Otto* zusammengefasst sind [vgl. OTTO, F. (2011), S. 24]. Um sie zu verstehen, muss man wissen, warum und unter welchen definierten Voraussetzungen die dynamischen Abläufe in einem verdünnten Fluid mittels eines mathematisch *modellierten* Kollisionsoperators auf der Basis exklusiv einer *Einteilchen*-Verteilungsdichte $f^1(\mathbf{v}, \mathbf{x}, t)$ beschrieben werden sollen. Warum eigentlich nicht auf der Basis von *Mehrteilchen*-Verteilungsdichten, schon in Anbetracht, dass das Fluid aus einer sehr großen Anzahl von gleichartigen, je durch ihren Radius gekennzeichneten Teilchen besteht, die untereinander durch Stöße [AUMAYR, F. (2012)] kaum in gleicher Weise agieren? Natürlich würde damit das den Kollisionsoperator repräsentierende Stoß-Integral noch komplizierter werden, ohne dass es nicht die Erhaltung von Impuls, Energie und Teilchenzahl des Fluids mit einbeziehen könnte.

Das klingt alles sehr abstrakt und wird deshalb durch einige Kommentare aus *Carlo Cercignanis* Grundlagenwerk (1969) ergänzt:

① "We must say from the beginning that the Boltzmann equation turns out to be particularly difficult to solve even for very simple nonequilibrium situations." [CERCIGNANI, C. (1969, p. 22].

② "Fact is that Eq. (7.4.3.3) is not an equation for our unknown $f^1(\mathbf{v},\mathbf{x},t)$ since it contains the equally unknown $f^2(\mathbf{v},\mathbf{x},t)$. Our aim is so to substitute for $f^2(\mathbf{v},\mathbf{x},t)$, whenever it appears, an equivalent expression, if available, in terms of $f^1(\mathbf{v},\mathbf{x},t)$." [CERCIGNANI, C. (1969, p. 26].

③ "..,the proof suffers from a logical gap, indeed, we didn't prove that the identity $f^1(\mathbf{v},\mathbf{x},t) = f^2(\mathbf{v},\mathbf{x},t)$ applies to molecules entering into an interaction. We only said that »it makes sense«, since the two colliding molecules are just two randomly picked molecules in a set of infinitely many (in the limit $N\to\infty$). Odd as it might seem, this gap is not an incompleteness in our presentation, but rather in the foundation of the subject." [CERCIGNANI, C. (1969, p. 28].

④ "We now have to look more carefully at the equation Eq. (7.4.3.3). We note that it is a nonlinear, integral, partial differential, functional equation, where the specification 'functional' refers to the fact that the unknown function $f^1(\mathbf{v},\mathbf{x},t)$ appears in the right term not only with the arguments **v**." [CERCIGNANI, C. (1969, p. 29].

⑤ "Finally, we point out that the above derivation of the Boltzmann equation is not the standard one; the skeleton of the above proof is taken from H. Grad's article." [CERCIGNANI, C. (1969, p. 30].

Für *Felix Otto* ist umso erstaunlicher, dass *„diese einfach zu formulierenden Gleichungen bereits irreversibel sind"* [vgl. OTTO, F. (2011), S. 25]. Angeblich um dieses in der klassischen Mechanik unbekannte Phänomen mathematisch zu fixieren, publizierte *Ludwig Boltzmann* 1872 laut F. Otto zusätzlich zur Boltzmann-Gleichung (7.4.3.3) sein berühmtes *ℋ-Theorem*

$$\mathcal{H}(t) := - \int d^3\mathbf{v} \cdot f^1(\mathbf{v},t) \ln f^1(\mathbf{v},t). \qquad (7.4.3.4)$$

Der Integrand enthält in einem infinitesimalen Phasenraumvolumen $d^3\mathbf{v}$ bei den vektoriellen Orts- und Geschwindigkeits-Koordinaten **x** und **v** die *Einteilchen-Verteilungsfunktion* $f^1(\mathbf{v},t)$, welche die lokale Anzahl der materiellen Teilchen angibt. Dabei werden unter Beachtung des *thermodynamischen Limes* Oberflächeneffekte des aktuellen Gasvolumens V pauschal vernachlässigt. Zudem wird vorausgesetzt, dass äußere Kräfte ohne Einfluss auf $\mathcal{H}$ sind, wodurch $f^1(\mathbf{v},\mathbf{x},t)$ unabhängig von **x** wird. Aus der Form (7.4.3.4) von $\partial_t \mathcal{H}$ erkennt man die zentrale Aussage des $\mathcal{H}$-Theorems:

$$\frac{d\mathcal{H}}{dt} \leq 0 \qquad\qquad (7.4.3.5):$$

> „Die *Boltzmann-Gleichung* bestimmt die Zeitentwicklung der Verteilungsfunktion in einem idealen Gas von Molekülen. Und der Beweis des zweiten Hauptsatzes auf Basis der Boltzmann-Gleichung trägt den Namen $\mathcal{H}$ - Theorem." [CERCIGNANI, C. (2006), S. 49]

Ilya Prigogine bezeichnet das $\mathcal{H}$-Theorem einen *„Meilenstein für die Diskussion der mikroskopischen Bedeutung der Entropie"* [vgl. PRIGOGINE, I. (1979), S.165]:

> „Dennoch ist zuzugeben, dass Boltzmanns Betrachtungsweise auf ernsthafte Schwierigkeiten stößt. Es stellte sich als sehr schwierig heraus, sie über den Fall der verdünnten Gase hinaus zu verallgemeinern. Neuere Diskussionen der moderneren kinetischen Theorie ... schweigen sich über die mikroskopische Deutung der Entropie in dichten Systemen aus. Selbst für verdünnte Gase gilt, ... , Boltzmanns Definition nur für bestimmte Anfangsbedingungen ... Allerdings muss wiederum betont werden, dass die Boltzmanns Betrachtungsweise über die Dynamik hinausreicht; sie verwendet eine bemerkenswerte Mischung von dynamischen und wahrscheinlichkeitstheoretischen Begriffen..." [PRIGOGINE, I. (1979), S.166/167].

Warum scheint Boltzmanns Methode zu funktionieren? Es gibt leider keine einfache Antwort. Einen wichtigen Grund erkennt man durch einen Vergleich der Boltzmann-Gleichung mit der o. a. Liouville-Gleichung (7.4.3.2): Dabei zeigt sich, dass die Symmetrie der letzteren in der Boltzmann-Gleichung gebrochen ist: Wenn wir in der Liouville-Gleichung das Vorzeichen des Operators L in -L und von t in $-t$ tauschen, bleibt diese Gleichung unverändert. Im Fall der Boltzmann-Gleichung ist dagegen offensichtlich, dass der Flussterm bei der Substitution von **v** durch -**v** sein Vorzeichen ändert, der Stoßterm dagegen unverändert bleibt. Die Symmetrie des Stoßterms verletzt daher die 'Lt-Symmetrie' der Liouville-Gleichung. *I. Prigogine* vermerkt dazu, dass die Boltzmann-Gleichung „tatsächlich eine *neue Art von Symmetrie* besitzt, die in der Liouville-Gleichung nicht auftritt..." [PRIGOGINE, I. (1979), S.174]. Die zeitliche Entwicklung gemäß der Boltzmann-Gleichung enthält demnach sowohl *gerade* als auch *ungerade* Terme in L. Dieses Resultat ist grundlegend, denn nur der Stoßterm (der in L gerade ist) trägt zur Entwicklung von $\mathcal{H}$ bei!

Prigogine kommt zu einem denkwürdigen und weitreichenden Resümee:

> „Wir können konstatieren, dass die Boltzmann-Gleichung die grundlegende thermodynamische Unterscheidung zwischen reversiblen und irreversiblen Prozessen in die kinetische Beschreibung überträgt. Der Flußterm entspricht einem reversiblen, der Stoßterm dagegen einem irreversiblen Prozess. Es besteht daher eine Entsprechung zwischen der thermodynamischen und Boltzmanns Beschreibung. Doch wird diese Entsprechung leider nicht aus der Dynamik 'hergeleitet', sondern wird von vorneherein postuliert." [PRIGOGINE, I. (1979), S.174].

Diese Konklusion kommt scheinbar überraschend, vor allem deshalb, weil das avisierte 'Postulat' nur die Größe – $\mathcal{H}$ sein kann, sofern man darunter – Boltzmann folgend – die *Entropie* verstehen will!

Um diesen Schluss nachvollziehen zu können, sollte man direkt von (7.4.3.5) ausgehen [vgl. dazu CERCIGNANI, C. (1969), S. 56]. Dieser Ausdruck besagt dann unmissverständlich, dass die *Entropie* eines Fluids in der Zeit entweder konstant bleibt oder zunimmt. Physikalisch ist eine solche Aussage in ihrer Allgemeinheit aber unzutreffend. Denn sie gilt eben nur für *adiabat geschlossene* materielle Systeme. Für *offene* Systeme ist sie völlig unzutreffend, es sei denn, man interpretiert Gleichung (7.4.3.5) nicht als die *Systementropie*, sondern als die sogenannte jedem *offenen* physikalischen System inhärente *Entropieproduktionsdichte*. Der »Mensch als *offenes* System« lebt nur durch regelmäßige *Energiezufuhr* per Nahrung, aber auch durch Entsorgung über Darm und Haut per hinreichenden *Entropieabfluss* an die Umgebung[124], die 'Systementropie' nimmt also je nach den Umgebungsbedingungen ab ($dS \leq 0$)! Dennoch stirbt der Mensch auch auf *natürliche* Weise: Denn seine persönliche innere Entropieproduktionsdichte nimmt in der Zeit kumulativ zu, bis sie im *stationären* '*Entropie*-Betrieb' durch die zu entsorgende Entropie*strom*dichte nicht mehr egalisiert werden kann.

Mit dem Problem der kinetischen Wechselwirkung zwischen der makro- und mikrophysikalischen Ebene eines materiellen Systems befasste sich *Carlo Cercignani* ab Mitte der 1960iger. Als theoretischer Physiker hat er

---

[124] Die evolutionären Ursachen des *Schlafes* sind erstaunlicherweise noch nicht hinreichend bekannt, aber offensichtlich gehört *Schlaf* zu den Prämissen für die Regulierung einer stationären Energiezufuhr und *entropischen* Entsorgung.

sich über 40 Jahre lang in zahlreichen Fachbüchern und über 300 Zeitschriftenartikeln mit der kinetischen Gastheorie in voller Breite auseinandergesetzt. Aber m. W. nur in seinem ersten Buch *Mathematical Methods in Kinetic Theory* (1969) findet der Leser eingehende Erläuterungen zu diversen Einflüssen der physikalischen Anfangs- und Randbedingungen auf die Strömungen verdünnter Gase, die der Boltzmann-Gleichung genügen.

Folgende Informationen zu Problemen der *Randbedingungen* bei der Lösung der Boltzmann-Gleichung sind relevant:

(1) "An early and still valuable discussion on this subject was given by Maxwell in 1879. In an appendix to a paper[125]... he discussed the problem of finding a boundary condition for the distribution function. As a first hypothesis he supposes the surface of a physical wall to be a perfectly elastic, smooth, fixed surface having the apparent shape of the solid, without any minute asperities. In this case the gas molecules are specularly reflected; therefore the gas cannot exert any stress on the surface, except in the direction of the normal... As a second model for a real wall Maxwell considers as a stratum in which fixed elastic spheres are placed so far apart from one another that any one sphere is no sensibly protected by any other sphere from the impact of molecules..." [CERCIGNANI, C. (1969, S. 52].

"Then Maxwell considers more complicated models of physical walls and finally concludes by saying that he prefers to treat the surface as something intermediate between a perfectly reflecting and a perfectly absorbing surface, and, in particular, to suppose that a portion of every surface element absorbs all the incident molecules, and afterwards allows them to reevaporate with velocities corresponding to those in still gas at the temperature of the solid wall, while the remaining portion perfectly reflects all the molecules incident upon it." [CERCIGNANI, C. (1969, S. 53].

(2) "If the boundary conditions do not contain the temperature of the wall [as, e. g. with the fraction α = 0 of evaporated molecules or completely reflected gas], then a Maxwellian with *any* temperature satisfies both the detailed balancing... it is clear that this boundary conditions are quite unrealistic in general, since they would allow the gas to stay in thermal equilibrium at any given temperature, irrespective of the surroundings bodies. This fact in general rules out these boundary conditions (adiabatic walls) which can be retained, however, in particular cases." [CERCIGNANI, C. (1969, S. 54].

---

[125] J. C. Maxwell: Discussion about boundary conditions. Phil. Trans. Royal Soc. I, Appendix (1879).

(3) "What can we say today about Maxwell's boundary conditions? The available information is not much; we can say that they give satisfactory results with values of α rather close to 1; besides, in problems where the dynamics (important momentum transfer, but negligible energy transfer) is more interesting than the thermodynamics." [CERCIGNANI, C. (1969, S. 54.].

(4) "However, it is to be noted, that Maxwell's boundary conditions are by no means the only possible ones, and ... they are not very satisfactory in general; as a matter of fact, Maxwell's arguments imply that specular reflection is reasonable for grazing molecules, which are likely to hit, the pole of the spheres constituting the wall." [CERCIGNANI, C. (1969, S. 54.].

(5) "Maxwell's boundary conditions are frequently used for their simplicity and reasonable accuratesse... We show that... α = 1 is a reasonable approximation to any kind of more complicated boundary condition." [CERCIGNANI, C. (1969, S. 55].

Das letzte Buch über *Transportphenomena and Kinetic Theory* (2007) bezieht sich durchweg auf "*Maxwell molecules*" [CERCIGNANI, C. und GABETTA, E. (2007), S. vi]. Die Aktualität der Items (1) bis (5) ist damit belegt. Sie basiert nach wie vor auf einer Initiative Maxwells über die man in *History of molecular theory* (WIKIPEDIA 19.04.2013) lesen mag:

"The year 1873, by many accounts, was a seminal point in the history of the development of the concept of the »molecule«. In this year, the renowned Scottish physicist *James Clerk Maxwell* published his famous thirteen page article 'Molecules' in the September issue of *Nature*. In the opening section to this article, Maxwell clearly states: An atom is a body which cannot be cut in two; a *molecule* is the smallest possible portion of a particular substance."[126]

Im Gesamtzusammenhang mit der vorliegenden Untersuchung ist Item (3) besonders relevant und zwar primär bezüglich des $\mathcal{H}$-Theorems. Denn der in (3) erwähnte Wärmeübergang schließt die originale Boltzmannsche Identifikation von $\mathcal{H}$ mit der (thermodynamischen) Systementropie kategorisch aus!

Es ist hier an der Zeit, einige Anmerkungen zum heutigen 'State of the Art' der kinetischen Theorie einzufügen, bevor ich in diesem *Unterabschnitt 7.4.3* zu einem aktuellen Beispiel komme, das unter Mathematikern offen-

---

[126] Im April 2008 korrigierte *Yaakov Eisenberg* und *George P. Landow* reformatierte die durch *John von Wyhe* 2001 vorgelegte Transkription des Maxwell-Originals aus dem Jahr 1873.

bar verbreitet als spektakulär eingestuft wird. Ich beziehe mich in meinem Kommentar auf die letzte Auflage (2005) von »Theory and Truth«. Der Autor, Professor *Lawrence Sklar*, zählt zu den weltweit renommiertesten 'Philosophen der Physik':

> "There are other, even subtler, cases of uncontrollable limits invoked in the atomic-probabilistic account of macroscopic thermodynamic behavior. One kind of limiting idealization is the Boltzmann-Grad limit. It is thought to be appropriate for studying gases of low density, since it asks what happens in the limit as the number of particles, n, goes to infinity but the size of the molecules, d, goes to zero, with $n \cdot d^2$ staying constant. This implies that in this limit the density of the gas goes to zero. This idealization is sed in an attempt at deriving the full, finite-time, nonequilibrium behavior of a system. The aim is to derive in a rigorous manner the famous Boltzmann equation. This equation was derived ... only by using probabilistic posits that are hard to rationalize in the overall theory. The problem with these posits is that they must be made for each moment of time. This is of dubious consistency, since the probabilities at different times are not independent of one another... But from the perspective of the rigorous derivation of the Boltzmann equation, the role of the idealization of infinite numbers of components is far more central. Only in the Boltzmann-Grad limit can the desired result be obtained." [SKLAR, L. (2005), S. 68-69].

In eigener Sache fügt der Philosoph *Lawrence Sklar* hinzu – explizit die o. a. für kinetische Systeme relevanten Probleme der 'Randbedingungen' in Erinnerung rufend:

> "Just as in the case of the issues concerning the isolability of systems, though, what we discover is that most of the interesting questions about the role of idealization in the theory are not those that first occur to the philosophical methodologist." [SKLAR, L. (2005), S. 70].

Interessant ist die in *Cercignanis* Kommentar (3) angedeutete unterschiedliche Interessenlage zwischen 'Dynamikern' (theoretische Physiker, Mathematiker) und 'Thermodynamikern' (Chemiker, Biologen, Ingenieure). Sofern sie zutrifft, gehört *L. Boltzmann* und *O. Heaviside* eher zu den ersteren sowie z. B. *J. C. Maxwell, J. W. Gibbs* und *I. Prigogine* zu den letzteren. Die dazu gehörenden unterschiedlichen Weltbilder führen immer noch zu völlig divergierenden Konsequenzen für die heutige Physik – besonders im Hinblick auf das in der *Kant-Struktur* der Physik eine dominierende

Rolle spielende Paar *Temperatur* und *Entropie* als konjugierte *allgemeinphysikalische Grössen*.

Mit den hier präsentierten Klarstellungen zur Boltzmann-Gleichung sollte es möglich sein, die zu Beginn dieses Unterabschnitts angesprochenen Präferenzen der modernen mathematischen Physik für Probleme der kinetischen Theorie noch einmal aufzugreifen. Auch, weil ein eben in diesem Kontext von *Cédric Villani* in seinem jüngsten Buch dargelegtes Beispiel eines der zentralen Probleme dieses *Unterkapitels 7.4* meiner Studie berührt.

In *Villanis'* „wahrem Roman eines Genies" (laut Cover) ist sein Bericht über *Vladimir Scheffers* „Beweis der Existenz paradoxer schwacher Lösungen der *Euler-Gleichungen* idealer inkompressibler Flüssigkeiten" zweifellos der Clou seines Buchs. Im Kontext von *Abschnitt 7.4.3* der vorliegenden Untersuchung lässt sich zunächst konstatieren, dass die *Euler-Gleichungen* über eine First-order-Expansion der Boltzmann-Gleichung abgeleitet werden können. C. Villanis Hintergrundschilderung ist absolut filmreif:

> "Stellen Sie sich vor: Sie ... halten an einem See inne. Alles ist ruhig, nicht einmal ein Windhauch.
> Plötzlich beginnt die Oberfläche des Sees zu zucken, Alles erbebt in einem gewaltigen Wirbel.
> Und dann, nach einer Minute, ist wieder Alles ruhig ... was also ist geschehen?
> Das Paradoxon von Scheffer-Shnirelman, gewiss das überraschendste Ergebnis der gesamten Flüssigkeitsmechanik, beweist, dass etwas so Monströses möglich ist, zumindest in der Welt der Mathematik.
> Es beruht nicht auf einem exotischen Modell ... Es beruht auf der inkompressiblen *Euler-Gleichung*, der ranghöchsten aller partiellen Differentialgleichungen, dem von den Mathematikern und Physikern akzeptierten Modell zur Beschreibung einer perfekten, nichtkomprimierbaren Flüssigkeit ohne innere Reibungen.
> ...
> Die Eulersche Gleichung gilt als eine der tückischsten von allen. ...
> Und doch sieht die Euler-Gleichung auf den ersten Blick so einfach, so unschuldig aus. In der Flüssigkeitsmechanik würde man ihr blind vertrauen! Es ist völlig unnötig, die Dichtevariationen zu modellieren, gar die rätselhafte Viskosität zu verstehen. Man braucht nur die Erhaltungsgesetze aufzuschreiben.

Aber ... 1994 zeigt Scheffer, dass die Eulersche Gleichung in der Ebene die spontane Erzeugung von Energie erlaubt! Die Erzeugung von Energie aus nichts! Nie hat man Flüssigkeiten beobachtet, die solche Ungeheuerlichkeiten in der Natur hervorgebracht hätten! Das bedeutet, dass die Euler-Gleichung für uns noch einige große Überraschungen bereithält.
Scheffers Beweis war eine Meisterleistung mathematischer Virtuosität, und er war ebenso dunkel wie schwierig. Ich bezweifle, dass jemand anderer als sein Autor ihn jemals im Einzelnen gelesen hat, und ich bin sicher, dass niemand ihn reproduzieren kann.
1997 legte der russische Mathematiker *Alexander Shnirelman*, der für seine Originalität bekannt ist, einen neuen Beweis dieser verblüffenden Aussage vor. Kurze Zeit später schlug er vor, den Lösungen der Euler-Gleichung ein physikalisch realistisches Kriterium aufzuerlegen, welches das pathologische Verhalten unterbinden sollte.
Ach! Vor einigen Jahren bewiesen zwei junge brillante Mathematiker, der Italiener *De Lellis* und der Ungar *Székelyhidi*, ein noch schockierendes allgemeines Theorem und wiesen dabei die Machtlosigkeit von *Shnirelmans* Kriterium für die Auflösung des Paradoxons nach...[127] So hat man mit *De Lellis* und *Székelyhidi* entdeckt, dass man noch weniger über die Euler-Gleichung weiß, als man glaubte.
Und das war immer noch nicht besonders viel." [VILLANI, C. (2013); S. 107-109].

Diese nüchterne Schilderung Villanis wird – abgesehen von seinen ganz persönlichen Wertschätzungen für die genannten Mathematiker – wohl viele Fachleute unter den Angewandten Physikern und Ingenieuren verblüffen. Und sie werden wissen wollen, was ein Mathematiker, extrem spezialisiert auf »partielle Differentialgleichungen oft mit physikalischem Hintergrund« von Physik wissen und verstehen sollte? Fakt ist: Inkompressible Fluide existieren in der Natur nicht! Was bedeutet dann aber der Begriff „*inkompressible* Euler-Gleichung"? Gar zugeschnitten auf Strömungen in der Ebene? In „ausgeführten Anwendungen liegt eine reine zweidimensionale Strömung nur in sehr wenigen Teilbereichen vor" [HENKNER, J. (1999); S.2]. Was bezweckt *Villani*, wenn er einen „idyllischen See" als Metapher für Natur pur anpreist und letztere dann mit der Lösung einer zweidimensi-

---

[127] C. De Lellis and L. Szekelyhidi: *The Euler equation as differential inclusion*, Ann. of Math., 170, 2009, 1417-1436. C. De Lellis and L. Szekelyhidi: *On admissibility criteria for weak solutions of the Euler equations*, Arch. Rat. Mech. Anal., 195, 2010, 225-260. Cédric Villani: *Paradoxe de Scheffer-Shnirelman revu sous l'angle de l'integration convexe, d'après C. De Lellis et L. Szekelyhidi*, Seminaire Bourbaki, Nr. 1001, November 2008.

onalen partiellen Differentialgleichung konfrontiert? Es lohnt indes nicht, sich in Mutmaßungen zu flüchten – schon gar nicht in Bezug auf Euler-Gleichungen als Spezialisierungen der Boltzmann-Gleichung!

> *„Unordnung heißt, dass nichts am rechten Platz ist;*
> *Ordnung heißt, dass am rechten Platz nichts ist."*
> - ALFRED GROSSER – [zitiert in: Sayajayoga meditation:
> Eine thermodynamische Erklärung vom 12.12.2011]

7.4.4 "Where is the 'Temperature' of Information?"

In jüngster Zeit macht sich auf dem Büchermarkt durch gewichtige Autoren eine Tendenz zunehmend bemerkbar, die man unter dem Rubrum 'Legendenbildung in den Wissenschaften' grob als Fundamentalkritik am Begriff der *Information* umschreiben kann. Soweit dabei ein Zusammenhang zwischen Informationstheorie und Thermodynamik thematisiert wird, möchte ich mich auf zwei aktuelle Bücher beschränken: von (1) Peter Janich: *„Was ist Information? Kritik einer Legende"* (2006) und (2) primär Manfred Eigen: *„From strange simplicity to complex familiarity"* (2013).

In seinem neuesten in 2013 erschienenen Buch befasst sich der deutsche Nobelpreisträger, der Physikochemiker *Manfred Eigen* (*9. Mai 1927) ausführlich mit einem Problem, das seinen Ausgang scheinbar im Kontext mit Boltzmanns $\mathcal{H}$-Theorems nahm. Im voranstehenden *Unterabschnitt 7.4.3* wurde gezeigt, dass die Definition der Boltzmann-Größe $\mathcal{H}$ mittels der in der Boltzmann-Gleichung auftretenden *Einteilchen-Verteilungsfunktion* $f^1(\mathbf{v},t)$ in einem idealen Gas von Molekülen zwar formal möglich ist. Aber die nachfolgende *eindeutige* Proportionalität der Zeitableitung von $\mathcal{H}$ mit der negativen Stromdichte der thermodynamischen Entropie S verbietet sich, da die Zunahme, aber auch Abnahme der *Entropie* in der Zeit unmittelbar mit den Anfangs- und Randbedingungen der Gasströmung gekoppelt ist. Frühe Untersuchungen – vorrangig von Maxwell – haben gezeigt, dass die Strömung im Phasenraum auch mit *zeitlich abnehmender* Entropie erfolgt, sofern die Randbedingungen entlang der Wände Energietransfer bzw. Wärmeübertragung zulassen.

Nur der *klassische* Fall führt in eine andere Richtung, der jetzt zur Klarstellung behandelt werden soll:

> "A geometrically closed domain D is considered. It contains N identical particles of a pure gas undergoing elastic collisions and specular reflections with the wall. Thus, the distribution function of the reflected particles differs from that of the incident particles only by its signs; there is thus no 'exchange' with the external medium. Among N particles, N_a have a velocity $\mathbf{v_a}$ at the coordinate r_a in the elementary volume $\delta v = d\mathbf{v_a}\, d r_a$. The generalized element of volume in a $6N$ dimension space is $(\delta v)^N$, and the probability of finding the distribution is equal to $W = \frac{N!}{\prod_a N_a!}(\delta v)^N$, where $\frac{N!}{\prod_a N_a!}$ represents all possible combinations for identical particles. With the Stirling approximation we have $\log W = -\sum_a N_a \log N_a$. As there is a large number of particles, the summations may be replaced by integrations, so that we have
>
> $$\log W = -\int_D \int_{v_a} f_a \log f_a\, d r_a d v_a = -\mathcal{H} \qquad (7.4.4.1)$$
>
> From this relation, the entropy S_D of the domain may be defined as
>
> $$S_D = k \log W \qquad (7.4.4.2)$$
>
> then $S_D = -k\mathcal{H}$ \qquad (7.4.4.3)
>
> with k as the Boltzmann constant." [BRUN, R. (2009), S. 56].

Es ist offensichtlich: Im Gegensatz zu *Unterkapitel 7.4.3* ließ sich hier aus der Boltzmann-Gleichung der *adiabate* Idealfall ableiten. Das *stationäre* System ist perfekt geschlossen: Die Entropie des Gases kann – infolge des Zweiten Hauptsatzes – mit der Zeit nur zunehmen. Dieser Fakt – die exakte Auswertung der Boltzmann-Gleichung für einen Sonderfall – ist also die Voraussetzung für die beiden bekannten Formeln, die mit Boltzmanns Namen bis zu seinem Grabmal (7.4.4.2 und 7.4.4.3) verbunden sind.

Um rasch deutlich machen zu können, was wir kompakt zeigen wollen, werden wir eine Passage aus dem o. a. Buch des Marburger Philosophen *Peter Janich* (*1942) zitieren. Er äußert sich zur Rolle der Kybernetik für die Naturalisierung des Informationsbegriffs und positioniert sich mit der Behauptung, dass „sie sich einfügt in die formalistischen, empiristischen und naturalistischen Traditionsstränge von Mathematik und Naturwissenschaft in der Philosophie ihrer Vertreter." Jedoch:

> „Ganz anders liegt es mit einem wissenschaftspolitischen Aspekt der Dogmengeschichte, nämlich der Beziehung der Informationstheorie zur Thermodynamik oder des Informationsbegriffs zur Entropie: Dort steht am Anfang nicht eine Philosophie, sondern ein Husarenstück, eine freche Usurpation, eine vielleicht sogar nicht einmal unsympathische Schlitzohrigkeit des anspruchsvollen Scheins – mit der nur noch ironisch wahrnehmbaren Konsequenz, dass selbst angesehene Fachwissenschaftler in Unkenntnis der wahren Geschichte nun einem Etikettenschwindel ein naturwissenschaftliches Fundament zu geben bemüht sind..." [JANICH, P. (2006), S. 57].

Gemeint ist die Entscheidung *Claude Shannons*, sein berühmtes Maß der Information mit dem Wort *Entropie* zu nennen. Shannon folgte dem Rat *John von Neumanns*:

> „Weil ohnehin niemand wisse, was *Entropie* sei, habe Shannon von dieser Namensgebung immer einen Diskussionsvorteil. Nun wäre eine bloße Namensgebung kaum von besonderem philosophischen Interesse. Da ihr aber eine *formale Ähnlichkeit* zweier Formeln (nämlich für das Informationsmaß und für die Entropie in der Thermodynamik) zugrunde liegt, wird der Shannonsche Taufakt zum Startschuss einer sehr umfangreichen Debatte, an deren Ende ihre Protagonisten glücklich ausrufen: 'Recht so!' Das heißt, man glaubt nun zu wissen, dass das Shannon-Maß der Information und die Entropie dasselbe sind." [JANICH, P. (2006), S. 57/58].

Hat aber dieses Musterbeispiel für *Ironic Science* nicht doch eine seriöse Grundlage? Schließlich wird heutzutage kaum jemand an der wissenschaftlichen Qualität und Brauchbarkeit sowohl des Shannon-Maßes als auch der *Entropie* als allgemeinphysikalische Größe der gesamten Physik zweifeln.

Zur Information: Ein »Shannon« (1 Sh) ist eine Einheit für das Maß an Information in einer ›Nachricht‹. Dabei wird die ›Nachricht‹ durch eine Zeichenmenge $Z = \{z_1, z_2, ..., z_S\}$ sowie durch die Wahrscheinlichkeiten p_i mit denen die einzelnen Zeichen in der ›Nachricht‹ auftauchen, beschrieben. Eine solche ›Nachricht‹ hat nach Definition den folgenden – in »Shannon« gemessen – Informationsgehalt von

$$H = -\sum_i p_i \cdot \log_2 p_i. \qquad (7.4.4.4)$$

Die Einheit Sh ergibt sich aus der von *C. Shannon* begründeten Informationstheorie; darin entspricht sie der *Entropie H* der betreffenden *Nachrichtenquelle*.

Die von *P. Janich* in o. a. Zitat angesprochene „Ähnlichkeit" zweier Formeln bezieht sich auf die oben notierte Formel (7.4.4.1), die sich auf die "probability of finding the distribution" der mittels Boltzmann-Gleichung zu beschreibenden Dynamik der Gaspartikel *N* bezieht.

(7.4..4.4) liefert nun mit der *Entropie H* das Stichwort für die Überschrift *"Where is the Temperature of Information?"* zum *Unterabschnitt 7.4.4*. Sie ist dem erwähnten 700-Seiten-Buch von *Manfred Eigen* [EIGEN, M. (2013), S. 306f] entnommen. Dem aufmerksamen Leser der vorliegenden Untersuchung wird die Frage keineswegs absurd erscheinen: Schon durch die *Kant-Struktur* der Gibbs-Falk Dynamik (GFD) ist es für die 'physikalische' Entropie obligatorisch, zur Systemtemperatur konjugiert zu sein – et vice versa. Welche Antworten erfährt man indes von *Eigen* auf die selbst gestellte Frage? Da seine differenzierten Stellungnahmen darüber hinaus noch sehr vielschichtig sind, sich aber auch oft anstatt auf *Information* auf Begriffe wie *Unordnung* beziehen könnten – auf eine Metapher also, wie sie in vielen naturwissenschaftlichen Lehrbüchern als Synonym für die *Entropie* Verwendung findet – werden im Folgenden umfangreichere Passagen zitiert. Sie mit eigenen Worten zu umschreiben, verbietet die Gefahr von Missverständnissen, aber auch ihre Originalität. Denn es gibt derzeit nur wenige Fachleute, die sich angewöhnt haben, Entropie und absolute Temperatur als eine der Physik inhärente Paarung zu begreifen!

M. Eigen beginnt Kapitel 3.10 seines Buchs mit einer direkten Replik auf die Kapitelüberschrift:

> (1) "One could reply to this question by posing a counter-question: why should information have a temperature at all? Information is not related to energy, and, moreover, temperature expresses an 'intensity' of thermal energy. Well, what about an analogue of temperature, an analogue that expresses some 'intensity' of information and thereby clearly sets it apart from informational entropy? This is by no means a trivial question! An answer to it might tell us what information really is, but not necessarily.

After all, temperature did not tell us what energy really is. Information may be something that cannot be reduced further, at least in a world that is reflected in our minds.

(2) The quantity that Shannon originally described as 'uncertainty', and which is often simply defined as representing *Information*, should adequately be termed '(informational) entropy', a term that was also adopted by Shannon. The customary choice of the letter H – whether or not it was supposed to be reminiscent of Boltzmann's $\mathcal{H}$-function – is at least appropriate to differentiate it from thermodynamic entropy; the latter usually being denoted by the letter S. Boltzmann's constant k_B relates his statistical expression to energy. This constant could just as well have been associated with temperature, as originally proposed by Gibbs, characterising temperature unequivocally as an increment of the intensity of energy. Moreover, it would have yielded a complete formal agreement between Boltzmann's and Shannon's entropy. Yet the agreement is a formal one only, and therefore anything but complete.

(3) Any statistical distribution can be assigned entropy. In physics, one wants entropy to be an extensive variable. Accordingly, it refers to the extent of matter, a macrostate that includes all possible excitable quantum states among which energy can be distributed. In communication theory entropy stands for all possible symbol representation that are necessary in order to conserve the content of a message during the process of transmission. If the sequences are sufficiently long, all concatenations yield for entropy an expression that holds for all possible distributions. Mutual entropy then allows one to compare source and sink, which is necessary for conserving the content of any defined sequence. That is as far the correspondence between Boltzmann's and Shannon's entropy stretches. In principle, a sequence of symbols – such as the text of a given novel – represents a microstate, while the macrostate is given by the entirety of all texts in that language.

(4) In spite of these formal coincidences, there is quite a difference in the physical background of the two, and here I do not mean only the obvious difference in the physical background of the two gases, and here I do not mean only the obvious difference between quantum states and symbol arrangements.

Thermodynamic entropy refers to a macrostate of an ensemble of material particles that represents an average of all statistically possible microstates at a given temperature. For informational entropy one may well ask: where is the distribution? The answer is: There is only one fixed message, but its longrange order, which is responsible for its meaning, is of no importance to the communications engineer who has to construct a device to serve for all possible symbol sequences. If the message is long enough it will contain all sorts of symbols and symbol concatenations characteristic of the particular language, wherever in the message they may occur, and it is this distribution of symbol combinations allowed by the language that determines its entropy.

(5) It is this statistical behaviour that establishes the analogy between informational and thermodynamic entropy. ...The statistical laws hold exactly only in the restricted limit, and the correspondence between informational and thermodynamic entropies refers to such a limit. A particle number $N = 10^{24}$ (Avogadro's number) is a natural order of magnitude in thermodynamics. A message containing 10.000 million letters would correspond to some 1000 books, each as long as Tolstoy's *War and Peace*.

(6) There are some qualms about calling informational entropy the »amount of information«. After all, thermodynamic entropy is not called an 'amount of thermal energy'. *It is entropy*, and as such it describes in a clearly defined way the *extensive* aspect of energy. As far as semantics have been 'exorcised' from information theory... a 'temperature' of information', or its analogue... simply doesn't exist.

Summing-up: Informational entropy H and thermodynamic entropy S cannot simply be equated (or even added together (as has been done!), unless a normalisation has been applied to create comparable conditions." [EIGEN, M. (2013), S. 306-308].

Der Gesamteindruck des Unterabschnitts 7.4.3 erscheint ziemlich ernüchternd. Dennoch musste er geschrieben werden. Allerdings war das erst nach dem Erscheinen der Bücher von *Peter Janich* und *Manfred Eigen* möglich geworden. In Deutschland war *Carl-Friedrich von Weizsäcker* der erste, der in einem seiner Hauptwerke couragiert von einem ähnlichen Versuch, *Entropie* als Maß von *Unordnung* zu erklären, als von geistiger Schlamperei sprach, allerdings ohne jeden Erfolg.

Wie ein Blitz aus heiterem Himmel schlug d i e Nachricht ein. Sie forderte, dass die Tendenz dieses Abschnitts 7.4.4 völlig verändert werden muss. Denn seit Mitte Juni 2013 eröffnete der NSA-Whistleblower *Edward Snowden* eine überraschende Option für *Manfred Eigen*, nämlich dessen Frage *"Where is the ›Temperature‹ of Information?"* mit der geringen Modifikation *"Has Information a ›Temperature‹?"* mit *Ja* beantworten zu können. Die durch den 'Insider' *Snowden* 'verratenen' Spionageaktionen des US-Geheimdienstes NSA und des britischen Geheimdienstes GCHQ (Government Communications Headquarters) sogar gegen alle verbündeten europäischen Regierungen und EU-Organisationen sind ein unfassbarer Skandal. Ersichtlich ist er ursächlich mit der rasanten technologischen Entwicklung im neuen Jahrtausend verknüpft. Der immer schnellere und umfangreichere weltweite Gebrauch des *Internet* hat der Informationsübertragung gewaltigen Vorschub geleistet. „Übereinstimmende Statistiken zeigen bei weltweiten Suchanfragen *Google* als Marktführer unter den Internet-Suchmaschinen." Neuere Meldungen nähren plötzlich den dringenden Verdacht, dass die Spionageaktionen erst durch die Mitwirkung von Konzernen wie *Google* und Konkurrenten wie *Yahoo* – zumindest was die Auswertung der Billionen von Daten betrifft – höchst effizient durchgeführt werden und zu konkreten Informationen führen können. Details kann man aus einem FAZ-Artikel von *Rebecca Solnit* vom 5. Juli 2013 erfahren [SOLNIT, R. (2013)]. Die öffentliche Diskussion vorrangig in den meisten Mitgliedsstaaten der Europäischen Union läuft indes erst an; angekommen ist jedoch bereits, dass überall damit unübersehbare verfassungsrechtliche Probleme verbunden sind.

Aber ein Punkt wird schon jetzt überdeutlich: Der Informationsbegriff hat in einer freiheitlichen Demokratie – zumindest was die Persönlichkeitsrechte angeht – etwas mit persönlicher 'Freiheit', verlässlicher 'Diskretion' und gegenseitigem Respekt zu tun. Zweifellos wäre dieser Begriffskomplex die angemessene Antwort auf *Eigens* modifizierte Frage: *"Has Information a Temperature?"*

So wichtig und aktuell mittlerweile dieser Fall von regierungsamtlichem Missbrauch des Internets für die heutige Gesellschaft z. B in der Europäischen Union geworden ist, so wenig bewusst ist es offenbar der heutigen Scientific Community, was hinter *Eigens* Frage eigentlich verborgen ist. Es handelt sich keineswegs um eine neue irritierende Art von Glasperlenspiel – ganz im Gegenteil: Sie ist der Schlüssel, mit dessen Hilfe es gelingen kann, manches der oft von bedeutenden Autoren vorgetragene literarische

Kaleidoskop zu entlarven, hinter denen sich brisante gesellschaftliche Prozesse verbargen. Beispielsweise werden ganze Produktions-, Finanz- und Wirtschaftsabläufe von international bedeutenden Wissenschaftlern und renommierten Intellektuellen mit dem anspruchsvollsten Begriffs-Apparat der mathematischen Physik aufbereitet und mit großem Aplomb der Weltöffentlichkeit präsentiert.

Ein diesbezüglich renommiertes Gespann bildeten vor Jahrzehnten die beiden Autoren *Nicolas Georgescu-Roegen* (1971) und *Jeremy Rifkin* (1980). Letzterer, ein US-amerikanischer Soziologe, Ökonom und Publizist – laut dem *National Journal* einer der 150 einflussreichsten Intellektuellen der USA – beschreibt in seinem Buch *Entropie • Ein neues Weltbild,* jenes Naturgesetz

> „das jegliche Vorstellung zerstört, mittels Wissenschaft und Technologie eine geordnete Welt zu schaffen, gar erklärt, warum in allen Bereichen Krisen, Verfall, Zerstörung und Chaos zunehmen. Aber auch dass dieses Weltgesetz effektive Orientierungshilfe für die Zukunft der Menschheit bietet." [RIFKIN, J. (1982)].

Rifkin (*1945) schrieb bis dato fast 20 Bücher über die Auswirkungen des wissenschaftlichen und technischen Wandels auf Gesellschaft, Wirtschaft, Arbeitswelt und Umwelt. Er ist indes – zumindest, was sein Buch über das Entropiegesetz angeht – fraglos das Sprachrohr von *Nicholas Georgescu-Roegen* (*1906–†1994). Letzterer war ein rumänisch-amerikanischer Mathematiker und Wirtschaftswissenschaftler, ab 1950 Professor an der Vanderbilt-University in Nashville/Tennessee.

N. Georgescu-Roegen (NGR) vertrat überzeugend die Ansicht, dass im Kreislaufmodell die „Erbsünde der modernen Nationalökonomie" zu erkennen sei:

> „Das Modell verführe zu dem lebensgefährlichen Trugschluss, die Wirtschaft könne sich selbst erhalten –... Zwar habe noch kein Ökonom behauptet, so spottet NGR, dass man aus Möbeln wieder Bäume machen könne; ihre Modelle legten diesen Schluss jedoch nahe." [PIPER, N. (1993), NR. 9].

Entscheidend für NGRs Überlegungen ist die simple Tatsache, dass die Wirtschaft selbst eine *physiko-chemische* Basis hat, die primär naturwissenschaftlichen Gesetzen unterworfen ist. Dieser unbestreitbare Sachverhalt ist aber in der akademischen Ökonomik seit Adam Smith' Zeiten kein realistischer Teil der Theorie, noch nicht einmal ein Thema. Ausgehend von der Frage „Ist die Wirtschaft wirklich ein Kreislauf?", lässt sich registrieren: Es gibt ersichtlich versiegende Ölquellen, erschöpfte Rohstofflager, wachsende Müllberge, das Jahrhundertproblem der strahlenden Rückstände und *nuklearen* Nebenprodukte, der Umweltverschmutzung, Klimaveränderung, etc.! Zudem verschwindet im Zuge des angeblichen Wirtschaftskreislaufs etwas Wertvolles, gar Unersetzliches, nämlich Rohstoffe, und der Müll, etwas Wertloses, nimmt zu. *„Zumindest aus Sicht der Natur ist der Kreislauf also gar keiner!"* [PIPER, N. (1993), Nr. 9].

Mit vielfältigen und globalen Konsequenzen:

> "The intriguing case with which Neoclassical economists left natural ressources out of their own representation of the economic process may not be unrelated to Marx's dogma that everything nature offers us is gratis." [GEORGESCU-ROEGEN, N. (1981), S. 2].

Und NGR fährt fort:

> "...This led to the recognition that there are phenomena which cannot be reduced to locomotion and hence explained by mechanics. A new branch of physics, thermodynamics, came into being, and a new law, *the Entropy Law*, took its place alongside – rather opposite to – the Laws of Newtonian mechanics.
>
> From the view point of economic science, however, the importance of this revolution exceeds the fact that it ended the supremacy of the mechanistic epistemology in physics. The significant fact for the economist is that the new science of thermodynamics began as a physics of economic value and, basically, can still be regarded as such.
>
> The Entropy Law itself emerges as the most economic in nature of all natural laws. Sure, it is in the perspective of these developments in the primary science of matter that the fundamentally non-mechanistic nature of the economic process fully reveals itself...Only an analysis of the intimate relationship between the Entropy Law and the economic process can bring to the surface those decisively qualitative aspects of this process for which the mechanical analogue of modern economics has no room...
>
> It reveals that the relationship between the economic process and the Entropy Law is an aspect of a more general fact, namely, that this law is the basis of the *economy of life at all levels*. The conclusion is that in actuality only locomotion is qualityless and ahistorical." [GEORGESCU-ROEGEN, N. (1981), S. 3-4].

Natürlich besteht das Problem darin, auch die Schattenseiten des *physikalischen* Unterbaus der Nationalökonomie – vorrangig der zunehmende Rohstoffmangel und die Entsorgungsbedrohung – in den Griff zu bekommen, sie gar in die Ökonomik selbst adäquat zu integrieren – ein bislang offenes theoretisches und praktisches Problem. Auf der Suche nach der Lösung geht auch NGR – ausgehend von den "four distinct entries under 'entropy' in »Webster's Collegiate Dictionary« alone" – ausgerechnet *John von Neumann* auf den Leim, der aber nicht nur Shannons *Mathematical Theory of Communication manipulierte, sondern sich auch selbstkritisch mit dem Informationsbegriff befasste:*

> "Shannon's work roots back, as von Neumann has pointed out, to Boltzmann's observation, in some of his work on statistical physics (1894), that entropy is related to »missing information« in as much as it is related to the number of alternatives which remain possible to a physical system after all the macroscopically observable information concerning it has been recorded. L. Szilard (Z. Phys. **53** 1925) extended this idea to a general discussion of information in physics, and J. von Neumann – [NEUMANN VON, J. (1932), Kap. 5] – treated information in quantum mechanics and particle physics". [SHANNON, C. E. (1949) *Preface*].

Stark beeinflusst wurde *C. Shannons* Kybernetik auch durch *N. Wieners* Wahrscheinlichkeitstheorie:

> "But Norbert Wiener, by a highly obscure argument (in which he acknowledged a suggestion from J. von Neumann), concluded that 'a reasonable measure of the amount of information' associated with the probability density $f(x)$ is $\int_{-\infty}^{+\infty}[\log f(x)]f(x)dx$ and further affirmed that this expression is 'the negative of the quantity usually defined as entropy in similar situations' [WIENER, N. (1961), S. 62]. There is in Wiener's argument a spurious analogy as well as an elementary error of mathematical analysis. There is no wonder that the problem of the relationship between Boltzmann's $\mathcal{H}$-function and the amount of information is far from being elucidated even after so many years." [GEORGESCU-ROEGEN, N. (1981), S. 395].

Aber die Irritation wird noch zunehmen, falls man nämlich nach der ganzen Vorgeschichte der Informationstheorie vielleicht 'der Weisheit letzten Schluss' zur Kenntnis nehmen muss, wonach dasjenige,

> "what von Neumann wished to admit in a posthumous monograph by saying that 'the brain's language is not the language of mathematics' – hence, not of the computer either." [NEUMANN VON, J. (1958), S. 80].

Eine mögliche Deutung dieses 'Orakels' ist in manchem Lehrbuch der Theoretischen Physik im oft als 'anschaulich' gepriesenen Wortpaar *Ordnung* und *Unordnung* verschlüsselt. Sie sind typische Ausdrücke in allen Umgangssprachen, treten aber auch in der Physik auf.

Deshalb liest man Sätze wie:

> "As physicists put it in nontechnical terms: In nature there is a constant tendency for order into disorder. Disorder, then: The universe thus tends toward Chaos...". [GEORGESCU-ROEGEN, N. (1981), S. 142].

Im Kontext mit dem Entropiebegriff sind das freilich alles nur emotional beladene Worte[128]; C. F. von Weizsäcker bezeichnete sie als *„sprachliche und logische Schlamperei"* [vgl. *Motivation*].

Das wiederum lässt sich nur dann so sarkastisch ausdrücken, weil eine Kopplung von 'Entropie' und 'Unordnung' nur auf dem Hintergrund des in den Wissenschaften tief verwurzelten *mechanistischen* Weltbilds bis heute möglich ist, das die *Entropie* seit 150 Jahren nie zur Kenntnis genommen hat:

> "All in all, the wholesale attachment of almost every economist of the last one hundred years to the mechanistic dogma is still a historical puzzle. Once, it is true, physicists, mathematicians, and philosophers were one in singing the apotheosis of mechanics as the highest triumph of human reason...The important fact is that the discovery of the Entropy Law brought the downfall of the mechanistic dogma of classical physics which held that everything which happens in any phenomenal domain whatsoever consists of locomotion alone and, hence, there is no irrevocable change in nature." [GEORGESCU-ROEGEN, N. (1981), S. 2 und xiii].

Der Leser darf sich also nicht wundern, dass *N. Georgescu-Roegen*, nachdem er die Notwendigkeit einer physiko-chemischen Basis für jede realistische Nationalökonomie mit zutreffenden Gründen vorgetragen hatte, kontert:

> "There are some good reasons why I stress... the irrevocability of the entropy process...I must be admitted, though, that the layman is misled into believing in entropy bootlegging by what physicists preach through the new science known

---

[128] "Wörter bestehen aus Buchstaben, Worte bestehen aus Gedanken"; vgl. 'Zwiebelfisch-ABC' SPIEGEL-Online.

as statistical mechanics but more adequately described as statistical thermodynamics. The very existence of this discipline is a reflection of the fact that, in spite of all evidence, man's mind still clings with the tenacity of blind despair to the idea of an actuality consisting of locomotion and nothing else.""" [GEORGESCU-ROEGEN, N. (1981), S. 6-7].

Jetzt ist endlich der Punkt erreicht, an dem man NGR zum Test seiner wirtschaftswissenschaftlich motivierten Argumentation mit *M. Eigens* Frage konfrontieren sollte: "Where is the 'Temperature' of Information?" Leider wird die Antwort den Informationstheoretikern nur bedingt frommen:

(1) NGR hat Recht mit seiner Forderung nach einer durch Naturgesetzen fixierten Basis für jede realitätsbezogene Volkswirtschaftslehre.

(2) Mit (1) ist die *Entropie* eine allgemeinphysikalische Größe zusammen mit der ihr konjugierten *Kelvin-Temperatur*. Für beide Größen gilt die GFD.

(3) Für die Informationstheorie wird die Shannon-*Entropie* ganz zur *informellen Entropie*, einem *Wort*, das begrifflich unmittelbar nichts mit Physik zu tun hat, sondern seinen Sinn aus der Informationstheorie erfährt.

(4) Der Zweite Hauptsatz der Thermodynamik ist für jegliche *Ökonomik* – als dominierende Methode zum Gegenstand der Nationalökonomie – von großem volkswirtschaftlichem Einfluss, da er über ihre 'physiko-chemische Basis' in vielfacher Weise auf die Gesamtwirtschaft kurz- und langfristig einwirkt.

Diese Klarstellung ist gesellschaftspolitisch sicher relevant. Nirgends wird das klarer als beispielsweise aus den o. a. Büchern von *Jeremy Rifkin*. Seine 'dritte industrielle Revolution' ist die Folge eines unvermeidlichen *„Zusammentreffens von Internettechnologie und erneuerbaren Energien, das zu einer Umstrukturierung der zwischenmenschlichen Beziehungen von vertikal zu lateral führen muss."* [EPPLER, E. (2011)][129]

---

[129] Der benutzte Ausdruck 'lateral' steht für 'gleichberechtigt'.

Rifkin unterscheidet sich von NGR, seinem Lehrer und Mahner, vor allem dadurch, dass er ein Naturgesetz, – den Zweiten Hauptsatz – als *generalisierendes* Gesetz auf alle *Lebensbereiche* anwendet. Dabei vermeidet er es generell, auf die *physikalischen* Aspekte seiner Thesen näher einzugehen. *Rifkin* trennt nicht explizit den von ihm avisierten *Lebensbereich* von einem evtl. vorhandenen physico-chemisch-biologischen Unterbau. Die *Entropie* definiert er also für den gesamten *Lebensbereich* „schlicht als quantitatives Maß für den Grad von dessen *Unordnung*." Seine Formel hat dank der Boltzmann-Konstanten k die Dimension einer Energie ($S = k \cdot \ln \Omega$), sofern man die *Entropie S* mit der Kelvin-Temperatur T multipliziert.

Will man *Rifkin* gerecht werden, muss man für die von ihm ins Auge gefassten *Lebensbereiche* von seinem sehr eigenen, privaten Prinzip ausgehen: „Ein intuitives Verständnis von *Entropie* ist wichtiger als ein Sammeln von Fakten...". Angeblich platzt damit aber der Knoten, denn diese Art 'Entropie-Intuition' kennt keine Grenzen: „Wer den Entropiegedanken verstanden hat" – wie beispielsweise Rifkins Adjunkt *Manfred Hiebl* – „gewinnt auch Einblicke in Gut und Böse, er labt sich gewissermaßen vom Baum der Erkenntnis". [HIEBL, M. (2005), S. 3]. Und schon wagt sich der Jünger ans Thema *Entropie und Ethik*, denn er ist ja mit seiner 'Unordnungsformel' bestens ausgerüstet. Und im Kern nimmt er thematisch des Meisters neues Werk [RIFKIN, J. (2011), vgl. EPPLER, E. (2011)] sogar vorweg.

Rifkin setzt darin auf eine lichtere Zukunft, da er überzeugt ist – und kann dabei auch auf neuere Erkenntnisse verweisen – „dass der Mensch biologisch zur *Empathie* prädisponiert ist." In seinem Hauptwerk drückt er diese Einsicht in aller Breite, allerdings auch 'wissenschaftlicher' aus:

> „Die Evolution selbst scheint die stetige Akkumulation von Ordnung aus Unordnung darzustellen... Stellt also die Evolution des Lebens den Zweiten Hauptsatz in Frage? Nein! Die Wissenschaftler waren sich über diesen Punkt lange Zeit im Unklaren. Jetzt erkennen sie an, dass Leben, wie alles Andere in der Welt, in jeder seiner einzelnen Phasen vom Entropiegesetz regiert wird." [RIFKIN, J (1982), S. 65].

Es ist dieser Sprachduktus, der Alles in einem Dunst von Sprachlosigkeit vernebelt. Obwohl die GFD die *Entropie* als eine der zahlreichen *extensiven* »allgemeinphysikalischen Größen« jedes physikalischen Systems zusammen mit ihren je konjugierten *intensiven* Größen des Systems entsprechend seiner *Kant-Struktur* einführt, bleibt sie etwas 'Besonderes', für die Mechanik etwas Unerklärliches.

Folgt man *Harald Lesch*, dem Fernsehprofessor [LESCH, H. (2013)], so repräsentiert ein gewöhnliches Vierfarben-Kartenspiel, z. B. das Skatspiel, das mit 32 Karten gespielt wird, eine charakteristische Ordnung: Das *französische* Blatt besteht aus den vier Farben *Kreuz*, *Pik*, *Herz* und *Karo* – jeweils mit den Karten *Sieben*, *Acht*, *Neun*, *Zehn*, *Bube*, *Dame*, *König* und *Ass*. Genau in dieser Reihenfolge in Farben und Werten ist das Kartenspiel laut *Harald Lesch* im »Zustand seiner 'höchsten Ordnung'«. In Letzterem befindet sich das Blatt im Zustand *tiefster Entropie*, sagt Prof. *Lesch*! Natürlich ist das reinstes Wortgeklingel; man könnte auch sagen: Die 32 Karten folgen aufeinander in einer definitionsgemäß ausgezeichneten, unverwechselbaren Reihenfolge. Mischt man das Blatt, so wird niemand erwarten, die ursprüngliche Reihenfolge wieder anzutreffen, was grundsätzlich möglich wäre, vorausgesetzt, die 32 Karten wären bis auf die Farben und Wertangaben alle identisch. Logisch einsichtig: die *Entropie* des Blatts hat sich gegenüber seinem Zustand *tiefster Entropie* verändert und zwar in Richtung höherer *Entropie*. Auch mag für gewisse Spieler der jeweilige Wert der 'Blattentropie' eine Information darstellen! Aber was hat dieses '*Glasperlenspiel*' mit Physik bzw. Thermodynamik zu tun, gar mit der »physikalisch-thermodynamischen *Entropie*«? Auf den Punkt gebracht, Prof. Lesch: Was wäre wenn? Oder in *M. Eigens* Sinn: "Where is the ›Temperature‹ of the deck of cards?"

Es ist evident: Bekannte Formeln wie $S = k \cdot \ln \Omega$ drücken – sofern sie nicht nur *C. F. von Weizsäckers* Umschreibung für „*sprachliche und logische Schlamperei*" verkörpern – den Zahlenwert des *natürlichen* Logarithmus einer reellen Zahl aus, dem durch eine vorgegebene Naturkonstante k noch die in einem Größensystem festgelegte Dimension einer physikalischen Größe nach Bedarf zugeordnet werden mag. Wählt man für *k* die Boltzmannkonstante, so resultiert für *S* eine Zahl mit der Dimension der *Entropie* – natürlich ohne dass ihr eine *Temperatur* zugeordnet wäre!

Es ist aber diese fixe Zuordnung von *Entropie* und *Temperatur*, welche die gesamte Makrophysik und die Naturwissenschaften bestimmt. Sie ist das Resultat der GFD untermauert durch Kants Metaphysik, durch die das Existenzproblem der Masse geklärt wird. In diesem Kontext nehmen bemerkenswerterweise die »Hauptsätze der Thermodynamik« keinen Einfluss auf die Beschreibung physikalischer Systeme. Alle Hauptsätze sind sogar einem Ausschluss-Prinzip – dem *Falkschen Zentraltheorem* (vgl. 3.1) – unterworfen, das vor allem die ausschlaggebenden Prinzipien beherrscht, die bestimmen, was *Wissenschaftlichkeit* in den Naturwissenschaften und besonders in der Makrophysik bis zur Quantenmechanik ausmacht.

Neuerdings spricht man von Komplexität in Natur und Gesellschaft, wobei *komplexe* Systeme durch ihre Dynamik bestimmt werden, d. h. durch die zeitliche Änderung ihrer Systemzustände. Für Systeme verschiedener Art stellt *Klaus Mainzer* in einer neueren Studie eine durchaus relevante Frage:

> „Was haben Zustände von z. B. molekularen Systemen mit Zeichen von Informationsquellen zu tun? Tatsächlich handelt es sich nur um zwei Aspekte von komplexen Systemen. Daher wird *H* auch als Informationsentropie bezeichnet [s. o.], mit der sowohl die Unbestimmtheit und Zufälligkeit z. B. bei der Verteilung von Zeichen einer Nachrichtenquelle als auch bei Mikrozuständen eines thermodynamischen Systems beschrieben werden kann." [MAINZER, K. (2008), S.40].

Ist diese Antwort allerdings im Hinblick auf die Komplexität von Systemen und unter Einbeziehung von *Eigens* 'Gretchenfrage' nach der 'Temperatur' solcher 'Informationsquellen' ausreichend?

> *"Ich bin einer von denen, die auf eine Erklärung hoffen.*
> *Aber vielleicht ist das Universum nicht*
> *so, wie wir es gerne hätten."*
> Edward Witten 1999 zur Zukunft der Stringtherie.
> [WEISS, M. (SZ - 27.07.2012), S.18]

8 ZUSAMMENFASSUNG

Alle in der Zusammenfassung präsentierten Ergebnisse beziehen sich ausschließlich auf die in den vorliegenden Untersuchungen vertretenen Positionen im Vergleich zur etablierten Physik. Sie werden in drei Bereiche unterteilt:

I. Physik als die auf J. W. Gibbs' und G. Falks Ideen fußende *Systemtheorie* – die sogenannte Gibbs-Falk Dynamik (GFD) – und deren Bezug zu den paradigmatischen Theorien der Physik.
II. Ausgewählte Anwendungen der aus der GFD abgeleiteten *Alternativen Theorie* (AT) der nicht-mechanistischen Physik.
III. Zum philosophischen, wissenschaftstheoretischen und wissenschaftshistorischen Hintergrund aktueller physikalischer Theorien.

I. Spricht man heute von gewissen *"wissenschaftlichen Handlungsprinzipien"*, die *"seit der ersten Konstitution eines wissenschaftlichen Paradigmas in den [aktiven] Zeiten Galileis und Newtons [etabliert] wurden"*, [vgl. DAWID, R. (2008), S. 414], so lässt sich frühestens von jenen Jahren an von Naturwissenschaft sprechen, wie wir sie heute cum grano salis verstehen.

Vier herausragende Persönlichkeiten trugen nachhaltig zu denjenigen Grundlagen heutiger Physik bei, wie sie in dieser Studie dargelegt und begründet werden. Sie schufen damit neue Wege nicht nur für die Forschung auf allen Teilgebieten der Physik; mehr noch, sie eröffneten auch neue Perspektiven *zur historisch-philosophischen Entwicklung* der Physik- und Philosophiegeschichte: *I. Newton, I. Kant, J. W. Gibbs* und *J. von Neumann*. Jeder von ihnen präsentierte originelle und paradigmatische Beiträge von bleibender Aktualität.

I. 1. Aus heutiger Sicht war *Isaac Newton*, der Begründer der klassischen Mechanik, *keineswegs mechanistisch* eingestellt. Im ersten Buch seines opus magnum (*Principia*) unterschied er zwischen zwei Arten von Ortsveränderungen: Verschiebung von Atomen (V-Fall), die er zur Begründung seiner Naturphilosophie benötigte; und die simultane Bewegung von Atomen (B- Fall), die er für den Aufbau seiner rationalistischen Mechanik benutzte. Im zweiten Buch behandelte er vorrangig zwei Themen: a) den Bewegungswiderstand, den feste Körper in Flüssigkeiten und Gasen realiter erfahren; b) die Viskosität zäher Flüssigkeiten. *Dabei wagte er* – in Opposition zu seinen kontinentalen Konkurrenten und den antiken Philosophen folgend – die „Doxa-Welt" (d. h. die dem Menschen sinnlich erfahrbare Welt) und damit *physikalische Phänomene von praktischer Bedeutung* zu erfassen. Mathematisch war für ihn die antike Proportionslehre maßgebend. Seine Physik benutzte klarsichtig den Kraft-Begriff, der im Sinne von *Parmenides* als existierendes Nichtseiendes zu interpretieren ist. Diese Auffassung wurde indes später – vor allem in der *mechanistischen* Weltanschauung von Lagrange bis Hamilton – verdrängt: »Kraft« ist jetzt eine aus der Lagrange- bzw. Hamilton-Funktion abgeleitete Größe. Sie gehört zu den inneren Eigenschaften eines physikalischen Systems – nicht aber die Temperatur, die fälschlicherweise mit der *kinetischen* Energie des Systems in Verbindung gebracht wurde und wird. Dadurch verlor die theoretische Mechanik von vorneherein den Anschluss an die reale Welt.

I. 2. Die heutige Darstellung der Quantentheorie erfolgt mit Hilfe der Hilbertraum-Theorie. Die erste und bis heute gültige Version stammt von *J. von Neumann* (1932). In vorliegender Untersuchung wird daran erinnert (5.1), dass er selbst diese Darstellung für verfehlt gehalten hat. J. von Neumanns Meinung lässt sich als profundes Wortspiel kurz zusammenfassen: *Der Hilbertraum war ein Traum und wurde zum Alptraum.*

Nachdem von J. von Neumann und G. Birkhoff 1936 die Verallgemeinerung der Prinzipien der Logik auf die formalen Strukturen des Hilbertraums überprüft hatten, gab *von Neumann* die bis dahin intensive Beschäftigung mit der Quantenphysik für immer auf. Der einzige Grund war, dass der *unendlich-dimensionale* Hilbertraum keine die für Messungen erforderlichen *relativen Häufigkeiten* als ein Maß der *deskriptiven Statistik* zulässt. Er führt damit zu reiner Unverbindlichkeit hinsichtlich der physikalischen Relevanz jeder theoretischen Aussage [vgl. 5.1]. Ist dann aber diese Art der Quantentheorie überhaupt *Physik* in naturwissenschaftlichem Sinn der GFD?

Eine ähnlich schmerzliche Überraschung werden wohl die Anhänger der Kopenhagener Deutung der Quantenmechanik bei sorgfältiger Lektüre von *Kapitel 6* erfahren. In seiner *Synthetischen Quantentheorie* beweist Ulrich Hoyer die fehlerhafte Deutung der *Unschärferelation* oder *Unbestimmtheitsrelation* durch Werner Heisenberg. Hoyer bestätigt damit Karl Poppers Vermutung, dass es sich bei diesen mathematischen Beziehungen um ganz gewöhnliche *Streurelationen* mit entsprechenden Konsequenzen handelt [vgl. die biographische Notiz am Ende von *Kapitel 6*].

I. 3. Die *einheitliche Darstellung der mikro- und makrophysikalischen Phänomene* ist im Rahmen der AT *möglich*. Dabei können im makrophysikalischen Bereich sowohl die Dissipation als auch die verschiedenen irreversiblen Prozesse einheitlich beschrieben werden. Darüber hinaus – wie je in Kapitel 5 und 6 gezeigt – gelingt es, mit den darin dargelegten mathematischen Methoden die quantenmechanischen Realitäten offen zulegen. Dadurch ergibt sich ein von der üblichen Quantenmechanik abweichender Formalismus zur Beschreibung der Mikrophysik.

Die durch die AT verwirklichte Verschränkung der Mikro- und Makrophysik mittels der Gibbs-Fundamentalgleichung des betreffenden Makro-Systems ermöglicht die prinzipielle Behandlung der Messungen im Rahmen der Makrophysik. Damit werden die bekannten Anforderungen Niels Bohrs erfüllt, die er in seinem späten Kommentar '*Über Erkenntnisfragen der Quantenphysik*' (1958) wie folgt formulierte:

„»Der entscheidende Punkt ist die Erkenntnis, dass die Beschreibung der Versuchsanordnung und die Registrierung von Beobachtungen in der mit der gewöhnlichen physikalischen Terminologie passend verfeinerten Umgangssprache zu erfolgen haben. Dies ist eine einfache logische Forderung, da mit dem Wort Experiment nur ein Verfahren gemeint sein kann, über das wir anderen mitteilen können, was wir getan und was wir gelernt haben.« Es beruht also »unsere Deutung des Erfahrungsmaterials wesentlich auf der Anwendung der klassischen Begriffe.«" [MÜLLER, R., SCHMINCKE, B. und WIESNER, H. (2012), S.2].

I. 4. Die vorliegende Untersuchung präsentiert wichtige Lösungsansätze für *Interpretationsfragen der Quantentheorie*:

    a) Was heißt und zu welchem Ende studiert man Quantentheorie als statistische Theorie? Um welche Statistik geht es? Um keine, „die sich auf die wechselwirkenden Partikel eines einzigen, sehr komplizierten mechanischen Systems bezieht, sondern auf eine Gesamtheit von sehr vielen mechanischen Systemen, die vollkommen voneinander getrennt und wechselwirkungslos zu denken sind. Wir haben es mit einer Gibbsschen Gesamtheit zu tun." [NEUMANN VON, J. (1932), S. 192; vgl. auch Kapitel 5 und 6].

    b) Die Frage, warum das Darstellungsfeld in der Quantentheorie das Zahlengebiet der *komplexen Zahlen* ist, wurde hier mit der statistischen Vorgehensweise begründet; daraus erhält das Darstellungsfeld seinen mathematischen Sinn [vgl. 5.2.3.4, bzw. LAUSTER, M. (1998), S. 45 und WEIZSÄCKER VON, C. F. (1992), S. 151].

    c) Die jahrzehntelang oft als 'rätselhaft' erklärte Ψ-Funktion der Quantenmechanik bekommt durch die Definition (5.2.3.7) eine konkrete Bedeutung: Sie ist eine statistische *Interpolationsfunktion* und fungiert somit als mathematisches Hilfsmittel zur Bestimmung messbarer statistischer Größen.

I. 5. In Abschnitt 3.5 wurden Ansätze eines neuen Teilchenbegriffs entworfen. Demnach ist *ein Teilchen als eine Relation aufzufassen*, die primär durch alle *aktiven* allgemeinphysikalischen Zustandsgrößen des reagierenden Makrosystems bestimmt wird. So ist es zwar prinzipiell möglich, spezielle Eigenschaften von Makro- und Mikrosystemen in Relationen, i. e. funktionalen Beziehungen anzugeben. Indes folgt aus der GFD ihrer *Kant-Struktur* sogar zwangsläufig die Option, einen alternativen Teilchenbegriff einzuführen, dem die zugeordnete Partikelmasse per se inhärent ist! Ein Higgs-Boson mit seiner angeblich 'massestiftenden' Funktion ist damit ausgeschlossen [vgl. Abschnitt 7.1 im Kontext mit Abschnitt 2.1].

II. Aufschlussreiche *Anwendungen* der präsentierten theoretischen Konzepte werden im Kapitel 7 behandelt. Dazu wird aus dem Anwendungsbereich der GFD bzw. der AT je ein charakteristisches Probleme aus vier aktuellen Schwerpunktsdisziplinen der theoretischen Physik behandelt. Die exemplarischen Beispiele beziehen sich auf Untersuchungen in drei bereits veröffentlichten Arbeiten, an denen der Autor der vorliegenden Studie aktiv mitgewirkt hat. Die Darlegungen zur Thermodynamik Schwarzer Löcher – Abschnitt 7.3 – sind dagegen ebenso, wie die Unterabschnitte 7.4.3 und 7.4.4 ganz neu.

II. 1. Vor 12 Jahren publizierten D. Straub und V. Balogh ein zum bekannten Standardmodell der Elementarteilchenphysik (SM I) alternatives neues *Standardmodell* (SM 2000), [vgl. STRAUB, D. und BALOGH, V. (2000)]. SM I benutzt über 20 freie Konstanten C_k zur Anpassung an die Experimente; die genaue physikalische Bedeutung der C_k ist indes nicht geklärt. SM 2000 kommt dagegen mit vier frei verfügbaren Parametern für *stationäre* Lösungen der Massenwerte aus. Das am CERN erst 2011 neu entdeckte Elementarteilchen wurde von SM 2000 als gewöhnliches hochenergetisches Teilchen identifiziert und seine Ruhemasse letzlich zu 126,8 GeV berechnet. Dieser Wert stimmt mit den letzten korrigierten ATLAS-Messwerten für das angebliche *Higgs-Boson* vollständig überein [vgl. 7.1.4 Fazit].

II. 2. In 2004 veröffentlichten D. Straub, M. Lauster und V. Balogh eine umfangreiche Studie zur Frage, *„warum die Entropie als eine auch den Zweiten Hauptsatz... repräsentierende Basisgröße der Physik nicht explizit zum Verständnis und zur Beschreibung offensichtlich vieler dissi-*

pativer elektromagnetischer Effekte herangezogen wird? Das dafür zweifellos wichtigste Beispiel ist die hauptsächlich als Folge Ohmscher Widerstände generierte Joulesche Wärme als die technisch wichtigste Lichtquelle – weltweit." [STRAUB, D, LAUSTER, M. und BALOGH, V. (2004), S. 706]. Die Antworten liefern viele neue und überraschende Perspektiven; sie fußen explizit auf GFD und AT, machen zudem deutlich, warum eingehende historische Studien dazu notwendig waren.

II. 3. Im Jahr 2011 hatte der Autor der vorliegenden Studie Gelegenheit, an einer Publikation punktuell mitzuwirken, die in Form eines Interviews von Professor Dieter Straub über seinen wichtigen theoretischen Beitrag zur Sicherheit der Space-Shuttle-Haupttriebwerke (SSME) präsentiert wird; [vgl. STRAUB, D. (2011), Teil IV)]. Darauf bezugnehmend wird in Abschnitt 7.4 ein Dilemma der mechanistischen Physik – die *Bewegung von realen Fluiden* – anhand eines konkreten technischen Problems besprochen, das zwischen 1969 bis 1985 massiv die Betriebssicherheit der SSME bedrohte. Die Lösung des Problems lieferte die sogenannte *Münchner Methode* (MM), die auf der AT sowie auf dem weltweit eingesetzten NASA-Lewis Code(sic) zur Berechnung komplexer chemischer Gleichgewichtsreaktionen basiert. Es zeigt sich einerseits, welche entscheidende Rolle besonders für die korrekte Auslegung von Raketenmotoren – und damit im gegebenen Fall für die Betriebssicherheit des Space-Shuttle – der richtige Gebrauch primär der Bewegungsgleichungen von *reaktiven* Strömungen für den *isentropen* Grenzfall spielt.

II. 4. Andererseits erzielen vor allem solche Publikationen der jüngsten Zeit überraschend viel Aufmerksamkeit, die sich mit den physikalisch-mathematischen Grundlagen der Dynamik bewegter atomarer Systeme befassen [vgl. z. B. SKLAR, L. (2013)]. Die Forschung geht dabei bis zur berühmten *Boltzmann-Gleichung* der kinetischen Gastheorie zurück. Und sie führt teilweise zu spektakulären, gar absurden, dennoch oft hoch gelobten Aussagen z. B. im Fall der Eulerschen Bewegungsgleichungen (vgl. Abschnitt 7.4.3). Neuerdings gibt es aber auch wieder Interesse an längst bestens bekannten Konsequenzen aus der Boltzmann-Gleichung, die den Begriff der thermodynamischen *Entropie* zusammen mit der Shannonschen *Information* und der ihr zugeordneten 'informationellen Entropie' thematisieren. Letztere ist inzwischen schon längst im Kanon kosmologischer Wissenschaft etabliert; die 'thermodynamische Theorie' der Schwarzen Löcher ist dafür vielleicht das bekannteste Beispiel. Begründeter Zweifel an diesen Lehren wird in diesem Jahr von sehr prominenter Seite laut [vgl. EIGEN, M. (2013) sowie (7.4.4)].

III. Philosophische, wissenschaftstheoretische und wissenschaftshistorische Positionen.

III. 1. Meine *Kant-Untersuchung* zeigt einerseits, in welchem Sinne eine adäquate *Metaphysik für die Theorienbildung der Physik notwendig ist*, andererseits, welche Kriterien zur Sicherstellung der *Wissenschaftlichkeit* unentbehrlich sind. Kant verlangt eine Naturwissenschaft apodiktischer Gewissheit. Nach seiner Auffassung ist Metaphysik mittels der Vernunft möglich. Diese soll aber ganz im Gegensatz zum Rationalismus weder eine den zugänglichen Erfahrungsbereich übersteigende, noch im Gegensatz zum Empirismus eine empirische Wissenschaft sein, sondern nur eine »transzendentale Theorie der Erfahrung«. Im Kontext damit wurde bekanntlich laut Kant die Existenz unwiderlegbarer synthetischer Urteile a priori als eine Art »Schicksalsfrage der Philosophie« (hier der Metaphysik) als denknotwendig erkannt. Die meisten Philosophen (z. B. aus dem ›Wiener Kreis‹ der 1920er Jahre) akzeptierten, dass die empirische Wissenschaften Sätze enthalten, die bestenfalls von aller Erfahrung bestätigt (oder widerlegt), aber nicht überzeugend begründet werden können. Ergo: Nur ein *Existenznachweis synthetischer Urteile a priori* führt zu einer „Erkenntniserweiterung vor aller Erfahrung". Also muss es auch andere Erkenntnisquellen als Erfahrung geben. A priori heißt laut Kant die von aller Empirie freie Erkenntnis.

Kants Kronzeuge ist I. Newton, nicht G. W. Leibniz [vgl. HILDEBRANDT, K. (1955)]. Beispiele aus Newtons Mechanik (Erhaltung der Materie, actio et reactio – Newtons Lex tertia) widersprechen indes vielen Endlichkeitsanforderungen an die moderne Physik: Sie stehen für *Allaussagen*, die in Poppers Sinn zwar nicht falsifiziert, aber auch durch Verfahren wie die *vollständige Induktion* nicht verifiziert werden können. Aber auch die Hauptsätze der Thermodynamik gehören dazu!

III. 2. G. Falk hat erstmals durch seine mathematische Beschreibung eines speziellen 'Maschinentyps' gezeigt, dass die ihr zugrunde liegende Theorie inklusive ihrer Voraussetzungen für jeden konkreten Einzelfall der betrieblichen Praxis den realen Funktionsablauf exakt beschreibt. Diese Aussage entspricht den Anforderungen an *ein synthetisches Urteil* a priori. Natürlich handelt es sich um das *Carnot-Falk-Prinzip*. Die 'Maschine' ist als Wärmekraftmaschine bekannt. Sie wurde erstmals durch J. Watts *Dampfmaschine* realisiert. Von S. Carnot stammt dazu die vollständige *thermodynamische* Erklärung. Letztere bedeutet aber den Beweis für die »Existenz *synthetischer* Urteile a priori« in Kants Sinn [vgl. dazu auch die Hinweise auf Seite S. 47 zur Dampfmaschine Watts und O. Höffes Kommentar].

Dieser Nachweis hat gravierende Folgen: Jetzt ist es gewiss: Die Gegenstände der Naturwissenschaften sind in der Anschauung gegeben. Sie sind keine Konventionen im Sinn von Willard Van Orman *Quine*! Kant hat darüber hinaus gezeigt und eingehend kommentiert: „Alle Anschauungen sind *extensive* Größen." [KrV/B. 202] Somit ist Naturwissenschaft angewandte Mathematik, sofern die wissenschaftliche Erforschung extensiver Größen durch Mathematik erfolgt. Dieses grundlegende Prinzip beinhaltet noch darüber hinaus, dass jeder *extensiven Größe* notwendigerweise ihre (charakteristische) *intensive Größe* zugeordnet ist [vgl. Abschnitt 7.4.4].

Das entscheidende Resultat ist: Die Gibbs-Falk Dynamik ist durch ihre *Kant-Struktur* determiniert. Die Referenzmassen aller am Systemzustand beteiligten Teilchen der verschiedenen Sorten erweisen sich dabei als konstitutiv für alle *extensiven* allgemeinphysikalischen Größen. Dieses prägende Ergebnis Kantscher Metaphysik gehört somit zu den begrifflich-mathematischen Grundlagen der GFD und AT. Es allein garantiert letztlich, dass diese wissenschaftliche Naturbeschreibung nicht mit entsprechenden menschlichen Erfahrungen im Widerspruch steht.

Dieser weitreichende Schluss ist offensichtlich alles Andere als trivial. Woher kommt Kant überhaupt zu Erkenntnissen, die sich in den Formen der *Kant-Struktur* als fundamental für die Physik erweisen? Es ist sicher zutreffend, dass Kant an der zu Beginn 'seines Jahrhunderts' große Resonanz hervorrufende Auseinandersetzung zwischen *Leibniz* und *Samuel Clarke*, dem engen Vertrauten Newtons, interessiert war. So war er gewiss darüber informiert, dass Newtons Standpunkt über die wirklich in der Natur existierenden Dinge sehr dezidiert und für seine 'geometrische' Mathematisierung der Physik ausschlaggebend war: ... „existieren die wirklich in der Natur vorkommenden Dinge als Mengen." [CLARKE, S. (1990), S. LXXXIII]. Clarke machte für eine „erschaffene Natur" deutlich, dass es für den Raum, die Zeit, die Materie, die Bewegung, etc. als objektive Realitäten, „gar als Entitäten von unterschiedlichem ontologischem Status" keine Möglichkeit einer arithmetischen Darstellung gibt. Und er stellt fest, dass

„ ... Newton die Gegenstände seiner Bewegungslehre von Anfang an als Mengen, nämlich die Menge der Materie (d. i. die Masse), die Menge der Bewegung (d. i. der Impuls) definiert..." [CLARKE, S. (1990), S. LXXXIII].

Hier tauchen die ersten *extensiven allgemeinphysikalischen Größen* explizit auf und erklären die Herkunft der *Kant-Struktur*, aber auch die privilegierte Rolle der *Masse* als Ausdruck für den Mengenstatus der Materie. Um die heute weitgehend vergessenen Details genauer zu verstehen, war es daher notwendig, sie in Kapitel 1 in größerem Zusammenhang zu thematisieren.

Newtons Genie zusammen mit Kants unübertroffener Stringenz des Denkens führt schlussendlich zur Widerlegung einer These *Ludwig Wittgensteins*, die er in seinem berühmten »Tractatus logico-philosophicus« unter der Satz-Nummer 6.1251 formuliert: „Darum kann es in der Logik auch nie Überraschungen geben." [Vgl. FISCHER, E. P. (2007), S. 153].

III ANHANG

III.1 Quantentheorie – heute

Die Entstehung der Quantentheorie wurde in der Literatur sehr ausführlich behandelt.[130] Der mathematische Formalismus der Theorie entwickelte sich am Anfang des 20. Jahrhunderts. Die Kodifizierung dieses Formalismus geschah mit dem Werk von *John von Neumann* im Jahre 1932 [NEUMANN, VON J. (1932); vgl. 5.1]. Dieses Werk gilt als Bibel der Theorie. Die Wichtigkeit dieses Buches wurde bei der Etablierung der Theorie immer wieder betont. Die folgende Charakterisierung ist weit verbreitet:

> „Nach dem Erscheinen von Neumanns Buch gab es keine Zweifel, dass eben dies die mathematische Struktur war, auf welche die Entwicklung der Quantenmechanik geführt hatte; Damit veränderte sich aber ... das Gewicht der verschiedenen Argumente im Deutungsproblem. Die Physiker argumentierten anfangs von den Motiven aus: soll – kann – darf die Theorie die Gestalt annehmen, in die sie sich allmählich entwickelte? Nun konnte man vom Resultat aus argumentieren: ist die anerkannte Gestalt der Theorie mit gewissen Motiven im Einklang oder nicht? ... Neumanns Buch wirkte wie eine Kodifikation auf ein Rechtsystem... Die Hilbertraumtheorie ist die Gestalt, in der die Quantentheorie sich seit über fünf Jahrzehnten bewährt hat; sie liefert die gemeinsame Sprache, in der über die Quantenphysik gesprochen werden kann." [WEIZSÄCKER, VON C. F. (1985), S. 511-512].

Wie sieht diese etablierte, kodifizierte, heute allgemein akzeptierte Form der Theorie aus? In dieser Einführung wird eine knappe Darstellung vorgestellt.[131]

Wie erwähnt bildet der separable, komplexe Hilbert-Raum den Rahmen, in dem die *Zustände* eines quantenmechanischen Systems als Strahlen beschrieben werden. Ein Strahl ist ein eindimensionales lineares System. Sein Repräsentant ist ein Vektor ψ in dem entsprechenden Teilraum, der auf eins normiert wird.

---

[130] Vgl. z. B. JAMMER, M. (1966), JAMMER, M. (1974) oder MEHRA, J. und RECHENBERG, R. (1987).
[131] Basiert auf FILK, TH. (2005), S. 15-34.

Der Notation von Dirac folgend, benutzt man zur Kennzeichnung der Vektoren in einem Hilbert-Raum die »kets«: $|\Psi\rangle$. Auf einem komplexen Hilbert-Raum ist ein positiv-definites, hermitesches Skalarprodukt definiert. Dieses hat folgende Eigenschaften: $\langle\alpha\Phi|\Psi\rangle = \overline{\alpha}\langle\Phi|\Psi\rangle$ und $\langle\Phi|\Psi\rangle = \overline{\langle\Phi|\Psi\rangle}$. Im Allgemeinen werden auch endlich-dimensionale Vektorräume mit positiv-definitem Skalarprodukt als Hilbert-Raum bezeichnet. An die Definition eines Hilbert-Raums ist die Voraussetzung geknüpft, dass dieser für unendlich-dimensionale Vektorräume (hinsichtlich der durch das Skalarprodukt definierten Norm) abgeschlossen ist.

Der heutige in der Quantentheorie standardisierte mathematische Formalismus wird zusammen mit den folgenden Axiomen benutzt, um die Ergebnisse physikalischer Experimente untereinander in Verbindung zu setzen. Diese »Axiome« sind von den Physikern allgemein anerkannt und werden als »Kochrezept« verwendet; häufig werden sie der offiziellen Kopenhagener Deutung der Quantentheorie zugerechnet. Die erwähnten Axiome werden hier nach Filk zitiert:

„1. (Reine) physikalische Zustände werden durch eindimensionale Teilräume eines separablen Hilbert-Raums dargestellt. Ein normierter Vektor $|\Phi\rangle$ dieses Teilraums kann als Repräsentant dieses Zustands dienen.

2. Die Observablen an einem physikalischen System werden durch die *selbstadjungierten* Operatoren des Hilbert-Raumes dargestellt. Orts- und Impulsoperator erfüllen dabei folgende Bedingung: $[Q, P] = \frac{\hbar}{i}\mathbf{1}$.

3. Das Spektrum eines *selbstadjungierten* Operators entspricht den möglichen Messwerten einer Messung der zugehörigen Observablen an dem System.

4. Die Wahrscheinlichkeit, bei einer Messung der Observablen zu einem Operator *A* im Zustand $|\Phi\rangle$ den Messwert *λ* mit zugehörigem Eigenvektor $|\lambda\rangle$ zu finden, ist gleich $|\langle\lambda|\Phi\rangle|^2$.

5. Die ungestörte Zeitentwicklung eines abgeschlossenen quantenmechanischen Systems wird durch die Schrödingergleichung, $-\frac{i}{\hbar}\frac{d}{dt}|\Phi\rangle = H|\Phi\rangle$, beschrieben, wobei *H* der Energieoperator des Systems ist.

6. Nach einer Messung der Observablen A an einem physikalischen System und dem Ergebnis λ als Messwert befindet sich das physikalische System in dem zugehörigen Eigenzustand $|\lambda\rangle$." [FILK, TH. (2005), S. 18.].

Die Axiome 1 und 2 sichern, dass das physikalische System dem entsprechenden mathematischen Formalismus entspricht; die Axiome 3 und 4 zeigen den umgekehrten Weg vom mathematischen Formalismus zum physikalischen System. Die letzten zwei Axiome (5 und 6) stehen für die mathematische Repräsentation der Zeitentwicklung. Zusätzlich zu den Axiomen 1 und 2 muss man klären, was ein »physikalischer Zustand« und eine »physikalische Observable« überhaupt ist. Da diese Problematik in der gesamten Abhandlung eine wesentliche Rolle spielt, wird sie unter dem nächsten Punkt ausführlicher behandelt werden. Im Allgemeinen wird unter einer Observablen eine Äquivalenzklasse von Messvorschriften an einem physikalischen System verstanden. Zwei Messvorschriften werden als äquivalent betrachtet, wenn sie immer dieselben Messergebnisse liefern. Die Definition des physikalischen Zustands geschieht in den meisten schulphysikalischen Darstellungen über die Observablen:

„Zwei Systeme befinden sich in demselben physikalischen Zustand, wenn die Erwartungswerte aller Observablen an diesen beiden Systemen gleich sind. Ein Zustand ist somit durch die Erwartungswerte sämtlicher Observablen definiert. Diese Definition basiert somit darauf, wie sich uns Zustände *zeigen*, nicht, was Zustände *sind*." [FILK, TH. (2005), S. 19].

Mit Hilfe der Axiome 3 und 4 werden zwischen mathematischen Größen (Eigenwert, Skalarprodukt) und physikalischen Größen (Messwerte, Wahrscheinlichkeit) die Beziehungen festgelegt. Dabei ist es natürlich fraglich, wie weit Wahrscheinlichkeit als physikalische Größe bezeichnet werden kann. Das im Hilbert-Raum definierte Skalarprodukt stellt eine Brücke zwischen Wahrscheinlichkeit und physikalischem System her. Eine solche Verbindung zwischen den zwei konstitutiven mathematischen Elementen der Quantentheorie (nämlich Wahrscheinlichkeitstheorie/Statistik auf der einen Seite und Hilbert-Raum-Theorie auf der anderen) verursacht bekanntlich viele Schwierigkeiten. Alle bisherigen Versuche, um diese Schwierigkeiten auszuräumen, dienten meist dazu, den Wahrscheinlichkeitsbegriff oder die damit verbundenen Logik zu reformieren. Die Hilbert-

Raum-Theorie, bzw. ihre Anwendung im Rahmen der Quantentheorie wird seltener in Frage gestellt.

Was man unter »Kopenhagener Deutung« versteht, machen die Axiome 4 und 6 deutlich. Die anderen Axiome werden von allen Schulen geteilt. Wie schon erwähnt, betont Axiom 4 den statistischen Charakter der Interpretation.

An dieser Stelle zitieren wir eine wichtige Bemerkung von Filk:

> „Axiome 6 verdeutlicht, dass die Kopenhagener Deutung ganz wesentlich von der Aufteilung der Welt in ein Quantensystem und den klassischen Rest abhängt. Die Interpretation der Quantenmechanik basiert eher auf der klassischen Physik als umgekehrt, wie man es von einer fundamentalen Theorie eigentlich erwarten würde. Daher gehen die meisten Bestrebungen heute dahin, diesen Punkt 6 aus der Quantenmechanik heraus zu verstehen. Damit eng verbunden sind auch die bekannten Fragen nach dem Kollaps der Wellenfunktion und der Anwendbarkeit der Quantenmechanik auf das gesamte Universum." [FILK, TH. (2005), S. 22].

Die heute etablierte Theorie verwendet bestimmte Auswahlregeln. Durch die Anwendung dieser Regeln wird die Dynamik des Systems (ausgedrückt durch den Hamilton-Operator) gewisse Übergänge zwischen Zuständen verbieten. Die so genannten Superauswahlregeln bedeuten eine Verallgemeinerung dieses Sachverhalts: Es ist eine allgemeine Annahme, dass es zu jedem selbstadjungierten Operator auf dem Hilbert-Raum auch eine Messvorschrift gibt, die durch diesen Operator repräsentiert wird. *„Gibt es jedoch Superauswahlregeln, so ist dies nicht der Fall."* [FILK, TH. (2005), S. 23].[132]

Die Begriffe »Observable« und »Zustand« sind in der etablierten Quantenmechanik grundlegend. Nach häufigster Definition ist eine Observable ein mathematisches Objekt, das eine Messvorschrift repräsentiert. Ein schönes Beispiel von Th. Filk zeigt, dass eine Unterscheidung zwischen Messvorschrift und der zugehörigen Observablen wichtig ist:

> „…betrachten wir zwei verschiedene physikalische Systeme, die aber durch denselben Formalismus beschrieben werden: System (1) bestehe aus zwei 1-

---

[132] Bekannte Beispiele für Superauswahlregeln sind die Ladungserhaltung und die Fermionenzahl modulo 2.

dimensionalen harmonischen Oszillatoren (beispielsweise zwei unabhängige aber gleichartige Federn, an denen jeweils gleiche Massen hängen), System (2) bestehe aus einem 2-dimensionalen harmonischen Oszillator (beispielsweise einer Kugel in einem 2-dimensionalen harmonischen Oszillatorpotenzial). Beide Systeme lassen sich durch die Ortsoperatoren Q_1, Q_2 und Impulsoperatoren P_1, P_2 beschreiben, und der Hamilton-Operator, ausgedrückt durch die Orts- und Impulsoperatoren, ist $H = \frac{1}{2}(P_1^2 + P_2^2) + \frac{\omega^2}{2}(Q_1^2 + Q_2^2)$. Die beiden physikalischen Systeme sind sehr verschieden, und auch die Messvorschriften für die Orte bzw. Auslenkungen und Impulse sind verschieden. Trotzdem werden beide Systeme durch dieselbe Algebra von Observablen beschrieben." [FILK, TH. (2005), S. 28].

Im Allgemeinen wird in der Physik postuliert, dass die Menge der Observablen die Struktur einer C*-Algebra besitzt. Zu deren Definition werden fünf aufeinander basierende Regeln benötigt, die hier nicht angeführt werden, zumal es sehr zweifelhaft ist, ob all diese Regeln für die Observablen immer erfüllt sein müssen. Zunächst kann man die Frage stellen: Warum muss das Ergebnis einer physikalischen Messung unbedingt immer eine Zahl sein? Dass es bei der Observablen-Algebra um komplexe Algebra geht, ist eine technische Forderung, da die reellen Elemente als eigentliche Observablen angesehen werden. Andere Probleme werden von Th. Filk so zusammengefasst:

„Während jedoch die Multiplikation einer Observablen mit einer Zahl immer operationell definiert werden kann – es handelt sich dabei einfach um eine Änderung der Messskala –, sind die anderen Operationen weniger offensichtlich. So ist beispielsweise operationell nicht definiert, wie man die Summe oder das Produkt zweier Observabler – d.h. zweier gegebener Messvorschriften – wieder als Messvorschrift realisiert. Für die Quantenmechanik sicherlich falsch wäre die Vorschrift, die beiden Messungen getrennt auszuführen und von den Ergebnissen die Summe bzw. das Produkt zu bilden. Häufig wird auch behauptet, die »zeitliche Hintereinanderausführung« zweier Messvorschriften A und B entspräche dem Produkt dieser Observablen. ... Richtig bleibt in der Quantenmechanik lediglich, dass zwei Messvorschriften genau dann in ihrer zeitlichen Reichenfolge vertauschbar sind, wenn die zugehörigen Operatoren vertauschen." [FILK, TH. (2005), S. 29-30].

Wie weit dieses mathematische Instrumentarium die physikalische Realität beschreiben kann, bzw. wie weit die Ganzheit dieser Mathematik notwendig ist, ist Gegenstand vieler Untersuchungen.

Eine operationelle, epistemische Definition führt zum Begriff »Zustand«. Nach der allgemein verwendeten Definition ist ein *Zustand* ein lineares (*i*), positives (*ii*), normiertes (*iii*) Funktional auf der Observablen-Algebra. Die drei genannten Bedingungen können formalisiert werden. Filk kommentiert:

> „Diese allgemeine Deutung eines Zustands ist durch die Quantenmechanik notwendig geworden, wo dieselbe Messvorschrift angewandt auf denselben quantenmechanischen Zustand nicht immer dasselbe Messergebnis liefert." [FILK, TH. (2005), S. 30].

Diese Definition sollte eine Garantie dafür sein, dass der Begriff »Wahrscheinlichkeit« in der gewöhnlichen Quantentheorie der Observablen und damit im Einklang mit der Hilbert-Raum-Theorie verwendbar werde. Die Bedingungen der Positivität und der Norm werden eben deswegen eingeführt. Die Forderung der Linearität (*i*) ist weniger plausibel. Diese Bedingung wurde schon 1935 von *Grete Hermann* in Frage gestellt [vgl. HERMANN, G. (1935)]. 1989 hat *J. S. Bell* dieses Postulat der Linearität genauer untersucht und gezeigt, dass es für Erwartungswerte in einer physikalischen Theorie nicht notwendigerweise gelten muss [vgl. BELL, J. S. (1989)]. Diese Bedingung war auch eine wesentliche Voraussetzung für von Neumanns Theorem über die Unmöglichkeit verborgener Variablen in der Quantenmechanik. Damit schien die Frage nach einer Theorie mit verborgenen Variablen wieder offen. John von Neumann selber war – wie in Abschnitt 5.1 eingehend erläutert – sehr skeptisch gegenüber seiner eigenen Hilbert-Raum-Theorie.

Unter Bezug auf die Axiome 5-6 lässt sich nachvollziehen, wie die Zeitentwicklung des quantenmechanischen Systems dargestellt werden kann.

Dabei spielt laut Axiom 5[133] die zeitabhängige Schrödingergleichung eine zentrale Rolle.

Unsere hier vorgestellte Untersuchung zeigt, dass diese so genannte Zustandfunktion ψ eine mathematisch gut begründete und vernünftige Bedeutung hat, wenn man im Sinne der Alternativen Theorie von Straub den statistischen Charakter der Interpretation ernst nimmt. Weiterhin wurde auch gezeigt, dass die statistische Begründung der Schrödingergleichung nicht unbedingt eine Zeitentwicklung mit sich bringt. Bei unserer Überlegungen folgten wir den Herleitungen von *M. Lauster* im Wesentlichen (vgl. 5.2). Was die konkreten statistischen Einzelfälle betrifft, nahmen wir die synthetischen Darstellungen der Quantentheorie von *U. Hoyer* in Anspruch (vgl. Kapitel 6).

III.2 Statistisches Umfeld und Konkurrenz zu de Broglies Materiewellen

Schrödinger hat bis 1920 fast nichts zur Quantenmechanik geschrieben. Zwischen 1920 und 1926 (das berühmte Jahr mit den sechs bekannten Abhandlungen über Wellenmechanik) war die statistische Physik (Erbe von Boltzmann) ein Hauptanliegen seiner Forschung. Seine diesbezüglichen Arbeiten entstanden in einem ständigen Kontakt mit Einstein und Planck.

Um das statistische Umfeld der Wellenmechanik näher zu beleuchten, soll auf eine Arbeit Schrödingers hingewiesen werden, deren Titel: *Über eine bemerkenswerte Eigenschaft der Quantenbahnen eines einzelnen Elektrons* lautet[134]. Das Resultat fasst er so zusammen:

> „Zusammenfassend haben wir folgenden Sachverhalt. Würde das Elektron auf seiner Bahn eine »Strecke« mitführen, die sich bei der Bewegung

---

[133] Wie die auch schon oben zitierte Formulierung zeigt: „Die ungestörte Zeitentwicklung eines abgeschlossenen quantenmechanischen Systems wird durch die Schrödingergleichung, $-\frac{i}{\hbar}\frac{d}{dt}|\Phi\rangle = H|\Phi\rangle$, beschrieben, wobei H der Energieoperator des Systems ist."

[134] In: *Z. Physik* **12**, 13-23 (eingegangen am 5. Oktober 1922, veröffentlicht in No. 1/2 am 9. Dezember 1922), neu gedruckt in: *Gesammelte Werke/Collected Works 3* (Schrödinger, 1984) S. 14-24.

umgeändert verpflanzt, so würde, wenn man von einem beliebigen Punkt der Bahn ausgeht, die Maßzahl dieser Strecke stets mit einer sehr angenähert ganzzahligen Potenz von $\frac{h}{e\gamma}$ multipliziert erscheinen, so oft das Elektron sehr angenähert an den Ausgangsort und zugleich in den anfänglichen Bewegungszustand zurückkehrt.

Es fällt schwer, zu glauben, dass dieses Resultat lediglich eine zufällige mathematische Konsequenz der Quantenbedingungen und ohne tiefere physikalische Bedeutung sei. Die etwas unpräzise Form des Näherungsgesetzes, in der es uns entgegentritt, ändert daran gar nichts; wissen wir doch, dass die Quantenbahnen physikalisch überhaupt nicht mit voller Schärfe definiert sind aus zwei Gründen: erstens wegen der Reaktionskraft der Strahlung, die zwar sicherlich nicht in der von der klassischen Elektrodynamik geforderten Form existiert, der aber ebenso sicher quantentheoretisch ein Etwas von gleicher Größenordnung entspricht, sonst könnte sich die Abklingungszeit nicht richtig aus dem Korrespondenzprinzip berechnen lassen. Zweitens entspringt eine Unschärfe der Quantenbahnen aber auch daraus, dass die Bewegung in den meisten Fällen überhaupt nur mit einer gewissen Annäherung bedingt periodisch ist. ...

Ob das Elektron nun wirklich bei seiner Bewegung irgendwelche »Strecke« mitführt, ist mehr als fraglich. Es ist sehr wohl möglich, dass es sich bei seiner Bewegung fortwährend im Weylschen Sinne »einstellt«. Es kann sein, dass die Bedeutung unseres Satzes darin zu suchen ist, dass dem Elektron nicht jedes Tempo der Einstellung gleich möglich ist, dass diese vielmehr in einer gewissen Abhängigkeit von den quasiperiodischen Bahnzykeln erfolgen muss."

Die Nähe zu der späteren Entdeckung de Broglie`s, die bei der Ausarbeitung der Schrödingerschen Wellentheorie eine so wesentliche Rolle gespielt hat, ist unverkennbar.

Ein weiterer, interessanter Aspekt bei der Entstehung der Wellenmechanik ist das »geistige statistische Umfeld«, in dem diese Theorie entstanden ist. Wenn man einen Begriff aus der Theologie benutzen würde, könnte man sagen: der »Sitz im Leben« der Wellentheorie ist die statistische Physik.

Für das Sommersemester 1925 studierte Schrödinger die entsprechende Literatur über Quantenstatistik. [Vgl. MEHRA, J. UND RECHENBERG, H. (1987), S. 386]. Er las Einsteins ersten Aufsatz zur Bose-Statistik und er erörterte am 5. Februar in einem Brief an Einstein seine Zweifel, ob die von Einstein verwendete Methode zur Zustandssummenbildung berechtigt sei. Er kritisiert deren Näherungscharakter und weist darauf hin, dass – falls die Temperatur nicht zu niedrig und die Dichte nicht zu groß sei – die Anzahl der Moleküle pro Zustand entweder 0 oder 1 sein wird. Unter diesen Bedingungen gibt die klassische Statistik das gleiche Ergebnis wie die neue Quantenstatistik. Der Inhalt dieses Briefes wird von dem Schrödinger-Biograph W. Moore so gewürdigt:

> "This paper of Schrödinger's was in a sense the last word on a difficult and controversial subject until quantum mechanics showed the necessity for two different kinds of statistics, depending on the symmetry of the particle wave functions." [MOORE, W. (1994), S. 133. vgl. MEHRA, J. und RECHENBERG, H. (1987), S. 387].

Nicht nur Einstein, sondern auch Planck hatte einige Überlegungen in der Sache »Statistik« in diesem Jahr gemacht. Am 5. Februar 1925 präsentierte er seinen Aufsatz *Zur Frage der Quantelung einatomiger Gase* der Preußischen Akademie der Wissenschaften[135]. Die Zielsetzung dieses Aufsatzes wird von den Wissenschaftshistorikern so zusammengefasst:

> "The main purpose, which Planck gave for his renewed treatment of the problem, was the attempt to remove from the quantum theory of gases 'that formulation of the quantum hypothesis, according to which the phase space of a physical system is covered everywhere continuously by phase points, and only the density of this space distribution becomes discontinuous in the transition from one phase cell to a neighboring one'" [MEHRA, J. und RECHENBERG, H. (1987), S. 389-390].

Im Juli 1925 erhielt Planck ein Skriptum aus Zürich. Darin diskutierte Schrödinger die statistische Entropie-Definition beim idealen Gas. Die Arbeit wurde von Planck auf der Sitzung der Preußischen Akademie der Wissenschaften am 23. Juli vorgestellt.[136] Abweichend von Planck hat er keine neue Quantentheorie des idealen Gases verfasst. Er analysierte die schon

---

[135] Planck, Max: *Zur Frage der Quantelung einatomiger Gase*, Sitzungsberichte der (Kgl.) Preußischen Akademie der Wissenschaften, Berlin, Physikalisch-mathematische Klasse, S. 49-57 (vorgetragen auf der Sitzung am 5. Februar 1925.), neu gedruckt in: *Physikalische Abhandlungen und Vorträge II* (1958), S. 572-583.

[136] Schrödinger, Erwin: *Bemerkungen über die statistische Entropiefunktion beim idealen Gas*, Sitzungsberichte der (Kgl.) Preußischen Akademie der Wissenschaften, S. 434-441 (vorgestellt von M. Planck auf der Sitzung vom 23 Juli 1925); neu gedruckt in: *Gesammelte Abhandlungen/Collected Works I* (Schrödinger, 1984), S. 341-348.

vorhandenen und konzentrierte sich auf eine einzige Frage, nämlich die Zählmethode der identischen Teilchen. Dabei nahm er vier Definitionen unter die Lupe. Dann stellte er fest, dass es keinen Sinn macht anzunehmen, dass es zu jeder einzelnen Verteilung der (identischen) Moleküle für die Energie genau einen Quantenzustand des Gases gibt, der von allen anderen Zuständen verschieden ist. Er verlangte ein

„radikales Abgehen von der Boltzmann-Gibsschen Art der Statistik."[137]

Auf derselben Sitzung reagierte Planck auf diese Kritik.[138] Er schlug eine neue allgemeine Definition der Entropie vor, welche mit keiner der von Schrödinger erwähnten identisch ist. Nämlich $S = k \cdot \ln P$, wobei k die Boltzmann-Konstante und P die Anzahl der verschiedenen stationären Zustände bedeuten, die bei gegebener Gesamtenergie zustande kommen können. Der Vorteil dieser Definition ist seiner Meinung nach, dass sie im Prinzip alle Wahrscheinlichkeitsüberlegungen und die damit verbundene Willkürlichkeit vermeidet. In diesem Sinne unterscheidet sie sich von allen vier von Schrödinger untersuchten Definitionen. Im Anschluss seines Vortrages kündigt er eine weitere Arbeit an, in der er bestimmte Fragen noch ausführlicher behandeln will. Dieser Aufsatz erschien in der *Zeitschrift für Physik* am 23. Dezember 1925.[139] In der Wissenschaftsgeschichte wird die Arbeit so interpretiert:

> "It contained not only extended applications of the entropy definition, Eq. (18)[140], but also revealed a change in Planck's attitude towards the quantum-theoretical definition of the entropy: while he had formerly considered all his attempts to be 'a suitable further development of the Boltzmann-Gibbs concepts, caused by the quantum hypothesis,' he now thought it more appropriate to speak of 'a new definition'. ...The main advantage of this new definition was, so Planck claimed, that it embraced both the old Boltzmann statistics and the statistics recently proposed by Einstein. In contrast to his assertion in July 1925 he now said that the defini-

---

[137] S. 440.
[138] Planck, Max: *Über die statistische Entropiedefinition*, Sitzungsberichte der (Kgl.) Preußischen Akademie der Wissenschaften, Berlin, Physikalisch-mathematische Klasse, S. 49-57 (vorgetragen auf der Sitzung am 23. Juli 1925.), neu gedruckt in: *Physikalische Abhandlungen und Vorträge II* (1958), S. 593-602.
[139] Planck, Max: *Eine neue statistische der Entropie*, in: *Zeitschrift für Physik*, **35**, S. 155-169 (eingegangen am 30. Oktober 1925, veröffentlicht in No. 3 am 23. Dezember 1925), neu gedruckt in: *Physikalische Abhandlungen und Vorträge II* (1958), S. 603-617.
[140] Die neue Definition der Entropie.

> tion, Eq. (18), 'is not restricted to Systems having many degrees of freedom, but even provides for those having arbitrarily few degrees of freedom in any case a definite value [of the entropy],' hence 'the concept of entropy [defined by Eq. (18)] obtains a significance which reaches even beyond the realm of thermodynamics'. ..." [MEHRA, J. und RECHENBERG, H. (1987), S. 396-397].

Diese Interpretation von Mehra und Rechenberg ist ein typisches Beispiel für ein folgenreiches mechanistisches Vorurteil: Diese Entropiedefinition kommt ohne Zuordnung der absoluten Temperatur aus, da die zugrunde liegende kinetische Gastheorie als Musterbeispiel einer mechanistischen Theorie die Temperatur fälschlicherweise per kinetischer Energie definiert [vgl. TRUESDELL, C. (1984), S. 405]. Unter Bezug auf die Kant-Struktur meint somit Planks Definition der Entropie alles Mögliche, nur keine physikalische Entropie!

Während des Herbstes 1925 hat der Aufsatz de Broglie`s auch Schrödinger erreicht. In einem Brief vom 3. November schreibt er an Einstein, dass er durch das Lesen de Broglie`s These den zweiten Aufsatz über die Entartung der Gasen klar verstanden hat. Einstein hat die Wichtigkeit der Arbeit des jungen Franzosen in einem Brief an Paul Langevin so kommentiert:

> „Er hat eine Ecke des großen Schleiers gelüftet." [MOORE, W. (1994), S. 134].

Im Sommersemester hielt Schrödinger eine Vorlesung über Quantenstatistik. Schrödingers letzter Aufsatz, der noch vor Veröffentlichung der bahnbrechenden „Abhandlungen" veröffentlicht wurde, trug den Titel: *Zur Einsteinschen Gastheorie*.[141] Die Einschätzung seines Biographen charakterisiert die Wichtigkeit dieser Arbeit, darüber hinaus gibt sie einen Hinweis darauf, wie de Broglie`s These akzeptiert und anerkannt wurde. W. Moore beruft sich dabei auf Schrödinger selbst:

> "This paper is the best of his contributions to quantum statistics, but it still has the character of his earlier works, a critical reaction to an idea proposed by someone else, followed by an attempt to refine its mathematical analysis and to sharpen its theoretical relevance. In this case, he took a method of evaluating statistical probabilities, given in 1922 by Charles

---

[141] Schrödinger, Erwin: *Zur Einsteinschen Gastheorie* in: *Physikalische Zeitschrift* **27**, S. 95-101 (eingegangen am 15. Dezember 1925, veröffentlicht in No. 4/5 am 1. März 1926), neu gedruckt in: *Gesammelte Abhandlungen/Collected Works 1* (Schrödinger, 1984) S. 358-364.

Darwin and Ralph Fowler, and used it for a new derivation of the Einstein-Bose gas statistics.

Louis de Broglie had emphasized that every particle has the wave properties of wavelength and frequency. In his paper on gas statistics, Einstein had accepted wave-particle duality, and many physicists first learned of this concept through him, and were obliged to take it seriously by the weight of his authority. Schrödinger must have studied the de Broglie papers carefully in the summer and fall of 1925. He says that his approach to gas statistics »means nothing other than taking seriously the de Broglie-Einstein wave theory of the moving particle, according to which the latter is nothing more than a kind of 'whitecap' *{Schaumkamm}* on the wave radiation that forms the basis of the "world."« This statement goes beyond anything that de Broglie ever wrote about the relation between waves and particles. It is the first expression by Schrödinger of what was to become a major theme in his interpretation of wave mechanics: the world is based on wave phenomena, while particles are mere epiphenomena.

Schrödinger is now taking the wave nature of matter very seriously, beginning to think in detail about the kind of wave that is required and the laws and equations that it must obey." [MOORE, W. (1994), S. 136-7].

Ein weiteres Zitat seines Biographen bestätigt noch einmal die These wonach Erwin Schrödingers Wellentheorie ihren 'Sitz im Leben' in der statistischen Physik hat:

„Schrödinger later said that »wave mechanics was born in statistics«." [MOORE, W. (1994), S. 136].

Aber das ist nur die halbe Wahrheit: Denn Physik als systemische Verbindung zwischen Erfahrung (Empirie) und Theorie – hergestellt mittels statistischer Ensembles verschiedenster Art – hat eine begriffliche Basis, die durch Gibbs' bahnbrechende Untersuchungen zur Thermodynamik geschaffen wurde, d. h. aber: Diese Basis ist letztlich mit der GFD identisch. Auch die Quantentheorie ist davon unmittelbar betroffen: Als naturwissenschaftliche Disziplin, die sich mit Vielteilchen-Systemen befasst, müssen ihre Resultate experimentell überprüfbar sein. Das ist nur der Fall, sofern sich der in Frage kommende Wahrscheinlichkeitsbegriff für solcherart Systeme auf relative Häufigkeiten zurückführen lässt.

III.3 Die Interpolationsbedingungen nach Lauster

1. Interpolationsbedingung: An den Grenzen der Phasenraumzellen besitzt die interpolierende Funktion f_{kont} *dieselbe Funktionswerte wie* f_{MB}:

$$\widehat{f}_{kont}(a_1 \cdot \Delta X_1, a_2 \cdot \Delta X_2, \ldots, a_r \cdot \Delta X_r) = e^{\beta-1} \cdot e^{-\alpha \widehat{H}(a_1 \cdot \Delta X_1, a_2 \cdot \Delta X_2, \ldots, a_r \cdot \Delta X_r)}.$$

(III.3.1)

2. Interpolationsbedingung: An den Grenzen der Phasenraumzellen hat f_{kont} *dieselbe Steigung* wie $f_{MB,kont}$:

$$\nabla \widehat{f}_{kont}(a_1 \cdot \Delta X_1, \ldots, a_r \cdot \Delta X_r) = \nabla \widehat{f}_{MB,kont}(a_1 \cdot \Delta X_1, \ldots, a_r \cdot \Delta X_r).$$

(III.3.2)

3. Interpolationsbedingung: Für den Gradienten von f_{kont} gelte im gesamten Phasenraum die zusätzliche *Innere-Produkt-Bedingung*:

$$(\nabla f_{kont})^2 \equiv 0.$$

(III.3.3)

III.4 Die »Quantenwahrscheinlichkeiten« und »relative Häufigkeiten« nach E. L. Szabó

Die Untersuchungen von E. L. Szabó zeigen, dass die formale Definition der »Quantenwahrscheinlichkeiten« der klassischen Quantenmechanik nicht als relative Häufigkeiten interpretiert werden kann. Zum Nachweis verwendet er eine dreifache Argumentation. Einerseits kann er zeigen, dass es einen Satz für nicht-kommutative Elemente des Wahrscheinlichkeitsmaßes für den Hilbertraum $L(H)$ gibt, der die Interpretation der relativen Häufigkeit verbietet. Szabó´s Satz lautet [SZABÓ, E. L. (2001), S. 202, vgl. noch SZABÓ, E. L. (2002), S. 139]:

> "Let E_1 and E_2 be two non-commuting elements of $L(H)$. There exits a pure state Ψ for which the probabilities violate inequality $p(E_1) + p(E_2) - p(E_1 \wedge E_2) \leq 1$."

Die Verletzung dieser Ungleichung bedeutet, dass die Axiome von Kolmogorov nicht mehr erfüllt sind, also eine Interpretation der Quantenwahrscheinlichkeit als relative Häufigkeit nicht möglich ist.

Zweitens nimmt er die Von-Neumann-Forschungen von M. Rédei in Anspruch [Vg. RÉDEI, M. (1996); (1998); (1999), (2001)]. Demnach war von Neumann mit seiner eigenen »Quantenlogik« [vgl. BIRKHOFF, G. und NEUMANN VON, J. (1936)] nicht zufrieden und wollte eine andere Art von »Wahrscheinlichkeit« definieren. Seine diesbezüglichen Untersuchungen schlugen fehl[142]. [Ausführliche Analyse s. Abschnitt 5.1] Die Konsequenzen werden von Szabó interpretiert [SZABÓ, E. L. (2001), S. 206, vgl. noch SZABÓ, E. L. (2002), S. 140. Fußnote 132]:

> „The fact that non-Kolmogorovian probabilities are not interpretable as relative frequencies explains why von Neumann's program to create a »non-commuting version of probability theory« necessarily failed."

Das dritte Argument von Szabó bezieht sich weder auf konkrete mathematische Gebilde noch auf die Wissenschaftsgeschichte. Er folgt aus dem Aspekt der empirischen Erfahrung, also aus der alltäglichen Situation des Experimentators. Damit stimmen seine Ausführungen mit dem Gedankengang von Weizsäckers [WEIZSÄCKER VON, C.F. (1985), drittes Kapitel, S. 100-118] überein. Aus seinem »Laboratory Record Argument« zieht Szabó folgende Konsequenz [SZABÓ, E. L. (2001), S. 205-206]:

> "... quantum probabilities cannot be, in general, interpreted as relative frequencies of events."

Aus den Ergebnissen von Szabó folgt für unsere Untersuchung, dass die Wahrscheinlichkeiten, sollten sie für die Vorhersage bestimmter Messer-

---

[142] In seinen zahlreichen umfangreichen mathematischen Studien (zur C*-Algebra, zusammen mit Murray) zwischen 1935 und 1948 erhielt J. von Neumann ein für die Quantentheorie spektakuläres Resultat, das bis heute – verständlicherweise von den Quantentheoretikern – praktisch völlig ignoriert wird: Nach der Veröffentlichung 1932 seines berühmten Buches über die Mathematischen Grundlagen der Quantenmechanik stellte der Autor fest, dass der *Hilbertraum* als mathematische Basis mit seiner Forderung für eine *physikalische* Wissenschaft, wonach die resultierenden Wahrscheinlichkeiten mit relativen Häufigkeiten identisch sein müssten, nicht zu vereinbaren ist. In besagten Studien zeigt J. von Neumann, dass mit einer veränderten Algebra – d. h. unter Aufgabe des Hilbertraumes als quantenmechanische Basis! – besagte Forderung erfüllt werden kann. Somit wäre eine konsistente Basis geschaffen für eine Quantentheorie zusammen mit adäquaten statistischen Experimenten.

gebnisse eingeführt werden, immer als relative Häufigkeiten interpretiert werden müssen. Das gelingt indes nur, falls man die in von Neumann-Studie *On Rings of Operators* präsentierte algebraische Struktur von Typ II$_1$-Konfiguration (vgl. Tabelle 5.1.2.2) als unabdingbare Voraussetzung heranzieht, um die Option für eine „frequency interpretation of probability" ausüben zu können (vgl. Abschnitt 5.1.2).

> *„Irrtümer, die auf unzureichenden Daten beruhen, wiegen leichter als solche, die auf gar keinen Daten beruhen."*
> - CHARLES BABAGE (*1791 - †1871) – [UNZICKER, A. (2010), S. 235]

III.5 Relativitätstheorien als Irrweg?

Die Titelfrage dieses Anhangsabschnitts ist so alt wie *A. Einsteins* Relativitätstheorien (RTH). Die Rebellion vieler auch sehr renommierter Gelehrter gegen beide Theorien hält unvermindert an. *„Bereits die geistigen Väter Einsteins, Mach und Michelson lehnten die RTH ab"*. [ISRAEL, H. (2011), S. 3].

III.5.1 Die spezielle Relativitätstheorie ist heutzutage sakrosankt: Warum nur?

Vor 150 Jahren äußerte *B. Riemann* den *„vielleicht weitest reichenden Gedanken seiner Naturphilosophie"*. Das ist natürlich kein Zufall, wie aus einer neueren Studie deutlich wird:

> „Ursachen können nicht in isolierten physikalischen Entitäten lokalisiert werden, sondern müssen *relational* aufgefasst werden, weil nur so mathematische Naturgesetze... begrifflich überhaupt möglich sind. Es geht Riemann also *nicht* darum, physikalischen Entitäten in traditioneller Weise Wesenseigenschaften »anzuheften«, die als zureichende Erklärungen von Prozessen gelten sollen, sondern darum, diese Prozesse als »innere Zustandsänderungen« aufzufassen."
> [PULTE, H. (2005), S. 363].

Sie, und nicht Entitäten, wie Massen oder Ladungen *per se*, sind die *„Realgründe von möglichst größter Einfachheit"*, auf die nach *Bernhard Rie-*

mann jede wissenschaftliche Kausalerklärung aus sein muss. Fernwirkung ist danach schlechterdings *unbegreiflich*. Autor *Helmut Pulte* trifft wohl damit den Kern von *B. Riemanns „naturphilosophischer Newton-Kritik"*. *Riemann* kritisierte die Newtonsche Naturphilosophie demnach nicht, weil sie auf *fernwirkende* Gravitationskräfte setzt, sondern weil sie über keinen adäquaten *Kausalitätsbegriff* verfügt, „um zu einer *Nahwirkungserklärung* der Gravitation zu gelangen" [PULTE, H. (2005), S. 372, bzw. 366]. Wie sollte sie auch? Als mathematische Sätze sind Newtons *leges motus* hypothetisch und „nicht aus den Erscheinungen zu deduzieren" (wie *Newton* behauptete!). [PULTE, H. (2005), S. 371].[143]

Um einen freien Weg zu diesem Ziel seiner Ideen von Naturphilosophie zu finden, distanzierte sich *Riemann* zu Beginn seiner Überlegungen (März 1853) von der „alten Mechanik".

Motiv dafür war sein bereits Ende 1850 vorliegendes *Programm*,

„das auf eine Erklärung aller physikalischen Kräfte durch einen raumerfüllenden Äther abzielt, in dem sich alle physikalischen Wirkungen mit endlicher Geschwindigkeit ausbreiten... »ohne zu unterscheiden, ob es sich um die Schwerkraft, oder die Electricität, oder den Magnetismus, oder das Gleichgewicht der Wärme handelt«." [PULTE, H. (2005), S. 389, ursprünglich von Dedekind].

Riemann hatte ›*Eulers Äthermodell*‹ trotz einiger ungeklärter und grundsätzlicher Defizite adoptiert, da es ihm als aussichtsreicher Ansatz für eine einheitliche Nahwirkungstheorie physikalischer Wechselwirkungen erschien. Da ›*Eulers Äthermodell*‹ aber ‚mechanistisch' ist, wären die Geschwindigkeitsverhältnisse im Äther für die Ausbreitung von Gravitation, Licht und strahlender Wärme bestimmend. Daraus resultierte die Frage, wie die *ponderablen* Körper die Struktur des Äthers, d. h. dessen „quasigeometrischen Zustand" [PULTE, H. (2005), S. 398] bestimmen? Letzterer verlangt, dass man die Ursachen der Ätherbewegung kennt. *Riemann* sagt darüber nichts! Hier ist nun ein Punkt unserer Ausführungen erreicht, an

---

[143] Riemann kannte den berühmten dritten Brief Newtons von 1692 an Richard Bentley, Rektor des Trinity College in Cambridge. Darin spricht Newton sich *„gegen eine Fernwirkungstheorie der Gravitation"* aus; vgl. FN 1291 in PULTE, H. (2005), S. 370-371.

dem ein Missverständnis kommentiert werden sollte, das nicht ohne Rückwirkungen auf die *moderne* Physik geblieben ist.

Es geht um *Riemanns* berühmten, immer wieder in die Debatte gebrachten Habilitationsvortrag am 10. Juni 1854 »*Über die Hypothesen, welche der Geometrie zu Grunde liegen*«. Das Thema resultierte aus der damaligen Atmosphäre, die an der Göttinger Universität „*mit geometrischen Interessen gesättigt war*" [LAUGWITZ, D. (2008), S. 214]; es wurde auf Wunsch von *C. F. Gauß* gewählt; *Riemann* hatte sich nicht danach gedrängt, war er doch mit Studien zur Äthertheorie intensiv befasst. Doch dienten seine diesbezüglichen Überlegungen als mentaler Hintergrund für seine Ausführungen

> „im dritten Teil der *Hypothesen*, die deren ‚Anwendung' auf den ›physikalische Raum‹ betreffen." [PULTE, H. (2005), S. 395].

Ob sie sich auf seine damaligen Interessen am *Äther* beziehen, ist unklar. Jedenfalls kommt in dieser Probevorlesung der Begriff des *Äthers* nicht explizit vor. Im *Entwurf* des Vortrags ist zwar von einem Medium die Rede, in dem sich *Licht und elektrische Effekte* fortpflanzen. Aber auch darin blieb es lediglich eine Marginalie innerhalb seines Gesamtkonzepts. Was war nun der Kern von *Riemanns* Habilitationsvortrag; was machten seine grundlegenden Untersuchungen zur Geometrie so wichtig? Warum waren seine Hypothesen so kreativ?

> „Riemann entwickelte eine neue Raumauffassung, genannt Mannigfaltigkeit[144]; er definierte den Raum im Sinne eines Raumes in beliebigen Dimensionen, der sich lokal ... durch unseren Anschauungsraum beschreiben lässt. Ferner hatte er erkannt, dass es einen fundamentalen Unterschied zwischen »innerer« und »äußerer« Geometrie gibt, und so stellte er einen von ihm entwickelten »metrischen Tensor« in den Vordergrund seiner Untersuchungen. Dieser Ausdruck führt wiederum zu einer Krümmungsgröße, die die Mathematiker »Riemannsche Krümmung« nennen." [SMOCZYK, K. (2008), S. 20].

Heutzutage betreffen *Riemannsche Geometrien* differenzierbare ›Mannigfaltigkeiten *mit zusätzlicher Struktur*‹ (z. B. eine vordefinierte Längenmes-

---

[144] H. Pulte verweist auf ein neueres Zitat (1990) zum Verständnis besonders von Riemanns Mannigfaltigkeitsbegriff: *„Die neue Sprache der Mathematik bedarf nicht der Vergewisserung auf ein äußeres Sein, weil sie sich in der steten Arbeit an sich selbst vergewissert"* [PULTE, H. 2005), S. 379]

sung). Sie erlauben auch die mathematische Untersuchung der zugehörigen Begriffe der *Krümmung*, der *kovarianten Ableitung* und der *Parallelverschiebung* auf diesen Mengen. Wählt man für diese zusätzliche Struktur z. B. eine *verallgemeinerte Metrik* – beispielsweise in Form einer exakten Lösung der Einsteinschen Feldgleichungen[145] – so kommt man zu den *pseudoriemannschen Mannigfaltigkeiten*. Letztere stellen die tatsächliche begriffliche Verbindung her zwischen *Einsteins* Gravitationsphysik und *Riemanns* innovativem Konzept einer *generalisierten* Geometrie. Von deren ‚ätherischer' Motivation bleibt indes nur noch *Einsteins* ironischer Kommentar [EINSTEIN, A. (1905), S. 891] übrig, in dem er bezüglich seiner SRT und ART indirekt

> „darauf verweist, dass der Begriff des Äthers durch die Relativitätstheorie einen »genauen Gehalt« bekommen habe, indem durch ihn der Raum »mit physikalischen Eigenschaften ausgestattet werde«." [EINSTEIN, A. (1920), S. 15].

‚Ironisch deshalb', weil *A. Einstein* eine einfache und widerspruchsfreie Elektrodynamik bewegter Körper in Aussicht stellte, welche die Einführung eines Lichtäthers überflüssig machen würde. Seine daraus resultierende kritische Distanz betraf zunächst die damals aktuellen Ad-hoc-Untersuchungen von *H. A. Lorentz* und *H. Poincaré*. Letztere bezogen sich auf verschiedene Ätherhypothesen auch unter dem Aspekt von *Albert Abraham Michelson* (1881/1887) und *Edward Morleys* (1887) negativ verlaufenen *Äther-Drift-Experimenten*.

Einsteins eigener Weg verlief radikal anders: Er suchte von Anfang an nach einem *Ausschlussprinzip der speziellen Relativitätstheorie* – interessanterweise nach dem Vorbild der damals in Blüte stehenden *Planck'schen Thermodynamik* und dem ihr zugrunde liegenden einschränkenden Prinzip von der Nichtexistenz des perpetuum mobile.

---

[145] Gemeint ist die Verbindung zwischen einigen Krümmungseigenschaften der Raumzeit und dem Energie-Impuls-Tensor. Ziel ist es, die Komponenten des Energie-Impuls-Tensors auf der rechten Seite der Gleichungen vorzugeben und die Feldgleichungen zu verwenden, um die Metrik zu bestimmen.

Einsteins Ansichten zur Relativität trugen entscheidend zu einem *neuen Paradigma* bei, das die gesamte Physik betrifft.[146] Dieser Fakt bleibt auch noch dann rätselhaft, wenn man diese Ansichten des jungen *Einstein* mit der aktuellen und fachlich fundierten Kritik von Galeczki und Marquardt konfrontiert:

> „Henri Poincaré... war 1895 der Initiator der SRT... Hendrik Antoon Lorentz war im Vergleich zu Poincaré eher ein abstrahierender Theoretiker, der nicht diesen Blick für physikalische Zusammenhänge besaß. Im Vergleich zu diesen beiden wiederum waren die physikalischen Vorstellungen Albert Einsteins geradezu naiv. Für Einstein war es von vornherein klar, dass ein Lichtstrahl die mathematisch präzise definierte Schiene für den Transport eines Signals ist, das Musterbeispiel einer eindimensionalen Geraden. So wertvolle Dienste diese Vorstellung auch in der geometrischen Optik leisten mag, so sehr versagt sie in der praktischen Elektrodynamik. Die geometrische Optik kann keine wellenphysikalischen Effekte erklären und keine realistische Beschreibung der für die Strahlung relevanten Energieverteilung und Energiedichte im Raum liefern...
>
> Neuere Analysen zeigen, dass Einsteins Postulat von der Signalausbreitung mit der einen universellen durch nichts beeinflussbaren Lichtgeschwindigkeit auf einem physikalisch nicht haltbaren Konzept beruht." [GALECZKI, G. und MARQUARDT, P. (1997), S. 225-226].

Tatsache ist, dass in der World Scientific Community der Physiker 100 Jahre nach dem Einstein-Jahr 1905 die SRT sakrosankt ist. Zwei Beispiele aus neuer Zeit belegen diesen Befund:

> "Contributors should note that the starting point of the conference programme is the acceptance of the accuracy and excellence of Relativity Theory... Therefore polemical »anti-Einstein« and »anti-Relativity« papers will not be accepted for inclusion in the programme" (Einladung zur I. Internationalen Konferenz über die physikalischen Interpretationen der Relativitätstheorie, London 1990).
>
> "I am authorized to invite you formally to participate in this conference. But we have a problem: outspoken opposition to the establishment is not welcome! However, an intelligent criticism presented in moderate terms will be tolerated – and if you can promise that the *style* of your presentation will be not offensive to the orthodox, I can promise you that you will not be alone with your heresies! Is

---

[146] Dieser Befund ist umso erstaunlicher als Einstein um 1905 nicht der Scientific Community angehörte, und ihm 1921 der Nobelpreis für Physik nicht für seine Relativitätstheorien, sondern für seine Ideen zur Erklärung des Fotoeffekts (Quantentheorie) zuerkannt wurde; vgl. TEßMANN, I. und FREDE, W. (2000)

this acceptable for you?" (Einladung zur III. Konferenz, London 1994). [GALECZKI, G. und MARQUARDT, P. (1997), S. 19].

Verständlicherweise werden wir uns unter diesen Bedingungen hier nicht explizit mit einem eigenen Beitrag zur SRT beteiligen, zumal die Fachliteratur dazu inzwischen ins Unermessliche angewachsen ist. G. *Galeczki* und P. *Marquardt* offerieren in ihrem Buch dazu unter dem Titel „*Streit seit 1905: Gläubige, Kritiker und Ketzer*" einen umfassenden Überblick voller Überraschungen.[147] Wir rufen kurz in Erinnerung: Die SRT ist nicht die *ganze* Relativitätstheorie. Sie befasst sich ausschließlich mit *Inertialsystemen*, in denen die gleichen physikalischen Gesetze gelten, d. h. die SRT kennt nur eine träge, d. h. *unbeschleunigte* Bewegung auf einer *geraden* Bahn. Drei Hauptmerkmale zeichnen *Einsteins* SRT aus:

(1) Im Gegensatz zu *Kant und Newton* macht *Einstein* den Beitrag der *Zeit* zur Geometrie der *vierdimensionalen Minkowski-Einstein-Raumzeit* zum bestimmenden Merkmal der SRT – nicht aber den qualitativen Unterschied der *Zeit* zum Raum.

(2) Die Unveränderlichkeit der physikalischen Gesetze unter *Lorentztransformationen* ist die zentrale Eigenschaft der SRT. Es handelt sich um eine rein *kinematische* Betrachtung, ohne jeglichen Bezug auf individuelle physikalische Vorbedingungen. Aus dieser *Lorentz-Invarianz* folgt direkt, dass die Lorentztransformationen die Vakuum-Lichtgeschwindigkeit c_0 unverändert lassen.

(3) In der Speziellen Relativitätstheorie gilt *ausnahmslos* die Äquivalenz von Ruhemasse m_0 und Ruheenergie E_0 – d. h. die *Einsteinglei-*

---

[147] Unter dieser Gruppierung treten u. a. die Hohenpriester der Physik ebenso wie die Häretiker auf: (1) ‚*Fundamentalisten*': Die Päpste M. Planck und B. A. W. Russel; die Apostel A. S. Eddington, P. Langevin; die Orthodoxen M. von Laue, W. Pauli, A. Sommerfeld, L. V. de Broglie, H. Bondi, M. Sachs. (2) ‚*Kritiker*': ‚Neo–Lorentzianer': P. Ehrenfest, H. E. Ives, G. Builder, S. J. Prokhovnik; die Distanzierten: N. Bohr, M. Dirac, V. Fock., E. Schrödinger, (3) ‚*Gnostiker*': Die ‚Unbelehrbaren': A. A. Michelson, E. Mach, H. Poincaré, W. Ritz, Ph. Lenard, H. Bergson, O. Kraus, H. Dingler, A. O. Lovejoy; die Ketzer: O. J. Lodge, J. Larmor, F. Soddy, P. W. Bridgman, L. Brillouin, P. Painlevé, P. Beckmann, C. É. Guillaume, H. Dingle, L. Essen; die Kompromisslosen: L. Silberstein, T. E. Phipps., J. P. Wesley, W. Theimer, P. Yourgrau; (4) ‚*Freunde*': M. Born, K. Gödel. Alle Opponenten – aus verschiedenen Gründen – von A. Einstein.

chung[148] $E_0 = m_0 c_0^2$ – *unabhängig* davon, ob die Masse elektromagnetischen Ursprungs ist oder nicht.

Die *Einsteingleichung* wird oft missverstanden: Die Umwandlung der Ruhemasse in die Ruheenergie erfolgt keineswegs automatisch. Voraussetzung ist die Einhaltung betreffender Quantengesetze. Besonders wichtig ist die Umwandlung von Strahlung der Frequenz v_0 in Masse m_0 der Energie $E_0 = h v_0$, ⇨ $m_0 = v_0 h/c_0^2$.[149] Oft verschmelzen z. B. kleine Atomkerne miteinander und setzen dabei Bindungsenergie frei – oft aber auch nicht, d. h. bei vielen Teilchen läuft ein solcher Prozess nicht ab: Sie bleiben stabil!

Wie soll man aber die Existenz stabiler Materie erklären, wenn einerseits Teilchen – untereinander in Wechselwirkung tretend – ständig Mengen von Energie freisetzen, andererseits aber z. B. noch nie beobachtet wurde, dass ein positiv geladenes Proton und ein negativ geladenes Elektron miteinander verschmelzen, um dann in hochenergetische Gammastrahlung überzugehen? Die Antwort ist klar und eindeutig: Die Gesetze der Quantenphysik sind für die Grundstruktur des Universums fundamentaler als die Relativitätstheorie. M. a. W.: Die *relativistische Quantenfeldtheorie* lässt (im Geltungsbereich der SRT) die Umwandlung von Materie in Energie nur unter strikten Voraussetzungen zu. Beispielsweise müssen gewisse *Erhaltungsbedingungen* je für die *Anzahl* der an den Umwandlungsprozessen beteiligten elektrischen Ladungen, aber auch für die *Anzahl* von Baryonen, Leptonen, etc. erfüllt sein. Dieses Resultat ist allerdings weniger aufschlussreich als mysteriös: Unter Bezug auf das Entstehungsjahr 1905 der SRT konnte es erst im Nachhinein aus den viel später bekanntgewordenen *quantenmechanischen* Auswahlregeln gefolgert werden.

Eine solche *heuristische* Verknüpfung mit der Quantenwelt erfuhr auch die ART. Vor allem die *Vakuumenergie* und die quantenmechanisch bedingten *Vakuumfluktuationen* gelten als Kandidaten für die »*Dunkle Energie*«, die

---

[148] Auch oft pathetisch als „Schicksalsformel des Universums" bezeichnet; vgl. EINSTEIN, A. (1905a).
[149] Die von der Sonne abgestrahlte Energie resultiert aus der Kernfusion von Wasserstoffkernen zu Heliumkernen im Sonneninneren. Dadurch verliert die Sonne in jeder Sekunde 4,3 Milliarden Kilogramm an Masse.

in der *Astronomie* für eine Erklärung der beobachteten beschleunigten *Expansion des Universums* in Frage käme.

Diese übereinstimmende Affinität beider Relativitätstheorien – SRT und ART – zur Quantenmechanik ist ebenso gewichtig wie trivial und das, obwohl beide Theorien bis auf das gemeinsame Merkmal, die Minkowskische *Raumzeit*, nichts miteinander gemein haben, gar sich in entscheidenden Sachbezügen widersprechen. Die folgenden vier Beispiele sind charakteristisch, aber keineswegs erschöpfend:

(1) Die SRT zielt nur auf *gleichförmige* Bewegungen *ohne* Kräfte ab. Die ART behandelt nur *ungleichförmige* Bewegungen *mit* Kräften. Die Grenzfälle beider Theorien führen zu keinerlei Brücke zwischen SRT und ART.

(2) In der SRT ist die Lichtgeschwindigkeit konstant. In der ART ist die Lichtgeschwindigkeit neuerdings variabel.

(3) Die SRT kennt in ihrer *kinematischen* Welt ganz eigene Widersprüche, z. B. das »Ehrenfest-Paradoxon«, das »Gartenzaun-Paradoxon« oder das »Zwillings-Paradoxon«.[150] Die Widersprüche in der *dynamischen* Welt der ART sind dagegen von ganz anderer Art, z. B. die Nicht-Erhaltung des Energie-Satzes oder die strikt *mechanistische* Interpretation des Kosmos mittels der ART derart, dass die für jeglichen Realitätsbezug unverzichtbaren ›konjugierten Variablenpaare wie Entropie und Temperatur‹ in der Theorie außen vor bleiben.

(4) Der Fakt, dass die SRT krummlinigen Bewegungen ratlos gegenüber steht und „nur Punktmassen kennt", wird nie betont. Auch erkennt sie das Prinzip von actio–reactio bei Fernwirkungen nicht an. [Vgl. GALECZKI, G. und MARQUARDT, P. (1997), S. 90, S. 99 und S. 68].

Der zweifellos größte Unterschied zwischen SRT und ART besteht in zweierlei Hinsicht. Zum einen ist es die *physikalische Perspektive*: Die

---

[150] Als besonders spektakulär für die SRT gilt der „Uhrenversuch". Im Eifer typischer Einsteinverteidigung wird er meist falsch geschildert: Uhren in Flugzeugen werden aufgrund der schwächeren Gravitation schneller und nicht langsamer, wie die Theorie glauben lässt.

SRT befasst sich ausschließlich mit der *Kinematik* relativistischer Bewegungen von Körpern im Raum unter Impuls- und Energieerhaltung; sie ist Mechanik pur, betreibt aber *ohne* Berücksichtigung von Krafteinwirkungen keine realistische Physik, sondern ist Spielwiese für Gedankenexperimente mit ‚Modellen'. Die ART behandelt dagegen die *Dynamik* relativistischer Bewegungen solcher Körper unter Einwirkung von Kräften.

Zum anderen ist es die *physikalische Intention*, wobei der zweite Unterschied größer nicht sein könnte: „Auf den kürzesten Nenner gebracht, ist die SRT die zur Physik ernannte *Lorentz-Transformation*." [Vgl. GALECZKI, G. und MARQUARDT, P. (1997), S. 39]. Sie ruht auf zwei Prinzipien: (i) *„Nur Relativbewegungen haben physikalische Bedeutung"* und (ii) *„Die Lichtgeschwindigkeit ist für jeden Beobachter unabhängig von seiner Bewegung gleich einer universellen Konstanten."* ... *„Beide Prinzipien werden von den Tatsachen widerlegt"*. [GALECZKI, G. und MARQUARDT, P. (1997), S. 39].

Die ART dagegen erhebt den Anspruch, Alles erklären zu können, was es überhaupt gibt. Auf ihrem *mechanistischen* Weltbild (vgl. *Punkt 3*) fußend, präsentiert sie – (unter Berücksichtigung *quantenmechanischer* Einflüsse, s. o.) eine »Weltformel für alle physikalischen Erscheinungen«! Aus dem unter Item (3) genannten Grund musste für diesen Anspruch die originale Version der ART z. B. im Fall von *Schwarzen Löchern* durch Ad-hoc-Theorien korrigiert bzw. ergänzt werden: Vielleicht ist *A. Guths* Modell vom *inflationären Universum* dafür das bekannteste Beispiel für diese fragwürdige Praxis mit ‚kosmischen Korrekturtheorien'.

"Hütet Euch, mehr Zeit zu verlangen:
Das Unglück gewährt sie nie."
- Mirabeau - [zit. In: BOJOWALD, H. (2012), S. 41]

III.5.2 Schneller als die Lichtgeschwindigkeit – Hat Einstein sich geirrt?

Die tiefe ideologische Verstrickung der Relativitätstheorien in die unhaltbaren Ideologien des *mechanistischen* Weltbilds mit den durch *I. Newton* und *A. Einstein* geprägten *reversiblen* Zeitvorstellungen bleibt nach wie vor dubios. Neuerdings wird sie durch die in Item (2) angedeutete Problematik *‚nicht-mehr-konstanter'* Lichtgeschwindigkeit und der daraus folgenden Konsequenzen wieder virulent. Sie treffen einige Fundamente zeitgenössischer Physik – die sogenannten *Naturkonstanten* – ins Mark. Dieser aktuelle Befund bedarf einiger Erläuterung: Die markierte Problematik betrifft das für die ART grundlegende differentialgeometrische Postulat zum Begriff der *Gravitation*. Zwei Sätze reichen zunächst zu einer scheinbar vertraut klingenden Erklärung: Seit Einstein in 10 Jahren harter Arbeit die ART entwickelte,

> „wissen wir, dass Gravitation eine Krümmung der Raumzeit ist. [Letztere] kann sich jetzt biegen und verkrümmen, so dass ihre Landschaft komplizierte Muster bildet, welche die Dynamik der Gravitation sind." [MAGUEIJO, J. (2005), S. 273].

Das ‚Statement' stammt vom Portugiesen *João Magueijo*, einem theoretischen Physiker, der vor zwölf Jahren eine (scheinbare) Revolte gegen Einsteins Kosmologie anzettelte und gegen dessen ‚Glaubensbekenntnis' „stänkerte"[151], wonach „nur mathematische Schönheit, nicht aber das Experiment, dem Wissenschaftler den richtigen Weg weisen könne" [MAGUEIJO, J. (2005), S. 276]. Mehr noch: *Magueijo* zog aus seinen Zweifeln [MAGUEIJO, J. (2005), S. 16] an einer der zentralen Spekulationen über die heutige Kosmologie – dem von *Alan Guth* 1980 propagierten Modell vom *inflationären Universum* als Folge des *heißen* Urknalls – die Konsequenz. Er machte sich der Häresie schuldig, als er konstatierte, die Inflationstheorie

---

[151] Der portugiesische Physiker João Magueijo entwirft eine neue Kosmologie, provoziert die wissenschaftliche Welt und schreibt mit 34 Jahren seine Autobiografie. Vgl. RAUNER, M. (2003).

hätte nur „mangels einer besseren Theorie den Sieg davongetragen" [MAGUEIJO, J. (2005), S. 13], obwohl sie

> „absolut keine Basis in der bekannten Teilchenphysik habe und eigentlich nur ein amerikanischer Hype sei." [MAGUEIJO, J. (2005), S. 13].

Nach dem *alten* Urknallmodell war die Ausdehnung des Universums stets immens größer als der ›Horizont‹, ergo die aktuelle Entfernung, die ein Lichtstrahl seit dem Urknall zurückgelegt hat. Der Konflikt ist evident. Einerseits konnte zwischen zwei gegenüberliegende Rändern des Universums theoretisch niemals ein Strahlungsaustausch stattgefunden haben. Andererseits wird aber experimentell überall nahezu derselbe Wert der *kosmischen Hintergrundstrahlung* beobachtet. *Guths* Modell des *heißen* Urknalls versucht, den Widerspruch dadurch aufzulösen, dass sofort nach dem *Big Bang* das Universum viel kleiner als der ›Horizont‹ gewesen und somit Strahlungsaustausch zwischen den Rändern möglich gewesen sei. Um *ohne Inflation* die bestehenden kosmologischen Probleme theoretisch lösen zu können, kam *Magueijo*, wie er schreibt auf „eine wunderbar einfache Idee":

> „Sie enthielt allerdings eine Annahme, die für einen gelernten Physiker an Irrsinn grenzt, eine Annahme, welche die womöglich fundamentalste Regel der modernen Physik infrage stellt: dass die Lichtgeschwindigkeit (im Vakuum) konstant ist. ... Als ich begann, meine Idee **VSL** (*Varying Speed of Light*) zu nennen, äußerte jemand die Vermutung, es stehe wohl für *very silly* (»sehr dumm«). [MAGUEIJO, J. (2005), S. 16].

Sein *Sakrileg* – ein Vergehen an einem Heiligtum, der ›*Institution Einstein*‹ – bestand darin, Spekulationen über die Möglichkeit anzustellen, dass sich das Licht im ‚jungen' Universum schneller als im jetzigen ausgebreitet hat. *Magueijos These* dazu ist richtungweisend:

> „Es war, als versuchten die Rätsel des Urknalls uns genau das zu sagen: dass das Licht im frühen Universum tatsächlich viel schneller war, und dass die Physik auf einer sehr fundamentalen Ebene eine komplexere Struktur aufweisen muss als die Relativitätstheorie." [MAGUEIJO, J. (2005), S. 15].

In seinem Buch beschreibt *Magueijo* die oft abstrusen Reaktionen auf die VSL-Idee innerhalb der Scientific Community während des letzten Jahrzehnts – das Zerrbild einer ‚Wissenschaft' nämlich, die der Autor als

„Dschungel" erlebte. Überwiegend steht die Fachwelt der VSL-Theorie noch skeptisch gegenüber, obwohl inzwischen sogar prominente Kosmologen die Fronten wechselten, und auch schon *alternative* VSL-Theorien entwickelt wurden. Erstaunlicherweise ziehen sie einen ganzen Rattenschwanz neuer Probleme nach sich:

> „Was ist mit der Relativität der Naturgesetze, die aus *Einsteins* Postulat folgte? Gibt es plötzlich wieder einen absoluten Raum? Sind Schwarze Löcher nach den neuen Theorien immer noch schwarz?" [RAUNER, M. (2003), S. 1].

Diese Wendung kommt unerwartet. Sie ist aber nur erstaunlich, solange man *Einsteins* Vision von der Lichtgeschwindigkeit c als postulierte Konstante aller Relativität in Betracht zieht[152]. Sie ist ja keineswegs die Konsequenz aus dem empirischen Befund der *Drift-Experimente* von *A. A. Michelson* und *E. Morley*. Kein Wunder, hat doch *Michelson* die Erklärungen *Einsteins* zur ART nie akzeptiert.[153]

Allerdings muss daran erinnert werden, dass sich *Einstein* in dieser frühen Fassung der ART *nicht* mit der *evolutionären* Expansion des Universums, sondern mit dem Problem einer relativitätskonformen, auch für beschleunigte Körper geltenden Beschreibung der Gravitation auseinander setzte. Dieser Umstand ist selbstverständlich für VSL–Theorien signifikant: Letztere werden ja gezielt entworfen, um mögliche Entwicklungsszenarien der Expansion des Universums durch mathematische Modelle erfassen zu können, die eben durch *zeitlich unterschiedliche* Lichtgeschwindigkeiten charakterisiert werden.

Diese Perspektive lag indes außerhalb von *Einsteins originalem* Gravitationsproblem: Es war Teil seines Bildes vom Kosmos, wonach es evidenterweise einer Bezugsbasis aller Bezüglichkeit bedurfte; gemeint ist eine *Konstante* mit der Funktion, die eindeutige Bestimmtheit der kosmischen Prozesse in Raum und Zeit als Folge der allgegenwärtigen Gravitation zu charakterisieren. Dafür wählte *Einstein* die *Fortpflanzungsgeschwindigkeit* c_0

---

[152] Im Brief an A. Sommerfeld vom 1.2.1918 wies Einstein darauf hin, dass der Zahlenwert von c bei Expansion des Kosmos abnimmt.
[153] Und wohl mit Recht: „*Denn wie bei der analogen Schallausbreitung beeinflusst die Bewegung der Quelle zwar nicht die Ausbreitungsgeschwindigkeit der Welle, wohl aber deren Frequenz*"; vgl. CLARKE, S. (1990), S. CIX.

des Lichts im Vakuum. Ergo ist sie allein unter allen Bewegungen im Kosmos von den Bewegungszuständen irgendwelcher Bezugssysteme unabhängig, also auch von denen jedes Beobachters. Darüber hinaus soll sie auch die in der Raumzeit mögliche Höchstgeschwindigkeit irgendwelcher materiellen Objekte im Universum repräsentieren.

Der physikalische Sinn von *Einsteins* Postulat erschließt sich daraus, dass die Wechselwirkung per *Gravitation* nur mit der *elektromagnetischen* Wechselwirkung verglichen werden muss, da bei beiden Interaktionen die Kraft mit dem Quadrat des Abstandes abnimmt.

> „Tatsächlich ist die gesamte spezielle Relativitätstheorie mit der elektromagnetischen Theorie des Lichts verknüpft. ... Dagegen galt Newtons Gravitation als instantane – augenblickliche – Fernwirkung. Und darin lag der Widerspruch...: Nach der Relativitätstheorie kann sich nichts schneller ausbreiten als das Licht, von einer unendlichen Geschwindigkeit gar nicht zu reden." [MAGUEIJO, J. (2005), S. 60].

Drückt man die durch die *Gravitationskonstante* gekennzeichnete *Gravitationskraft* zwischen zwei Elementarteilchen (z. B. Protonen) in einer zur *Sommerfeldschen Feinstrukturkonstanten* α[154] analogen (*dimensionslosen*) Zahl α_G aus, so erhält man einen (reziproken) Wert von drastisch anderer Größenordnung, nämlich $\alpha_G^{-1} \approx 137 \cdot 10^{36}$ für ein Protonenpaar gegenüber dem seit 1915/16 bekannten ‚Merkwert' $\alpha^{-1} \approx 137$. Somit erweist sich die Gravitationswechselwirkung zwischen zwei Elementarteilchen um etwa 36 Größenordnungen(!) schwächer als die *elektromagnetische* Wechselwirkung! Diese extreme Ausnahmeposition der Schwerkraft im Vergleich zu allen anderen Fundamentalkräften (und wohl auch die relative Ungenauigkeit der Newtonschen Gravitationskonstanten G) werden heute von der *Stringtheorie* erklärt. Ihr zufolge ist die Schwerkraft nicht auf die *vierdimensionale* Raumzeit beschränkt, wie die anderen fundamentalen Wechselwirkungen: Sie kann sich auch in einem *höherdimensionalen* Raum ausbreiten! [Vgl. SCHARF, R. (2001), bzw. EKKEHARD PEIK, E. (2010)].

---

[154] Die Feinstrukturkonstante α resultiert aus der Formel $\alpha^{-1} = \frac{2ch\varepsilon_0}{e^2} \approx 137{,}0389895$; die Symbole stehen für die folgenden Naturkonstanten: *c Vakuum-Lichtgeschwindigkeit*; ε_0 elektrische Feldkonstante; *e Elementarladung* und *h Plancksches Wirkungsquantum*.

Die Frage, ob der Wert der Feinstruktur*konstanten* α zeitlich variiert oder seit dem *Urknall* unverändert besteht, ist – nicht unerwartet – schon lange von beträchtlichem theoretischem Interesse. Ob sie variiert, ist bis heute nicht zweifelsfrei geklärt; nach neuen Präzisionsmessungen für einen Zeitraum von der Gegenwart bis in die Vergangenheit von 13 Mrd. Jahren kann sich – statistisch gesehen – α maximal um ein Billiardstel p. a. oder weniger ändern. [BARROW, J. D. (2006), S. 242f]

Solche Messungen von α firmieren heutzutage unter dem Rubrum *Naturkonstante*; die Betonung liegt auf *Konstante* – unter der Prämisse einer unterstellten Invarianz der Naturgesetze im Lauf von vielen Jahrmilliarden. Dabei ist zu beachten, dass im Fall der Definition der *Naturkonstanten* α die Vakuum-Lichtgeschwindigkeit c_0 sogar zu einem bloßem ‚Umrechnungsfaktor' degeneriert, sofern man die Masse m per $E = mc_0^2$ in Energie E umrechnete. „Die *Naturkonstante* Lichtgeschwindigkeit wäre damit völlig verschwunden" [SCHARF, R. (2001)] – wie Taschenspielertricks im Zirkus!

Die Stärke der elektrischen Wechselwirkung – ausgedrückt durch α – ist als *dimensionsloses* Produkt von vier *dimensionsbehafteten Naturkonstanten* definiert – darunter die Naturkonstante c_0 in der Nachbarschaft zu *Einsteins* ART-Postulat. Es scheint evident, dass die Entwicklungen des VSL-Modells den Vorstellungen eines *variablen* c_0 neuen Antrieb geben. Indes nur unter rein *pragmatischer* Rechtfertigung etwa im Vergleich zu *Alan Guths* Theorie des *inflationären Universums*! Deren Intention besteht darin, Einsteins ART von gewissen theoretischen Defekten[155] zu befreien, die eine realistische Beschreibung der raumzeitlichen Universum-Evolution zunächst nicht erlaubten. *Guth* gelang eine Art ‚Befreiungsaktion' um den Preis, den er am 21. April 2008 bei einem Vortrag an der Universität Wien verriet:

"I will then turn to the biggest outstanding mystery in cosmology: the value of the cosmological constant, or equivalently the energy density of the vacuum.

---

[155] Die ›kosmologische Konstante‹ Λ wird heute nicht mehr als Parameter der Allgemeinen Relativitätstheorie (wie von Einstein 1916 eingeführt und im Nachhinein als ‚Eselei' ironisiert) interpretiert, sondern als die zeitlich konstante Energiedichte des Vakuums identifiziert.

Nobody understands why it is so small." [Vortrag an der Universität Wien, zitiert in: GUTH, A. H. (2008)].

Magueijos VSL-Idee, Einsteins Vision zwar zu folgen – d. h. Newtons *instantane* Fernwirkung der Gravitation durch eine Gravitation mit *endlicher* Ausbreitungsgeschwindigkeit zu ersetzen –, aber Einsteins Realisierung zu boykottieren[156], liefert einen Ansatz zur Lösung von „*A. Guth's* biggest outstanding mystery": Der Wert der *Kosmologischen Konstanten* Λ wird stark durch den Wert der o. a. Ausbreitungsgeschwindigkeit bestimmt. Für letztere wählte *Einstein* der Einfachheit halber den *heutigen* (*festen*) Wert der Vakuum-Lichtgeschwindigkeit c_0 in der Annahme, damit Λ zur *universellen* Konstanten und die ART zur 'Weltformel' zu machen. Es zeigt sich bald, dass *Guths* Inflationstheorie vermieden werden kann, sofern man für die entsprechende *frühe* Expansionsphase des Universums einen viel größeren Wert für c_0 in Λ einsetzt als er heute als (universelle) Naturkonstante standardisiert ist. Der Schluss verblüfft: *Einsteins* ART ist keine 'Weltformel'; sie beschreibt ein *mechanistisches* Modell für die „jetzige' raumzeitliche Expansion des Kosmos.

„Kant hat den geklärten, leidenschaftslosen Blick für das Ewige... "
- NICOLAI HARTMANN - [HARTMANN, N. (1957), S. 285]

III.5.3 Nicolai Hartmanns Kritik an der kategorialen Gestaltung der ART

Die theoretische Basis der ART erweist sich nach wie vor als zu wenig transparent, gar voller Widersprüche. Zentrale Fragen der Kosmologie bleiben schon deshalb unbeantwortet, weil es bis jetzt keine seriöse Fundamentaltheorie der *Naturkonstanten* gibt [BARROW, J. D. (2006), S. 71]. Vom aktuellen Anspruchsniveau der *Kategorialanalyse* aus betrachtet, muss man sogar davon ausgehen, dass die ART als *universale* Theorie

---

[156] Dabei muss man bedenken, dass Einstein selbst 1911 in einer oft vergessenen Arbeit aus seiner Prager Professorentätigkeit einen Vorschlag unterbreitete, der sich lt. seines Biographen *Banesh Hoffmann* wie folgt anhört: „*Dass die Lichtgeschwindigkeit keine Konstante ist. Dass die Gravitation das Licht abbremst. Ketzerei! Und das von Einstein höchstpersönlich*"; vgl. MAGUEIJO, J. (2005), S. 53.

schlechterdings falsch ist. Dies gilt sicher, solange man nicht die Prinzipien als die Kategorien des Seienden begreift

> „– mitsamt seinen mannigfachen Relationen, Abhängigkeiten und Zusammenhängen... Denn freilich gibt es ein ‚Inneres der Dinge', richtiger: ein Inneres aller Gebilde und Gefüge, sowie der zeitlichen Abläufe, in denen sie stehen, und zwar ohne Unterschiede der Schichtenhöhe...Dieses Innere ist keineswegs immer ein geheimnisvolles Etwas... Sein Verhältnis zum Äußeren ist ein schlicht kategoriales." [HARTMANN, N. (1949), S. 240].

Belege dafür wurden schon in 3.1 erwähnt. Sie suggerieren ein wichtiges Indiz: Könnte man *Raum und Zeit* nur als *physikalische* Grundbegriffe verstehen, so dürfte man sie den *theoretischen* Physikern allein überlassen. Deren Mitreden bei den diffizilen Problemen der Kategorienlehre bleibt fragwürdig – weniger ob der vielen Paradoxien der Relativitätstheorien als vielmehr wegen deren *kategorialer* Basis, zumal man letzterer schon beim „Problem von Raum und Zeit" mittels der ›Kantschen Anschauungsformen‹ nicht gerecht wird:

> „... Zumal die Zeit weit über das Gegenstandsgebiet der Physik hinaus ragt, und ihre *kategoriale* Fassung ebenso an den Phänomenen...geistiger Vorgänge hängt wie an solchen der Mechanik und Elektrodynamik." [HARTMANN, N. (1980), S. 239].

Schon dieser Befund erhärtet den von *N. Hartmann* angedeuteten Fakt, dass „aller Autorität der führenden theoretischen Physiker zum Trotz" der kategoriale Sachverhalt der physikalischen Argumentation gegenüber den Vorrang beanspruchen darf, da seine Geltungssphäre die fundamentalere ist. Natürlich wird dabei der Grundlagenphysik unterstellt, dass die Theorie,

> „wenn sie wirklich alle Konsequenzen ihrer eigenen Thesen zöge, auf dieselben ontologischen Voraussetzungen hinausgelangen muss, welche die Kategorialanalyse herausarbeitet." [HARTMANN, N. (1980), S. 242-243].

Beachtet man in diesem Zusammenhang die Entwicklung der gesamten Physik von den Zeiten *Galileis* bzw. *Newtons* bis heute, so wird man zwei epochale *Perspektivwechsel* registrieren: zum einen die Schwerpunktsverlagerung von *kinematischen* zu *dynamischen* Problemen, zum anderen die *Ablösung der zentralen Bedeutung des Kraftbegriffs* durch den der Energie:

> „Nicht als bestände nach der neuen Auffassung die Energie irgendwie »neben« der Kraft. Es ist vielmehr das substratartige Moment im Wechsel der Kräfte und Kraftverhältnisse selbst, das im Energiebegriff fassbar wird. Darum ließ sich sogar der Kraftbegriff ausschalten und durch den Energiebegriff ersetzen. Für die Physik ist das eine Frage der Zweckmäßigkeit... Ontologisch gesehen ist der Schritt aber ein größerer: An der Energie ließ sich das Moment der Beharrung greifen, ja es bildet den wahren Grundzug in ihr. Die Energie ist das, was im Wechsel der Vorgänge sich erhält. Sie ist dynamisch verstandene Substanz." [HARTMANN, N. (1980), S. 302].

Als Erhaltungsgröße bleibt die Energie konstant, aber nicht invariant gegenüber dem Wechsel des Bezugssystems.[157] Energie manifestiert sich im Umsatz, im Übergang, im Vorgang; sie ist prozessual. In der geleisteten Arbeit wird sie quantitativ fassbar. Die Substanz erweist sich zwar nicht als der Prozess selbst, wohl aber als das,

> „was im Prozess beharrt, (nämlich) das dynamische Substrat, das durch alle Teilprozesse und ihre Phasen hindurchgeht und in den verschiedenen Erscheinungsformen sich abwandelt. ... Wohl aber gibt es Etwas, das der Erhaltung der Energie eine Grenze setzt – das Gesetz der Entropie: Entropie bedeutet keine Zerstörung oder Vernichtung von Energie, eher eine Neutralisierung, in der keine Transformation mehr stattfindet." [HARTMANN, N. (1980), S. 303].

Gerade im Hinblick auf die hier kritisierte *Einsteinsche Allgemeine Relativitätstheorie* sind die beiden letzten Zitate von überragender Bedeutung. Sie entlarven wieder die rein *mechanistische* Fundierung der ART. Letztere erklärt nichts von der *Substanz* als einer nur der *anorganischen* Natur eigenen charakteristisch »kosmologischen Kategorie«. In dieser niedersten Seinsschicht

> „sind es nur zwei Substrate, die ihrer Art nach Substanz sein können, die Materie und die Energie. Und von diesen beiden hat sich gezeigt, dass sie zwar Beharrung haben, aber nicht absolute Beharrung. Die Materie im Weltraum ist bei hohen Temperaturen der Auflösung in Strahlung ausgesetzt. An den Fixsternen lässt sich die Abnahme der Masse durch Abstrahlung annähernd berechnen.

---

[157] In der klassischen Mechanik lässt sich die Energieerhaltung als eine direkte Folge der Homogenität der (linear affinen) Zeit ableiten und damit die Unabhängigkeit der physikalischen Gesetze begründen. Die Verallgemeinerung dieser speziellen Form des Noether-Theorems besagt, dass es zu jeder Invarianz eine Erhaltungsgröße gibt. Diese auf Symmetrietransformationen zurückgeführten Erhaltungsgrößen sind sehr zahlreich; sie sind je unabhängig gegenüber einer bestimmten Änderung der äußeren Bedingungen des betreffenden Systems. Für thermodynamische, d. h. offene reale Systeme gilt das verallgemeinerte Noether-Theorem nicht.

Die Energie aber ist wenigstens der Entropie ausgesetzt, auch ihre Erhaltung ist in Bezug auf den Prozess, den sie trägt, eine bedingte." [HARTMANN, N. (1980), S. 303-304].

Bedauerlicherweise ist diese ganze Beschreibung des realen kosmologischen Sachverhalts der klassischen Mechanik, also der ART völlig fremd. Dies gilt umso mehr, sofern man noch versucht, das bislang völlig rätselhafte Phänomen der *Dunklen Energie* einzubeziehen. Derzeit wird ohnehin die angesprochene Physik nachträglich der von der *Scientific Community* sanktionierten Gravitationstheorie partiell aufgepfropft. Das *Guthsche* Modell vom *inflationären Universum* ist dafür typisch. Längst liegt inzwischen die *erweiterte* Fassung des inflationären Modells mit „ewiger, sich selbst reproduzierender Inflation" vor. Letztere dient als „Nebeneffekt" zu aberwitzigen Spekulationen über die angebliche Entwicklung des Universums als Reaktion auf die „winzigen räumlichen Quantenfluktuationen der Dichte, die ganz zu Anfang vorhanden sind" [BARROW, J. D. (2006), S. 179; vgl. dazu auch den Bericht zum Status quo der Kosmischen Inflation in: STEINHARDT, P. J. (2011), S. 40 - 48].

Allerdings versetzen *Nicolai Hartmanns* scharfsinnige Argumente der Selbstgewissheit aller gläubigen ʹRelativistenʹ einen gewaltigen Dämpfer auch im Fall von Einsteins These vom *Äther* als dem „mit physikalischen Eigenschaften ausgestatteten Raum". Fakt ist, dass es damit zum *Schisma* kam, zur ideologischen Spaltung zwischen mächtigen Fraktionen der Naturphilosophie und theoretischen Physik.

Dieser Konflikt innerhalb der etablierten »*Scientific* Community« ohne Ausbildung einer neuen Grundverfassung von *Wissenschaftlichkeit* kann bestenfalls nur zur Stagnation führen. Ist dafür vielleicht der allenthalben auf der Stelle tretende Diskurs über die ›dunkle Materie‹[158] ein Menetekel? Man mag es kaum glauben; dennoch müssen wir kurz auf diese Problematik am Beispiel der *Einsteinschen* Relativitätstheorien eingehen, da sie das Thema des Abschnitts ›*Wissenschaftlichkeit* physikalischer Theorien‹ (vgl. 3.1) im Kern trifft.

---

[158] Beobachtungen auf größeren Skalen, etwa von Galaxienhaufen oder der großräumigen Struktur des Universums lieferten starke Hinweise auf die Existenz von Dunkler Materie.

N. Hartmann hat für die drei Gebiete ›Naturphilosophie – Mathematik – Theoretische Physik‹ gute Gründe, um *Raum und Zeit* an den Beginn seiner Erörterung zu o. a. *Schisma* zu stellen. Die Naturphilosophie hat nach seiner Überzeugung primär mit *Raum und Zeit* zu beginnen [HANSEN, F.-P. (2005), S. 139][159], weil hier die allgemeinsten Bedingungen von Naturgegenständen überhaupt liegen. Beide sind nichts anderes als *Dimensionen* und damit die „Physikalischen Substrate der Quantität". Sie haben „keine Realexistenz außer und neben den realen Dingen oder Vorgängen, deren Realdimensionen sie sind". Letztere sind das, was jeglicher Messung zugrunde liegt, selbst jedoch, da kein Quantum, sondern die Substanz jeglicher Messung, nicht ausmessbar. Ausmessen lässt sich lediglich ein ‚Begrenztes', die Dimension als solche aber hat keine Grenzen:

> „Definitorisch kurz lässt sich sagen: Dimensionen sind die Substrate des Ausmessbaren. Denn sie sind Substrate möglicher Begrenzung. Und darum sind sie mittelbar auch Substrate möglicher Messung." [HANSEN, F.-P.(2005), S.140].

Diese bemerkenswerte Begriffsschärfe des Metaphysikers auch auf der *kategorialen Darstellungsebene* ist i. a. weder dem Mathematiker noch dem Physiker vertraut. Letztere orientieren sich eher an der historischen Unterscheidung zwischen einer *absolutistischen* und *relativistischen* Auffassung der Bewegung. Jene vertraten u. a. Kopernikus, Kepler, Galilei und Newton, diese Leibniz, Mach und Einstein [WEIZSÄCKER VON, C.F. (1985), S. 256-257].

Letztlich ist diese Unterscheidung allerdings kontraproduktiv, verstellt sie doch – summa summarum – die folgenden Fakten, die für die kategoriale Darstellungsebene fundamental sind:

> „Räumliche Größe ist Ausbreitung im Raum, zeitliche Größe ist Ausbreitung in der Zeit (d. h. Dauer). Dieses kategoriale Moment der Ausbreitung bedeutet Erfüllung des dimensionalen Kontinuums mit Inhalt, ... Das Sich-Ausbreiten selbst ist also nichts anderes als die »Ausdehnung« (extensio) und ihre Größe ist »extensive Größe«. ... Nicht der Raum dehnt sich aus, sondern im Raum dehnen sich Körper und Entfernungen aus. Nicht die Zeit dehnt sich aus, sondern das Geschehen in ihr." [HARTMANN, N. (1980), S. 68, 246].

---

[159] Die im folgenden Zitat zitierten Passagen finden sich in: HARTMANN, N. (1980), S. 46, 48, 50-51 und 65-66.

Schon diese einführende Stellungnahme ist wahrlich aufschlussreich: Falls das, was einem ›*Körper* in seinem aktuellen physikalischen Zustand‹ passiert, Gegenstand der wissenschaftlichen Theorie sein soll, dann lässt sich nicht von der Hand weisen, dass *Albert Einsteins* Auffassungen von *Raum und Zeit* auf einer fatalen Verwechslung beruhen! Diese Vermutung gilt allerdings nur, sofern man der *Physik* einen *mathematischen Apparat* zugrunde legt, dem die „innere Widerspruchslosigkeit seiner Formeln" entspricht, d. h. das Letztere der Voraussetzung unterliegen, keiner „kategorialen Rechtfertigung" zu bedürfen! [HANSEN, F.-P.(2005), S. 141].

Dieser Fall trifft auch auf *Albert Einsteins Allgemeine Relativitätstheorie* zu, sofern sie der Mathematik z. B. Krümmungsmaße entnimmt, die ihrerseits *ohne neue* Dimensionen konstruiert worden sind.

Für die *Kategorialanalyse* – in *Kants* Sinn, aber auch in fortentwickelten Versionen wie von *Nicolai Hartmann* – ist eine solcherart ‚autonome' Mathematik als Werkzeug *naturwissenschaftlicher* Disziplinen freilich inakzeptabel und zwar aus *drei* durchschlagenden Gründen. Die *Kategorialanalyse als fachübergreifende Methode*

(1) muss die Aporien der Voraussetzungen selbst verfolgen und zu entwickeln suchen; anders würde sie bei mathematischen Bestimmungen stehen bleiben und nicht bis zum Wesen des Raums selbst durchdringen [HARTMANN, N. (1980), S. 75, 246f].

(2) kann für diejenigen Naturwissenschaften, für die derzeit *keinerlei* adäquate mathematische ‚Apparate' existieren, das einzig verlässliche Fundament liefern, nämlich die ihre *Wissenschaftlichkeit* betreffenden Elemente. Erst durch die *Kategorialanalyse* wird der Weg frei, um die begründete Basis für eine begriffliche und inhaltliche Kommunikation zu benachbarten Wissenschaften legen zu können.

(3) bezieht sich auf den *kategorialen* Bau der *realen* Welt[160] – ein Schichtenbau [HARTMANN, N. (1949), S.188f, bzw. S.197f] mit vier Hauptschichten des Realen, beginnend mit der *anorganischen und*

---

[160] Diese ‚Konstruktion' wurde im 20. Jahrhundert durch den russischen Geologen *Wladimir I. Wernadski* wesentlich in ihrer metaphysischen und praktischen Strukturierung. der Erde vertieft. Er beschränkte sich auf: Lithosphäre (Nichtleben) – Biosphäre (Leben) – Noosphäre (Geist).

organischen Seinsebene, aufsteigend zu einem *höheren Sein des Bewusstseins und des Geistes*. Man kann vermuten, dass – abgesehen von Schicht 1 – die *drei* höheren Schichten in naher Zukunft kaum einer systematischen *Kategorialanalyse* zugänglich sein werden.

Einerseits ist die *erste* Passage von *Punkt 2* jedem interessierten Leser einsichtig; allerdings wird der betreffende Befund oft nicht im Kontext mit einer begründeten Idee von *Wissenschaftlichkeit* gesehen. Andererseits gilt innerhalb der *Physik* sogar die letzte Passage von *Punkt 2*; z. B. basiert entsprechend der *Gibbs-Falk Dynamik* (GFD) die Konstruktion aller systemischen *Quantitäten*, d. h. der *allgemeinphysikalischen Größen* darauf, dass jede einzelne in allen *physikalischen* Disziplinen, in denen sie auftritt, dieselbe begriffliche Bedeutung besitzt.

Gewichtiger ist aber folgender Aspekt und ihn kann man für alle Naturwissenschaften gar nicht überschätzen: Jede *Quantität* ist ›*Quantität* von Etwas‹, d. h. es muss ein *Substrat* der *Quantität* vorhanden sein, sonst ist sie ›*Quantität* von Nichts‹. Die *Substrate* selbst aber sind etwas ganz anderes, sie sind die *Dimensionen*, in denen sich die Quantitätsbestimmung konkretisieren lässt. Wie man z. B. an *Einsteins Allgemeiner Relativitätstheorie* (ART) erkennt, sind die Konsequenzen schon für die *tiefste* kategoriale Seinsstufe der realen Welt signifikant; laut *N. Hartmann* reicht ihr Einfluss bis in die *höheren* Seinsstufen hinein. Demgegenüber kann die *reine* Mathematik ihrer entbehren, weil

> „sie es nicht mit Realem zu tun hat. Die *mathematische* Physik aber ist auf sie angewiesen und setzt sie in jeder Formel, ja in jedem Buchstabensymbol voraus. Wegstrecke, Zeitdauer, Geschwindigkeit, Beschleunigung sind nicht Quantitäten, sondern *Substrate* möglicher *Quantität*. Was für die Mechanik gilt, muss auch für die übrigen Gebiete der Physik gelten. Druck, Dichte, Temperatur, Strahlungsintensität, Frequenz, Wellenlänge, Spannung, Strommenge – das alles sind Dimensionen möglicher Größenbestimmung mit je eigener Maßeinheit." [HARTMANN, N. (1949), S. 21-22].

Zusammenfassend lässt sich konstatieren, dass die jeweilige „kategoriale Rechtfertigung" einer *wissenschaftlichen* Disziplin die *notwendige* Voraussetzung für ihre *Wissenschaftlichkeit* ist. Um der Vielfalt unterschiedlicher Wissenschaften zu entsprechen, wird man indes zusätzlich von fachspezifisch *hinreichenden* Voraussetzungen ausgehen müssen! Erinnert sei z. B. an die o. a. *Endlichkeitsbedingung* für die *Quantenzahlen* als eine solche *hinreichende* Vorbedingung! Signifikante Folgerungen für die *Dimensionen* betreffen zunächst Physik und Mathematik:

> „Dimensionen sind weder gerade noch krumm, noch haben sie selbst irgendeine räumliche Gestalt, da sie »vielmehr die kategorialen Bedingungen (sc. die *Substrate*) möglicher räumlicher Gestalt sind. Sie müssten sonst ihre eigenen kategorialen Bedingungen sein, was entweder sinnwidrig oder nichtssagende Tautologie ist«. Und was für die Krümmung des Raumes gilt, das gilt ganz genauso für die der Zeit. Denn auch hier setzt jede Krümmung »der Zeitdimension ... irgendwelche anderen Dimensionen voraus, ´in denen` sie gekrümmt ist. Und diese letzteren müssten dann die eigentlichen, zugrunde liegenden Dimensionen sein«. Das »Fließen« der Realzeit kann nicht schneller oder langsamer gehen, sonst müsste es seinerseits ‚in der Zeit' fließen". [HARTMANN, N. (1949), S. 75, 92, 145, 159, 181; auch HANSEN, F.-P. (2005), S. 141].

Natürlich kann im Weltraum ein Lichtstrahl z. B. *elliptisch* gekrümmt sein.

> „Es ist aber ontologisch etwas gänzlich anderes, ob die Lichtbahn ´im` Raum oder, wie in der ART behauptet, die Dimensionen ‚des' Raumes selbst gekrümmt sind."[161]

Um den Unterschied auszumachen, muss man begreifen, dass

> „... alles Gestaltete schon etwas ´im Raum` ist; [und] es sich bei den Dimensionen um das Wesen des Raums selber handelt. Dieses kann also auch kein räumlich Gestaltetes sein." [HANSEN, F.-P. (2005), S. 142].[162]

Hartmann spricht vom »hysteron proteron«[163], von einer Verwechslung des Bedingten mit der Bedingung, sofern man den Raum durch räumliche Ge-

---

[161] Spektakulär ist die Existenz von Doppel-Pulsaren: Das Objekt PSR1913+16 ist ein solcher Bipulsar. J. H. Taylor und R. A. Hulse bekamen 1993 den Nobelpreis für den indirekten Beweis der Emission von *Gravitationswellen,* die dieses Objekt aussendet. Sie konnten anhand langfristiger Messungen (seit 1974) der Umlaufperioden (der elliptischen Bahnen) beider Neutronensterne über die Beobachtung der gepulsten Strahlung nachweisen, dass sie sich infolge des Verlustes an Gesamtenergie des Systems durch Emission von Gravitationswellen sukzessive annähern!

[162] Albert Einstein und Hans Reichenbach sahen – entsprechend der Relativitätstheorie – Raum und Zeit als Eigenschaften der Dinge, als Strukturmerkmale der Materie und der Energieverhältnisse. Dementsprechend ist es scheinbar notwendig, zwischen Raum und Zeit im Sinne der Relativitätstheorie und Raum und Zeit als „subjektive" Anschauungsformen im Sinne *Kants* zu unterscheiden. Im Sinn der Kategorienlehre z. B. nach Nicolai Hartmann ist eine solche Unterscheidung indes für die Physik problematisch.

[163] (1) rhetorische Figur bzw. (2) Zirkelschluss, Fehlbeweis in der Logik. Vgl. HARTMANN, N. (1980), S. 76, 91, 244f.

staltung charakterisieren, den *Dimensionen* sogar Krümmung oder Geradheit zuschreiben will! Man kann es drehen und wenden wie man will: Der *Raum* hat keine Größe, er ist weder endlich noch unendlich; es gibt keine Grenze des *Raums*, sondern nur Grenzen ´im` *Raum*. Die *Zeit* ist wie der *Raum*, die Bedingung der Ausdehnung. Dabei ist keineswegs die *Zeit* ausgedehnt, sondern sie ist die *Dimension* möglicher Ausdehnung, der ´Dauer` irgendeines Ereignisses.

Hartmann zieht aus der *Kategorialanalyse* des Zwillingsparadoxons den Schluss, dass die SRT fehlerhaft sein muss: Sie enthält eine *Aporie*, die in einem *regressus infinitus* endet [HANSEN, L.-P.(2005), S. 141-142]: Die Voraussetzungen der Allgemeinen Relativitätstheorie (ART) verdecken eine weitere *Aporie*, als deren Ursache sich aus der *Kategorialanalyse* die ›Konstanz der Lichtgeschwindigkeit‹ erweist! [HANSEN, L.-P.(2005), S. 140-141]. Speziell diese *Aporie* betrifft die Basics beider Relativitätstheorien: Die von beiden aus der *mechanistischen* Version der *elektromagnetischen* Maxwellgleichungen übernommene *Konstanz* der *Lichtgeschwindigkeit* ist ein Kardinalfehler (s. u.): er führt zu nichts anderem als zu einem manifesten Widerspruch gegenüber dem zugrunde liegenden Relativitätsprinzip [HARTMANN, N. (1980), S. 148f]. Denn auf Grund ihrer eigenen Annahmen führt sich die ART somit selbst in die Sackgasse, nachdem sie die

> „Dimensionen des Raums und der Zeit, die Substrate jeglicher Messung, relativiert hat. Denn Messen der Zeitwerte durch die Raumstrecke ist nur ein mittelbares, ermöglicht durch die Bewegung, die ihrerseits das Zeitmaß schon enthält und deren Geschwindigkeit in der Bezogenheit der Raumgröße auf die Zeitgröße besteht." [HANSEN, L.-P.(2005), S. 143; vgl. HARTMANN, N. (1980), S. 163 und 222].

Was soll man sich indes unter ´Konstanz der Lichtgeschwindigkeit` c_0 vorstellen, die im

> „relativierten Raum und in der relativierten Zeit bestehen soll? Die Konstanz einer Geschwindigkeit besteht ja gerade darin, dass fortlaufend in gleichen Zeitabschnitten gleiche Raumstrecken durchmessen werden. Was sind aber »gleiche« Zeitabschnitte und Raumstrecken, wenn Zeit und Raum sich dehnen und einschrumpfen können?" [HARTMANN, N. (1980), S. 250].

Laut Einsteins ART müssen aber *Raum* und *Zeit* sich dehnen und einschrumpfen, falls die Konstanz von c_0 eine absolute sein, ergo auch gegen verschieden bewegte Beobachter gleich bleiben soll. M. a. W.: Wie kann die *Zeit* oder der *Raum* in diesem Sinn *relativ* sein, wenn doch gerade

> „in beiden eine Bewegungsgeschwindigkeit absolut sein soll? Es fehlt dann jede Vergleichsbasis, auf der auch nur von Konstanz oder Inkonstanz, ja selbst von »gleichen« Raum- und Zeitstrecken die Rede sein könnte." [HARTMANN, N. (1980), S. 250].

Der Leser kann aus den Ergebnissen dieser Kategorialanalyse erkennen, wie wenig nachvollziehbar der Anspruch der heutigen Physik ist, die *Anschauung* als Erkenntnismittel zu beseitigen und bereits mit den *abstrakten* Formeln, Begriffen, Symbolen über ein effizientes Mittel zur Objektivierung zu verfügen. Ob der *Raum* endlich oder unendlich sei, ob es den *leeren* Raum überhaupt gäbe, ob seine *Dimensionen* gerade oder krumm seien, sind Fragen ausgedrückt in Worten der Alltagsvorstellungen:

> „Sie zeugen unzweideutig davon, dass der Raum nach dem anschaulichen Modell räumlicher Dinge vorgestellt wird. Es ist also gerade die Rückkehr zur sinnlichen Anschauung, die hier unbemerkt vollzogen wird. Das läuft auf eine Selbsttäuschung der exakten Wissenschaft hinaus, die umso gefährlicher ist, als sie die Tendenz hat, sich selbst auf die Spitze zu treiben und dadurch aller freien Diskussion zu entziehen." [HANSEN, L.-P.(2005), S. 144; vgl. HARTMANN, N. (1980), S. 99 und 251].

Mit Begriffen, die durch irgendeine Form von *Extension* – d. h. laut Descartes durch die Essenz aller materiellen Substanz – definiert sind, meint man gewöhnlich nicht Grenzen und Mitte des *Raums*, sondern eher Schwerpunkt und Begrenzung eines geschlossenen physikalischen Systems von Körpern. Intuitiv neigt man dann doch dazu, den *Realraum* selbst wie ein solches System aufzufassen:

> „… andere Analogien hat man nicht. Und nach Analogien sieht man sich eben um, wo die Vorstellbarkeit versagt. Letztere aber versagt überall an den reinen Kategorien." [HANSEN, L.-P.(2005), S. 144].

Was sind nun erste Konsequenzen sowohl für die Relativitätstheorien als auch für die Konstanz der Vakuum-Lichtgeschwindigkeit? Die Kategorialanalyse der ART, den *Raum* und die *Zeit* betreffend, weist nach, dass die

ART die Grenze, die hier zu ziehen wäre, selbst nicht einhält, ja sie gar nicht erkennt. Insofern ist sie klar fehlerhaft. Offenkundig manifestiert sich die ausgewiesene Quelle für diesen Fehler als *Aporie*, d. h. als *kategorialer Fehler*, nämlich der einer *konstanten* Lichtgeschwindigkeit c_0 innerhalb *relativer Raumzeiten*. Dennoch wird heutzutage die ART mit $c_0 \equiv$ konstant in vielen Fällen als eine zuverlässige Tatsachenbasis gepriesen. Für theoretisch grundlegende kosmische Phänomenen – wie den Urknall und die frühe Inflationsphasen des Kosmos – empfehlen allerdings die Fakten mittlerweile eher das Gegenteil, ergo $c_0 \neq$ konstant. Mindestens genau so schwerwiegend wie die Unsicherheit über den Zahlenwert von c_0 erweist sich neuerdings zunehmend die Skepsis gegenüber dem Zahlenwert der Gravitationskonstante:

> „Newtons Gravitationsgesetz und speziell die darin enthaltene Gravitationskonstante bereitet Physikern heute mehr Kopfzerbrechen denn je ... Die Sache sei unglaublich schwierig in ihren Details. Es gebe bei diesen Experimenten unvorstellbar viele Größen, die genau bestimmt werden müssen; enorm viele Fehlerquellen erwecken Zweifel an der geringen statistischen Unsicherheit in aktuellen Publikationen.... Selbstzweifel angesichts der offensichtlich inkompatiblen Daten sind jedenfalls unter Physikern dieser Teildisziplin gering ausgeprägt. Sicher ist nur, dass ein 2010 vom zuständigen *Internationalen Committee on Data for Science and Technology* in Paris vorgeschlagener Mittelwert ($6{,}67384 \times 10^{-11}$)- kaum haltbar sein dürfte... neue Messungen liegen mehr als 0,24 Promille darüber." [ILLINGER, P. (2013), S. 20].

III.5.4 Wo bleiben die Entropie und die Temperatur als Basisvariable der ART?

Ungeachtet aller aufschlussreichen Ergebnisse der Kategorialanalyse ist das letzte Wort aber noch nicht gesprochen, solange wir uns nicht mit dem o. a. dritten epochalen *Perspektivwechsel* befasst haben. Er ist bekanntlich seit fast 150 Jahren in Sicht.

Dieser *Perspektivwechsel* – betreffend die konsequente *Einbeziehung von Entropie und ihrer konjugierten absoluten Temperatur* in das naturwissenschaftliche Denken – ist faktisch in Industrie und Wirtschaft zwar längst erfolgt. Seine Verfechter machen sich indes weltweit weder im *wissenschaftlichen* Establishment und den Großforschungseinrichtungen noch in den Wirtschaftsverbänden und industriellen Vereinigungen bemerkbar. Dort dominiert nach wie vor mechanistisches Denken. Dieses „Herrschaftswissen" ist deshalb so überaus relevant, weil er den *bisher* für die Physik geltenden *Zeitbegriff* als Fundament der heutigen Natur- und Technikwissenschaften selbst betrifft. Seine Auswechslung wäre daher unvermeidlich verbunden mit einem folgenreichen Paradigmenwechsel, der dem Ende der *mechanistischen* Physik (und Philosophie!) in der öffentlichen Wahrnehmung gleich käme.

Aber wer will das wirklich? Die resultierenden Folgen für die bisherige Praxis der Ausbildung junger Menschen in den heutigen Leitwissenschaften wie den Quanten- und Relativitätstheorien könnten – worauf alle bisherigen Erfahrungen hindeuten – gravierend sein. Deshalb bleibt Skepsis angebracht, ob sich dieser **dritte** epochale Perspektivwechsel langfristig durchsetzen kann.

Ungeachtet dessen, werden wir zum Abschluss dieses Abschnitts nicht weiter auf die Ursachen und Auswirkungen jenes avisierten Paradigmenwechsels eingehen. Denn die in der vorliegenden Studie breit dargelegten begrifflichen Argumente und ihre mathematischen Formen für eine ganzheitliche Systembeschreibung der Physik bereiten dafür bereits einen gangbaren Weg: Er führt zu jenen Grundlagen, die auch das Urmotiv für die »thermodynamische Methode« enthalten, wie sie durch *Gibbs* und *Falk* eingeführt und als GFD vertreten wurde. Letztere lässt sich als die Quintessenz aus *L. Boltzmanns* Scheitern seines berühmten Ansatzes begreifen, die ganze Physik auf die *reversible* Mechanik der *Eulers, Hamiltons, Maxwells, Heavisides* und ihrer Nachfolger reduzieren zu wollen.

Diese abschließende Reflexion möge als aktuelle Ergänzung zu den Ausführungen in 7.3 und III.5 über ‚Relativitätstheorien' dienen. Besonders wäre dabei die besondere Rolle der GFD hervorzuheben. Aus ihr lässt sich unschwer ablesen, dass im Makrobereich der gesamten Physik ein *atomarer* Materiebegriff zwingend einige »allgemeinphysikalische Größen« erfordert, die in jedem realen physikalischen System auftreten müssen, nämlich die Systemenergie E, die Teilchenzahlen N_i der zum System gehörenden Sorten seiner Elementarteilchen (Index i). Dazu tritt obligatorisch die Systemtemperatur T. Denn sie bestimmt primär die zugeordnete Verteilung der N_i [vgl. 3.6]. Damit kommt aber die konjugierte Entropie S des Systems zwangsläufig ins Spiel und zwar völlig unabhängig von der Entdeckung der Schwarzen Löcher und vom zunehmend peinlicher werdenden Defizit im Wissen von Dunkler Materie/Energie, etc. Ansätze zu deren theoretischem Verständnis verlangen somit erkennbar eine rigorose Umgestaltung und Erweiterung auch der Allgemeinen Relativitätstheorie in eine systematische Wissenschaft kosmologischer Prozesse: Dafür wird *Einsteins* Kernstück der ART, der *Energie-Impuls-Tensor* ohne das *konjugierte* Variablenpaar ›Entropie-Temperatur‹ nicht ausreichen.

Der aktuelle Status quo der Erforschung des Universums [vgl. z. B. FISCHER, E. P. (2011)], speziell der Relativitätstheorien wird also zunächst eine weitreichende Revision erfahren müssen. Möglicherweise wird dazu in den nächsten Jahren auch die *Stringtheorie* neue, gar revolutionäre Aspekte von Raum und Zeit für kosmische Phänomene beisteuern. Schon heute „ermöglicht Quantenmittelung – angeblich – eine sachliche Interpretation der Behauptung, dass die vertraute *Raumzeit* eine Illusion sein könnte." [GREENE, B. (2008), S. 530].

Zum Abschluss von Abschnitt III.5.4 erscheint es zweckmäßig, auf *vier* aktuelle Literaturstellen (Bücher und Internet-Aufsätze) kurz einzugehen, deren Autoren alle beanspruchen, je auf ihre Weise den zeitgenössischen Status der wissenschaftlichen Kosmologie repräsentieren zu können, um dem geneigten Leser der vorliegenden Studie das Verständnis der präsentierten Fakten und deren Interpretationen zu erleichtern. Dabei ist unter dem Stichwort Kosmologie folgendes gemeint:

> „Die *Kosmologie* (griechisch κοσμολογία – d.h. »die Lehre von der Welt«) befasst sich mit dem Ursprung der Entwicklung und der grundlegenden Struktur des Universums (Kosmos) als Ganzem und ist Teilgebiet der Astronomie, das in enger Beziehung zur Astrophysik steht. Die *moderne* Kosmologie beschreibt

das Universum mittels physikalischer Gesetzmäßigkeiten." [WIKIPEDIA; zuletzt 29.11.2013].

Heutzutage erklärt die Schulphysik in aller Welt das Universum auf der Grundlage einer einzigen Theorie – nämlich der Einsteinschen Allgemeinen Relativitätstheorie (ART, ab Ende 1915) – die auf der *klassischen* Mechanik fußt, also ohne *thermodynamische* Temperatur und damit ohne Entropie auskommt. Dieser Sachverhalt wurde 1964 mit der eher zufälligen Entdeckung der *isotropen* Hintergrundstrahlung im Mikrowellenbereich durch *A. Penzias* und *R. W. Wilson* obsolet:

> „Sie gilt als Beleg für die Urknalltheorie (Standardmodell). In 'Urzeiten' waren Strahlung und Materie im *thermischen* Gleichgewicht. Infolge der Expansion des Universums sanken Temperaturen und Dichten des gekoppelten Strahlungs-Materie-Gemisches mit der Zeit, bis schließlich – bei einer Temperatur von etwa 3000 K – Protonen und Elektronen elektrisch neutralen Wasserstoff bilden konnten."

Die Strahlung hat als Folge – besser unter der Voraussetzung des *thermischen* Gleichgewichts *vor* der Wasserstoffbildung – das nahezu perfekte Intensitätsspektrum eines *schwarzen Körpers* mit einer Temperatur von derzeit 2,725 Kelvin.

Heute gilt demnach die Theorie vom Urknall nach wie vor als *„die bei weitem beste Wahl"* [ZAUN, H. (2009)]: Die mit diesem kosmischen Phaenomenon angeblich unmittelbar verbundene Expansion des Raumes spiegelt sich in der sogenannten Rotverschiebung wider; es ist verknüpft mit der Idee von *„einem unendlich heißen und dichten Punkt: von der Urknall-Singularität."* [ZAUN, H. (2009)] Die *kosmologische* Rotverschiebung selbst beginnt bereits ab Entfernungen von wenigen hundert Megaparsec[164] die Rotverschiebung per Relativbewegung (d. h. per Dopplereffekt) zu dominieren. Die absolute Temperatur des Universums ist indes mit seiner Entropie konjugiert, die naturgemäß jegliche Lichtausbreitung dissipiert (*tired light*; vgl. 7.3.1). Theoretisch ist dieser Effekt durch die ART nicht zu erklären, sofern man wie A. Einstein den Zweiten Hauptsatz nicht gelten lässt!

---

[164] 1 megaParsec = $3.08567758 \times 10^{22}$ meter ⇨ *Megaparsec* (Mpc; typische Größe von Galaxienhaufen).

Seit wenigen Jahren bezweifelt ein deutscher Astrophysiker nun diese tradierte Urknall-Theorie:

> „»Die ART hat in punkto Anfangssingularität völlig versagt«, so der junge Astrophysiker *Martin Bojowald*. Albert Einsteins Theorie ignoriere, dass die Konzentration der Materie und die Stärke der Gravitation durch die feine Quantenstruktur der Raumzeit begrenzt werde." [ZAUN, H. (2009), S. 1].

Bojowald (*1973) setzt seine neue Theorie auf den Urknall an, d. h. die sogenannte Loop-Theorie (kurz *Schleifengravitation*). Dieses bereits Ende der 1980er Jahre konzipierte und seither ständig verbesserte Modell teilt Raum und Zeit in kleinste Einheiten auf – in so genannte Raumzeit-Atome:

> „Sie verhindern, dass das Universum im Urknall auf die Größe Null schrumpft. Denn in Bojowalds modifiziertem Konzept hat es sich ausgeknallt mit dem Urknall. Einst als Anfang alles Seins gefeiert, degradiert er den *Big Bang* zum 'Grenzfall'. Er sei bestenfalls eine Grenze, ein Übergangsstadium.
>
> Um hinter die Fassade des Urknalls zu blicken, nimmt Bojowald die Raumzeit ... unter die Lupe und versucht ihre Feinstruktur präzise zu erfassen. Die Relativitätstheorie sei blind dafür, sagt er" [ZAUN, H. (2009), S. 2].

Während Kosmologen Einsteins Raumzeit oft nur noch bedingt ernst nehmen, wird sie von Bojowald sogar noch zusätzlich mit materiellen Bausteinen ausgestattet – mit seinen Raumzeit-Quanten:

> „Laut Schleifengravitation existieren solcherart Gebilde nicht wie normale Atome in irgendeinem bereits bestehenden Raum, sondern sie bilden ihn, bauen ihn auf, geben ihm Form, Struktur und Aussehen... Direkt wird sich diese 'atomar strukturierte' Raumzeit indes nicht nachweisen lassen. ...Mit etwas Glück könnte jedoch der im Mai 2013 erfolgreich gestartete Forschungssatellit ›*Planck*‹ winzige Schwankungen der kosmischen Hintergrundstrahlung detektieren und daraus Informationen sogar über besagte Quantengravitation extrahieren." [ZAUN, H. (2009), S. 2].

Klar, die atomare Struktur der Raumzeit bedingt den „Mechanismus der Schwerkraft" – ihr 'Wesen'.

Bojowald folgert für sein Modell, dass es *„in kosmischer Urzeit keine Anfangssingularität gegeben haben kann"*. Indes hält er die Hypothese für durchaus tragfähig, dass unser Universum bereits v o r dem Urknall existiert hat – allerdings: *„Das Universum hatte keinen Anfang, es existierte immer schon"*, so Bojowald. [ZAUN, H. (2009). S. 3].

In summa: So überzeugend auch *Harald Zauns* Analyse von Bojowalds kosmologischem Ansatz darauf abzielt, die Gegenwart des Universums durch ein neues physikalisches Modell mit seiner Vergangenheit vor dem Urknall zu verbinden, so wenig ist es *Martin Bojowalds* in seinem jüngsten Buch in dritter Auflage (2012) gelungen, eine transparente Schilderung zum Thema zu präsentieren. Vor allem seine Verknüpfung der passenden Quantentheorie mit der Raumzeit in ihrer *konstituierenden* Feinstruktur ist im neuen Bild von Bojowalds »Raumzeit-Atomen« zumal dann schwer nachzuvollziehen, wenn man *Nicolai Hartmanns* Kategorialanalyse einbezieht – wie sie schon bezüglich *Einsteins* ART in Betracht gezogen wurde [vgl. III.5.3]. Dazu hat *Ulrich Hoyer* kürzlich unter dem aufschlussreichen Titel ›*Nicolai Hartmann und die Quantentheorie*‹ wichtige Notizen vorgelegt. [HOYER, U. (2013)]. Letztere bestätigen – zumal bei Hartmanns kritischer Behandlung der Quantentheorie – dass z. B. der renommierte Naturphilosoph und 'Dinglerianer' *Eduard May* bereits 1952 in seiner *„Wertschätzung von Hartmanns Kategorialanalyse nicht übertrieben hat"*. [HOYER, U. (2013), S. 9]. Mit diesem Begriff im Titel ist übrigens eine neue, umfassende Studie von *Carl-Gerhard Crummenerl* im Druck. In diesem Kontext scheint mir hier eine Bringschuld Bojowalds bezüglich seiner ominösen »Raumzeit-Atome« vorzuliegen. Vor dem Urknall sollte man eben eine echte 'Überraschung' nicht ausschließen!

Eine solche Empfehlung scheint auch deshalb ratsam, weil *Bojowalds* Werk keineswegs ohne seriöse Konkurrenz ist. Praktisch zeitgleich erschienen auf Deutsch zwei Bücher je über völlig unterschiedliche Ansichten zur heutigen Kosmologie. Beide Untersuchungen beanspruchen hohen Respekt, obwohl die Autoren im Gegensatz zu den Gewohnheiten in der Theoretischen Physik die zentralen Aussagen ihrer neuen Kosmologie ohne Formeln und Gleichungen darstellen. Was das heißt, sollte der Leser anhand eines modernen Lehrbuchs zur Allgemeinen Relativitätstheorie beurteilen, wie dasjenige z. B. von *Torsten Fliessbach* (2012), welches allseits hoch gepriesen wird.

Konkurrent zu Martin Bojowald ist der eine Generation ältere promovierte Physiker *Karl-Ernst Eiermann* (*1940). Nach seiner Pensionierung arbeitet er als Privatgelehrter und offenbar gefragter Vortragender. Gewissermaßen als Begleitlektüre für seine Zuhörer hat er 2011 einen schmalen Band (131 Seiten) unter dem Titel *Das Reale des Universums* publiziert. Auf dessen Cover liest sich die lapidare Quintessenz von des Autors Weltsicht so überaus dramatisch wie das berühmte Menetekel beim Gastmahl des Belšazar:

> „Die Welt, in der wir leben, hat keinen Anfang und kein Ende. Den Urknall hat es nie gegeben. Das Universum ist ewig und unendlich, es existiert ohne Expansion und behält ewig seinen Vitalitätsstatus." [EIERMANN, K.-E. (2011)]

Das Schlüsselelement von *Eiermanns* neuer kosmologischer Theorie ist zweifellos die Gravitation. Deren tieferes Verständnis allein erfordert schon ein eingehendes Studium. Beispielhaft für letzteres mag man *Hans Schauers* großen, aber auch gut strukturierten Essay im Internet anführen. Darin wird auch *Eiermanns* grundlegender Ansatz erwähnt [SCHAUER, H. (ab 2005), vgl. Kap. 3.7.9]. Im Zentrum seiner Theorie steht das Mach-Prinzip. Von *Schauer* stammt dazu folgender Kommentar:

> „Machs auf Gravitation beziehbarer Grundgedanke (Ernst Mach: Die Mechanik in ihrer Entwicklung, 1883), der bis heute als Mach-Prinzip bezeichnet wird, sagt im wesentlichen aus, dass alle Massen des Universums als untereinander in Beziehung stehend zu betrachten sind und dass *die wahre Definition der Masse* (sic - V. B.) nur aus den dynamischen Beziehungen all dieser Körper zueinander abgeleitet werden kann (Karl-Ernst Eiermann: *Das ewige Universum. Vom Mach-Prinzip zum kosmologischen Modell.* Ferber, Gießen, 2001, S. 15 und 49). Die Begründung für diese Annahme liegt auf der Hand, wenn man daran denkt, dass die Gravitationskraft zwar vom Quadrat der Entfernung der einander »anziehenden« bzw. zueinander hingetriebenen Körper abhängt, ansonsten aber von den Gravitonen gemindert über größte Entfernungen entweder »momentan« oder eher mit sehr hoher (Über-)Lichtgeschwindigkeit in alle Richtungen übertragen wird." [SCHAUER, H. (ab 2005) 3.7.9; vgl. auch STRAUB, D. (1990), S. 63-66].

Urknall-Modelle auf Basis der ART schlugen zuerst A. Friedmann (1922) und G. Lemaître (1927) vor.

Entscheidend wurde die Entwicklung der Urknall-Theorie aber gefördert durch den von *Edwin Hubble* in den 1920er Jahren beobachteten Zusammenhang zwischen der Rotverschiebung elektromagnetischer Wellen und räumlichen Entfernungen in der Astronomie, wo das Licht weit entfernter Galaxien zum Roten verschoben erscheint. Die Analyse Eiermanns führte zu folgender Erkenntnis:

> „Für kosmische Objekte ... (z. B. für die Galaxien...) ... erhalten wir ... die Hubble-Beziehung, ..., wobei sich der hier auftretende *heutige* Hubbleparameter H ... als unsere aktuelle relative zeitliche Änderungsrate der Elementarteilchenmassen ergibt. Falls wir für diese Größe zeigen können, dass sie mit dem aus genauen Beobachtungen ermittelten Wert übereinstimmt, dann ist die Annahme einer Expansion des Universums nicht erforderlich! Wir können dann das Universum ohne Expansion und ohne Urknall verstehen. Aber dazu benötigen wir die Zietfunktion, die das gesamte Massenverhalten im Kosmos beschreibt." [EIERMANN, K.- E. (2011), S. 37-38].

Diese spektakulären Perspektiven fanden beim Auditorium des Autors großes Interesse, im Einzelfall gar Bewunderung [EIERMANN, K.- E. (2011), S. 38]. Sie gründen letztlich auf einer 'idée fixe', die sich in *K.- E. Eiermanns* Nomenklatur als »Neue Physik« manifestiert:

> „Es wird nun angenommen, dass die Masse eines Elementarteilchens nicht zeitlich konstant, sondern eine Zeitfunktion ist, wobei Protonen-, Neutronen- und Elektronenmasse zueinander proportional bleiben. ... bisher ist die traditionelle Physik immer davon ausgegangen, dass diese Massen zu allen Zeiten konstant sind. Somit ändern sich alle von fernen kosmischen Objekten emittierten Frequenzen, die zur Bestimmung der kosmologischen Frequenzverschiebungen dienen, zeitlich proportional zur Masse eines jeden Elementarteilchens (speziell: Elektronenmasse) und sind damit auch Zeitfunktionen." [EIERMANN, K.- E. (2011), S. 36-37]

Nebenbei bemerkt ist es aufschlussreich, dass *Wolfgang Seeligs* (Alternatives) Standardmodell SM 2000 den stationären Fall *zeitabhängiger* Nullpunktsmassen beschreibt [vgl. 7.1.3]. Davon ausgehend liefert die „Semi-Empirical-Mass Formula" (SEMF) in *vollständiger* Übereinstimmung mit dem ATLAS-Experiment (2013) eben jenen charakteristischen Wert, der am 8. Oktober 2013 als das Signal akzeptiert wurde, welches angeblich das seit 60 Jahren gesuchte *'goddamn particle'* identifizieren sollte [vgl. 7.1.4 – Fazit].

Dr. Eiermann erwähnt, dass Ernst Mach niemals versucht habe, sein 'Prinzip' in eine quantitative Form umzusetzen. Für Albert Einstein jedenfalls hatten jene Gedanken einen gewissen *heuristischen* Wert. Doch das allgemeine Relativitätsprinzip der ART wird dem Machschen Prinzip keineswegs gerecht. Vor allem wies Mach immer wieder darauf hin, dass möglicherweise der Trägheitssatz in seiner einfachen Newtonschen Form nur örtliche und zeitliche Bedeutung hat. Diese Warnung hinderte Eiermann keineswegs, unter dem aufmunternden Motto „Mach Ernst mit Ernst Mach!" die *Zeitfunktion*, die das gesamte Massenverhalten im Kosmos beschreibt, wenigstens in ihrer Grundstruktur zu ermitteln, um daraus die o. a. Schlussfolgerungen für unser Universum begründen zu können.

Um eine *quantitative* Formulierung des Mach-Prinzips zu erhalten, wird die Masse (gemeint ist die Ruhemasse) eines Elementarteilchens als Erscheinung einer Wechselwirkung dieses Teilchens mit allen anderen Massen im Weltall betrachtet. Weiter wird davon ausgegangen, dass die Gravitations-Wechselwirkung eines Elementarteilchens mit der anderen Materie im Lauf der Ausbreitung des Lichthorizonts von dem Teilchen über die gesamte andere Weltmaterie (...) geschieht. Dazu benennt der Autor zusätzlich die folgenden Plausibilitätsannahmen:

> „(1) Im unendlichen Universum, das ohne Expansion und ohne Kontraktion besteht, kann in großem Maßstab die Materieverteilung als homogen und isotrop mit einer zeitlich konstanten mittleren Massendichte angenommen werden.
>
> (2) Aus der Energiebilanz, die man für ein Elementarteilchen mithilfe des Mach-Prinzips aufstellen kann, ergibt sich die Massenfunktion.
>
> (3) Die Gravitationswechselwirkung mit der anderen Materie geschieht im Lauf der Ausbreitung des Lichthorizonts mit radialer Erstreckung **r**, wobei **r** das Produkt aus Vakuum-Lichtgeschwindigkeit c und Zeit bzw. zeitlichem Existenzparameter *t* ist." [EIERMANN, K.-E. (2011), S. 46-47].

Die für das einzelne Elementarteilchen resultierende Wechselwirkungsenergie ergibt die Massen-Änderung in Abhängigkeit von der Zeit und damit den Massenverlauf als Zeitfunktion [Dto.].

Zweifellos ist *Eiermanns* 'Ableitung' dieser Zeitfunktion ein logisch-verbales Meisterstück. Auf die nachfolgende quantitative Beschreibung des zeitlichen Massenverlaufs soll hier nicht eingegangen werden. Die resultierende Zeitfunktion $m^*(t)$ beschreibt das Massenverhalten mit zunehmender Masse bei Zeitzunahme. Details werden im Buch Eiermanns beschrieben und erläutert [vgl. EIERMANN, K.- E. (2011), S. 50-61]. Die zweite Hälfte des Buchs ist der Diskussion gewidmet, wie sich das Universum entsprechend Eiermanns Zeitfunktion verhält. Damit sollte sich der Leser eingehend befassen.

Insgesamt gesehen ist *Eiermanns* Buch eine echte Überraschung: Im Vergleich zu *Bojowalds* Buch hat es einen deutlichen Vorzug: Seine Argumentation bleibt stets plausibel, der Autor kennt seine Grenzen: „Am Rand soll erwähnt werden, dass [meine] Versuche, die kosmologische Rotverschiebung durch »Lichtermüdung« zu erklären, nicht erfolgreich waren." [EIERMANN, K.-E. (2011), S. 60; vgl. 7.2]).

Selbstverständlich sollte der Leser bei solcherart Büchern, wie sie von M. Bojowald aber auch von K.-E. Eiermann in jüngster Zeit vorgelegt wurden, beachten, dass sie von vorneherein gezielt populärwissenschaftlich angelegt worden sind. Allerdings mag man beiden Autoren dabei unterstellen, dass sie ein Maß an Spekulationen bei ihren Ansichten über unser Universum und dessen Vor-, Früh- und Gegenwartsgeschichte riskieren, die von vielen Ingenieuren und Experimentalphysikern eher als unseriös eingeschätzt werden. In Anbetracht der gigantischen Kosten, die für den Betrieb von Forschungsanlagen wie CERN in der Vergangenheit aufgebracht wurden, vermutlich aber auch in Zukunft verfügbar sein werden, um die Welt der Elementarteilchen weiter aufzuklären, wird man wohl eher von *ironic Science* [vgl. HORGAN, J. (1997), S.7 f.] sprechen müssen: Man denke beispielsweise nur an die ominöse *dunkle Materie,* etc.

In seinem neuen, bereits zitierten Werk vertritt der bekannte britische Biochemiker und Philosoph Rupert Sheldrake (*1942) Argumente, durch welche die o. a. Schlussfolgerungen, wie sie sowohl von Bojowald als auch von Eiermann in ihrer apodiktischen Radikalität behauptet werden, niemals gerechtfertigt werden können. Rupert Sheldrakes Quintessenz, warum sich die Welt unmöglich rein mechanistisch erklären lässt, kann man in seinen Kernthesen zusammenfassen:

> (1) „Die Physik führt den Reigen der mechanistischen Naturwissenschaften auch historisch an, da sie aus dem Studium der Mechanik, Astronomie und Optik an den Universitäten des Mittelalters hervor gingen. Sie genießt außerdem das höchste Ansehen... ." [SHELDRAKE, R. (2012), S. 424].

> (2) „Die materialistische Philosophie und die Vormachtstellung der Physik sind ein Gespann. Auch die Interdependenz aller Dinge sowie der Pluralismus der Wissenschaften gehören zusammen. Letztere benötigen vereinigende Prinzipien, doch die müssen nicht unbedingt aus der Physik kommen." [SHELDRAKE, R. (2012), S. 425].

> (3) „Neben den bekannten vereinigenden Prinzipien der Physik – z. B. Kräfte, Felder, Energieströme – haben wir das Ordnungsprinzip der geschalteten Hierarchien: Systeme oder Organismen oder Holons oder morphische Einheiten sind auf allen Betrachtungsebenen Ganzheiten, die aus Teilen bestehen. Kristalle enthalten Moleküle, die Atome enthalten, die subatomare Teilchen enthalten. Galaxienhaufen enthalten Galaxien, die Sonnensysteme enthalten, die Planeten enthalten. Mehr noch: Tiergesellschaften enthalten Tiere, die Organe enthalten, die Atome enthalten." [SHELDRAKE, R. (2012), S. 426].

Gegen Ende seines Buchs über den *Wissenschaftswahn* scheint Sheldrake zu resignieren:

> „Dass die Wissenschaft alle grundlegenden Fragen bereits beantwortet habe, ist ein Wahn, der den Geist des Forschens geradezu erstickt. Und wenn angenommen wird, dass Wissenschaftler irgendwie über dem Rest der Menschheit stehen, kann das nur heißen, dass sie von niemandem noch groß etwas lernen können. Sie brauchen zwar den finanziellen Rückhalt anderer, haben es aber nicht nötig, auf irgendwen zu hören, der nicht auf ihrem wissenschaftlichen Bildungsstand ist.... Das einst so befreiende Materialismus-Projekt ist jetzt nur noch erdrückend." [SHELDRAKE, R. (2012), S. 447].

„Amicus Plato, amicus Aristotels magis amica veritas."
– Isaac Newton *[Cambridge Student Notebook, 1661-1664]*. –

III.6 Newtons Physik und ihre Affinität zur antiken Philosophie

III.6.1 Zur antiken Atomlehre

Obwohl im Original der ersten Auflage von Newtons *Principia* unter »Definitions« der Begriff „Partikel" nicht erwähnt wird, geht er aus dem dortigen Gesamtzusammenhang eindeutig hervor. Dieser Gesamtzusammenhang deckt sich *inhaltlich* mit den Vorstellungen des letzten Vorsokratikers, *Demokrit aus Abdera* (*460/459 v. Chr. - †400 oder 380 v. Chr.). In seinen Lehren schloss *Demokrit* sich seinem Lehrer *Leukipp* an und postulierte einen Kosmos (altgriechisch κόσμος *kósmos*,(Welt-) Ordnung), der aus den kleinsten Einheiten – Atome – konstituiert sei. Sie bewegen sich ewig im Vakuum. Etwas Drittes gibt es nicht. Jedes dieser Atome sei fest, massiv, unteilbar und schwer. Sie unterscheiden sich nur der Gestalt nach, nicht aber in ihrer Beschaffenheit. Sie sind von der Form regelmäßiger geometrischer Körper. Ihrer Zahl nach sind sie nicht abzählbar. Der Epikureismus[165] fußt auf der *Atomistik Demokrits*; Epikurs Anhänger haben letztere zu einem geschlossenen System fortentwickelt sowie den atomistischen *Materialismus* Demokrits verteidigt und weiter gestaltet. Dabei standen für ihn keineswegs naturphilosophische Fragen im Vordergrund; sein Hauptanliegen war das, was später eher unter ´Aufklärung` verstanden wurde. Er und seine Jünger, welche die *antike* Götterwelt der Griechen und Römer einschließlich der Menschen offen kritisierten, hatten bis ins frühe 18. Jahrhundert einen solchen Einfluss, dass z. B. das Pariser Stadtparlament Anfang des 17. Jahrhunderts die Propagandisten von *Epikurs* Naturphilo-

---

[165] Unter *Epikureismus* werden hier die Hauptlinien zusammen betrachtet, wie sie von Epikur und Lukrez sowie deren Anhängern vertreten wurden. Als Lektüre dazu wird Karl Marx' Dissertation (1841) empfohlen zum Thema "Differenz der demokritischen und epikureischen Naturphilosophie", worin Marx auf Lukrez Bezug nimmt.

sophie sogar mit der Todesstrafe bedrohte. Wie soll man das heute verstehen? *Lucretius Caro* (*97 - †55) gibt engagierte Antworten.

Dieser römische Dichter und Philosoph war ein Anhänger der *Atomistik*; er vertrat vor allem die Atomlehre *Epikurs*. *De rerum natura* ist das älteste erhaltene *lateinische* Lehrgedicht; es umfasst sechs Bücher mit insgesamt ca. 7800 Versen. Anlass für sein Werk waren machtgeile Priester, die unter Bezug auf die tradierte Praxis aller religiösen Gebote, Strafen und Rituale ihrer Religion einem Freund des *Lukrez* schon auf Erden das Leben zur Hölle machten.

Instrument dafür war ein Begriff – Simulakrum – der auf die atomistische Wahrnehmungstheorie des *Lukrez* zurückgeht. Diesem zufolge erzeugen die Dinge ihre eigene Sichtbarkeit, die dann bis zum freiwilligen Untergang führen kann. In seinem Lehrgedicht findet der Leser,

> „nach der Schilderung, wie Iphigenie in Aulis dem Priestervorurteil geopfert wurde, den berühmten Satz: Tantum religio potuit suadere malorum - so mächtig war Religion, Menschen zum Unheil zu verführen." [WEIZSÄCKER VON, C. F. (1964), S. 62].

Noch bis zu Beginn des 17. Jahrhunderts erwiesen sich im Europa der Religionskriege jegliche Sanktionen der christlichen Kirchen gegen Parteinahmen für antike Naturphilosophen auch als verhängnisvoll für den Atomismus. *Bruno*, *Galilei* u. a. sind dazu die Kronzeugen.

Dieser Aspekt ist deshalb bedeutsam, weil er für die sachgerechte Beurteilung von *Newtons* Verständnis von *Mechanik* entscheidend ist. Letztere spielt bereits im ›Preface‹ der Erstausgabe seiner *Principia* die Hauptrolle. Schon im ersten Satz bezieht er sich dort auf die „ancients" und meint jene versunkene Kultur, für welche die *Geometrie* maßstabbildend war. Folgender Text lässt an Deutlichkeit nichts zu wünschen übrig:

> "The ancients considered mechanics in a twofold respect; a rational, which proceeds accurately by demonstration; and practical. To practical mechanics all the manual arts belong, from which mechanics took its name. But as artificers do not work with perfect accuracy, it comes to pass that mechanics is so distinguished from geometry, that what is perfectly accurate is called geometrical; what is less so, is called mechanical. But the errors are not in the art, but in the artificers.

> But since the manual arts are chiefly conversant in the moving of bodies, it comes to pass that geometry is commonly referred to their magnitudes, and mechanics to their motion. In this sense rational mechanics will be the science of motions resulting from any forces whatsoever, and for the forces required to produce any motions, accurately proposed and demonstrated. This part of mechanics was cultivated by the ancients in the five powers which relate to manual arts who considered gravity ...
>
> Our design not respecting arts, but philosophy, and our subject not manual but natural powers, we consider chiefly those things which relate to gravity, levity, elastic force, the resistance of fluids, and the like forces, whether attractive or impulsive; and therefore we offer this work as the mathematical principles of philosophy; for all the difficulty of philosophy seems to consist in this – from the phenomena of motions to investigate the forces of nature, and then from these forces to demonstrate the other phenomena; and to this end the general propositions in the first and second book are directed. In the third book we give an example of this in the explication of the System of the World." [NEWTON. I. (1995), S. 3-4].

Newton stellte sofort unumwunden klar, dass er sich für ‚Technologie' (art = manual powers) nicht besonders interessiert, sondern nur für ‚Wissenschaft' (= Philosophie, d. h. Naturphilosophie = „natural powers"). Dabei definierte er *Wissenschaftlichkeit* über die ‚Geometrie der Alten' als die unverzichtbare Quelle seiner erwiesenermaßen korrekten ′mathematical principles`. Verglichen mit den o. a. Begriffsbestimmungen, wie sie seine *kontinentaleuropäisch*en Konkurrenten für ihre analytische Mechanik vornahmen, ist Newtons ‚Philosophie' somit sicher nicht *mechanistisch*!

Es sollte auch nicht unerwähnt bleiben, dass *Newton* bei der Vorstellung seiner begrifflichen Basis z. B. nirgends explizit Bezug nimmt zum jüdisch-christlichen Gottesbild, d. h. weder zum ›jüdischen Monotheismus‹ noch zur ›christlichen Trinitätslehre‹. Die imposante Konsequenz *Newton*s, mit der er sich an die Tradition der ‚Alten' bindet, wird allein schon bei der Einführung seines Massenbegriffs deutlich. Kurz und bündig erklärt er ihn als eine „*Quantität ... oder eine diskrete Menge elementarer materieller Partikel*". Dazu wird er in seinem zweiten Hauptwerk »*Opticks 1704*« noch deutlicher:

> "Particles attract one another by some Force, which in immediate Contact is exceeding strong, at small distances performs the chemical Operations ... and

reaches not far from the Particles with any sensible Effect." [NEWTON, I. (1952), S. 389].

Genau an dieser Stelle gibt *Newton* seine oft praktizierte Verschleierungstaktik auf, indem er eine der von ihm bekanntlich geächteten *Hypothesen* über physikalische Phänomene aufstellt. M. a. W.: Er wird ein ‚artificer', gibt seinen Standpunkt als Philosoph (vorübergehend) auf, er denkt ‚praktisch, gar experimentell'. Und stellt damit die Brücke zur Antike infrage!

Newtons ‚experimentelles Partikelbild' wird man heute nicht grundsätzlich bezweifeln, muss dann aber die ›antike Atomlehre‹ hinterfragen – deren wahren Sinn und Zweck eruieren. Und hier kommen nun endlich *C. F. von Weizsäcker*s avisierte Studien zum Rationalismus der *antiken* Atomlehre ins Spiel. Wir zitieren ihn mit seinem gegenüber der üblichen Meinung deutlich abweichenden Standpunkt, den er in seinen »Gifford-Lectures 1959-1960« vertreten hat. Von Weizsäcker hebt drei Argumente besonders hervor:

- „Wir würden den antiken Atomismus vermutlich falsch verstehen, wenn wir ihn ... für eine naturwissenschaftliche Hypothese zur Deutung beobachteter Phänomene hielten ... Der antike Atomismus war eine Philosophie. Er war ein Versuch, das spekulative Problem des Seins zu lösen. Wir müssen seinen [Argumenten] hier folgen, ohne zu rasch die Brücke zum Atomismus der heutigen Physik zu schlagen...."

- „Der Atomismus beginnt mit einer näheren Bestimmung des Seienden. Das Seiende sind die Atome. Darum sind die 'Atome' unwandelbar ... Ihre Unteilbarkeit bedeutet also nicht ein willkürliches Postulat und erst recht nicht eine bloß praktische Unmöglichkeit weiterer Zerlegung. Sie folgt vielmehr in einer für einen eleatischen Philosophen zwingenden Weise daraus, dass sie überhaupt sind. Der Satz von der Unteilbarkeit der Atome ist ein ontologischer Satz."

- „Diese Theorie scheint das Problem der Wirklichkeit des Wandelbaren trefflich aufzulösen. Wasser ist wandelbar, es wird ... zu Eis, ... zu Dampf. Die Atome des Wassers aber sind unwandelbar, und sie sind das einzige wahrhaft Seiende am Wasser. Ihre Lagen und Bewegungszustände ändern sich. Nun kann man wählen, ob man die Wandlung wirklich nennen will: Sie geschieht wirklich, aber sie wandelt das wahrhaft Seiende nicht." [WEIZSÄCKER VON, C. F. (1964), S. 56-57].

Der Preis für diese bewundernswürdige Atomtheorie ist indessen hoch: Als deren absolute Basis wird wohl jeder Naturphilosoph zunächst das Lehrgedicht *Über die Natur* (Peri physeos) des *Parmenides von Elea* (* 540/535 v. Chr. - † um 483/475 v. Chr.) studieren. Dieser Mitbegründer der Naturphilosophie („*im Sinn von Newtons Principia*" [POPPER, K. R. (2001), S.126]), Großmeister[166] der Vorsokratiker und *Platons* Wegbereiter einer auf Logik fußenden Metaphysik, hinterließ sein Poem in wenigen vor allem durch den spätantiken Philosophen *Simplikios* überlieferten Fragmenten.

Aus den Fragmenten (ca. 150 Zeilen) lässt sich eine dreiteilige Struktur des Werks herauslesen: Vorspiel (Teil 0 *Proömium*), dann Teil 1 *aletheia* („*Wahrheit*") und Teil 2 *doxa* („*Meinung*"). Heute werden Leser dazu Interpretationen der folgenden Art finden:

> „Der gängigen Interpretation zufolge ging es Parmenides darum, alle Alltagswahrnehmungen der Welt (in „doxa" beschrieben) als eine Scheinwahrheit aufzudecken, während die wirkliche Welt („aletheia") „das Sein" sei: ein unveränderliches, ungeschaffenes, unzerstörbares, [d. h. zeitloses] Ganzes."[167]

Die letzte Aussage wird häufig in der schönen Formel ›*Eins ist das Ganze*‹ (hen to pan) verdichtet. Zu Recht verbindet *von Weizsäcker* sie mit der Frage: „*Befinden wir uns nicht mitten in den Problemen des Eleaten Parmenides?*" [vgl. WEIZSÄCKER VON, C. F. (1984), S. 470]. In diesem Fall steht sie aber für dessen „*Hypothese, dass die Welt der Wahrheit, der Wirklichkeit, eine materielle Welt ist.*" [POPPER, K. R. (2001), S. 364]. Nach *parmenideischer Logik* ist sie ein Kontinuum. Mit dem *Einen* ohne Wandel; Das Atom ist für ihn nur eine Metapher für alles Materielle, die indes – und das ist bemerkenswert – in *Parmenides*' Weltsicht explizit keinerlei Rolle spielte.

Wie *Bertrand Russell* zu Recht behauptete war die *Substanz* als Substrat der Wirklichkeit für *Parmenides* vielleicht ausschließlich der Schlüsselbe-

---

[166] *Platon* nahm die Autorität des Parmenides in mehreren Dialogen für seine Zwecke in Anspruch. Er ehrte ihn jedoch auch als einzigen der führenden Vorsokratiker mit einem Dialog, für den er den Namen des *Parmenides* als Titel wählte. Dieser Dialog enthält eine Besonderheit, welche auf den singulären Rang verweist, den Platon dem alten Eleaten zuerkennt, indem er ihn als Lehrer des jungen Sokrates ausweist!

[167] Zitiert nach Wikipedia, Stand 12.02.2012. In Platons *Theaitetos* erklärt Sokrates, Parmenides sei der Einzige gewesen, der geleugnet habe, dass alles Bewegung und Veränderung sei.

griff – sogar im Blick auf seine überragende Rolle für die Fundierung von *Platons* Ideenlehre:

> „Was die spätere Philosophie bis in die modernste Zeit hinein von Parmenides übernommen hat, war nicht die allzu paradoxe Unmöglichkeit jeglicher Veränderung, sondern die Unzerstörbarkeit der Substanz resp. das gleichbleibende Subjekt wechselnder Prädikate. Als solches wurde sie zu einem der Grundbegriffe der Philosophie, Psychologie, Physik, gar der Theologie und blieb es mehr als zweitausend Jahre lang." [RUSSEL, B. (1950), S. 61].

In *Platons* Werken aber findet sich der Schlüssel zum Verständnis der parmenideischen Seinslehre als Basis der Naturphilosophie respektive heutiger ›Science‹. Gewiss ist der ‚*Doxa*-Teil' unter dem Stichwort „Scheinwahrheit" („Illusion") im Hinblick auf seine Bedeutung auch heute noch umstritten. Nichtsdestoweniger ist er hinsichtlich der überragenden praktischen Bedetung der Natur- und Ingenieurwissenschaften relevant. Besonders unter diesem Aspekt empiehlt es sich, *Karl Popper* zu folgen, der verschiedene Interpretationsmöglichkeiten eingehend untersucht hat und zu folgendem Urteil kommt:

> „Wir können in jedem Fall Simplikios zustimmen, der Teil 1 »als einen Bericht von der erkennbaren Welt«, Teil 2 als »Beschreibung der sinnlich erfahrbaren Welt« bezeichnet." [POPPER, K. R. (2001), S. 158, bzw. 409].

Dem Leser wird es wie des *Parmenides* Zeitgenossen gehen, sein erster Eindruck wird lange durch Irritation, Perplexität, u. a. bestimmt sein. Er wird viel Zeit benötigen, den richtigen Zugang zum eigentlichen Problemkreis zu finden und vor allem wieder hinaus in unsere Zeit.

Um die in den Fragmenten des Lehrgedichts enthaltenen Basisinformationen einzeln und im Kontext einzusehen, die vielen inhaltlichen und sprachlichen Probleme mit ihren Interpretationen im Detail und Ganzen des Werks zu begreifen, ist indes die Hilfe von Experten vonnöten. Wir wählen deshalb als Referenz zwei deutsche Altphilologen aus der Generation vor und nach dem Zweiten Weltkrieg: Zum einen den renommierten Altphilologen *Karl Reinhardt* (*1886 -†1958), der zu den bedeutendsten *Gräzisten* seiner Zeit zählte. Sein Standardwerk über die griechische Philosophie ist zwar auf *Parmenides* fokussiert, enthält aber auch adäquate Beiträge zu *Xenophanes, Heraklit* und anderen Vorsokratikern [REINHARDT, K.

(1916)]. Zum anderen den Freiburger Hochschullehrer *Hans-Christian Günther* (*1957), der dem Denken Martin Heideggers und dessen Zugang zur griechischen Philosophie verpflichtet ist. Von *Günther* stammt eine hier relevante Studie zu des *Parmenides* Hauptwerk [GÜNTHER, H-C. (1998)].

Ein wichtiger Schritt zum Textverständnis mag die Neugier des Lesers sein, *Parmenides* auf seinem „Weg der Wahrheit" in seinem Lehrgedicht folgen zu müssen. Aber auf welchem Weg? Dem des Rationalismus (gelenkt durch die Vernunft) oder gar dem des Sensualismus (gesteuert durch die Wahrnehmungen)? Letzterer läuft stets Gefahr, sich selbst zu widerlegen – ganz im Gegensatz zum Rationalismus, der angeblich „einzig den Weg zur Wahrheit weist". Egal – die eigentliche Krux ist zunächst einmal *Parmenides'* ‚ontologischer Beweis à priori',

> „dass Bewegung in der realen, der materiellen Welt unmöglich ist." [POPPER, K. R. (2001), S. 147].

Poppers Ansatz, den Beweis ohne empirische Prämissen zu führen, braucht *fünf* kurze Sätze:

> „(1) Nur was ist, ist. – (2) Das Nichts kann nicht sein. – (3) Es gibt keinen Raum. – (4) Die Welt ist voll. (5) Da die Welt voll ist, gibt es keine Bewegung, keinen Wandel als eine Art von Bewegung." [POPPER, K. R. (2001), S. 195].

Es ist evident, dass die Deduktion mit einer *Tautologie* beginnt (wie so oft bei logischen Beweisen): »Es ist« oder »Es ist der Fall« oder »Es existiert«, wobei »Es« ein *materielles* Ding ist, das man kennen kann. Und »ist« oder »existiert« impliziert die »Körperlichkeit«. [POPPER, K. R. (2001), S. 195].

Die vier Schlussfolgerungen sind dann ‚logisch':

> „*Erste*: Was nicht existiert, kann nicht sein – *Zweite*: Nicht-Sein kann nicht sein. – *Dritte*: Die Welt ist voll: Sie ist ein kompakter Block – *Vierte*: Wandel ist unmöglich." [POPPER, K. R. (2001), S. 195].

Popper:

> „Auf den ersten Blick erscheint die Theorie des unbeweglichen Blocks als eine aberwitzige Theorie." [POPPER, K. R. (2001), S. 196].

Auf den zweiten Blick erkennt man aus den Schlüssen indes mindestens

„*drei* dauerhafte Errungenschaften in Bezug auf die moderne physikalische und mathematische Wissenschaft, nämlich:

(I) Parmenides war der Entdecker der *deduktiven* Methode der Beweisführung...;

(II) Er betonte, dass sich das Unwandelbare aus sich selbst heraus erklärt...;

(III) Des Parmenides Theorie war der Anfang der Kontinuumstheorie der Materie. Sie [eröffnete] somit... die anhaltende Rivalität zur atomistischen Theorie." [POPPER, K. R. (2001), S. 197].

Item (II) verweist auf den Anfang einer für die modernen mathematischen Naturwissenschaften grundlegenden Arbeitsmethode: die Suche nach Prinzipien der Erhaltung, z. B. der Energie, des Impulses, von Ladungen, u. a. Diese Prinzipien sind von zentraler Bedeutung für mathematische *Systemtheorien* der Physik, wie sie Gegenstand der vorliegenden Studie sind.

Aus den Items (I) bis (III) wird evident, dass des *Parmenides* Poem grundlegende Methoden und Gesetze aus *parmenideischer* Logik zu gewinnen erlaubt, die auch für die heutige Physik relevant sind. Das Poem kennt weder ‚Atome' noch deren konjugierte Existenzbedingung – den *Raum!* Einzige Prämisse ist die Gültigkeit der o. a. ‚Formel' ›*Eins ist das Ganze*‹.

Unter Bezug auf Item (III) darf man laut *Aristoteles* in *Parmenides* den Vorläufer der griechischen *kosmologischen* Schule der frühen Atomisten, des *Leukipp* und *Demokrit* betrachten.

Da die Atomisten wie *Leukipp, Demokrit, Epikur* u. a. überzeugt waren, die zwei verstörenden ‚Paradoxa' des Parmenides, nämlich seine »zwei zentralen Axiome«, (1) *die Einzigkeit des Seienden* und (2) *das Nichtsein des Nichtseienden*, zurückweisen zu müssen [vgl. WEIZSÄCKER VON, C. F. (1964), S. 58] – kann es das eine Seiende – das *Eine* – nicht geben.[168]

Dieser Schluss führte sofort zu einem fundamentalen Dilemma: Er zwang die Atomisten zu *ontologischen Aussagen*.[169] Sie sollten die zum *Einen* of-

---

[168] Das zweite Axiom ist ein Verbot im Sinne des *Pauli-Verbots* für die Quantentheorie oder der All-Aussagen der thermodynamischen Hauptsätze. Mit diesem Verbot ließe sich Parmenides unter die ersten Wissenschaftler im modernen Sinn einreihen!

[169] Für Atomisten waren ontologische Aussagen elementar. Sie beziehen sich auf die »*Grundstrukturen der Realität*«, d. h. des Seienden, dessen, was existiert und warum. Primär geht es um das Seiende als solches sowie um Typen von Entitäten (Dinge, Prozesse).

fenkundig komplementäre *Vielgestaltigkeit* des dem Betrachter erfahrbaren Seins wenigstens plausibel erklären, falls sie schon deren unerklärte Prämisse in Anbetracht aller unwandelbaren und auch unentstandenen 'Atome' nicht beweisen konnten! Diese Erwartung ist deshalb plausibel, weil die kompromisslose *parmenidische* Logik nirgends das Atomkonzept voraussetzt bzw. einbezieht!

Dieser eher überraschende Sachverhalt wird in Teil II des berühmten Parmenides-Dialogs besonders deutlich. In ihm räumt der Autor, *Platon*, dem greisen *Parmenides* im Gespräch mit dem jungen *Sokrates* die Chance ein, seine originale Lehre vom *Einen* zu korrigieren und entscheidend zu verändern. Um hier die Gefahr von Verwechselungen zu vermeiden, ist es opportun, vom „platonischen Parmenides" zu sprechen, wie es auch z. B. *von Weizsäcker* tut. [WEIZSÄCKER VON. C. F. (1984), S. 470].

Die resultierende Korrektur wird – um ein grundlegendes Resultat des *Parmenides-Dialogs* vorwegzunehmen – die Notwendigkeit begründen, *Nichtseiendes* zuzulassen. Diese Option ergibt sich unabhängig davon, dass nach des *Aristoteles'* Zeugnis dem *Leukipp* das *Leere* zwingend als „das ihm einzig mögliche *Worin* und *Wodurch* einer seienden Bewegung" erschien – das er aber ausdrücklich mit dem Prädikat Raumlosigkeit umschrieb! [DIELS, H. (1957), S. 95-96]. Dieser wichtige Befund lässt sich indes grundsätzlicher artikulieren:

> „Für die Griechen gibt es keinen Begriff des ‚Raumes', sondern nur den des ‚Orts'. Jeder Körper ist an einem Ort. So ist sein Ort ein Prädikat, das dem Körper zukommt. Wo aber kein Körper ist, da fehlt das Subjekt, dem man das Prädikat des Ortes zukommen lassen könnte. Ein leerer Ort wäre der Ort von nichts, also kein Ort. Dieser Schluss ist keineswegs sophistisch. Er ist vielmehr eine notwendige Folge der am Sein orientierten Logik, nach der ein Satz falsch ist, wenn es gerade kein Ding gibt, für das er gilt." [WEIZSÄCKER VON, C. F. (1954), S. 124-125].[170]

In diesem Kontext kommt man indes nicht umhin, auf zwei Textstellen bei *C. F. von Weizsäcker* zu verweisen, die gleichsam monolithisch den ‚Weg

---

[170] Der Autor weist ausdrücklich darauf hin, dass „*auch Euklid nicht vom Raum redet, sondern von den geometrischen Figuren.*"

zur Wahrheit' behindern bzw. versperren und sich direkt auf die (klassische) Ontologie der Atomisten beziehen:

> (1) „Demokrit konstatiert in klaren Worten, dass er das ›Sein des Nichtseienden‹ annehmen muss... Er spricht vom Leeren. Lägen nämlich die Atome in fugenloser Berührung aneinandergepackt, so wäre keine Bewegung möglich. Denn freie Bewegung von Atomen setzt leeren Raum voraus. Leere aber ist, so scheint es, Nichtseiendes. [Anderenfalls] müsste es selbst aus Atomen bestehen." [WEIZSÄCKER VON. C. F. (1964), S. 58].

> (2) „In Wahrheit steht gerade die klassische Ontologie nicht auf dem Reflexionsniveau des Parmenides (weder dem des alten Eleaten noch dem des 'platonischen Parmenides`): Sie erkennt nicht, dass ihre Anwendung ihre eigene Falschheit voraussetzt.. Das Weltall selbst kann nur *sein*, insofern es nicht eines, sondern vieles ist. All dies viele aber besteht nicht für sich, so wie es die Logik und die klassische Ontologie beschreibt. Es besteht nur im undenkbaren Einen." [WEIZSÄCKER VON, C. F. (1984), S. 491].

Item (2) betont die grundlegende Schwäche in der Logik der antiken Atomistik. Denn es zeigt sich, dass der Schluss von Platons Parmenides-Dialog mit der Quintessenz des originalen *parmenideischen* Wirklichkeitsbildes keineswegs sinngemäß im Einklang ist.

Es ist bemerkenswert, dass im Dialog der greise *Parmenides* selbst die Korrektur vornimmt.[171] Dabei besagt sein Zentralbegriff – das *Eine* – fundamental Abweichendes im Vergleich zu dem, was er noch in seinem Poem *Über die Natur* vorträgt.

Was ist auch anders zu erwarten, sofern man unter dem *Einen* nach *Platons* Auffassung *„das höchste Prinzip aller möglichen Erklärungen"* [WEIZSÄCKER VON, C. F. (1984), S. 445] verstehen, gar *Platons* Ideenlehre „durch Rückgang auf das *Eine*" [WEIZSÄCKER VON, C. F. (1984), S. 446] gewinnen soll. Diese basale Differenz muss man erkennen.

Bevor wir uns darauf einlassen, werden wir kurz auf den Begriff des Nichtseienden eingehen. Dazu ist es hilfreich, einer charakteristischen Notiz *Bertrand Russells* zum ‚Problem der *parmenideischen* Naturphilosophie Beachtung zu schenken:

---

171 „... die Widerlegung des Parmenides, geschmackvollerweise ihm selbst in den Mund gelegt?" [WEIZSÄCKER VON. C. F. (1984), S. 471]

> „Parmenides nimmt für die Worte eine feststehende Bedeutung an; das ist die tatsächliche Grundlage seines Arguments, die er für unanfechtbar hält. Obwohl indes das Wörterbuch oder die Enzyklopädie die sozusagen offizielle und allgemein sanktionierte Bedeutung eines Wortes angibt, haben doch zwei Leute, die das gleiche Wort verwenden, nie genau die gleiche Vorstellung davon...Der ständige Bedeutungswandel der Worte bleibt oft verborgen, weil er im allgemeinen nichts an der Richtigkeit oder Unrichtigkeit der Sätze ändert, in denen die Worte vorkommen... Diese ganze Argumentation beweist, wie leicht sich metaphysische Schlüsse aus der Sprache ziehen lassen und dass Trugschlüsse dieser Art nur vermeidbar sind, falls die Sprache logisch und psychologisch eingehender studiert wird, als es die meisten Metaphysiker getan haben... Später wird noch viel darüber zu reden sein. Im Augenblick möchte ich nur darauf hinweisen.., um den Argumenten des Parmenides gerecht werden zu können, ohne offensichtliche Tatsachen leugnen zu müssen." [RUSSEL, B. (1950), S.60-61].

Das Paradox, Nichtseiendes als weder vorstellbares noch denkbares Seiendes mit Notwendigkeit als Voraussetzung für die Existenz der 'Atome' fordern zu müssen, gehört laut *von Weizsäcker* bis heute zu den Basisproblemen der Philosophie. Sie haben sich „in den Affirmationen des *Parmenides* von Elea verdichtet" [WEIZSÄCKER VON. C. F. (1964), S. 53]; *von Weizsäcker* meinte darüber hinaus:

> „Man kann die Philosophie bis zum heutigen Tag als eine immer weiter geführte Interpretation [der hochabstrakten Sätze] des Parmenides auffassen." [WEIZSÄCKER VON. C. F. (1964), S. 53].

Es ist müßig, darauf zu spekulieren, ob diese ‚very sophisticated interpretation' sogar *Newton* bewegte, darauf zu bestehen, an der bewährten Geometrie der ‚Alten' und an deren Idee vom ‚Atom' als unverzichtbarem Bestandteil der Naturphilosophie seiner Zeit festzuhalten. Immerhin wäre eine solche Unterstellung umso bedenkenswerter, als sich die dahinter verborgene paradoxe Problematik ja auch bei den ‚modernen' Elementarteilchen nicht verändert hat.

Dennoch, was fangen die heutigen Naturwissenschaftler mit einer solchen Einsicht an? Können sie sich tatsächlich, wie *von Weizsäcker* meint, „in der Welt Leukipps und Demokrits zu Hause fühlen"? Eher nicht, denn dem vorsokratischen Begriff des *Leeren* in seiner radikalen Ausschließlichkeit werden sie nicht folgen können. Das *Leere* hat ja nichts mit dem auf *Aristoteles* zurückgehenden ›Horror vacui‹ zu tun. Und es hat schon gar keinen

Bezug zu den gigantischen Teilchenbeschleunigern, die z. B. am CERN (*Conseil Européen pour la Recherche Nucléaire*) das erforderliche »Ultrahochvakuum« aufrechterhalten, um vielleicht doch noch das „Gottesteilchen" [BREUER, R. (2011)] aus der Analyse von Billionen *irreversibler* Stoßprozesse destillieren zu können. Dieses Argument ist dermaßen gravierend, dass die ›*antike Atomistik*‹ ohne Lösung des parmenideischen Rätsels als angebliche Vorläuferin unseres *mechanistischen Weltbilds* nicht in Frage kommt.

Dennoch besteht das Faszinosum von *Parmenides'* Werk fort. Es war und ist mit der Hoffnung verbunden, dass mit seinem Argument vom ewigen und unveränderlichen *Sein* hinter der illusionären Veränderlichkeit aller Phänomene ein beharrendes Bleibendes – ‚Unbeschreibliches' – gemeint sei. Letzteres, offenbarte es sich denn vielleicht doch in Form gewisser *Erhaltungseigenschaften*[172], deutet wohl schon Goethe im *Faust* an:

> „Alles Vergängliche ist nur ein Gleichnis. Das Unzulängliche hier wird's Ereignis.
> Das Unbeschreibliche: Hier ist es getan".

Aber wer sind die Hoffnungsträger? Des *Parmenides* Zeitgenossen bestimmt nicht, denen Ideen wie die o. a. *Erhaltungseigenschaften*, formuliert gar in einer Art mathematischer Sprache, offenbar völlig fremd waren!

Ein solches Weltbild entwickelte sich erst mehr als zweitausend Jahre später – als herausragendes Resultat der »Naturwissenschaft der Neuzeit«. Sie entstand während der letzten der historischen Großepochen, deren Beginn für Wissenschaft und Kunst etwa zum Ende der Spätrenaissance um 1600 angesetzt werden mag[173]. Über die *zeitliche* Einordnung hinaus kann eine Notiz *von Weizsäcker*s zur Klarstellung beitragen:

---

[172] Als Kronzeuge sei einer der bedeutendsten Gelehrten des letzten Jahrhunderts genannt: In seiner umfassenden Geschichte der Philosophie des Abendlandes behandelt *Bertrand Russell* im Kapitel über Parmenides das angesprochene Problem und spricht den Gedanken der »*Substanzerhaltung*« explizit an. Unter dem aus der Antike tradierten Begriff der Substanz verstand *Lord Russell* „*das gleich bleibende Subjekt wechselnder Prädikate*"; [vgl. RUSSEL, B. (1950); S. 61; s. auch DIJKSTERHUIS, E. J. (1956), S. 7].

[173] Sofern man unter Physik die gesamte »Wissenschaft der leblosen Natur«, also außer Physik im engeren Sinn auch Astronomie, Kosmologie und sogar Chemie verstehen will, lässt sich deren allmähliche historische Entwicklung in drei zeitlich ziemlich präzis fixierte Perioden gliedern: Antike Physik nahm ihren Anfang keineswegs bei den Vorsokratikern, sondern nach dem

„Die neuzeitliche Naturwissenschaft beruht auf einer quantitativen Beschreibung der Erscheinungen; sie beruht auf dem Begriff des mathematischen Naturgesetzes. Ich habe nicht die leiseste Spur dieses Begriffs im griechischen Atomismus gefunden." [WEIZSÄCKER VON, C. F. (1964), S. 61].

Der letzte Befund ist ein Beleg für die von zeitgenössischen Gräzisten vertretene Meinung,

„nach der die griechische Antike von einer grundlegend anderen Wissenschaftssystematik bestimmt war als unsere heutige Welt. So besteht die uns so grundlegend erscheinende Differenzierung zwischen Geistes- und Naturwissenschaften nicht. .. Die Physik ist nach dem damaligen Wissenschaftssystem Teil der Philosophie, und ‚Physiker' als die Fachwissenschaftler sind ausgebildete Philosophen." [BERNHARD, W. UND MÜLLER, S. (2005)].

Nun gibt es aber im ‚evolutionären' Ablauf der europäischen Wissenschaft eine Zäsur, die ohne die Reichsgründung Alexanders d. G. nicht eingetreten wäre. Letztere führte zur *Hellenisierung* fast der ganzen damals zivilisierten Welt. Dieser dramatische gesellschaftliche und kulturelle Prozess setzte schon zu Alexanders Regierungszeit ein. Durch die Ausmünzung der Perserschätze führte er fast die gesamte Region zu neuer Blüte. Handel, Verkehr, Kosmopolitismus und Individualismus gaben der Epoche das Gepräge.

Die erwähnte Zäsur – fixiert man sie, um ein ungefähres Datum zu erhalten, durch Alexanders Todesjahr 323 v. Chr. – fiel zeitlich erkennbar mit einer neuartigen zivilisatorischen Entwicklung zusammen. Sie zeichnete sich dadurch aus, dass es im antiken Griechenland etwa ab jener Zeit möglich wurde, gegenüber den Gepflogenheiten in der so genannten »klassi-

---

Tod Alexanders d. G. bei den Gelehrten des hellenistischen Zeitalters. Seit dem 13. Jahrhunderts n. Chr. wurden hauptsächlich Schriften des Aristoteles als Standardlehrbücher zur Grundlage der an den Universitäten betriebenen scholastischen Wissenschaft herangezogen; Ab 1255 wurden an der Sorbonne seine Logik, Naturphilosophie und Ethik als Lehrstoff obligatorisch, weniger seine ethischen Schriften, die in der zweiten führenden Universität Oxford gepflegt wurden. Wegweisend waren die Aristoteleskommentare des Albertus Magnus... Mittels arabischer Quellen versuchte er den westlichen Gelehrten die aristotelische Naturphilosophie zugänglich zu machen. Viele der Magister hielten die kommentierten Lehrbücher für praktisch irrtumsfrei. Aristoteles wurde „der Philosoph" schlechthin: mit Philosophus (ohne Zusatz) war ausschließlich er gemeint. Nach dem Niedergang des Aristotelismus begann die klassische Physik im Jahr 1687 mit der Publikation von Isaac Newtons Hauptwerk Philosophiae Naturalis Principia Mathematica. Die moderne Physik folgte ab dem Jahr 1900 als Max Planck die Quanten als neuen Begriff einführte; vgl. DIJKSTERHUIS, E. J. (1956); Einleitung.

schen Zeit« *radikal neue* Methoden zum Erwerb fundierter Erkenntnisse in einigen wichtigen Wissensbereichen durchzusetzen. Besonders die Grundvorstellungen der Vorsokratiker sowie der großen attischen Akademien waren davon betroffen. Die Ergebnisse waren (und sind zum Teil immer noch) nicht nur von einer beeindruckenden Qualität, sie genügten nachweislich auch vielen Standards *moderner* Wissenschaft.

Um diesen erstaunlichen Befund transparent zu machen, hat kürzlich *Lucio Russo* in einem überaus lesenswerten Buch eine *pragmatische Definition von Wissenschaft* vorgeschlagen, die zum Verständnis geeignet erscheint, eine tragfähige Brücke von der Antike bis in die Jetztzeit zu schlagen. Zumindest liefert sie Optionen, um anhand rationaler Kriterien z. B. Fragen zu beantworten wie „*Gab es Wissenschaften im klassischen Griechenland?*" [RUSSO, L. (2004); S. 26].

Welche Theorien lassen sich als wissenschaftlich identifizieren? Auch für die hier vorgelegte Untersuchung zur Entstehungsgeschichte der mechanistischen Physik und ihres ideologischen Hintergrunds ist Russos Ansatz von hohem Wert. Gleichrangig dient der Ansatz darüber hinaus dazu, festzustellen, warum eine bestimmte alte oder neue Theorie gewisse Kriterien der ‚Alten' für *Wissenschaftlichkeit nicht* erfüllt.

Auf Details der Entstehung des Hellenismus und seiner Bedeutung für die antiken Wissenschaften muss in diesem Kapitel verzichtet werden. Dies gilt auch und vor allem für die fatale Geschichte der Auslöschung nahezu des gesamten Wissens in Technologie und Wissenschaft jener bedeutenden Epoche der Spätantike vorrangig durch die Scholastik.

„Die meisten Sterblichen haben nichts in ihrem irrenden Verstand,
was nicht durch ihre irrenden Sinne hineingekommen ist."
- PARMENIDES – [Zitat in: POPPER, K. R.(1974), S. 15].

III.6.2 Zwischenspiel: Der *platonische* Parmenides und Newtons Naturphilosophie[174]

Im Folgenden soll die in der vorliegenden Arbeit auf der Basis der Gibbs-Falkschen Dynamik (GFD) entworfene ›*Physik als Systemtheorie*‹ mit *Parmenides* und *Platon* konfrontiert werden. Anschließend werden dann die Konsequenzen für die *Newtonsche* Mechanik als Sonderfall der GFD gezogen. Wir halten uns an das Vorbild *von Weizsäckers*, der die *Kopenhagener Quantentheorie* erstmals für *Platons* Parmenides-Dialog[175] als zeitgenössische Referenz heranzog.[176] Dabei schließen wir uns *von Weizsäckers* aktuellen Prämissen an:

> „Wir lassen die christliche Theologie, die neuzeitliche Philosophie der Subjektivität und die Einheit der modern verstandenen geschichtlichen Zeit aus dem Spiel." [WEIZSÄCKER VON, C. F. (1984), S. 481].

Um was geht es? Es geht um das Thema, das *Platon* mit *Parmenides* gemeinsam hat:

> „Es geht um die Einheit des Seienden, das Sein des *Einen*, die Einheit des *Einen* …Der systematische Ort des *Einen* wird nirgends außerhalb des Parmenides-Dialogs erörtert, und in diesem Dialog wird das Bild einer totalen Aporie geboten." [WEIZSÄCKER VON, C. F. (1984), S. 474].

---

[174] Im Gedenken an Professor *Carl Friedrich von Weizsäcker* (* 28. Juni 1912 - † 28. April 2007). Ihm verdanke ich die Anregung zu dieser Untersuchung und von ihm habe ich über die Jahre dazu viel Unterstützung erfahren.

[175] Hier wird das in Dialogform verfasste Werk benutzt, das zwischen 370 und 360 v. Chr. entstand. Die im vorliegenden Text behandelten Zitate entstammen der Ausgabe: PLATON (2001). Die zitierten Texte werden mittels der üblichen ´Stephanus-Zählung` (Paris 1578) fixiert: Ziffern und Buchstaben in eckigen Klammern; z. B. hier: [141e7].

[176] In dieser Arbeit muss von Weizsäckers Ansatz als ungenügend gewertet werden. Zwar nennt er J. von Neumann unter den Pionieren der Quantentheorie der 1930iger Jahre stets zuerst; aber offenbar hat er dessen exorbitantes gesamtes Werk zur Quantentheorie (QT) nie ernsthaft zur Kenntnis genommen. Beispielsweise kommentiert er – total konträr zu von Neumann – (i) die fundamentale Rolle der Irreversibilität auch für die QT mit dem Verdikt: *„Irreversibilität ist kein Merkmal der quantentheoretischen Zustandsbeschreibung"*; vgl. WEIZSÄCKER VON, C. F. (1984), S. 486. Zudem hätte er (ii) dann registrieren müssen, dass der Hilbertraum keine Basis ist für die »QT als Experimentalwissenschaft«.

Um mögliche Antworten nicht in falscher Richtung zu suchen, sei zunächst auf eine konzise Notiz *von Weizsäckers* verwiesen:

"Eigentlich ist die Beschreibung irgendeines Objekts in der Welt als isoliert Eines ja immer illegitim. Das Objekt wäre nicht Objekt in der Welt, falls es nicht durch Wechselwirkung mit ihr verbunden wäre. Dann aber ist es ... kein Objekt mehr. Wenn es etwas geben könnte, was in Strenge ein quantentheoretisches Objekt sein könnte, dann allenfalls die ganze Welt... Aber aufs ganze Weltall bezogen, ist... niemand mehr da, der diese Informationen wissen könnte: Vom schlechthin Einen gibt es nicht einmal ein mögliches Wissen." [WEIZSÄCKER VON, C. F. (1984), S. 486].

Das aber wusste bereits *Platon* vom Einen:

"Also wird es von ihm weder einen Namen geben noch eine Beschreibung noch ein Wissen noch eine Wahrnehmung noch eine Meinung" [vgl. 142a3-4].

Naturgemäß äußerte sich *Platon* dazu auch unter dem speziellen Aspekt von Zeitlichkeit, wie sie in Begriffspaaren ›früher und später‹ oder ›älter und jünger‹, ergo ›Vergangenes und Zukünftiges‹ zum Ausdruck gebracht wird.

Im Kontext dazu heißt es für das Universum dann im Dialog zwischen *Parmenides* ($\mathcal{P}$) und *Aristoteles*[177] ($\mathcal{A}$) [PLATON (2001), S. 41]:

"Wenn also das Eine in keiner Weise an Zeit teilhat, dann ist es nie geworden, wurde oder war es nie, auch ist es jetzt nicht geworden... oder ist, und es wird auch nicht später werden, geworden sein oder sein." [141e3].

Im weiteren Verlauf des Zwiegesprächs führt $\mathcal{P}$ die Argumentation zu einem offensichtlichen Widerspruch, der in der Frage mündet: *"Ist es aber möglich, dass es sich auf diese Weise mit dem Einen verhält?"* $\mathcal{A}$ verneint und stellt damit die These in Frage, die der junge *Parmenides* des Sinngedichts als göttliche Wahrheit propagiert hatte [142a4]. Jetzt beginnt $\mathcal{P}$ erst recht mit dem Zerstörungswerk an seinem Poem.

---

[177] Man hat dies oft als Anspielung auf den realen Aristoteles gedeutet, der zur Abfassungszeit bei Platon studiert hat oder schon selbst junger Dozent in seiner Akademie war. Es liegt inhaltlich nahe, daß Platon mit dem "Parmenides" auf Kritik des jungen Aristoteles eingeht. Aber dies ist aus dem Text weder zu beweisen noch zu widerlegen.

Da dieser Teil des Dialogs entscheidend für die weitere Argumentation ist, wird er wörtlich zitiert, wobei $\mathcal{P}$ meist fragt und $\mathcal{A}$ meist antwortet:

> „$\mathcal{P}$: Wenn Eines ist, so kann es doch nicht Vieles sein? – $\mathcal{A}$: Wie sollte es auch! – $\mathcal{P}$: Also darf es auch keinen Teil von ihm geben und es selbst darf auch nicht ganz sein. – $\mathcal{A}$: Wieso? – $\mathcal{P}$: Der Teil ist doch Teil eines Ganzen. – $\mathcal{A}$: Ja. – $\mathcal{P}$: Und wie steht es mit dem Ganzen? Ist nicht das, dem ein Teil fehlt, ganz? – $\mathcal{A}$: Allerdings. – $\mathcal{P}$: Beide Male also bestünde das Eine aus Teilen, wenn es ganz ist und wenn es Teile hat. – $\mathcal{A}$: Notwendigerweise. – $\mathcal{P}$: Und beide Mal wäre auf diese Weise das Eine Vieles und nicht das Eine. – $\mathcal{A}$: Das stimmt. – $\mathcal{P}$: Es soll aber nicht Vieles, sondern das Eine sein. – $\mathcal{A}$: Ja, das soll es. – $\mathcal{P}$: Also wird es weder ganz sein noch Teile haben, wenn das Eine das Eine sein soll – $\mathcal{A}$: Sicher nicht." [137c4-d7].

Gibt es überhaupt so ein *Eines* in der Physik der Neuzeit? Laut *von Weizsäcker* wäre vielleicht ein Eulerscher Massenpunkt für die *klassische* Physik ein Kandidat, also ein rein theoretisches Konstrukt. Realistisch ist dagegen der Fall der Elementarteilchen, wie sie in der Quantenfeldtheorie behandelt werden; sie enthalten andere Elementarteilchen und kommen deshalb als Kandidaten nicht in Frage.

Aber bevor man weiter wie im Nebel herumirrt, sollte man auch die o. a. Warnung *Russells* vor *sprachlichen* Fallstricken als eine Art von Ariadnefaden betrachten, um damit die Frage konkret zu beantworten, welche Bedeutungsunterschiede z. B. zwischen den Begriffen »zusammengesetzt« und »teilbar« bestehen?

Von Weizsäcker beantwortet diese Frage an einem elementaren Beispiel:

> „Es ist eine bekannte und zutreffende Ausdrucksweise, dass nach der Quantentheorie z. B. das Wasserstoffatom eine Einheit ist, die zerstört wird, wenn man in ihm ‚Teile', also den Kern und das Elektron, lokalisiert. Man spricht dann auch von dem Atom als einem Ganzen, aber im Sinn einer anderen Definition als Platon sie hier benutzt; hier sagt man nicht, dass kein ‚Teil' fehlt, sondern man würde eher sagen, dass die ‚Teile' im Ganzen »untergegangen« sind. Wir können jedenfalls die Sprechweise der Quantentheorie der platonischen so anpassen, dass wir gerade ein quantentheoretisches Objekt ein Eines nennen." [WEIZSÄCKER VON, C. F. (1984), S. 484].

Und das ist eben des Pudels Kern: Dieses quantentheoretische Objekt ist also Eines, das in Viele zerlegbar ist. Für diesen Fall ist indes die Konsequenz entscheidend: Es hört dann auf zu sein, was es bis dahin war!

Der eben zitierte exemplarische Gesprächsausschnitt zwischen P und A führt bereits zu Einsichten, die sich als keineswegs trivial erweisen. Dabei bezieht er sich nur auf die ersten 41 von 159 Seiten von Platons gesamtem Dialog in der Reclam-Ausgabe von 2007. Im weiteren Verlauf führt P das Zwiegespräch nach demselben Schema immer wieder in eine Sackgasse. Ein Beispiel von zentraler Bedeutung ist der kurze Dialog über *Nicht-Seiendes*:

> „P: Was aber nicht ist, kann ihm als Nicht-Seiendem irgendetwas zukommen oder kann es irgendetwas von ihm geben? – A: Wie denn? – P: Also gibt es auch keinen Namen oder eine Erklärung von ihm und keine Erkenntnis, Wahrnehmung oder Vorstellung. – A: Offenbar nicht. – P: Also wird es auch nicht benannt, erklärt, vorgestellt oder erkannt, auch wird nichts, was es an sich hätte, wahrgenommen? – A: Anscheinend nicht. – P: Ist es aber möglich, dass es sich auf diese Weise mit dem Einen verhält? – A: Nein, ich glaube das jedenfalls nicht." [142a1-4].

Hier zwingt P seinen Gesprächspartner A, sich für einen unbekannten Pfad zu entscheiden, der für den gesamten Dialog, ja für die gesamte Philosophie von privilegierter Bedeutung ist:

> „P: Willst du, dass wir auf die Annahme nochmals von Anfang an zurückkommen, ob sich bei einem neuen Durchgang etwas anderes zeigt? – A: Das will ich auf jeden Fall! – P: Vom Einen also, wenn es *ist*, sprechen wir jetzt; und wir müssen bestimmen, was ihm zukommt, was auch immer es sei. Ist es nicht so? – A: Ja, das soll es. – P: Sieh also von Anfang an hin: Kann wohl das Eine, wenn es ist, zwar sein, aber nicht am Sein teilhaben? – A: Nein, das kann es nicht. – P: Also wäre auch das Sein des Einen nicht dasselbe wie das Eine. Denn sonst wäre es nicht das Sein von ihm und hätte jenes, das Eine, nicht am Sein teil." [142b1-4].

Parmenides kommt unmittelbar danach zu einem wichtigen Zwischenresultat, welches – das Eine betreffend – z. B. für die Gibbs-Falk Dynamik relevant ist:

> „𝒫: Lasst uns also noch einmal sagen, was dem Einen zukommt, wenn es ist. Prüfe einmal, ob diese Annahme das Eine nicht als ein solches bezeichnet, das Teile hat. – 𝒜: Wieso? – 𝒫: Folgendermaßen: Wenn das »ist« des eins Seienden ausgesprochen wird und das Eine des seienden Einen, und wenn ferner das Sein und das Eine *nicht* dasselbe sind, sondern sich genau auf das beziehen, was wir angenommen haben, nämlich auf das Eine Seiende, muss es dann nicht zwar als Ganzes dieses Eine Seiende sein, aber müssen nicht andererseits das Eine und das Sein hiervon Teile werden? – 𝒜: Notwendigerweise. – 𝒫: Und sollen wir nun diese beiden Teile nur Teile nennen, oder müssen wir nicht den Teil dann Teil des Ganzen nennen? – 𝒜: Des Ganzen! – 𝒫: Also ist ein Ganzes, was Eines ist und Teile hat. – 𝒜: Genauso ist es! [142d1-4].

Der geduldige Leser wird feststellen, dass der Dialog in diesem Stil zu weiteren gedanklichen Verästelungen fortgeführt wird. Dabei darf er sich nun nicht wundern, dass *Russells* o. a. Warnung vor sprachlichen Ungereimtheiten und Missverständnissen auch in den verschiedenen Übersetzungen (hier vom Altgriechischen ins heutige Deutsche) akut wird. Der Leser wird somit inhärenten Widersprüchen in seiner seienden Welt nicht entgehen, wenn er von folgender *Textstelle* jener Version des Parmenides-Aristoteles-Dialogs ausgeht, die *C. F. von Weizsäcker* für seinen Bezug zur Quantentheorie benutzte, um dem Thema »Einheit und Vielheit« eine nachvollziehbare Stringenz in der tradierten Philosophie Platons zu sichern:

> „So ist also nicht nur das seiende Eine vieles, sondern auch das Eine selbst ist durch das Seiende verteilt und ist mit Notwendigkeit Vieles." [144de5-7]. [Vgl. WEIZSÄCKER VON, C. F. (1984), S. 490] .

C. F. Weizsäcker zog daraus den weitreichenden, aber plausiblen Schluss:

> „Die Weise, wie ein zunächst als völlig isoliert gedachtes Objekt doch Objekt sein, also eigentlich sein kann, ist seine Wechselwirkung mit anderen Objekten. Eben hierdurch aber hört es auf, genau dieses Objekt, ja überhaupt *ein* Objekt zu sein. Man kann paradox sagen: beobachtbar wird eine beliebige Eigenschaft eines Objekts nur dadurch, dass das Objekt eben diese Eigenschaft verliert. Die Näherung, in der von diesem Verlust abgesehen werden kann, ist die klassische Physik bzw. die klassische Ontologie, auf der die klassische Physik beruht. Nur in klassischer Näherung aber können wir Beobachtungen machen und aussprechen…" [WEIZSÄCKER VON, C. F. (1984), S. 490].

Man muss *von Weizsäckers* Objektbegriff nicht überbewerten, zumal wenn man ihn unter der Perspektive betrachtet, die z. B. *I. Kant* in seiner Schrift

,*Träume eines Geistersehers*' gewählt hat [KANT, I. (1996)]. Immerhin ist der Aspekt *von Weizsäckers* rein physikalischer Natur. So betrachtet erscheint es auch angemessen, eben jene Textstelle nicht nur mit der Quantentheorie, sondern vor allem mit der Gibbs-Falk Dynamik zu konfrontieren, wie sie vorliegender Arbeit zugrunde liegt. Das Resultat kann dann nicht wirklich überraschen: Die (Gesamt-) Energie E jedes physikalischen Systems erweist sich als eine *Vielheit* im *parmenideischen* Sinn, bestehend aus einer Mannigfaltigkeit von »Energieformen im Phasenraum«. Dieses Ergebnis ist erstaunlich, als diese Energieformen stets aus *zwei* Faktoren zusammengesetzt sind, die laut *Kant* je ein Paar bilden aus einer *extensiven* und der ihr konjugierten *intensiven* Größe. Ergo entstammt auch diese fundamentale Eigenschaft einer *philosophischen* Wurzel.

Sofern sich der Leser durch Lord *Keynes*' Charakterbild von *Sir Isaac Newton* [KEYNES, J. M. (1946)] überzeugen lässt[178], wird er sofort Orientierungsproblemen ausgesetzt sein. So wird er sich der Frage stellen müssen, was denn eigentlich die ausgeprägte Affinität *Newtons* zur Naturphilosophie der alten Griechen ausmachte und für seine eigenen naturphilosophischen Überzeugungen bedeutete? Jede halbwegs plausible Antwort darauf muss sicher die Erziehung und Ausbildung, aber vor allem auch die Neigungen des jungen *Newtons* für die Philosophie der großen antiken Philosophen in Betracht ziehen. Dabei wird mancher Leser die erste Überraschung erleben.

Ab 1661 begann *Newton* seine Rechtsstudien am Trinity College in Cambridge. Der Lehrplan machte ihn mit der Philosophie von *Aristoteles* vertraut und bot ihm ab dem dritten Studienjahr einige Wahlmöglichkeiten. So las er erstmals Euklids „Elemente"

---

[178] Quentin Skinner, John G. A. Pocock et al. haben in den 1960ern an der Universität von Cambridge damit begonnen, eine neue Form der Ideengeschichte zu entwickeln. Wissenschaftliche Ideen sind demnach weniger als überzeitliche Entitäten zu behandeln, sondern eher als Teil kommunikativer Prozesse in konkreten historischen Situationen. Gemeint sind damit auch Konstellationen, die z. B. in der SZ vom 30.09.2011 (S. 14) wie folgt umschrieben werden: ... Cambridge *„war stets dem Ziel verpflichtet, bedeutende Lichtgestalten und Galionsfiguren... im England der Aufklärung einer radikalen Neubewertung zu unterziehen"*. In gewisser Weise kann man Keynes ‚Korrekturen' der Biographie Newtons als bedeutende Vorläuferstudien dieser ideengeschichtlichen Fortschreibung verstehen. Vgl. dazu: MULSOW, M. UND MAHLER, A. (2010).

„und studierte die Werke von Descartes, Gassendi, Hobbes und besonders Boyle. Galilei faszinierte ihn, und er las die Himmelsmechanik von Kopernikus sowie Keplers »Optik«". [LABOR, MA (2012)].

Für die Glaubwürdigkeit einschlägiger Informationen aus jener *vorrevolutionären* Zeit in England ist ein wenig bekanntes Dokument von singulärer Relevanz. Newton hielt nämlich seine ganz privaten Reflexionen zu seiner damaligen Lektüre in einem Notizbuch fest, dem er den Titel *„Quaestiones Quaedam Philosophicae"* gab; dort erfährt man von seinen revolutionären Fortschritten auf den Gebieten Mathematik, Optik, Physik und Astronomie. Vor allem arbeitete er an den Fundamenten für die Infinitesimalrechnung, über die Theorie des Lichts und die Gravitationstheorie. Mehr noch: In der Einleitung zu seinen Notizen vermeldet er:

„Plato ist mein Freund, Aristoteles ist mein Freund, aber mein bester Freund ist die Wahrheit." [Vgl. LABOR, MA (2012)].

Dieses sehr persönliche Bekenntnis ist ein sicherer Beleg für die hohe Affinität Newtons zur klassischen griechischen Philosophie im Allgemeinen und zu Platons Denken im Besonderen. Aber es bedeutet auch, dass er das rätselhafte Paradox des *Parmenides* aus verschiedenen ‚Dialogen' Platons kannte. Dass diese Kenntnisse die späteren Umstände in Newtons Denken stark beeinflussten, ist, wie oben angedeutet, sehr wahrscheinlich. Deshalb soll diese Vermutung im Folgenden kurz erhärtet werden. Dazu sind eine Grundeinstellung und *vier* Voraussetzungen vonnöten.

Zunächst die Grundannahme: *Parmenides*, *I. Newton* und *K. R. Popper* sahen sich selbst als Realisten.[179] Und sie waren es in dem Sinn, wie *Popper* diesen Begriff versteht. [Vgl. POPPER, K. R. (2001), S. 237]. In diesem Kontext gilt, dass (i) die Geometrie der Arithmetik ‚überlegen' ist, (ii) die 'Atome' das Seiende sind. Außer den 'Atomen' ist nichts. Sie sind unteilbar und ausgedehnt sowie voneinander nicht der Beschaffenheit, sondern nur der Gestalt nach zu unterscheiden. Auch ist (iii) jedes Atom durch einen Index klassifiziert, der seine Eigenschaften zu identifizieren gestattet;

---

[179] *„Dem Realisten kommt nicht der Glaube aus dem Wunder, sondern das Wunder aus dem Glauben."* F. Dostojewski, Brüder Karamasow.

(iv) ein Raum in der Art eines ‚Käfigs', in dem alle im All existierenden 'Atome' eingeschlossen sind, gibt es nicht.

Es ist die ´ewige` Unwandelbarkeit, die *Popper* dazu motiviert hat, *Rationalität* entsprechend (nach)-parmenideischer Doktrin durch eine für die Physik typische Aufgabe zu umschreiben. Konkret meint Popper in seinem Buch damit, dass *Wissenschaft* streng auf die Suche nach

> „dem Unwandelbaren beschränkt ist: die Suche nach dem, was sich bei Veränderungen nicht ändert, nach dem, was bei bestimmten Transformationen konstant oder invariant bleibt." [POPPER, K. R. (2001), S. 238 – *kursiv* bei Popper].

Unter Bezug auf das *englische* Original von *Poppers* Buch (1998) hat mich ein früherer Mitautor – bei einem Paper über ein neues Standardmodell der Elementarteilchenphysik [Vgl. STRAUB, D. und BALOGH, V. (2000); bzw. Abschnitt III.6.1] – an eine eventuelle Auflösung des *parmenideischen Rätsels* erinnert – im Sinn dieses *Popper*-Zitats. Diese Entschlüsselung[180] liegt ganz auf Linie der vorliegenden Studie zur Methodik von J. W. Gibbs, zur *Gibbs-Falk Dynamik* (GFD) sowie zur *Alternativen Theorie* (AT).

Übersetzt man des Parmenides' o. a. »zwei zentrale Axiome« [1] die *Einzigkeit des Seienden* und [2] das *Nichtsein des Nichtseienden* in die Sprachakrobatik der Parmenides-Dialoge *Platons*, so lassen sich – wie in Abschnitt 1.7 gezeigt – auf der Basis dieser beiden Axiome nämlich des *Parmenides* Hypothesen nicht aufrecht erhalten. Denn unter der Annahme, dass *„es Sein nur in der Zeit gibt"* – hieße das: *„Das Eine war nicht und wird nicht sein und ist nicht jetzt"*.[181]

Der Schlussabsatz seines Buchs enthält von Weizsäckers Quintessenz konform mit Abschnitt III.6.1

> ① „Wenn Eines ist, so ist seine Einheit von seinem Sein zu unterscheiden. Dann aber ist an ihm schon wesentlich zweierlei; eben Eines und Ist. Jedes dieser beiden aber hat zweierlei an sich: das Eine hat an sich, dass es ist; das Ist, dass es eines ist. Der Prozess ist somit unendlich zu iterieren. Das Eine, wenn es ist, enthält unendliche Vielheit [142b1 – 143a3]".

---

[180] Mündliche Mitteilung von D. Straub: Dienstag, am 16. September 1997 während der Abschlussbesprechung zum Institutsbericht BALOGH, V., SEELIG, W. UND STRAUB, D. (1997). D. S. verwies auf § 15 betr. Newtons Dynamik in FALK, G. (1966).

[181] Die Begriffe der Zeitlichkeit behandelte Platon in seinem *Parmenides* (Παρμενίδης).

② „… einen letzten Blick auf Parmenides' Zwei-Prinzipien-Lehre. Wir sagten, zwei Prinzipien seien gar keine Prinzipien; ihr Gemeinsames und ihr Unterscheidendes wären ihre Prinzipien… Ein Prinzip aber führt nicht zur Vielheit… Platons – durch Aristoteles überlieferte – zwei Prinzipien bezeichnen Einheit und Vielheit…[144e5-7]. Die Einheit allein ist kein Prinzip; indem sie ist, ist sie Vielheit, aber um den Preis des Widerspruchs. [141e10-11]." [WEIZSÄCKER VON, C. F. (1984), S. 491].

Was sich widerspricht hat keinen Bestand! Das kann nur bedeuten, Axiom [2] aufzugeben. Natürlich ändert sich damit die Sachlage grundlegend: Denn, sofern man mit Axiom [1] auf der Menge der 'Atome' als dem *Einzigseienden* beharrt, jedoch beachtet, dass Vorsokratiker durchaus begrenzte *Vielfalt* erlaubten (sic), – indem sie als Eigenschaften der 'Atome' ihre jeweils *unterschiedliche* Gestalt ebenso gelten ließen, wie die eingeprägte Fähigkeit, sich zu verändern. Letztere kann keine *Kinematik* bedeuten, da es keinen Raum gibt. So ist die Veränderungsfähigkeit jedes „Atoms' – in Wechselwirkung mit anderen 'Atomen' – gekoppelt an eine spezifische Änderung der Gestalt der Atome (laut Demokrit: *schêma*), aber auch der Größe (*megethos*) und der „Schwere' (*baros*).[182] Fasst man diese Eigenschaften (*pathos*) zu einem Vektor **p** zusammen, so lässt sich offenbar ein ›*Eigenschaftsraum*‹ konstruieren.

Aber es genügt nicht, Axiom [2] ob der Vielheit im *Einzigseienden* wegen aufzugeben. Man muss ein *neues* Axiom einfügen, das *Platons* Einwände gegen *Parmenides* gerecht wird: *Axiom* [3] *das Sein des Nichtseienden*. Wofür steht diese Begriffsbildung? Um die Stringenz der platonischen Argumentation im ›Parmenides-Dialog‹ zu erproben, wandte *von Weizsäcker* sie auf die Quantentheorie an. [WEIZSÄCKER VON, C. F. (1984), S. 483]. Hier soll zum selben Zweck die *Newtonsche* Naturphilosophie methodisch dienen. Dieser Weg ist viel einfacher als der über die Quantenmechanik, wie sich sofort erweisen wird.

Für die *Dynamik* der „Bewegungen im Ortsraum' ist bekanntlich der Begriff der *austauschbaren Größe* wesentlich. Die Größen, deren Austausch

---

[182] „Sowohl Epikur als auch Zenon und die späteren Stoiker fügen den Grundeigenschaften Größe und Gestalt noch die Schwere (baros) hinzu"; siehe HORN, C. UND RAPP, C. (2002), S. 395. Das kompliziert die Identifizierung. Statt eines Index kommt Indexvektor in Frage.

die 'Bewegungsveränderung' der ‚Atome' regelt, sind der *Impuls* **P** und die *Energie E*. Im Fall der ‚Veränderung' gibt es nun *keine* Ortskoordinaten **r**. An ihre Stelle tritt der Eigenschaftsparameter **p**. Folgt man der mathematischen Struktur der Dynamik, so hat man es jetzt mit der Energie *E* und dem Impuls **P** eines Systems zu tun, dessen *materielle* Substanz aus *N* 'Atomen' und sonst aus nichts besteht, aber durch den Parameter (Vektor) **p** bedingt ist, ergo $E = E(\mathbf{P}, \mathbf{p}, N)$ gilt.

Bei *unveränderter* Atomzahl *N* gilt für das *totale* Differential *dE* der Energie *E* per definitionem:

$$dE = (\partial E / \partial \mathbf{P})_{\mathbf{p},N} \cdot d\mathbf{P} + (\partial E / \partial \mathbf{p})_{\mathbf{P},N} \cdot d\mathbf{p}. \qquad \text{(III.6.2.1)}$$

Das heißt: Ein *N*-Körper-System solcher Art enthält stets ein *Wechselwirkungsfeld* (oder *Eigenschaftsfeld*) repräsentiert durch den Ausdruck $\mathbf{F} \equiv -\left(\frac{\partial E}{\partial \mathbf{p}}\right)_{\mathbf{P},N}$: Er drückt aus, dass das Feld offensichtlich durch die *Eigenschaften* des einzig Seienden – der ‚Atome' bedingt ist. Bei *Gottfried Falk* findet sich eine äußerst aufschlussreiche Darlegung des Sachverhalts:

> „Vom Standpunkt der Dynamik ist das Wechselwirkungsfeld eines *N*-Körperproblems als ein selbständiges dynamisches System aufzufassen und *nicht als von den Körpern »erzeugt«*... Das [hier *vektorielle*] Feld **F** macht sich nur dann bemerkbar, wenn es seinen Zustand ändert, d. h. wenn ihm Energie und Impuls (und u. U. noch weitere Größen) zugeführt oder entzogen werden; das aber kann nur über die Körper geschehen, denn jeder Körper wechselwirkt direkt nur mit dem Feld und erst über das Feld mit anderen Körpern..." [FALK, G. (1966), S. 76].

Dieses Zitat (*kursive* Stelle vom Autor) verweist auf Entscheidendes, nämlich dass es nach der Dynamik einen ‚feldlosen' Zustand gar nicht geben kann, falls ‚Wirklichkeit' ausschließlich über die Existenz von *unteilbaren* ‚Atomen' definiert ist. M. a. W.: Das Feld **F** selbst besteht per definitionem *nicht* aus ‚Atomen': In diesem Sinn existiert **F** *als Sein des Nichtseienden* – denn etwas Anderes existiert nicht als Seiendes! Das attraktivste Beispiel ist gewiss das totale *Weltall*. Dabei ist ausdrücklich zu betonen, dass es kein *Volumen V* – d. h. kein separater *Raum* – als Variable der Funktion $E = E(\mathbf{P}, \mathbf{p}, N)$ gibt.

Der Begriff der *Zeit* bereitet Verständnisschwierigkeiten. Schon die richtige Fragestellung bedarf besonderer Sorgfalt. So ist es nützlich, zunächst noch einmal an die zwei Typen von Transformationen zu erinnern: *Bewegungen* und *Verschiebungen*. Aber eben nicht nur: Bekanntlich hat schon *Aristoteles* zwischen der Zeit t als ‚Bewegung' (*kinesis*) und der Zeit τ als ‚Entstehung und Verfall' (*metabole*) unterschieden.

Verschiebungen sind seit der Antike mit Eigenschaften von Elementarteilchen (‚Atomen') gekoppelt: Beim Transport eines ‚Atoms' zwischen zwei Ruhelagen, ist es irrelevant, seine Geschwindigkeit oder andere kinematische Größen wie bei *Bewegungen* wissen zu wollen.

Ganz anders ist jede physikalische *Bewegung* dadurch ausgezeichnet, dass dem bewegten Körper in jedem Punkt seiner Bahn je eine Geschwindigkeit, Beschleunigung, etc. zugeordnet ist, die parametrisch von ihren Anfangsbedingungen abhängen. Die Differentialgeometrie dieser Raumkurven ist Gegenstand der Kinematik. Weder die Größe noch die Masse des Körpers tritt in Erscheinung. Interessanterweise ist es hier also völlig irrelevant, ob es sich um Atome oder Massenpunkte oder gar Planeten handelt! Mit der o. a. Zuordnung korrespondiert indes, dass zu jedem Bahnpunkt eindeutig ein Wert des Zeitparameters τ gehört. Es ist der Weg selbst oder die Art und Weise des ‚Bewegungsprozesses', auf den es hier ankommt:

> „Bewegung ist eine einparametrige (d. h. stetige, stückweise differenzierbare) Schar von Verschiebungen." [FALK, G. (1966), S. 116].

In der klassischen Physik hat erstmals die Relativitätstheorie die Physiker dazu veranlasst, jenes den Begriff *Zeit* betreffende Problem faktisch zur Kenntnis zu nehmen, das für die *Thermodynamik* von Anfang an im Zentrum stand: Nämlich die Möglichkeit, mittels der *Zeit* zu begreifen, was der Ausdruck ›*gleichzeitig*‹ eigentlich bedeutet. Ohne diese Klarstellung machen z. B. die Aussagen der *thermodynamischen* Hauptsätze überhaupt keinen Sinn. Auch eine eindeutige Richtung des Zeitablaufs – eben des *Zeitpfeils* – muss existieren, um dem Entropiesatz Geltung zu verschaffen. Dieses Axiom wird von der Schulphysik in der klassischen Mechanik, der Heaviside-Hertzschen Elektrodynamik, gar in der Quantenmechanik und

Allgemeinen Relativitätstheorie tabuisiert. Man nimmt eher in Kauf, *Newtons* Dynamik auf relativ zueinander *ruhende* Beobachter zu beziehen.

Oft noch missverständlicher sind die Vorstellungen vom *Raum*, die der *vorrelativistischen* Physik besonders in der populärwissenschaftlichen Literatur ‚angedichtet' werden. Der Eindruck dominiert nach wie vor, als ob

> „ein gestaltliches oder gar gegenständlich-reales Gebilde – *Raum* genannt – eine Art unsichtbarer starrer Körper gemeint sei... [und eben nicht] der Raum als Inbegriff der Relationen, die aus den Verschiebungen (nicht Bewegungen!) realer, als starr gedachter Körper gegeneinander resultieren..." [FALK, G. (1990), S. 26].

Es sind diese abstrakten – *„von den Dingen gelösten"* Raumvorstellungen, welche die frühen griechischen Mathematiker im Sinn hatten. Jene inspirierten aber auch *Newton* zumindest in seinem zweiten Hauptwerk *Opticks*, in dem er auf *den* ‚unitären Gott' rekurriert:

> „... der da an allen Orten ist, mit seinem Willen die Körper besser bewegen kann ... in seinem grenzenlosen, gleichförmigen Sensorium und dadurch die Teile des Universums zu gestalten und umzugestalten vermag wie wir durch unseren Willen die Teile unseres Körpers zu bewegen vermögen." [JAMMER, M. (1960), A. 122].

In diesem Text scheint *Newton* der ‚Wirklichkeitsbeschreibung' der „Göttin" in des *Parmenides* Lehrgedicht sehr nah. Er spricht von Seiendem, ergo von Teilen des Universums, aber von keinem konkreten Raum! Die grundsätzliche Übereinstimmung mit *Platons* und *Aristoteles'* ontologischen Positionen – soweit sie sich auf Vorstellungen von Raum, Zeit und Bewegung, aber noch mehr auf den Einfluss des »Unbewegten Bewegers« bzw. des Demiurgen als letzte Ursache bezogen – ist bei *Newton* unbestreitbar vorhanden.

Demnach liegen alle Voraussetzungen vor, die es ermöglichen, *Newtons* ‚atomare Wirklichkeit' mit der des ‚platonischen' *Parmenides* begrifflich zu konfrontieren. Bezieht man *Newtons* Dynamik auf die o. a. *Schar von Veränderungen* der die Wirklichkeit allein repräsentierenden ‚Atome' und ihrer Eigenschaften (Größe, Gestalt, ῾Schwere`), so ist der definierende Parameter die ›parmenideische Zeit‹ τ.

Mit den *unkonventionellen* Bezeichnungen **v** (*Verschiebungsgeschwindigkeit*) und **F** (Eigenschaftsveränderungs*kraftfeld*) für die o. a. partiellen Ableitungen resultiert aus (1.8.1):

$$\frac{d}{d\tau}E = \mathbf{v} \cdot \frac{d}{d\tau}\mathbf{P} - \mathbf{F} \cdot \frac{d}{d\tau}\mathbf{p} \Rightarrow \frac{d}{d\tau}E = \left(\frac{d}{d\tau}\mathbf{P} - \mathbf{F}\right) \cdot \mathbf{v} \quad \text{(III.6.2.2)}$$

falls man sie mit zwei Hypothesen kombiniert:

$$\mathbf{v} = \left(\frac{\partial E}{\partial \mathbf{P}}\right)_\mathbf{P} = \frac{d\mathbf{p}}{d\tau} \quad \text{und} \quad \frac{d}{d\tau}E \to 0 \quad \text{(III.6.2.3)}$$

Mit dem Kraftfeld **F** *als dem existierenden Nichtseienden* lässt sich also des *Parmenides* These vom Unveränderlichen des *Eins E* unseres Kosmos ganz allein aus den Veränderungen des einzig *Seienden* – den ‚Atomen' – als Ausdruck der *Wirklichkeit* beweisen. Ein *Raum* der Ortskoordinaten gibt es nicht; es ist evident: Allein aus der strengen Logik der *parmenideischen* Wirklichkeit erweist sich der *Raum* auch als nicht notwendig! Natürlich darf man *E* mit dem Ausdruck unserer Zeit – nämlich der Gesamtenergie des Kosmos – identifizieren und zwar als *extensive* Größe proportional der Menge des Seienden.

Auf der Wirklichkeitsebene des *Parmenides* resultiert somit ein ‚*kosmischer Erhaltungssatz*' für das gesamte (atomare) Seiende und seiner Veränderungen im Rahmen der Möglichkeiten, welche allein die Vielfalt der atomaren Eigenschaften und ihrer Veränderungen eröffnet.

Drei Größen (und die vierte zur *Verschiebungsmenge* **P** konjugierte *Verschiebungsgeschwindigkeit* **v**) treten auf – zusammen mit einem Parameter, der ›parmenideischen Zeit‹ τ. Der ungewohnte Ausdruck *Verschiebungsmenge* für den *Impuls* **P** vermittelt seine ‚archaische Herkunft' unmittelbar: Er verweist auf dessen *Mengencharakter und* die hier geforderte Funktion von **P** als τ-parametrisierte Ursache für alle dynamischen Verschiebungen.[183]

Die Analyse von (III.6.2.2) im Kontext mit dem *Platon* geschuldeten Widerspruchsargument und der o. a. *korrigierten* Zwei-Prinzipien-*Lehre des*

---

[183] In der klassischen Mechanik verweist der vertraute Zusammenhang **P** = *m* **v** mit der Bewegungsmenge unmittelbar auf den Mengencharakter des Impulses **P**.

Parmenides fußt auf Bedingungen: Einerseits gilt mit Axiom [1] betreffend die *Einzigkeit des Seienden*: Außer den ‚Atomen' – d. h. dem Seienden mit seiner großen Vielfalt und seinen unzähligen ‚Verschiebungen' – gibt es nichts Anderes, was aus ‚Atomen' besteht, und selbige sind von diverser Größe, Gestalt und Schwere. Andererseits existiert mit Axiom [3] Etwas, nämlich das *Sein des Nichtseienden* – das Feld **F**.

Aus (III.6.2.2) – gültig für *Newtons Welt* – wird sofort evident, dass es *das Eine* des *Parmenides* (*gr.* τὸ ἕν: *to hen*) tatsächlich gibt. Doch zuvor sei *Parmenides* selbst zitiert:

> „So bleibt nur noch Kunde von Einem Wege, daß [das Seiende] existiert. Darauf stehen gar viele Merkzeichen; weil ungeboren, ist es auch unvergänglich, ganz, eingeboren, unerschütterlich und ohne Ende. Es war nie und wird nicht sein, weil es zusammen nur im Jetzt vorhanden ist als Ganzes, Einheitliches, Zusammenhängendes [Kontinuierliches]. Denn was für einen Ursprung willst Du für das Seiende ausfindig machen? Wie und woher sein Wachstum? [Weder aus dem Seienden kann es hervorgegangen sein…], noch lässt sich sein Ursprung aus dem Nichtseienden bestimmen oder denken, wie es nicht vorhanden sein könnte. Welche Verpflichtung hätte es denn auch antreiben sollen, früher oder später mit dem Nichts zu beginnen und zu wachsen? So muss es also entweder auf alle Fälle oder überhaupt nicht vorhanden sein." [DIELS, H. (1957), bzw. (2004)].

Diesem Text wird man gerecht, sofern man aus Gleichung (1.8.2) die beiden Schlüsse zieht:

$$\frac{d}{d\tau}E \to 0 \quad \Rightarrow \quad \frac{d}{d\tau}\mathbf{P} = \mathbf{F} \Rightarrow E = \text{konstant} \qquad \text{(III.6.2.4)}$$

Letztlich resultiert des *Parmenides* Welt aus *Platons* Forderung nach der *Vielfalt*:

⇨ im Feld mit der Feldkraft **F** als *Sein* des *Nichtseienden*, des *Unbeschreiblichen*,

⇨ in des Parmenides Idee vom *Sein* als *Das Eine, Ganze*

> „ungeboren, ist es auch unvergänglich, ganz, eingeboren, unerschütterlich und ohne Ende". [DIELS, H. (1957), bzw. (2004)].

Das Eine erweist sich als die Gesamtenergie E des Weltalls und zwar als Erhaltungsgröße. Es ist schwer zu glauben, dass der späte *Newton* diese logischen Zusammenhänge zwischen dem *Parmenides'* Lehrgedicht und seiner euklidisch fundierten Dynamik nicht durchschaut haben soll. Denn für ihn als *‚anglikanischem Unitarier im Untergrund'* kam mit F als dem ‚Nichtatomaren' unerwartet auch eine Deutung mit ´ganz anderer Dimension` in Betracht.

Dazu sollte man *Popper* folgen, um *Newtons* Konsequenzen[184] transparent werden zu lassen:

> „Wir müssen die Möglichkeit ernst nehmen, dass die scheinbar verrückte Idee des *Parmenides*, die Wirklichkeit des Wandels abzustreiten, in der Tat die wahren Grenzen jeglicher Rationalität und jeglicher Wissenschaft definieren könnte und uns auf die Erforschung dessen, was unwandelbar ist, beschränkt... Meine Meinung ist, dass den parmenideischen Ansatz ernst zu nehmen, ihn ernsthaft zu kritisieren bedeutet." [POPPER, K. R. (2001), S. 266]

Interessanterweise benennt *Popper* unter Bezug jeweils auf die Floskel *„weiß ich mit Bestimmtheit"* die drei `Zeugen` *Erwin Schrödinger, Hermann Weyl* und auch *Albert Einstein* als ´Parmenideer`. [POPPER, K. R. (2001), S. 266-267]. Er stellt sogar die Frage: „Hatte Einstein recht?" Ist der Glaube an ein *Blockuniversum* der wahre Glaube? *Poppers* Antwort klingt dogmatisch:

> „Der Glaube führt zu einem *metaphysischen Determinismus* – ähnlich dem, der eine allwissende Gottheit (mit oder ohne *die Göttlichkeit*) postuliert, die alles künftige Geschehen kennt, so dass festgelegt ist, was in der Zukunft eintreten wird, sei es durch Naturgesetz oder durch Zufall... Geschehnisse unterliegen entweder Wahrscheinlichkeitsregeln oder überhaupt keinen Regeln..." [POPPER, K. R. (2001), S.270].

Unter diesen Bedingungen schafft *Popper* den Spagat von der ‚wahren Welt der Göttin' zum ›Doxa-Teil‹ von *Parmenides'* Lehrgedicht – der *Welt der realen Illusionen*. Real? Wieso?

> „[Weil] wir die Veränderung *erleben*. Das bedeutet, dass sich in Wirklichkeit unser Bewusstsein verändert. Wie können wir diese Veränderung in einer objektiv unveränderbaren Welt unterbringen?" [POPPER, K. R. (2001), S.270].

---

[184] Radikale Reformatoren lehnten die Lehre von der Dreifaltigkeit Gottes ab, da sie Luthers Credo sola scriptura verletze. Die daraus entstandene Glaubensbewegung der Unitarier war nach dem Sieg der Glorreichen Revolution von 1688/89 in England und dem damit verbundenen Ende der Politik religiöser Toleranz Verfolgungen ausgesetzt. Als Unitarier verlor Newtons Nachfolger, W. Whiston, 1710 sein Amt.

"Das Problem erscheint mir unlösbar...", meint *Karl Popper*. Aber nur, weil er ein „Scheinproblem" stellt, das er sogar selbst als solches anspricht. In der Logik des *Parmenides* (und *Platons* sowie *Aristoteles'*), aber auch der drei o. a. ´Parmenideer` des 20. Jahrhunderts und erst recht des tief religiösen *Isaac Newton* liegt *die Lösung* gewiss im allumfassenden Wirkungsbereich des »Unbewegten Bewegers« bzw. des Demiurgen bzw. der o. a. ‚allwissenden Gottheit'. Letztere wirkt (heutzutage) als Daimon, welcher des *Parmenides* ‚Wirklichkeit' nicht nur als wahr vermittelt, sondern auch zur ontologischen Basis der *Welt der realen Illusionen* macht.

In dieser Gewissheit wandte sich *Newton* ab 1713 – dem Jahr der *zweiten* Auflage seiner ›*Philosophiae Naturalis Principia Mathematica*‹ – einer auf einen *voluntaristischen Schöpfer*[185] basierten Kosmologie zu, die mit den mathematischen Prinzipien seiner Dynamik nicht im Widerspruch stehen sollte. Weder die Werke des *Parmenides* noch *Platons* erwähnt er. So bewirkt der Text, den man im ‚*Scholium Generale*' des Dritten Buchs der *Principia* liest, den Eindruck, es nach dem Willen des Schöpfers mit einer einzigen verschlüsselten Wortkaskade über das *Sein des Nichtseienden* zu tun zu haben. Hier einige Zitate [in der Übersetzung von *Ed Dellian* – vgl. NEWTON, I. (2011), S. 222-224]:

> „Der höchste Gott ist das ewige, unendliche und absolut vollkommene Sein... Die Herrschaft eines spirituellen Seins ist es, was Gott ausmacht... Und aus seiner wahren Herrschaft folgt, dass der wahre Gott lebendig ist, einsichtsvoll wissend und mächtig... Er ist ewig und unendlich, allmächtig und allwissend, das heißt, er währt von Ewigkeit zu Ewigkeit und ist da von Unendlichkeit zu Unendlichkeit..."

Und *Newton* fährt – immerhin in einem der größten physikalischen und astronomischen Bücher aller Zeiten – mit seinem ‚Glaubensbekenntnis' fort:

> „Er ist nicht die »Ewigkeit« und die »Unendlichkeit«, sondern Er selber ist ewig und unendlich; Er ist nicht die »Zeit« und »der Raum«, sondern Er selber währt und ist da... und dadurch, dass Er immer und überall ist, bringt Er die Zeit und den Raum zum Sein... Er ist allgegenwärtig nicht allein kraft seiner *Wirkfähig-*

---

[185] Ein voluntaristischer Gott ist ein Gott, der gemäß seiner Willensbeschlüsse handelt, vgl. BOENKE, M. (2002), Zehnte Vorlesung.

> *keit*, sondern durch seine Substanz, denn *Wirkfähigkeit* kann ohne Substanz nicht bestehen…"

Aber welche Rolle spielt dabei die „Motion" *des Seienden* samt den Folgen? Das folgende Zitat kann uns echt überraschen:

> „… Gott erleidet nichts durch die Verschiebungen der Körper; jene ihrerseits erfahren keinen Widerstand aufgrund seiner Allgegenwart… Wir erkennen ihn einzig und allein durch seine Wesenseigenschaften und Attribute, und durch den höchst weisen und guten Plan und die Zweckursachen der Welt, und wir bewundern ihn wegen seiner vollkommenen Lösungen; unsere Anbetung und unser Dienst aber gilt seiner Herrschaft. Wir dienen ihm nämlich als seine Knechte; und Gott ohne Herrschaft, Vorsehung und Zweckursachen ist nichts anderes als blindes Schicksal und bloße Natur."

Sofern sich die heutigen Leser durch *Keynes*' Entdeckungen über *Newtons* biographische Geheimnisse informiert fühlen, werden sie unterschiedlich reagieren. Diejenigen, die sogar von *Newton* infiziert sind, werden der *Principia* ganzen Schluss – das *General Scholium*[186] – entweder als pure Esoterik oder als eine einzige Lobpreisung des Weltenherrschers, der ›göttlichen Unbegreiflichkeit‹ interpretieren können[187], gar aus Einsicht, dass *„die Natur stets mit sich selbst eins ist"*. Nicht zu vergessen – den Stolz und das Selbstbewusstsein *Newtons*, der stets beanspruchte, nicht von Hypothesen, sondern von Lehrsätzen zu reden, die er im der „experimentellen Philosophie" aus Naturerscheinungen abgeleitet und durch Induktion generalisiert hat. So verwundert nicht, dass *Newton* abschließend ergänzte:

> „So sind die Undurchdringlichkeit, Beweglichkeit und der Impetus der Körper, die Gesetze der Bewegung und der Gravitation entdeckt worden." [NEWTON, I. (2011), S. 224].

Zweifellos bestärken solche Erklärungen die Vermutung, die *Helmut Hille* in seinem originellen Essay über *Parmenides* und die neuzeitliche Physik geäußert hat:

---

[186] *„The General Scholium first appeared in the first edition of the Mathematical Principles. Newton made changes in it for the second and third editions of the work. The General Scholium is positioned at the end of Book III of the Mathematical Principles, closing Newton's mathematical demonstration of the nature of universal gravitation."* Vgl. NEWTON, I. (1962) S. 543-547.
[187] Immerhin sprechen diese Sätze für die exzessive Gottesfürchtigkeit Newtons, von der Voltaire berichtete – sich auf S. Clarke berufend.

> „Newton hat wahrscheinlich ohne es zu wissen, auch hier ausgeführt, was bereits Parmenides und andere Eleaten angedacht hatten und sie nachträglich als Naturforscher rehabilitiert." [HILLE, H. (1995)].

Dies würde bedeuten, dass *Newton* den *platonischen* Analysen der Logik des *Parmenides* folgte, d. h. *Nichtseiendes* zuließ, um der Vielfalt des *Seienden* zu entsprechen – d. h. ob der vielerlei Gestalt aller unwandelbaren ‚Atome' der antiken Naturphilosophie.

Damit aber erfassen seine mathematischen Grundlagen primär eine ‚*Dynamik' der ‚Veränderungen' im Sinn von ‚Verschiebungen'* – nicht der ‚Bewegungen im Raum'.

Dieser Schluss ist von grundlegender Bedeutung für die Geschichte der Dynamik, hat ihn doch schon *Karl R.* Popper ohne wenn und aber für denjenigen Parameter „Zeit" gezogen, der hier als ›*parmenideische Zeit*‹ τ bezeichnet werden kann:

> „Jeder, der die objektive Realität nach Art des Parmenides als Blockuniversum begreift, muss selbstverständlich eine subjektive Zeittheorie einführen, welche die Zeit – und die Veränderungen(sic) – zu Illusionen unseres Bewusstseins macht..." [POPPER, K. R. (2001), S. 271].

Die Konsequenz liefert indes ein spezielles ‚Zeitproblem' der Allgemeinen Relativitätstheorie (ART):

> „Es entsteht, wenn Theoretiker versuchen, Einsteins ART mit einem Verfahren namens kanonische Quantisierung in eine Quantentheorie zu verwandeln. Das Verfahren hat bei der Theorie des Elektromagnetismus hervorragend funktioniert, aber im Fall der Relativitätstheorie erzeugt es eine Gleichung – die Wheeler-De Witt-Gleichung – *ohne* Zeitvariable. Dies würde bedeuten, dass das Universum zeitlich eingefroren ist und sich niemals verändert." [MUSSER, G. (2007), S. 16].

Und ein moderner Skeptiker wendet diese Deutung in pure Ironie:

> „Wie kann dann die Zukunft unbestimmt sein, wenn Einsteins Raumzeit die Weltgeschichte als ein vierdimensionales »Blockuniversum« darzustellen erlaubt?" [ZEH, H. D. (2012), Cover].

Parmenides lässt grüßen! Wie soll man einen solchen *„Abgrund im Zentrum der Physik"* aber interpretieren? *Popper* – anstatt den Leser aufzuklären – fährt dogmatisch fort:

„Jede parmenideische Zeit oder Parmenides-nahe Physik muss offensichtlich in der Zeit reversibel sein..." [POPPER, K. R. (2001), S. 273].

Dieser Schluss behauptet ganz in der Manier mechanistischer Tradition, dass es auf der Seinsebene der *parmenideischen* Realität kein weiteres Prinzip gibt, das der *parmenideischen Zeit* eine Vorzugsrichtung einräumt. Darin könnte demnach der fundamentale Unterschied zwischen der Wirklichkeitsebene und der Doxa-Ebene bestehen, d. h. der *Welt der realen Illusion*. Denn in letzterer macht der Mensch die Erfahrung mit dem *Zeitpfeil*, dem Markenzeichen des *Zweiten Hauptsatzes der Thermodynamik*:

„Isaac Newton sah das lange vor Clausius und dem Entropiegesetz, er lehrte, dass das Universum vergänglich sei, und wurde wegen dieser Lehre von den Scholastikern unter seinen Zeitgenossen der Gotteslästerung bezichtigt... Also glaubte auch Newton nicht an die Reversibilität..., denn er berief sich unter anderem auf die Reibungsverluste durch die Gezeiten." [POPPER, K. R. (2001), S. 273-274].

Zum anderen schloss sich *Newton* – sofern man seine Ausführungen im ›General Scholium‹ akzeptiert – weder *Leukipp* noch *Demokrit* an, den Schöpfern des Atomismus. Diese Atomisten verkehrten des

„Parmenides *elenchos*[188] in sein Gegenteil, um eine empirische Widerlegung seiner großartigen Kosmologie zu liefern – [Beider Schluss:] »Es gibt Bewegung... und die Welt besteht aus Atomen sowie dem Leeren«." [POPPER, K. R. (2001), S. 155].

Sie unterlagen indes einem groben Missverständnis von ‚Anschaulichkeit', was sofort einleuchtet, sofern man bedenkt, wie weit der moderne Begriff des Vakuums vom ‚Leeren' entfernt ist. Auch *Newton* entging diesem Problem der ‚Anschaulichkeit' nicht wirklich; er packt aber den Stier bei den Hörnern: In seiner Bewegungslehre konstruiert er einen idealisierten Massenpunkt, der als Schwerpunkt für jeden realen Körper dient, um dessen Bewegung es geht. Um die Bewegungsgesetze für diesen Körper befolgen zu können, musste *Newton* den *Raum* als ‚Korrelat' zum betreffenden Massenpunkt einführen [vgl. NEWTON, I. (1995); S. 13], was er – im

---

[188] „Ein klarer Fall von Gegenbeweis, oder genauer, eine reductio ad absurdum, ein indirekter Beweis der Falschheit"; vgl. POPPER, K. R. (2001), S. 146.

Scholium betreffs die *Definitionen* – unter Bezug einzig und allein auf britischen ‚common sense' geradezu unverfroren lapidar erledigte:

> „I do not define time, space, place and motion, as being well known to all."

Auf dieses dünne Eis gründete er letztlich axiomatisch den Begriff des ›absoluten Raums‹ als eine *logische* Voraussetzung für das Trägheitsgesetz. Letzteres formulierte er umgehend als Erstes Gesetz der *Bewegung*. Warum ‚*absolut*'? Um einen Ruhezustand beschreiben zu können, muss ein Bezugssystem vorhanden sein, relativ zu dem der ruhende Körper verharrt. Und der *absolute* Raum war für *Newton* das letzte, absolute Bezugssystem. Interessanterweise weicht *Newton* zum Ende des zu ca. 70% seinem pantheistischen Glauben geschuldeten Scholium die Stringenz seiner Ausführungen stark auf, wenn er auf Gravitation und ein *„gewisses äußeres feines immaterielles Prinzip"* und die daraus resultierenden Wechselwirkungen zu sprechen kommt. Dazu meinte er, dass

> „noch keine ausreichende Anzahl von Experimenten zur Verfügung steht, durch welche die Gesetze der Einwirkungen dieses immateriellen Prinzips genau bestimmt und aufgezeigt werden müssen." [NEWTON, I. (2011), S. 225].

Das *Scholium* erschwert das Verständnis der Bücher I und II. Sie behandeln durchweg die *mathematischen* Basics für die Gesetze der Bewegungen und Kräfte ohne `philosophische Begleitmusik´.

"...hatte ich das Glück, Bücher zu treffen, die es nicht zu genau nahmen mit der logischen Strenge..."
- ALBERT EINSTEIN – [Zitat in: UNZICKER, A. (2012), S. 291]

IV LITERATURVERZEICHNIS

ABRAHAM, M. und FÖPPL, A. (1918): *Theorie der Elektrizität* – Erster Band: Einführung in die Maxwellsche Theorie der Elektrizität, Fünfte, umgearbeitete Auflage, Teubner, Leipzig.

ADICKES, E. (1924): *Kant als Naturwissenschaftler*, Band XXIX, Jubiläums-Heft 1und 2.

ALBERT, H. (1991): *Traktat über kritische Vernunft*. 5. verbesserte und erweiterte Auflage, UTB 1609. Mohr, Tübingen.

ALBERT, H. (2006): *Rationalität und Existenz,* Mohr Siebeck, Tübingen.

ALEX, B. (2002): *Kosmische Hintergrundstrahlung*, Online: http://www.abklex.de/bjoern/pub/Kosmische%20Hintergrundstrahlung.pdf

ALTNER, G. (1986): *Die Welt als offenes System – Eine Kontroverse um das Werk von Ilya Prigogine,* fischer alternativ, Nr. 4168, Fischer Tb. Frankfurt/M.

ARISTOTELES (1922): *Politik*, Nach der 3. Auflage von Eugen Rolfes (1852-1931) der Philosophischen Bibliothek Band 7. Felix Meiner: Hamburg.

ASHTEKAR, A. und BADRI KRISHNAN, B. (2002): *Dynamical horizons, Energy, angular momentum, fluxes and balance laws*, in: *Physical Review Letters*, 89, 261101.

ATOMISMUS (2012): Wortartikel in: *Academic dictionaries and encyclopedias.*

AUDRETSCH, J. und MAINZER, K. (1989): *Vom Anfang der Welt, Wissenschaft, Philosophie, Mythos,* Beck, München.

AUMAYR, F. (2012): *Atomare Stoßprozesse,* Vorlesung an der Technischen Universität Wien LVA Nr. 134.514. WS 12.

BADINTER, E. (1984): *Émilie, Émilie – Weiblicher Lebensentwurf im 18. Jahrhundert,* Aus dem Französischen, Piper, München, Zürich.

BAEYER, H. C. (2013): *Eine neue Quantentheorie*, in: *Spektrum der Wissenschaft*, November 2013, S. 46-51.

BALOGH, V. (1993): *A világ kezdetéről (Jürgen Audretsch-Klaus Mainzer: Vom Anfang der Welt, München, Beck, 1989),* in: Mérleg, 1993/3, S. 326-329. o

BALOGH, V., SEELIG, W. UND STRAUB, D. (1997): *Zur Berechnung der Elementarteilchen-Masse nach W. Seelig*, Bericht B01/1997 des Instituts für Thermodynamik der UniBw München.

BALOGH, V. UND STRAUB, D. (1998*): Halbempirische Massenformel (HEMF), Quantitative Darstellung der Elementarteilchen-Massen*, Bericht B 01/1998 des Instituts für Thermodynamik der UniBw München.

BARROW, J. D. (1994): *Theorien für Alles, Die Suche nach der Weltformel*, Reinbeck bei Hamburg.

BARROW, J. D. (2006): *Das 1x1 des Universums – Neue Erkenntnisse über die Naturkonstanten*, Rowohlt TBV, Reinbeck.

BECKER, O. (1995): *Grundlagen der Mathematik in geschichtlicher Entwicklung*, suhrkamp taschenbuch wissenschaft, 1. Auflage, Berlin.

BELL, J. S. (1989): *Against „Measurement",* CERN-Preprint CERN-TH-5611/89; erschienen in: *62 years of uncertainty*; Konferenzberichte Erice, 5-14 August 1989.

BERMAN, M. (1981): *The Reenchantment of the World.* Cornell University Press, Ithaca und London.

BERMAN, M. (1985): *Wiederverzauberung der Welt – Am Ende des Newtonschen Zeitalters*, rororo transformation, Reinbek.

BERNARD, W. UND MÜLLER, S. (2005): *Der Kraft- und Energiebegriff der Antike und ihre Auswirkung auf die Neuizeit*, Ringvorlesung 24.10.2005 WS 2005/06, Universität Rostock.

BERTALANFFY, VON L., BEIER, W., LAUE, R. (1977): *Biophysik des Fließgleichgewichts*, 2. Aufl. Akademie-Verlag, Berlin.

BESTERMAN, T. (1971): *VOLTAIRE*, Winkler, München.

BETHGE, K. und SCHRÖDER, U. E. (1991): *Elementarteilchen und ihre Wechselwirkungen*, 2. Auflage, Wissenschaftliche Buchgesellschaft, Darmstadt.

BIRD, R. B., STEWART, W. E., und LIGHTFOOT, E. N. (1960): *Transport Phenomena*, Wiley International Edition, Wiley, New York.

BIRKHOFF, G. und NEUMANN VON, J. (1936): *The logic of quantum mechanics*, in: *Ann. Math.* **37**, S. 823-843.

BIRKS, J. B. (1962): *Rutherford at Manchester*, Heywood, London.

BLASCHKE, W. (1923): *Vorlesungen über Differentialgeometrie*, Vol. II. Springer, Berlin.

BLÖSS, CH.. (2010): *Crashkurs ENTROPIE*, Nachgereichte Vorrede zu einer bereits erschienenen Würdigung der Principe der Wärmelehre, Ein Beiheft, Books on Demand: Norderstedt.

BOENKE, M. (2002): *Geschichte der Philosophie II: Philosophie des späten Mittelalters und der Renaissance*,Vorlesung im SS 2002, Universität München.

BOFINGER, P. (2012): *Zurück zur D-Mark? Deutschland braucht den Euro*, Droemer, München.

BOJOWALD, M. (2012): *Zurück vor den Urknall • Die ganze Geschichte des Universums*, 3. Aufl., Fischer TB 18060, Frankfurt a. M.

BOLTZMANN, L. (1979): *Populäre Schriften*, Braunschweig/Wiesbaden, (Erstauflage 1905).

BORZESZKOWSKI, VON H-H. und WAHSNER, R. (1978): *Die Mechanisierung der Mechanik*, In: Newton-Studien, S. 19-57, Akademie-Verlag, Berlin.

BORZESZKOWSKI, VON H-H. und WAHSNER, R. (1980): *Newton und Voltaire, Zur Begründung und Interpretation der klassischen Mechanik*, Akademie-Verlag, Berlin.

BORZESZKOWSKI, VON H-H. und WAHSNER, R. (1980a): *Zur Problematik der „schwarzen Löcher"*, in: *Wissenschaft und Fortschritt*, AdW, Heft 7/1980, S. 263 – 267.

BOSE, S. N. (1924): *Plancks Gesetz und Lichtquantenhypothese*, in: *Zeitschrift für Physik*, **26**, 178-181 (eingegangen am 2. Juli 1924, veröffentlicht in No. 3 am 11 August 1924).

BÖCKLI, E. (1924): *Paradoxien der Zeit*, in: Kant-Studien. Band 29, Heft 2, Seiten 460–471.

BREUER, R. (2011): *Drohende Leere*, in: Spektrum der Wissenschaft, Notizen, 28. 07. 2011.

BRINKMANN, K. (1988): *Grundfehler der Relativitätstheorie*, Hohenrain, Tübingen, Zürich, Paris.

BRITZEN, S. (2012): *Perspektiven moderner Astrophysik II*; Vorlesungen WS 2011/12 an der Univ. Heidelberg.

BRUN, R. (2009): *Introduction to Reactive Gas Dynamics*, Oxford University Press, New York.

BUB, J. (2010): *Von Neumann's 'No Hidden Variables' Proof: A Re-Appraisal*, in: *Foundations of Physics* **40** (9–10), 1333–1340.

BUHR, M. (1977): *Vernunft – Mensch – Geschichte – Studien zur klassischen bürgerlichen Philosophie*. Akademie, Berlin.

BYRNE, P. (2012): *Antirealistischer Querdenker*, Interview, in: *Spektrum der Wissenschaft*, 3 (2012), S. 48-52.

CALDER, N. (1980): *Einsteins Universum* – Aus dem Englischen von W. Knapp, Umschau Verlag, Frankfurt a. M.

CALLEN, H. B. (1966): *Thermodynamics: An Introduction to the Physical Theories of Equlibrium Thermostatics and Irreversible Thermodynamics*, Wiley, New York.

CALLEN, H. B. (1974): *A Symmetry Interpretation of Thermodynamics*, in: J. J. Delgado-Domingos, M. N. R. Nina, und J. H. Whitelaw (Hrsg.): *Foundation of Continuum Thermodynamics*, Macmillan Press, London, S. 61–79.

CARATHÉODORY, C. (1994): *Variationsrechnung und partielle Differentialgleichungen erster Ordnung*, Teubner-Archiv zur Mathematik Band 18, Teubner, Stuttgart.

CARRIER, M. (1990): *Kants Theorie der Materie und ihre Wirkung auf die zeitgenössische Chemie*, Kant-Studien **81**, S. 170-209.

CARRIER, M. (2009): *Raum-Zeit, Grundthemen der Philosophie*, D. Birnbacher et al. (Hrsg.), de Gruyter: Berlin, New York.

CERCIGNANI, C.(1969): *Mathematical Methods in Kinetic Theory*, Macmillan, Toronto.

CERCIGNANI, C., KREMER, G. MEDEIROS (2002): *The relativistic Boltzmann equation*, Birkhäuser, Boston.

CERCIGNANI, C.(2006): *Boltzmanns Vermächtnis, Zu seinem 100. Todestag (1844 -1906). Physik J. 5 (2006) 7, S. 47-51.*

CERCIGNANI, C. UND GABETTA, E. (2007): *Transport phenomena and kinetic theory: applications to gases, semiconductors, photons, and biological systems*, Birkhäuser, Boston.

CHOMSKY, N. (1996): *Probleme sprachlichen Wissens*, Beltz Athenäum, Weinheim.

CLARKE, S. (1990): *Der Briefwechsel mit G. W. Leibniz von 1715/1716 – A collection of papers ... relating to the principles of natural philosophy and religion*, Übersetzt, ergänzt und kommentiert von Ed Dellian, Meiner, Hamburg.

CLOSE, F. (2009): *Das Nichts verstehen • Die Suche nach dem Vakuum und die Entwicklung der Quantenphysik*. Spektrum: Akademischer Verlag, Heidelberg.

CRICK, F. H. (1997): *Was die Seele wirklich ist. – Die naturwissenschaftliche Erforschung des Bewusstseins*, Rowohlt Tb., Hamburg.

COHEN, I. B. (1994): *Revolutionen in der Naturwissenschaft*, Suhrkamp, Frankfurt am Main.

DEAMER, D. (2011): *First Life • Discovering the Connections between Stars, Cells, and How Life Began.* University of California Press, Berkeley, Los Angeles, London.

DEDEKIND, R. (1894): *Was sind und was sollen Zahlen?*, Zweite unveränderte Auflage, Verlag Friedrich Vieweg und Sohn, Braunschweig.

DAWID, R. (2008): *Wenn Naturwissenschaftler über Naturwissenschaftlichkeit streiten. Die Veränderlichkeit von Wissenschaftspradigmen am Beispiel der Stringtheorie*, in: RUPNOW, D. LIPPHARDT, V. THIEL, J. WESSELY, CH.: *Pseudowissenschaft, Konzeptionen von Nichtwissenschaftlichkeit in der Wissenschaftsgeschichte*, Suhrkamp, Frakffurt am Main, S. 395-416.

DELLIAN, E. (1989): *Newton, die Trägheitskraft und die absolute Bewegung*, in: *Philosophia Naturalis* Bd. 26, S.34ff.

DELLIAN, E. (2007): *Die Rehabilitierung des Galileo Galilei oder Kritik der Kantischen Vernunft*, Academia Verlag, Sankt Augustin.

DELLIAN, E. (2007a): *Schöpfung und Evolution, Eine Tagung mit Papst Benedikt XVI. in Castel Gandolfo, Offener Brief* von 19. April 2007. www.neutonus-reformatus.de.

DESCOMBES, S. and M. THALHAMMER (2010): *An exact local error representation of exponential operator splitting methods for evolutionary problems and applications to linear Schrödinger equations in the semi-classical regime.* BIT Numer Math 50, 729–749.

DESSAUER, F. (1958): *Naturwissenschaftliches Erkennen, Beiträge zur Naturphilosophie*, Knecht, Frankfurt a. M.

DIELS, H. (1957), bzw. (2004): *Die Fragmente der Vorsokratiker • nach der von Walther Kranz herausgegebenen 8. Auflage*, Rowohlts Klassiker (Hrsg.: E. Grassi) Bd. 10, Rowohlt, Hamburg.

DIELS, H. (2002): *Antike Technik*, 2. Auflage, Akademiebibliothek, Berlin-Brandenburgische Akademie der Wissenschaften.

DIERMEIER, S. (1993): *Thermofluiddynamik des idealen Vergleichsprozesses für Staustrahltriebwerke mit und ohne Kühlung*, Fortschrittsberichte des VDI, Reihe 7, Strömungstechnik Nr. 22, VDI Verlag .

DIESTELHORST, A. (1993): *Eine axiomatische Behandlung der Quantenmechanik: Der Kommutator als unabhängige Operation*. Ph.D.-Thesis, Abteilung für Physik, Universität Karlsruhe.

DIJKSTERHUIS, E. J. (1956): *Die Mechanisierung des Weltbildes*, Übersetzung: Helga Habicht, Springer, Berlin.

DOBBS, B. J. T. (1975): *The Foundations of Newton's Alchemy,* University Press, Cambridge.

DPA (13.12.2011): *Hoffnung auf Higgs-Entdeckung wächst*, Online:http://www.focus.de/wissen/wissenschaft/wissenschaft-hoffnung-auf-higgs-entdeckung-waechst_aid_693737.html.

DPA/CHS (8.3.2012): *Neue Datenspur zum Higgs-Boson*, Online: http://www.spiegel.de/wissenschaft/natur/0,1518,820135,00.html#ref=rss

DRIESCHNER, M., GÖRNITZ, TH. und WEIZSÄCKER VON, C.F. (1987): *Reconstruction of Abstract Quantum Theory*, in: Intern. Journ. Theoret. Phys. **27**, 289-306.

DÜRR, H.-P. UND ZIMMERLI, W. CH. (1989): *Geist und Natur, Über den Widerspruch zwischen naturwissenschaftlicher Erkenntnis und philosophischer Welterfahrung*, Scherz, Bern, München, Wien.

DURANT, A. UND W. (1982): *Kulturgeschichte der Menschheit, Band 14: Das Zeitalter Voltaires,* Ullstein, Frankfurt a. M.

EBBINGHAUS, H.-D., HERMES, H., HIRZEBRUCH, F., KOECHER, M. MAINZER, K., NEUKIRCH, J., PRESTEL, A., REMMERT, R. (1992): *Zahlen*, Springer, Heidelberg 3. Aufl.

EBELING, W. UND FEISTEL, R. (1982): *Physik der Selbstorganisation und Evolution*, Akademie-Verlag, Berlin.

EBERSOLL, M. (2006): *Die Alternative Wirtschaftstheorie, Beitrag zu den Grundlagen einer quantitativen Theorie dynamischer ökonomischer Systeme*, Der andere Verlag: Tönning, Lübeck.

EIERMANN, K.-E. (2011): *Das Reale des Universums, Kosmologisches Reisebuch eines Physikers auf neuen Wegen*, Büchse der Pandora, Wetzlar.

EIGEN, M. (2013): *From Strange Simplicity to Complex Familiarity: A Treatise on Matter, Information, Life and Thought*, Oxford University Press, Oxford.

EINSTEIN, A. (1905): *Zur Elektrodynamik bewegter Körper*, Ann. Phys., **17**, 1905, S. 891-921.

EINSTEIN, A. (1905a): *Ist die Trägheit eines Körpers von seinem Energieinhalt abhängig?. In:* Annalen der Physik. 323, Nr. 13, S. 639–643.

EINSTEIN, A. (1914): *Beiträge zur Quantentheorie*, Vortrag gehalten am 24. Juli 1914 in der Sitzung der Deutschen Physikalischen Gesellschaft, Verhandlung 16, S. 820-828.

EINSTEIN, A. (1916): *Die Grundlage der allgemeinen Relativitätstheorie*, Johann Ambrosius Barth, Leipzig.

EINSTEIN, A. (1920): *Äther und Relativitätstheorie*, Rede, gehalten am 5. Mai 1920 an der Reichsuniversität zu Leiden, Berlin.

EINSTEIN, A. (1924): *Quantentheorie des einatomigen idealen Gases*, Sitzungsberichte der (Kgl.) Preußischen Akademie der Wissenschaften, Berlin, Physikalisch-mathematische Klasse, S. 261-267 (vorgetragen am 10. Juli 1924.)

EINSTEIN, A. (1925): *Quantentheorie des einatomigen idealen Gases*, Sitzungsberichte der (Kgl.) Preußischen Akademie der Wissenschaften, Berlin, Physikalisch-mathematische Klasse, S. 3-14 (datiert Dezember 1924, vorgetragen auf der Sitzung am 8. Januar 1925.); Einstein, Albert: *Zur Quantentheorie des idealen Gases*, Sitzungsberichte der (Kgl.) Preußischen Akademie der Wissenschaften, Berlin, Physikalisch-mathematische Klasse, S. 18-25 (vorgetragen auf der Sitzung am 29. Januar 1925.)

EISLER, R. (1989): *Kant–Lexikon, Nachschlagewerk zu Kants sämtlichen Schriften, Briefen und handschriftlichem Nachlass*, 10. unveränderter Neudruck, Berlin, 1930, Reprint bei Olms, Hildesheim.

EKKEHARD PEIK, E. (2010): *Fundamental constants and units and the search for temporal variations*, in: Nucl. Phys. B (Proc. Suppl.) 203-204, 18 (2010).

ELBEL, M. (1991): *Die Geometrie in der Physik des 17. Jahrhunderts*. S. 261-271. Wege in der Physikdidaktik. Bd. 2 (Hg: W. B. Schneider).

ELGER, C. E. (2004): *Das Manifest,* Elf führende Neurowissenschaftler über Gegenwart und Zukunft der Hirnforschung. *Gehirn und Geist (2004),* Heft 6, S. 30-37.

ELKANA, Y. (1974): *The Discovery oft he Conversation of Energy*, Hutchinson Educational, London, Sydney, Cape Town et al.

ELSTER, J. (1987): *Subversion der Rationalität*, Campus, New York.

EPPLER, E. (2011): *"Ein Weg, der Hoffnung wecken kann"*, FAZ vom 16.09.2011.

ESFELD, M. (2008): *Naturphilosophie als Metaphysik der Natur*, Suhrkamp, Frankfurth am Main.

ESPINER, T. (2011): *Cern: Higgs boson answer to come by end of 2012*, in: ZDNet UK, 25. July, 2011, Online-Version: http://www.zdnet.co.uk/news/emerging-tech/2011/07/25/cern-higgs-boson-answer-to-come-by-end-of-2012-40093510/.

EXNER, F. (1922): *Vorlesungen über die Physikalischen Grundlagen der Naturwissenschaften*, 2. Auflage, Deuticke, Wien.

FALK, G. (1966): *Theoretische Physik I*, Heidelberger Taschenbücher 7. Springer, Berlin.

FALK, G. (1978): *Was ist eigentlich Atomistik? oder: Die physikalische Größe Menge* – Konzepte eines zeitgemäßen Physikunterrichts. Heft 2, Hermann Schroedel Verlag, Hannover. Online-Version:http://www.physikdidaktik.uni-karlsruhe.de/publication/konzepte/index.html

FALK, G. (1990): *Physik: Zahl und Realität – Die begrifflichen und mathematischen Grundlagen einer universellen quantitativen Naturbeschreibung: Mathematische Physik und Thermodynamik*, Birkhäuser, Basel.

FALK, G. und RUPPEL, W. (1976): *Energie und Entropie: Eine Einführung in die Thermodynamik*, Birkhäuser, Boston.

FALK, G. und RUPPEL, W. (1983): *Mechanik-Relativität-Gravitation: Die Physik des Naturwissenschaftlers*, 3. Auflage, Springer, Berlin.

FAUSTMANN, C. (2004): *Entstehung und Eigenschaften Schwarzer Löcher, Fachbereichsarbeit in Physik der Universität Wiener Neustadt*, Niederösterreich.
Online: http://pluslucis.univie.ac.at/FBA/FBA04/SchwarzeLoecher.pdf

FELLER, W. (1968): *An Introduction to Probability Theory and Its Applications*, Vol. 1, Third edition, Wiley, New York.

FELLMANN, E. A. (HRSG.) (1983): *Leonhard Euler 1707 – 1783, Beiträge zu Leben und Werk*, Birkhäuser, Basel.

FEYERABEND, K. P. (1986): *Wider den Methodenzwang*, suhrkamp taschenbuch wissenschaft Bd. 597. Suhrkamp, Frankfurt a. M.

FEYERABEND, P. (1989): *Irrwege der Vernunft*, Suhrkamp, Frankfurt a. M.

FEYNMAN, R. P. (1985): *QED – The Strange Theory of Light and Matter*, Princeton University Press, Princeton. Deutsche Übersetzung: *QED – Die seltsame Theorie des Lichts und der Materie* (2010).

FIERZ, M. (1950): Die Formulierung des zweiten Hauptsatzes der Thermodynamik durch R. Clausius vor hundert Jahren. *Cellular and Molecular Life Sciences;* Heft **6** N° 5.

FILK, TH. (2005): *Grundlagen und Probleme der Quantenmechanik*, Skript zur Vorlesung, WS 2004/2005.

FISCHER D. (2012): *Skyweek Zwei Punkt Null, Mit 'Higgs-Teichen' getaggte Beiträge*, Online: http://skyweek.wordpress.com/tag/higgs-teilchen/

FISCHER, E. P. (2007): *Irren ist bequem, Wissenschaft quer gedacht*, Kosmos, Stuttgart.

FISCHER, E. P. (2011): *: Die kosmische Hintertreppe, Die Erforschung des Himmels von Aristoteles bis Stephen Hawking,* Fischer TBV, Frankfurt a. M.

FISCHER, E. P. (2012): *Die Hintertreppe zum Quantensprung, Die Erforschung der kleinsten Teilchen von Max Planck bis Anton Zeilinger,* Fischer TBV, Frankfurt a. M.

Fließbach, T. (2012): *Allgemeine Relativitätstheorie*, 6. Auflage, Spektrum, Heidelberg.

FRASER, P.M. (1998): *Ptolemaic Alexandria*, Vol. I. Clarendon, Oxford.

FRÉMOND, M. (2002): *Non-smooth thermomechanics*, Springer-Verlag, Berlin.

GALECZKI, G. und MARQUARDT, P. (1997): *Requiem für die Spezielle Relativität*, Haag + Herchen, Frankfurt a. M.

GEBESHUBER, I. C. (2007): *Der Zeitbegriff in der Physik,* TU Wien, in: AUF 138 – Dezember 2007, S. 27-30, online: www.iap.tuwien.ac.at/~gebeshuber/ille_zeit.pdf.

GELLERT, W. (1967) et al. (Hrsg.): *Großes Handbuch der Mathematik*, Buch und Zeit Verlag, Köln.

GERICKE, H. (2004): *Mathematik in Antike, Orient und Abendland*. 8. Aufl. Fourier, Wiesbaden.

GEORGESCU-ROEGEN, N. (1981): *The Entropy Law and the Economic Process*, Fourth Edition Harvard University Process, Cambridge, Mass.

GIBBS, J. W. (1876): *On the Equilibrium of Heterogeneous Substances*, in: J. W. Gibbs (1961): *The Scientific Papers*, Vol. I, *Thermodynamics*, Dover, New York.

GIBBS, J. W. (1902): *Elementary Principles in Statistical Mechanics developed with especial reference to the Rational Foundation of Thermodynamics*; Scribner´s Sons, NewYork.

GIBBS, J. W. (1961): *The Scientific Papers*, Vol. I, *Thermodynamics*, Dover Books on Physics and Mathematics, New York.

GLOY, K. (2008): *Philosophiegeschichte der Zeit*, Fink, München.

GÖGER-NEFF, M., OBERAUER, L. und SCHÖNERT, S. (2013*): Große Geheimnisse um kleine Teilchen,* in: Spektrum der Wissenschaft, Juli 2013, S. 46-55.

GOLDANSKII, V. I. (1988): *Ya. B. Zel`dovich*, in: *Physics Today* 41, S. 98-102.

GRAEBER, D. (2012): *Schulden, Die ersten 5000 Jahre*, U. Schäfer, H. Freundl, S. Gebauer (Übers.). Klett-Cotta, Stuttgart.

GRAEBER, D. (2012a): *Kampf dem Kamikaze-Kapitalismus, Es gibt Alternativen zum herrschenden System*, K. Behringer (Übers.), Pantheon, München.

GREEN, B. (2000): *The Elegant Universe, Superstrings, Hiddden Dimensions, and the Quest for Ultimative Theory,* Vintage, London.

GREEN, B. (2005): *Das elegante Universum • Superstrings, verborgene Dimensionen und die Suche nach der Weltformel.* 4. Auflage. Aus dem Amerikanischen von Hainer Kober. BVT, Berlin.

GREENE, B. (2008): *Der Stoff, aus dem der Kosmos ist • Raum, Zeit und die Beschaffenheit der Wirklichkeit,* Übers. H. Kober, Goldmann, München.

GUTH, A. H. (2008): Inflation and the String Theory Landscape, Vortrag am 21. April 2008, Wienes Physikalisches Kolloquium,
Online: http://www.zbp.univie.ac.at/ausstellung/guth/inflation/.

GURTIN, M. E. (1993): *Thermomechanics of evolving phase boundaries in the plane,* Oxford Mathematical Monographs, The Clarendon Press, Oxford University Press, New York.

GÜNTHER, H-G. (1998): *Aletheia und Doxa, Das Proömium des Gedichts des Parmenides,* Duncker und Humblot, Berlin.

HABERMAS, J. (2004): *Freiheit und Determinismus, Deutsche Zeitschrift für Philosophie* **52**, S. 871-890.

HAMILTON, W. R. (1834): *On a General Method in Dynamics,* Philosophical Transactions of the Royal Society, part II 1834. Online:
http://www.maths.tcd.ie/pub/HistMath/People/Hamilton/Dynamics/GenMeth.pdf

HAMPE, M. (2007): *Eine kleine Geschichte des Naturgesetzbegriffs,* suhrkamp tb. wissenschaft 1864. Suhrkamp, Frankfurt a. M.

HANLE, P. A. (1979): *The Schrödinger-Einstein correspondence and the sources of wave mechanics,* in: *Amer. J. Phys.* **47**, S. 644-648 (eingegangen am 19. April 1978, veröffentlicht in No. 7 im Juli 1979)

HANSEN, F.-P. (2005): *Vom wissenschaftlichen Erkennen, Aristoteles – Hegel – N. Hartmann,* Königshausen und Neumann, Würzburg.

HARTMANN, N. (1949): *Der Aufbau der realen Welt – Grundriss der allgemeinen Kategorienlehre.* Zweite Auflage. Hain; Meisenheim am Glan.

HARTMANN, N. (1924): *Diesseits von Idealismus und Realismus: Ein Beitrag zur Scheidung des Geschichtlichen und Übergeschichtlichen in der Kantischen Philosophie,* In: *Sonderdrucke der Kantischen Studien,* Pan Verlag R. Heise, Berlin 1924, S. 160–206; Zitiert nach HARTMANN, N. (1957, Reprint: 2010): *Kleinere Schriften,* de Gruyter, Berlin, S. 278-322.

HARTMANN, N. (1980): *Philosophie der Natur – Abriss der speziellen Kategorienlehre.* Zweite Auflage. De Gruyter, Berlin und New York.

HAWKING, S. W. (1996): *Einsteins Traum, Expeditionen an die Grenzen de Raumzeit,* Deutsch: Hainer Kober, Rowohlt Taschenbuch, Reinbek/Hamburg.

HAWKING, S. und PENROSE, R. (1998): *Raum und Zeit,* Deutsch: Claus Kiefer, Rowohlt, Reinbek/Hamburg.

HAWKING, S. und MLODINOW, L. (2011): *Der große Entwurf, Eine neue Erklärung des Universums,* Aus dem Englischen: Hainer Kober, Rowohlt Taschenbuch, Reinbek-Hamburg.

HEIDEGGER, M. (1929): *Kant und das Problem der Metaphysik,* Cohen, Bonn.

HEIDEMANN, D. H. und ENGELHARD, K. (2003): *Warum Kant heute? – Systematische Bedeutung und Rezeption seiner Philosophie in der Gegenwart* (De Gruyter Studienbuch), Gruyter, Berlin.

HEIM, B. (1977): *Vorschlag eines Weges einer einheitlichen Beschreibung der Elementarteilchen,* in: *Z. Naturforschung,* **32a**, S. 233-243.

HEIM, B. (2009): *Grundgedanken einer einheitlichen Feldtheorie der Materie und Gravitation,* Vortrag gehalten am 25.11.1976 bei MBB, Ottobrunn, Version 1.2d, 2009, Korrekturen und Anmerkungen nach dem Originalband von Wilfried Kugel mit Index und Abbildungen versehen von Olaf Posdzech, 2000, Copyright Olaf Posdzech, 1999-2007.

HEINRICHS, J. (2004): *Das Geheimnis der Kategorien, Die Entschlüsselung von Kants zentralem Lehrstück*, Maas, Berlin.

HELD, C. (1998): *Die Bohr-Einstein-Debatte, Quantenmechanik und physikalische Wirklichkeit*, Schöningh, Paderborn.

HELMHOLTZ, H. (1881): On the modern development of Faraday's conception of electricity, in: J. Chem. Soc., Trans., 1881, 39, 277-304, Online-Version (Zitiert nach dieser Version) : http://en.wikisource.org/wiki/Popular_Science_Monthly/Volume_19/June_1881/The_Mo dern_Development_of_Faraday%27s_Conception_of_Electricity

HENKNER, J. (1999): *Phänomene instationärer Grenzschichtablösung bei schiebenden Tragflächen*, Utz, München.

HENTSCHEL, K. (1990).: *Interpretationen und Fehlinterpretationen der speziellen und allgemeinen Relatitvitätstheorie durch Zeitgenossen Albert Einsteins*, Birkhäuser, Basel.

HERBERT, N. (1985): *Quantum Reality: Beyond the New Physics*, Doubleday, New York.

HERMANN, G. (1935): *Die naturphilosophischen Grundlagen der Quantenmechanik*, in: Abhandlungen der Fries'schen Schule, Bd. VI, S. 75-152.

HERRMANN, D. B. (2010): *Urknall im Labor; Wie Teilchenbeschleuniger die Natur simulieren*, Springer, Heidelberg, u. a.

HERTZ, H. (1889): *Über die Beziehungen zwischen Licht und Elektrizät.* Vortrag 1889. 12. Auflage. Kröner, Stuttgart, 1905.

HERTZ, H. (1894): *Die Prinzipien der Mechanik in neuem Zusammenhange dargestellt.* Mit einem Vorworte von H. von Helmholtz. Berth, Leipzig. Gesammelte Werke. Band III.

HEY, A. J. G. (2003): *The new Quantum Universe*, Cambridge Univ. Press, Cambridge.

HIEBL, M. (2005): *Zur Entropie.* http://www.manfredhiebl.de/Physik/entropie.htm.

HILDEBRANDT, K. (1955): *Kant und Leibniz*, Hain, Meisenheim a. Glan.

HILLE, H. (1995): *Was uns hindert, die Einheit des Daseins zu sehen, In der Sicht des Parmenides, eines antiken Aufklärers,* Philosophische Zeitschrift Aufklärung und Kritik Bd. 2.

HOCHKEPPEL, W. (2012): *Platon und Plausch*, in: SZ, Nr. 65 vom 18. März 2012.

HÖFFE, O. (2007): *Immanuel Kant,* beccksche reihe, denker 506, 7. Auflage, Beck, München.

HÖFLECHNER, W. (2006): *Ludwig Boltzmann-Persönlichkeit-Karriere-Bedeutung*, Online: http://static.uni-graz.at/fileadmin/Wissenschaftsgeschichte/LB_OEGW.pdf

HÖHER, K., LAUSTER, M., STRAUB, D. (1992): *Analytische Produktionstheorie.* Serie: Mathematical Systems in Economics. Vol. 125. Frankfurt am Main.

HONERKAMP, J. (2010): *Denkanstöße – Werner Heisenberg: „Physik und Philosophie"*, Online: http://www.scilogs.de/chrono/blog/die-natur-der-naturwissenschaft/physik/2010-08-05/ber-heisenbergs-buch-physik-und-philosophie.

HORGAN, J. (1997): *The End of Science • Facing the Limits of Knowledge in the Twilight of the Scientific Age*, Broadway Books, New York.

HOYER, U. (1982*): Ludwig Boltzmann und das Grundlagenproblem der Quantentheorie*, Katholische Akademie, Heft 9, S. 9 - 26, Schwerte, NRW.

HOYER, U. (1983): *Wellenmechanik auf statistischer Grundlage, Ein neuartiger Zugang zum wellenmechanischen Atommodell mittels eines Diskontinuitätspostulats ohne widersprüchliche Konsequenzen*, IPN-Arbeitsbericht Nr. 51. Institut für die Pädagogik der Naturwissenschaften der Uni Kiel.

HOYER, U. (2002): *Synthetische Quantentheorie*, Georg Olms Verlag, Hildesheim-Zürich-New York.

HOYER, U. (2012): *Buchbesprechung* [Andre Koch Torres Assis, Karl Heinrich Wiederkehr und Gudrun Wolfschmidt: *Weber's Planetary Model of the Atom*, tredition science, Hamburg

2011] *zum Gedenken von Karl Heinrich Wiederkehr (1.2.1922 - 13.1.2012),* Gauss-Gesellschaft e. V., Göttingen, Mitteilungen Nr. 49 (2012), S. 121-123.

HOYER, H. (2012a): *Die statistischen Grundlagen der Quantentheorie,* In: Existentia **Vol. XXII**, fasc. 1-2, S. 89-99, Szeged et al.

HOYER, U. (2013): *Nicolai Hartmann und die Quantentheorie*, In: Existentia **Vol. XXIII**, fasc. 1-2, S. 7-19, Szeged et al.

HORN, C. UND RAPP, C. (2002): *Wörterbuch der antiken Philosophie*, becksche Reihe 1483. Beck, München.

HUMML, S. (2013): *Higgs-Teilchen entzieht sich dem Forscherbeweis,* in: Welt 5.12.12, Online: http://www.welt.de/wissenschaft/article111815857/Higgs-Teilchen-entzieht-sich-dem-Forscherbeweis.html

ILLINGER, P. (2013): *So schwer ist die Schwerkraft,* Süddeutsche Zeitung NR. 219. 22.09.2013 S.20.

ILTIS, C. (1971): *Leibniz and the Vis Viva Controversy*, in: Isis 62, S. 21-35.

IRO, H. (2011): *Über die Entstehung der Analytischen Mechanik oder die Erbsünde der Naturwissenschaften*, Online-Version: www.tphys.jku.at/group/iro/post/eulerlaplace.pdf.

ISRAEL, H. (2011): *Hundert Autoren gegen Einstein* (Reprint der Originalausgabe von 1931), austrian literature online. Bd. 89, FHS Campus 02, Graz.

JAMMER, M. (1960): *Das Problem des Raumes. Die Entwicklung der Raumtheorien, Original Concepts of Space*, Übersetzung P. Wilpert, Wissenschaftliche Buchgesellschaft: Darmstadt.

JAMMER, M. (1966): *The Conceptual Development of Quantum Mechanics,* McGraw Book Company, New York.

JAMMER, M. (1974): *The Philosophy of Quantum Mechanics – The Interpretations of Quantum Mechanics in Historical Perspective,* John Wiley and Sons, New York.

JAMMER, M. (1999): *Concepts of Mass in Contemporary Physics and Philosophy*, Princeton U.P., Princeton, N.J.

JANICH, P. (2006): *Was ist Information? Kritik einer Legende*, Suhrkamp, Frankfurt am Main.

JHA, ALOK (2011): *Higgs boson seminar: have physicists found the 'God particle'?*, in: *the guardian*, 13. Dezember 2011,
Online:http://www.guardian.co.uk/science/2011/dec/13/higgs-boson-seminar-god-particle.

JULLIEN, F. (2004): *Über die »Zeit« – Elemente einer Philosophie des Lebens.* Aus dem Französischen von Heinz Jatho, diaphanes, Zürich-Berlin.

JÜSTEL, T. (2013): Die schönsten Formeln
Online:https://en.fh-muenster.de/fb1/downloads/personal/juestel/juestel/Schoene_Formeln.pdf

KAEHLER, K. E. (1981): *Systematische Voraussetzungen der Leibniz-Kritik Kants,* in: G. Funke (Ed.) Akten des 5. Intern. Kant-Kongresses Mainz: April 1981 (Teil I.1: Sekt. I - VII) Bonn 1981, S. 417- 426.

KANT, I. (1755): *Allgemeine Naturgeschichte und Theorie des Himmels oder Versuch von der Verfassung und dem mechanischen Ursprung des ganzen Weltgebäudes nach Newtonischen Grundsätzen abgehandelt,* Königsberg und Leipzig, bey Johann Friedrich Petersen.

KANT, I. (1783): *Prolegomena zu einer jeden künftigen Metaphysik...* . J. F. Hartknoch, Riga.

KANT, I. (1784): *„Sapere aude!" von Horaz* (Epist. I,2,40), Berlinische Monatsschrift, Dezember-Heft 1784, S. 481-494.

KANT, I. (1786): *Metaphysische Anfangsgründe der Naturwissenschaft.* J. F. Hartknoch, Riga.

KANT, I. (1968): ›Kants Werke‹ - **1.** Auflage von 1781 (zit. als Auflage A). Band **IV**. de Gruyter: Berlin und New York.

KANT, I. (1996): *Träume eines Geistersehers*, Vorkritische Schriften bis 1768(2), Hg. W. Weischedel, 8. Aufl. Suhrkamp, Frankfurt a. M.

KENDALL, M. und STUART, A. (1976): *The Advanced Theory of Statistics,* Vol. 3, Third Edition, Griffin and Co., London.

KEPLER, J. (1971): *Warnung an die Gegner der Astrologie Tertius Interveniens*, Fritz Krafft (Hg.). Kindler, München.

KERN, I. (1964): *Husserl und Kant – Eine Untersuchung über Husserls Verhältnis zu Kant und Neukantianismus.* Martinus Nijhoff; Den Haag.

KETTNER, M. (2004): *Forscher mit Scheuklappen*, Interview zum Manifest der Hirnforscher. *GEHIRN und GEIST 7/2004; S. 39-40.*

KEYNES, J. M. (1946): *Newton, the Man, Keynes lecture, delivered at the tercentenary celebrations 1946*, in: www.gap-system.org/~history/Extras/Keynes_Newton.html.

KOUTROUFINIS, S. A. (1996): *Selbstorganisation ohne Selbst – Irrtümergegenwärtiger evolutionärer Systemtheorien, Eine skeptische Begegnung mit I. Prigogine, H. Haken, M. Eigen, H. von Förster, H. Maturana, F. J. Varela*, G. Roth, Pharus, Berlin.

KÖNNECKER, C. (2007): *Wer erklärt den Menschen?* • *Wenn der Geist Kopf steht*, 3. Auflage. Bd. 17331, Fischer, Frankfurt.

KRAFFT, F. (2007): *Die bedeutenden Astronomen*, matrixverlag, Wiesbaden.

KUHN, TH. S. (1969): *Die Struktur wissenschaftlicher Revolutionen.* Zweite revidierte und um das Postskriptum von 1969 ergänzte Auflage, Suhrkamp, Frankfurt am Main.

KUHN, TH. S. (1977): *Die Entstehung des Neuen*, suhrkamp tb, Frankfurt a. M.

KÜHN, M. (2004): *Kant – Eine Biographie,* Beck, München.

LABOR, MA (2012): mathematisches Kabinett: *Biografie von I. Newton*; übersetzt aus der Mathematiker Datenbank der St. Andrews University,
Online: http://www.automatisierungstechnik-koeln.de/ma/newton.html

LASSWITZ, K. (1963): *Geschichte der Atomistik vom Mittelalter bis Newton* • *Höhepunkt & Verfall der Korpuskulartheorie des 17. Jahrhunderts*, Zweiter Band, Olms, Hildesheim.

LAUGWITZ, D. (2008): *Bernhard Riemann 1826-1866 – Turning Points in the Conception of Mathemaics,* Modern Birkhäuser Classics, Birkhäuser, Boston.

LAUSTER, M. (1998): *Statistische Grundlagen einer allgemeinen quantitativen Systemtheorie*, Shaker Verlag, Aachen.

LAUSTER, M. (2008): *Klassische und thermodynamische Teilchenkonzepte*, Manuskript.

LAUSTER, M., HÖHER, K., STRAUB, D. (1995): *A New Approach to Mathematical Economics: On Its structure as a Homomorphism of GIBBS-Falkian Thermodynamics.* In: *Journal of Mathematical Analysis and Application.* Bd. 193. San Diego. S.772-794.

LEDERLE, C. (1999): *Archimedes für die Schule?!* Diplomarbeit an der Universität Innsbruck.

LEDERMAN, L. (2006): *The God Particle*, Reprint, Houghton Mifflin, Boston.

LEERHOFF, H., REHKÄMPER, K., WACHTENDORF, TH. (2009): *Analytische Philosophie – Einführung in die Analytische Philosophie,* WBG Darmstadt.

LEHMANN, G. (1957): *Kritizismus und kritisches Motiv in der Entwicklung der Kantischen Philosophie,* Kant-Studien, Bd. 48, Heft 1-4, S. 25-54, Januar 1957.

LEIBNIZ, G. F. (1996): *Philosophische Werke / Hauptschriften zur Grundlegung der Philosophie 1* Bd. I. Philosophische Bibliothek 496. Bearbeitet: E. Cassirer, übersetzt: A. Buchenau. Meiner, Hamburg.

LESCH, H. (2011): *Astrophysik, Elemente, Naturphilosophie, Relativitätstheorie und Quantenmechanik*, 4 Vorlesungen. uni auditorium 10372, Komplett Media, München.

LESCH, H. (2013): - 146 - Was ist *Entropie* - alpha-Centauri - Hochgeladen von airmax 11235 am 07.04.2013.

LESCH, H. (HRSG.) (2013): *Die Entdeckung des Higgs-Teilchens Oder wie das Universum seine Masse bekam*, Bertelsmann, München.

LESCH, H., BIRK, G.T. und ZOHM, H. (2009): *T VI, Theoretische Hydrodynamik*, ge-text von Hanna Kotarba,
Online:http://www.physik.uni-muenchen.de/lehre/vorlesungen/wise_07_08/TVI_hd/vorlesung/skript.pdf

LEVINE, J. (1983): *Materialism and Qualia: The Explanatory Gap,* In: *Pacific Philosophical Quarterly*. Bd. 64, Nr. 4, Oktober 1983, S. 354f.

LEVINE, J. (2001): *Purple Haze. The Puzzle of Consciousness*, Oxford University Press.

LEWIS, D. (1999): *Papers in metaphysics and epistemology,* Cambridge, MA.

LEWIS, M. J. T. (2001): *Surveying instruments of Greece and Rome*, University Press, Cambridge UK.

LIEGLEIN, R. (2008): *Der ökonomische Wert – Auf den Spuren ökonomischen Verhaltens in der Alternativen Wirtschaftstheorie.* Der andere Verlag: Tönning, Lübeck, Marburg.

LINDINGER, M. (2011): *Im Niemandsland zwischen Suchen und Finden.* FAZ - Nr. 208, S. N1 - 7. September 2011.

LINDSAY, R. B. (1944): *Zum Verhältnis von Mathematik und Physik*, in: *Scientific Monthly,* **59**.

LOTTES, G. (2012): *Die Geburt der europäischen Moderne aus dem Geist der Aufklärung*, Vortrag am 9. Mai 2012 bei der Gottfried-Wilhelm-Leibniz-Gesellschaft in Hannover,
Online: http://www.aufklaerung-im-dialog.com/assets/Uploads/PDFs/ausstellung-die-kunst-der-aufklaerung/LottesDie-Geburt-der-europischen-Moderne-aus-dem-Geist-der-Aufklrung.pdf.

LUDWIG, G. (1978): *Die Grundstrukturen einer physikalischen Theorie*, Hochschultext, Springer, Berlin.

LUDWIGER VON, I. (2010): *Burkhard Heim – Das Leben eines vergessenen Genies,* Scorpio, Berlin.

MACH, E. (1921): *Die Principien der physikalischen Optik.* Leipzig.

MACH, E. (1981): *Die Principien der Wärmelehre.* Frankfurt a. M. (Erstausgabe Leipzig 1898).

MACRAE, N. (1994): *John von Neumann, Mathematik und Computerforschung – Facetten eines Genies,* Aus dem Englischen von Minika Niehaus-Osterloh, Birkhäuser, Basel-Boston-Berlin.

MAGUEIJO, J. (2005): *Schneller als die Lichtgeschwindigkeit – Hat Einstein sich geirrt?* Goldmann, München.

MAINZER, K. (1981): *Grundlagenprobleme in der Geschichte der exakten Wissenschaften,* Konstanzer Universitätsreden 125 (Hg. Gerhard Hess), Universitätsverlag, Konstanz.

MAINZER, K. (1989): *Philosophie und Geschichte der Kosmologie,* in: AUDRETSCH, J. und MAINZER, K. (1989), S. 13-39.

MAINZER, K. (1992a): *Natürliche, ganze und rationale Zahlen*, in: EBBINGHAUS, H.-D., HERMES, H., HIRZEBRUCH, F., KOECHER, M. MAINZER, K., NEUKIRCH, J., PRESTEL, A., REMMERT, R. (1992), S. 7-22.

MAINZER, K. (1992b): *Reelle Zahlen*, in: EBBINGHAUS, H.-D., HERMES, H., HIRZEBRUCH, F., KOECHER, M. MAINZER, K., NEUKIRCH, J., PRESTEL, A., REMMERT, R. (1992) S. 23-43.

MAINZER, K. (2004): *Hawking*, Panorama, Wiesbaden, bzw. Herder, Freiburg.

MAINZER, K. (2007): *Thinking in Complexity*, 5. Auflage, Springer, Berlin.

MAINZER, K. (2008): *Komplexität*, W. Fink, Paderborn.

MALDACENA, J. M. (1996): *Black Holes in String Theory*, Ph. D. Thesis, Princeton University, June 1996. Online: http://arxiv.org/pdf/hep-th/9607235.

MALOTTKI, VON J. (1929): *Das Problem des Gegebenen*, PAN-Verlag, Berlin.

MATHIEU, V. (1989): *Kants Opus Postumum*, Hrsg.: G. Held. Klostermann, Frankfurt a. M.

MAUGIN, G. A. (1992): *The thermomechanics of plasticity and fracture*, Cambridge Texts in Applied Mathematics, Cambridge University Press, Cambridge.

MAXWELL, J. C. (1865): A Dynamical Theory of the Elektromagnetic Field. *A Philosophical Transactions of the Royal Society of London,* Vol. **155** (1865), S. 459-512.

MAXWELL, J. C. (1873): *A Treatise on Electricity and Magnetism,* Two volumes, Third edition, London.

MCLAUGHLIN, P. (1998): *Soemmerring und Kant: Über das Organ der Seele und den Streit der Fakultäten.* Siehe: GUNTER MANN und FRANZ DUMONT (Hrsg): *Samuel Thomas Soemmerring und die Gelehrten der Goethezeit*, Beiträge eines Symposiums in Mainz vom 19.-21. Mai 1983, Urban und Fischer, München 1998. S. 191-201.

MEHRA, J. und RECHENBERG, H. (1987): *The Historical Development of Quantum Theory,* Vol. 1-5, Springer, New York – Berlin–Heidelberg.

MESCHKOWSKI, H. (1980): *Mathematiker – Lexikon*, Mannheim.

MEYA, J. (1990): *Elektrodynamik im 19. Jahrhundert – Rekonstruktion ihrer Entwicklung als Konzept einer radikalen Vermittlung.* Deutscher Universitätsverlag, Wissenschafts- und Technikgeschichte, Wiesbaden.

MEŸENN, K. VON (1997): *Die grossen Physiker. I.-II.* C. H. Beck, München.

MILAN, V. (2009): *Thermomechanics of viscoplasticity, Fundamentals and applications,* Advances in Mechanics and Mathematics, 20. Springer, New York.

MITTELSTAEDT, P. (2004): *Der Objektbegriff bei Kant und in der gegenwärtigen Physik.* S. 207-230 in Dietmar H. Heidemann und Kristina Engelhard (Hrsg.): *Warum Kant heute? – Systematische Bedeutung und Rezeption seiner Philosophie in der Gegenwart.* – Studienbuch- de Gruyter, Berlin und New York.

MITTELSTAEDT, P. und WEINGARTNER, P. (2005): *Laws of Nature*, Springer, Berlin Heidelberg.

MITTELSTRAß, J. (1970): *Neuzeit und Aufklärung, Studien zur Entstehung der neuzeitlichen Wissenschaft und Philosophie*, Berlin – New York.

MITTELSTRAß, J. (2011): *Leibniz und Kant: erkenntnistheoretische Studien,* Walter de Gruyter, Berlin – Boston.

MITTELSTRAß, J. (2013): *Leibniz, Kant und die Welt im Kopf der Philosophen,* Hefte der Leibniz-Stiftungsprofessur, Band 19, Wehrhahn, M, Hannover.

MOORE, W. (1994): *A life of Erwin Schrödinger*, Cambridge University Press, Cambridge, 1994.

MOULINES, U. C. (1987): *The Basic Structure of Neo-Gibbsian Equlibrium Thermodynamics (Some Methodological Problems in the Philosophy of Thermodynamics)* in: *J. Non-Equilibrium Thermodynamics* **12**, S. 61-76.

MULSOW, M. UND MAHLER, A. (2010): *Die Cambridge School der politischen Ideengeschichte.* suhrkamp taschenbuch wissenschaft, Frankfurt a. M. 2010.

MUSSER, G. (2007): *Ein Abgrund im Zentrum der Physik*, in: *Spektrum der Wissenschaft,* SPEZIAL-ND 1/2007: Phänomen ZEIT.

MÜLLER, A. (2010): *Schwarze Löcher, Die dunklen Fallen der Raumzeit*, Spektrum Verlag, Heidelberg.

MÜLLER, R., SCHMINCKE, B. und WIESNER, H. (2012): *Atomphysik und Philosophie – Niels Bohrs Interpretation der Quantenmechenik*, Online-Version: https://www.tu-braunschweig.de/Medien-DB/ifdn-physik/quant3.pdf.

NEUMANN VON, J. (1927a): *Mathematische Begründung der Quantenmechanik*, in: Göttinger Nachrichten (1927) 1-57.

NEUMANN VON, J. (1927b): *Wahrscheinlichkeitstheoretischer Aufbau der Quantenmechanik*; in: Götttinger Nachrichten (1927), S. 245-272.

NEUMANN VON, J. (1927c): *Thermodynamik quantenmechanischer Gesamtheiten*; in: Göttinger Nachrichten (1927), S. 273-291.

NEUMANN VON, J. (1932): *Mathematische Grundlagen der Quantenmechanik.* Springer, Heidelberg – Berlin.

NEUMANN VON, J. (1958): The computer and the brain, Yale university press.

NEUMANN VON, J. (1961a): *Collected Works, Volume I: Logic, Theory of Sets and Quantum Mechanics*, Edited by A. H. Taub, Pergamon Press, New York.

NEUMANN VON, J. (1961b): *Collected Works, II: Operators, Ergodic Theory and Almost Periodic Functions in a Group*, Edited by A. H. Taub, Pergamon Press, New York.

NEUMANN VON, J. (1961c): *Collected Works, Volume III: Rings of Operators*, Edited by A. H. Taub, Pergamon Press / The Macmillan Company, New York.

NEUMANN VON, J. (1962): *Collected Works, Volume IV: Continuous Geometry and Other Topics*, Edited by A. H. Taub, Pergamon Press / The Macmillan Company, New York.

NEUMANN VON, J. (1963a): *Collected Works, Volume V: Design of Computers, Theory of Automata and Numerical Analysis*, Edited by A. H. Taub, Pergamon Press / The Macmillan Company , New York.

NEUMANN VON, J. (1963b): *Collected Works, Volume VI Theory of Games, Astrophysics, Hydrodynamics and Meteorology*, Edited by A. H. Taub, Macmillan, New York.

NEUMANN VON, J. (2001a): *Quantum Mechanics of Infinite Systems*, in: RÉDEI und STÖLTZNER (2001), S. 249-268.

NEUMANN VON, J. (2001b): *Unpublished Correspondence*, in: RÉDEI und STÖLTZNER (2001), S. 225-230.

NEUMANN VON, J. (2001c): *Unsolved Problems in Mathematics (1954)*, in: RÉDEI und STÖLTZNER (2001), S. 231-246.

NEUMANN VON, J. (2001d): *Amsterdam Talk about „Problems in Mathematics" (1954)*, in: RÉDEI und STÖLTZNER (2001), S. 247-248.

NEWTON, I. (1952): *Opticks or A treatise of the reflections, refractions, inflections and colours of light*, Based on the Fourth edition corrected 1730, With a Foreword by A. Einstein, Dover Publ, New York.

NEWTON, I. (1962): *Sir Isaac Newton's Mathematical Principles of Natural Philosophy and His System of the World,* Translated into English by Andrew Motte in 1729. The translations revised, and supplied with an historical and explanatory appendix by Florian Cajori. Volume Two: *The System of the World*. Paperback edition. The University of California Press, Berkeley and Los Angeles [First edition, 1686-7].

NEWTON, I. (1995): *THE PRINCIPIA, 1st American ed.*, Translated by Andrew Motte, Great Minds Series, Prometheus Books, Amherst, New York.

NEWTON, I. (2011): *Mathematische Grundlagen der Naturphilosophie – Philosophiae naturalis principia mathematica,* Übersetzt und herausgegeben von Ed Dellian, Academia, St. Augustin.

NICK, K. R. (2001): *Kontinentale Gegenmodelle zu Newtons Gravitationtheorie*, Dissertation, Johann Wolfgang Goethe-Universität Frankfurt am Main. Online-Version: publikationen.ub.uni-frankfurt.de/files/5529/00000187.pdf. Online-Zusammenfassung:http://publikationen.ub.uni-frankfurt.de/frontdoor/index/index/docId/5529.

NIQUET, B. (2007): *Kant für Manager • Eine Begegnung mit dem großen Philosophen,* Campus, Frankfurt a. M.

NORTH, J. (1997): *Viewegs Geschichte der Astronomie und Kosmologie,* Vieweg, Braunschweig, Wiesbaden.

OTTO, F. (2011): *Eine Fields-Medaille für Cedric Villani,* in: Mitteilungen der DMV 19-1 (2011 Frühjahr), S. 24-26.

ÖTSCH, W. (1993): *Die mechanistische Metapher in der Theoriengeschichte der Nationalökonomie,* Arbeitspapier Nr. 9313, September 1993, Institut für Volkswirtschaftslehre der Johannes Kepler Universität, Linz.

PAUHAUT, S., PRIGOGINE, I., SERRES, M. STENGERS, I. (1991): *Anfänge, Die Dynamik – von Leibniz zu Lukrez,* übersetzt von Heinz Wittenbrink, Merve, Berlin.

PENROSE, R. (1990): *The Emperor's New Mind: Concerning Computers, Minds and the Laws of Physics,* Oxford University Press, Oxford.

PENROSE, R. (2011): *Zyklen der Zeit, Eine neue ungewöhnliche Sicht des Universums,* Übersetzung: Thomas Filk, Spektrum Akademischer Verlag, Heidelberg.

PIETSCHMANN, H. (2003): *Quantenmechanik verstehen, Eine Einführung in den Welle-Teilchen-Dualismus für Lehrer und Studierende,* Springer, Berlin, Heidelberg.

PIPER, N. (1993): *Vor uns der Niedergang,* DIE ZEIT, 26.2.1993 Nr. 09.

PITOWSKY, I. (1989): *Quantum Probability-Quantum Logic,* Lecture Notes in Physics, Springer, Heidelberg.

PLANCK, M. (1907): *Zur Dynamik bewegter Systeme.* Sitzungsbericht der Preußischen Akademie der Wissenschaften, S. 542-570. Akademie-Verlag, Berlin.

PLANCK, M. (1910): *Acht Vorlesungen über Theoretische Physik,* gehalten an der Columbia University, New York, 1909, Hirzel, Leipzig.

PLANCK, M. (1925a): *Zur Frage der Quantelung einatomiger Gase,* Sitzungsberichte der (Kgl.) Preußischen Akademie der Wissenschaften, Berlin, Physikalisch-mathematische Klasse, S. 49-57 (vorgetragen auf der Sitzung am 5. Februar 1925.), neu gedruckt in: *Physikalische Abhandlungen und Vorträge II* (1958), S. 572-583.

PLANCK, M. (1925b): *Über die statistische Entropiedefinition,* Sitzungsberichte der (Kgl.) Preußischen Akademie der Wissenschaften, Berlin, Physikalisch-mathematische Klasse, S. 49-57 (vorgetragen auf der Sitzung am 23. Juli 1925.), neu gedruckt in: *Physikalische Abhandlungen und Vorträge II* (1958), S. 593-602.

PLANCK, M. (1925c): *Eine neue statistische der Entropie,* in: *Zeitschrift für Physik,* **35**, S. 155-169 (eingegangen am 30. Oktober 1925, veröffentlicht in No. 3 am 23. Dezember 1925), neu gedruckt in: *Physikalische Abhandlungen und Vorträge II* (1958), S. 603-617.

PLANCK, M. (1925d): *Das Prinzip der kleinsten Wirkung,* in: Physik, unter Redaktion von E. Lecher, S. 772-782, Teubner, Leipzig.

PLANCK, M. (1990): *Wissenschaftliche Selbstbiographie,* Deutsche Akademie der Naturforscher, Leopoldina in Halle/Saale.

PLATON (2001): *Parmenides,* Griechisch/Deutsch. Übersetzt und herausgegeben von E. Martens. Reclams Universalbibliothek Nr. 8386, Reclam jun. Stuttgart.

POINCARÉ, H. (1909): *Die Maxwellsche Theorie und die Hertzschen Schwingungen – Die Telegraphie ohne Draht.* Bart, Leipzig (der französische Text stammt aus dem Jahr 1899).

PONTES, U. (2013): Durchgeknallte Teilchenphysik, in: Dialog Theologie und Naturwissenschaften, Leitartikel.

POPPER, K. R. (1972): *Conjectures and Refutations, The Growth of Scientific Knowledge,* Fourth edition (revised), Routledge und Kegan Paul, London.

POPPER, K. R. (1974): *Objektive Erkenntnis:ein evolutionärer Entwurf,* 2. Auflage, Hoffmann und Campe, Hamburg.

POPPER, K. R. (1976): *Logik der Forschung,* Sechste, verbesserte Auflage, J. C. B. Mohr, Tübingen.

POPPER, K. R. (1978): *Three Worlds,* THE TANNER LECTURE ON HUMAN VALUES; delivered at The University of Michigan, April 7, 1978.

POPPER, K. R. (2001): *Die Welt des Parmenides, Der Ursprung des europäischen Denkens,* Piper, München.

PRIGOGINE, I. (1988): *Vom Sein zum Werden – Zeit und Komplexität in den Naturwissenschaften,* Überarbeitete Neuausgabe, Piper, München.

PRIGOGINE, I. (1993): *Zeit, Entropie und der Evolutionsbegriff in der Physik* in: Walther Ch. Zimmerli und Mike Sandbothe (Hrsg.): *Klassiker der modernen Zeitphilosophie – Schlüsseltexte.* Wissenschaftliche Buchgesellschaft, Darmstadt.

PRIGOGINE, I. UND STENGERS, I. (1986): *Dialog mit der Natur – Neue Wege naturwissenschaftlichen Denkens,* Fünfte erweiterte Auflage, Piper, München.

PRIGOGINE, I. und STENGERS, I. (1988): *Entre le Temps et l'éternité,* Fayard, Paris.

PRIGOGINE, I. (1988a): *Vom Sein zum Werden, Zeit und Komplexität in den Naturwissenschaften,* Überarbeitete Neuausgabe, Piper, München.

PRIGOGINE, I., STENGERS, I. und PAHAUT, S. (1991): *Anfänge, Die Dynamik – von Leibniz zu Lukrez,* Merve, Berlin.

PIETSCHMANN, H. (2003): *Quantenmechanik verstehen – Eine Einführung in den Welle-Dualismus für Lehrer und Studierende,* Springer, Berlin, Heidelberg, New York.

PROBST, R. (2009): *Die Maschinenmenschen,* SZ Nr. 299 vom 29. 12. 2009, S. 26.

PULTE, H. (2005): *Axiomatik und Empirie – Eine wissenschaftstheoriegeschichtliche Untersuchung zur Mathematischen Naturphilosophie von Newton bis Neumann,* Edition Universität, WBG, Darmstadt.

QUINE, W. O. (1976): *Theorien und Dinge,* Suhrkamp, Frankfurt a. M.

RAKOTOMANANA, L. R. (2004): *A geometric approach to thermomechanics of dissipating continua,* Progress in Mathematical Physics, 31. Birkhäuser, Boston.

RATZINGER, J. (1982): *Warum ich noch in der Kirche bin,* in: Hans Urs von Balthasar: *Warum ich noch ein Christ bin,* Kösel, München.

RAUNER, M. (2003): *Stänkern gegen Einstein,* In: Sonntagszeitung 4. Mai 2003.

RAUNER, M. (2010): *Arps langer Kampf gegen den Knall,* in: *Spiegel Online* Januar 2010.

RÉDEI, M. (1996): *"Why John von Neumann did not like the Hilbert space formalism of quantum mechanics (and what he liked instead)",* in: *Studies in the History and Philosophy of Modern Physics* **27** (1996) 493-510.

RÉDEI, M. (2001): *John von Neumann's concept of quantum logic and quantum probability,* in: RÉDEI, M. und STÖLTZNER, M. (2001), S. 153-172.

RÉDEI, M. und STÖLTZNER, M. (2001): *John von Neumann and the Foundations of Quantum Physics,* Kluwer Academic Publishers, Dordrecht.

REDONDI, P. (1991): *Galilei, der Ketzer,* dtv, München.

REICH, E. S. (2011): *Detectors home in on Higgs boson, Hunt gathers momentum as range narrows and hints of a possible signal emerge,* in: Nature, 13 December, 2011, Online: http://www.nature.com/news/detectors-home-in-on-higgs-boson-1.9632

REICHENBACH, H. (1924): *Die Bewegungslehre bei Newton, Leibniz und Huygens.* S. 416-438 der Kantstudien – Philosophische Zeitschrift – Hrsg.: MENZER, P. und LIEBERT, A. – 29. Band, Heft 3/4. PAN-Verlag, Berlin.

REGIS, E. (1989): *Einstein, Gödel & Co, Genialität und Exzentrik • Die Princeton-Geschichte,* Übers. A. Ehlers, Birkhäuser, Basel.

REINHARDT, K. (1916): *Parmenides und die Geschichte der griechischen Philosophie,* Kessinger Legacy Reprints, Cohen, Bonn.

RIFKIN, J. (1982*): Entropie • Ein neues Weltbild,* Nachwort von Nicholas Georgescu-Roegen, Hoffman und Campe, Hamburg.

RIFKIN, J. (2011): *Die dritte industrielle Revolution • Die Zukunft der Wirtschaft nach dem Atomzeitalter,* Deutsch B. Schmid. Campus, Frankfurt a. M.

RÖD, W. (1999): *Die Philosophie der Neuzeit 1, Geschichte der Philosophie,* Beck, München.

ROSENTHAL, D. M. (2005): *Consciousness and Mind,* Univ. Press, Oxford.

ROTHMAN, T. (2012): *Die Physik – ein baufälliger Turm von Babel,* Spektrum der Wissenschaft, Heft 2, S. 61-65.

RUFFINI, R. und WHEELER, J. A. (1971): *Introducing the black hole,* in: Physics Today, January 1971, S. 30-41, American Institute of Physics,
Online: http://authors.library.caltech.edu/14972/1/Ruffini2009p1645Phys_Today.pdf

RUSSELL, B. (1950): *Philosophie des Abendlandes – Ihr Zusammenhang mit der politischen und sozialen Entwicklung,* Übersetzer: E. Fischer-Wernecke und R. Gillischewski, Holle, Frankfurt a. M.

RUSSEL, B. (1992): *Das ABC der Relativitätstheorie,* Neu hrsg. von Felix Pirani. Aus dem Engl. von Uta Dobl und Erhard Seiler, Fischer-Taschenbuchverleg, Frakfurt a.M.

RUSSO, L. (2004): *Die vergessene Revolution – oder die Wiedergeburt des antiken Wissens. Nach der englischen Übersetzung überarbeitete Auflage;* übersetzt von Bärbel Deninger, Springer, Berlin.

SANDBOTHE, M. (1998): *Die Verzeitlichung der Zeit – Grundtendenzen der modernen Zeitdebatte in Philosophie und Wissenschaft,* WBG; Darmstadt.

SCHÄFER, R. (2001): *Die Dialektik und ihre besonderen Formen in Hegels Logik – Entwicklungsgeschichtliche und systematische Untersuchungen.* Meiner, Hamburg.

SCHARF, R. (2001): *Sind Naturkonstanten wirklich konstant? Größte Ungenauigkeit bei der Gravitationskraft / Das Ende der Lichtgeschwindigkeit,* in: Frankfurter Allgemeine Zeitung, 20.06.2001, Nr. 140 / Seite N1. Online: http://www.rwscharf.homepage.t-online.de/faz01/faz0620.html.

SCHAUER, H. (ab 2005): *Über „Vieles" im Ganzen,* hier: 3.7.9: *Gravionen-Strahlung und „Mach-Prinzip",* Online: www.hansschauer.de.

SCHILPP, P. A. (1951): *ALBERT EINSTEIN: Philosopher- Scientist,* Tudor Publ. Co., New York.

SCHIRRMACHER, F. (2012): *Eurokrise – Und vergib uns unsere Schulden,* in: FAZ 19.05.2012.

SCHLICHT, T. (2007): *Erkenntnistheoretischer Dualismus, Das Problem der Erklärungslücke in Geist-Gehirn-Theorien,* mentis, Paderborn.

SCHLICHT, T. (2008): *Kant und das Geist-Gehirn-Problem* (Abstract), Rede auf dem XXI. Deutschen Kongress für Philosophie, Essen.

SCHMUTZER, M. E. A. (2004): *"Krieg der Kulturen" – anders betrachtet,* in: Internet-Zeitschrift für Kulturwissenschaften, Online: http://www.inst.at/trans/15Nr/03_2/schmutzer15.htm.

SCHNEIDER, I. (1979): *Archimedes - Ingenieur, Naturwissenschaftler und Mathematiker,* Erträge der Forschung. Band 102. Wissenschaftliche Buchgesellschaft, Darmstadt.

SCHRÖDINGER, E. (1984): *Gesammelte Abhandlungen/ Collected Works 1-5,* F. Vieweg, Braunschweig.

SCOTT, W. L. (1970): The Conflict between Atomism and Conservation Theory, 1644-1860, MacDonald, London.

SEARLE, J. (1996): *Die Wiederentdeckung des Geistes,* Suhrkamp, Frankfurt a. M.

SEILER, J. (2005): *Einführung in die Variationsrechnung,* Universität Hannover, http://www.ifam.uni-hannover.de/~seiler/skript/skript_var.pdf

SERRES, M. (1975): *Zola, feux et signaux de brume,* Grasset, Paris.

SERRES, M. (1977): *La naissance de la physique dans le texte de Lucrèce*; *Fleuves et Turbulences,* Éditions de Minuit, Paris.

SHANNON, C. E. (1949): *The Mathematical Theory of Communication,* Bd. 1. Univ. of Illinois; Preface by Warren Weaver.

SHELDRAKE, R. (2012): *Der Wissenschaftswahn • Warum der Materialismus ausgedient hat.* Aus dem Englischen: Jochen Lehner, O. W. Barth, München.

SIEGEL, E. (2009): *The Last 100 Years: The 1930s and Fritz Zwicky,* Online: http://scienceblogs.com/startswithabang/2009/06/the_last_100_years_the_1930s_a.php

SIENIUTYCZ, S. und BERRY, R. S. (1993): *Canonical Formalism, Fundamental Equation, and Generalized Thermomechanics for irreversible Fluids with Heat Transfer.* In: *Physical Review E,* **47**, S. 1765-1783.

SKLAR, L. (2005): *Theory and Truth – Philosophical Critique within Foundational Science,* Oxford Univ. Press, Oxford.

SKLAR, L. (2005): *Philosophy and the Foundation of Dynamics,* Cambridge Univ. Press, Cambridge.

SMOCZYK, K. (2008): *Epochemachendes Wirken: Bernhard Riemann und Riemannsche Geometrie,* SCHATTENBLICK, Unimagazin Hannover ½–2008, S. 18-21.Online: http://www.uni-hannover.de/imperia/md/content/alumni/unimagazin/2008/08_1_2_18_21_smoczyk.pdf .

SOEMMERRING, S. T. (1966): *Über das Organ der Seele,* Nicolovius, Königsberg 1796; Reprint 1966.

SOLNIT, R. (2013): *Hilferuf aus San Francisco - Wer Google aufhält,* in FAZ 2013-07-05.

SOMMERFELD, A. (1922): *Atombau und Spektrallinien,* Dritte umgearbeitete Auflage, Friedr. Vieweg und Sohn AG, Braunschweig.

SONNTAG, R. E. und VAN WYLEN, G. J. (1968): *Fundamentals of Statistical Thermodynamics.* Series in Thermal and Transport Sciences, Wiley, New York.

SOROS, G. (2009): *Die Analyse der Finanzkrise ... und was sie bedeutet, weltweit,* Übers.: Heike Schlatterer, FinanzBuch-Verl., München.

STEINHARDT, P. J. (2011): *Kosmische Inflation auf dem Prüfstand,* in: Spektrum der Wissenschaft, August 2013, S. 40-48.

STILLER, A. (2003): *Zum 100. Geburtstag von John von Neumann,* Online: http://www.heise.de/newsticker/meldung/Zum-100-Geburtstag-von-John-von-Neumann-90861.html.

STÖLTZNER, M. (2001): *Opportunistic Axiomatics – von Neumann on the Methodology of Mathematical Physics*; in: RÉDEI, M. und STÖLTZNER, M. (2001), S. 35-62.

STRAUB, D. (1989): *Thermofluiddynamics of Optimized Rocket Propulsions.* Extended Lewis Code Fundamentals, Birkhäuser, Basel. Boston. Berlin.

STRAUB, D. (1990): *Eine Geschichte des Glasperlenspiels: Irreversibilität in der Physik: Irritationen und Folgen*, Birkhäuser, Basel.

STRAUB, D. (1992): *On the Foundation of Thermofluiddynamics by Callen's Symmetry Principle and a Realistic Matter Model"*, in: Turbulente Strömungen in Forschung und Praxis: Festschrift zum 60. Geburtstag Prof. D. Geropp, IFT-Mitteilungen 10.92 (A.Leder, Hrsg.), S. 352-376; Universität-GHS-Siegen.

STRAUB, D. (1997): *Alternative Mathematical Theory of Non-equilibrium Phenomena*, Serie Mathematics in Science and Engineering, Vol. 196, Academic Press, San Diego.

STRAUB, D. und BALOGH, V. (2000): *Rest Masses of Elementary Particles as Basic Information of Gibbs-Falkian Thermodynamics*, in: *Int. J. Therm. Sci.* **39** S. 931-948.

STRAUB, D., LAUSTER, M. und BALOGH, V. (2007): *Johann von Neumanns Quantenbibel – Mathematisches Fundament oder unverbindliche Glaubensgrundlage? Oder was?* – Wird publiziert.

STRAUB, D., LAUSTER, M., BALOGH, V. (2004): *1865 – Das Jahr, in dem nicht nur der Tristan uraufgeführt wurde, oder die Folgen von Falks Entdeckung der thermodynamischen Methode für die Wissenschaftsgeschichte*, in: Seising, R., Folkerts, M., Hashagen, U. (Hrsg.): *Form, Zahl, Ordnung*, Studien zur Wissenschafts- und Technikgeschichte, Ivo Schneider zum 65. Geburtstag, Boethius Band 48, Franz Steiner Verlag, S. 653–710.

STRAUB, D. (2011): *Entropie – Kreativpotentials der Natur – Interview mit Trev S. W. Salomon – Zur Rolle der Ästhetik in den mathematischen Naturwissenschaften am Beispiel des Maxwell-Faradayschen Elektromagnetismus*, München.

STRAWSON, P. F. (1972): *Einzelding und logisches Subjekt (Individuals) – Ein Beitrag zur deskriptiven Metaphysik*. Universal-Bibliothek Nr. 9410. Reclam, Stuttgart.

STRUCKMEIER, J. (2003): *Hamilton-Mechanik im erweiterten Phasenraum*, Erweiterte Version der Antrittsvorlesung, gehalten am 14. Mai 2003 im Fachbereich Physik der Johann Wolfgang Goethe-Universität Frankfurt am Main, Online: http://www.gsi.de/beschleuniger/groups/FSY/veroeffentlichungen_berichte/theorie/hamilton_mechanik_erw_phasenraum_w.pdf.

SUSSKIND, L. (2009): *Holographic Principle, Black hole thermodynamics, Black hole information paradox, Quantum gravity, String theory, Space, Spacetime*, Alphascript Publishing, Mauritius.

SUSSKIND, L. (2010): *Der Krieg um das Schwarze Loch, Wie ich mit Stephen Hawking um die Rettung der Quantenmechanik rang*, Suhrkamp, Berlin.

SUCIU, N. and GEORGESCU, A. (2002): *On the Misra-Prigogine-Courbage Theory of Irreversibility*, in: Mathematica **44**(67), No. 2, 215-231.

SYSTEM-FRAGE (2012): *Zins und Löhne als falscher Ansatz zur Erklärung des Wirtschaftswachstums*; Online-Version:http://www.forum-systemfrage.de/ Aufbau/ca/45d/ca45d.php?tbch=aabaca&schp=rnachfrZ&suchZiel=neolib&ordner=45d

SZABÓ, I. (1979): *Geschichte der mechanischen Prinzipien und ihrer wichtigsten Anwendungen*. 2. neubearbeitete und erweiterte Auflage, Wissenschaft und Kultur Bd. 32, Birkhäuser, Basel u. a.

SZABÓ, L. E. (2001): *Critical reflexions on quantum probability theory*, in: RÉDEI, M. und STÖLTZNER, M. (2001), S. 201-219.

SZABÓ, L. E. (2002): *A nyitott jövő problémája – Véletlen, kauzalitás és determinizmus a fizikában*, Typotex, Budapest.

TEßMANN, I. und FREDE, W. (2000): *Albert Einstein: Leben und Werk, Wissenschaftshistorische Hausarbeit*, SS 1982, TU-Hamburg. Veröffentlicht 23. Februar 2000. Online: http://www.tu-harburg.de/rzt/rzt/it/einstein/einstein.pdf

TIPLER, P. A. und MOSCA, G. (2004): Physik 2. dt. Auflage, (Hg.: D. Pelte), Elsevier Spektrum, Heidelberg.

TRUESDELL, C. A. (1960): *A Program Towards Rediscovering the Rational Mechanics of the Age of Reason* in: *Archives for the history of exact science.* Vol. 1, S. 1-36.

TRUESDELL, C. A. (1968): *Essays in the History of Mechanics*, Springer, Berlin.

TRUESDELL, C. A. (1975): *Early Kinetic Theories of Gases*; pp. 1-66. *Archive for History of exact Sciences (C. A. Truesdell, Ed.)* Vol. **15**; N° 1. Springer, Berlin.

TRUESDELL, C. A. (1980): *The Tragicomical History of Thermodynamics 1822-1854*, Springer, New York.

TRUESDELL, C. A. (1984): *Rational Thermodynamics* (with an appendix by C.-C. Wang), 2. Auflage, Springer, New York.

UNZICKER, A. (2010): *Vom Urknall zum Durchknall, Die absurde Jagd nach der Weltformel*, Springer, Berlin, Heidelberg.

UNZICKER, A. (2012): *Auf dem Holzweg durchs Universums, Warum sich die Physik verlaufen hat*, Hanser, München.

YNGVASON, J. (2003): *The Role of Type III Factors in Quantum Field Theory*, Lectures given at the von Neumann Centennial Conference, Budapest, October 15–20, 2003.

YOURGRAU, P. (2005): *Gödel, Einstein und die Folgen – Vermächtnis einer ungewöhnlichen Freundschaft*, Beck, München.

VELTMAN, M. J. G. (2003): *Facts and Mysteries in Elementary Particle Physics*, World Scientific Publishing, Singapoer.

VILLANI, C. (2013): *Das lebendige Theorem*, S. Fischer, Frankfurt a. M.

VOLKMANN, P. (1924-1925): Kant und die theoretische Physik der Gegenwart, *Kant-Festschrift* in: *Annalen der Philosophie* **4**, 1/2, S. 42-68.

VOLTAIRE (1738): *Élémens de la philosophie de Newton,* Ledet, Amsterdam.

VONNEUMAN, N. A. (1992): *John von Neumann as seen by his Brother,* Revised Edition. Library of Congress, Catalog Card Number 87-91777.

WAHSNER, R. (1992): *Prämissen physikalischer Erfahrung,* VWB – Verlag für Wissenschaft, Berlin.

WATKINS, E. (2005): *Kant and the Metaphysics of Causality*, Cambridge University Press, Reviewed by *Frederick Rauscher*, Michigan State University.

WEHR, M. (2014): *Die Kompetenzillusion*, Feuilleton der FAZ vom 06.01. 2014.

WEHRT, H. (2008): *Das Geheimnis der Zeit, Das Spannungsfeld zwischen Ökologie, Naturwissenschaft und Theologie,* Lang, Frankfurt a. M.

WEIZSÄCKER VON, C. F. (1954): *Zum Weltbild der Physik,* Sechste, erweiterte Auflage. Hirzel, Stuttgart.

WEIZSÄCKER VON, C. F. (1964): *Die Tragweite der Wissenschaft. Erster Band, Schöpfung und Weltentstehung, Die Geschichte zweier Begriffe,* Hirzel, Stuttgart.

WEIZSÄCKER VON, C. F. (1973): *Probability and Quantum Mechanics*, in: Brit. Journ. f. the philosophy of science 24, 321-337.

WEIZSÄCKER VON, C. F. (1977): *Garten des Menschlichen – Beiträge zur geschichtlichen Anthropologie*, Hanser, München.

WEIZSÄCKER VON, C. F. (1984): *Die Einheit der Natur*, 4. Auflage, dtv, München.

WEIZSÄCKER VON, C. F. (1985): *Aufbau der Physik.* Hanser, München.

WEIZSÄCKER VON, C. F. (1992): *Zeit und Wissen.* Hanser, München.

WEYL, H. (1977): *Mathematische Analyse des Raumproblems: Vorlesungen; Was ist Materie?* Zwei Aufsätze zur Naturphilosophie, Wissenschaftliche Buchgesellschaft, Darmstadt.

WHITEHEAD, A. N. (1984): Prozess und Realität, Entwurf einer Kosmologie. Suhrkamp Wissenschaft – Weißes Programm; 2. Auflage. Suhrkamp, Frankfurt a. M.

WHITEHEAD, A. N. (2001): *Denkweisen*, Hg. S. Rohmer, suhrkamp tb. Wissenschaft 1532, Suhrkamp, Frankfurt a. M.

WIENER, N. (1961): Cybernetics, or control *and* communication in the animal *and* the machine, 2nd. edn. Wiley, New York.

WIKIBOOKS: TEILCHENPHYSIK (2011):
Online: http://de.wikibooks.org/wiki/Teilchenphysik:_Der_Higgs-Mechanismus, zuletzt geändert am 16.10.2011

WILLE, M. (2007): *Die Mathematik und das synthetische Apriori, Erkenntnistheoretische Untersuchungen über den Geltungsstatus mathematischer Axiome,* Mentis, Paderborn.

WILMASKI, K. (1998): *Thermomechanics of continua*, Springer-Verlag, Berlin.

WILSON, E. O. (2009): *Bewusstsein bleibt das größte Rätsel*; SZ (WISSEN) – Interview am 090929 mit H. Breuer.

WOLTERS, G. und CARRIER, M. (2005): *Homo Sapiens und Homo Faber, Epistemische und technische Rationalität in Antike und Gegenwart. Festschrift für Jürgen Mittelstraß*, W. de Gruyter: Berlin, New York.

WURST, TH. K. [Hrsg.] (2002): Ausarbeitung der Vorlesung von Prof. D. Straub im Frühjahrstrimester 2000 zur Nichtgleichgewichtsthermodynamik/Prozess-Thermodynamik – ihm gewidmet von seinen Studenten, den Autoren: Ammering, G; Bischoff, D.; Holz, F.; Lienemann, Ch.; Ortlieb, A.; Pfeiffer, T.; Volkmar, J.; Wulff, J.; Zetzmann, D. – Universität der Bundeswehr München, Fakultät für Luft- und Raumfahrttechnik – Institut für Thermodynamik.

ZAUN, H. (2009): *Der Zeitpfeil vor dem Urknall*. TELEPOLIS (Print) vom 27. Juni.

ZEEYA, M. (2014): *Stephen Hawking: "There are no black holes"*, in: **Nature** | News: A weekly journal of science.

ZEH, H. D. (2012): *Physik ohne Realität, Tiefsinn oder Wahnsinn*. Springer, Berlin, Heidelberg.

ZEH, H. D. (2012a): *Die sonderbare Geschichte von Teilchen und Wellen – eine historisch verkürzte aber aktuelle Darstellung*,
Online: http://www.rzuser.uni-heidelberg.de/~as3/Teilchen+Wellen.pdf

ZEL'DOVICH, Y. B.und PODURETS, A. M. (1965): *The evolution of a system of gravitationally interacting point masses*, in: *Sovjet. Astronom.* 9, S. 742–749.

ZEL'DOVICH, Y. B. und STAROBINSKI, A. A. (1971): *Rozhdenie chastits i polyarizatsiya vakuuma v anizotropnom gravitatsionnom pole*, in: ZhETF, 61 (6), 2161-2175 (1971) [Ya.B. Zeldovich, A.A. Starobinsky, *Particle creation and vacuum polarization in an anisotropic gravitational field*, in: Sov. Phys. JETP, 34(6), 1159 (1972)].

V SUMMARY

The present *Study* subjects the fundamental ideas and results of the *Alternative Theory* (AT) to a critical revision. Furthermore, it demonstrates the efficiency of the AT and its manifold applications by some relevant examples, as meanwhile published. These range from current Elementary Particle Physics, Electrodynamics and the Gas Dynamics of rocket propulsion to the General Theory of Relativity. Amongst the scientific novelties, the *Book* discusses mathematically exactly, but physically absurd solutions of the two-dimensional, *incompressible* Eulerian equation of motion, as derived from Boltzmann's Equation. Especially significant are intriguing conclusions drawn from the famous Boltzmann H-Theorem regarding the ominous connexion between (thermodynamic) entropy and *Information* as defined by *Claude Shannon*.

The AT was first presented to the scientific public 17 years ago by *Dieter Straub* in his opus magnum *Alternative Mathematical Theory of Non-equilibrium Phenomena* [1997] and last updated by his farewell lecture in the autumn & winter terms 2001/2002. This theory relies on an interdisciplinary oriented mathematical model, valid on the macro level for all traditional physical disciplines. But even Quantum Mechanics and the General Theory of Relativity must respectively rise to the diverse challenges posed by the principles of the AT.

The history of the AT begins with *Josiah Willard Gibbs*. Between the years 1876 and 1878, he published a legendary series of articles under the summary title „*On the Equilibrium of Heterogeneous Substances*". In them, and surprisingly enough, the Laws of Thermodynamics do not appear to influence the relations between the various state properties of any thermodynamic system. The contribution by *Gottfried Falk* – part II – consists in the far-reaching discovery, that *Gibbs'* work on conceptual and mathematical foundations of thermostatics implies a formal and mathematically universal method of description for all subdisciplines of macro-physics. Moreover, *G. Falk* transformed this procedure into a new *System Theory of Physics* by help of a set-theoretic formulation and a thorough mathematical reasoning.

Falk's theory is referred to in the present Book as *Gibb Falk Dynamics* (GFD). Eventually, *Dieter Straub* and *Michael Lauster* have advanced the further development of the GFD – part III – under the working title "Alternative Theory of Physics" (AT). They enlarged the GFD by explicitly integrating the dissipative processes.

Moreover, the coupling of the microphysical basis to its macrophysical system succeeded by a statistic method which leads to non-linear equations of the Schrödinger type. The AT is a mathematical theory with universal elements for each of its scientific systems. It is founded on the quadruple "Quantity / Value / State / System", as condensed into the sentence: "At a given state of a *system*, each physical quantity has a value."

Now, the present Study achieves to clarify many conceptual and mathematical issues hitherto unresolved within GFD and AT. This affects both the GFD and AT primarily as regards the basic structures of their fundamental equations. If the concept of a *physical System* is synonymous with its respective *system energy E*, the latter equates up to a constant to the sum of pairs $\xi_k \cdot X_k$, (a wide variety of abilities k which will count as *energy forms)*, while the factors ξ_k and X_k mean two conjugated »General Physical Quantities«, (GpQ) each, i.e. system variables, which in any physical discipline carry the same physical signification.

This *pair structure* relates closely to the theory of the human mind's structure, as *Immanuel Kant* has established it in his famous first major work – *Kritik der reinen Vernunft / Critique of Pure Reason* (1781/1787). In a long controversy with *Gottfried Wilhelm von Leibniz'* Metaphysics, *Kant* achieved to prove explicitly that X_k is an *extensive* quantity, and ξ_k is its conjugated *intensive* quantity. What is more: any GpQ X_k owns a dimension which is merged into sets defined by the *energy form k*. In physics, this is – according to *Kant* – the mass m_k of the GpQ k, or the particle mass m_j regarding the forms of energy which correlate to all *particle types j* involved.

The ξ_k are of a different kind: they determine certain state properties, e. g. the equilibrium of temperatures. With good reason, we call such a pair structure "the *Kant* structure". It is constitutive for Physics as a whole, esp. as special energy forms $\xi_k \cdot X_k$ as $T \cdot S$ which *can* never be "switched off" for any discipline. As will be shown by select applications, the consequences of the GFD are spectacular. Thus a self-contained standard model emerges, which allows, e. g. to identify the *Higgs boson* (since 2011 targeted by CERN, but in vain) as just a normal high-energy particle. In order to explain the existence of its zero-point mass (126.8 GeV), the GFD does not even need any Higgs mechanisms. Regrettably unsolved remains the problem, the famous German Nobel-laureate *Manfred Eigen* has faced himself recently by the question "Where is the 'Temperature' of Information?"

VI Danksagung

Die vorliegende Studie ist unter dem Titel *„Einheitliche nicht-mechanistische Darstellung der physikalischen Disziplinen als mathematische Systemtheorie"* im Herbst 2012 von der Fakultät für Luft- und Raumfahrttechnik der Universität der Bundeswehr München als Dissertation zum Dr. rer. nat. angenommen worden. In der hier vorliegenden Buchfassung wurden vor allem im Hinblick auf relevante Publikationen ab dem Jahr 2000 einige Aktualisierungen und auch Erweiterungen vorgenommen. An dieser Stelle möchte ich dem Südwestdeutschen Verlag für Hochschulschriften meinen herzlichen Dank für die Veröffentlichung aussprechen. Besonderer Dank gebührt Frau *Anke Metzger*; sie hat nicht nur meine Arbeit „entdeckt", sondern sie hat mich auch bei allen Verlagsangelegenheiten tatkräftig unterstützt.

Es gibt viele Menschen, denen ich bei der jahrelangen Arbeit an der nun vorliegenden Studie für ihre ständigen Ermutigungen und Anregungen zu großem Dank verpflichtet bin.

An erster Stelle muss ich *Prof. Dr.-Ing. habil. Dieter Straub* nennen. Unsere Bekanntschaft im Dezember 1996 hat *Prof. Carl Friedrich von Weizsäcker* vermittelt. Als ungarischer Gymnasiallehrer wurde ich dessen Mitarbeiter ab 1990 bis zum Ende meines DAAD-Stipendiums. Ihm verdanke ich vor allem die Erfahrung, dass die Philosophie der Vorsokratiker und Platons, vor allem aber Kants für die fundamentalen Gesetze der Physik unverzichtbar ist. Die vorliegende Studie soll dafür ein Beleg sein.

Der jahrelange, stetige Gedankenaustausch mit meinem ‚Doktorvater' Herrn *Prof. Straub* bildete die Grundlage einer intensiven und sehr fruchtbaren Zusammenarbeit. Er war auch der Beginn einer bis heute andauernden vielfältigen Unterstützung, vornehmlich im Gebrauch der deutschen Sprache. Ohne ihn wäre auch meine Tätigkeit an der Universität der Bundeswehr mit mehreren gemeinsamen wissenschaftlichen Publikationen nicht möglich gewesen; aber auch die Unterstützung seiner Familie hat die vorliegende Untersuchung maßgeblich gefördert.

Viele Anregungen, klärende Gespräche, zahlreiche E-Mails mit Herrn *Prof. Dr.-Ing. Dr. rer. pol. habil. Michael Lauster* haben mir immer wieder Mut gemacht, meine umfangreichen Untersuchungen voranzutreiben und zu einem erfolgreichen Abschluss zu bringen, trotz der meist hohen beruflichen Belastungen. Dafür möchte ich ihm ganz besonders danken. Nicht nur menschliche, sondern auch sprachliche (deutsch und englisch) Unterstützung erhielt ich von *Prof. Dr. iur. Torsten Tristan Straub* (HWR Berlin). Er fand dankenswerterweise immer den richtigen Ausdruck, nach dem ich gesucht hatte. *Prof. Dr. Ulrich Hoyer* (Westfälische Wilhelms-Universität Münster) hat mich sowohl durch seine *Synthetische Quantentheorie*, als auch durch seine beeindruckende Korrespondenz mit K. R. Popper motiviert. Dass ich diese unveröffentlichten Schriften kennenlernen und in meiner Arbeit nutzen durfte, dafür kann ich nicht genug dankbar sein. *Prof. Dr. Holger Schmid-Schönbein* (RWTH Aachen) zeigte großes Interesse an meinem Vorhaben. Ihm verdanke ich den überaus wichtigen Hinweis auf das jüngst erschienene epochale Buch von Manfred Eigen.

Am *Institut für Thermodynamik der UniBw München* standen mir viele Mitarbeiter/-innen als Ansprechpartner bei. Einige von ihnen möchte ich namentlich erwähnen: Der frühere Institutsleiter Herr *Prof. Dr. Waibel* war bis zu seinem Tod (2003) immer für mich da, wenn ich Hilfe brauchte. Lange, anregende Dialoge kennzeichnen meinen langjährigen engen Kontakt mit Herrn Wiss. Direktor Dipl. Phys. *Dr. V. Lippig*. In allen „technischen und praktischen Fragen" waren die Hinweise und Orientierungshilfen von Herrn Akad. Direktor Dipl.-Ing. *Dr. T.-K. Wurst* für mich sehr hilfreich. Besonderen Dank muss ich auch den *Herren Dipl. Ing. (FHS) Dolnik* und *Blank* aussprechen, die mir nicht nur immer gute Worte, sondern auch stets tatkräftige Hilfe im Institut gewährt haben.

Abschließend möchte ich mich bei meiner Familie, meiner Frau und meiner Tochter bedanken, dass sie für die Zeit und Ruhe zur notwendigen Konzentration sorgten, bzw. dass sie stets Verständnis und Geduld für meine „Abwesenheit in der Arbeit" aufbrachten.

Vilmos Balogh
Gammelsdorf, am 6. Januar 2014

i want morebooks!

Buy your books fast and straightforward online - at one of world's fastest growing online book stores! Environmentally sound due to Print-on-Demand technologies.

Buy your books online at
www.get-morebooks.com

Kaufen Sie Ihre Bücher schnell und unkompliziert online – auf einer der am schnellsten wachsenden Buchhandelsplattformen weltweit! Dank Print-On-Demand umwelt- und ressourcenschonend produziert.

Bücher schneller online kaufen
www.morebooks.de

VDM Verlagsservicegesellschaft mbH
Heinrich-Böcking-Str. 6-8   Telefon: +49 681 3720 174   info@vdm-vsg.de
D - 66121 Saarbrücken   Telefax: +49 681 3720 1749   www.vdm-vsg.de

Printed by Books on Demand GmbH, Norderstedt / Germany